Hochschultext

J. Böcker · I. Hartmann · Ch. Zwanzig

Nichtlineare und adaptive Regelungssysteme

Mit 194 Abbildungen

Springer-Verlag
Berlin Heidelberg New York
London Paris Tokyo 1986

Dipl.-Ing. Joachim Böcker

1. Institut für Mechanik
Technische Universität Berlin

Prof. Dr.-Ing. Irmfried Hartmann
Dipl.-Ing. Christian Zwanzig

Institut für Meß- und Regelungstechnik
Technische Universität Berlin

ISBN 3-540-16930-X Springer-Verlag Berlin Heidelberg NewYork
ISBN 0-387-16930-X Springer-Verlag NewYork Berlin Heidelberg

CIP-Kurztitelaufnahme der Deutschen Bibliothek
Böcker, Joachim:
Nichtlineare und adaptive Regelungssysteme /
Joachim Böcker; Irmfried Hartmann; Christian Zwanzig.
Berlin; Heidelberg; NewYork; London; Paris; Tokyo: Springer, 1986.
ISBN 3-540-16930-X (Berlin . . .)
ISBN 0-387-16930-X (NewYork . . .)
NE: Hartmann, Irmfried; Zwanzig, Christian:

Druck: Color-Druck, G. Baucke, Berlin; Bindearbeiten: Lüderitz & Bauer, Berlin
2068/3020 543210

Vorwort

Ziel des Buches ist es, eine gründliche Darstellung der Methoden zur Behandlung nichtlinearer Systeme und eine Einführung in die adaptiven Regelkreise zu geben. Hierbei werden elementare Kenntnisse der Theorie linearer Systeme vorausgesetzt. Das Buch wendet sich im besonderen an fortgeschrittene Studenten technischer Studiengänge und an Ingenieure, die in der Forschung und Entwicklung tätig sind.

Bei der Behandlung des Stoffes wurde großer Wert darauf gelegt, auch komplizierte Sachverhalte auf einfache Weise verbal zu erläutern und anschaulich zu deuten. Die Autoren hoffen, daß das Buch auf diese Weise zu einem tiefen Verständnis der Materie beiträgt und ein großer Leserkreis angesprochen wird.

Verschiedene mathematische Grundlagen, auf die sich das Buch stützt, sind in acht Anhängen zusammengefaßt, um den Lesefluß in den Hauptkapiteln nicht zu hemmen.

Im 1. Kapitel des Buches werden zunächst einige Beispiele nichtlinearer Systeme vorgestellt und anschließend einfache Methoden zur Behandlung nichtlinearer Systeme eingeführt. Im besonderen wird hierbei auf die Linearisierung, die Untersuchung der Trajektorien von Schaltelemente enthaltenden Systemen 2. Ordnung in der Zustandsebene und auf eine Methode zur Verbesserung der Dynamik stellgrößenbeschränkter Regelkreise eingegangen.

Das 2. Kapitel behandelt Methoden zur Untersuchung der Existenz und Stabilität von periodischen Lösungen (Grenzschwingungen) nichtlinearer zeitkontinuierlicher Systeme sowie Verfahren zum Entwurf von Korrekturgliedern (Reglern), die Grenzschwingungen erzeugen, unterdrücken bzw. deren Amplitude vermindern oder vergrößern. Zur Untersuchung periodischer Lösungen werden zunächst Verfahren vorgestellt, die speziell auf nichtlineare Systeme 2. Ordnung zugeschnitten sind. Anschließend wird die Methode der Harmonischen Balance vorgestellt und in einer Reihe von Beispielen angewendet.

Im 3. Kapitel werden Regelkreise, die in einer speziellen Standardform vorliegen, mit funktionalanalytischen Methoden auf Stabilität untersucht, wobei zeitkontinuierliche und zeitdiskrete Regelkreise gemeinsam behandelt werden. Hierbei werden die Begriffe der L_2- und der L_∞-Stabilität eingeführt. Die L_2-Stabilität führt unter anderem auf das Kreiskriterium und das Popov-Kriterium, während mit der L_∞-Stabilität betragsmäßige Abschätzungen der Systemgrößen gewonnen werden können, was für praktische Anwendungen besonders zweckdienlich ist. Die aufgeführten Sätze gestatten über die Stabilität hinaus auch Aussagen über den Stabilitätsgrad von Regelkreisen. Das Kreiskriterium wird auch für Mehrgrößenregelkreise entwickelt.

Die Untersuchung von zeitkontinuierlichen und zeitdiskreten Systemen mit Methoden im Zustandsraum findet der Leser im 4. Kapitel. Ausführlich wird die direkte Methode von Ljapunov behandelt, wobei ein wesentlicher Gesichtspunkt die Bestimmung des Einzugsbereichs einer asymptotisch stabilen Ruhelage ist. Die nichtlinearen Zustands- und Parameterschätzverfahren werden nur in dem Rahmen behandelt, wie diese beim Entwurf von Regelkreisen oder in technischen Diagnosesystemen gegenwärtig Verwendung finden. Die Regelkreisentwurfsverfahren in den letzten Abschnitten beruhen fast ausschließlich auf der erweiterten Ljapunov-Methode, da andere auf diesem Gebiet in der Literatur vorgeschlagene Verfahren zu keinen besseren Ergebnissen führen und in der Durchführung des Entwurfs komplizierter sind.

Das 5. Kapitel dieses Buches verfolgt das Ziel, den Leser in Methoden zur Behandlung adaptiver Eingrößenregelkreise und Systeme einzuführen. Hierbei werden einerseits Regelkreise untersucht, die nach dem Self-Tuning-Verfahren arbeiten, andererseits adaptive Systeme, denen ein Modell-Referenz-Verfahren zugrunde liegt. Bei der Darstellung des Stoffes wurde aus Gründen der Anschaulichkeit auf größtmögliche Allgemeinheit verzichtet. Die teilweise exemplarische Darbietung des Stoffes versetzt den Leser in die Lage, die Methoden auch auf andere Systemstrukturen zu übertragen.

Die Kapitel 1 und 2 sowie der Anhang 1 dieses Buches wurden von Herrn Böcker und Herrn Zwanzig gemeinsam ausgearbeitet, wobei als Grundlage ein Vorlesungsskript von Herrn Hartmann diente. Die weiteren Kapitel und Anhänge wurden von den Autoren separat erstellt. Herr Böcker verfaßte das 3. Kapitel und die Anhänge 2 und 3, Herr Hartmann das 4. Kapitel und Herr Zwanzig das 5. Kapitel und die Anhänge 4, 5, 6, 7 und 8.

Um dem Leser ein schnelles und bequemes Nachschlagen innerhalb des Buches zu ermöglichen, sind Sätze, Definitionen und Anmerkungen gemeinsam mit den Gleichungen innerhalb jedes Kapitels fortlaufend numeriert. Der Abschluß von Sätzen, Beweisen, Anmerkungen, Definitionen und sonstigen Aussagen, die mit einer Nummer versehen sind, wird durch das Symbol ■ angezeigt. Anstelle des allgemein üblichen mathematischen Symbols $\in$ zur Kennzeichnung einer Mengenzugehörigkeit wird hier der griechische Buchstabe ε verwendet. Die Transposition einer Matrix $\underline{A}^T$ wird im 4. Kapitel abweichend mit $\underline{A}'$ bezeichnet.

Die umfangreiche Arbeit der Reinschrift des Manuskriptes wurde von Frau R. Häde übernommen, der wir für ihre Sorgfalt und große Geduld besonders danken. Großer Dank gebührt auch Frau M. Thieke für die vorzügliche Anfertigung der zahlreichen Zeichnungen.

Weiterhin sind wir Herrn Dr.-Ing. R. Poltmann und Herrn Dipl.-Ing. A. Hambrecht für die kritische Durchsicht großer Teile des Buches und für wertvolle Anregungen zu besonderem Dank verpflichtet. Außerdem danken wir Herrn Prof. Dr.-Ing. G. Brunk, Herrn Dr.-Ing. M. Dlabka, Herrn Dipl.-Ing. N. Schmidt, Herrn cand.-Ing. E. Schwarz, Herrn Dipl.-Ing. G. Weber und Herrn Dipl.-Ing. A. Wied für die Korrektur einzelner Abschnitte.

Berlin, im Juni 1986

Joachim Böcker
Irmfried Hartmann
Christian Zwanzig

Inhaltsverzeichnis

1 Einführende Betrachtungen und nichtlineare Modelle

1.1 Einleitung

Ein System heißt nichtlinear, wenn das zugehörige mathematische Modell mindestens eine nichtlineare Gleichung enthält. Für die linearen zeitinvarianten Systeme mit konzentrierten Parametern existiert eine abgeschlossene einheitliche Theorie, die zu allgemeinen globalen Aussagen bei der Analyse und Synthese führt, vgl. die Literatur [1.1] bis [1.6]. Die Behandlung nichtlinearer Systeme ist komplizierter und liefert im allgemeinen nur lokale Aussagen, die vom Arbeitspunkt abhängen und den Arbeitsbereich bestimmen.

Es ist verständlich, daß man versucht, die nichtlinearen mathematischen Modelle durch Linearisierung auf den linearen Fall zurückzuführen, um die schon erprobten Methoden aus der linearen Theorie anzuwenden. Bei einer Linearisierung lassen sich die Eigenschaften von nichtlinearen Systemen höchstens näherungsweise erfassen. Viele nichtlineare Systeme (z.B. mit Schaltgliedern) lassen sich jedoch nicht linear approximieren. Ob eine Linearisierung zulässig ist, hängt nicht zuletzt von den Genauigkeitsforderungen ab, die man an die mathematische Modellierung eines technischen Systems stellt. Das Modell kann z.B. gröber ausfallen, wenn nur eine Stabilitätsuntersuchung durchgeführt werden soll, als wenn Optimierungen des Systemverhaltens angestrebt werden.

Alle Aussagen, die bei einer theoretischen Behandlung über ein reales System gemacht werden, beziehen sich nur auf das mathematische Modell, vgl. Bild 1.1. Es ist immer zu prüfen, ob sich diese Aussagen auch auf das reale System übertragen lassen.

Wir beschränken uns hier auf Systeme, die sich durch gewöhnliche Differential- bzw. Differenzengleichungen beschreiben lassen. Man nennt solche Systeme auch Systeme mit konzentrierten Parametern, da der Mo-

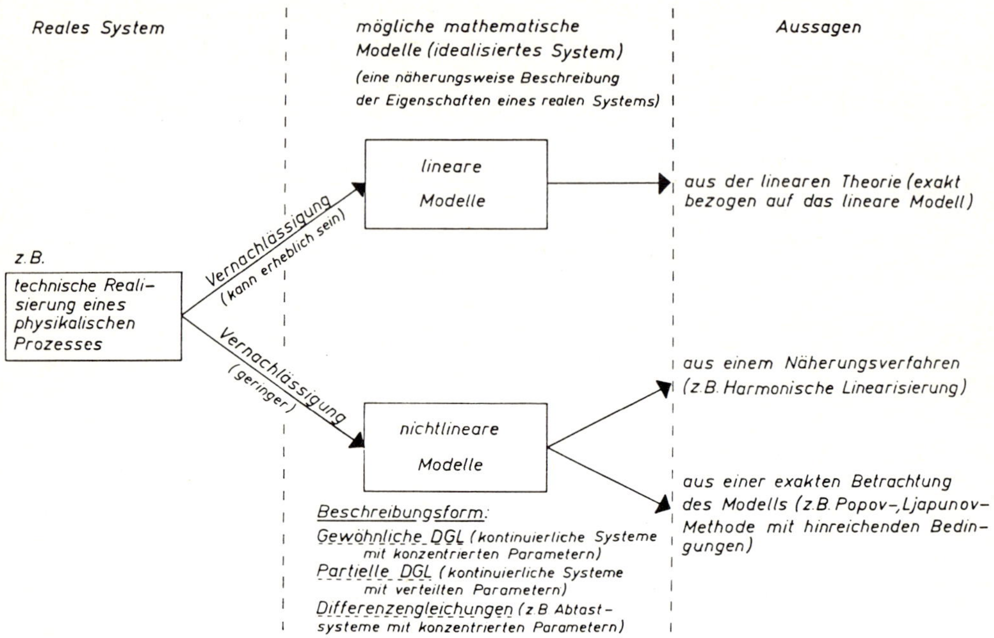

Bild 1.1: Mathematische Modellbildung von physikalischen oder technischen Prozessen

dellbildung die Vorstellung zugrundeliegt, die Systemeigenschaften seien in diskreten Elementen konzentriert (z.B. Massenpunkte, Federn, elektrische Widerstände, Induktivitäten). Im Unterschied hierzu heissen Systeme, die durch partielle Differentialgleichungen beschrieben werden müssen (z.B. Strömungsvorgänge), Systeme mit verteilten Parametern. In diesem Fall beruht die Modellbildung auf der Vorstellung, daß die Systemparameter räumlich verteilt sind (beispielsweise Massendichten, elektrische Feldstärken).

Der Zustand eines Systems mit konzentrierten Parametern ist in den zugelassenen Zeitpunkten durch die Komponenten $x_1(t),\dots,x_n(t)$ eines n-dimensionalen Zustandsvektors $\underline{x}(t) \in \mathbb{R}^n$ vollständig festgelegt. Als Eingangsgrößen treten eine r-dimensionale Steuerfunktion $\underline{u}(\cdot)$ $(r \geq 1)$ und eine l-dimensionale Störfunktion $\underline{z}(\cdot)$ $(l \geq 1)$ auf. Eine p-dimensionale Ausgangsfunktion $\underline{y}(\cdot)$ $(p \geq 1)$ enthält die gemessenen oder zu regelnden Größen (Ausgangsgrößen) des Systems. Die Werte der Funktionen zu einem Zeitpunkt t werden durch $\underline{u}(t)$, $\underline{z}(t)$, $\underline{y}(t)$ dargestellt.

Modelle, bei denen die Systemgrößen nur in abzählbar vielen Zeitpunkten erklärt sind, z.B. $t = \nu T$ ($\nu = 0,1,\ldots;T$ Abtastzeit), heißen <u>zeitdiskret</u>. Die Systemfunktionen sind dann Folgen, z.B. $\{\underline{x}(0),\underline{x}(1),\ldots, x(\nu),\ldots\}$.

Sind die Systemgrößen über einem Zeitintervall $[t_0,\infty)$ erklärt, heißt das Modell (die Regelstrecke) <u>zeitkontinuierlich</u>.

Die zeitkontinuierliche Darstellung eines Systems mit konzentrierten Parametern hat die allgemeine Form

$$\begin{aligned} \dot{\underline{x}}(t) &= \underline{f}[\underline{x}(t),\underline{u}(t),\underline{z}(t),t] , \\ \underline{y}(t) &= \underline{h}[\underline{x}(t),\underline{u}(t),\underline{z}(t),t] \end{aligned} \tag{1.1}$$

(siehe Bild 1.2). Entsprechend erhalten wir für ein zeitdiskretes System die Differenzengleichung

$$\begin{aligned} \Delta\underline{x}(k) &= \underline{f}[\underline{x}(k),\underline{u}(k),\underline{z}(k),k] \\ \underline{y}(k) &= \underline{h}[\underline{x}(k),\underline{u}(k),\underline{z}(k),k] \end{aligned}$$

mit $\Delta\underline{x}(k) := \underline{x}(k+1) - \underline{x}(k)$.

Die erste Differenzengleichung kann auch in der Form

$$\underline{x}(k+1) = \tilde{\underline{f}}[\underline{x}(k),\underline{u}(k),\underline{z}(k),k]$$

mit

$$\tilde{\underline{f}}[\underline{x}(k),\underline{u}(k),\underline{z}(k),k] = \underline{f}[\underline{x}(k),\underline{u}(k),\underline{z}(k),k] + \underline{x}(k)$$

geschrieben werden.

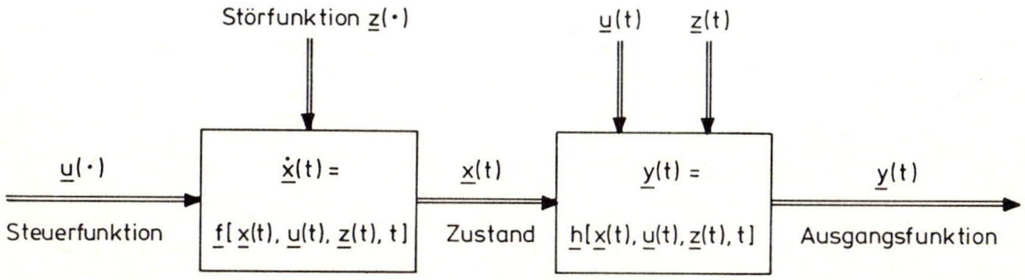

<u>Bild 1.2</u>: Blockdarstellung eines zeitkontinuierlichen Systems mit konzentrierten Parametern

Ein zeitkontinuierliches bzw. zeitdiskretes System heißt <u>zeitvariant</u> oder <u>zeitvariabel</u>, wenn die Zeit t bzw. der Folgenindex k explizit in einer der Funktionen $\underline{f}$ oder $\underline{h}$ auftritt, andernfalls heißt das System zeitinvariant. Wenn in einer Differentialgleichung

$$\dot{\underline{x}}(t) = \underline{f}[\underline{x}(t),\underline{u}(t),\underline{z}(t),t]$$

bzw. Differenzengleichung

$$\underline{x}(k+1) = \underline{\tilde{f}}[\underline{x}(k),\underline{u}(k),\underline{z}(k),k]$$

die rechte Seite weder explizit, noch über die Funktionen $\underline{u}$ und $\underline{z}$ von der Zeit t bzw. dem Folgenindex k abhängig ist, so heißt die Differential- bzw. Differenzengleichung autonom, andernfalls heißt sie nichtautonom. Die Zustandsdifferentialgleichung bzw. -differenzengleichung eines zeitinvarianten Systems ist genau dann autonom, wenn die Funktionen $\underline{u}$ und $\underline{z}$ konstant sind oder verschwinden.

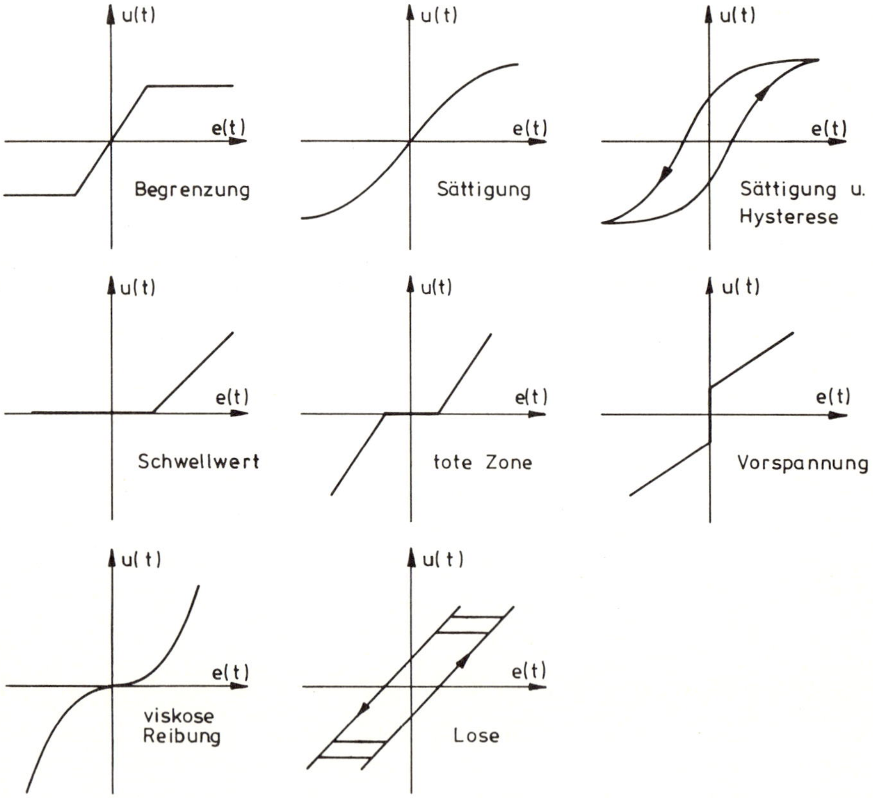

Bild 1.3: Nichtlineare Kennlinien

Einen Abriß über einige Grundlagen gewöhnlicher Differentialgleichungen findet der Leser im Anhang A1.

Für ein nichtlineares Systemverhalten sind vielfältige Gründe denkbar:

1. Die zugrundeliegenden physikalischen Phänomene sind im benutzten Arbeitsbereich nichtlinear, z.B. nichtlineare Reibung, Magnetisierung ferromagnetischer Werkstoffe, Diodenkennlinien.
2. Die gewählte technische Realisierung verursacht ein nichtlineares Verhalten, wie z.B. beim mehrgelenkigen Roboterarm der Zusammenhang zwischen Drehwinkeln und Positionierung.
3. An lineare Bereiche schließen Sättigungen oder Begrenzungen an. Diese können unvermeidbar sein (z.B. Ventilhub, Maximalwert einer Spannungsquelle), oder sie sind beabsichtigt (z.B. Schutzbegrenzungen für Drehzahl oder Spannung).

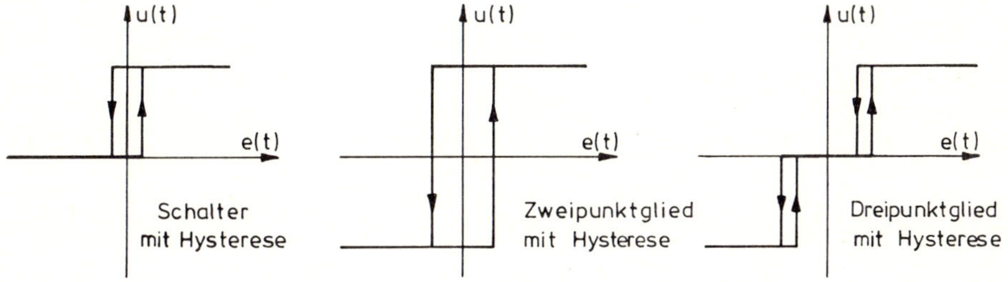

Bild 1.4: Nichtlineare Kennlinien bei Stellgliedern

1.2 Beispiele nichtlinearer Systeme

Anhand der folgenden Beispiele werden einige technische Systeme behandelt, die eine nichtlineare Systembeschreibung verlangen. Eine linearisierte Beschreibung führt oft auf unzulässige Vernachlässigungen.

(1.2) Beispiel: Phase-locked Loop (PLL)

Der im Bild 1.5 dargestellte Regelkreis tritt bei der Synchronisation eines spannungsgesteuerten Oszillators (VCO = voltage controlled oscillator) auf. Man spricht von einer PLL (s. BEST [1.8]).

Die Regelkreisstruktur läßt sich prinzipiell auch auf die folgenden Problemstellungen anwenden:

Die Synchronisation der Drehzahl eines Motors, bei dem die Anzahl der Impulse einer Codiereinrichtung auf der Motorwelle ein Maß für die zu regelnde Kreisfrequenz (Drehzahl) ist.

Eine Winkel- oder Wegregelung mit einem Schrittmotor. Der Schrittmotor wird mit einem periodischen Signal angesteuert, wobei die Winkellage der Schrittmotorwelle mit der Führungsgröße des Regelkreises synchronisiert wird.

In diesen beiden Fällen entspricht der Motor dem spannungsgesteuerten Oszillator.

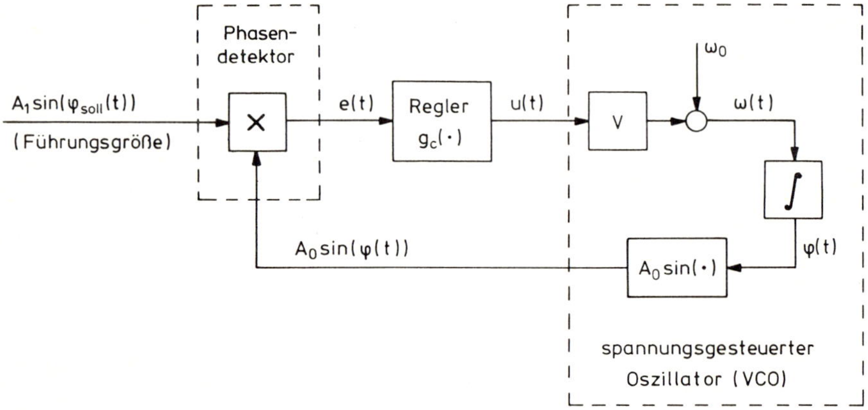

Bild 1.5: Phasenregelkreis

Die Systemgleichungen des Phasenregelkreises lauten

$$e(t) = A_0 \sin(\varphi(t)) A_1 \sin(\varphi_{soll}(t)) \quad ,$$

$$u(t) = \int_{-\infty}^{t} g_c(t-\tau)\, e(\tau)d\tau \quad ,$$

$$\varphi(t) = \int_{-\infty}^{t} \omega(\tau)d\tau = \int_{-\infty}^{t} [\omega_0 + V\, u(\tau)]d\tau \quad .$$

Um die Phasendetektionseigenschaften des Multiplizierers zu erläutern, wird die erste Gleichung mit Hilfe eines Additionstheorems umgeformt:

$$e(t) = A_o \sin(\varphi(t))\, A_1 \sin(\varphi_{soll}(t))$$

$$= \frac{A_o A_1}{2} \left[\cos(\varphi(t) - \varphi_{soll}(t)) - \cos(\varphi(t) + \varphi_{soll}(t))\right]$$

$$= \frac{A_o A_1}{2} \cos\left(\int_{-\infty}^{t} [\omega(\tau) - \omega_{soll}(\tau)]d\tau\right) - \frac{A_o A_1}{2} \cos\left(\int_{-\infty}^{t} [\omega(\tau) + \omega_{soll}(\tau)]d\tau\right) .$$

Die Größe e(t) enthält zwei Anteile. Der erste Anteil hängt von der Phasendifferenz $\varphi(t) - \varphi_{soll}(t)$ ab, während der zweite von der Phasensumme $\varphi(t) + \varphi_{soll}(t)$ bzw. Summenfrequenz $\omega(t) + \omega_{soll}(t)$ abhängt. Der zweite Anteil ist ein unerwünschter hochfrequenter Anteil, der im Regelkreis als eine Störung v(t) aufgefaßt werden kann und möglichst durch den Regler unterdrückt werden sollte. Der Regler muß somit Tiefpaßeigenschaften besitzen.

Das Strukturbild des Phasenregelkreises kann unter Berücksichtigung der beiden Terme in e(t) umgeformt werden, siehe Bild 1.6.

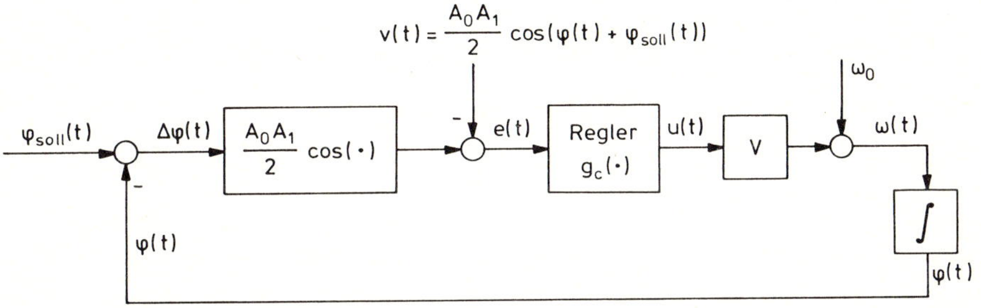

Bild 1.6: Umgeformtes Strukturbild des Phasenregelkreises

Um Fragestellungen nach dem Haltebereich und dem Einzugsbereich (pull-in range) der Frequenz $\omega(t)$ beantworten zu können, ist unbedingt die Nichtlinearität zu berücksichtigen. Die wichtigste Forderung an den Regelkreis ist, daß die Sollfrequenz ω_{soll} erreicht werden kann. Bei ungünstigem Reglerentwurf können sogenannte Dauerschwingungen der Frequenz $\omega(t)$ auftreten, die bei linearen Systemen unbekannt sind. Hiermit beschäftigt sich ausführlich das 2.Kapitel. ■

(1.3) Beispiel: Frequenzgesteuerter und amplitudengeregelter Zweiphasen-Oszillator

Der ungeregelte Oszillator mit den Steuereingriffen $u_1(t)$ und $u_2(t)$ genügt nach Bild 1.7 den Zustandsgleichungen

$$
\begin{aligned}
T_o \dot{x}_1(t) &= x_1(t)u_2(t) - x_2(t)u_1(t) \\
T_o \dot{x}_2(t) &= x_1(t)u_1(t) + x_2(t)u_2(t) .
\end{aligned} \tag{1.4}
$$

Man bezeichnet das System (1.4) als bilinear, da die Zustands- und Eingangsgrößen zusammen multiplikativ aber selbst nur linear auftreten. Sind die Eingangsgrößen $u_1(t) = u_{1o}$ und $u_2(t) = u_{2o}$ konstant, erhält man das lineare System

$$
\dot{\underline{x}}(t) = \underline{A}\ \underline{x}(t) = \omega_o \begin{bmatrix} u_{2o} & -u_{1o} \\ u_{1o} & u_{2o} \end{bmatrix} \begin{bmatrix} x_1(t) \\ x_2(t) \end{bmatrix}
$$

mit $\omega_o := 1/T_o$. Die Eigenwerte der Matrix $\underline{A}$ sind die Nullstellen des charakteristischen Polynoms

$$
\Delta(\lambda) = \det[\underline{E}\ \lambda - \underline{A}] ,
$$

die das Einschwingverhalten des linearen Systems festlegen. Der Oszillator besitzt bei konstanten Eingangsgrößen die komplexen Eigenwerte

$$
\lambda_{1,2} = \omega_o[u_{2o} \mp j\ u_{1o}] .
$$

Während u_2 nur auf den Realteil (Dämpfung) der Eigenwerte wirkt, kann mit u_1 die Frequenz (Imaginärteil) eingestellt werden. Mit $u_{2o} = 0$ liefert der Oszillator eine harmonische Schwingung mit der Frequenz $\omega_o u_{1o}$.

Eine Regelung der Schwingungsamplitude läßt sich mit einem nichtlinearen Regelkreis nach Bild 1.7 erreichen. Der Sollwert der Amplituden von x_1, x_2 sei r. Die Regelabweichung ist dann

$$
e(t) = r^2 - x_1^2(t) - x_2^2(t) .
$$

Für die Regelung reicht ein P-Regler

$$
u_2(t) = V\ e(t) ,
$$

wenn ein stationärer Regelfehler zulässig ist. Sonst kann ein PI-Regler verwendet werden.

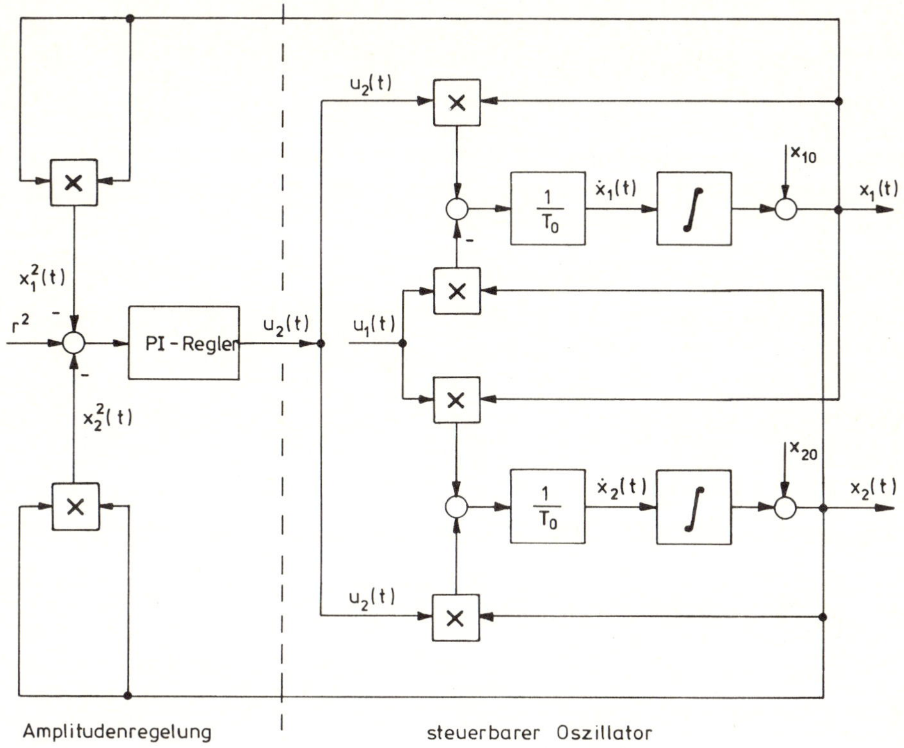

Bild 1.7: Amplitudengeregelter Oszillator mit veränderlicher Frequenz nach LEONHARD [1.9]

Setzen wir die P-Regler-Gleichung in (1.4) ein, erhalten wir das nichtlineare Modell eines amplitudengeregelten Oszillators:

(1.5)
$$T_o\dot{x}_1(t) = V[-x_1^3(t) - x_1(t)x_2^2(t) + r^2x_1(t)] - x_2(t)u_{1o}$$
$$T_o\dot{x}_2(t) = V[-x_2^3(t) - x_1^2(t)x_2(t) + r^2x_2(t)] + x_1(t)u_{1o} \quad .$$

Die hier auftretende Dauerschwingung ist die gewünschte Oszillation. Es ist zu untersuchen, ob diese auch stabil ist (s.2.Kapitel). Derartige Oszillatoren verwendet man z.B. bei der Erzeugung von Strom-Führungsgrößen einer drehzahlgeregelten Asynchronmaschine (s. LEONHARD [1.9]). ■

(1.6) Beispiel: Handhabungssystem (Industrieroboter)

Ein Handhabungssystem ist ein mechanisches System mit einer größeren Zahl von Freiheitsgraden (je nach Anwendungsbereich bis zu 6 und mehr Freiheitsgrade).

Wir beschränken uns hier auf ein einfaches System nach Bild 1.8 mit 2 Freiheitsgraden, wobei $\varphi(t)$ den Drehwinkel und $r(t)$ die Länge des Roboterarms angeben.

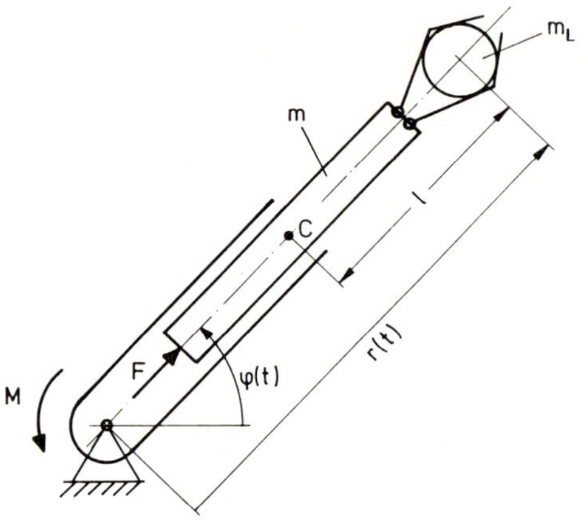

Bild 1.8: Roboterarm

F und M sind durch Motoren oder Hydraulik aufgebrachte Kräfte und Drehmomente. Unter Vernachlässigung von Reibung erhalten wir aus der Impuls- und Drehimpulsbilanz (Kräfte- und Momentengleichung)

$$(1.7)\quad \begin{aligned} (m+m_L)\ddot{r}(t) - [(m+m_L)r(t) - ml]\,\dot{\varphi}^2(t) &= F(t) \;, \\ [\Theta + m(r(t)-l)^2 + m_L r^2(t)]\ddot{\varphi}(t) + 2[(m+m_L)r(t) - ml]\dot{r}(t)\dot{\varphi}(t) &= M(t) \;. \end{aligned}$$

Hierbei bedeutet

m die Masse des ausziehbaren Armteils,

l die Lage des Massenmittelpunktes C des ausziehbaren Armteils gemäß Bild 1.8,

Θ beinhaltet das Massenträgheitsmoment des drehenden Aufbaus bezogen auf den Drehpunkt und das Trägheitsmoment des ausziehbaren Armteils bezogen auf dessen Massenmittelpunkt C,

m_L ist die Masse der zu transportierenden Last, diese wird als Punktmasse angenommen.

Führen wir die Zustandsgrößen

$$x_1(t) := r(t) \; ; \quad x_2(t) := \dot{r}(t) \; ;$$

$$x_3(t) := \varphi(t) \; ; \quad x_4(t) := \dot{\varphi}(t)$$

und die Eingangsgrößen

$$u_1(t) := F(t) \; ; \quad u_2(t) := M(t)$$

ein, dann folgt aus (1.7) das nichtlineare Zustandsmodell

(1.8)
$$\begin{aligned} \dot{x}_1(t) &= x_2(t) \\ \dot{x}_2(t) &= x_1(t)x_4^2(t) - \frac{ml}{m+m_L} x_4^2(t) + \frac{1}{m+m_L} u_1(t) \\ \dot{x}_3(t) &= x_4(t) \\ \dot{x}_4(t) &= \frac{ml-2(m+m_L)x_1(t)}{g[x_1(t)]} x_2(t)x_4(t) + \frac{1}{g[x_1(t)]} u_2(t) \end{aligned}$$

wobei

$$g[x_1(t)] := \theta + m(x_1(t)-l)^2 + m_L x_1^2(t)$$

ist.

Für das weitere Studium sei auf die umfangreiche Literatur verwiesen (z.B. VUKOBRATOVIĆ [1.10]). ■

1.3 Ruhelagen, Arbeitspunkte und deren Stabilität

(1.9) **Definition (Ruhelage):**

Ein Zustand $\underline{x}_R$ heißt Ruhelage des zeitkontinuierlichen Systems

(1.10) $$\dot{\underline{x}}(t) = \underline{f}[\underline{x}(t),\underline{u}(t),t] \;, \qquad \underline{x}(t) \in \mathbb{R}^n$$

wenn gilt

(1.11) $$\underline{f}[\underline{x}_R,\underline{0},t] = \underline{0} \qquad \text{für alle } t \in \mathbb{R} \,.$$

Offensichtlich ist $\underline{x}(t) \equiv \underline{x}_R$ = const. für $\underline{u}(t) = \underline{0}$ eine Lösung des Differentialgleichungssystems (1.10). ■

Bei linearen Systemen existiert immer die triviale Ruhelage $\underline{x}_R = \underline{0}$. Über die Lösungen der nichtlinearen Gleichung (1.11) können keine allgemeinen Aussagen gemacht werden. Es ist möglich, daß mehrere Ruhelagen existieren oder überhaupt keine.

(1.12) Definition (Arbeitspunkt):

Ein Zustand $\underline{x}_A$ heißt Arbeitspunkt des Systems

(1.13) $\dot{\underline{x}}(t) = \underline{f}[\underline{x}(t),\underline{u}(t),t]$, $\underline{x}(t) \in \mathbb{R}^n$

zur konstanten Eingangsgröße $\underline{u}_A$, wenn gilt

(1.14) $\underline{f}[\underline{x}_A,\underline{u}_A,t] = \underline{0}$ für alle $t \in \mathbb{R}$.

$\underline{x}(t) \equiv \underline{x}_A$ = const ist eine Lösung des Differentialgleichungssystems (1.13) zur konstanten Eingangsgröße $\underline{u}(t) \equiv \underline{u}_A$. ■

Da ein technisches System aufgrund von Störungen, Parameteränderungen etc. eine Ruhelage bzw. einen Arbeitspunkt nie exakt und dauerhaft einnehmen wird, ist es für praktische Anwendungen von großer Bedeutung, ob ein System bei kleiner Auslenkung aus einer Ruhelage (einem Arbeitspunkt) von selbst in diese (diesen) zurückstrebt bzw. in einer gewissen Umgebung verbleibt. Die folgenden Definitionen beziehen sich auf diese Problematik.

(1.15) Definition (Stabilität i.S.v. Ljapunov):

Die Ruhelage $\underline{x}_R$ des dynamischen Systems (1.10) heißt stabil im Sinne von Ljapunov, wenn für alle Anfangszeitpunkte t_o zu jedem beliebigen $\varepsilon > 0$ ein $\delta(\varepsilon,t_o) > 0$ existiert, so daß alle Lösungen $\underline{x}(\cdot)$ mit der Anfangsbedingung

$$||\underline{x}(t_o) - \underline{x}_R||_{\mathbb{R}^n} < \delta(\varepsilon,t_o)$$

für alle $t \geq t_o$ in der ε-Umgebung der Ruhelage $\underline{x}_R$ verbleiben:

$$||\underline{x}(t) - \underline{x}_R||_{\mathbb{R}^n} < \varepsilon \quad .$$ ■

In Bild 1.9 ist diese Bedingung für $\underline{x}_R = 0$ und ein spezielles ε und δ sowie einen speziellen Anfangszustand dargestellt. Eine derartige Zeichnung kann daher niemals als Nachweis der Stabilität verwendet werden, sie dient hier nur der Veranschaulichung.

(1.16) Definition (Asymptotische Stabilität i.S.v.Ljapunov):

Die Ruhelage $\underline{x}_R$ des dynamischen Systems (1.10) heißt asymptotisch stabil i.S.v. Ljapunov, wenn gilt:

1. $\underline{x}_R$ ist stabil i.S.v. Ljapunov.
2. Für alle Lösungen $\underline{x}(\cdot)$ aus einer hinreichend kleinen, von t_0 abhängigen Umgebung von $\underline{x}_R$ gilt

$$\lim_{t \to \infty} ||\underline{x}(t) - \underline{x}_R||_{\mathbb{R}^n} = 0 \quad . \qquad \blacksquare$$

Bild 1.10 zeigt diese Bedingung für $\underline{x}_R = 0$ und ein spezielles ε und δ sowie einen speziellen Anfangszustand $\underline{x}_0$.

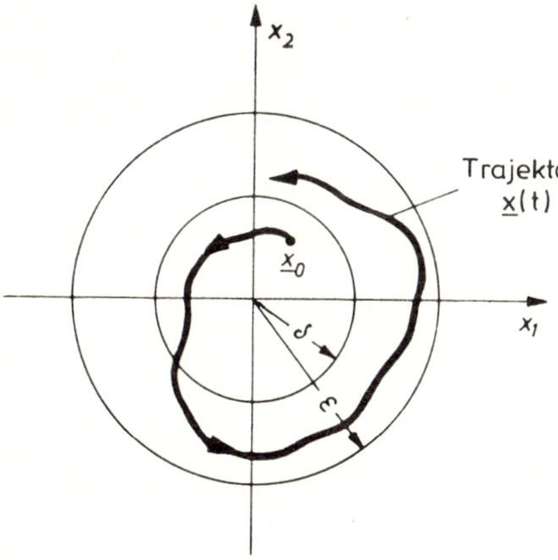

Bild 1.9: einfache Stabilität

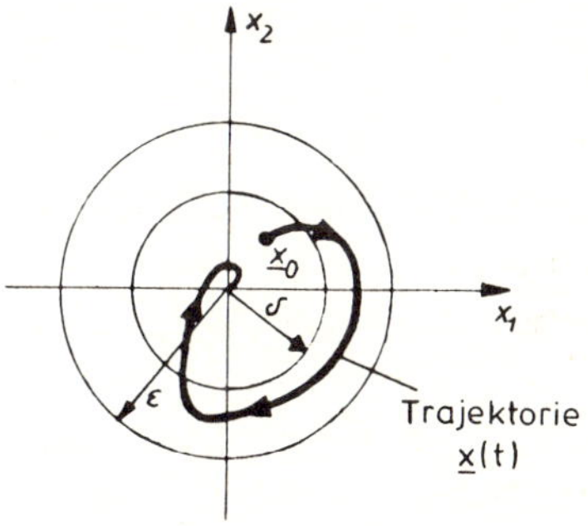

Bild 1.10: asymptotische Stabilität

Bei autonomen (zeitinvarianten) Systemen brauchen die Bedingungen der Stabilitätsdefinitionen (1.15), (1.16) nur für ein spezielles t_0 nachgewiesen zu werden.

Die Begriffe der Stabilität und asymptotischen Stabilität von Ruhelagen lassen sich unmittelbar auf Arbeitspunkte übertragen.

Die bisherigen Begriffe gelten analog für zeitdiskrete dynamische Systeme.

(1.17) Beispiel: Stabilität von Ruhelagen

Wir betrachten die Differentialgleichung

(1.18) $$\dot{x}(t) = -x(t) + 2x^3(t) \; .$$

Diese besitzt die Ruhelagen

$$x_{R1} = 0 \quad , \quad x_{R2,3} = \pm \sqrt{0,5} \; .$$

Nach Multiplikation von (1.18) mit x(t) läßt sich diese in der Form

$$\frac{1}{2}\frac{d}{dt}[x^2(t)] = -x^2(t) + 2x^4(t) = -2x^2(t)[\frac{1}{2} - x^2(t)]$$

bzw.

$$\frac{d}{dt}[x^2(t)] = -4\,x^2(t)[\frac{1}{2} - x^2(t)]$$

schreiben. Die Ableitung von $x^2(t)$ bleibt negativ, so lange $x^2(t) < 0{,}5$ ist. Demzufolge nimmt $x^2(t)$ streng monoton ab, sofern zum Zeitpunkt t_0 der Anfangszustand $x(t_0)$ betragsmäßig kleiner als $\sqrt{0{,}5}$ war. Ist jedoch zum Zeitpunkt t_0

$$|x(t_0)| > \sqrt{0{,}5}\ ,$$

dann wächst $x^2(t)$ monoton.

Die Ruhelage $x_R = 0$ des Systems ist also stabil, denn es läßt sich zu jedem positiven ε ein positives δ finden, nämlich

$$\delta = \min[\sqrt{0{,}5};\varepsilon]\ ,$$

so daß aus der Bedingung

$$|x(t_0)| < \delta$$

stets

$$|x(t)| < \varepsilon \qquad \text{folgt.}$$

Außerdem ist diese Ruhelage asymptotisch stabil. Denn für alle Anfangszustände $|x(t_0)| < \sqrt{0{,}5}$ folgt

$$\lim_{t\to\infty}|x(t)| = 0\ .$$

Wird hingegen ein Anfangszustand gewählt, der betragsgemäß größer als $\sqrt{0{,}5}$ ist, dann entfernt sich der Zustand immer mehr von der Ruhelage. Die Ruhelagen $x_R = \pm\sqrt{0{,}5}$ sind also instabil.

Bei einer asymptotisch stabilen Ruhelage bezeichnet man die Gesamtheit der Punkte des Zustandsraumes, von denen aus die Zustände wieder gegen die Ruhelage streben, als den <u>Einzugsbereich</u>.

In unserem Beispiel ist der Einzugsbereich der Ruhelage $x_R = 0$ das Intervall $(-\sqrt{0{,}5};\ \sqrt{0{,}5})$.

Das Beispiel zeigt, daß sich auch ohne Kenntnis der Lösung der Differentialgleichung die Stabilität untersuchen läßt. Dies ist i.a. einfacher, als Lösungen explizit zu ermitteln.

Bild 1.11 zeigt für verschiedene Anfangszustände x(0) qualitativ den Verlauf der Lösungen x(•).

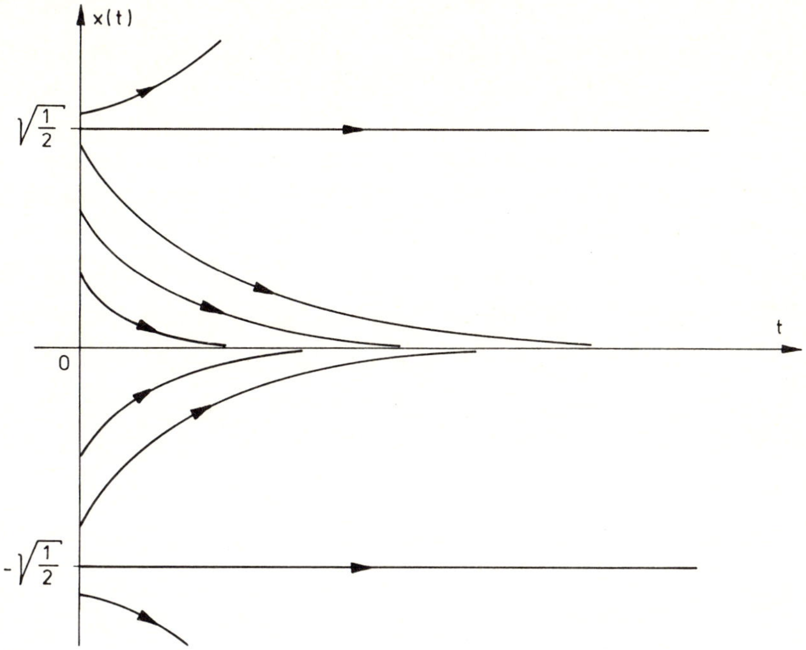

Bild 1.11: Verlauf der Lösungen $x(\cdot)$ von (1.18) für unterschiedliche Anfangszustände $x(0)$ ■

(1.19) Beispiel: Nichtlineare Schwingungsdifferentialgleichung

Gegeben sei die nichtlineare Schwingungsdifferentialgleichung

$$\ddot{x}(t) + \beta\omega_o\left[1 - \frac{\alpha}{1 + \frac{1}{\omega_o^2}\dot{x}^2(t)+x^2(t)}\right]\dot{x}(t) + \omega_o^2\, x(t) = 0 .$$

$$(\omega_o > 0)$$

Das Zustandsmodell lautet mit $x_1(t) := x(t)$, $x_2(t) := \dot{x}(t)/\omega_o$

$$\begin{aligned} \dot{x}_1(t) &= \omega_o x_2(t) \\ \dot{x}_2(t) &= -\omega_o x_1(t) - \beta\omega_o\left[1 - \frac{\alpha}{1+x_1^2(t)+x_2^2(t)}\right]x_2(t) . \end{aligned} \tag{1.20}$$

Die (einzige) Ruhelage des Systems ist

$$\underline{x}_R = \underline{0} .$$

Wir untersuchen Stabilität und Einzugsbereich der Ruhelage. Zu diesem Zweck multiplizieren wir in (1.20) mit x_1 bzw. x_2 und addieren die Gleichungen:

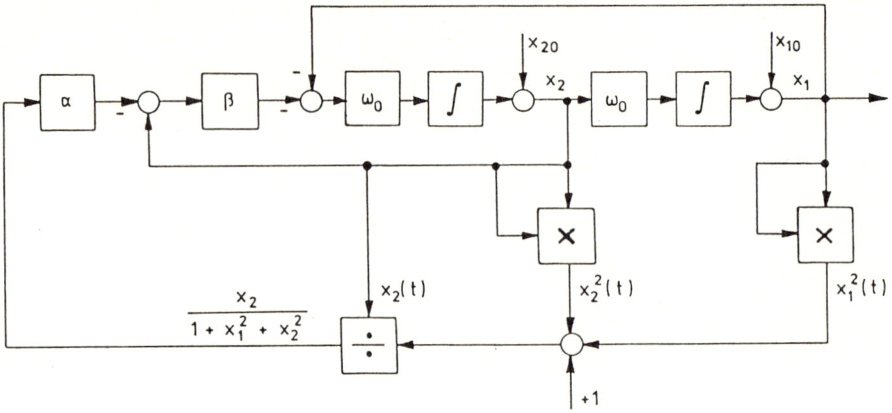

Bild 1.12: Strukturbild zur Schwingungsdifferentialgleichung

$$\dot{x}_1 x_1 + \dot{x}_2 x_2 = -\beta\omega_o \left[1 - \frac{\alpha}{1+x_1^2+x_2^2}\right] x_2^2 \quad .$$

Die linke Seite ist bis auf den Faktor 1/2 gleich der Zeitableitung des Betragsquadrates, was wir mit $V(\underline{x})$ abkürzen:

$$V(\underline{x}) := \frac{1}{2}||\underline{x}||^2 = \frac{1}{2}(x_1^2 + x_2^2) \;,$$

(1.21)
$$\dot{V}(\underline{x}) = \dot{x}_1 x_1 + \dot{x}_2 x_2$$

$$= -\beta\omega_o \left[1 - \frac{\alpha}{1+x_1^2+x_2^2}\right] x_2^2 \quad .$$

Es ist möglich, $V(\underline{x})$ als "Energiefunktion" des Systems zu interpretieren, die auch als "Abstand" von der Ruhelage gedeutet werden kann. Durch Untersuchung des Vorzeichens von $\dot{V}(\underline{x})$ erkennen wir, ob der Zustand $\underline{x}(t)$ sich der Ruhelage nähert oder wegläuft. Das Vorzeichen in der Klammer von (1.21) wechselt, je nachdem ob

$$1 \gtrless \frac{\alpha}{1+x_1^2+x_2^2} \;,$$

(1.22)
$$1 + x_1^2 + x_2^2 \gtrless \alpha \quad .$$

In einer Umgebung der Ruhelage $\underline{x}_R = \underline{0}$ bestimmt also $\alpha \leq 1$ oder $\alpha > 1$ und $\beta > 0$ oder $\beta < 0$ das Vorzeichen von $\dot{V}(\underline{x})$. Für $\beta = 0$ ist $\dot{V}(\underline{x}) = 0$. Wir haben dann eine lineare Schwingungsdifferentialgleichung mit einer einfach stabilen Ruhelage.

(1.23)

	$\beta > 0$	$\beta = 0$	$\beta < 0$
$\alpha \leq 1$	asympt. stabil	stabil	instabil
$\alpha > 1$	instabil	stabil	asympt. stabil

Für die asymptotisch stabilen Fälle sollen die Einzugsbereiche ermittelt werden:

Für $\beta > 0$, $\alpha \leq 1$ ist für alle $\underline{x} \in \mathbb{R}^2$ $\dot{V}(\underline{x}) < 0$; der Einzugsbereich ist die gesamte x_1-x_2-Ebene.

Im Fall $\beta < 0$, $\alpha > 1$ bestimmen wir aus (1.22) den Einzugsbereich

(1.24) $$x_1^2 + x_2^2 < \alpha - 1 \ .$$

Das ist eine Kreisfläche mit Radius $\sqrt{\alpha-1}$. Auf dem Rand der Kreisfläche

$$x_1^2 + x_2^2 = \alpha - 1$$

ist $\dot{V}(\underline{x}) = 0$ und (1.20) geht in eine lineare Schwingungsdifferentialgleichung über. Wir haben hier einen Grenzzyklus vorliegen. (Im 2.Kapitel wird dieser Begriff ausführlich behandelt). Für $x_1^2+x_2^2<\alpha-1$ ist $\dot{V}(\underline{x}) < 0$, für $x_1^2+x_2^2>\alpha-1$ gilt $\dot{V}(\underline{x}) > 0$; die Bewegung strebt auf beiden Seiten des Kreises von diesem weg. Der Grenzzyklus ist instabil.

Für den Fall der instabilen Ruhelage, $\beta > 0$, $\alpha > 1$, haben wir wieder den gleichen Grenzzyklus. Jetzt gilt aber innerhalb des Kreises $x_1^2+x_2^2<\alpha-1$ $\dot{V}(\underline{x}) > 0$, für $x_1^2+x_2^2>\alpha-1$ gilt $\dot{V}(\underline{x}) < 0$. Die Trajektorien streben auf den Grenzzyklus zu; er ist stabil.

Genau dies ist die gewünschte Stabilisierung des nichtlinearen Oszillators (siehe auch Beispiel 1.37)). ■

1.4 Das exakte nichtlineare Modell der Änderungen um einen Arbeitspunkt

Bei Regelungen, bei denen die Führungsgröße im wesentlichen auf einen festen Wert eingestellt ist (Festwertregelung), interessiert das Verhalten der Zustandsgrößen um einen vorgegebenen Arbeitspunkt $\underline{x}_A$. Die zu einem Arbeitspunkt $\underline{x}_A$ gehörige konstante Eingangsgröße $\underline{u}_A$ kann nach (1.14) bei einem autonomen System aus der Gleichung

(1.25) $\underline{f}[\underline{x}_A,\underline{u}_A] = \underline{0}$

ermittelt werden. Wir stellen das Modell der Änderungen um den durch $\underline{x}_A,\underline{u}_A$ gegebenen Arbeitspunkt auf und führen dazu die Größen

(1.26)
$$\Delta\underline{x}(t) := \underline{x}(t) - \underline{x}_A$$
$$\Delta\underline{u}(t) := \underline{u}(t) - \underline{u}_A$$

ein. Damit geht die Zustandsdifferentialgleichung

$$\dot{\underline{x}}(t) = \underline{f}[\underline{x}(t),\underline{u}(t)]$$

über in

$$\Delta\dot{\underline{x}}(t) = \underline{f}[\Delta\underline{x}(t)+\underline{x}_A,\ \Delta\underline{u}(t)+\underline{u}_A]$$

oder, da die rechte Seite bei festem $\underline{x}_A,\underline{u}_A$ nur noch von $\Delta\underline{x}(t),\Delta\underline{u}(t)$ abhängt,

(1.27) $$\Delta\dot{\underline{x}}(t) = \underline{\tilde{f}}[\Delta\underline{x}(t),\Delta\underline{u}(t)] \quad .$$

Ist keine Verwechslung zwischen den ursprünglichen Zustandsgrößen und deren Abweichungen möglich, so schreiben wir (1.27) wieder in der Form

$$\dot{\underline{x}}(t) = \underline{f}[\underline{x}(t),\underline{u}(t)] \quad .$$

Die Ruhelage $\Delta\underline{x}_R = \underline{0}$ von (1.27) entspricht dem Arbeitspunkt $\underline{x}_A$ des ursprünglichen Modells.

(1.28) Beispiel: Nichtlineares Modell der Änderungen

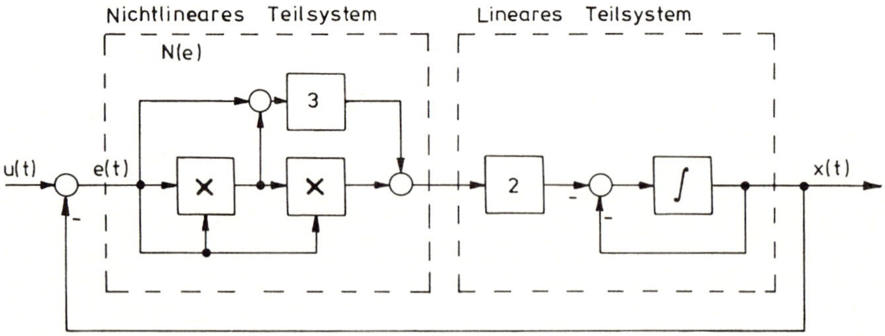

Bild 1.13: Nichtlineares System 1.Ordnung

Aus Bild 1.13 liest man die Zustandsdifferentialgleichung

$$\dot{x}(t) = -x(t) - 2\{3[u(t)-x(t)] + 3[u(t)-x(t)]^2+[u(t)-x(t)]^3\}$$
$$= f[x(t),u(t)]$$

ab. Für die konstante Eingangsgröße $u(t) = u_A = 1$ erhält man als Lösung der nichtlinearen Gleichung

$$f[x_A,u_A] = 0$$

den stabilen Arbeitspunkt

$$x_A = 2 .$$

Für die Abweichung $\Delta x(t) = x(t)-2$ zur Eingangsgröße $\Delta u(t) = u(t)-1$ gilt dann die Differentialgleichung

$$\Delta\dot{x}(t) = f[\Delta x(t)+2, \Delta u(t)+1]$$
$$= -(\Delta x(t)+2) - 2\{3[\Delta u(t)-\Delta x(t)-1] + 3[\Delta u(t)-\Delta x(t)-1]^2 + [\Delta u(t)-\Delta x(t)-1]^3\}$$
$$= -\Delta x(t) - 2[\Delta u(t)-\Delta x(t)]^3$$
$$= \tilde{f}[\Delta x(t),\Delta u(t)] .$$

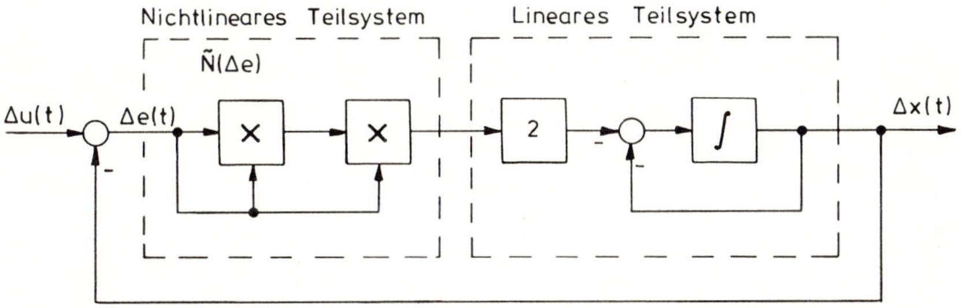

Bild 1.14: Strukturbild des transformierten Systems (Modell der Änderungen)

Das ursprüngliche System nach Bild 1.13 und das Modell der Änderungen nach Bild 1.14 haben die Form eines nichtlinearen Standardregelkreises (siehe Abschnitt 2.3 und 3.1.1). Ein Vergleich beider Bilder zeigt, daß das lineare Teilsystem durch Verschiebung des (Zustands-) Koordinatenursprungs in den Arbeitspunkt x_A nicht verändert wurde. Das nichtlineare Teilsystem hat sich hingegen verändert (siehe hierzu auch Abschnitt 2.3). Die nichtlinearen Teilsysteme des ursprünglichen Systems und des transformierten Systems sind Kennlinienglieder, die durch Verschiebung ineinander übergehen (siehe Bild 1.15). Die beiden Teilbilder in Bild 1.15 stellen die gleiche Kennlinie (kubische Parabel) dar; Kennlinie b entsteht aus a durch Verschiebung des Achsenursprungs vom Punkt (0,0) zum Punkt (-1,-1).

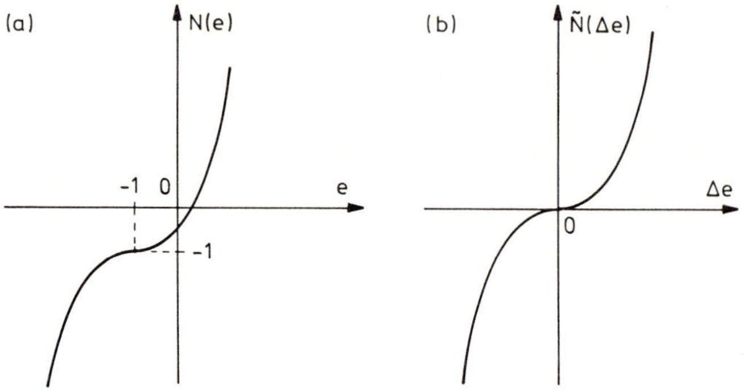

Bild 1.15: Kennliniensglieder zu Beispiel (1.28)
a: Ursprüngliches System
b: System der Änderungen ■

1.5 Linearisierung eines nichtlinearen Systems

Wir nehmen an, daß wir eine exakte Lösung $\underline{x}_S(\cdot)$ des nichtlinearen Systems (1.1) zur Eingangsfunktion $\underline{u}_S(\cdot)$ kennen (Sollbewegung). Da sich eine Störfunktion $\underline{z}(\cdot)$ formal wie eine zweite Eingangsgröße verhält, wird diese hier nicht weiter berücksichtigt. Sollen kleine, durch Veränderungen des Anfangszustandes oder der Eingangsfunktion hervorgerufene Abweichungen von dieser Sollbewegung untersucht werden, kann dies mit Hilfe einer Linearisierung geschehen. Da der durch die Linearisierung hervorgerufene Fehler in der Systembeschreibung i.a. mit größeren Abweichungen wächst, hängt es allein von den Genauigkeitsanforderungen ab, wie groß die maximal zugelassenen Abweichungen sein dürfen.

Die Linearisierung um Ruhelagen oder Arbeitspunkte ist hier eingeschlossen; die Sollbewegung ist dann $\underline{u}_S(t) = \underline{0}$, $\underline{x}_S(t) = \underline{x}_R$ bzw. $\underline{u}_S(t) = \underline{u}_A$, $\underline{x}_S(t) = \underline{x}_A$.

Die Sollbewegung ist eine exakte Lösung der Zustandsgleichungen

$$(1.29)\quad \begin{aligned} \dot{\underline{x}}_s(t) &= \underline{f}[\underline{x}_s(t),\underline{u}_s(t),t] \\ \underline{y}_s(t) &= \underline{h}[\underline{x}_s(t),\underline{u}_s(t),t] \;. \end{aligned}$$

Unter Verwendung der Abweichungen von der Sollbewegung

$$(1.30)\quad \begin{aligned} \Delta\underline{u}(t) &:= \underline{u}(t) - \underline{u}_s(t) \\ \Delta\underline{x}(t) &:= \underline{x}(t) - \underline{x}_s(t) \\ \Delta\underline{y}(t) &:= \underline{y}(t) - \underline{y}_s(t) \end{aligned}$$

lauten die Zustandsdifferentialgleichungen

$$\begin{aligned} \dot{\underline{x}}_s(t) + \Delta\dot{\underline{x}}(t) &= \underline{f}[\underline{x}_s(t) + \Delta\underline{x}(t),\underline{u}_s(t) + \Delta\underline{u}(t),t] \\ \underline{y}_s(t) + \Delta\underline{y}(t) &= \underline{h}[\underline{x}_s(t) + \Delta\underline{x}(t),\underline{u}_s(t) + \Delta\underline{u}(t),t] \;. \end{aligned}$$

Die nichtlinearen Funktionen $\underline{f}$ und $\underline{h}$ werden an der Stelle $[\underline{x}_s(t),\underline{u}_s(t),t]$ bis zum linearen Glied entwickelt (Taylor-Reihe), die Restfunktionen $\tilde{\underline{f}}$, $\tilde{\underline{h}}$ enthalten die Anteile höherer Ordnung:

$$(1.31)\quad \begin{aligned} \dot{\underline{x}}_s(t) + \Delta\dot{\underline{x}}(t) &= \underline{f}[\underline{x}_s(t),\underline{u}_s(t),t] + \underline{A}(t)\Delta\underline{x}(t) + \underline{B}(t)\Delta\underline{u}(t) + \\ &\quad + \tilde{\underline{f}}[\Delta\underline{x}(t),\Delta\underline{u}(t),t] \\ \underline{y}_s(t) + \Delta\underline{y}(t) &= \underline{h}[\underline{x}_s(t),\underline{u}_s(t),t] + \underline{C}(t)\Delta\underline{x}(t) + \underline{D}(t)\Delta\underline{u}(t) + \\ &\quad + \tilde{\underline{h}}[\Delta\underline{x}(t),\Delta\underline{u}(t),t] \end{aligned}$$

Die Elemente der Matrizen $\underline{A}(t)$, $\underline{B}(t)$, $\underline{C}(t)$, $\underline{D}(t)$ erhalten wir durch partielle Ableitung der Funktionen $\underline{f}$ und $\underline{h}$ nach ihren Variablen:

$$A_{ij}(t) := \frac{\partial f_i}{\partial x_j}[\underline{x}_s(t),\underline{u}_s(t),t] \;, \qquad B_{ij}(t) := \frac{\partial f_i}{\partial u_j}[\underline{x}_s(t),\underline{u}_s(t),t] \;,$$

$$(1.32)\quad C_{ij}(t) := \frac{\partial h_i}{\partial x_j}[\underline{x}_s(t),\underline{u}_s(t),t] \;, \qquad D_{ij}(t) := \frac{\partial h_i}{\partial u_j}[\underline{x}_s(t),\underline{u}_s(t),t] \;.$$

Unter Berücksichtigung von (1.29) ergibt sich aus (1.31) (siehe Bild 1.16):

$$(1.33)\quad \begin{aligned} \Delta\dot{\underline{x}}(t) &= \underline{A}(t)\Delta\underline{x}(t) + \underline{B}(t)\Delta\underline{u}(t) + \tilde{\underline{f}}[\Delta\underline{x}(t),\Delta\underline{u}(t),t] \\ \Delta\underline{y}(t) &= \underline{C}(t)\Delta\underline{x}(t) + \underline{D}(t)\Delta\underline{u}(t) + \tilde{\underline{h}}[\Delta\underline{x}(t),\Delta\underline{u}(t),t] \;. \end{aligned}$$

Wenn die Restfunktionen $\tilde{\underline{f}}$, $\tilde{\underline{h}}$ für $\Delta\underline{x},\Delta\underline{u} \to \underline{0}$ mit höherer als 1.Ordnung gegen Null streben, können wir für kleine Abweichungen von der Sollbewegung die linearisierten Zustandsgleichungen anschreiben:

$$\Delta\dot{\underline{x}}(t) = \underline{A}(t)\Delta\underline{x}(t) + \underline{B}(t)\Delta\underline{u}(t)$$
(1.34)
$$\Delta\underline{y}(t) = \underline{C}(t)\Delta\underline{x}(t) + \underline{D}(t)\Delta\underline{u}(t) \quad .$$

Wir bezeichnen (1.34) als linearisiertes System von (1.1) bezüglich der Sollbewegung $\underline{u}_S$, $\underline{x}_S$, $\underline{y}_S$.

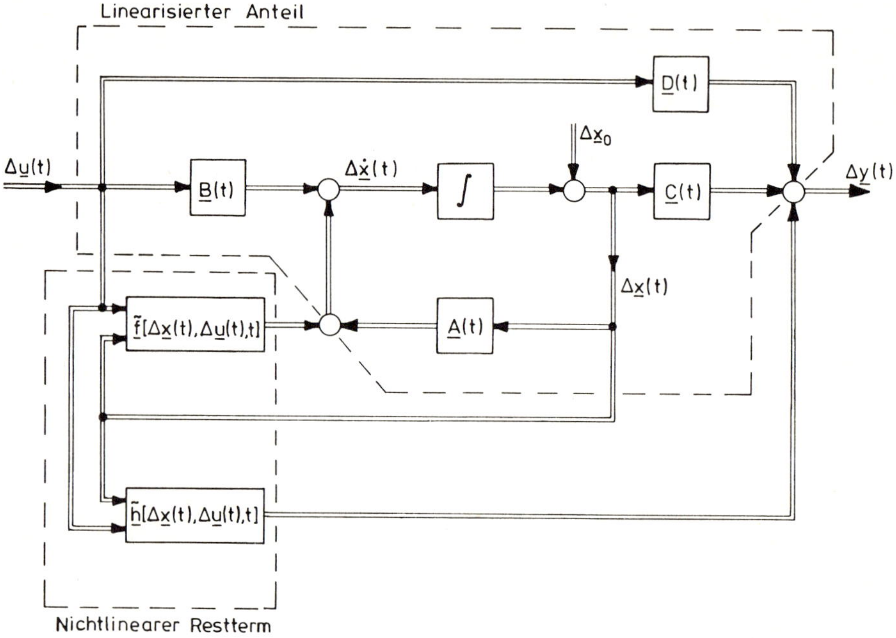

Bild 1.16: Strukturbild der Zustandsgleichungen (1.33), aufgespalten nach linearisiertem Term und nichtlinearem Restterm.

Sowohl das exakte nichtlineare System (1.33) als auch das linearisierte System (1.34) besitzen die Ruhelage $\Delta\underline{x}_R = \underline{0}$. Daher sind wir in der Lage, mit Hilfe der Stabilitätsdefinitionen (1.15), (1.16) auch die Stabilität einer Sollbewegung $\underline{u}_S$, $\underline{x}_S$, $\underline{y}_S$ zu definieren:

(1.35) Definition ((Asymptotische) Stabilität einer Sollbewegung):

Die Sollbewegung $\underline{u}_S$, $\underline{x}_S$, $\underline{y}_S$ heißt (asymptotisch) stabil im Sinne von Ljapunov, wenn die Ruhelage $\Delta\underline{x}_R = \underline{0}$ des Systems (1.33) (asymptotisch) stabil i.S.v. Ljapunov ist. ■

(1.36) **Bemerkung**:

Verschwinden die Funktionen $\underline{\tilde{f}}$, $\underline{\tilde{h}}$ für $\Delta\underline{x}, \Delta\underline{u} \to \underline{0}$ mit höherer als 1.Ordnung (wie vorausgesetzt), stimmen das Stabilitätsverhalten der Ruhelage $\Delta\underline{x}_R = \underline{0}$ des linearisierten Systems (1.34) und des exakten nichtlinearen Systems (1.33) in einer hinreichend kleinen Umgebung der Ruhelage überein, wenn asymptotische Stabilität oder Instabilität vorliegt. Hierauf wird im 4. Kapitel näher eingegangen. Wenn die Ruhelage des linearisierten Systems stabil, aber nicht asymptotisch stabil ist, sind gesonderte Betrachtungen notwendig. Bei einem zeitinvarianten System liegen in diesem Fall einfache Eigenwerte auf der imaginären Achse der s-Ebene. ■

(1.37) **Beispiel: Nichtlineare Schwingungsdifferentialgleichung**

Wir greifen die nichtlineare Schwingungsdgl. aus Beispiel (1.19) auf:

(1.38)
$$\begin{aligned} \dot{x}_1(t) &= \omega_o x_2(t) \\ \dot{x}_2(t) &= -\omega_o x_1(t) - ß\omega_o \left[1 - \frac{\alpha}{1+x_1^2(t)+x_2^2(t)} \right] x_2(t) \quad . \end{aligned}$$

Für $x_1^2(t) + x_2^2(t) = \alpha - 1$ verschwindet die Klammer in (1.38). Dies führt dann auf die Lösung

(1.39)
$$\begin{aligned} x_{1s}(t) &= \sqrt{\alpha-1}\, \sin(\omega_o t + \varphi_o) \\ x_{2s}(t) &= \sqrt{\alpha-1}\, \cos(\omega_o t + \varphi_o) \quad . \end{aligned}$$

Durch Verschiebung der Zeitachse erreichen wir $\varphi_o = 0$, wodurch wir im folgenden Schreibarbeit sparen.

Um diese Sollbewegung wird eine Linearisierung durchgeführt. Aus

$$\begin{aligned} f_1[x_1, x_2] &= \omega_o\, x_2 \\ f_2[x_1, x_2] &= -\omega_o x_1 - ß\omega_o \left[1 - \frac{\alpha}{1+x_1^2+x_2^2} \right] x_2 \end{aligned}$$

bestimmen wir nach (1.32) die Koeffizienten der linearisierten Differentialgleichung:

$$A_{11} = \frac{\partial f_1}{\partial x_1} = 0 \; ; \qquad A_{12} = \frac{\partial f_1}{\partial x_2} = \omega_o$$

$$A_{21} = \frac{\partial f_2}{\partial x_1} = -\omega_o - \frac{2\alpha\beta\omega_o x_1 x_2}{(1+x_1^2+x_2^2)^2}$$

$$A_{22} = \frac{\partial f_2}{\partial x_2} = -\beta\omega_o\left[1 - \frac{\alpha}{1+x_1^2+x_2^2}\right] - \frac{2\alpha\beta\omega_o x_2^2}{(1+x_1^2+x_2^2)^2} \quad .$$

Für x_1, x_2 ist die Sollbewegung x_{1s}, x_{2s} nach (1.39) einzusetzen. Es gilt $1 + x_{1s}^2 + x_{2s}^2 = \alpha$ und der 1. Term im Ausdruck für A_{22} verschwindet entlang der Sollbewegung:

$$A_{21}(t) = -\omega_o - 2\beta\omega_o \frac{\alpha-1}{\alpha} \sin\omega_o t \cos\omega_o t$$

$$A_{22}(t) = -2\beta\omega_o \frac{\alpha-1}{\alpha} \cos^2\omega_o t \quad .$$

Da keine Eingangs- und Ausgangsgrößen auftreten, entfällt die Rechnung zur Bestimmung der Matrizen $\underline{B}$, $\underline{C}$, $\underline{D}$. Das linearisierte System lautet also

$$\text{(1.40)} \quad \begin{aligned} \Delta\dot{x}_1(t) &= \omega_o \Delta x_2 \quad , \\ \Delta\dot{x}_2(t) &= -\omega_o[1 + \gamma\sin\omega_o t\cos\omega_o t]\Delta x_1(t) - \omega_o\gamma\cos^2\omega_o t\,\Delta x_2(t) \end{aligned}$$

mit $\quad \gamma := 2\beta \frac{\alpha-1}{\alpha} \quad .$

Obwohl das ursprüngliche nichtlineare System autonom (zeitinvariant) ist, erhalten wir, da die Sollbewegung zeitabhängig ist, ein nichtautonomes (zeitvariantes) linearisiertes System. Ein derartiges zeitvariantes System, bei dem keine äußere Erregung auftritt, die Koeffizienten der Dgl. jedoch periodisch in der Zeit sind, heißt <u>parametrisch erregt</u>. Das bekannteste Beispiel dieses Typs ist die Mathieusche Differentialgleichung.

Die komplizierte Struktur von (1.40) erschwert eine Stabilitätsuntersuchung; die Zustandsgrößen Δx_1, Δx_2 sind hierzu ungeschickt gewählt. Durch die (Dreh-) Transformation

$$\text{(1.41)} \quad \begin{aligned} \xi_1(t) &:= \Delta x_1(t)\cos\omega_o t - \Delta x_2(t)\sin\omega_o t \quad , \\ \xi_2(t) &:= \Delta x_1(t)\sin\omega_o t + \Delta x_2(t)\cos\omega_o t \end{aligned}$$

erhalten wir unter Auslassung der Zwischenrechnung die transformierten Zustandsdifferentialgleichungen

$$\text{(1.42)}\qquad \begin{aligned} \dot{\xi}_1(t) &= \omega_o \gamma \cos\omega_o t \sin\omega_o t\ \xi_2(t) \\ \dot{\xi}_2(t) &= -\ \omega_o \gamma \cos^2\omega_o t\ \xi_2(t) \quad . \end{aligned}$$

Die geometrische Interpretation der neuen Zustandsgrößen ξ_1, ξ_2 ist Bild 1.17 zu entnehmen: ξ_2 ist (in linearer Näherung) die radiale Abweichung des Zustandes $\underline{x}(t)$ von der Sollbewegung $\underline{x}_s(t)$, ξ_1 gibt die tangentiale Abweichung (Phase) an.

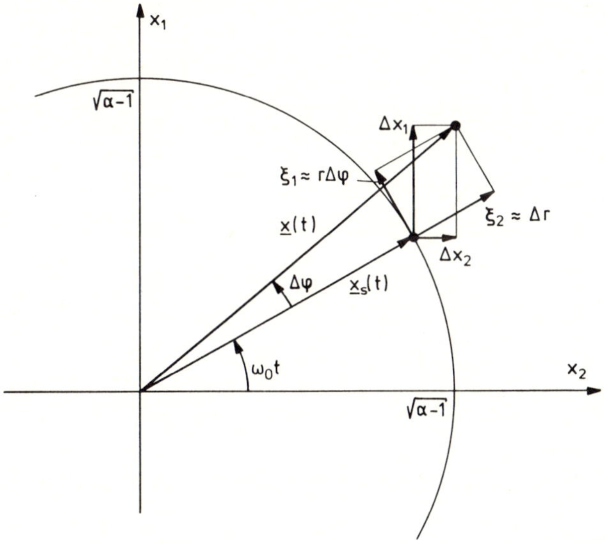

Bild 1.17: Sollbewegung $\underline{x}_s(t)$ und Abweichung von der Sollbewegung

In (1.42) ist die Stabilität der Sollbewegung (= Stabilität der Ruhelage des linearisierten Systems) wesentlich besser zu überblicken: Für $\gamma > 0$ gilt $\dot{\xi}_2 \leq 0$, wenn $\xi_2 > 0$ und $\dot{\xi}_2 \geq 0$, wenn $\xi_2 < 0$; $\xi_2(t)$ strebt für $t \to \infty$ gegen Null.

Um eine Aussage über ξ_1 zu gewinnen, gehen wir von folgender Überlegung aus: In (1.42) ist nun $\cos\omega_o t \sin\omega_o t = \frac{1}{2} \sin 2\omega_o t$ periodisch und $\xi_2(t)$ ist betragsmäßig monoton fallend. Zerlegen wir daher die Integration von $\dot{\xi}_1(t)$ in Teilintegrale über Halbwellen von $\sin 2\omega_o t$, so entsteht eine alternierende Reihe mit betragsmäßig fallenden Summanden. Eine derartige Reihe konvergiert immer; d.h. die Zustandsgröße $\xi_1(t)$ bleibt für $t \to \infty$ beschränkt, $\xi_1(t)$ strebt aber i.a. nicht gegen Null, was man sofort erkennt, wenn man den speziellen Anfangszustand $\xi_1(t_o) = \xi_{1o}$, $\xi_2(t_o) = 0$

in (1.42) einsetzt. Der Endwert, gegen den $\xi_1(\cdot)$ strebt, kann aber beliebig klein gehalten werden, wenn die Anfangsauslenkung ξ_{1o}, ξ_{2o} entsprechend klein gewählt wird.

Die Ruhelage $\Delta \underline{x}_R = \underline{0}$ bzw. $\underline{\xi}_R = \underline{0}$ des linearisierten Systems (1.40) bzw. (1.42) ist somit für $\gamma > 0$ nach Definition (1.15) stabil, aber nicht asymptotisch stabil nach Definition (1.16), obwohl ξ_2 für sich allein die Bedingung der asymptotischen Stabilität erfüllen würde.

Die Sollbewegung, um die hier linearisiert wurde, ist ein Grenzzyklus (siehe 2. Kapitel). Unter der Annahme, daß wir von der Stabilität der Ruhelage des linearisierten Modells auf die Stabilität des Grenzzyklus (Lösung der nichtlinearen Schwingungsdifferentialgleichung) schließen können, erhalten wir folgende Aussage (bei asymptotischer Stabilität ist dieser Schluß immer berechtigt, siehe Bemerkung (1.36)):

Eine gestörte Bewegung läuft für $\gamma > 0$ wieder auf die Bahnkurve der Sollbewegung, d.h. des Grenzzyklus ein (wegen $\xi_2 \to 0$), hat aber dann im allgemeinen einen Phasenfehler gegenüber der Sollbewegung, da ξ_1 zwar endlich bleibt, aber im allgemeinen nicht gegen null konvergiert. Wenn gestörte Bewegungen aus einer hinreichend kleinen Umgebung eines Grenzzyklus asymptotisch in diesen einlaufen, bezeichnet man den Grenzzyklus als asymptotisch bahnstabil (siehe Definition (2.4)). Da der Phasenfehler ξ_1 hier gegen einen konstanten Wert strebt, ist der Grenzzyklus sogar asymptotisch bahnstabil mit asymptotischer Phase (siehe Definition (2.6)).

Die für die Stabilität einfließende Bedingung $\gamma = 2\beta \frac{\alpha - 1}{\alpha} > 0$ korrespondiert genau mit der Bedingung $\beta > 0$, $\alpha > 1$, für die wir in Beispiel (1.19) die Stabilität des Grenzzyklus mit Hilfe einer Ljapunov-Funktion $V(\underline{x})$ exakt nachgewiesen haben. Somit erfährt unsere Schlußweise vom linearisierten System auf das Stabilitätsverhalten des Grenzzyklus eine nachträgliche Absicherung. ■

1.6 Systeme 2. Ordnung in der Zustandsebene

Nichtlineare Systeme 2. Ordnung sind eine vergleichsweise einfach handhabbare Klasse innerhalb der nichtlinearen Systeme. Bei Systemen 2. Ordnung existieren einige Besonderheiten, die eine separate Betrachtung nahelegen:

Die unmittelbar anschauliche Art, den Verlauf zweier Zustandsgrößen (Trajektorie) in einer Zustandsebene darstellen zu können, begünstigt unsere bildliche Vorstellungskraft.

In der Zustandsebene haben wir die topologische Besonderheit, daß eine in sich geschlossene Trajektorie die Zustandsebene in zwei nicht zusammenhängende Gebiete aufteilt.

Um ein Gefühl für unterschiedliche Verhaltensweisen von Systemen 2. Ordnung zu vermitteln, betrachten wir zunächst die lineare, zeitinvariante Differentialgleichung

$$\begin{bmatrix} \dot{x}_1(t) \\ \dot{x}_2(t) \end{bmatrix} = \begin{bmatrix} 0 & 1 \\ -a_1 & -a_0 \end{bmatrix} \begin{bmatrix} x_1(t) \\ x_2(t) \end{bmatrix} \tag{1.43}$$

ohne Eingangsgröße. Abhängig von der Eigenwertkonfiguration λ_1, λ_2 der Dgl. zeigen die Trajektorien ein jeweils typisches Verhalten. Wie aus der Theorie linearer Systeme bekannt ist, bestimmt der größte Realteil aller Eigenwerte das Stabilitätsverhalten. 6 der prinzipiell möglichen Fälle sind in Bild 1.18 dargestellt. Dabei ist in den Fällen a,b die Ruhelage $\underline{x}_R = \underline{0}$ asymptotisch stabil, in c stabil, während in den Fällen d,e,f ein instabiles Verhalten vorliegt. Der

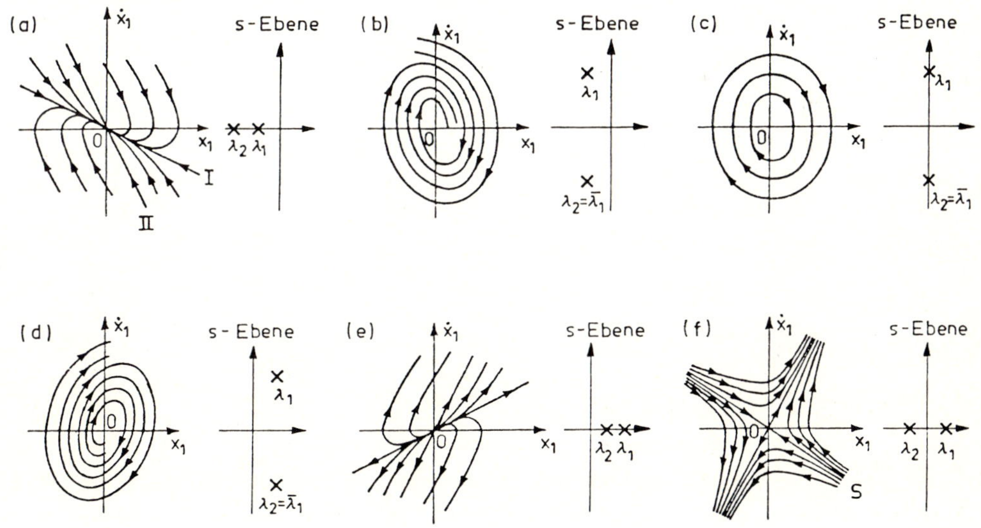

Bild 1.18: Trajektorien von linearen Systemen 2.Ordnung mit verschiedenen Eigenwertkonfigurationen

Leser beachte, daß zu einem linearen System 2. Ordnung in allgemeiner Form Trajektorien gehören, die gegenüber denen im Bild 1.18 gedreht und verzerrt sein können.

Bei nichtlinearen zeitinvarianten Systemen 2. Ordnung

$$(1.44)\quad \begin{aligned} \dot{x}_1(t) &= f_1[x_1(t),x_2(t)] \quad , \\ \dot{x}_2(t) &= f_2[x_1(t),x_2(t)] \end{aligned}$$

verschafft man sich eine grobe Skizze über den Verlauf der Trajektorien der Eigenbewegung (d.h. ohne Eingangsgröße), indem man an speziellen Stellen Richtungsfelder konstruiert:

Entlang der Lösungen der Gleichungen

$$f_1[x_1,x_2] = 0 \qquad \text{bzw.} \qquad f_2[x_1,x_2] = 0$$

gilt

$$\dot{x}_1(t) = 0 \qquad \text{bzw.} \qquad \dot{x}_2(t) = 0 \quad .$$

Die Schnittpunkte der durch $f_1[x_1,x_2] = 0$ und $f_2[x_1,x_2] = 0$ festgelegten Kurven in der Zustandsebene sind die Ruhelagen des Systems (1.44).

Weitere Aussagen über Richtungsfelder in der Zustandsebene erhält man durch formale Division der Gleichungen (1.44):

$$(1.45)\quad \frac{dx_2}{dx_1} = \frac{f_2[x_1,x_2]}{f_1[x_1,x_2]} =: g(x_1,x_2) \quad .$$

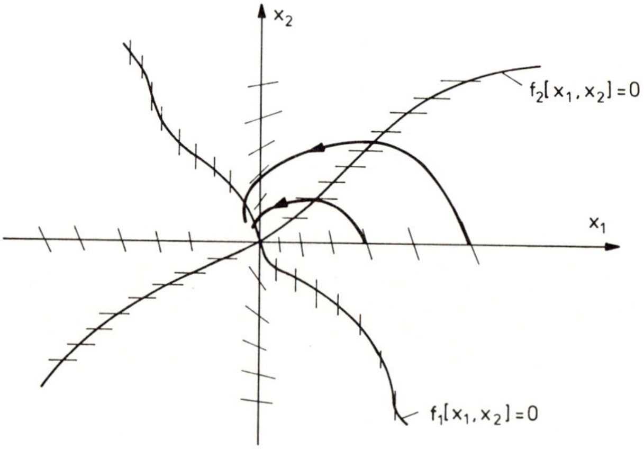

Bild 1.19: Näherungsweise Konstruktion der Trajektorien aus Richtungsfeldern

Z.B. könnte man die Richtungen der Trajektorien auf der x_1- oder der x_2-Achse durch $g(x_1,0)$ oder $g(0,x_2)$ bestimmen. Der Wert von g gibt die Steigung der Trajektorie in der x_1-x_2-Ebene an. Ebenso könnten die Richtungen entlang jeder anderen Geraden durch $g(x_1,\alpha x_1)$ bestimmt werden. Bild 1.19 zeigt eine derartige Konstruktion von Trajektorien. Durch diese Konstruktion wird nicht der Durchlaufsinn der Trajektorie ermittelt. Zu diesem Zweck geht man erneut in (1.44) und prüft für einfache Punkte die Vorzeichen von $\dot{x}_1(t)$ und $\dot{x}_2(t)$. Für den im Bild 1.19 eingezeichneten Richtungssinn scheint die Ruhelage $\underline{x}_R = \underline{0}$ asymptotisch stabil zu sein, soweit dies aus der groben Konstruktion ersichtlich ist. Bei entgegengesetztem Richtungssinn liegt die Vermutung auf Instabilität nahe.

Eine wichtige Klasse nichtlinearer Systeme sind Regelkreise, bei denen die Strecke als linear angenommen werden kann, die Eingangsgröße jedoch durch nichtlineare Stell- oder Schaltglieder (z.B. Zwei- oder Dreipunktglieder mit und ohne Hysterese) aufgeschaltet wird. Derartige Stellglieder kommen beispielsweise dann zum Einsatz, wenn Prozesse geregelt werden sollen, die mit Stellgrößen großer Leistung gespeist werden müssen (z.B. Motoren großer Leistung). Wenn kein linearer Leistungsverstärker zur Verfügung steht, der die von Meß- und Regelgliedern gelieferte Stellgröße auf den Leistungseingang der Strecke aufbringt, können lineare Regler i.a. nicht eingesetzt werden. In solchen Fällen können Regelungen mit gesteuerten Leistungsschaltern (wie beispielsweise Zweipunktgliedern) aufgebaut werden. Die Eingangsgröße der Strecke ist dann abschnittsweise konstant. Dementsprechend ist der Regelkreis bezüglich der Zeit abschnittsweise linear. Das Systemverhalten springt zwischen unterschiedlichen linearen Typen hin und her. Diese unterschiedlichen Bereiche werden bei Systemen 2. Ordnung in der Zustandsebene durch Schaltgeraden getrennt.

Wir erläutern die Untersuchung derartiger Systeme an einem Beispiel:

(1.46) <u>Beispiel: Lageregelung mit nichtlinearem Stellglied</u>

Aufgabe sei die Lageregelung eines fahrbaren Schlittens oder die Winkelpositionierung einer Welle, wobei Reibung vernachlässigt wird. Die Lagekoordinate x genügt dann der Differentialgleichung

(1.47) $$m\ddot{x}(t) = u(t) ,$$

wobei m die Trägheit (Masse oder Trägheitsmoment) und u die äußere Kraftgröße (Kraft oder Drehmoment) angibt. Das Zustandsmodell lautet mit $v(t) := \dot{x}(t)$

$$\begin{aligned} \dot{x}(t) &= v(t) \\ \dot{v}(t) &= \frac{1}{m}\, u(t) \quad . \end{aligned} \tag{1.48}$$

Bei dem Regelproblem soll es sich um eine Festwertregelung handeln, d.h. die Soll-Lage $r(t) = r_0$ nimmt einen beliebigen, aber zeitlich konstanten Wert an. Die Lageabweichung ist

$$e(t) = r_0 - x(t) \quad . \tag{1.49}$$

In Anlehnung an die einleitenden Bemerkungen zu diesem Beispiel wird ein nichtlinearer Regler (gesteuerter Leistungsschalter) der Form

$$u(t) = g[e(t),v(t)] \tag{1.50}$$

eingesetzt, der als Stellgrößen nur die Möglichkeiten

$$g[e(t),v(t)] = \left\{ \begin{matrix} u_1 \\ u_2 \\ u_3 \end{matrix} \right\} = \left\{ \begin{matrix} +A \\ -A \\ 0 \end{matrix} \right\} \tag{1.51}$$

zuläßt, die in einer noch festzulegenden Abhängigkeit von den Größen e(t) und v(t) angenommen werden.

Für diese konstanten Stellgrößen lassen sich die Differentialgleichungen (1.48) leicht integrieren und die Trajektorien ermitteln:

$$\begin{aligned} v(t) &= v_0 + \frac{u_i}{m}\, t \\ x(t) &= x_0 + v_0 t + \frac{u_i}{2m}\, t^2 \quad . \end{aligned} \tag{1.52}$$

Durch formale Division der Gleichungen (1.48) folgt

$$\frac{dv}{dx} = \frac{u_i}{mv} \;, \qquad v\,dv = \frac{u_i}{m}\, dx \;,$$

$$\frac{1}{2}\,(v^2 - v_0^2) = \frac{u_i}{m}\,(x - x_o) \quad . \tag{1.53}$$

Die Trajektorien sind für $u_{1,2} = \pm A$ Parabeln in der x-v-Ebene, für $u_3 = 0$ erhalten wir Geraden $v(t) = v_0 = \text{const.}$ Bild 1.20 zeigt die für die Regelung zur Verfügung stehenden Trajektorienscharen. Zusätzlich sind für zwei spezielle Anfangszustände die Trajektorien einer zeitoptimalen Regelung eingezeichnet, die den Sollwert r_0 erreichen.

Die Länge der Kurven hat dabei nichts mit der Zeitdauer zu tun, in der diese durchlaufen werden. Die optimale Umsteuerung unter Berücksichtigung einer Geschwindigkeitsbegrenzung (in Bild 1.20 gestrichelt) benötigt mehr Zeit, obwohl die Kurve in der Zustandsebene kürzer ist.

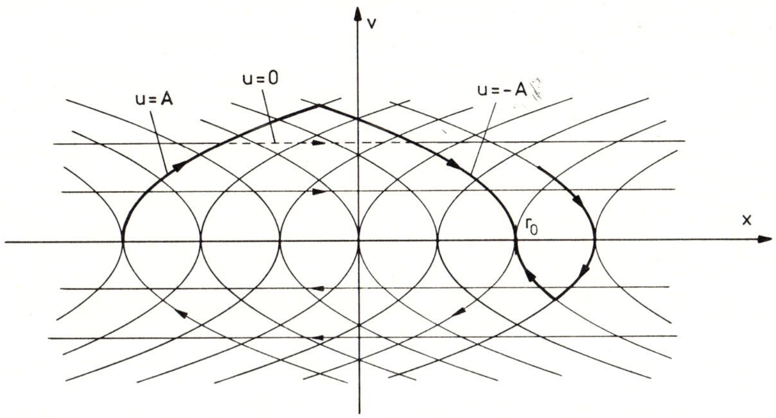

Bild 1.20: Trajektorienfelder und zeitoptimale Regelung ohne (——) und mit (---) Berücksichtigung einer Geschwindigkeitsbeschränkung

Wir versuchen, einen Regler zu entwerfen, der eine derartige optimale Umschaltung der Stellgröße u leistet oder ihr zumindest nahekommt. Wir prüfen die Eigenschaften des Regleransatzes

$$g[e,v] = \begin{cases} A & \text{für} \quad -e+cv < 0 \\ -A & \text{für} \quad -e+cv > 0 \end{cases} \quad . \tag{1.54}$$

Der Regler schaltet an der Geraden

$$e = -(x-r_0) = cv$$

von einem Trajektorienfeld zum anderen um. In Bild 21 sind die Trajektorien mit diesem Regler dargestellt. Für einen speziellen Anfangszustand liefert dieser Regler tatsächlich das gewünschte optimale Regelverhalten. Bei Abweichungen hiervon wird nicht mehr optimal geregelt. Dabei fällt eine Besonderheit auf:

Entlang eines Stücks der Schaltgeraden (gestrichelt) laufen die Trajektorien von beiden Seiten auf diese zu und finden keine Fortsetzung (nicht mit einer Ruhelage zu verwechseln!). Um das Systemverhalten in diesem Bereich zu erfassen, gehen wir von einem verzögerten Umspringen des Stellglieds aus, was wir durch eine kleine Hysterese modellieren können. Dadurch entstehen nun zwei parallele Schaltgeraden, zwischen denen die Trajektorie hin- und herläuft, was im rechten unteren Teil von Bild 1.21 dargestellt ist. Wenn die Hysterese sehr klein ist (beide Schaltgeraden liegen sehr dicht zusammen), sieht es aus, als ob die Trajektorie an der ursprünglichen Schaltgeraden heruntergleitet. Dieser Vorgang trägt den Namen Gleiteffekt oder Gleitvorgang.

Wir bemerken, daß das ursprüngliche mathematische Modell hier völlig versagt, es existiert im Gleitbereich keine Lösung der Zustandsdifferentialgleichungen. Die Modellierung ist hier nicht nur vom technischen, sondern auch vom mathematischen Gesichtspunkt unzureichend. Die Rettung über die Zusatzannahme einer kleinen Hysterese ist auch recht problematisch, wenn dies nicht tatsächlich dem realen Schaltverhalten entspricht. Allgemein kann man nur erwarten, daß der Zustand sich irgendwie auf der Schaltgeraden bewegt. Ob er aber auf den gewünschten Endzustand zugleitet, wegläuft oder auf einem Punkt der Schaltgeraden liegenbleibt, hängt möglicherweise sogar von der Wahl der Zusatzannahme ab. Statt einer Hysterese hätte man auch eine kleine tote Zone o.ä. annehmen können.

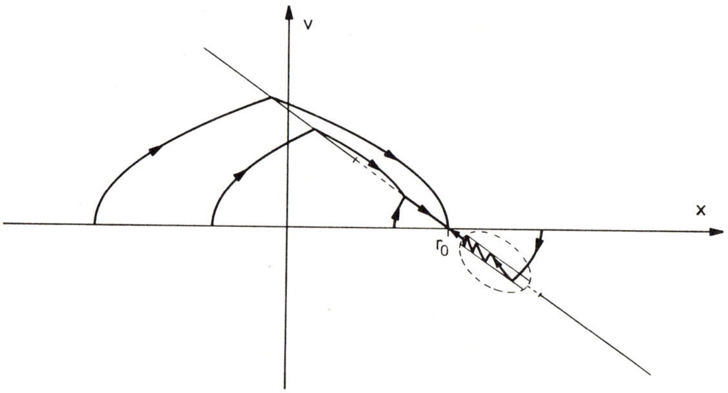

Bild 1.21: Trajektorien der Lageregelung mit einem Regler nach (1.54)

Mit dem Regler (1.54) wird zwar der Sollwert r_o erreicht, doch befriedigt das Gleiten auf der Schaltgeraden keineswegs, da das ständige schnelle Umsteuern des Stellgliedes die regelungstechnischen Möglichkeiten sehr schlecht ausnutzt und bei mechanischen Schaltgliedern zu erhöhtem Verschleiß führen kann. Wenn das Stellglied entlang der Parabel

$$x-r_o = -\frac{m}{2A} v^2 \operatorname{sgn} v$$

umschaltet, wird der Sollwert nach nur einem Schaltvorgang erreicht, wie man in Bild 1.20 erkennt und mit (1.53) nachprüft. Wir setzen also den neuen Regler

$$(1.55) \qquad g[e,v] = \begin{cases} A & \\ & \text{für} \quad -e + \frac{m}{2A} v^2 \operatorname{sgn} v \\ -A & \end{cases} \begin{matrix} < 0 \\ \\ > 0 \end{matrix}$$

an. Wie bei jedem Zweipunktglied ist auch hier nach Erreichen des Sollwerts eine ständige Oszillation zu erwarten, so daß eine Abschaltung erfolgen sollte, wenn ein Toleranzbereich

$$(1.56) \qquad |x(t)-r_0| < \delta$$

eingehalten wird. Der Bereich δ sollte so bemessen werden, daß beim Abschalten evtl. noch vorhandene Bewegungen durch bisher nicht berücksichtigte Reibung innerhalb des Toleranzbereichs zum Stillstand kommen. Bild 1.22 zeigt das vollständige Strukturbild der Strecke mit dem Regler nach (1.55), (1.56).

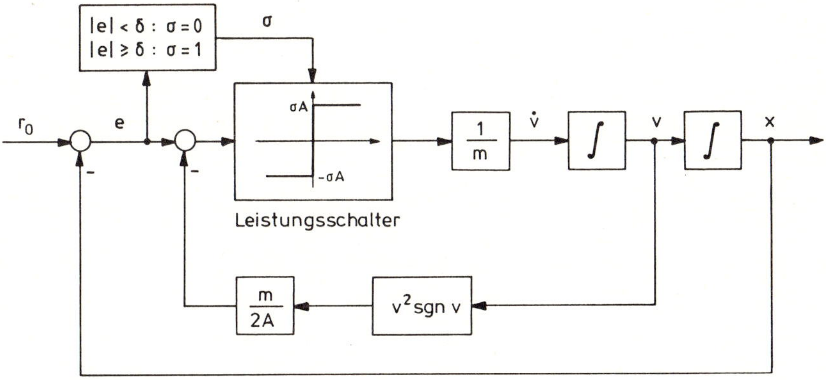

Bild 1.22: Strukturbild der Lageregelung mit einem Regler nach (1.55), (1.56)

Der so entworfene Regler erscheint sehr elegant; er leistet tatsächlich für beliebige Anfangszustände eine zeitoptimale Umsteuerung, was jedoch den höheren Aufwand eines Quadrierers im Regler erfordert. Ein Nachteil soll nicht verschwiegen werden: Die Regelstrecke ist sehr empfindlich gegenüber Parameterschwankungen. Der Grund liegt darin, daß die Konstanten A und m jeweils an zwei verschiedenen Stellen im Strukturbild auftauchen. Bei der Realisierung ist daher große Sorgfalt darauf zu verwenden, diese Konstanten im Regler genau einzustellen. Der Leser kann in Bild 1.20 schnell nachvollziehen, welchen Effekt eine nicht mehr stimmende Umschaltparabel hat. Eine zu stark geöffnete Umschaltparabel (Quotient m/A im Regler zu klein) ist einer zu spitzen Parabel vorzuziehen, da dann zwar Überschwingen, aber kein Gleiten stattfindet. Insbesondere ist daher der Regler für einen Schlitten mit unterschiedlichen Lasten ungeeignet, wenn nicht durch eine Adaptionstechnik die Konstante m im Regler nachgeführt wird. ■

1.7 Verbesserung der Dynamik von Regelkreisen mit Stellgrößenbeschränkung durch »anti-rest-windup« (ARW)

Als Abschluß des 1.Kapitels wird ein Verfahren vorgestellt, mit dem das dynamische Verhalten von Regelkreisen mit Integral-Anteil im Regler und Stellgrößenbeschränkungen verbessert werden kann. Die Verbesserung beruht darauf, daß in dem Regler bewußt nichtlineare Elemente eingearbeitet werden.

Regelkreise mit Stellgrößenbeschränkungen können mit linearen Methoden entworfen werden, wenn die Stellgrößenbeschränkungen insoweit beachtet werden, daß möglichst keine Sättigung der Stellgröße auftritt. Ist der Stellgrößenbereich jedoch sehr stark eingeschränkt, kann die Forderung der Vermeidung von Sättigungen zu wenig befriedigenden Einschränkungen des Betriebsbereichs führen. Wird andererseits der Regler auch für große Sättigungen einfach übernommen, treten in vielen Fällen erhebliche Verschlechterungen des dynamischen Verhaltens bis hin zu Instabilitäten auf. Zur Verbesserung des Regelverhaltens wäre entweder ein neuer Reglerentwurf unter voller Berücksichtigung der Nichtlinearität erforderlich. Dies ist jedoch meistens sehr schwierig. Ein anderes gängiges Verfahren zur Verbesserung des Regelverhaltens von Reglern mit I-Anteil, bei dem der ursprünglich entworfene lineare Regler als Ausgangspunkt dient, sei an einem einfachen Beispiel erläutert:

(1.57) **Beispiel: ARW bei einer Drehzahlregelung mit Stellgrößenbeschränkung**

In Bild 1.23 ist eine Geschwindigkeits- oder Drehzahlregelung mit normierten Zustandsgrößen dargestellt. Das Streckenmodell entspricht einem Gleichstrommotor, bei dem die elektrische Zeitkonstante τ berücksichtigt wurde, mechanische Reibung und Spannungsrückwirkung der Drehzahl aber vernachlässigt wurden. Die Stellgröße u (Spannung) unterliegt einer

Begrenzung, so daß nur die Größe $\hat{u}$ wirksam werden kann. Eine derartige Begrenzung kann durch die elektrischen Grenzwerte des Motors notwendig werden oder aber bei digitalem Aufbau des Reglers durch den begrenzten Aussteuerungsbereich eines D/A-Wandlers zustandekommen. Zur Regelung soll ein PI-Regler eingesetzt werden. Für die Zeitkonstante $\tau = 0{,}1$ wurden bei einem linearen Entwurf die Reglerparameter $K_P = 3{,}3$ und $K_I = 3{,}6$ gewählt, so daß ein Doppelpol der Führungsübertragungsfunktion bei $s = -3$ und ein weiterer Pol bei $s = -4$ entsteht. Mit diesen Parametern sind für die Führungssprünge $\omega_{soll} = 0{,}5;\ 1{,}0;\ 1{,}5;\ 2{,}0$ die Verläufe der Drehzahl $\omega(t)$ und der Stellgröße $\hat{u}(t)$ in Bild 1.24 dargestellt. Zur Zeit $t = 5$ wird zusätzlich die Belastung $m_{Last} = 0{,}5$ aufgeschaltet. Zum Vergleich ist für $\omega_{soll} = 2{,}0$ der Verlauf von $\omega(t)$ und $u(t)$ gestrichelt eingezeichnet, wie er bei linearem Verhalten ohne Begrenzung zu erwarten wäre. Der Hochlauf der Drehzahl mit Begrenzung geschieht langsamer als ohne Begrenzung, was aber nicht weiter zu verbessern ist, da die Stellgröße in diesem Bereich bereits voll ausgesteuert ist. Höchst unerwünscht ist aber das starke Überschwingen der Drehzahl über dem Sollwert. Diese Verschlechterung der Dynamik läßt sich unmittelbar anschaulich erklären: Während der Phase der Sättigung integriert der Regler unvermindert auf, ohne daß sich dies in einer größeren Wirkung der Stellgröße bemerkbar machen könnte, da sich diese schon in der Begrenzung befindet. Das Vorzeichen der Stellgröße kann sich erst wieder ändern, wenn der P-Anteil des Reglers den inzwischen recht groß gewordenen I-Anteil kompensiert. Die Stellgröße schaltet dann aber viel zu spät um. Dieser Effekt, der bei anderen Regelkreisen sogar zu einer aufklingenden Schwingung führen kann, hat den Namen <u>reset-windup</u> (in der angelsächsischen Literatur wird ein integraler Anteil im Regler auch als "reset" bezeichnet - setzt den stationären Regelfehler zu null).

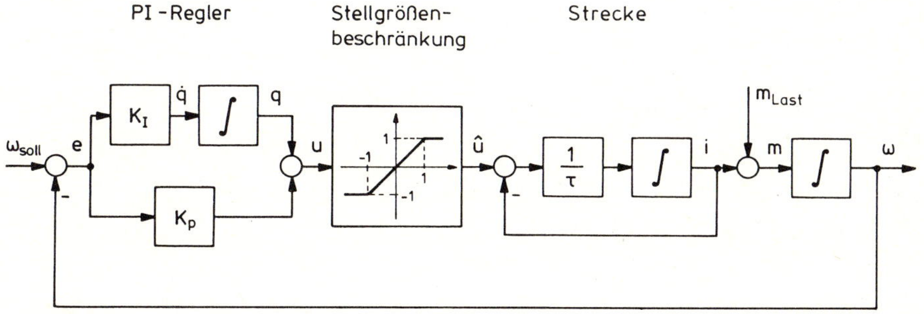

Bild 1.23: Drehzahlregelung mit Stellgrößenbeschränkung

Die einfachste Möglichkeit, das dynamische Verhalten zu verbessern, wäre, auf den Integrator im Regler zu verzichten bzw. den Parameter K_I genügend klein zu wählen. Dies ist aber wegen des nicht mehr verschwindenden stationären Regelfehlers bzw. des dann auftretenden langsamen "Kriechens" bis zum stationären Endwert nicht erwünscht (obwohl bereits die Strecke einen Integrator enthält, muß auch im Regler ein weiterer vorgesehen werden, damit der Regelfehler auch bei stationären Belastungen m_{Last} verschwindet).

Ein Kompromiß ist in der Weise möglich, bei großen Amplituden den Integrator "auszuschalten" und erst bei kleinen Amplituden diesen wieder "zuzuschalten", um dann das ursprünglich angestrebte lineare dynamische

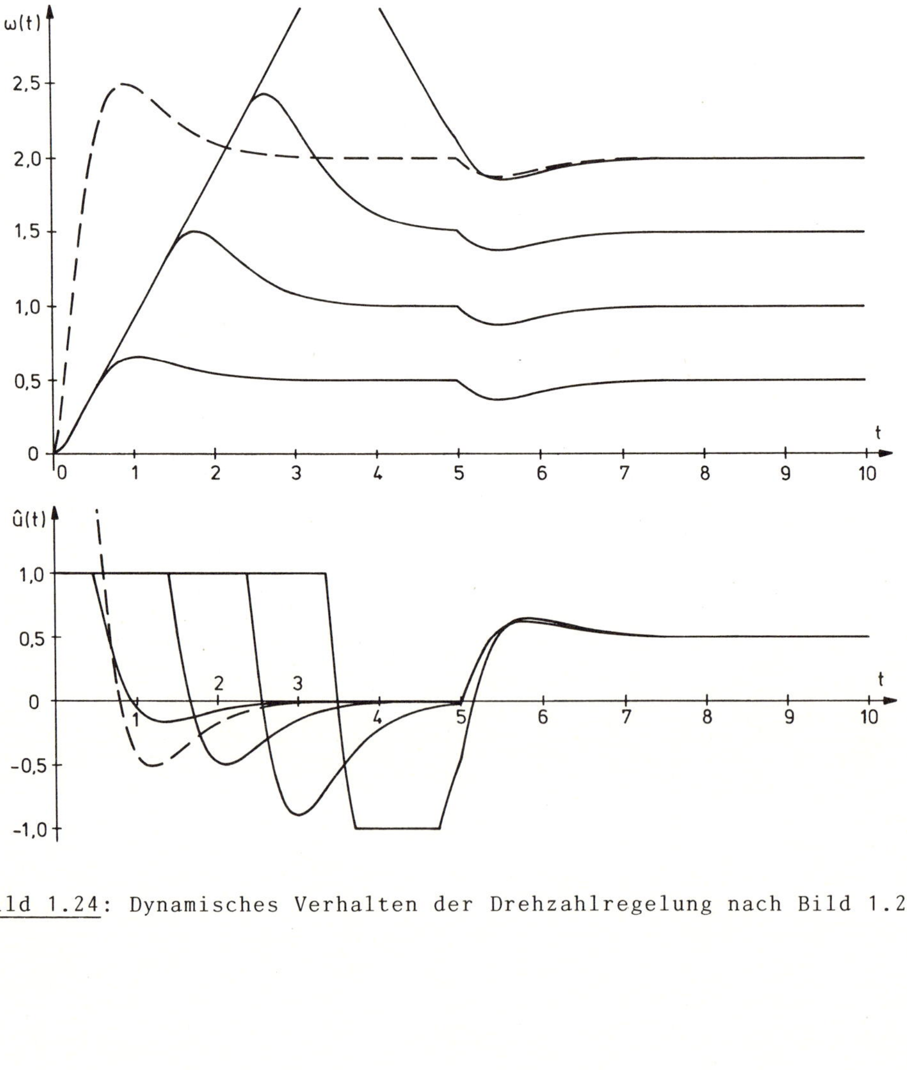

Bild 1.24: Dynamisches Verhalten der Drehzahlregelung nach Bild 1.23

Verhalten zu erreichen. Für die technische Realisierung sind mehrere Varianten denkbar (siehe Bild 1.25). Die Varianten a und b sind in Analogschaltungstechnik durch einfache Diodenrückkopplungen aufzubauen. Die Variante c benötigt einen Komparator und einen steuerbaren Schalter. Bei digitaler Realisierung des Reglers sind alle drei Varianten durch Abfragen im Regelprogramm einfach zu realisieren. Derartige Modifikationen des linearen Reglers werden als anti-reset-windup (ARW) bezeichnet.

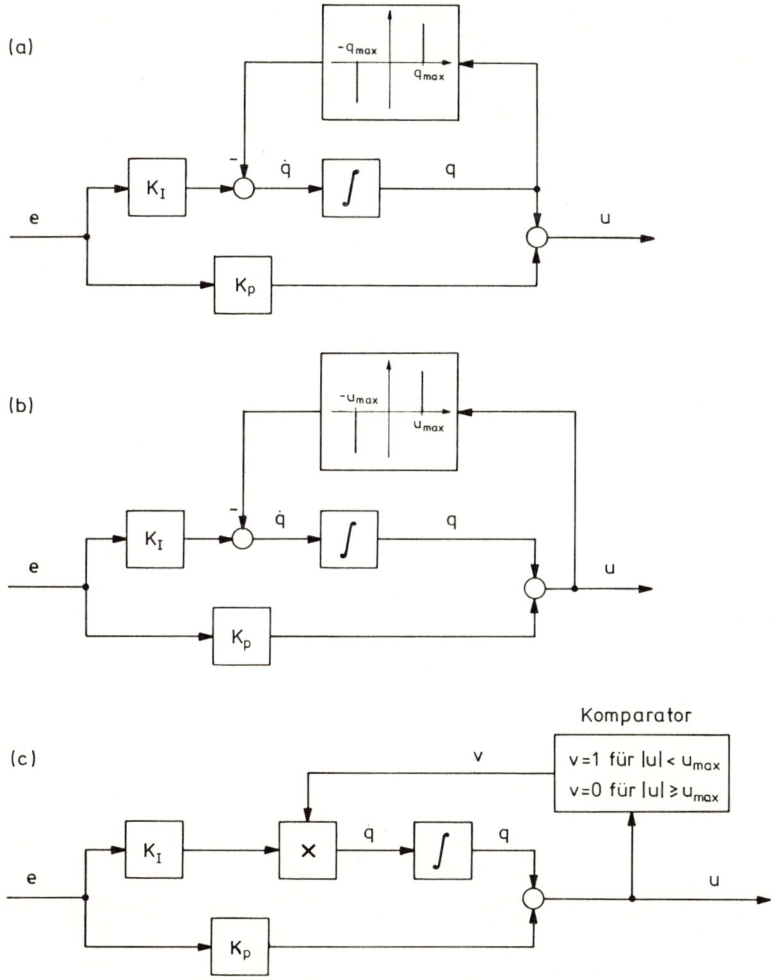

Bild 1.25: Verschiedene Varianten eines PI-Reglers mit anti-reset-windup (ARW)

Für unser Beispiel wurde ein modifizierter Regler nach Bild 1.25c gewählt: Der Integratoreingang wird null gesetzt, d.h. der Integrator hält seinen Wert, wenn die Stellgröße in die Begrenzung geht.

Bild 1.26 zeigt die damit gewonnenen Führungssprungantworten, die gegenüber dem ursprünglichen Regler eine wesentliche Verbesserung bringen. Sogar der Vergleich mit dem linearen Regelkreis ohne Begrenzung fällt in Bezug auf das Überschwingen zugunsten des Regelkreises mit Begrenzung und ARW aus. Dies legt es nahe, eine derartige PI-Regler-Modifikation auch einmal für Strecken zu testen, bei denen Begrenzungen keine Rolle spielen. In Bezug auf den Lastsprung zur Zeit t = 5 gibt es keine Veränderung, da die Stellgröße innerhalb ihrer Begrenzung verbleibt.

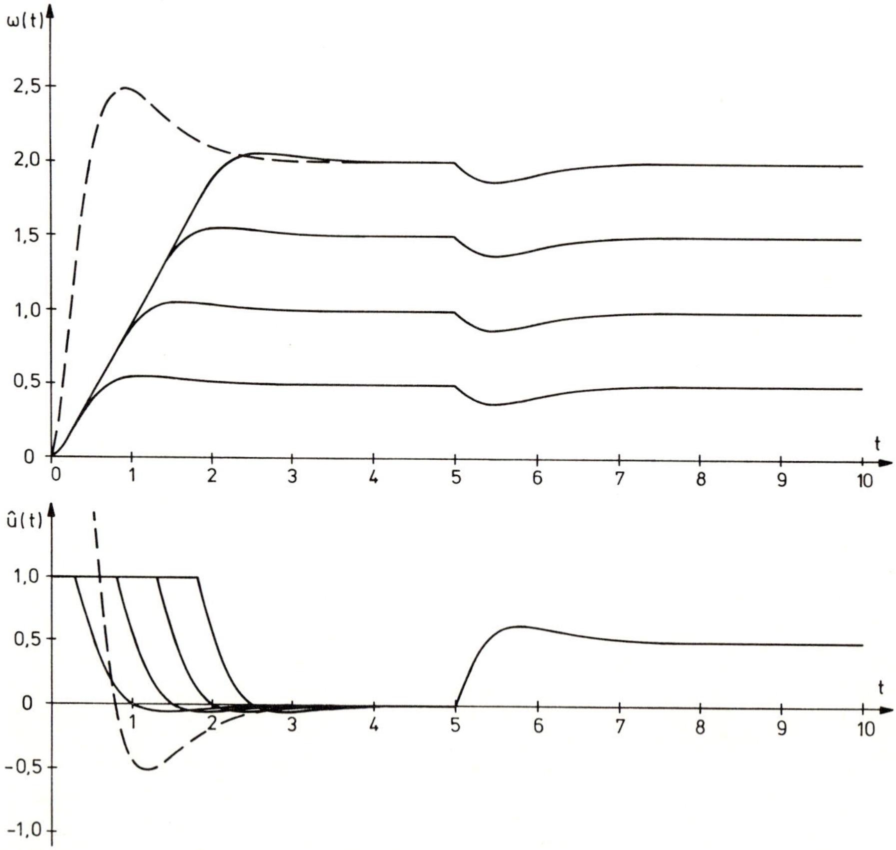

Bild 1.26: Dynamisches Verhalten der Drehzahlregelung nach Bild 1.23 mit ARW nach Bild 1.25c

Obwohl hier keine allgemeine Grundlage für die Wirkungsweise des ARW gegeben wurde, ist dies gleichwohl ein weit verbreitetes Verfahren, Verschlechterungen des dynamischen Verhaltens durch Stellgrößenbeschränkungen durch eine zusätzliche, bewußt eingebrachte Nichtlinearität im Regler zu verbessern. ■

2 Periodisches Verhalten von nichtlinearen Systemen

Sowohl bei linearen als auch bei nichtlinearen Systemen können periodische Vorgänge ohne äußere Erregung auftreten (Eigenbewegung).

Bei linearen zeitinvarianten Systemen ist dies genau dann der Fall, wenn die Systemmatrix $\underline{A}$ mindestens ein einfaches rein imaginäres Eigenwertpaar besitzt (vgl. Bild 1.18c). Dann sind bei der entsprechenden Eigenbewegung die Zustandsgrößen harmonische Funktionen (Sinus- und Cosinusfunktionen). Die Frequenz dieser Schwingung wird durch die imaginären Eigenwerte gegeben, während Amplitude und Phase beliebige Werte annehmen können, die erst durch die Anfangsbedingungen festgelegt werden. Entfernen sich die Eigenwerte aufgrund von Parameteränderungen nur minimal von der imaginären Achse, tritt statt einer harmonischen Schwingung sofort eine aufklingende oder gedämpfte Schwingung auf; das periodische Verhalten verschwindet.

Bei nichtlinearen Systemen können dagegen völlig andersartige Schwingungen beobachtet werden, bei denen nicht nur die Frequenz, sondern jetzt auch die Amplitude allein durch die Zustandsdifferentialgleichung festgelegt sind. Unterschiedliche Anfangszustände aus einem gewissen Bereich des Zustandsraumes führen dann nur zu einer anfänglichen Abweichung; nach einiger Zeit stellt sich eine vom Anfangszustand unabhängige Schwingungsamplitude ein. Im Gegensatz zu Schwingungen linearer Systeme sind derartige Schwingungen meist sehr unempfindlich gegenüber Parameteränderungen, welche nur die Amplitude und Frequenz verstimmen.

Für die Untersuchung von Schwingungen nichtlinearer Systeme werden zunächst einige Begriffe eingeführt:

2.1 Geschlossene Trajektorien und deren Stabilität

Existieren für die Zustandsdifferentialgleichung

(2.1) $\dot{\underline{x}}(t) = \underline{f}[\underline{x}(t),t]$, $\underline{x}(t) \in \mathbb{R}^n$

mit dem Anfangszustand $\underline{x}(t_0) = \underline{x}_0$ Lösungen mit der Eigenschaft

(2.2) $\underline{x}(t,t_0,x_0) = \underline{x}(t+T,t_0,\underline{x}_0)$ für alle $t \geq t_0$,

so nennen wir diese periodisch mit der Periodendauer T. Sie stellen im Zustandsraum in sich geschlossene Trajektorien dar und werden Dauerschwingungen genannt. Allerdings ist nicht jede geschlossene Trajektorie im Zustandsraum Trajektorie einer Dauerschwingung. Liegen auf dieser nämlich Ruhelagen, bewegen sich die Zustände nur von einer Ruhelage auf eine andere zu ohne den "Umlauf" zu vollenden; es findet keine periodische Bewegung statt. Auch wenn keine Ruhelagen auf der geschlossenen Trajektorie liegen, darf bei zeitvariablen Systemen noch nicht auf eine Dauerschwingung geschlossen werden, da sich aufgrund der Zeitvariabilität die Umlauffrequenz ändern könnte. Nur bei zeitinvarianten Systemen gehört genau dann zu einer geschlossenen Trajektorie eine Dauerschwingung, wenn auf der Trajektorie keine Ruhelagen liegen.

Wenn in einer hinreichend kleinen Umgebung einer Dauerschwingung keine weiteren periodischen Lösungen existieren, so nennen wir die Dauerschwingung eine Grenzschwingung bzw. bei Systemen 2. Ordnung einen Grenzzyklus. Die ungedämpften Schwingungen eines linearen Oszillators sind nach dieser Nomenklatur zwar Dauerschwingungen, jedoch keine Grenzschwingungen, da es zu jeder Dauerschwingung auch eine beliebig dicht benachbarte Dauerschwingung gibt, die aus einem leicht veränderten Anfangszustand hervorgeht.

Mit $\{\underline{x}_G\}$ bezeichnen wir eine geschlossene Trajektorie der Zustandsdifferentialgleichungen (2.1). Als Abstandsmaß eines beliebigen Zustandes $\underline{x}(t)$ von der geschlossenen Trajektorie $\{\underline{x}_G\}$ definieren wir die Größe

$$\rho(\underline{x}(t),\{\underline{x}_G\}) := \min_{\underline{x}_G} ||\underline{x}(t) - \underline{x}_G||_{\mathbb{R}^n} ,$$

die den kleinsten euklidischen Abstand zwischen dem Zustand $\underline{x}(t)$ und der Menge aller Zustände der geschlossenen Trajektorie angibt. Damit führen wir für geschlossene Trajektorien einige Stabilitätsbegriffe ein, die aufgrund der Vorbemerkungen auch die Stabilität von Dauer- und Grenzschwingungen bzw. Grenzzyklen einschließen.

(2.3) Definition (Bahnstabilität):

Eine geschlossene Trajektorie $\{\underline{x}_G\}$ der Zustandsgleichung (2.1) heißt bahnstabil, wenn zu jedem $\varepsilon > 0$ ein $\delta(\varepsilon) > 0$ existiert, so daß aus

$$\rho(\underline{x}(t_0), \{\underline{x}_G\}) < \delta(\varepsilon)$$

die Ungleichung

$$\rho(\underline{x}(t), \{\underline{x}_G\}) < \varepsilon \qquad \text{für alle } t \geq t_0$$

folgt. ■

(2.4) Definition (Asymptotische Bahnstabilität):

Eine geschlossene Trajektorie $\{\underline{x}_G\}$ der Zustandsgleichung (2.1) heißt asymptotisch bahnstabil, wenn $\{\underline{x}_G\}$ bahnstabil ist und zusätzlich für alle Trajektorien aus einer hinreichend kleinen Umgebung von $\{\underline{x}_G\}$ gilt:

$$\lim_{t\to\infty} \rho(\underline{x}(t), \{\underline{x}_G\}) = 0 \quad .$$ ■

Nach unserer Begriffsbildung ist eine asymptotisch bahnstabile geschlossene Trajektorie immer eine Grenzschwingung.

(2.5) Definition (Semibahnstabilität):

Tritt bei einem System 2. Ordnung

$$\dot{\underline{x}}(t) = \underline{f}[\underline{x}(t), t] \quad , \qquad \underline{x}(t) \in \mathbb{R}^2 \quad ,$$

eine geschlossene Trajektorie $\{\underline{x}_G\}$ auf, zerlegt diese die Zustandsebene in zwei Bereiche (zwei disjunkte Teilmengen). Erfüllt $\{\underline{x}_G\}$ die Bedingung der (asymptotischen) Bahnstabilität nur für Zustände aus einem der beiden Bereiche, sprechen wir von (asymptotischer) Semibahnstabilität (vgl. Bild 2.1b). Dieser Begriff kann nur auf Systeme 2. Ordnung angewendet werden. ■

(2.6) Definition (Asymptotische Bahnstabilität mit asymptotischer Phase):

Wenn zusätzlich zur asymptotischen Bahnstabilität für jede Lösung $\underline{x}(t)$ aus einer hinreichend kleinen Umgebung der Grenzschwingung $\{\underline{x}_G\}$ eine Konstante Δt existiert, so daß

$$\lim_{t\to\infty} ||\underline{x}(t) - \underline{x}_G(t+\Delta t)||_{\mathbb{R}^n} = 0 \quad ,$$

so heißt die Grenzschwingung $\{\underline{x}_G\}$ asymptotisch bahnstabil mit asymptotischer Phase. ■

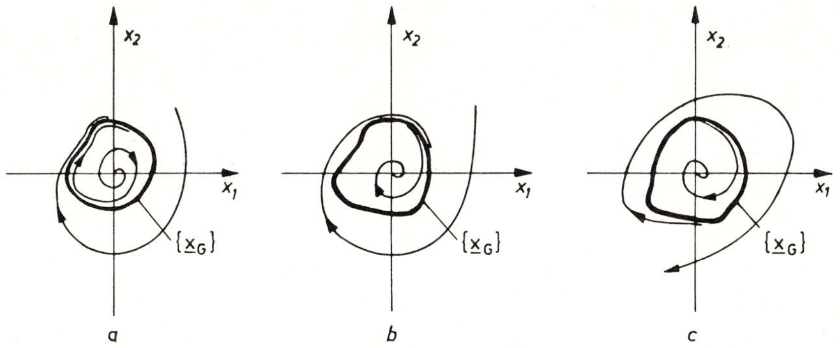

Bild 2.1: Stabilitätsverhalten von Grenzzyklen
a: asymptotisch bahnstabil
b: asymptotisch semibahnstabil
c: instabil

Die obige Bedingung ähnelt der Forderung der asymptotischen Stabilität (i.S.v. Ljapunov) der Sollbewegung $\underline{x}_G$ nach Definition (1.35).

In der Definition (2.6) darf jedoch die Zeitverschiebung Δt für jedes $\underline{x}(t)$ passend gewählt werden, was in Definition (1.35) nicht vorgesehen ist. Die asymptotische Stabilität einer Sollbewegung ist also eine schärfere Aussage als die der asymptotischen Bahnstabilität mit asymptotischer Phase.

Zum Verständnis dieser Zusammenhänge erinnern wir uns an das Beispiel (1.37), bei dem eine nichtlineare Schwingungsdifferentialgleichung um einen als Sollbewegung gewählten Grenzzyklus linearisiert und auf Stabilität i.S.v. Ljapunov untersucht wurde.

2.2 Nichtlineare Systeme 2. Ordnung

Für nichtlineare Systeme 2. Ordnung existieren einige Sätze und Näherungsmethoden zur Untersuchung von Dauerschwingungen und Grenzzyklen, die sich nicht auf Systeme höherer Ordnung übertragen lassen. Die Ursache ist darin zu sehen, daß nur für Systeme 2. Ordnung geschlossene Trajektorien die (zweidimensionale) Zustandsebene in punktfremde (disjunkte) Teilmengen aufteilen.

2.2.1 Untersuchungen von Dauerschwingungen und Grenzzyklen

(2.7) Satz von Bendixon (Nichtexistenz von Dauerschwingungen):

Sei M ein einfach zusammenhängendes Gebiet in der Zustandsebene. Für ein nichtlineares zeitinvariantes System 2. Ordnung der Form

(2.8)
$$\dot{x}_1(t) = f_1[x_1(t), x_2(t)]$$
$$\dot{x}_2(t) = f_2[x_1(t), x_2(t)] \quad ,$$

bei dem die Funktionen f_1 und f_2 stetig partiell nach x_1 und x_2 differenzierbar sind, existiert keine ganz in M liegende Dauerschwingung, wenn

(2.9)
$$\operatorname{div} \underline{f}(x_1, x_2) = \frac{\partial f_1}{\partial x_1} + \frac{\partial f_2}{\partial x_2}$$

auf M konstantes Vorzeichen besitzt. ■

Beweis:

Sei G ein ganz in M liegendes einfach zusammenhängendes Gebiet, dessen Rand ∂G die Trajektorie einer vermuteten Dauerschwingung von (2.8) sei. Der Gaußsche Integralsatz für 2 Dimensionen lautet bei Anwendung auf das Gebiet G

$$\iint_G \operatorname{div} \underline{f}(x_1, x_2) dx_1 dx_2 = \oint_{\partial G} \left[f_1(x_1, x_2) dx_2 - f_2(x_1, x_2) dx_1 \right].$$

Längs jeder Trajektorie von (2.8) gilt aber

$$\frac{dx_2}{dx_1} = \frac{f_2(x_1, x_2)}{f_1(x_1, x_2)}$$

bzw.

$$f_1(x_1, x_2) dx_2 - f_2(x_1, x_2) dx_1 = 0 \quad .$$

Damit würde, wenn ∂G Trajektorie einer Dauerschwingung ist, die rechte Seite im Gaußschen Integralsatz verschwinden. Andererseits ist aufgrund des konstanten Vorzeichens von div $\underline{f}$ in G die linke Seite ungleich null, so daß ein Widerspruch zur Annahme vorliegt, daß ∂G die Trajektorie einer Dauerschwingung ist. Dieselbe Überlegung gilt für jedes beliebige ganz in M liegende einfach zusammenhängende G, womit der Satz bewiesen ist. ■

Für nichtlineare Systeme 2. Ordnung, die in der Standardform

$$\text{(2.10)} \qquad \begin{aligned} \dot{x}_1(t) &= x_2(t) \\ \dot{x}_2(t) &= -\omega^2\, x_1(t) + \varepsilon\, f(x_1(t), x_2(t)) \end{aligned}$$

vorliegen (bzw. in diese transformiert werden können), wobei ε als hinreichend klein angenommen wird, sind spezielle Aussagen über evtl. auftretende Grenzzyklen möglich, die im folgenden behandelt werden. Das Verhalten eines Systems nach (2.10) wird geprägt durch einen dominierenden linearen Systemanteil und einen nichtlinearen Störanteil.

Der nachstehende Satz erlaubt eine hinreichende Aussage über die asymptotische Bahnstabilität eines Grenzzyklus von (2.10):

(2.11) Satz (Asymptotische Bahnstabilität eines Grenzzyklus):

In dem System (2.10) sei die Funktion f differenzierbar. Das System besitze einen Grenzzyklus $\underline{x}_G(\cdot,\varepsilon)$, der für $\varepsilon = 0$ in die periodische Lösung

$$\text{(2.12)} \qquad \begin{aligned} x_1^0(t) &= a \sin(\omega t + \varphi_0) \\ x_2^0(t) &= a\omega \cos(\omega t + \varphi_o) \end{aligned}$$

übergeht. Dann ist der Grenzzyklus $\underline{x}_G(\cdot,\varepsilon)$ für hinreichend kleines $\varepsilon > 0$ <u>asymptotisch bahnstabil mit asymptotischer Phase</u>, wenn

$$\text{(2.13)} \qquad \int_0^{\frac{2\pi}{\omega}} \frac{\partial f}{\partial x_2}\,(x_1^0(t), x_2^0(t))\,dt < 0$$

gilt (Beweis siehe HALE [2.4]). ■

(2.14) Eine Näherungsmethode zur Untersuchung von Grenzzyklen

Aufgrund von Näherungsbetrachtungen werden für das System (2.10) unter der Annahme eines hinreichend kleinen ε zwei Bedingungen hergeleitet, mit denen die Existenz und die asymptotische Bahnstabilität von Grenzzyklen überprüft werden können. Gleichzeitig sind die Beziehungen zur Berechnung der Amplituden und Frequenzen von Grenzzyklen verwendbar.

Zur Herleitung wird die Differentialgleichung (2.10) in Polarkoordinaten (r,φ) überführt. Das Argument t wird im folgenden weggelassen. Mit

$$\text{(2.15)} \qquad \begin{aligned} x_1 &= r \sin\varphi \\ x_2 &= r\,\omega \cos\varphi \end{aligned}$$

geht (2.10) über in

$$\dot{r}\sin\varphi + r\dot{\varphi}\cos\varphi = r\,\omega\cos\varphi$$
$$\dot{r}\cos\varphi - r\dot{\varphi}\sin\varphi = -r\omega\sin\varphi + \frac{\varepsilon}{\omega}f(r\sin\varphi, r\omega\cos\varphi),$$

wobei die 2. Gleichung durch ω dividiert wurde. Nach Multiplikation der Gleichungen mit $\sin\varphi$ und $\cos\varphi$ bzw. $\cos\varphi$ und $-\sin\varphi$ erhält man durch Addition die neuen Zustandsdifferentialgleichungen

$$\text{(2.16)}\qquad \dot{r} = \frac{\varepsilon}{\omega}g(r,\varphi), \qquad \dot{\varphi} = \omega - \frac{\varepsilon}{r\omega}h(r,\varphi)$$

mit den Abkürzungen

$$g(r,\varphi) := f(r\sin\varphi,\ r\omega\cos\varphi)\cos\varphi$$
$$h(r,\varphi) := f(r\sin\varphi,\ r\omega\cos\varphi)\sin\varphi \quad .$$

Für $\varepsilon = 0$ hat (2.16) und damit (2.10) die Lösungen

$$r^0(t) = a, \qquad \varphi^0(t) = \omega t + \delta, \qquad a,\delta \in \mathbb{R} \quad .$$

Durch formale Division der Differentialgleichungen (2.16) für r und φ erhalten wir

$$\frac{dr}{d\varphi} = \frac{\varepsilon}{\omega}\,\frac{g(r,\varphi)}{\omega - \frac{\varepsilon}{r\omega}h(r,\varphi)} \quad .$$

In erster Näherung für ε lautet diese Gleichung

$$\text{(2.17)}\qquad \frac{dr}{d\varphi} = \frac{\varepsilon}{\omega^2}g(r,\varphi) \quad .$$

Der Differentialquotient $dr/d\varphi$ kann durch hinreichend kleines ε beliebig klein gemacht werden, so daß während eines Umlaufs die Größe r näherungsweise konstant ist. Wir setzen die Näherung $r(t) = a$ in die rechte Seite von (2.17) ein:

$$\frac{dr}{d\varphi} = \frac{\varepsilon}{\omega^2}g(a,\varphi) \quad .$$

Eine Integration liefert

$$\text{(2.18)}\qquad \Delta r := r(2\pi) - r(0) = \frac{\varepsilon}{\omega^2}\int_0^{2\pi} g(a,\varphi)\,d\varphi =: \frac{\varepsilon}{\omega^2}G(a) \ .$$

Für eine periodische Lösung gilt $\Delta r = 0$. Die Gleichung

(2.19) $$G(a_G) = 0$$

ist somit eine Bedingung für die Existenz eines Grenzzyklus, aus der wir die Amplitude a_G bestimmen können. Damit asymptotische Bahnstabilität vorliegt, muß gelten

(2.20) $$\Delta r = \frac{\varepsilon}{\omega^2} G(a) \lessgtr 0 \qquad \text{für} \quad a \gtrless a_G \; .$$

Das Vorzeichen von G(a) in einer Umgebung von a_G bestimmt also das Stabilitätsverhalten. Ist nur eine der Bedingungen (2.20) erfüllt, liegt asymptotische Semibahnstabilität vor. Sind beide Bedingungen nicht erfüllt, ist der Grenzzyklus instabil.

$\varepsilon G(a<a_G)$	$\varepsilon G(a>a_G)$	
+	-	asymptotisch bahnstabil
-	+	instabil
+	+	asymptotisch semibahnstabil
-	-	

Das Vorzeichen von ε hat also maßgeblichen Einfluß auf die Stabilität. Ein für $\varepsilon > 0$ stabiler Grenzzyklus ist für $\varepsilon < 0$ instabil. Für kleine ε läßt sich aus den Vorzeichen von G(a) auch der Einzugsbereich des Grenzzyklus bestimmen. Ist G(a) an der Stelle a_G differenzierbar und ist $G'(a_G) \neq 0$, so läßt sich die Stabilitätsbedingung (2.20) einfacher in der Form

(2.21) $$\varepsilon G'(a_G) < 0$$

schreiben. Für die Frequenz des Grenzzyklus $\omega_G(\varepsilon) := 2\pi/T(\varepsilon)$ ergibt sich aus (2.16)

$$\frac{d\varphi}{dt} = \omega - \frac{\varepsilon}{a_G \omega} h(a_G, \varphi) = \omega\left(1 - \frac{\varepsilon}{a_G \omega^2} h(a_G, \varphi)\right) .$$

Nach Trennung der Variablen und Berücksichtigung der für kleine x gültigen Näherung $(1 \pm x)^{-1} \approx 1 \mp x$ erhalten wir durch Integration

$$\int_0^{T(\varepsilon)} dt = \frac{1}{\omega} \int_0^{2\pi} \left(1 + \frac{\varepsilon}{a_G \omega^2} h(a_G, \varphi)\right) d\varphi \qquad ,$$

(2.22)
$$T(\varepsilon) = \frac{1}{\omega}\left(2\pi + \frac{\varepsilon}{a_G\omega^2}\int_0^{2\pi} h(a_G,\varphi)d\varphi\right) ,$$
$$\omega_G(\varepsilon) = \omega\left(1 - \frac{\varepsilon}{2\pi a_G\omega^2} H(a_G)\right)$$

mit
$$H(a) := \int_0^{2\pi} h(a,\varphi)d\varphi = \int_0^{2\pi} f(a\sin\varphi, a\omega\cos\varphi)\sin\varphi \, d\varphi .$$

Bild 2.2 ist die Existenz zweier Grenzzyklen mit den Amplituden a_{G1} und a_{G2} zu entnehmen. Für $\varepsilon > 0$ ist der Grenzzyklus a_{G1} asymptotisch bahnstabil, da dort entsprechend (2.21) G(a) negative Steigung besitzt. Der zweite Grenzzyklus ist für $\varepsilon > 0$ instabil.

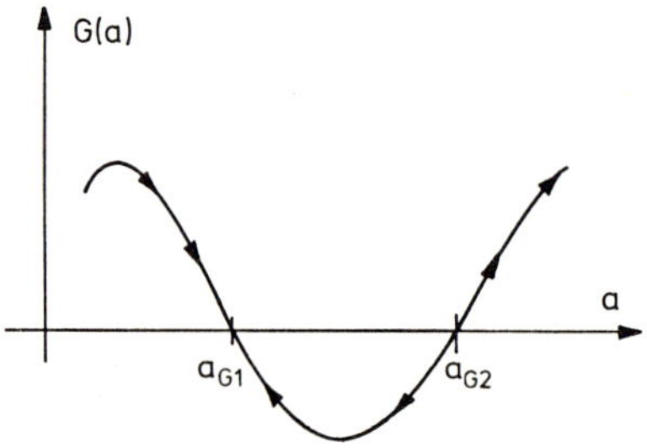

Bild 2.2: Zur Stabilitätsaussage nach (2.21) ∎

(2.23) **Bemerkung:**

Ist eine Abspaltung eines kleinen nichtlinearen Anteils $\varepsilon f(x_1,x_2)$ wie in (2.10) scheinbar nicht möglich, so wählen wir den Parameter ω in (2.10) gleich dem noch unbekannten ω_G, wodurch wir am ehesten einen "kleinen" nichtlinearen Rest $\tilde{f}$ erwarten dürfen:
$$\dot{x}_2 = -\omega_G^2 x_1 + \tilde{f}(x_1,x_2;\omega_G) .$$

Gleichung (2.19) ist dann mit ω_G parametrisiert und lautet

(2.24)
$$\tilde{G}(a_G;\omega_G) := \int_0^{2\pi} \tilde{f}(a_G\sin\varphi, a_G\omega_G\cos\varphi)\cos\varphi \, d\varphi = 0 .$$

Wegen $\omega = \omega_G(\varepsilon) = \omega_G$ bekommen wir aus (2.22) die weitere Bedingung

(2.25)
$$\tilde{H}(a_G;\omega_G) := \int_0^{2\pi} \tilde{f}(a_G\sin\varphi, a_G\omega_G\cos\varphi)\sin\varphi \, d\varphi = 0 .$$

Aus den Gleichungen (2.24), (2.25) können a_G und ω_G bestimmt werden.

Die Stabilitätsbedingung (2.21) erhält jetzt die Form

(2.26) $$\frac{\partial \tilde{G}}{\partial a}(a_G;\omega_G) < 0 \ .$$

Die Größen $\tilde{G}(a_G;\omega_G)$ und $\tilde{H}(a_G;\omega_G)$ sind bis auf einen Vorfaktor $1/\pi$ die Fourierkoeffizienten 1. Ordnung der Funktion $\tilde{f}(a_G\sin\varphi,\ a_G\omega_G\cos\varphi)$. Diese müssen nach (2.24) und (2.25) verschwinden. Somit erfährt die Annahme eines "kleinen" nichtlinearen Rests $\tilde{f}$ eine gewisse nachträgliche Absicherung. ■

2.2.2 Beispiele

In drei Beispielen werden die Beziehungen des letzten Abschnitts angewendet. In Beispiel (2.28) (Temperaturregelung) findet ein Vergleich zwischen den rechnerisch ermittelten und den bei einer Analogrechnersimulation gemessenen Werten für die Grenzzyklusfrequenz und Grenzzyklusamplitude statt.

(2.27) Beispiel: Grenzschwingungen der Van-der-Pol-Differentialgleichung

Die autonome Van-der-Pol-Differentialgleichung

$$\ddot{x}(t) + \varepsilon\left[x^2(t)-1\right]\dot{x}(t) + \omega^2 x(t) = 0 \ , \qquad \omega > 0$$

besitzt einen schwach nichtlinearen Dämpfungsterm $\varepsilon(x^2(t) - 1)$, der in Abhängigkeit von $x(t)$ abwechselnd positiv und negativ werden kann, so daß von der Anschauung her das Auftreten einer Grenzschwingung möglich erscheint. Zur weiteren Untersuchung wird die Differentialgleichung mit Hilfe der Zustandsgrößen $x_1(t) := x(t)$, $x_2(t) := \dot{x}(t)$ auf die Standardform (2.10) gebracht:

$$\begin{aligned} \dot{x}_1(t) &= x_2(t) \\ \dot{x}_2(t) &= -\omega^2 x_1(t) + \varepsilon\left[1 - x_1^2(t)\right] x_2(t) \ . \end{aligned}$$

Mit $$f(x_1,x_2) := (1 - x_1^2)x_2$$

lautet die Existenzbedingung (2.19) für periodische Lösungen

$$G(a_G) = \omega\int_0^{2\pi}\left[1-a_G^2\sin^2\varphi\right]a_G\cos^2\varphi\, d\varphi = \pi\omega a_G\left[1-\frac{a_G^2}{4}\right] = 0 \ .$$

Diese liefert die (nichtnegativen) Lösungen

$$a_{G1} = 0 \quad \text{und} \quad a_{G2} = 2 \quad .$$

Die zu a_{G1} gehörige "entartete" Grenzschwingung ist die Ruhelage der Van-der-Pol-Differentialgleichung. Zur Stabilitätsuntersuchung der Grenzschwingungen ist nach (2.21) das Vorzeichen von

$$G'(a) = \pi\omega \left(1 - \frac{3}{4} a^2\right)$$

an den Stellen a_{G1} und a_{G2} zu betrachten:

$$G'(a_{G1}) = \pi\omega > 0 \quad \rightarrow \text{Instabilität für } \varepsilon > 0$$

$$G'(a_{G2}) = -2\pi\omega < 0 \rightarrow \text{Asymptotische Bahnstabilität für } \varepsilon > 0 \; .$$

Für $\varepsilon < 0$ gelten die umgekehrten Schlußfolgerungen. Die Frequenz des stabilen Grenzzyklus ist nach (2.22) näherungsweise

$$\omega_G(\varepsilon) = \omega - \frac{\varepsilon}{2\pi a_G \omega} \int_0^{2\pi} \left[1 - a_G^2 \sin^2\varphi\right] a_G \cos\varphi \, \sin\varphi \, d\varphi = \omega \quad .$$

Durch das nichtlineare Dämpfungsglied wird die harmonische Frequenz ω in 1. Näherung nicht verändert.

Eine andere Möglichkeit zu prüfen, ob überhaupt eine Grenzschwingung existieren kann, bietet der Satz (2.7) von Bendixson. Danach darf

$$\operatorname{div} \underline{f}(x_1, x_2) = \varepsilon(1 - x_1^2)$$

kein konstantes Vorzeichen haben, wenn ein Grenzzyklus existieren soll. Dies schließt einen Grenzzyklus allein im Gebiet $|x_1| < 1$ oder im Gebiet $|x_1| > 1$ aus. Die oben bestimmte Grenzschwingung mit $x_1(t) = 2 \sin\varphi(t)$ ist dagegen möglich. Wir erhalten somit eine gewisse Absicherung unserer Näherungsbetrachtungen.

Andererseits ist in unserem Beispiel die Nichtlinearität differenzierbar, so daß auch der Satz (2.11) anwendbar ist. Es gilt

$$\int_0^{\frac{2\pi}{\omega}} (1 - 4\sin^2\omega t)dt = \frac{1}{\omega} \int_0^{2\pi} (1 - 4\sin^2\alpha)d\alpha = \frac{2\pi}{\omega}(1-2) < 0 \; .$$

Der Grenzzyklus ist somit für ein hinreichend kleines ε asymptotisch bahnstabil mit asymptotischer Phase. Auch hier ist eine Übereinstimmung zwischen der Näherungsmethode (2.14) und der hinreichenden Bedingung nach Satz (2.11) vorhanden. ■

(2.28) Beispiel: Grenzschwingungen einer Temperaturregelung

Zu untersuchen sind (meistens unerwünschte) Grenzschwingungen einer Festwert-Temperatur-Regelung nach Bild 2.3. Die Regelstrecke (der zu regelnde Prozeß) wird durch ein Verzögerungsglied 1. Ordnung mit der Zeitkonstanten $\tau = c/\lambda$ modelliert (c Wärmekapazität, λ Wärmeleitfähigkeit). Der abgeführte ("verlorengehende") Wärmestrom $q_a(t)$ hängt von der Differenz zwischen der zu regelnden Prozeßtemperatur T(t) und der hier konstant angenommenen Außentemperatur T_a ab. Über einen Motor, dessen Eigendynamik hier vernachlässigt wird (was im Zusammenhang mit gemeinhin langsamen Temperaturregelstrecken meistens erlaubt ist), wird die Klappenstellung s(t) einer Lüftung bzw. die Stellung eines Ventils einer Brennstoffzufuhr verändert, wodurch der zugeführte Wärmestrom $q_e(t)$ eingestellt wird. Die Stellgröße s(t) unterliegt einer technisch bedingten Begrenzung, die hier jedoch nicht explizit berücksichtigt wird, da der Regler bereits so ausgelegt sein möge, daß s(t) innerhalb dieser Begrenzung verbleibt. Als Regler wird ein Zweipunktglied mit Hysterese (Bimetallstreifen) eingesetzt, welches eine Spannung u auf den Motor schaltet und damit dessen Drehzahl ändert. Die Regeldifferenz (der Regelfehler) $\vartheta(t) = T_s - T(t)$ (T_s konstante Sollwerttemperatur) wird direkt auf das Zweipunktglied aufgebracht.

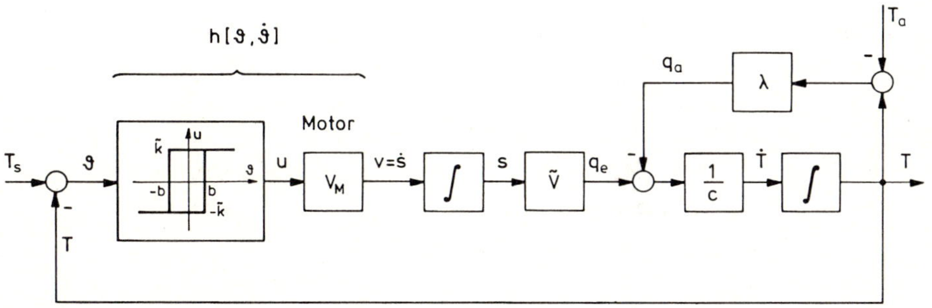

Bild 2.3: Temperaturregelung

Entsprechend dem Strukturbild 2.3 lauten die Systemgleichungen

$$
\begin{aligned}
c\,\dot{T}(t) &= q_e(t) - q_a(t) \\
q_a(t) &= \lambda(T(t) - T_a) \\
q_e(t) &= \tilde{V}\,s(t) \\
\dot{s}(t) &= h[\vartheta(t), \dot{\vartheta}(t)] \\
\vartheta(t) &= T_s - T(t)
\end{aligned} \tag{2.29}
$$

Hierbei ist der Motorverstärkungsfaktor V_M mit der Hysteresekennlinie zu einer neuen Hysteresekennlinie $h[\vartheta(t), \dot{\vartheta}(t)]$ zusammengefaßt, deren Ausgangsamplitude $k := \tilde{k}\, V_M$ ist. Durch Einsetzen der Systemgleichungen folgt

$$
\begin{aligned}
-c\,\dot{\vartheta}(t) &= c\,\dot{T}(t) = q_e(t)-q_a(t) = \tilde{V}s(t)-\lambda\left[T(t)-T_a\right] \\
&= \tilde{V}s(t) + \lambda\vartheta(t) - \lambda(T_s-T_a) \,.
\end{aligned}
$$

Mit Hilfe der transformierten Stellgröße

$$\Delta s(t) = s(t) - s_o = s(t) - \frac{\lambda}{\tilde{V}}(T_s-T_a)$$

erhalten wir die Zustandsdifferentialgleichungen

$$
\begin{aligned}
c\,\dot{\vartheta}(t) &= -\lambda\vartheta(t) - \tilde{V}\,\Delta s(t) \quad , \\
\Delta\dot{s}(t) &= h[\vartheta(t), \dot{\vartheta}(t)] \quad ,
\end{aligned} \tag{2.30}
$$

in denen explizit keine Eingangsgröße mehr auftritt. Da die Nichtlinearität h nicht differenzierbar ist, soll die Näherungsmethode (2.14) zur Untersuchung von Grenzschwingungen angewendet werden, die diese Voraussetzung nicht verlangt. Um die Zustandsdifferentialgleichungen (2.30) in die Standardform (2.10) zu bringen, gehen wir mit der Änderungsgeschwindigkeit $\delta(t)$ des Temperaturregelfehlers $\vartheta(t)$, Differentiation der 1. Gleichung und Einsetzen der 2. Gleichung auf das Zustandsmodell

$$
\begin{aligned}
\dot{\vartheta}(t) &= \delta(t) \\
\dot{\delta}(t) &= -\frac{\lambda}{c}\,\delta(t) - \frac{\tilde{V}}{c}\,h[\vartheta(t),\delta(t)]
\end{aligned}
$$

über. Gemäß der Bemerkung (2.23) wird die rechte Seite der Differentialgleichung für $\dot{\delta}(t)$ aufgespalten und man erhält

$$
\begin{aligned}
\dot{\vartheta}(t) &= \delta(t) \\
\dot{\delta}(t) &= -\omega_G^2\vartheta(t) + \tilde{f}[\vartheta(t),\delta(t);\omega_G]
\end{aligned}
$$

mit der Funktion

$$\tilde{f}[\vartheta(t),\delta(t);\omega_G] := \omega_G^2\vartheta(t) - \frac{\lambda}{c}\,\delta(t) - \frac{\tilde{V}}{c}\,h[\vartheta(t),\delta(t)]$$

$$= \omega_G^2\vartheta(t) - \frac{1}{\tau}\Big[\delta(t) + V\,h[\vartheta(t),\delta(t)]\Big] \tag{2.31}$$

und den Abkürzungen

$$\tau := \frac{c}{\lambda}\;; \quad V := \frac{\tilde{V}}{\lambda} \;.$$

Als erste Bedingung zur Bestimmung der Amplitude und Frequenz einer Grenzschwingung wird (2.24) ausgewertet:

$$\tilde{G}(a_G;\omega_G) = \int_0^{2\pi} \tilde{f}(a_G\sin\varphi, a_G\omega_G\cos\varphi)\cos\varphi\, d\varphi = 0$$

$$= a_G\omega_G^2 \int_0^{2\pi} \sin\varphi\,\cos\varphi\, d\varphi$$

$$- \frac{1}{\tau}\Big[a_G\omega_G \int_0^{2\pi} \cos^2\varphi\, d\varphi + V\int_0^{2\pi} h(a_G\sin\varphi, a_G\omega_G\cos\varphi)\cos\varphi\, d\varphi\Big].$$

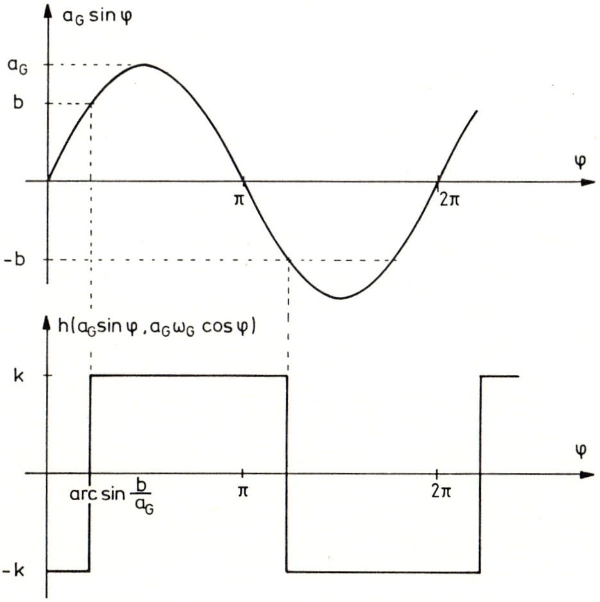

Bild 2.4: Antwort der Hysterese h auf eine harmonische Erregung

Das erste Integral verschwindet aufgrund der Orthogonalität der Funktionen sin und cos über dem Intervall 2π. Das zweite Integral hat den Wert π . Zur Bestimmung des 3. Integrals ziehen wir Bild 2.4 heran, welches die Antwort der Hysteresekennlinie h auf eine harmonische Eingangsgröße darstellt, wie sie im Integranden auftritt. Wir erhalten

$$\tilde{G}(a_G;\omega_G) = \frac{1}{\tau}\left[-a_G\omega_G\pi + 4\,\frac{Vkb}{a_G}\right] = 0 \,, \tag{2.32}$$

woraus folgt

$$a_G^2\omega_G\pi = 4\,V\,k\,b \,. \tag{2.33}$$

Als zweite Bedingung muß (2.25) gelten:

$$\tilde{H}(a_G;\omega_G) = \int_0^{2\pi} \tilde{f}(a_G\sin\varphi,\ a_G\omega_G\cos\varphi)\sin\varphi\,d\varphi = 0$$

$$= a_G\omega_G^2\int_0^{2\pi}\sin^2\varphi\,d\varphi$$

$$- \frac{1}{\tau}\left[a_G\omega_G\int_0^{2\pi}\cos\varphi\sin\varphi d\varphi + V\int_0^{2\pi} h(a_G\sin\varphi, a_G\omega_G\cos\varphi)\sin\varphi\,d\varphi\right] .$$

Nach Ausführung der Integration, wobei für das letzte Integral erneut der Zusammenhang nach Bild 2.4 verwendet wird, ergibt sich

$$\tilde{H}(a_G;\omega_G) = a_G\omega_G^2\pi - 4\,\frac{Vk}{\tau}\sqrt{1-\left[\frac{b}{a_G}\right]^2} = 0 \,, \tag{2.34}$$

woraus folgt

$$\omega_G^2 = \frac{4}{\pi}\,\frac{V\,k}{\tau\,a_G}\sqrt{1-\left[\frac{b}{a_G}\right]^2} \,. \tag{2.35}$$

Eliminieren wir a_G aus (2.33) und (2.35), so ergibt sich eine kubische Bestimmungsgleichung für ω_G :

$$\omega_G^3 + \frac{1}{\tau^2}\,\omega_G - \frac{4}{\pi}\,\frac{V\,k}{b\tau^2} = 0 \,. \tag{2.36}$$

Da die Koeffizienten der Potenzen von ω_G positiv sind und der Absolutterm negativ ist, gibt es immer eine positiv reelle Lösung ω_G. Ebenso erhält man dann aus (2.33) eine positiv reelle Lösung a_G, woraus wir auf die Existenz eines Grenzzyklus schließen dürfen. Die Stabilitätsbedingung (2.26) kann geprüft werden, ohne ω_G und a_G explizit zu kennen: Nach (2.32) ist

$$(2.37) \qquad \frac{\partial \tilde{G}}{\partial a}(a_G;\omega_G) \;=\; -\frac{1}{\tau}\left[\omega_G \pi + 4\,\frac{Vkb}{a_G^2}\right] < 0 \quad .$$

Alle Größen in der Klammer sind positiv, dementsprechend ist der Grenzzyklus asymptotisch bahnstabil.

In Tabelle (2.38) sind die nach (2.36) und (2.33) berechneten und die bei einer Analogrechnersimulation gemessenen Werte von a_G und ω_G für unterschiedliche Werte von b und V dargestellt. In allen Fällen ist $k = 0{,}5$ und $\tau = 5s$ gewählt. Die Abweichung von etwa 5% befriedigt angesichts der verwendeten Näherungsmethode durchaus.

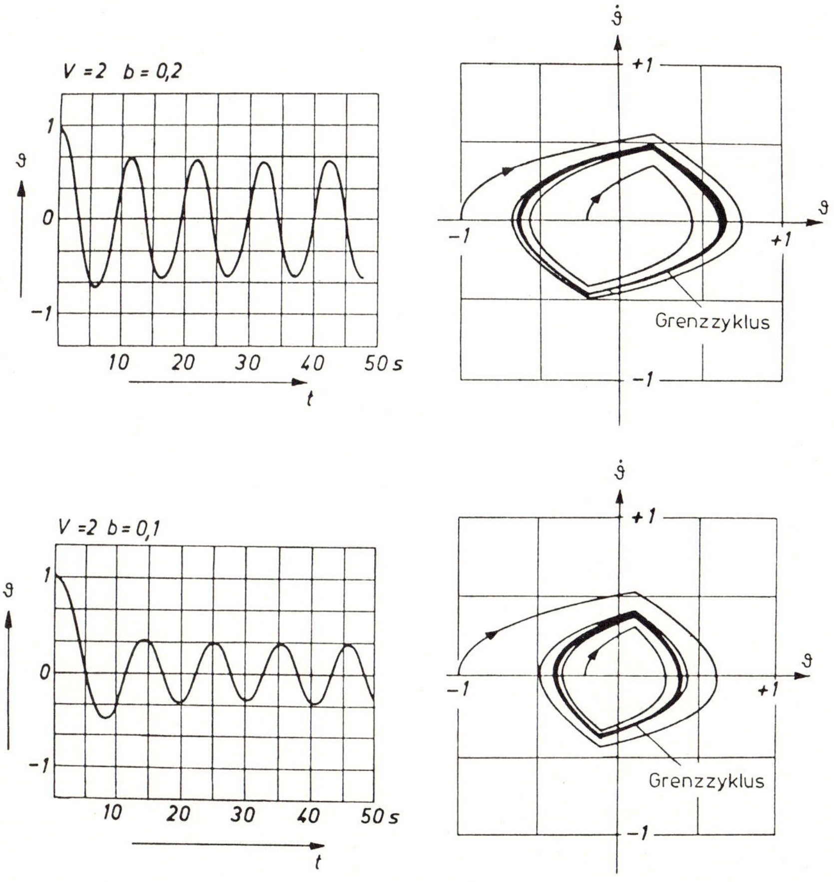

Bild 2.5: Zeitlicher Verlauf des Temperaturregelfehlers $\vartheta(t)$ und der Trajektorien für unterschiedliche Werte von b und V im Regelkreis nach Bild 2.3

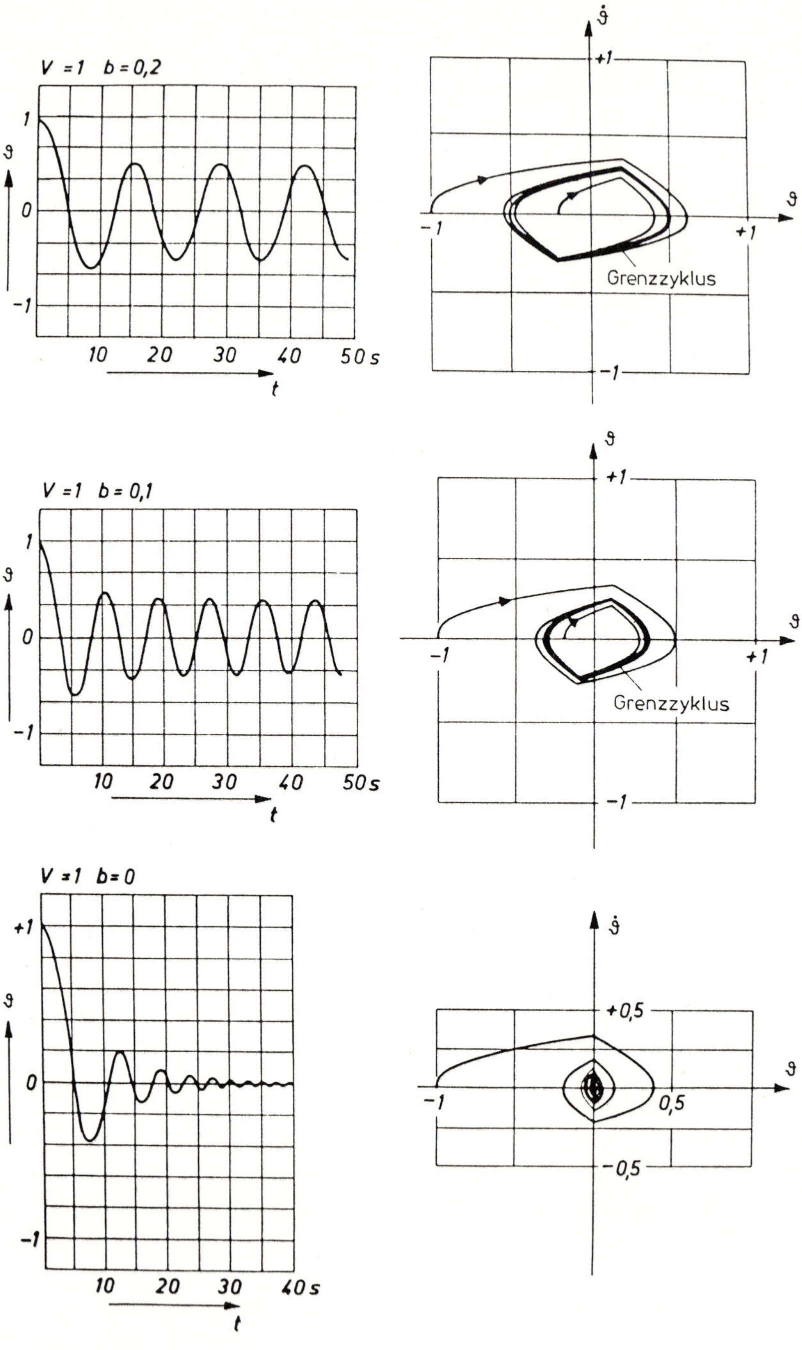

Bild 2.5: (Fortsetzung)

(2.38) Tabelle: Berechnete und gemessene Kennwerte der Grenzschwingung

Kennwerte		Berechnung		Messung		Differenz	
b	V	a_G	$\omega_G[s^{-1}]$	a_G	$\omega_G[s^{-1}]$	Δa_G	$\Delta\omega_G$
0,2	1	0,517	0,477	0,5	0,465	0,02	0,01
0,1	1	0,322	0,613	0,31	0,628	0,01	- 0,02
0,2	2	0,645	0,613	0,63	0,628	0,02	- 0,02
0,1	2	0,456	0,782	0,4	0,785	0,06	≈ 0

In Bild 2.5 sind das Zeitverhalten und die Trajektorien des Regelkreises (Analogrechnersimulationen) für unterschiedliche Kombinationen der Parameter b und V dargestellt. Je kleiner die Hysteresebreite b gewählt wird, desto höher wird die Grenzschwingungsfrequenz ω_G und desto geringer wird die Amplitude a_G. Da a_G die Amplitude des Regelfehlers ϑ ist, erscheint eine möglichst kleine Wahl von b günstig. Dabei darf aber die Belastung des Schaltgliedes durch die hohe Schaltfrequenz nicht übersehen werden. ■

(2.39) **Beispiel: Dauerschwingungen der Volterraschen Differentialgleichungen**

Wenn in einem ökologischen System zwei Tierarten in einer "Räuber-Beute-Beziehung" zueinander stehen und sonstige Umwelteinflüsse keinen wesentlichen Einfluß auf die Entwicklung der beiden Arten haben, dann genügen die (normierte) Anzahl der Räuber ($x_1(t)$) und die (normierte) Anzahl der Beutetiere ($x_2(t)$) näherungsweise den sogenannten Volterraschen Differentialgleichungen

(2.40)
$$\begin{aligned} \dot{x}_1(t) &= -\alpha_1\, x_1(t) + \beta_1\, x_1(t)x_2(t) \\ \dot{x}_2(t) &= \alpha_2\, x_2(t) - \beta_2\, x_1(t)x_2(t) \end{aligned}$$

(siehe KNODEL, KULL [2.9], Seite 35-37). Hierbei sind α_1, α_2, β_1 und β_2 positive Konstanten, die durch das ökologische System (und die Normierung) festgelegt sind. Anhand der Differentialgleichungen (2.40) wurden Gesetze abgeleitet (Volterrasche Gesetze), die gut mit der Realität übereinstimmen und in der Ökologie häufig Anwendung finden. So konnten anhand von (2.40) beobachtete, periodische Schwankungen in den Anzahlen von Räubern und Beutetieren mathematisch erklärt werden. Aus diesem Grund werden die Volterraschen Differentialgleichungen in diesem Beispiel auf Dauer- bzw. Grenzschwingungen untersucht, wobei die Näherungsmethode (2.14) angewendet wird. Aus $\dot{x}_1(t) = 0$, $\dot{x}_2(t) = 0$ bestimmen wir die Ruhelagen

$$\underline{x}_{R1} = \underline{0} \quad ,$$
$$\underline{x}_{R2} = \left[\frac{\alpha_2}{\beta_2} , \frac{\alpha_1}{\beta_1} \right]^T \quad .$$

Aufgrund der Positivität der normierten Anzahlen $x_1(t)$ und $x_2(t)$ und der Eigenschaften des um $\underline{x}_{R1} = \underline{0}$ linearisierten Differentialgleichungssystems (bei Linearisierung um $\underline{x}_{R1} = \underline{0}$ verschwinden die Produktterme in (2.40)) sind Dauerschwingungen um $\underline{x}_{R1}$ nicht zu erwarten. Aus diesem Grunde stellen wir mit den Abkürzungen

$$\Delta x_1(t) := x_1(t) - \frac{\alpha_2}{\beta_2}$$
$$\Delta x_2(t) := x_2(t) - \frac{\alpha_1}{\beta_1}$$

das nichtlineare Modell der Änderungen um die Ruhelage $\underline{x}_{R2}$ auf:

$$\Delta\dot{x}_1(t) = -\alpha_1 \left[\Delta x_1(t) + \frac{\alpha_2}{\beta_2}\right] + \beta_1 \left[\Delta x_1(t) + \frac{\alpha_2}{\beta_2}\right]\left[\Delta x_2(t) + \frac{\alpha_1}{\beta_1}\right]$$

$$\Delta\dot{x}_2(t) = \alpha_2 \left[\Delta x_2(t) + \frac{\alpha_1}{\beta_1}\right] - \beta_2 \left[\Delta x_1(t) + \frac{\alpha_2}{\beta_2}\right]\left[\Delta x_2(t) + \frac{\alpha_1}{\beta_1}\right] \quad ,$$

$$\Delta\dot{x}_1(t) = \beta_1 \, \Delta x_2(t) \left[\Delta x_1(t) + \frac{\alpha_2}{\beta_2}\right]$$
(2.41)
$$\Delta\dot{x}_2(t) = -\beta_2 \, \Delta x_1(t) \left[\Delta x_2(t) + \frac{\alpha_1}{\beta_1}\right] \quad .$$

Linearisieren wir dieses System in Gedanken um $\underline{x}_{R2}$, so verschwinden die Produktterme der Zustandsgrößen und wir erhalten eine lineare ungedämpfte Schwingungsdifferentialgleichung mit der Frequenz $\omega = \sqrt{\alpha_1\alpha_2}$, so daß Dauerschwingungen von (2.41) um $\underline{x}_{R2}$ nicht unwahrscheinlich sind.

Um das Differentialgleichungssystem (2.41) zur Anwendung der Näherungsmethode in die Standardform (2.10) zu bringen, gehen wir auf die Zustandsgrößen

$$x(t) := \Delta x_1(t) \quad ; \quad v(t) = \Delta\dot{x}_1(t)$$

über. Dann gilt die Gleichung

$$v(t) = \beta_1 \, \Delta x_2(t) \left[x(t) + \frac{\alpha_2}{\beta_2} \right] \quad ,$$

die wir nach der alten Zustandsgröße $\Delta x_2(t)$ auflösen können:

$$\Delta x_2(t) = \frac{v(t)}{\beta_1\left[x(t) + \frac{\alpha_2}{\beta_2}\right]} .$$

Wir differenzieren die erste der Gleichungen (2.41) nach der Zeit t und setzen die zweite Gleichung ein:

$$\begin{aligned} \dot{v}(t) &= \beta_1 \Delta\dot{x}_2(t)\left[\Delta x_1(t) + \frac{\alpha_2}{\beta_2}\right] + \beta_1 \Delta x_2(t)\Delta\dot{x}_1(t) \\ &= -\beta_1\beta_2\Delta x_1(t)\left[\Delta x_2(t) + \frac{\alpha_1}{\beta_1}\right]\left[\Delta x_1(t) + \frac{\alpha_2}{\beta_2}\right] + \beta_1\Delta x_2(t)\Delta\dot{x}_1(t) . \end{aligned}$$

Werden $\Delta x_1(t)$, $\Delta x_2(t)$ durch $x(t)$, $v(t)$ ausgedrückt, kommen wir auf die gewünschte Standardform:

$$\begin{aligned} \dot{v}(t) &= -\beta_1\beta_2\, x(t)\left[\frac{v(t)}{\beta_1\left[x(t) + \frac{\alpha_2}{\beta_2}\right]} + \frac{\alpha_1}{\beta_1}\right]\left[x(t) + \frac{\alpha_2}{\beta_2}\right] + \frac{v^2(t)}{x(t) + \frac{\alpha_2}{\beta_2}} \\ &= -\beta_2\, x(t)\left[v(t) + \alpha_1\left[x(t) + \frac{\alpha_2}{\beta_2}\right]\right] + \frac{v^2(t)}{x(t) + \frac{\alpha_2}{\beta_2}} , \end{aligned}$$

$$\textbf{(2.42)} \quad \begin{aligned} \dot{x}(t) &= v(t) \\ \dot{v}(t) &= -\alpha_1\alpha_2\, x(t) - \alpha_1\beta_2\, x^2(t) - \beta_2\, x(t)v(t) + \frac{v^2(t)}{x(t) + \frac{\alpha_2}{\beta_2}} . \end{aligned}$$

Entsprechend der Bemerkung (2.23) wird in der rechten Seite der Differentialgleichung für v die Funktion

$$\tilde{f}[x,v;\omega_G] = (\omega_G^2 - \alpha_1\alpha_2)x - \alpha_1\beta_2 x^2 - \beta_2 xv + \frac{v^2}{x + \frac{\alpha_2}{\beta_2}}$$

abgespalten. Als Existenzbedingung müssen die Gleichungen (2.24) und (2.25),

$$\tilde{G}(a_G;\omega_G) = 0 , \qquad \tilde{H}(a_G;\omega_G) = 0 ,$$

erfüllt sein. Es ergibt sich

$$\tilde{G}(a_G;\omega_G) = \int_0^{2\pi} \tilde{f}[a_G\sin\varphi, a_G\omega_G\cos\varphi]\cos\varphi \, d\varphi$$

$$= (\omega_G^2 - \alpha_1\alpha_2)a_G \int_0^{2\pi} \sin\varphi\cos\varphi d\varphi - \alpha_1 ß_2 a_G^2 \int_0^{2\pi} \sin^2\varphi \cos\varphi \, d\varphi$$

$$- ß_2 a_G^2 \omega_G \int_0^{2\pi} \sin\varphi\cos^2\varphi \, d\varphi + a_G^2\omega_G^2 \int_0^{2\pi} \frac{\cos^3\varphi}{\left[\sin\varphi + \frac{\alpha_2}{ß_2}\right]} d\varphi \quad .$$

Alle vier Integrale sind null, wie man aufgrund von Symmetrieeigenschaften der Integranden recht schnell erkennen kann. Die Bedingung $\tilde{G}(a_G;\omega_G) = 0$ ist identisch erfüllt und liefert daher keine Gleichung zur Bestimmung von a_G, ω_G. Für $\tilde{H}(a_G;\omega_G)$ erhalten wir

$$\tilde{H}(a_G;\omega_G) = \int_0^{2\pi} \tilde{f}[a_G\sin\varphi, a_G\omega_G\cos\varphi]\sin\varphi \, d\varphi$$

$$= (\omega_G^2 - \alpha_1\alpha_2)a_G \int_0^{2\pi} \sin^2\varphi \, d\varphi - \alpha_1 ß_2 a_G^2 \int_0^{2\pi} \sin^3\varphi \, d\varphi$$

$$- ß_2 a_G^2 \omega_G \int_0^{2\pi} \cos\varphi \sin^2\varphi d\varphi + a_G^2\omega_G^2 \int_0^{2\pi} \frac{\cos^2\varphi \sin\varphi}{\left[\sin\varphi + \frac{\alpha_2}{ß_2}\right]} d\varphi \quad .$$

Das erste Integral hat den Wert π, das zweite und dritte sind null. Das vierte Integral kürzen wir mit I ab. Aus $\tilde{H}(a_G;\omega_G) = 0$ ergibt sich

$$(\omega_G^2 - \alpha_1\alpha_2)\pi + a_G\omega_G^2 I = 0$$

(2.43)
$$\omega_G^2 = \alpha_1\alpha_2\left[1 + \frac{a_G I}{\pi}\right]^{-1} .$$

Dies ist die einzige Beziehung zwischen ω_G und a_G. Nach der Näherungsmethode ist somit jede Schwingungsamplitude a_G möglich, woraus wir auf Dauerschwingungen, nicht jedoch auf Grenzschwingungen schließen können. Durch (2.43) werden die zu Amplituden a_G gehörigen Frequenzen ω_G festgelegt, woraus sich für kleine Schwingungsamplituden $\omega_G \approx \sqrt{\alpha_1\alpha_2}$ ergibt. Diese Frequenz erhält man auch bei der Untersuchung des um die Ruhelage $\underline{x}_{R2}$ linearisierten Modells. Erstaunlicherweise hängt sie nicht von den Koeffizienten $ß_1$, $ß_2$ der Koppelterme in den Differentialgleichungen (2.40) ab. Zur Angabe der Frequenz ω_G bei größeren Amplituden a_G muß das Integral I berechnet werden.

Die Auswertung der Stabilitätsbedingung (siehe (2.26)) führt auf

$$\frac{\partial \tilde{G}}{\partial a}(a_G, \omega_G) \equiv 0 ,$$

da $\tilde{G}$ identisch null ist. Diese Bedingung läßt auf bahnstabile, nicht jedoch asymptotisch bahnstabile Dauerschwingungen schließen.

In Bild 2.6 sind für die Parametersätze $\alpha_1 = \beta_1 = 1$, $\alpha_2 = \beta_2 = 10$ und $\alpha_1 = \beta_1 = 2$, $\alpha_2 = \beta_2 = 5$ einige Trajektorien (Koordinaten x_1, x_2) um die (für beide Fälle gültige) Ruhelage $\underline{x}_{R2} = [1, 1]^T$ dargestellt. Die Trajektorien sind in Übereinstimmung mit den Ergebnissen unserer Näherungsbetrachtung periodisch und bahnstabil, nicht jedoch asymptotisch bahnstabil. Der ganze erste Quadrant der x_1-x_2-Ebene wird durch bahnstabile Dauerschwingungen um die Ruhelage $\underline{x}_{R2}$ überdeckt. Im Falle $\alpha_1 = \beta_1 = \alpha_2 = \beta_2$ sind die Dauerschwingungen symmetrisch zur Winkelhalbierenden $x_1 = x_2$.

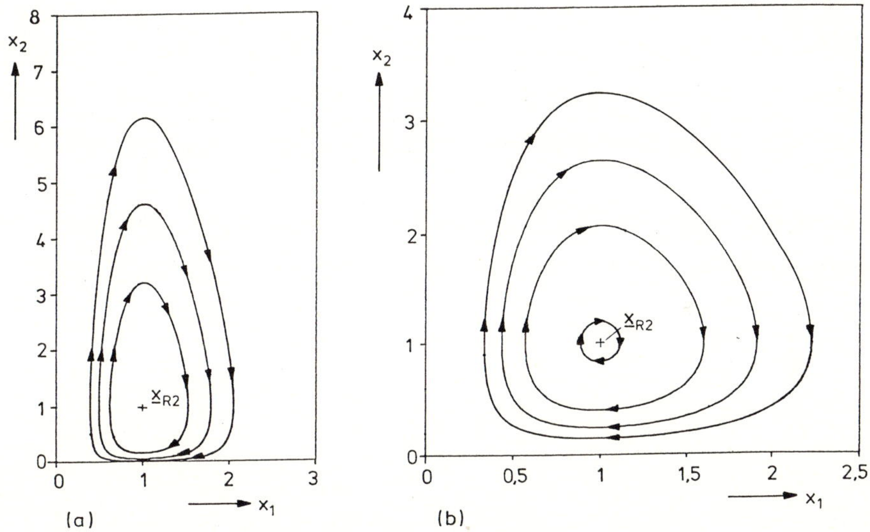

Bild 2.6: Dauerschwingungen der Volterraschen Differentialgleichungen
Fall a: $\alpha_1 = \beta_1 = 1$; $\alpha_2 = \beta_2 = 10$
Fall b: $\alpha_1 = \beta_1 = 2$; $\alpha_2 = \beta_2 = 5$ ■

2.2.3 Zusammenhänge zwischen der Existenz von Ruhelagen und Dauerschwingungen

Für zeitinvariante Systeme 2. Ordnung ohne Eingangsgröße der Form

$$\dot{\underline{x}}(t) = \underline{f}[\underline{x}(t)] \quad ; \quad \underline{x}(t) \in \mathbb{R}^2 \tag{2.44}$$

existieren Sätze, mit deren Hilfe auf die Existenz von Ruhelagen und Dauerschwingungen in einem beschränkten abgeschlossenen Gebiet M geschlossen werden kann. Voraussetzung für die Anwendung der Sätze ist, daß die Funktion $\underline{f}$ auf M eine Lipschitzbedingung bezüglich $\underline{x}$ erfüllt (siehe Definition (A1.6)). Dies sei im folgenden angenommen.

(2.45) Satz (Existenz einer Ruhelage):

Sei M einfach zusammenhängend und $\{\underline{x}_G\}$ eine ganz in M verlaufende Trajektorie einer Dauerschwingung. Dann existiert mindestens eine Ruhelage der Differentialgleichung (2.44) im Inneren des durch $\{\underline{x}_G\}$ berandeten Gebiets. ■

(2.46) Satz (Nichtexistenz einer geschlossenen Trajektorie):

Sei M einfach zusammenhängend. Wenn sich in M keine Ruhelage der Differentialgleichung (2.44) befindet, dann existiert keine ganz in M liegende, geschlossene Trajektorie von (2.44). ■

Der Beweis dieses Satzes folgt unmittelbar aus Satz (2.45).

(2.47) Satz (Grenzverhalten einer Trajektorie):

Sei $\underline{x}(\cdot)$ eine beliebige nichtperiodische Lösung der Differentialgleichung (2.44), die für $t \geq t_o$ innerhalb des Gebiets M verläuft. Dann strebt $\underline{x}(t)$ für $t \to \infty$ in eine Ruhelage oder gegen eine asymptotisch bahnstabile oder semibahnstabile geschlossene Trajektorie $\{\underline{x}_G\}$. Liegen auf $\{\underline{x}_G\}$ keine Ruhelagen, so ist $\{\underline{x}_G\}$ die geschlossene Trajektorie einer Dauerschwingung. ■

Nähere Erläuterungen zu den Sätzen (2.45) und (2.47) findet der Leser in KNOBLOCH, KAPPEL [2.8], Seite 192 (Sätze 3.4 und 3.3).

(2.48) Satz (Existenz einer Dauerschwingung):

Wenn von dem Rand ∂M des Gebietes M alle Trajektorien der Differentialgleichung (2.44) in das Innere von M laufen und in M nur solche Ruhelagen $\underline{x}_R$ von (2.44) liegen, so daß keine Trajektorie in diese hineinläuft, dann existiert in M mindestens eine asymptotisch bahnstabile oder asymptotisch semibahnstabile Dauerschwingung von (2.44) (siehe Bild 2.7).

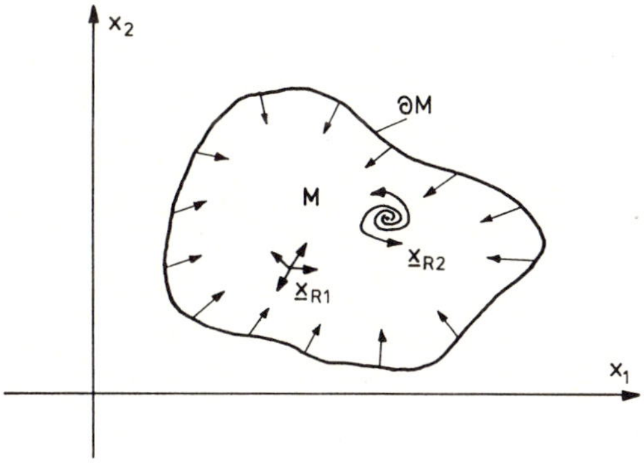

Bild 2.7: Zur Aussage von Satz (2.48) ■

Das Verhalten der Trajektorien auf dem Rand prüft man, indem man einen (äußeren) Normalenvektor $\underline{n}$ auf dem Rand ∂M angibt und das Skalarprodukt $\underline{n}^T \underline{f}(\underline{x})$ bildet. Hat dieses Produkt für alle $\underline{x} \in \partial M$ einen negativen Wert, laufen alle Trajektorien vom Rand ins Innere von M.

(2.49) **Bemerkungen**:

Die Forderung des Satzes (2.48) an die Ruhelagen läßt sich gut anhand des um eine Ruhelage linearisierten Systems verdeutlichen: Genau dann, wenn beide Eigenwerte des linearisierten Systems in der rechten s-Halbebene einschließlich der imaginären Achse liegen, läuft keine Trajektorie des Systems in die Ruhelage (siehe Bild 1.18 c,d,e). In allen anderen Fällen (siehe Bild 1.18 a,b,f) existieren Trajektorien, die in die Ruhelage hineinlaufen. Um Satz (2.48) anwenden zu können, ist es somit bezüglich der Forderung an die Ruhelagen weder hinreichend noch notwendig, die Instabilität aller Ruhelagen in M nachzuweisen. ■

Beweis des Satzes (2.48):

Da alle Trajektorien vom Rand ∂M in das Innere von M laufen, können diese M nicht verlassen und nicht zu periodischen Lösungen gehören. Somit strebt jede auf ∂M startende Trajektorie nach Satz (2.47) gegen eine asymptotisch (semi-) bahnstabile geschlossene Trajektorie, da sie nach Voraussetzung nicht in eine Ruhelage einlaufen kann. Also existiert mindestens eine asymptotisch (semi-) bahnstabile geschlossene Trajektorie in M. Da voraussetzungsgemäß in die Ruhelagen keine Trajektorien einlaufen, kann auf keiner der geschlossenen Trajektorien in M eine Ruhelage liegen, womit jede geschlossene Trajektorie in M zu einer Dauerschwingung gehört. Somit existiert mindestens eine asymptotisch (semi-) bahnstabile Dauerschwingung in M. ■

Die Anwendung von Satz (2.48) empfiehlt sich dann, wenn die Struktur der Differentialgleichung (2.44) so kompliziert ist, daß Methoden zur Berechnung einer Dauerschwingung (bzw. eines Grenzzyklus) nicht mehr eingesetzt werden können, die Existenz einer Dauerschwingung jedoch mathematisch nachgewiesen werden soll.

Zur Erläuterung der Anwendung von Satz (2.48) wird das folgende praktische Beispiel aus der chemischen Reaktionstechnik betrachtet (siehe WEILAND [2.15] und HARTMANN, KARL, KOLBE [2.6], Seite 2.83 - 2.88):

(2.50) **Beispiel: Grenzschwingungen einer Oxidation**

Bei einer heterogenen Oxidation von Kohlenmonoxid (CO) und Sauerstoff (O_2) an der Oberfläche eines Katalysators folgt aus den Bilanzgleichungen für die normierte Kohlenmonoxid-Konzentration $x_1(t)$ und die normierte Sauerstoff-Konzentration $x_2(t)$ das Zustandsmodell

$$\dot{x}_1 = f_1[x_1,x_2] = 0{,}95[1-x_1-x_2] -0{,}2x_1-79{,}2\cdot 10^3 x_1 x_2 e^{-25{,}2x_2}$$

$$\dot{x}_2 = f_2[x_1,x_2] = 5[1-x_1-x_2]^2 e^{-0{,}5(x_1+x_2)^2} -3\cdot 10^{-4}x_2^2-79{,}2\cdot 10^3 x_1 x_2 e^{-25{,}2x_2}$$

(2.51) $$-0{,}13x_2 \quad .$$

Für die normierten Konzentrationen $x_1(t)$ und $x_2(t)$ gelten die Beschränkungen

(2.52) $$0 \leq x_1(t) \leq 1 \quad ,$$
$$0 \leq x_2(t) \leq 1 \quad ,$$
$$0 \leq x_1(t) + x_2(t) \leq 1 \quad .$$

Dieses nichtlineare System ist auf Dauerschwingungen (bzw. Grenzzyklen) und Ruhelagen sowie deren Stabilitätsverhalten zu untersuchen. Die Ruhelagen des Systems ermitteln wir ähnlich der Methode aus Abschnitt 1.6 auf graphische Weise. Anstatt die Ruhelagen als Schnittpunkte der Kurven $f_1[x_1,x_2] = 0$ und $f_2[x_1,x_2] = 0$ zu bestimmen, ist es an dieser Stelle einfacher und deshalb zweckmäßiger, die Lösungen der Gleichungen

$$f_1[x_1,x_2] = 0 \quad , \quad \text{(Kurve II)}$$

$$f_2[x_1,x_2] - f_1[x_1,x_2] = 0 \quad , \quad \text{(Kurve I)}$$

in der Zustandsebene zu zeichnen (siehe Bild 2.8). Der Schnittpunkt der Kurven ist die einzige Ruhelage des Systems, für die wir

$$x_{1R} = 0{,}299 \quad , \quad x_{2R} = 0{,}432$$

erhalten.

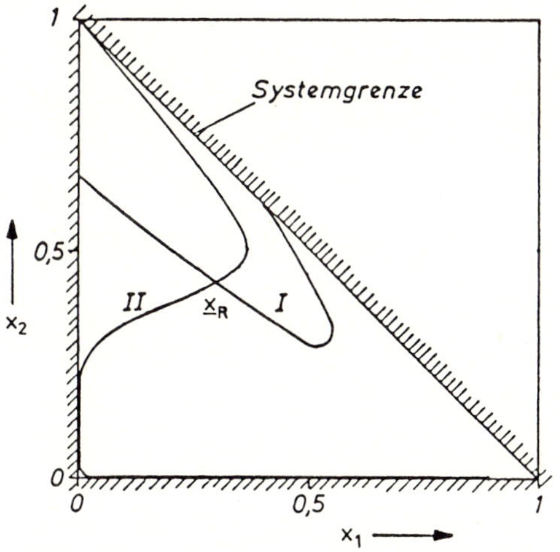

Bild 2.8: Graphische Ermittlung der Ruhelage von (2.51) in der Zustandsebene

Zur Untersuchung des Stabilitätsverhaltens der Ruhelage wird das nichtlineare System um die Ruhelage $\underline{x}_R$ linearisiert. Anhand der Eigenwerte der Systemmatrix $\underline{A}$ des linearisierten Systems

$$\Delta\dot{\underline{x}}(t) = \underline{A}\,\Delta\underline{x}(t)$$

mit

$$\underline{A} = \left[\frac{\partial f_i}{\partial x_j}(\underline{x}_R)\right] \qquad i,j = 1,2$$

können wir über das Verhalten der Trajektorien in einer hinreichend kleinen Umgebung der Ruhelage entscheiden. In unserem Fall liegen, wie der Leser leicht nachrechnet, beide Eigenwerte von $\underline{A}$ in der rechten s-Halbebene. Somit ist die Ruhelage $\underline{x}_R$ instabil und keine Trajektorie strebt in die Ruhelage.

Zum Nachweis eventuell vorhandener stabiler Dauerschwingungen wird Satz (2.48) angewendet. Als Gebiet M wird der gesamte zulässige Bereich (2.52) für die Zustandsgrößen gewählt. Da die Funktionen f_1 und f_2 auf dem abgeschlossenen Gebiet M differenzierbar sind, genügen sie dort auch einer Lipschitzbedingung bezüglich $\underline{x}$, was eine Voraussetzung für die Anwendbarkeit von Satz (2.48) ist. Wir untersuchen nun, ob sämtliche Trajektorien vom Rand des Gebiets M in dieses hineinlaufen. Damit diese Bedingung erfüllt ist, muß für das Randstück $x_1 = 0$; $0 \leq x_2 \leq 1$ mit der äußeren Normalen $\underline{n}^T = [-1,0]$ das Vorzeichen von $\underline{n}^T \cdot \underline{f}[0,x_2] = -f_1[0,x_2]$ negativ sein. Dies wird durch Einsetzen leicht nachgewiesen. Für das Randstück $x_2 = 0$, $0 \leq x_1 \leq 1$ mit der äußeren Normalen $\underline{n}^T = [0,-1]$ weist man entsprechend die Negativität von $\underline{n}^T \cdot \underline{f}[x_1,0] = -f_2[x_1,0]$ nach. Entlang des Stückes $x_1 + x_2 = 1$; $0 \leq x_1, x_2 \leq 1$ ist mit $\underline{n}^T = [1,1]$ der Ausdruck $\underline{n}^T \cdot \underline{f}[x_1,(1-x_1)] = f_1[x_1,(1-x_1)] + f_2[x_1,(1-x_1)]$ zu untersuchen, welcher sich ebenfalls als negativ ergibt. Zur Veranschaulichung sind in Bild 2.9 die Richtungen der Trajektorien an den Begrenzungen eingezeichnet, welche durch explizite Berechnung von $f_1[\underline{x}]$, $f_2[\underline{x}]$ ermittelt wurden. Die Länge der Richtungspfeile in Bild 2.9 gibt keinen Hinweis auf den Betrag von $\underline{f}[\underline{x}]$. Eine Berechnung der Steigungen entsprechend (1.45) nach der Gleichung

$$\frac{dx_2}{dx_1} = \frac{f_2[x_1,x_2]}{f_1[x_1,x_2]}$$

ist in diesem Beispiel unzweckmäßig, da sich hier im Unterschied zu anderen Differentialgleichungen keine Vereinfachung durch die Quotientenbildung ergibt.

In Bild 2.10 sind die durch Simulation berechneten Trajektorien des Systems dargestellt. Man erkennt deutlich eine asymptotisch bahnstabile Dauerschwingung, die hier ein asymptotisch bahnstabiler Grenzzyklus ist. In Bild 2.11 ist der zu dem Grenzzyklus gehörige zeitliche, periodische Verlauf von $x_1(t)$ dargestellt. Zu beachten ist, daß das System aus jedem technisch möglichen Anfangszustand in die Grenzschwingung einläuft.

Die Trajektorien laufen im unteren Teil des Bildes 2.10 sehr dicht an, aber nicht auf der x_1-Achse entlang, was im Rahmen der Zeichengenauigkeit nicht mehr zu erkennen ist. Dies ist beim Vergleich von Bild 2.10 mit den Richtungen der Trajektorien auf dem Rand nach Bild 2.9 zu berücksichtigen, da die Bilder auf den ersten Blick widersprüchlich erscheinen können.

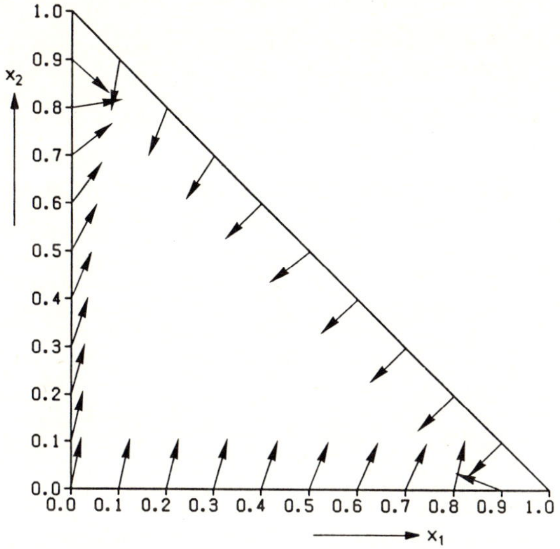

Bild 2.9: Richtungen der Trajektorien an den Begrenzungslinien der Zustandsebene

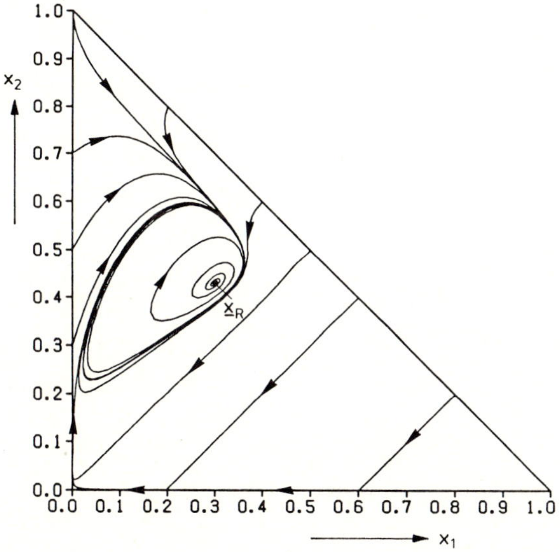

Bild 2.10: Trajektorien des Systems (2.51)

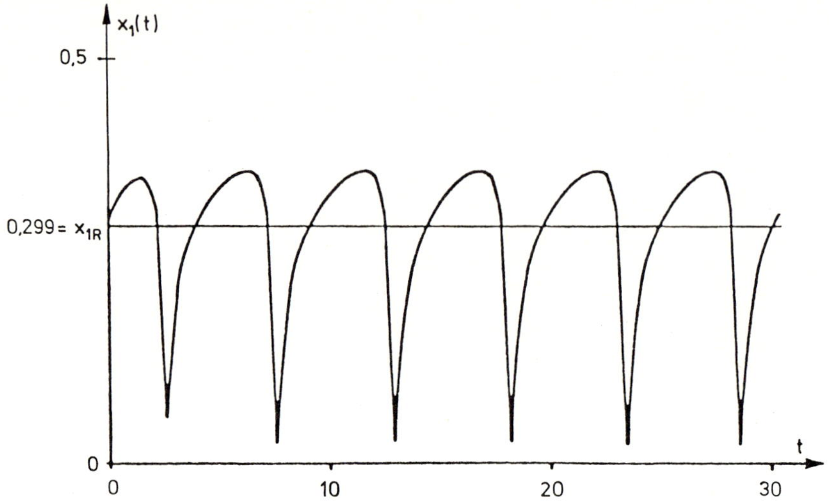

Bild 2.11: Zeitlicher Verlauf von $x_1(t)$ (normierte Kohlenmonoxid-Konzentration) entlang des Grenzzyklus ■

2.3 Die Methode der Harmonischen Balance

2.3.1 Vorbemerkungen

Die Methode der Harmonischen Balance (auch Harmonische Linearisierung genannt) ist eine leistungsfähige Näherungsmethode zur Untersuchung der Existenz und Stabilität näherungsweise harmonischer Grenzschwingungen und zur Bestimmung von deren Amplituden A_G und Frequenzen ω_G. Gleichzeitig können mit dieser Methode Korrekturglieder (Regler) zur Unterdrückung oder Erzeugung von Grenzschwingungen entworfen werden.

Die Methode der Harmonischen Balance ist anwendbar auf nichtlineare Regelkreise, die in der Standardregelkreisstruktur nach Bild 2.12 vorliegen oder in diese transformiert werden können. Hierbei wird davon ausgegangen, daß sich der Regelkreis im eingeschwungenen Zustand befindet. Einschwingvorgänge sind mit der Methode der Harmonischen Balance nicht behandelbar.

Der Regelkreis muß sich aufspalten lassen in ein lineares zeitinvariantes Teilsystem G(s) und ein spezielles nichtlineares Teilsystem (Kenn-

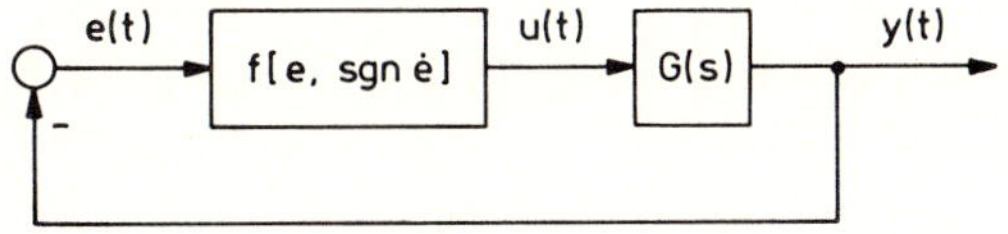

Bild 2.12: Nichtlinearer Standardregelkreis

linienglied) mit der Eingangs-Ausgangs-Darstellung

(2.53) $$u(t) = f[e(t), \operatorname{sgn} \dot{e}(t)] \quad .$$

Damit sind nichtlineare Kennlinien wie Begrenzung, Hysterese, tote Zone usw. (siehe Bilder 1.3 und 1.4) erfaßt. Diese können sich aus zwei verschieden durchlaufenen Kennlinienästen zusammensetzen.

(2.54) **Bemerkung**:

Mit der Methode der Harmonischen Balance können abweichend von (2.53) auch nichtlineare Regelkreise behandelt werden, deren nichtlineare Übertragungsglieder ein "Gedächtnis" besitzen. Diese müssen jedoch so beschaffen sein, daß die Ausgangsgröße zwar von der Vorgeschichte der Eingangsgröße abhängen kann, nicht jedoch von der "Geschwindigkeit", mit der diese Werte der Eingangsfunktion durchlaufen wurden. Ein Beispiel ist die magnetische Hysterese: In die Abhängigkeit der magnetischen Flußdichte von der Feldstärke geht der letzte vorangegangene Extremwert der Feldstärke ein, unabhängig vom Zeitpunkt, wann dieser erreicht wurde. ■

In dem nichtlinearen Standardregelkreis nach Bild 2.12 ist eine Führungsgröße nicht zugelassen. Im folgenden wird jedoch gezeigt, wie beispielsweise ein Regelkreis nach Bild 2.13 mit konstanter Führungsgröße r_o in diese Standardstruktur überführt werden kann.

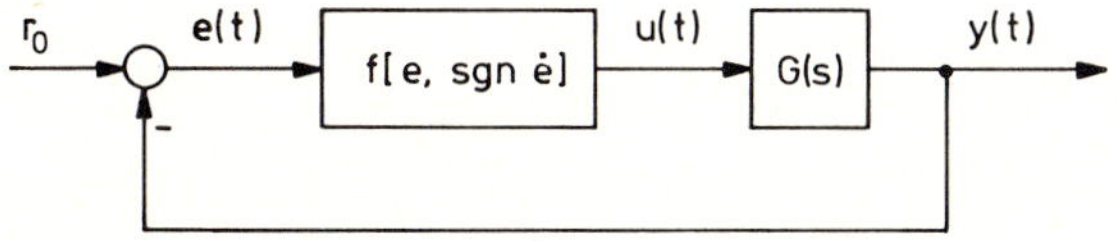

Bild 2.13: Nichtlinearer Regelkreis (Festwertregelung)

Gleichzeitig werden, was für viele Anwendungen sinnvoll ist, die Abweichungen der Regelgröße $y(\cdot)$ von einem festen Bezugspunkt y_B, der kein Arbeitspunkt des Regelkreises sein muß, aber einer sein kann, betrachtet. Die Abweichungen bezeichnen wir mit $\Delta y(\cdot)$. Zur Lösung des Problems formen wir Bild 2.13 in Bild 2.14 um, indem die feste Größe y_B einmal abgezogen und einmal hinzuaddiert wird.

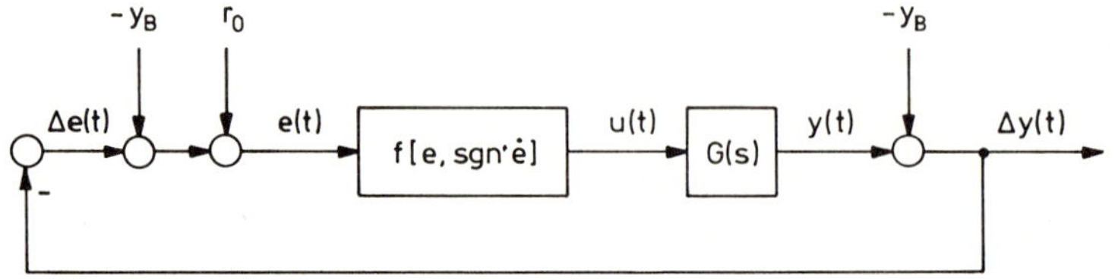

Bild 2.14: Umgeformter nichtlinearer Festwert-Regelkreis (Schritt 1)

Nun sei u_B die konstante Eingangsgröße des linearen Systems, die an dessen Ausgang im eingeschwungenen Zustand den konstanten Wert y_B erzeugt. Dann kann der Summenpunkt hinter dem linearen Teilsystem entsprechend Bild 2.15 vor dieses gezogen werden, wobei die Linearitätseigenschaft des linearen Teilsystems ausgenutzt wird.

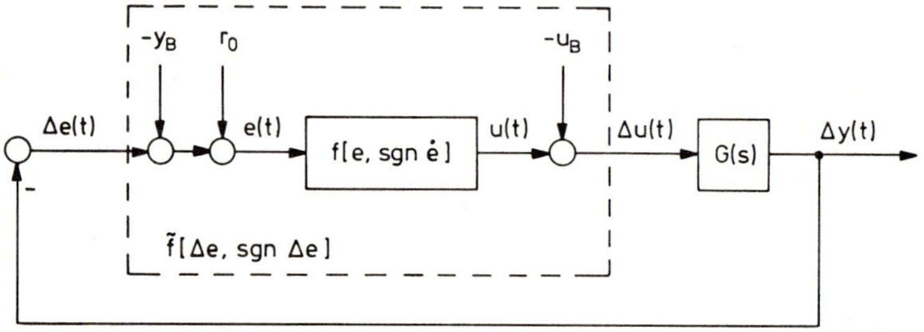

Bild 2.15: Umgeformter nichtlinearer Festwert-Regelkreis (Schritt 2)

Die Struktur in Bild 2.15 ist aber gerade die Struktur des nichtlinearen Standardregelkreises, nur daß jetzt die Abweichungen $\Delta y(\cdot)$, $\Delta e(\cdot)$ und $\Delta u(\cdot)$ als Systemgrößen auftreten. Anstelle der ursprünglichen Nichtlinearität f erhalten wir jetzt eine transformierte Nichtlinearität $\tilde{f}$, die aus f durch Verschiebung hervorgeht (vergleiche Beispiel (1.28), Bild 1.15). Das lineare Teilsystem hat sich hingegen nicht verändert.

2.3.2 Annahmen und Voraussetzungen für die Methode der Harmonischen Balance

Die Gleichungen zur Harmonischen Balance werden unter folgenden Grund-Annahmen hergeleitet:

1. Der Regelkreis besteht aus einem BIBO-stabilen linearen Teilsystem und einem nichtlinearen Kennlinienglied (siehe Bild 2.12). Bei einem punktsymmetrischen Kennlinienglied darf, wie an späterer Stelle erläutert wird, für das lineare Teilsystem sogar ein einfacher integraler Anteil zugelassen werden.
2. Der Regelkreis befindet sich in einem stationären (eingeschwungenen) Zustand.
3. Für diesen stationären Zustand sind die Eingangsgröße e(t) des nichtlinearen Teilsystems und damit auch die Ausgangsgröße y(t) des linearen Teilsystems näherungsweise harmonisch, d.h. sinus- bzw. kosinusförmig (siehe Bild 2.16). Für die Stellgröße u(t) braucht dies nicht zu gelten.

Einschwingvorgänge können demnach mit der Methode der Harmonischen Balance nicht behandelt werden. Ebenso sind Vorgänge ausgeschlossen, bei denen starke Oberschwingungen in den Größen e(t) und y(t) auftreten.

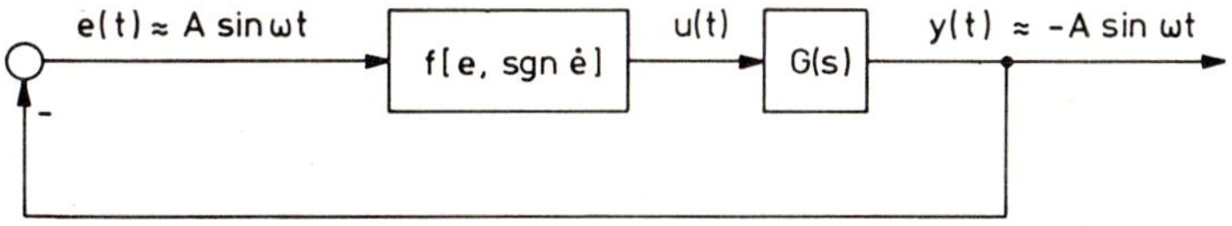

Bild 2.16: Nichtlinearer Standardregelkreis im eingeschwungenen Zustand

Aufgrund der Annahmen wird e(t) als harmonische Funktion mit noch unbekannter Amplitude und Frequenz angesetzt:

$$e(t) = A \sin\omega t \quad . \tag{2.55}$$

Dann ist auch die Ausgangsgröße u(t) des nichtlinearen Kennliniengliedes periodisch:

$$u(t) = f[A \sin\omega t, \operatorname{sgn}(A\omega\cos\omega t)] \quad . \tag{2.56}$$

Führen wir durch Substitution den Phasenwinkel $\varphi := \omega t$ ein und behalten das Symbol u auch für die funktionale Abhängigkeit vom Phasenwinkel φ bei, so lautet die Funktion u, da A und ω positiv sind,

(2.57) $$u(\varphi) = f[A \sin\varphi, \operatorname{sgn}(\cos\varphi)] \quad .$$

Die Ausgangsgröße u des nichtlinearen Kennliniengliedes hängt nur vom Phasenwinkel φ, nicht jedoch explizit von der Frequenz ω ab.

Für die folgenden Überlegungen ist es zweckmäßig, $u(\varphi)$ in eine Fourierreihe zu entwickeln:

(2.58) $$u(\varphi) = \frac{b_o}{2} + \sum_{k=1}^{\infty} (a_k \sin k\varphi + b_k \cos k\varphi)$$

bzw.

$$u(\varphi) = \frac{b_o}{2} + \sum_{k=1}^{\infty} c_k \sin(k\varphi + \alpha_k) \quad .$$

Hierbei sind die Fourierkoeffizienten a_k und b_k gegeben durch

(2.59)
$$\left.\begin{aligned} a_k &:= \frac{1}{\pi}\int_o^{2\pi} f[A\sin\varphi, \operatorname{sgn}(\cos\varphi)]\sin k\varphi \, d\varphi \\ b_k &:= \frac{1}{\pi}\int_o^{2\pi} f[A\sin\varphi, \operatorname{sgn}(\cos\varphi)]\cos k\varphi \, d\varphi \end{aligned}\right\} k \geq 1$$

$$b_o := \frac{1}{\pi}\int_o^{2\pi} f[A\sin\varphi, \operatorname{sgn}(\cos\varphi)]\,d\varphi \quad .$$

Zwischen den Größen a_k, b_k, c_k und α_k bestehen die Zusammenhänge

(2.60)
$$c_k^2 = a_k^2 + b_k^2$$
$$a_k = c_k \cos \alpha_k$$
$$b_k = c_k \sin \alpha_k \quad .$$

Das lineare, stabile Übertragungssystem G(s) wird mit der Eingangsfunktion u nach (2.56) angeregt und erzeugt somit im eingeschwungenen Zustand die Systemantwort (siehe HARTMANN, LANDGRAF [2.5], Seite 134)

(2.61) $$y(t) = \frac{b_o}{2} G(0) + \sum_{k=1}^{\infty} |G(jk\omega)|\, c_k \sin\left[k\omega t + \alpha_k + \phi(k\omega)\right]$$

wobei $\phi(k\omega) := \arg[G(jk\omega)] \quad .$

Damit $e(t) = -y(t)$ harmonisch ist, wie in (2.55) angenommen wurde, müssen die folgenden Beziehungen gelten, die wir durch Vergleich von (2.55) und (2.61) erhalten:

(2.62) $$b_0 G(0) = 0$$

(2.63) $$c_k |G(jk\omega)| = 0 \qquad \text{für } k > 1$$

(2.64) $$\arg[G(j\omega)] + \alpha_1 = (2\nu-1)\pi \qquad (\nu \in \mathbb{Z})$$
$$|G(j\omega)|\, c_1 = A \;.$$

Aus den letzten beiden Gleichungen können die unbekannte Frequenz ω und die unbekannte Amplitude A berechnet werden. Die Behandlung und Auswertung dieser beiden Gleichungen erfolgt in den Unterkapiteln 2.3.3 und 2.3.5, wobei diese Gleichungen in anschaulicher Form als eine komplexe Gleichung dargestellt werden und dann von der Gleichung der Harmonischen Balance gesprochen wird.

Um die Gleichungen (2.62) und (2.63) erfüllen bzw. in Näherung erfüllen zu können, müssen das nichtlineare und das lineare Teilsystem gewisse Voraussetzungen erfüllen:

Um die Bedingung $b_0 G(0) = 0$ (siehe (2.62)) sicherzustellen, muß entweder $G(0) = 0$ gelten (dies ist bei linearen Systemen mit differenzierendem Anteil der Fall) oder aber das nichtlineare Teilsystem muß so beschaffen sein, daß

(2.65) $$b_0 = 0$$

ist. Hierbei ist zu beachten, daß der Fourierkoeffizient $b_0 = b_0(A)$ eine Funktion der Amplitude A ist und die Gleichung (2.65) für alle Amplituden erfüllt sein muß. Dies ist bei "punktsymmetrischen" Kennlinien

$$f[e, \mathrm{sgn}\dot{e}] = -f[-e, -\mathrm{sgn}\dot{e}]$$

immer gewährleistet. Wenn die Kennlinie zusätzlich nur aus einem Ast besteht, d.h. f nicht von $\mathrm{sgn}\dot{e}$ abhängig und somit eindeutig ist, verschwinden sogar alle Fourierkoeffizienten b_k $(k \geq 0)$ in (2.58).

Wenn das nichtlineare Kennlinienglied punktsymmetrisch ist, enthält die Funktion $u(t)$ im eingeschwungenen Zustand keinen Gleichanteil. In diesem Fall dürfen wir für das lineare Teilsystem einen einfachen integralen Anteil zulassen.

Die Gleichung (2.63) ist i.a. nicht exakt, sondern nur in der genäherten Form

$$(2.66) \qquad \frac{c_k\,|G(jk\omega)|}{c_1\,|G(j\omega)|} \ll 1 \qquad \text{für } k \geq 2$$

erfüllbar. Diese Bedingung läßt sich durch ein lineares Teilsystem mit Tiefpaßcharakter erfüllen, wenn die Frequenz ω im Bereich fallender Betragskennlinien des Frequenzgangs liegt. Eine mit 20 dB/Dekade fallende Kennlinie ergibt ein Verhältnis

$$\frac{|G(2j\omega)|}{|G(j\omega)|} \approx 0{,}5 \quad .$$

Fallende Fourierkoeffizienten ($c_k > c_{k+1} > c_{k+2} > \dots$) verbessern die Erfüllung der Näherung (2.66).

In Bild 2.17 sind die Betragsfrequenzgänge zu den Übertragungsfunktionen

(a) $$G(s) = \frac{V}{s(\frac{s}{a} + 1)}$$

(b) $$G(s) = \frac{V}{(\frac{s}{a} + 1)(\frac{s}{b} + 1)(\frac{s}{c} + 1)}$$

(c) $$G(s) = \frac{V}{\frac{s}{c} + 1}$$

gezeichnet. Die Frequenz der Grenzschwingung sei ω_G.

Ein lineares Teilsystem nach Fall (a) unterdrückt alle höheren Harmonischen mit den Frequenzen $k\omega_G$ ($k \geq 2$), so daß die Bedingung (2.66) annähernd erfüllt ist. Auch ein Teilsystem nach Fall (b) dämpft die höheren Harmonischen einschließlich $k = 2$, jedoch hängt hier eine ausreichende Unterdrückungsgüte auch von der Nichtlinearität d.h. von den Fourierkoeffizienten c_k ab.

Im Fall (c) wird die zweite Harmonische gegenüber der Grundschwingung durch das lineare Teilsystem in der Amplitude nicht vermindert. In diesem Fall ist eine Voraussetzung zur Anwendung der Methode der Harmonischen Balance verletzt.

Eine Beurteilung, ob die Grenzschwingungsfrequenz ω_G so liegt, daß das lineare Teilsystem die höheren Harmonischen ausreichend unterdrückt, ist allerdings erst möglich, wenn wir ω_G nach der Methode der Harmonischen Balance bereits berechnet haben. Stellen wir dann fest, daß die Tiefpaßeigenschaften des linearen Teilsystems nicht ausreichend sind, so müssen wir mit größeren Fehlern bei der ermittelten Frequenz und Amplitude der Grenzschwingung rechnen.

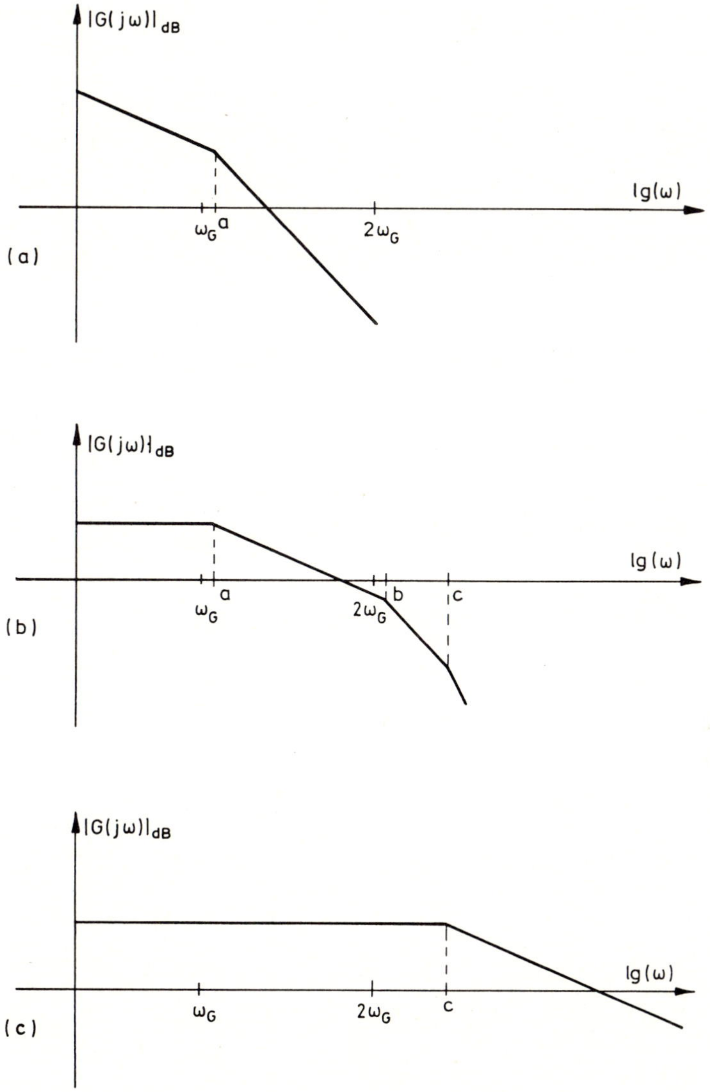

Bild 2.17: Beispiele zur Unterdrückung höherer harmonischer Schwingungen durch ein lineares Teilsystem

Wie spätere Beispiele zeigen, führt die Methode der Harmonischen Balance allerdings häufig selbst dann noch auf gute Ergebnisse, wenn einzelne Voraussetzungen nicht erfüllt sind.

Anhand eines Zweipunktgliedes sei abschließend der Einfluß des nichtlinearen Teilsystems auf die Fourierkoeffizienten der Funktion u(t) bei harmonischer Erregung erläutert:

(2.67) Beispiel: Zweipunktglied mit harmonischer Erregung

Die Ausgangsgröße u(t) eines Zweipunktgliedes nach Bild 2.18 lautet bei harmonischer Eingangsgröße

$$u(t) = f(e(t)) = K \operatorname{sgn} e(t) = K \operatorname{sgn}(A \sin(\omega t)) \quad .$$

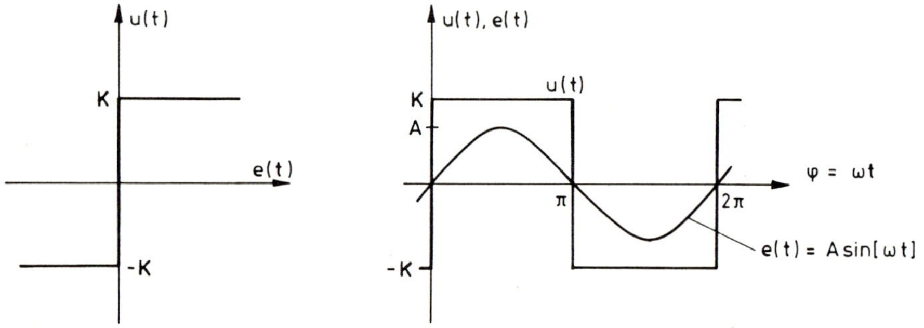

Bild 2.18: Zweipunktglied mit Ausgangsgröße und zugehöriger sinusförmiger Eingangsgröße

u(t) ist eine Rechteckschwingung. Da die Kennlinie des Zweipunktgliedes eine ungerade Funktion ist, verschwinden in der Fourierentwicklung für u(t) sämtliche (Kosinus-) Koeffizienten b_k ($k = 0...\infty$). Für die Koeffizienten a_k erhalten wir

$$a_k = \frac{1}{\pi} \int_0^{2\pi} K \operatorname{sgn}(A\sin\varphi) \sin k\varphi \, d\varphi$$

$$= \frac{K}{\pi} \left[\int_0^{\pi} \sin k\varphi \, d\varphi - \int_{\pi}^{2\pi} \sin k\varphi \, d\varphi \right] = \frac{2K}{k\pi} (1 - \cos k\pi) \quad ,$$

$$a_k = \begin{cases} 0 & \text{für k gerade} \\ \frac{4K}{\pi k} & \text{für k ungerade} \end{cases} .$$

u(t) besitzt somit die Fourierentwicklung

$$u(t) = \frac{4K}{\pi} [\sin(\omega t) + \frac{1}{3} \sin(3\omega t) + \frac{1}{5} \sin(5\omega t) + \ldots] .$$

Die Fourierkoeffizienten a_k nehmen für ungerade k mit 1/k ab, so daß für die Betragskennlinien $|G(j\omega)|_{dB}$ der Fälle a,b nach Bild 2.17 die Näherung (2.66) für $\omega = \omega_G$ gut erfüllt ist. ■

2.3.3 Die Gleichung der Harmonischen Balance

Die Gleichungen (2.64) sind zwei Bestimmungsgleichungen zur Berechnung der unbekannten Grenzschwingungsparameter (A_G, ω_G). Um eine anschaulichere Form zu erhalten, fassen wir beide Gleichungen zu der komplexen Gleichung

(2.68) $$G(j\omega)\, c_1\, e^{j\alpha_1} = -A$$

zusammen, die wir nach (2.60) auch in der Form

$$G(j\omega) \frac{a_1 + j\, b_1}{A} = -1$$

schreiben können. Mit der Abkürzung

(2.69) $$N(A) := \frac{a_1 + j\, b_1}{A} = \frac{c_1}{A} e^{j\alpha_1}$$

lautet diese Gleichung

(2.70) $$G(j\omega)N(A) = -1 ,$$

die wir die <u>Gleichung der Harmonischen Balance</u> nennen. Die Funktion N(A) heißt <u>Beschreibungsfunktion</u> des nichtlinearen Teilsystems. Beschreibungsfunktionen hängen im Unterschied zu Frequenzgängen linearer Systeme von der Amplitude, nicht jedoch von der Frequenz der harmonischen Schwingung am Eingang der Nichtlinearität ab. Sind die Beschreibungsfunktion N(A) und die Übertragungsfunktion G(s) $(s = j\omega)$ gegeben, so kann (2.70) ausgewertet werden. Hierbei bestehen die Möglichkeiten, daß es eine Lösung, mehrere Lösungen oder keine Lösung (A_G, ω_G) gibt.

(2.71) **Bemerkung**:

Stellt man die Funktion e(t) und von der Funktion u(t) die 1. Harmonische, die mit $u_1(t)$ bezeichnet sei, in einer Form mit komplexen Zeigern,

$$(2.72)\qquad \begin{aligned} e(t) &= \mathrm{Im}[A \exp(j\omega t)] =: \mathrm{Im}[E(j\omega t)] \\ u_1(t) &= \mathrm{Im}[(a_1+jb_1)\exp(j\omega t)] =: \mathrm{Im}[U_1(j\omega t)] , \end{aligned}$$

dar, so erkennt man N(A) als Verhältnis der komplexen Zeiger U_1 zu E:

$$(2.73)\qquad N(A) = \frac{U_1(j\omega t)}{E(j\omega t)} .$$

Die Größe $u_1(t)$ kann als "Ersatzeingangsgröße" des linearen Teilsystems aufgefaßt werden. Da aufgrund der vorausgesetzten Tiefpaßeigenschaften von G(s) die höheren Harmonischen in u(t) am Ausgang von G(s) (näherungsweise) keine Wirkung zeigen, kann man sich anstelle der wahren Eingangsgröße u(t) auch $u_1(t)$ als Eingangsgröße des linearen Teilsystems denken.

In Bild 2.16 könnte somit u(t) durch $u_1(t)$ ersetzt werden. Außerdem ist das nichtlineare Teilsystem durch die Beschreibungsfunktion N(A) vollständig beschrieben, wenn sich der nichtlineare Regelkreis im Zustand harmonischer Schwingungen befindet. Somit gelangen wir zu dem in Bild 2.19 dargestellten Ersatzregelkreis für den harmonischen Schwingungszustand. Die Beschreibungsfunktion N(A) hat die Wirkungsweise eines amplitudenabhängigen (komplexen) Verstärkungsfaktors. Für den angenommenen, stationären Schwingungszustand mit A = const entspricht der Ersatzregelkreis einem ungedämpften linearen harmonischen Schwinger.

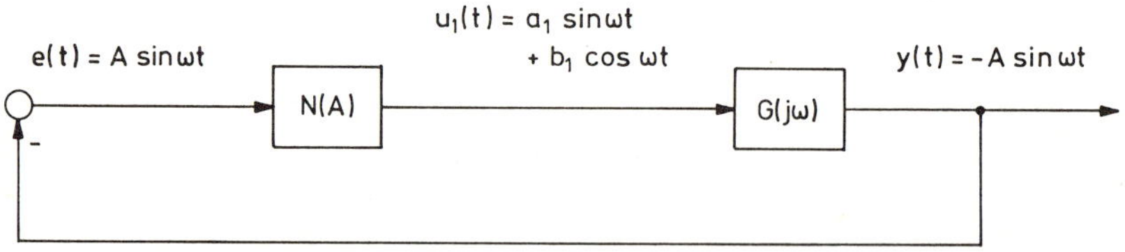

Bild 2.19: Ersatzregelkreis zur Harmonischen Linearisierung

Führen wir die inverse Beschreibungsfunktion

$$(2.74)\qquad N_I(A) := -\frac{1}{N(A)}$$

ein, so können wir die Gleichung der Harmonischen Balance auch in der Form

(2.75) $$G(j\omega) = N_I(A)$$

schreiben.

2.3.4 Berechnung von Beschreibungsfunktionen

Die Beschreibungsfunktion N(A) eines nichtlinearen Kennliniengliedes $f[e,\mathrm{sgn}(\dot{e})]$ ist definiert durch die Gleichung

(2.76) $$N(A) = \frac{a_1}{A} + j\,\frac{b_1}{A} =: R(A) + j\,I(A) \quad ,$$

wobei die Fourierkoeffizienten a_1 und b_1 nach (2.59) durch die Beziehungen

(2.77)
$$a_1 = \frac{1}{\pi}\int_0^{2\pi} u(\varphi)\sin\varphi d\varphi = \frac{1}{\pi}\int_0^{2\pi} f[A\sin\varphi,\mathrm{sgn}(\cos\varphi)]\sin\varphi d\varphi \quad ,$$
$$b_1 = \frac{1}{\pi}\int_0^{2\pi} u(\varphi)\cos\varphi d\varphi = \frac{1}{\pi}\int_0^{2\pi} f[A\sin\varphi,\mathrm{sgn}(\cos\varphi)]\cos\varphi d\varphi$$

festgelegt sind. Für den Realteil R(A) und den Imaginärteil I(A) der Beschreibungsfunktion N(A) erhalten wir somit die Bestimmungsgleichungen

(2.78)
$$R(A) = \frac{1}{\pi A}\int_0^{2\pi} f[A\sin\varphi,\mathrm{sgn}(\cos\varphi)]\ \sin\varphi d\varphi \quad ,$$
$$I(A) = \frac{1}{\pi A}\int_0^{2\pi} f[A\sin\varphi,\mathrm{sgn}(\cos\varphi)]\ \cos\varphi d\varphi \quad .$$

Wir beschränken alle weiteren Betrachtungen auf <u>punktsymmetrische</u> (schiefsymmetrische) <u>Kennlinien</u>

$$f[e,\mathrm{sgn}(\dot{e})] = -\,f[-e,-\mathrm{sgn}(\dot{e})] \quad .$$

Bei der Berechnung von R(A) und I(A) nach (2.78) muß vorausgesetzt werden, daß die Amplitude A des harmonischen Eingangssignals $e(t) = A\sin\omega t$ so groß ist, daß alle mehrdeutigen Teile der Kennlinie vollständig durchlaufen werden.

Als erstes wird der Imaginärteil I(A) für den allgemeinen Fall einer mehrdeutigen Kennlinie (siehe beispielsweise Bild 2.20) berechnet.

Wir zerlegen die mehrdeutige Kennlinie in zwei eindeutige Kennlinien und zwar in eine Kennlinie $f_+[e(t)]$, die für wachsende Werte e(t) durchlaufen wird und eine Kennlinie $f_-[e(t)]$, die für fallende Werte von e(t) durchlaufen wird:

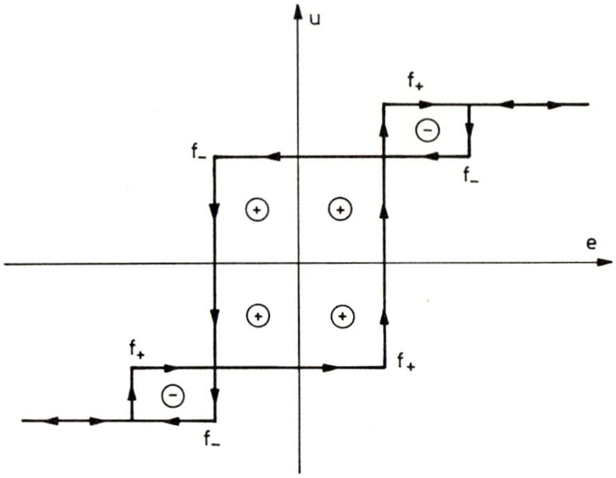

Bild 2.20: Mehrdeutige Kennlinie, aufgespalten in f_-, f_+. Die Flächenteile ⊕ liefern positiven Beitrag zu S, die Flächenteile ⊖ liefern negativen Beitrag zu S.

(2.79)
$$u(t) = \begin{cases} f_+[e(t)] & \text{für} \quad \dot{e}(t) > 0 \\ f_-[e(t)] & \text{für} \quad \dot{e}(t) < 0 \end{cases} \quad .$$

Zur Berechnung des Imaginärteils führen wir unter Ausnutzung der Beziehung $e(t) = A \sin\omega t = A \sin\varphi$ die Substitution

(2.80)
$$de = d(A \sin\varphi) = A \cos\varphi \, d\varphi$$

durch und erhalten aus (2.78) durch Zerlegung des Integrals

(2.81)
$$I(A) = \frac{1}{\pi A^2}\left[\int_0^A f_+[e]de + \int_A^{-A} f_-[e]de + \int_{-A}^{0} f_+[e]de\right] ,$$
$$I(A) = -\frac{1}{\pi A^2}\int_{-A}^{A}\left[f_-[e] - f_+[e]\, de\right] .$$

Nun ist aber

(2.82)
$$S := \int_{-A}^{A}\left[f_-[e] - f_+[e]\right] de$$

die von den Kennlinienästen f_-, f_+ umschlossene Fläche in der e-u-Ebene. Dabei werden Flächenteile, die von den Kennlinienästen im mathematisch positivem Sinn (gegen den Uhrzeigersinn) eingeschlossen werden, positiv gezählt; Flächenteile, die von Kurventeilen mit mathematisch negativem Umlaufsinn eingeschlossen werden, sind negativ zu zählen (siehe Bild 2.20).

Durch geometrische Überlegungen lassen sich S und damit der Imaginärteil

(2.83) $$I(A) = -\frac{S}{\pi A^2}$$

meist sehr schnell angeben.

Gleichung (2.83) gilt unabhängig von der speziellen Gestalt der zugrundeliegenden (punktsymmetrischen) Kennlinie. Aus (2.83) folgt andererseits, daß der Imaginärteil einer eindeutigen punktsymmetrischen Kennlinie verschwindet, da mit $f[e] = f_-[e] = f_+[e]$ die durch die Kennlinienäste f_-, f_+ umschlossene Fläche null ist.

Zur Berechnung des Realteils R(A) einer Beschreibungsfunktion kann keine so einfache, von der speziellen Gestalt der Kennlinie unabhängige Beziehung wie für den Imaginärteil angegeben werden. Die Berechnung des Realteils muß für jede spezielle Kennlinie gesondert durchgeführt werden. Wir erläutern die Berechnung von R(A) anhand der in Bild 2.21 dargestellten Dreipunktkennlinie mit Hysterese. Ausgehend von der Beschreibungsfunktion dieser Kennlinie können die Beschreibungsfunktionen einfacherer Kennlinienglieder wie Dreipunktkennlinie oder Zweipunktkennlinie als Spezialfälle berechnet werden.

(2.84) <u>Beschreibungsfunktion einer Dreipunktkennlinie mit Hysterese</u>

Die Berechnung der Beschreibungsfunktion des Dreipunktgliedes wird anhand von Bild 2.21 durchgeführt. Aufgrund der Schiefsymmetrie der Kennlinie reicht es aus, das Integral in R(A) über eine halbe Periode zu berechnen. Wir erhalten

$$R(A) = \frac{2}{\pi A}\int_{\varphi_1}^{\varphi_2} K \sin\alpha d\alpha = \frac{2K}{\pi A}[\cos\varphi_1 - \cos\varphi_2] .$$

Die Winkel φ_1 und φ_2 können nach Bild 2.21 durch die Kennlinienparameter a und q ausgedrückt werden:

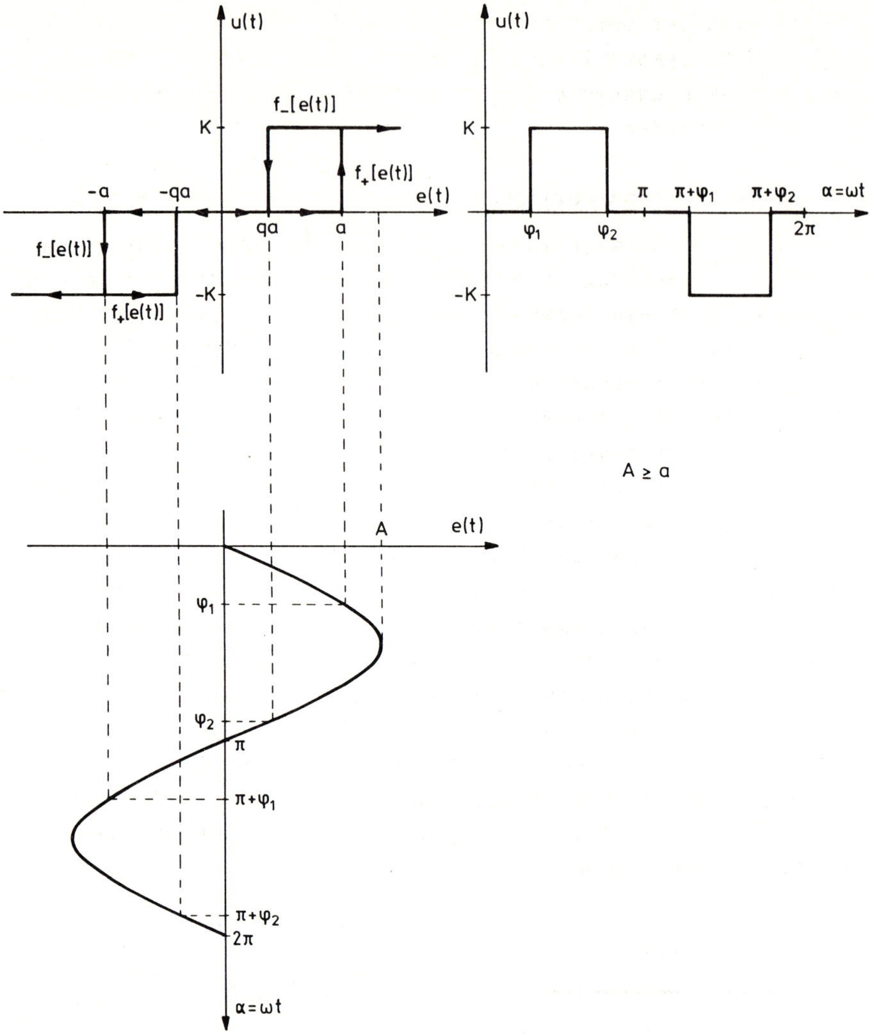

Bild 2.21: Konstruktion der Ausgangsgröße einer Dreipunktkennlinie mit Hysterese bei sinusförmiger Eingangsgröße

$$\sin \varphi_1 = \frac{a}{A} \Longrightarrow \cos \varphi_1 = \sqrt{1 - \left[\frac{a}{A}\right]^2} = \frac{1}{A}\sqrt{A^2-a^2}$$

$$\sin \varphi_2 = \frac{qa}{A} \Longrightarrow \cos \varphi_2 = -\sqrt{1 - \left[\frac{qa}{A}\right]^2} = -\frac{1}{A}\sqrt{A^2-(qa)^2}$$

Somit erhalten wir für R(A) die Beziehung

(2.85) $$R(A) = \frac{2K}{\pi A^2}\left[\sqrt{A^2-a^2} + \sqrt{A^2-(qa)^2}\right]$$

oder in anderer Darstellung

(2.86) $$R(A) = \frac{2K}{\pi a}\left[\frac{a}{A}\right]^2\left[\sqrt{\left[\frac{A}{a}\right]^2 - 1} + \sqrt{\left[\frac{A}{a}\right]^2 - q^2}\right] .$$

In der letzten Darstellung tritt nur noch eine normierte Amplitude A/a auf, was im Zusammenhang mit logarithmischen Frequenzkennlinien gewisse Vorteile hat (siehe Beispiel (2.116)).

Der Imaginärteil I(A) kann nach (2.83) über die von der Dreipunktkennlinie eingeschlossene Fläche S ermittelt werden. Nach Bild 2.21 ist die Fläche gegeben durch

$$S = 2Ka(1-q) \quad ,$$

so daß

(2.87) $$I(A) = -\frac{2Ka(1-q)}{\pi A^2} = -\frac{2K(1-q)}{\pi a}\cdot\left(\frac{a}{A}\right)^2 \quad .$$

Die Beschreibungsfunktion N(A) des Dreipunktgliedes mit Hysterese lautet somit

(2.88) $$N(A) = \frac{2K}{\pi A^2}\left[\sqrt{A^2-a^2} + \sqrt{A^2-(qa)^2} - j\,a(1-q)\right]$$

bzw. in Abhängigkeit von der normierten Amplitude $\alpha := A/a$

(2.89) $$\tilde{N}(\alpha) = \frac{2K}{\pi a}\,\frac{1}{\alpha^2}\left[\sqrt{\alpha^2-1} + \sqrt{\alpha^2-q^2} - j(1-q)\right] .$$

Zu beachten ist, daß $A \geq a$ bzw. $\alpha \geq 1$ gelten muß.

Die inverse Beschreibungsfunktion $N_I(A) = -1/N(A)$ berechnen wir nach der Beziehung

$$N_I(A) = \frac{-1}{R(A)+jI(A)} = -\frac{R(A)-jI(A)}{R^2(A)+I^2(A)}$$

und erhalten nach kurzer Zwischenrechnung

(2.90) $$N_I(A) = -\frac{\pi A^2}{4K}\left[\frac{\sqrt{A^2-a^2} + \sqrt{A^2-(qa)^2} + j\,a(1-q)}{A^2-qa^2 + \sqrt{A^2-a^2}\cdot\sqrt{A^2-(qa)^2}}\right] .$$

■

(2.91) **Anmerkung**:

In den Vorbemerkungen zur Methode der Harmonischen Balance wurde die Klasse der zulässigen nichtlinearen Kennliniendlieder auf solche eingeschränkt, deren Ausgangsgrößen von sgn e(t), nicht jedoch allgemein von $\dot{e}(t)$ abhängen dürfen (siehe Gleichung (2.53)). Hierdurch ist sichergestellt, daß die Beschreibungsfunktionen derartiger Kennlinienglieder nicht von der Frequenz ω der harmonischen Eingangsfunktion $e(t) = A \sin\omega t$ abhängig sind, sondern nur von deren Amplitude A. ■

Aus der Beschreibungsfunktion der Dreipunktkennlinie mit Hysterese lassen sich durch entsprechende Wahl der Parameter q und a Spezialfälle ableiten:

(2.92) Beschreibungsfunktion einer Dreipunktkennlinie (ohne Hysterese)

Die Beschreibungsfunktion einer Dreipunktkennlinie ohne Hysterese nach Bild 2.22a erhalten wir aus (2.88) und (2.89) durch die Wahl q = 1:

(2.93) $$N(A) = \frac{4K}{\pi A^2}\sqrt{A^2-a^2} \quad ; \quad A \geq a$$

(2.94) $$\tilde{N}(\alpha) = \frac{4K}{\pi a}\,\frac{1}{\alpha^2}\sqrt{\alpha^2-1} \quad ; \quad \alpha = \frac{A}{a} \geq 1 .$$

Für die inverse Beschreibungsfunktion $N_I(A)$ folgt

(2.95) $$N_I(A) = -\frac{\pi\ A^2}{4K\sqrt{A^2-a^2}} = -\frac{\pi a}{4K}\,\frac{\left[\frac{A}{a}\right]^2}{\sqrt{\left[\frac{A}{a}\right]^2 - 1}} \quad ; \quad A \geq a .$$

Die Ortskurve der inversen Beschreibungsfunktion ist im Bild 2.22b dargestellt.

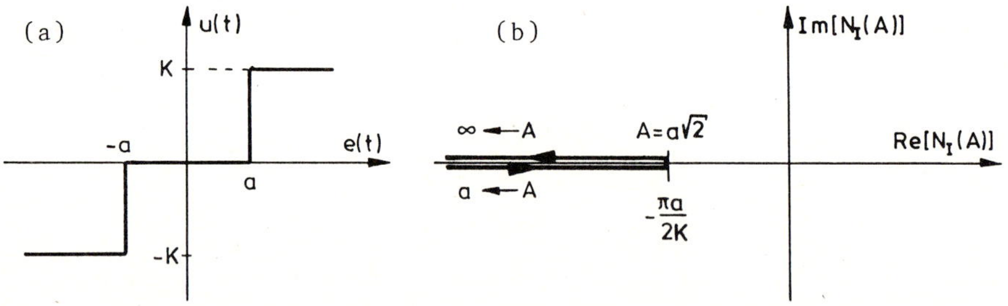

Bild 2.22: Dreipunktkennlinie (a) und Ortskurve der inversen Beschreibungsfunktion $N_I(A)$ (b) ■

(2.96) Beschreibungsfunktion einer Zweipunktkennlinie

Die Beschreibungsfunktion einer Zweipunktkennlinie nach Bild 2.23a erhalten wir aus der Beschreibungsfunktion der Dreipunktkennlinie durch die Wahl a = 0 :

(2.97) $$N(A) = \frac{4K}{\pi A}$$

(vergleiche hierzu auch Beispiel (2.67)). Die inverse Beschreibungsfunktion lautet

(2.98) $$N_I(A) = -\frac{\pi A}{4K} \quad .$$

Bild 2.23b zeigt die Ortskurve der inversen Beschreibungsfunktion.

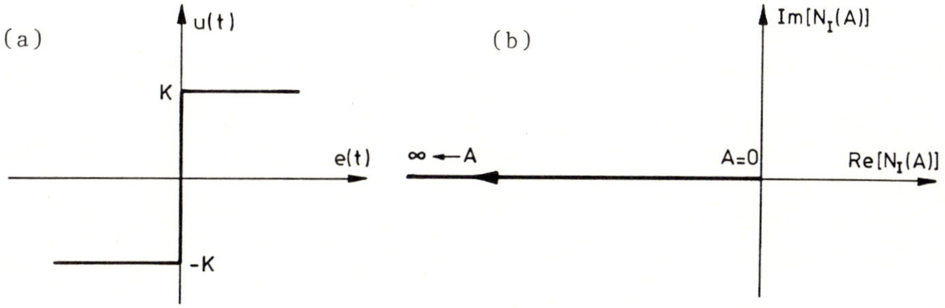

Bild 2.23: Zweipunktkennlinie (a) und Ortskurve der inversen Beschreibungsfunktion $N_I(A)$ (b) ■

(2.99) Beschreibungsfunktion einer Zweipunktkennlinie mit Hysterese

Die Beschreibungsfunktion einer Zweipunktkennlinie mit Hysterese (siehe Bild 2.24a) erhalten wir aus der Beschreibungsfunktion einer Dreipunktkennlinie mit Hysterese durch die Wahl q = -1:

(2.100) $$N(A) = \frac{4K}{\pi A^2}\left[\sqrt{A^2-a^2} - j\,a\right] \quad , \quad A \geq a \; ,$$

(2.101) $$\tilde{N}(\alpha) = \frac{4K}{\pi a}\,\frac{1}{\alpha^2}\left[\sqrt{\alpha^2-1} - j\right] \quad , \quad \alpha = \frac{A}{a} \geq 1 \quad .$$

Die inverse Beschreibungsfunktion $N_I(A)$ ist

(2.102) $$N_I(A) = -\frac{\pi}{4K}\left[\sqrt{A^2-a^2} + j\,a\right]$$
$$= -\frac{\pi a}{4K}\left[\sqrt{\left[\frac{A}{a}\right]^2 - 1} + j\right] \qquad (A \geq a) \; .$$

Bild 2.24b zeigt die graphische Darstellung von $N_I(A)$ in der Ortskurvenebene.

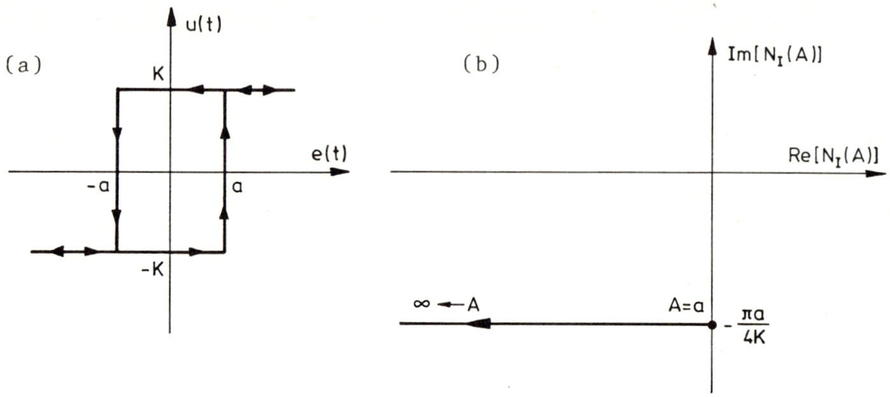

Bild 2.24: Zweipunktkennlinie mit Hysterese (a) und Ortskurve der inversen Beschreibungsfunktion $N_I(A)$ (b)

In Tabelle (2.103) sind die Beschreibungsfunktionen $\tilde{N}(\alpha)$ wichtiger Kennlinienglieder in Abhängigkeit von einer normierten Amplitude α angegeben. Hierbei wurde eine Aufspaltung von $\tilde{N}(\alpha)$ in der Form

$$\tilde{N}(\alpha) = k_n \, N_n(\alpha)$$

vorgenommen.

(2.103) Tabelle: Beschreibungsfunktionen wichtiger Kennlinienglieder (siehe die nächsten Seiten)

2.3.5 Auswertung der Gleichung der Harmonischen Balance

Die Gleichung der Harmonischen Balance ist

$$\textbf{(2.104)} \qquad G(j\omega) = -\frac{1}{N(A)} = N_I(A) \quad .$$

Aus dieser komplexen Gleichung können die Amplituden $A_G > 0$ und Frequenzen $\omega_G > 0$ eventuell vorhandener Grenzschwingungen berechnet werden. Hierzu bieten sich folgende Möglichkeiten an:

a) Algebraische Auswertung

Gleichung (2.104) wird entweder nach Real- und Imaginärteil zerlegt,

(2.105)
$$\mathrm{Re}[G(j\omega)] = \mathrm{Re}[N_I(A)] = -\frac{R(A)}{R^2(A)+I^2(A)}$$
$$\mathrm{Im}[G(j\omega)] = \mathrm{Im}[N_I(A)] = \frac{I(A)}{R^2(A)+I^2(A)} ,$$

oder nach Betrag und Phase:

(2.106)
$$|G(j\omega)| = \frac{1}{|N(A)|}$$
$$\arg[G(j\omega)] = (2\nu-1)\pi - \arg[N(A)] \qquad (\nu \in \mathbb{Z}) .$$

Bei eindeutigen statischen Kennlinien ist der Imaginärteil von N(A) gleich null. In diesem Fall vereinfacht sich die Phasengleichung zu

$$\arg[G(j\omega)] = (2\nu-1)\pi \qquad (\nu \in \mathbb{Z}) .$$

Die nach Betrag und Phase aufgespaltenen Gleichungen (2.106) sind gerade wieder die Gleichungen (2.64), aus denen durch Zusammenfassung die Gleichung der Harmonischen Balance abgeleitet wurde. Dies erkennt man, wenn man die Zusammenhänge

$$|N(A)| = \frac{c_1}{A} ,$$

$$\arg[N(A)] = \alpha_1$$

berücksichtigt (siehe auch Gleichung (2.69)).

Durch analytische oder numerische Lösung der Gleichungen (2.105) bzw. (2.106) können die Amplitude(n) A_G und Frequenz(en) ω_G eventueller Grenzschwingungen ermittelt werden.

b) Graphische Auswertung

Zur graphischen Auswertung der Gleichung der Harmonischen Balance bieten sich zwei Vorgehensweisen an:

b1) $G(j\omega)$ und $N_I(A)$ werden in einer komplexen Ebene (Ortskurvenebene) als Ortskurven dargestellt und deren Schnittpunkte ermittelt. Die zu jedem Schnittpunkt gehörigen Werte A_G und ω_G sind die Amplitude und Frequenz einer möglichen Grenzschwingung des Regelkreises. Bei Auswertung der Gleichung der Harmonischen Balance in der Ortskurvenebene sprechen wir vom Zweiortskurvenverfahren.

b2) Die Gleichung der Harmonischen Balance wird mit Hilfe logarithmischer Frequenzkennlinien ausgewertet. Hierzu empfiehlt

Kennlinie		k_n	α	Normierte Beschreibungsfunktion $N_n(\alpha)$		$N_I(A) = -1/N(A)$
Zweipunktglied	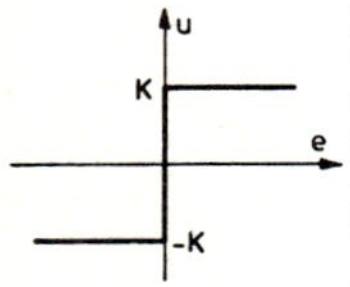	$\frac{4K}{\pi}$	A	$\frac{1}{\alpha}$,	$\alpha > 0$	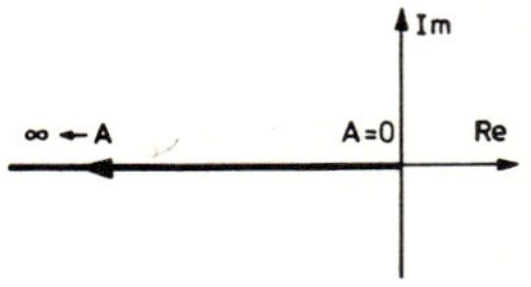
Zweipunktglied mit Hysterese	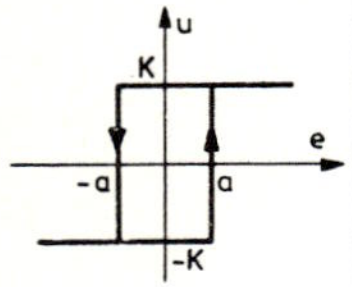	$\frac{4K}{\pi a}$	$\frac{A}{a}$	$\frac{1}{\alpha^2}\left[\sqrt{\alpha^2-1} - j\right]$,	$\alpha \geq 1$	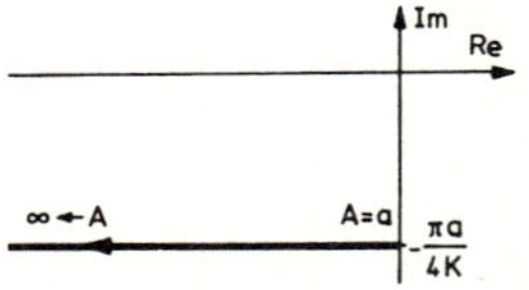
Trockene Reibung	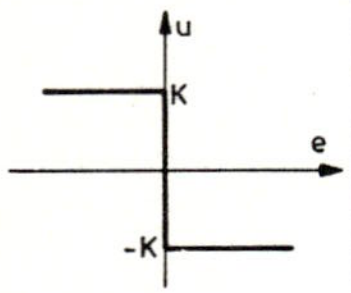	$\frac{4K}{\pi}$	A	$-\frac{1}{\alpha}$,	$\alpha > 0$	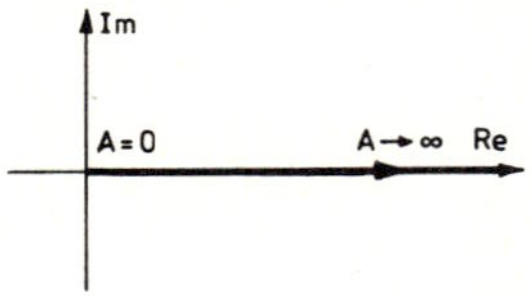
Dreipunktglied	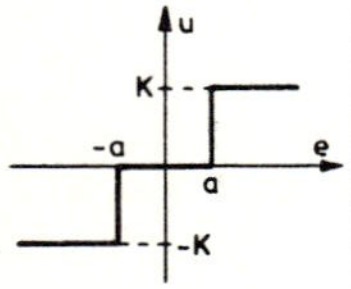	$\frac{4K}{\pi a}$	$\frac{A}{a}$	0 , $\frac{1}{\alpha^2}\sqrt{\alpha^2-1}$,	$1 \geq \alpha \geq 0$; $\alpha \geq 1$	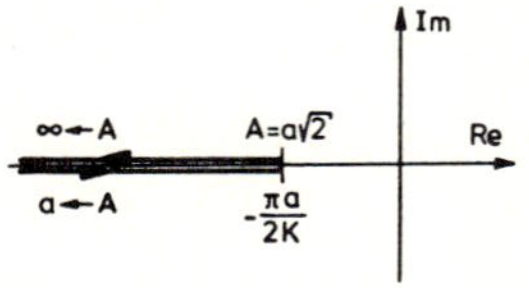

Dreipunktglied mit Hysterese	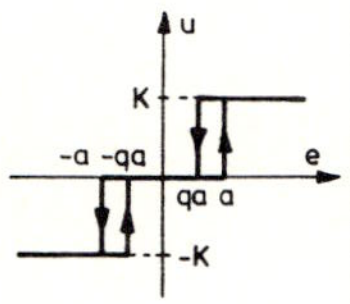	$\frac{2K}{\pi a}$	$\frac{A}{a}$	$\frac{1}{\alpha^2}\left[\sqrt{\alpha^2-1}+\sqrt{\alpha^2-q^2}-j(1-q)\right]$, $\alpha \geq 1$	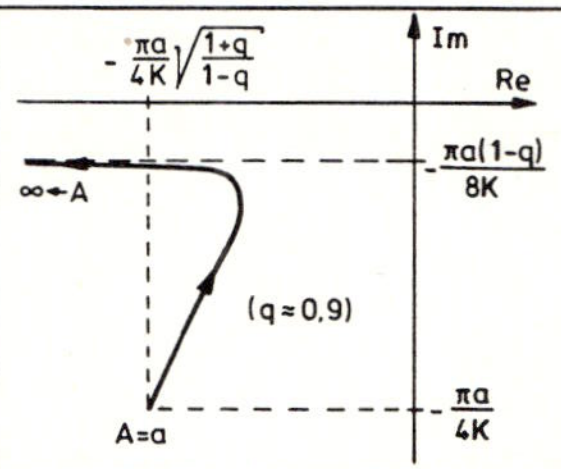
Begrenzung	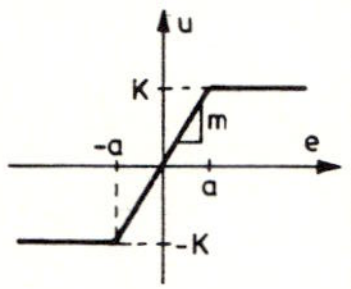	$m = \frac{K}{a}$	$\frac{A}{a}$	1 , $1 \geq \alpha \geq 0$; $\frac{2}{\pi}\left[\arcsin\left(\frac{1}{\alpha}\right)+\frac{1}{\alpha}\sqrt{1-\frac{1}{\alpha^2}}\right]$, $\alpha \geq 1$	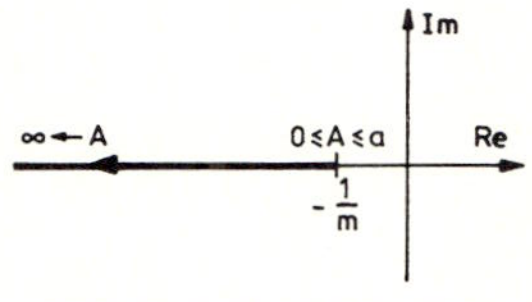
Tote Zone	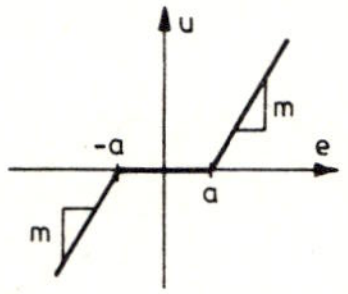	m	$\frac{A}{a}$	0 , $1 \geq \alpha \geq 0$; $1-\frac{2}{\pi}\left[\arcsin\left(\frac{1}{\alpha}\right)+\frac{1}{\alpha}\sqrt{1-\frac{1}{\alpha^2}}\right]$, $\alpha \geq 1$	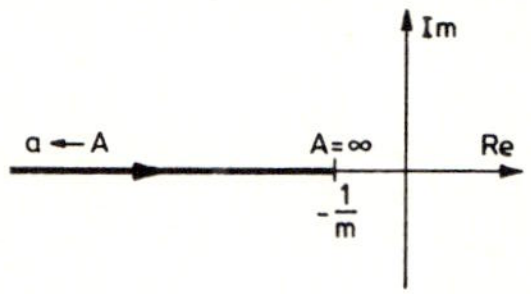
Vorspannung	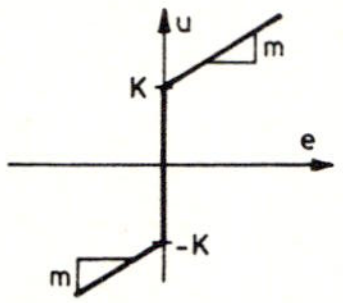	1	A	$\frac{4K}{\pi\alpha}+m$, $\alpha > 0$	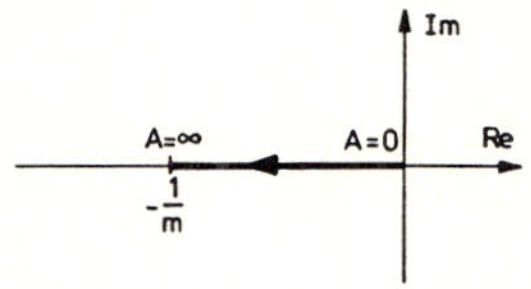
Lose	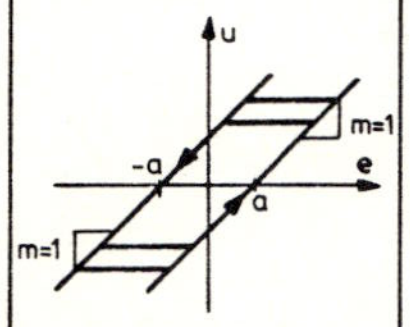	$\frac{1}{\pi}$	$1-\frac{2a}{A}$	$\frac{\pi}{2}+\arcsin\alpha+\alpha\sqrt{1-\alpha^2}-j(1-\alpha^2)$, $1 > \alpha > -1$ $(\Longrightarrow A > a)$	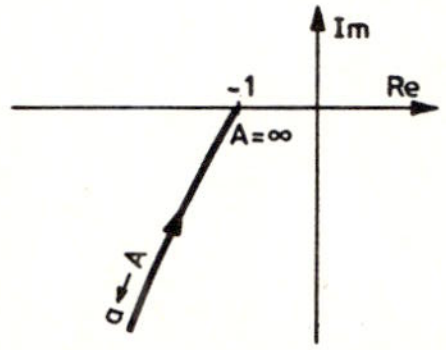

sich die Aufspaltung der Gleichung nach Betrag und Phase (siehe (2.106)), wobei man die Betragsgleichung zweckmäßigerweise in der Form

(2.107)
$$20 \log|G(j\omega)| = -20 \log|N(A)| ,$$
$$|G(j\omega)|_{dB} = -|N(A)|_{dB}$$

darstellt.

Die Anwendung des Zweiortskurvenverfahrens ist besonders geeignet, um einen qualitativen Überblick über die möglichen Lösungen der Gleichung der Harmonischen Balance bzw. die Vorgehensweise zu deren Unterdrückung zu vermitteln. Für die quantitative Ermittlung der Grenzschwingungsparameter ist dieses Verfahren etwas schwerfällig, so daß häufig die anderen Möglichkeiten zur Lösung der Gleichung der Harmonischen Balance vorzuziehen sind.

(2.108) Anmerkung:

Wenn keine Lösung (A_G,ω_G) der Gleichung der Harmonischen Balance existiert, sind dennoch Grenzschwingungen im Regelkreis möglich. Diese sind dann aber nicht harmonisch und einer Behandlung mit der Methode der Harmonischen Balance nicht zugänglich. Häufig kann jedoch davon ausgegangen werden, daß der Regelkreis keinerlei Grenzschwingungen besitzt, wenn keine Lösung der Gleichung der Harmonischen Balance existiert. ■

Anhand von 3 Beispielen erläutern wir die unterschiedlichen Vorgehensweisen zur Berechnung (harmonischer) Grenzschwingungen mit Hilfe der Methode der Harmonischen Balance:

(2.109) Beispiel: Regelkreis mit linearem System 2. Ordnung und Zweipunktglied mit Hysterese

Der in Bild 2.25 dargestellte Regelkreis ist mit Hilfe der Methode der Harmonischen Balance in der Ortskurvenebene auf Grenzschwingungen zu untersuchen.

In Bild 2.26 sind die Ortskurve des linearen Teilsystems

$$G(j\omega) = \frac{V}{j\omega\left[1 + j\,\frac{\omega}{\lambda}\right]} \quad ; \quad V,\lambda > 0$$

und die Ortskurve der inversen Beschreibungsfunktion

$$N_I(A) = -\frac{\pi a}{4K}\left[\sqrt{\left[\frac{A}{a}\right]^2 - 1} + j\right]$$

des nichtlinearen Teilsystems eingezeichnet.

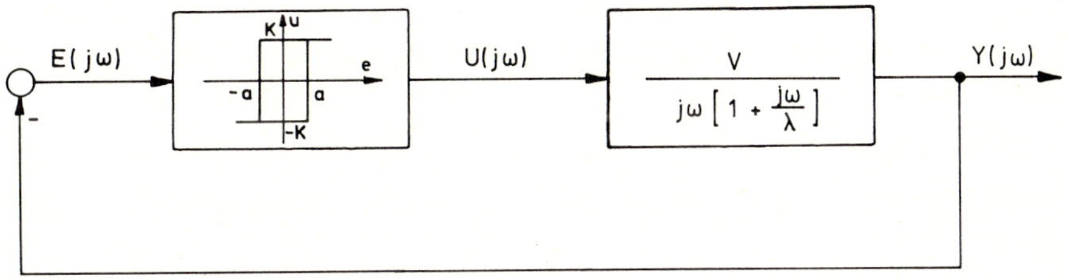

Bild 2.25: Regelkreisstruktur zu Beispiel (2.109)

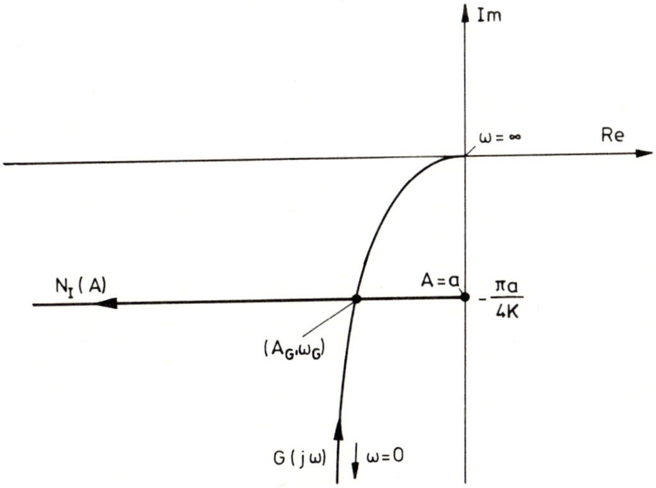

Bild 2.26: Anwendung des Zweiortskurvenverfahrens

Da die Ortskurven von $G(j\omega)$ und $N_I(A)$ einen gemeinsamen Schnittpunkt besitzen, existiert eine harmonische Grenzschwingung (A_G,ω_G) des Regelkreises, und zwar für beliebige positive Werte der Parameter V, λ, K und a. Aus der Gleichung der Harmonischen Balance folgt

$$\frac{V}{j\omega - \frac{\omega^2}{\lambda}} = -V\frac{j\omega + \frac{\omega^2}{\lambda}}{\omega^2 + \frac{\omega^4}{\lambda^2}} = -\frac{\pi a}{4K}\left[\sqrt{\left[\frac{A}{a}\right]^2 - 1} + j\right].$$

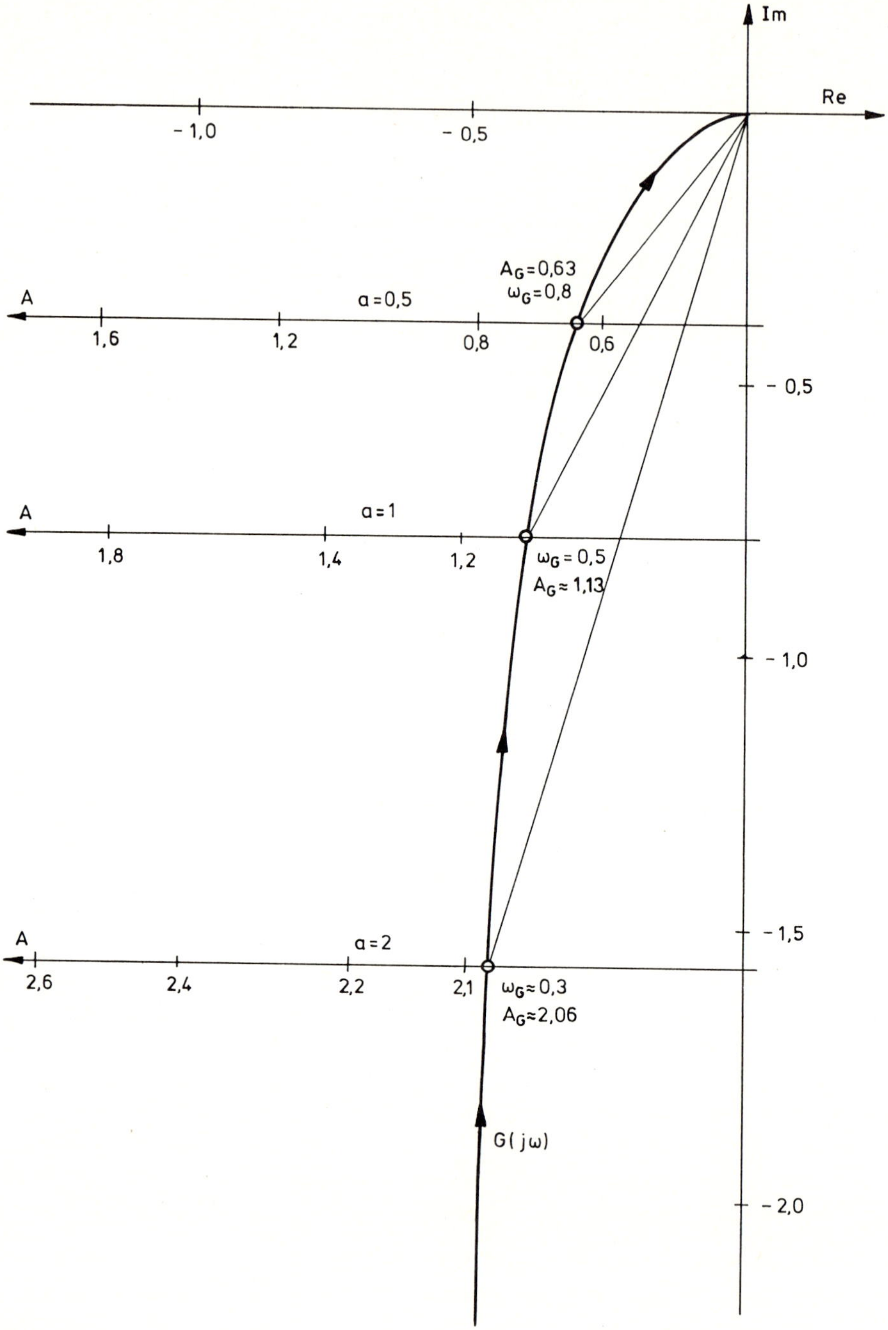

Bild 2.27: Ermittlung der Grenzschwingungen des Regelkreises nach Bild 2.25 für V = 0,5 ; λ = 1 ; K = 1 und a = 0,5; 1; 2

Durch Aufspaltung nach Real- und Imaginärteil erhalten wir zur Bestimmung von (A_G,ω_G) die beiden reellen Gleichungen

$$- V\,\omega_G = -\frac{\pi a}{4K}\left[\omega_G^2 + \frac{\omega_G^4}{\lambda^2}\right] \quad ,$$

(2.110)

$$- V\,\frac{\omega_G^2}{\lambda} = -\frac{\pi a}{4K}\sqrt{\left[\frac{A_G}{a}\right]^2 - 1}\;\left[\omega_G^2 + \frac{\omega_G^4}{\lambda^2}\right] \quad ,$$

die wir in die Beziehungen

$$\omega_G^3 + \lambda^2\,\omega_G - \frac{4VK\lambda^2}{\pi a} = 0 \quad ,$$

(2.111)

$$A_G^2 = \frac{(4KV\lambda)^2}{\pi^2\left[\lambda^2+\omega_G^2\right]^2} + a^2$$

umformen können. Für den Parametersatz $V = 0{,}5$; $\lambda = 1$, $K = 1$ und $a = 1$ erhalten wir die numerische Lösung

$$(A_G,\omega_G) \approx (1{,}13\ ;\ 0{,}5) \quad ,$$

so daß der Regelkreis in diesem Fall näherungsweise die Grenzschwingung

$$e(t) \approx 1{,}13\ \sin(0{,}5t)$$

besitzt. In Bild 2.27 sind die Grenzschwingungsparameter nach dem Zweiortskurvenverfahren ermittelt worden, wobei für die Hystereseweite a die Variationsfälle $a = 0{,}5$; 1 ; 2 betrachtet wurden. Die Frequenzen ω_G liegen aufgrund des integralen Anteils in G(s) im Bereich einer mit 20 dB/Dekade fallenden Betragskennlinie, so daß die Näherung (2.66) erfüllt ist. Für Hystereseweiten $a < 0{,}25$ liegen die Frequenzen ω_G sogar im Bereich einer mit 40 dB/Dekade fallenden Betragskennlinie, was die Erfüllung von (2.66) noch verbessert und geringere Fehler in den berechneten Grenzschwingungsparametern erwarten läßt. ■

(2.112) Beispiel: Regelkreis mit linearem System 3. Ordnung und Dreipunktkennlinie

Der Regelkreis nach Bild 2.28 (λ_1, λ_2, V, a, K > 0) ist mit Hilfe der Methode der Harmonischen Balance auf Grenzschwingungen zu untersuchen. Die inverse Beschreibungsfunktion einer Dreipunktkennlinie ist nach (2.95) bzw. Tabelle (2.103)

$$N_I(A) = -\frac{\pi A^2}{4K\sqrt{A^2 - a^2}} \quad ; \qquad A \geq a \quad .$$

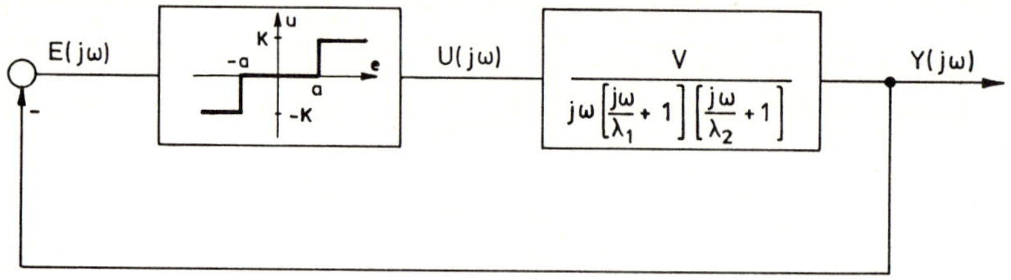

Bild 2.28: Regelkreisstruktur zu Beispiel (2.112)

$N_I(A)$ besitzt nach Bild 2.22b den Maximalwert

$$N_{I,max} = -\frac{\pi a}{2K} \quad ,$$

der für $A = a\sqrt{2}$ angenommen wird. Die Ortskurve des linearen Teilsystems

$$G(j\omega) = \frac{V}{j\omega\left[\frac{j\omega}{\lambda_1}+1\right]\left[\frac{j\omega}{\lambda_2}+1\right]} = \frac{V\lambda_1\lambda_2}{\left[j\omega\lambda_1-\omega^2\right]\left[j\omega+\lambda_2\right]}$$

$$= \frac{V\lambda_1\lambda_2}{j\omega\left[\lambda_1\lambda_2-\omega^2\right] - \omega^2\left[\lambda_1+\lambda_2\right]}$$

schneidet die negative reelle Achse für $\omega = \sqrt{\lambda_1\lambda_2}$ im Punkt $-\frac{V}{\lambda_1+\lambda_2}$.
Wir erhalten somit 3 unterschiedliche Fälle (siehe Bild 2.29):

Fall (a): $0 < V < \frac{\pi a}{2K}(\lambda_1+\lambda_2)$

Die Ortskurven des linearen Teilsystems $G(j\omega)$ und der inversen Beschreibungsfunktion $N_I(A)$ besitzen keinen Schnittpunkt, so daß der Regelkreis keine harmonischen Grenzschwingungen besitzt.

Fall (b): $V = \frac{\pi a}{2K}(\lambda_1+\lambda_2)$

Die Ortskurven von $G(j\omega)$ und $N_I(A)$ besitzen genau einen Schnittpunkt

$$(A_G,\omega_G) = (a\sqrt{2}, \sqrt{\lambda_1\lambda_2}) \quad ,$$

so daß für den Regelkreis die harmonische Grenzschwingung

$$e(t) \approx a\sqrt{2}\,\sin(\sqrt{\lambda_1\lambda_2}\,t)$$

existiert.

Fall (c): $V > \frac{\pi a}{2K}(\lambda_1+\lambda_2)$

Die Ortskurven von $G(j\omega)$ und $N_I(A)$ besitzen zwei Schnittpunkte, so daß zwei Grenzschwingungen mit unterschiedlicher Amplitude aber gleicher Frequenz

(2.113) $$\omega_G = \sqrt{\lambda_1 \lambda_2}$$

existieren. Die Amplituden $A_{G1,G2}$ erhalten wir aus der Gleichung

$$\frac{V}{\lambda_1+\lambda_2} = \frac{\pi A_G^2}{4K\sqrt{A_G^2-a^2}} \quad .$$

Mit der Abkürzung

(2.114) $$2\,\varkappa^2 := \frac{16\;V^2K^2}{\pi^2\left[\lambda_1+\lambda_2\right]^2}$$

folgt durch Quadrieren

$$2\varkappa^2(A_G^2-a^2) = A_G^4$$

$$A_G^4 - 2\varkappa^2\,A_G^2 + 2\varkappa^2a^2 = 0 \;,$$

woraus wir die Lösungen

(2.115)
$$A_G^2 = \varkappa^2 \pm \sqrt{\varkappa^4 - 2\varkappa^2a^2} = \varkappa^2\left[1 \pm \sqrt{1 - \frac{2a^2}{\varkappa^2}}\;\right]$$

$$A_{G1,G2} = \varkappa\sqrt{1 \pm \sqrt{1 - \frac{2a^2}{\varkappa^2}}}$$

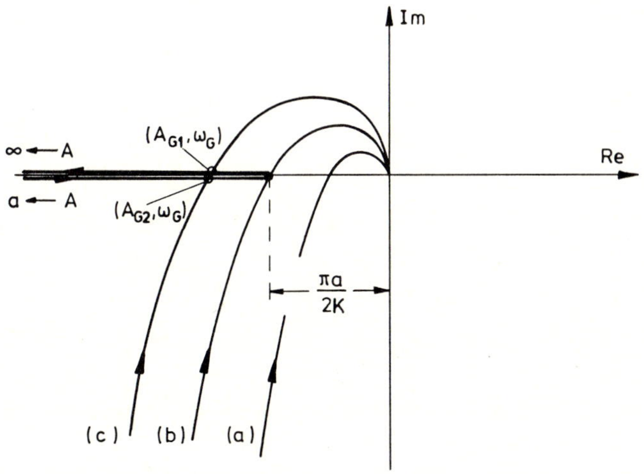

Bild 2.29: Auswertung der Gleichung der Harmonischen Balance in der Ortskurvenebene (Beispiel (2.112))

erhalten. Wegen $\varkappa^2 > 2a^2$ im Fall (c) liefern die Wurzeln nur reelle Lösungen.

Bemerkenswert ist, daß die Frequenz ω_G der Grenzschwingungen nur von den Zeitkonstanten λ_1 und λ_2 des linearen Teilsystems abhängt, nicht jedoch von den Regelkreisparametern V, K und a. Da die Frequenz $\omega_G = \sqrt{\lambda_1\lambda_2}$ das geometrische Mittel der Frequenzen λ_1 und λ_2 ist, liegt sie wegen

$$\min(\lambda_1,\lambda_2) \leq \sqrt{\lambda_1\lambda_2} \leq \max(\lambda_1,\lambda_2) \qquad (\lambda_1,\lambda_2 > 0)$$

im Bereich einer mit ca. 40 dB/Dekade fallenden Betragskennlinie, was eine hohe Genauigkeit der berechneten Grenzschwingungsparameter erwarten läßt (vergleiche Beziehung (2.139) und Bild 2.36 in Beispiel (2.138)). ■

(2.116) <u>Beispiel: Regelkreis mit instabilem linearen Teilsystem und einer Tote-Zone-Kennlinie</u>

Der Regelkreis nach Bild 2.30 mit dem linearen Teilsystem

$$G(s) = \frac{s^2 + 0{,}2s + 1}{s[s^2 - 1]}$$

und einer Tote-Zone-Kennlinie mit der Steigung m = 20 ist unter Verwendung von logarithmischen Frequenzkennlinien auf Grenzschwingungen zu untersuchen.

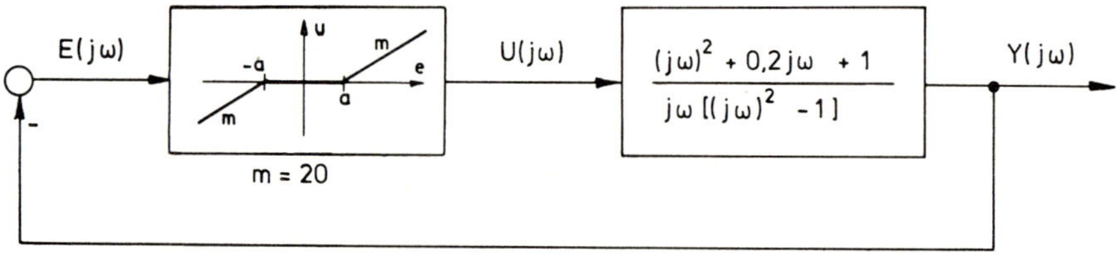

<u>Bild 2.30</u>: Regelkreis mit instabilem linearen Teilsystem und einer Tote-Zone-Kennlinie

Das lineare Teilsystem G(s) besitzt die Polstellen

$$s_1 = 0 \quad , \quad s_2 = 1 \quad , \quad s_3 = -1 \quad .$$

Obwohl G(s) instabil ist und somit die Voraussetzungen zur Anwendung der Methode der Harmonischen Balance verletzt, wenden wir diese Methode dennoch an. Unsere Ergebnisse müßten jedoch anhand einer Simulation überprüft werden.

Die normierte Beschreibungsfunktion $\tilde{N}(\alpha)$ einer Tote-Zone-Kennlinie ist nach Tabelle (2.103) gegeben durch

(2.117) $$\tilde{N}(\alpha) = k_n N_n(\alpha) = k_n \left[1 - \frac{2}{\pi}\left[\arcsin\left[\frac{1}{\alpha}\right] + \frac{1}{\alpha}\sqrt{1 - \frac{1}{\alpha^2}}\right]\right] ; \alpha \geq 1,$$

also

(2.118) $$N(A) = m\left[1 - \frac{2}{\pi}\left[\arcsin\left[\frac{a}{A}\right] + \frac{a}{A}\sqrt{1 - \left[\frac{a}{A}\right]^2}\right]\right]; \quad A \geq a \quad .$$

Hierbei ist

(2.119) $$k_n = m \quad ; \quad \alpha = \frac{A}{a} \quad .$$

Zur Auswertung der Gleichung der Harmonischen Balance verwenden wir die Betragsgleichung

$$|G(j\omega)|_{dB} = - |N(A)|_{dB} = - |\tilde{N}(\alpha)|_{dB} \quad ,$$

die wir auch in der Form

(2.120) $$|G(j\omega)|_{dB} + |k_n|_{dB} = - |N_n(\alpha)|_{dB}$$

schreiben können, und die Phasengleichung

(2.121) $$\arg[G(j\omega)] = (2\nu-1)\pi - \arg[N(A)] \qquad (\nu \in \mathbb{Z}) \; .$$

Da die Tote-Zone-Kennlinie keine Hysterese enthält, ist $\arg[N(A)] = 0$. Der Nenner von $G(j\omega)$ liefert den konstanten Phasenanteil

$$-\frac{\pi}{2} + \pi = \frac{\pi}{2} \quad ,$$

während der Phasenbeitrag des Zählers stetig von 0 bis π wächst.
Die Phasengleichung (2.121) ist somit

$$\arg[G(j\omega)] = \pi \quad ,$$

die für $\omega_G = 1$ erfüllt ist (siehe Bild (2.31)). Aus Bild 2.31 lesen wir für $\omega_G = 1$ den Wert

$$|G(j1)| + |k_n|_{dB} \approx 6 \text{ dB}$$

ab, wobei

$$|k_n|_{dB} = |m|_{dB} = |20|_{dB} = |2|_{dB} + |10|_{dB} \approx 26 \text{ dB}$$

berücksichtigt wurde (siehe waagerechte gestrichelte Linie in Bild 2.31). Nach Bild 2.32 ist

$$-\ |N_n(\alpha = \alpha_G = 2{,}5)|_{dB} = 6\ \text{dB} \quad .$$

Die Grenzschwingungsparameter sind somit

(2.122) $$(A_G;\omega_G) = (2{,}5a;1) \quad ,$$

womit wir für den Regelkreis die eventuell mögliche Grenzschwingung

$$e(t) \approx 2{,}5a \sin t$$

erhalten. Da das lineare Teilsystem instabil ist und somit eine Voraussetzung zur Anwendung der Methode der Harmonischen Balance verletzt, kann jedoch keine definitive Aussage über die Existenz einer Grenzschwingung gemacht werden.

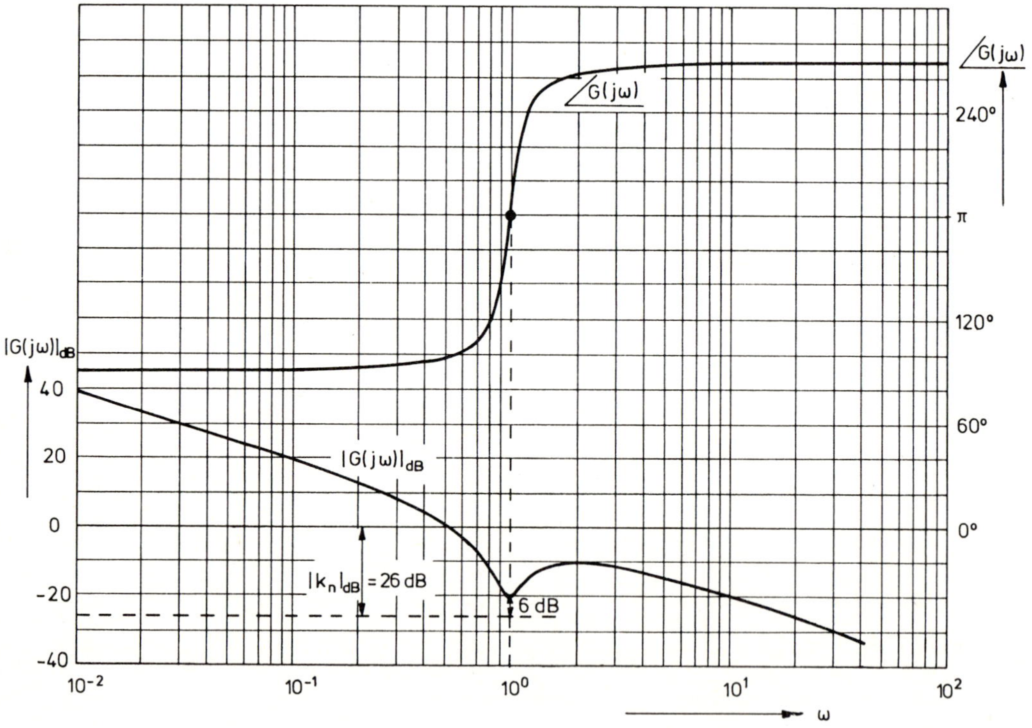

Bild 2.31: Logarithmische Frequenzkennlinien des linearen Teilsystems in Beispiel (2.116)

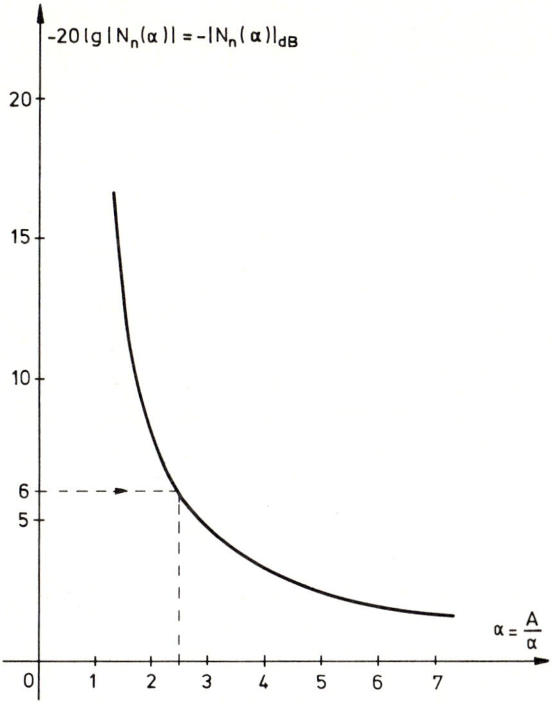

Bild 2.32: Logarithmische Darstellung der normierten Beschreibungsfunktion $N_n(\alpha) = \tilde{N}(\alpha)/k_n$ einer Tote-Zone-Kennlinie ■

2.3.6 Untersuchung des Stabilitätsverhaltens von Grenzschwingungen

Die Grenzschwingungen eines Regelkreises können unterschiedliches Stabilitätsverhalten zeigen (siehe auch Kapitel 2.1). In diesem Abschnitt wird ein Stabilitätskriterium für Grenzschwingungen eingeführt, das auf dem Nyquistkriterium beruht, welches aus der Stabilitätstheorie linearer Systeme bekannt ist (siehe LANDGRAF, SCHNEIDER [2.10], Seite 132). Wir formulieren zunächst das Nyquistkriterium, wobei wir uns auf den Fall beschränken, daß die Kreisübertragungsfunktion $L(s) := Z(s)/\Delta(s)$ keinen Durchgriff besitzt, so daß

(2.123) $$\text{Grad}[Z(s)] < \text{Grad}[\Delta(s)] \ .$$

Dann erhalten wir:

(2.124) **Satz (Nyquistkriterium)**:

Ein linearer Regelkreis mit der Kreisübertragungsfunktion (offener Regelkreis) $L(s) = V\,G(s)$ ist genau dann BIBO-stabil, wenn

(2.125) $$\underset{\omega=-\infty}{\overset{\infty}{\Delta}} \arg\left(\frac{1}{V} + G(j\omega)\right) = (n_a + 2n_r)\pi \quad .$$

Hierbei ist

$$\underset{\omega=-\infty}{\overset{\infty}{\Delta}} \arg\left[\frac{1}{V} + G(j\omega)\right]$$

die stetige Winkeländerung des Zeigers vom Punkt $-1/V$ an die Ortskurve $G(j\omega)$. n_a ist die Anzahl der Polstellen von $G(s)$ auf der imaginären Achse und n_r die Anzahl der Polstellen von $G(s)$ in der rechten offenen s-Halbebene. ■

Die Einschränkung auf Kreisübertragungsfunktionen ohne Durchgriff ist sinnvoll, da wir das Nyquistkriterium auf nichtlineare Standardregelkreise im Zustand der Harmonischen Balance anwenden werden. Aufgrund der in den Voraussetzungen zur Methode der Harmonischen Balance geforderten Tiefpaßeigenschaften des linearen Teilsystems können wir nämlich in den meisten Anwendungsfällen erwarten, daß das lineare Teilsystem keinen Durchgriff besitzt. Die gesonderten Überlegungen, die bei linearen Systemen mit Durchgriff angestellt werden müssen, bleiben dem interessierten Leser überlassen.

In Bild 2.33a ist für $0 \le \omega < \infty$ die Ortskurve $G(j\omega)$ einer Übertragungsfunktion mit einer Polstelle bei $s = 0$ gezeichnet ($n_a = 1$, $n_r = 0$). $-1/V_G$ sei der Schnittpunkt der Ortskurve mit der reellen Achse, d.h.

(2.126) $$\frac{1}{V_G} + G(j\omega_G) = 0 \quad .$$

Wird im Regelkreis die Verstärkung V gleich V_G gewählt, besitzt die Übertragungsfunktion des geschlossenen Kreises ein einfach imaginäres Polpaar $s_{1,2} = \pm j\omega_G$, wobei sich ω_G als Lösung der Gleichung (2.126) ergibt.

Für einen kleineren Verstärkungsfaktor $V = V_G + \Delta V$ $(\Delta V < 0)$ liegt der Punkt $-1/V$ auf der reellen Achse links von $-1/V_G$. Die stetige Winkeländerung im Bereich $-\infty < \omega < \infty$ ist π ($\pi/2$ für $0 \le \omega < \infty$), so daß nach dem Nyquistkriterium der Regelkreis BIBO-stabil ist. Für betragsmäßig kleine Änderungen ΔV gehört dazu das Polpaar

$$s_{1,2} \approx \pm j\omega_G + \delta , \qquad \delta < 0 ,$$

welches gedämpfte Schwingungen mit der Abklingkonstanten $|\delta|$ verursacht.

Wird $V = V_G + \Delta V$ $(\Delta V > 0)$ gegenüber V_G vergrößert, erhalten wir vom Punkt $-1/V$, welcher jetzt auf der reellen Achse rechts von $-1/V_G$ liegt, eine Winkeländerung von 3π; der Regelkreis ist instabil. Für kleine Abweichungen ΔV gehört hierzu das Polpaar

$$s_{1,2} \approx \pm j\omega_G + \delta , \qquad \delta > 0 ,$$

welches für aufklingende Schwingungen verantwortlich ist.

Vergleichen wir die Gleichung der Harmonischen Balance

(2.127) $$\frac{1}{N(A)} + G(j\omega) = 0$$

mit der Beziehung (2.126), so erkennen wir, daß die Beschreibungsfunktion $N(A)$ wie ein von der der Eingangsamplitude A der Nichtlinearität abhängiger Verstärkungsfaktor V_G wirkt (siehe Ersatzregelkreis nach Bild 2.19).

Wir erläutern das Stabilitätsverhalten von Grenzschwingungen anhand von Beispiel (2.112). Im Fall (c) ergeben sich 2 Grenzschwingungen mit unterschiedlichen Amplituden aber gleicher Frequenz. Im Bild 2.33b und 2.33c sind die Ortskurven von $G(j\omega)$ und $N_I(A)$ aus Beispiel (2.112), Fall (c), eingezeichnet. Die Pfeile an der Kurve $N_I(A)$ zeigen in Richtung wachsender Amplitudenwerte. Wir betrachten nun eine Amplitude

$$A = A_{G2} + \Delta A ,$$

wobei A_{G2} die kleinere der beiden Lösungen der Gleichung der Harmonischen Balance ist,

$$N_I(A_{G2}) = G(j\omega_G) .$$

Wir prüfen nun ganz analog wie beim Nyquistkriterium für lineare Regelkreise die Winkeländerung der Ortskurve $G(j\omega)$. Für $\Delta A > 0$ verschiebt sich der Punkt $N_I(A)$ auf der reellen Achse nach rechts, so daß die Winkeländerung von $G(j\omega)$ gleich 3π wird und sich eine aufklingende Schwingung ergibt. Dies bedeutet, daß die Amplitude A wächst und sich damit von A_{G2} entfernt. Ist $\Delta A < 0$, verschiebt sich der Punkt $N_I(A)$ nach links, die Schwingung ist abklingend. Dies bedeutet, daß die Amplitude A abnimmt und sich auch hier von A_{G2} entfernt. Wir stellen also fest, daß ein Regelkreis mit der Grenzschwingung (A_{G2}, ω_G) nach Beispiel

(2.112) bei der geringsten Störung in einen anderen Zustand übergeht. Die Grenzschwingung (A_{G2}, ω_G) ist also instabil.

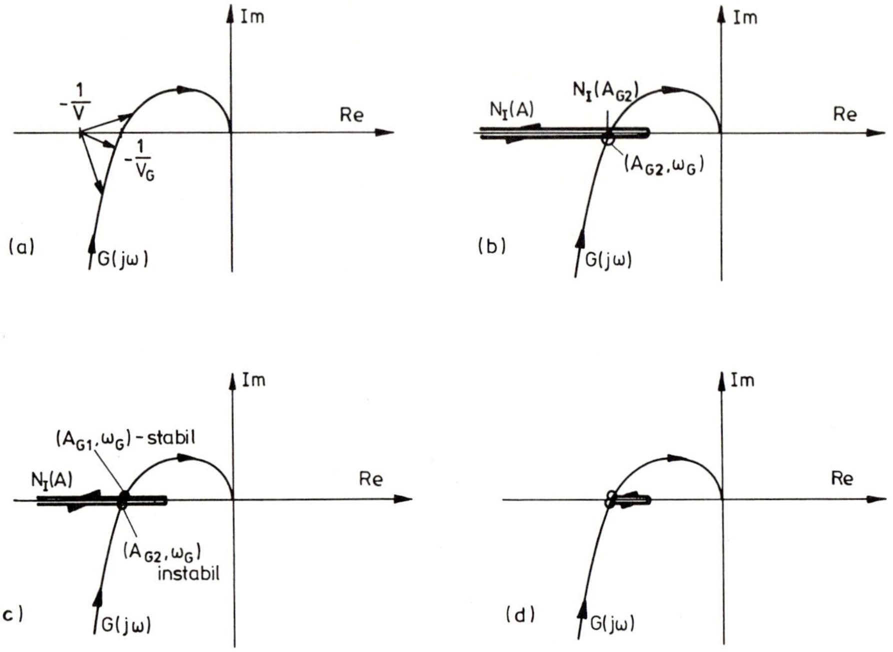

Bild 2.33: Stabilitätsbetrachtung bei Grenzschwingungen in der Ortskurvenebene (Nyquistkriterium)

Wir untersuchen nun die zweite, in Beispiel (2.112), Fall (c), existierende Grenzschwingung (A_{G1}, ω_G) auf Stabilität, indem wir eine Schwingungsamplitude

$$A = A_{G1} + \Delta A$$

in der Umgebung von A_{G1} betrachten. Für $\Delta A > 0$ rückt hier $N_I(A)$ auf der reellen Achse nach links, so daß der vergleichbare lineare Regelkreis abklingende Schwingungen besitzt. Somit strebt $A \to A_{G1}$, d.h. $\Delta A \to 0$. Für $\Delta A < 0$ schiebt sich $N_I(A)$ nach rechts. Der vergleichbare lineare Regelkreis besitzt aufklingende Schwingungen, so daß auch hier $A \to A_{G1}$ $(\Delta A \to 0)$ strebt. Wir stellen somit fest, daß der Regelkreis bei kleinen Auslenkungen aus dem Schwingungszustand (A_{G1}, ω_G) wieder in diesen zurückkehrt. Die Grenzschwingung (A_{G1}, ω_G) ist somit asymptotisch bahnstabil. Wir sprechen häufig auch nur von der Stabilität der Grenzschwingung. Bild 2.33d zeigt den Verlauf von $N_I(A)$ zwischen den beiden Grenzschwingungen. Die instabile Grenzschwingung geht in die stabile Grenzschwingung über, wenn die Amplitude beispielsweise durch Störungen geringfügig vergrößert wird. Fallen beide Grenzschwingungen zusammen (Fall (b) in Beispiel (2.112)), d.h. $A_{G1} = A_{G2}$, dann ist die Grenzschwingung semibahnstabil.

Unsere bisherigen Überlegungen bleiben gültig, wenn die negative inverse Beschreibungsfunktion $N_I(A)$ komplex ist, also nicht auf der negativen reellen Achse liegt.

Zusammenfassend können wir zur Stabilitätsuntersuchung von Grenzschwingungen den folgenden Satz formulieren:

(2.128) Satz (Stabilität von Grenzschwingungen):

Eine nach der Methode der Harmonischen Linearisierung gefundene Grenzschwingung (A_G, ω_G) eines nichtlinearen Standardregelkreises mit dem linearen Teilsystem $G(s) = Z(s)/\Delta(s)$ ist genau dann asymptotisch bahnstabil, wenn

$$(2.129) \qquad \underset{\omega=-\infty}{\overset{\infty}{\Delta}} \arg[G(j\omega) - N_I(A)] \begin{cases} = (n_a+2n_r)\pi & \text{für } A > A_G \\ \neq (n_a+2n_r)\pi & \text{für } A < A_G \, . \end{cases}$$

Hierbei ist vorausgesetzt, daß $G(s)$ keinen Durchgriff besitzt, d.h. $\mathrm{Grad}(Z(s)) < \mathrm{Grad}(\Delta(s))$. n_a ist die Anzahl der Polstellen von $G(s)$ auf der imaginären Achse und n_r die Anzahl der Polstellen von $G(s)$ in der rechten offenen s-Halbebene.

Sind die beiden Aussagen in (2.129) vertauscht, dann ist die Grenzschwingung instabil. Gilt das Gleichheitszeichen oder Ungleichheitszeichen in (2.129) sowohl für $A > A_G$ als auch für $A < A_G$, dann liegt eine asymptotisch semibahnstabile Grenzschwingung vor. ■

Bei der Formulierung von Satz (2.128) wurden instabile lineare Teilsysteme $G(s)$ $(n_a, n_r \neq 0)$ mit berücksichtigt, obwohl diese in den Voraussetzungen zur Methode der Harmonischen Balance ausgeschlossen wurden. Die allgemeine Formulierung von Satz (2.128) ist jedoch zweckmäßig, da die Methode der Harmonischen Linearisierung gelegentlich auch bei instabilen linearen Teilsystemen angewendet wird (siehe Beispiel (2.116) oder Beispiel (2.132)).

(2.130) **Anmerkung**:

Die Stabilitätsuntersuchung von Grenzschwingungen nach Satz (2.128) hat große Ähnlichkeit mit der Stabilitätsuntersuchung in der Näherungsmethode (2.14): Während wir in Satz (2.128) mit Hilfe des Nyquistkriteriums prüfen, wie sich das System bei Veränderungen der Schwingungsamplitude verhält, geschieht dies in der Näherungsmethode (2.14) mit Hilfe der Funktion G (siehe Beziehung (2.20)). ■

Anhand von zwei Beispielen untersuchen wir die Stabilität von Grenzschwingungen:

(2.131) **Beispiel: Regelkreis mit linearem System 2. Ordnung und Zweipunktglied mit Hysterese**

Wir greifen das Beispiel (2.109) auf und betrachten den Fall V = 0,5; λ = 1; K = a = 1. Hierfür wurde die Existenz einer Grenzschwingung

$$e(t) \approx 1{,}13 \sin(0{,}5t)$$

nachgewiesen. Diese Grenzschwingung wird mit Satz (2.128) auf Stabilität untersucht. Die stetige Winkeländerung kann aus dem Bild 2.27 (a = 1) abgelesen werden.

$$\underset{\omega=-\infty}{\overset{\infty}{\Delta}} \arg[G(j\omega) - N_I(A)] = \begin{cases} \pi & \text{für} \quad A > 1{,}13 \\ -\pi & \text{für} \quad A < 1{,}13 \end{cases}$$

Da G(s) einen Pol auf der imaginären Achse bei s = 0 besitzt, folgt aus Satz (2.128), daß die Grenzschwingung stabil ist. ■

(2.132) **Beispiel: Regelkreis mit instabilem linearen Teilsystem und toter Zone**

Wir greifen den Regelkreis aus Beispiel (2.116) auf. In diesem Beispiel wurde darauf hingewiesen, daß der Regelkreis aufgrund der Instabilität des linearen Teilsystems die Voraussetzungen zur Anwendung der Methode der Harmonischen Linearisierung nicht erfüllt. Die in dem Beispiel berechnete Grenzschwingung wollen wir dennoch mit Hilfe von Satz (2.128) auf Stabilität untersuchen. Im Bild 2.34 sind die Ortskurven von G(jω) und von $N_I(A)$ für a = 1, m = 20 eingezeichnet. Für den Schnittpunkt der Ortskurven wurden bereits in Beispiel (2.116) nach Gleichung (2.122) die Grenzschwingungsparameter zu bestimmt. In der Umgebung dieses Schnittpunktes erhalten wir die stetigen Winkeländerungen

$$\underset{\omega=-\infty}{\overset{\infty}{\Delta}} \arg[G(j\omega) - N_I(A)] = \begin{cases} 3\pi & \text{für } A > A_G \\ -\pi & \text{für } A < A_G \end{cases} .$$

Da das lineare Teilsystem $G(j\omega)$ einen Pol auf der imaginären Achse ($s = 0$) und einen Pol in der rechten s-Halbebene ($s = 1$) besitzt, gilt

$$(n_a + 2n_R)\pi = 3\pi ,$$

so daß die Grenzschwingung nach Satz (2.128) stabil ist.

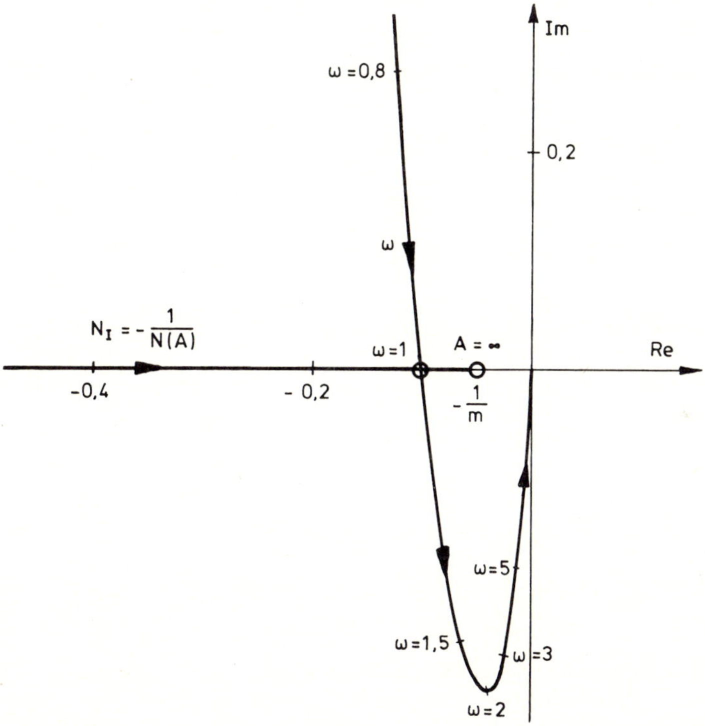

Bild 2.34: Ermittlung des Stabilitätsverhaltens der Grenzschwingungen in Beispiel (2.132)

In Bild 2.35 sind die Verläufe von $y(t)$ und $u(t)$ aufgrund einer Rechnersimulation dargestellt. Die Ausgangsgröße $y(t)$ strebt gegen eine stabile

Grenzschwingung mit

$$A_G \approx 2{,}08 \quad ; \qquad \omega_G = \frac{2\pi}{T_G} \approx 0{,}99 \quad .$$

Somit ist das Ergebnis unserer Stabilitätsbetrachtung bestätigt.

Bei der Anwendung der Methode der Harmonischen Balance wird die Stabilität des linearen Teilsystems gemeinhin vorausgesetzt, um die Existenz einer möglichen Grenzschwingung begründen zu können. Im vorliegenden Beispiel kann diese Begründung trotz der verletzten Voraussetzung auf sehr einfache Weise erfolgen, und zwar ohne Rückgriff auf die Simulation:

Für sehr große Werte der Ausgangsgröße des Regelkreises ist dieser praktisch ein linearer Regelkreis, da sich die Tote-Zone-Kennlinie dann wie ein Verstärkungsfaktor mit dem Wert m verhält. Bezüglich dieses Verstärkungsfaktors ist aber nach Bild 2.34 das Nyquistkriterium erfüllt, woraus die Beschränktheit aller Systemgrößen folgt. Andererseits können die Systemgrößen aufgrund der Instabilität des linearen Teilsystems und der toten Zone am Eingang nicht in eine Ruhelage einlaufen, womit die Existenz einer stabilen Grenzschwingung naheliegt. Tritt anstelle der Tote-Zone-Kennlinie eine Lose (mit der Steigung m) im Regelkreis auf, so kann völlig analog argumentiert werden.

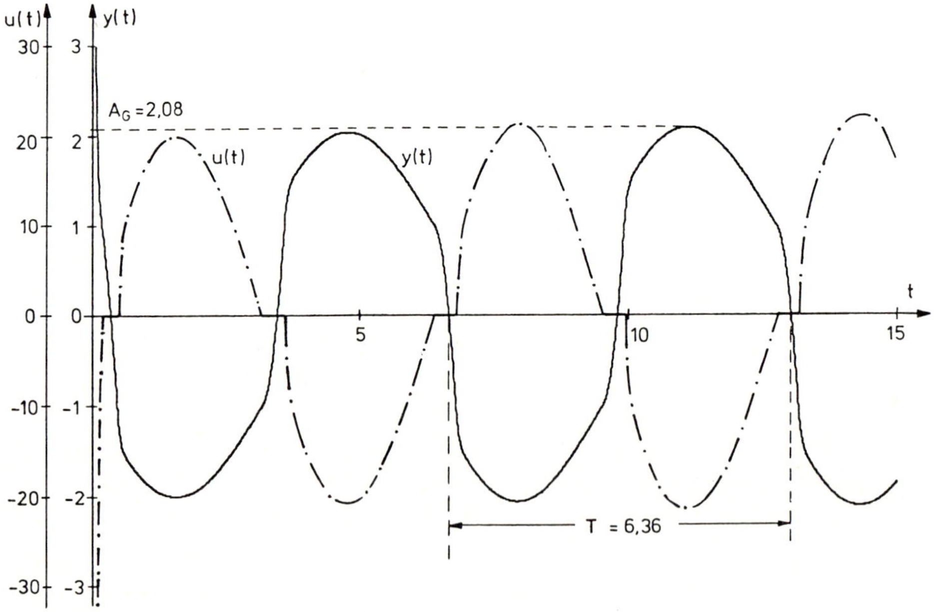

Bild 2.35: Zeitliche Verläufe von y(t) und u(t) zu Beispiel (2.132) ■

In der folgenden Tabelle sind ohne Anspruch auf Vollständigkeit einige Ergebnisse zusammengefaßt, die man bei Anwendung des Stabilitätssatzes (2.128) erhält. Hierbei wird vorausgesetzt, daß das lineare Teilsystem BIBO-stabil ist, wobei zusätzlich ein integraler Anteil in G(s) zugelassen wird. Außerdem wird angenommen, daß in der Ortskurvenebene genau ein Schnittpunkt zwischen G(jω) und N(A) auftritt, zu dem allerdings 2 Grenzschwingungen mit unterschiedlicher Amplitude aber gleicher Frequenz gehören können (vergleiche Beispiel (2.112)). Dann gelten die folgenden Stabilitätsaussagen:

(2.133) **Tabelle: Stabilitätsverhalten spezieller Grenzschwingungen**

Kennlinie	Stabilitätsverhalten der Grenzschwingungen
Zweipunktglied ohne /mit Hysterese	1 asymptotisch bahnstabile Grenzschwingung (A_G, ω_G)
Dreipunktglied ohne Hysterese	2 Grenzschwingungen $(A_{G1}, \omega_G), (A_{G2}, \omega_G)$ Für $A_{G1} > A_{G2}$ gilt (A_{G2}, ω_G) instabil (A_{G1}, ω_G) asymptotisch bahnstabil
Tote-Zone-Kennlinie ohne Hysterese	1 instabile Grenzschwingung (A_G, ω_G)

2.4 Korrekturglieder zur Erzeugung, Unterdrückung bzw. Verminderung der Amplitude von Grenzschwingungen

Grenzschwingungen können in einem Regelkreis bzw. einem nichtlinearen System erwünscht sein, wenn stabile und parameterunempfindliche Schwingungen mit einer bestimmten Frequenz und Amplitude erzeugt werden sollen (beispielsweise bei Oszillatoren).

In anderen Fällen wird die Vermeidung von Grenzschwingungen im Regelkreis angestrebt, um eine asymptotisch stabile Ruhelage des Regelkreises zu erhalten und damit ein gewünschtes stationäres Verhalten sicherzustellen.

2.4.1 Anwendung von Ljapunov-Funktionen

Mit Hilfe von Ljapunov-Funktionen können Korrekturglieder zur Unterdrückung von Grenzschwingungen entworfen werden. Hierbei wird der folgende Satz ausgenutzt:

(2.134) **Satz (Nichtexistenz von Dauerschwingungen bei asymptotisch stabiler Ruhelage):**

Besitzt ein nichtlineares System bzw. ein Regelkreis n-ter Ordnung eine asymptotisch stabile Ruhelage $\underline{x}_R$, so existieren innerhalb des Einzugsbereichs E der Ruhelage keine Dauerschwingungen. ■

(2.135) **Bemerkung:**

Ist die Ruhelage $\underline{x}_R$ sogar global asymptotisch stabil, so existieren im gesamten Zustandsraum keine Dauerschwingungen. ■

Der Einzugsbereich der Ruhelage kann mit Hilfe der für den Entwurf gewählten Ljapunov-Funktion abgeschätzt werden.

(2.136) **Beispiel: Reglerentwurf zur Unterdrückung eines Grenzzyklus**

Das nichtlineare System

$$\begin{aligned} \dot{x}_1(t) &= x_2(t) \\ \dot{x}_2(t) &= -\omega^2 x_1(t) + \varepsilon\left[1-x_1^2(t)\right]x_2(t) + u(t) \end{aligned} \qquad (2.137)$$

($\varepsilon > 0$) besitzt die Ruhelage $\underline{x}_R = \underline{0}$ und für $u(t) \equiv 0$ einen asymptotisch bahnstabilen Grenzzyklus, für den in 1. Näherung gilt

$$x_{G1}(t) = 2\sin\omega t$$

$$x_{G2}(t) = 2\omega\cos\omega t$$

(siehe Beispiel (2.27)). Mit Hilfe einer Ljapunov-Funktion wird nun ein Korrekturglied $u(t) = g(x_1(t),x_2(t))$ entworfen, das den Grenzzyklus unterdrückt. Wir multiplizieren die erste Differentialgleichung mit $\omega^2\, x_1(t)$, die zweite Differentialgleichung mit $x_2(t)$, addieren beide Gleichungen und erhalten

$$\begin{aligned} \dot{V}(\underline{x}) &:= \frac{1}{2}\frac{d}{dt}\left[\omega^2\, x_1^2(t) + x_2^2(t)\right] \\ &= \varepsilon\left[1-x_1^2(t)\right]\, x_2^2(t) + u(t)\, x_2(t) \quad . \end{aligned}$$

Hierbei ist $V(\underline{x}) = \frac{1}{2}\,[\omega^2 x_1^2(t) + x_2^2(t)]$ unsere Ljapunov-Funktion. Wählen wir

$$u(t) = -a\,x_2(t) \qquad \text{mit } a > \varepsilon \quad ,$$

so folgt

$$\dot{V}(\underline{x}) = -\varepsilon\, x_1^2(t)x_2^2(t) - (a-\varepsilon)x_2^2(t) \ .$$

Die Ruhelage $\underline{x}_R = \underline{0}$ ist jetzt global asymptotisch stabil, so daß in der gesamten Zustandsebene kein Grenzzyklus mehr möglich ist. ∎

2.4.2 Anwendung der Methode der Harmonischen Balance

Mit Hilfe der Methode der Harmonischen Balance können auf anschauliche Weise harmonische Grenzschwingungen berechnet und auf Stabilität untersucht werden. Gleichzeitig kann mit Hilfe dieser Methode festgestellt werden, welche Veränderungen am Regelkreis vorgenommen werden müssen, damit harmonische Grenzschwingungen erzeugt bzw. unterdrückt werden. Harmonische Grenzschwingungen (nicht jedoch Grenzschwingungen beliebiger Form, siehe Anmerkung (2.108)) sind genau dann unterdrückt, wenn keine Lösung der Gleichung der Harmonischen Balance existiert. Die Ortskurven $G(j\omega)$ und $N_I(A)$ besitzen dann keinen Schnittpunkt.

Der Entwurf von Korrekturgliedern bzw. eine Veränderung des Regelkreises zur Erzeugung oder Unterdrückung von (harmonischen) Grenzschwingungen beruht auf einer derartigen Veränderung der Ortskurven $G(j\omega)$ oder $N_I(A)$, daß entweder ein oder mehrere Schnittpunkte auftreten oder aber kein Schnittpunkt mehr vorhanden ist.

Da in technischen Systemen das lineare und nichtlineare Teilsystem häufig durch die technische Realisierung vorgegeben sind (das nichtlineare Kennlinienglied kann beispielsweise ein verfügbares Stellglied für die Regelstrecke sein, die das lineare Teilsystem darstellt), entwirft man zur Unterdrückung bzw. Erzeugung von Grenzschwingungen oft lineare Kompensationsglieder.

Die Vorgehensweise beim Entwurf eines linearen Kompensationsgliedes zur Unterdrückung von Grenzschwingungen wird anhand des folgenden Beispiels erläutert:

(2.138) Beispiel: Unterdrückung von Grenzschwingungen durch ein lineares Kompensationsglied

Im Beispiel (2.112) wurde ein nichtlinearer Regelkreis nach Bild 2.28 mit einem Dreipunktglied und dem linearen Teilsystem

$$G_s(s) = \frac{V}{s\left[\frac{s}{\lambda_1}+1\right]\left[\frac{s}{\lambda_2}+1\right]}$$

in Abhängigkeit vom Verstärkungsfaktor V auf Grenzschwingungen untersucht. Wir betrachten die Parameterkombination $V = 5$, $\lambda_1 = 1$, $\lambda_2 = 2$ und $a = K = 1$. In diesem Fall ist

$$V = 5 > \frac{\pi a}{2K}(\lambda_1 + \lambda_2) = \frac{3}{2}\pi \approx 4{,}71 \quad ,$$

so daß der Fall (c) aus Beispiel (2.112) vorliegt, für den die Existenz von 2 Grenzschwingungen nachgewiesen wurde. Die Grenzschwingungen besitzen die Amplituden

$$A_{G1} \approx 1{,}73 \qquad ; \qquad A_{G2} \approx 1{,}23$$

und die Frequenz $\omega_G = \sqrt{2}$. Aus Bild 2.33c entnehmen wir, daß die Grenzschwingung

$$\text{(2.139)} \qquad -y(t) = e(t) \approx 1{,}73 \sin(\sqrt{2}\, t)$$

asymptotisch bahnstabil ist. In Bild 2.36 sind durch Simulation des Regelkreises berechnete Verläufe von $y(t)$ und $\dot{y}(t)$ in einer Zustandsebene (y - $\dot{y}$ -Ebene) dargestellt. Man erkennt deutlich die instabile Grenzschwingung (gestrichelte Kurve) als auch die stabile Grenzschwingung. Zu beachten ist, daß die Kurven in Bild 2.36 keine Trajektorien des linearen Teilsystems sind. Da dieses 3. Ordnung ist, sind dessen Trajektorien Kurven in einem dreidimensionalen Zustandsraum. Die Kurven in Bild 2.36 sind Projektionen der Trajektorien auf die y-$\dot{y}$-Ebene. In Bild 2.37 sind die zeitlichen Verläufe von $y(t)$ und $u(t)$, die gegen die stabile Grenzschwingung streben, dargestellt. Aus beiden Bildern ist zu entnehmen, daß eine gute Übereinstimmung zwischen der errechneten Amplitude und Frequenz und den Simulationsergebnissen besteht. Dies ist darauf zurückzuführen, daß der periodische Zeitverlauf von $y(t)$ nahezu sinusförmig ist.

Im folgenden wird ein lineares Kompensationsglied $G_c(s)$ entworfen, welches die Ortskurve des neuen linearen Teilsystems $G_c(s)G_s(s)$ so verändert, daß kein Schnittpunkt mit der Ortskurve $N_I(A)$ der inversen Beschreibungsfunktion mehr auftritt.

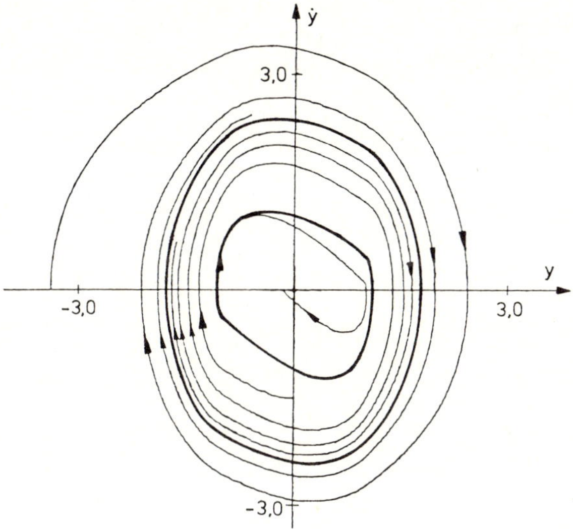

Bild 2.36: Verläufe von y(t) und ẏ(t) in der y-ẏ-Ebene (Man erkennt deutlich eine instabile Grenzschwingung (innere dicke Kurve) und eine stabile Grenzschwingung)

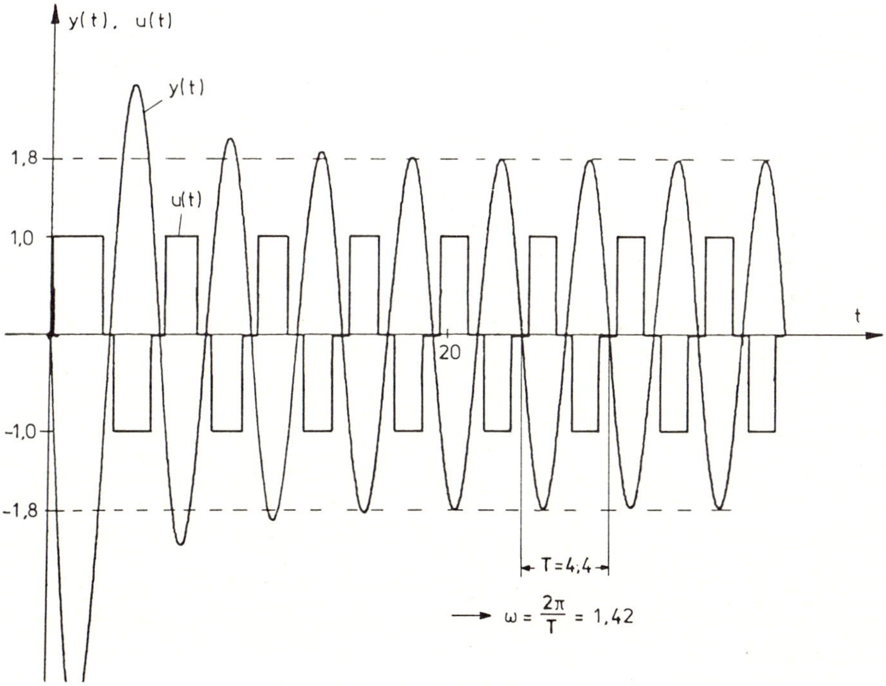

Bild 2.37: Zeitliche Verläufe von y(t) und u(t), die gegen eine stabile Grenzschwingung streben

Die Aufgabenstellung kann unmittelbar mit einem P-Glied der Form

$$G_c(s) = V_c < \frac{4,71}{5}$$

erfüllt werden. Dann liegt nämlich Fall (a) aus Beispiel (2.112) vor (keine Schnittpunkte zwischen den Ortskurven V_c $G_s(j\omega)$ und $N_I(A)$).

Da der Verstärkungsfaktor des linearen Teilsystems jedoch das stationäre Verhalten des Regelkreises (Regelfehler) festlegt, ist man bestrebt, Kompensationsglieder zu entwerfen, die den Verstärkungsfaktor des linearen Teilsystems beibehalten oder unter Umständen sogar erhöhen. Aus diesem Grunde wird ein Lead-Lag-Glied mit dem Verstärkungsfaktor $V_c = 1$ entworfen. In Bild 2.40 ist

$$G(j\omega) := \frac{4}{\pi} G_s(j\omega)$$

im Bodediagramm nach Betrag und Phase eingezeichnet. Der bei einer Phasendrehung von $-\pi$ auftretende Wert 2,12 (6,53 dB) in der Betragskennlinie führt bei einem Vergleich mit

$$-\frac{1}{N(A)} \quad \frac{4}{\pi}$$

der Dreipunktkennlinie zu den oben berechneten Grenzschwingungen. Um diese zu verhindern, heben wir die Phase mit dem Lead-Lag-Glied

$$G_c(s) = \frac{\left[\frac{s}{0,7} + 1\right]\left[\frac{s}{0,16} + 1\right]}{\left[\frac{s}{2,8} + 1\right]\left[\frac{s}{0,04} + 1\right]} = \frac{(s+0,7)(s+0,16)}{(s+2,8)(s+0,04)}$$

an, so daß der Regelkreis aus Bild 2.28 ($a = K = 1$; $\lambda_1 = 1$, $\lambda_2 = 2$, $V = 5$) in den Regelkreis nach Bild 2.38 übergeht. Da das nichtlineare Teilsystem häufig ein Stellglied ist, das direkt auf die Regelstrecke $G_s(s)$ wirkt, ist das Kompensationsglied in Bild 2.38 hinter $G_s(s)$ in den Rückführzweig gezeichnet.

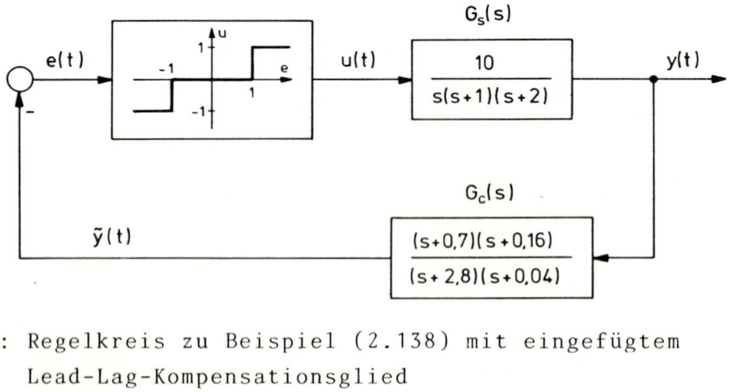

Bild 2.38: Regelkreis zu Beispiel (2.138) mit eingefügtem Lead-Lag-Kompensationsglied

Die Betrags- und Phasenkennlinien von

$$\frac{4}{\pi}\, G_S(j\omega)G_C(j\omega)$$

sind wiederum Bild 2.40 zu entnehmen. Bei einer Phasendrehung von $-\pi$ (Frequenz $\omega = 2{,}5$) liest man einen Betrag kleiner eins ab, so daß jetzt Fall (a) aus Beispiel (2.112) vorliegt. Die Gleichung der Harmo-

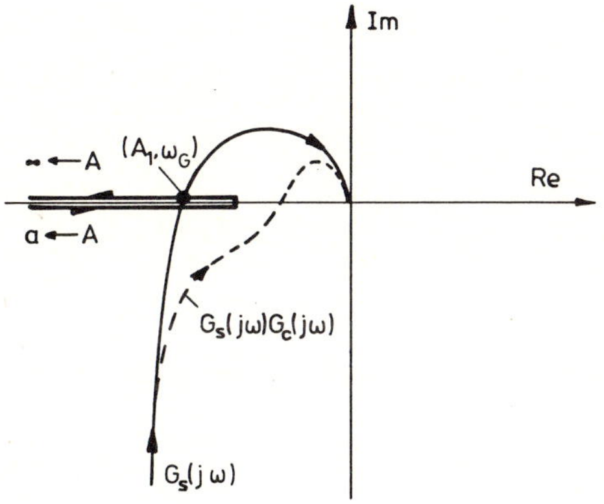

Bild 2.39: Ortskurven von $N_I(A)$ und $G_S(j\omega)$ bzw. $G_S(j\omega)G_C(j\omega)$ nach Beispiel (2.138)

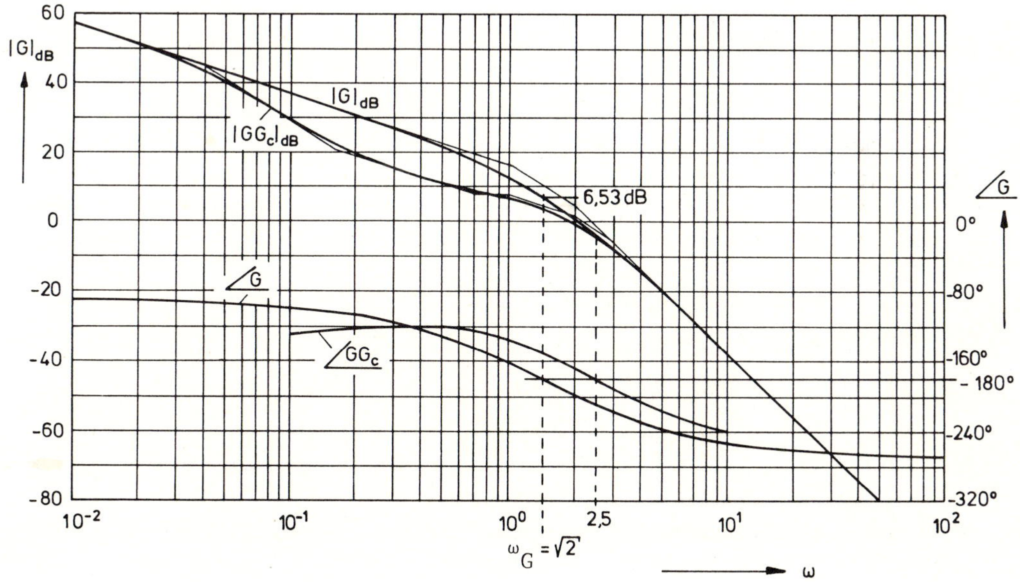

Bild 2.40: Logarithmische Frequenzkennlinien des linearen Teilsystems mit und ohne Lead-Lag-Kompensationsglied (s.Beisp.(2.138))

nischen Balance hat jetzt keine Lösung mehr, d.h. die Ortskurven $N_I(A)$ und $G_S(j\omega)G_C(j\omega)$ besitzen keine Schnittpunkte (siehe Bild 2.39). Analog zu den Bildern 2.36 und 2.37 sind für den Regelkreis mit Lead-Lag-Kompensationsglied in den Bildern 2.41 und 2.42 die Verläufe von y(t), $\dot{y}(t)$ bzw. y(t), u(t) in der y-$\dot{y}$-Ebene bzw. über der Zeit dargestellt. Wir erkennen, daß keine Grenzschwingungen mehr auftreten.

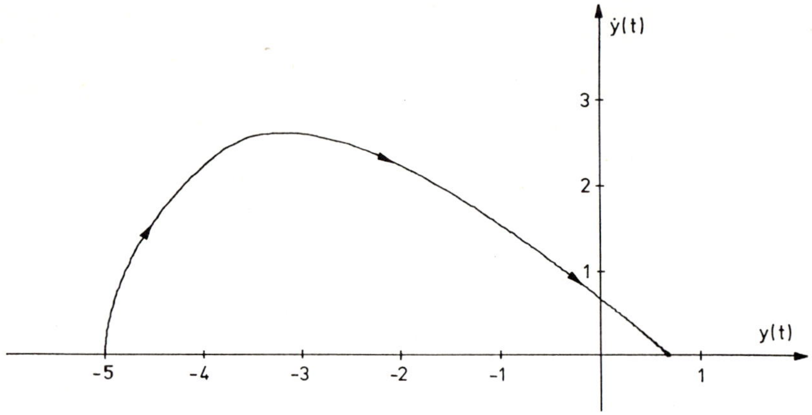

Bild 2.41: Verlauf von y(t) und $\dot{y}(t)$ in der y-$\dot{y}$-Ebene bei Verwendung eines Lead-Lag-Kompensationsgliedes (vergleiche Bild 2.36)

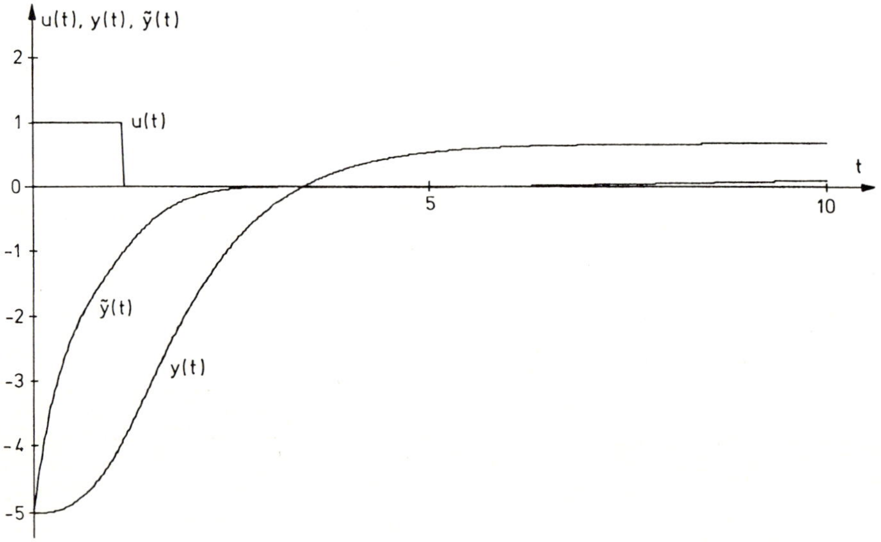

Bild 2.42: Zeitliche Verläufe von y(t) und u(t) bei Verwendung eines Lead-Lag-Kompensationsgliedes (vergleiche Bild 2.37) ■

(2.140) Beispiel: Verminderung der Amplitude von Grenzschwingungen bei Regelkreisen mit toter Zone und instabilem linearen Teilsystem

In unterschiedlichen Anwendungen tritt der Fall auf, daß zunächst ein linearer Regler für eine linear angenommene Strecke entworfen wird. Wenn Polstellen des offenen Regelkreises in der rechten s-Halbebene liegen, so daß der offene Regelkreis instabil ist, und wenn sich im Regelkreis eine bisher nicht berücksichtigte Nichtlinearität befindet, die näherungsweise durch eine Kennlinie mit toter Zone modellierbar ist, so können im Regelkreis stabile Grenzschwingungen auftreten (siehe Beispiel (2.132)). Solche Fälle sind beispielsweise:

Lageregelungen mit Trockenreibung (Haftreibung)

Digitale Regelkreise mit schlecht ausgesteuerten D/A-Wandlern oder A/D-Wandlern

Nach Bild 2.34 in Beispiel (2.132) erscheinen bei oberflächlicher Betrachtung zwei Vorgehensweisen möglich, derartige Grenzschwingungen zu unterdrücken:

1. Der Verstärkungsfaktor des offenen Kreises wird soweit abgesenkt, bis kein Schnittpunkt der Ortskurven $G(j\omega)$ und $N_I(A)$ mehr auftritt.
2. Mit Hilfe eines linearen Kompensationsgliedes wird die Ortskurve des linearen Teilsystems bei vorgebbarem Verstärkungsfaktor so verändert, daß keine Schnittpunkte in der Ortskurvenebene mehr auftreten (siehe Beispiel (2.138)).

Bei genauer Betrachtung zeigt sich aber, daß bei einem derartigen Vorgehen zwar tatsächlich eine Grenzschwingung vermieden wird, doch wird nun der gesamte Regelkreis instabil!

Kleine Amplituden der Reglerausgangsgröße, welche innerhalb der toten Zone verbleiben, zeigen nämlich keinerlei Wirkung auf die Strecke. Wegen der angenommenen Instabilität des offenen Regelkreises klingen die Zustandsgrößen zunächst unvermeidbar auf, bis über die größer werdende Ausgangsgröße $y(t)$ schließlich auch die Tote-Zone-Kennlinie weiter ausgesteuert wird. Für große Aussteuerungen läßt sich die Kennlinie aber näherungsweise durch einen (linearen) Verstärkungsfaktor m (Steigung der Tote-Zone-Kennlinie) ersetzen. Der zu diesem Verstärkungsfaktor gehörige Wert $-1/m$ ist in der Ortskurvenebene aber gerade der am weitesten rechts liegende Punkt auf der Ortskurve $N_I(A)$. Wenden wir für dieses lineare Ersatzsystem das Nyquistkriterium (2.124) an, zeigt sich, daß die stetige Winkeländerung der Ortskurve G(jω) vom Punkt -1/m aus den geforderten Wert $(n_a + 2n_r)\pi$ wegen $n_r \neq 0$ niemals annehmen kann, da die Ortskurve zur Grenzschwingungsunterdrückung gerade so verbogen wurde, daß sie rechts vom Punkt -1/m verbleibt. Um den Regelkreis wenigstens für große Amplituden zu stabilisieren, muß die Ortskurve G(jω) den Punkt -1/m nach dem Nyquistkriterium entsprechend oft umschließen (in Beispiel (2.132) wegen $n_r = 1$ genau einmal). Dann ist aber mindestens ein Schnittpunkt mit der Ortskurve $N_I(A)$ der Begrenzungskennlinie unvermeidbar.

Eine stabile Grenzschwingung ist also hier die einzige Möglichkeit, das weitere Aufklingen der Systemgrößen zu vermeiden, da die Ruhelage $\underline{x}_R = \underline{0}$ ohne direkte Eingriffsmöglichkeiten in die Strecke nicht zu stabilisieren ist. Ein Reglerentwurf kann sich neben der Befriedigung des Nyquistkriteriums für den Punkt -1/m nur auf die Verminderung der Grenzschwingungsamplitude A_G und möglicherweise auf die Beeinflussung der Grenzschwingungsfrequenz ω_G konzentrieren.

Nach Bild 2.34 ist die Amplitude der Grenzschwingungen dadurch verminderbar, daß der Verstärkungsfaktor des offenen Regelkreises vergrössert wird. Dann schneidet die Ortskurve des linearen Teilsystems die negative Achse in Bild 2.34 weiter links. Die zu solchen Schnittpunkten gehörigen Amplitudenwerte der Grenzschwingung sind kleiner. Wenn ein linearer Regler für die zunächst linear angenommene Regelstrecke entworfen wurde, ist dessen Verstärkungsfaktor (ebenso wie der Verstärkungsfaktor der Regelstrecke) jedoch bereits festgelegt. Eine (globale) Erhöhung des Verstärkungsfaktors kommt außerdem aus Gründen von Stellgrößenbeschränkungen meistens nicht infrage. Um den bereits entworfenen Regler im Prinzip beibehalten zu können, kann häufig die folgende Vorgehensweise zur Verminderung der Grenzschwingungsamplitude mit Erfolg angewendet werden:

In Abhängigkeit vom Regelfehler e oder der Reglerausgangsgröße $\tilde{u}$ wird der Verstärkungsfaktor des entworfenen Reglers so verändert, daß er für verschwindenden Regelfehler bzw. verschwindende Reglerausgangsgröße am größten ist und sich dann allmählich bis auf den Wert vermindert, der beim linearen Reglerentwurf vorgesehen war (siehe Bild 2.43). Auf diese Weise erhält man für große Regelabweichungen einen näherungsweise linearen Regelkreis mit dem ursprünglich vorgesehenen Verhalten, andererseits reduziert sich die Amplitude der Grenzschwingung. Durch entsprechend großen Verstärkungsfaktor für kleine Regelabweichungen kann die Amplitude der Grenzschwingung soweit reduziert werden, bis diese eine annehmbare Größenordnung besitzt, vorausgesetzt, der Regelkreis ist für den entsprechenden Verstärkungsfaktorbereich stabil. Der variable Verstärkungsfaktor nach Bild 2.43 könnte ebenso vor den linearen Regler G_c gesetzt werden.

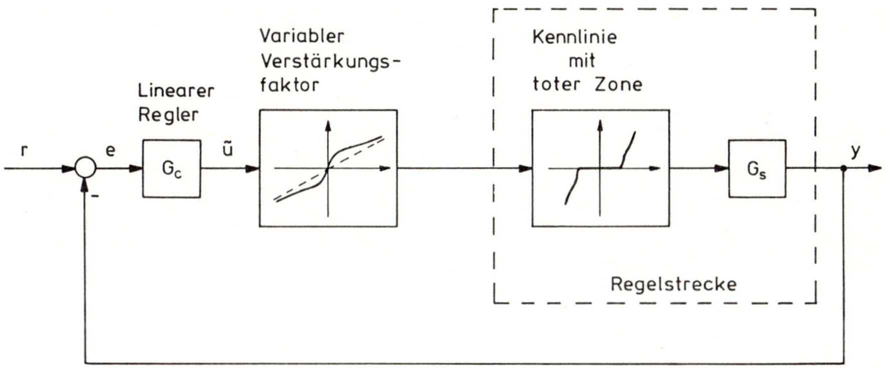

Bild 2.43: Verminderung der Amplitude von Grenzschwingungen in einem Regelkreis mit toter Zone und instabilem linearen Teilsystem G_sG_c

Die Verminderung der Grenzschwingungsamplitude durch einen variablen Verstärkungsfaktor funktioniert ebenfalls, wenn eine stabile Grenzschwingung in einem Regelkreis mit instabilem linearen Teilsystem und einer Lose oder einer Dreipunktkennlinie auftritt. Im Falle einer Dreipunktkennlinie existieren dann nach Bild 2.33c zwei Grenzschwingungen. Die stabile Grenzschwingung ist gerade die Grenzschwingung mit der kleineren Amplitude und die bisherigen Überlegungen gelten analog. Tritt jedoch eine stabile Grenzschwingung in einem Regelkreis mit stabilem linearen Teilsystem und einer Dreipunktkennlinie auf, so ist die stabile Grenzschwingung die Grenzschwingung mit der größeren Amplitude. Bei einer Vergrößerung des Verstärkungsfaktors des linearen Teilsystems vergrößert sich dann unerwünschterweise auch die Amplitude der Grenzschwingung. ■

3 Funktionalanalytische Methoden zur Stabilitätsuntersuchung nichtlinearer Systeme

In diesem Kapitel werden nichtlineare Regelkreise mit Hilfe funktionalanalytischer Methoden untersucht. Die Funktionalanalysis ist ein breites Gebiet der Mathematik mit einer Fülle von allgemeinen Sätzen, aus denen wir Aussagen über nichtlineare Regelungssysteme gewinnen können wie allgemeine Stabilitätssätze und Abschätzungen von Systemgrößen.

Im Mittelpunkt der gewöhnlichen Analysis steht die Funktion. Dementsprechend ist Gegenstand der Funktionalanalysis das Funktional oder der Operator (hier synonym: die Abbildung). Wie können wir die Funktionalanalysis auf Regelungssysteme anwenden ? Dazu betrachten wir ein beliebiges Übertragungssystem nach Bild 3.1:

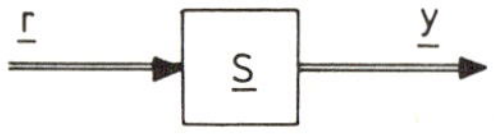

Bild 3.1: Übertragungssystem in Eingangs-Ausgangs-Darstellung

Auf das System $\underline{S}$ wirkt die (vektorielle) Eingangsgröße $\underline{r}$, die Ausgangsgröße ist $\underline{y}$. Zu jeder Eingangsfunktion $\underline{r}$ erhalten wir also durch das System $\underline{S}$ eine Ausgangsfunktion $\underline{y}$. Oder: $\underline{S}$ vermittelt eine Abbildung $\underline{r} \to \underline{y}$. Dies schreiben wir als

(3.1) $$\underline{y} = \underline{S}\,\underline{r} \quad .$$

Wir nennen $\underline{S}$ auch die Abbildung oder den Operator des Systems. Es muß deutlich gemacht werden, daß in (3.1) $\underline{r}$ und $\underline{y}$ nicht etwa einzelne Werte darstellen, sondern daß durch $\underline{S}$ einer ganzen Zeitfunktion $\underline{r}$ komplett eine Funktion $\underline{y}$ zugeordnet wird.

Zur Unterscheidung: Mit $\underline{r}$, $\underline{y}$ oder $\underline{r}(\cdot)$, $\underline{y}(\cdot)$ werden Funktionen bezeichnet, während der Wert an einer Stelle t mit $\underline{r}(t)$, $\underline{y}(t) = (\underline{S}\,\underline{r})(t)$ angegeben wird.

Obwohl wir jetzt die Möglichkeit der Interpretation des Systems $\underline{S}$ als Operator erkannt haben, können wir noch nicht beginnen. Wie in der gewöhnlichen Analysis auch fehlt zu der Systemgleichung (3.1) noch die Angabe von Definitions- und Bildbereich. Beide sind Mengen von Funktionen (Funktionenräume). Es ist jedoch nötig, abhängig vom mathematischen Rüstzeug und vom Anwendungsziel, die Funktionen zu spezialisieren. In diesem Kapitel arbeiten wir ausschließlich in den Funktionenräumen L_p^n, die im Anhang erklärt werden, siehe (A3.22),(A3.33).

Im Abschnitt 3.1 wird zunächst ein Standardregelkreis dargestellt, auf den sich die Aussagen dieses Kapitels beziehen. Um funktionalanalytische Methoden auf regelungstechnische Problemstellungen anwenden zu können, wird ein neuer Stabilitätsbegriff eingeführt, der sowohl den mathematischen Erfordernissen als auch den Problemen von praktischen Anwendungen gerecht wird. Es werden drei allgemeine Stabilitätssätze vorgestellt, die Aussagen mit diesem Stabilitätsbegriff liefern.

Der lediglich an den Ergebnissen interessierte Leser kann Abschnitt 3.1 überspringen und direkt zu den folgenden Abschnitten übergehen, in denen die allgemeinen Stabilitätssätze für die Fälle Ein-/Mehrgrößensystem, und L_2-/L_∞-Stabilität konkretisiert werden. Zeitkontinuierliche und zeitdiskrete Systeme werden stets parallel behandelt.

3.1 Grundlagen

3.1.1 Der nichtlineare Standardregelkreis und die Stabilitätsbegriffe

Wegen der Fülle der möglichen nichtlinearen Regelkreise beschränken wir uns hier auf eine Struktur, bei der eine Aufspaltung in ein lineares Teilsystem $\underline{\Gamma}$ und in ein Teilsystem $\underline{N}$, welches Nichtlinearitäten enthalten darf, möglich ist. Hierdurch sind aber bereits viele praxisrelevante Anwendungsfälle erfaßt.

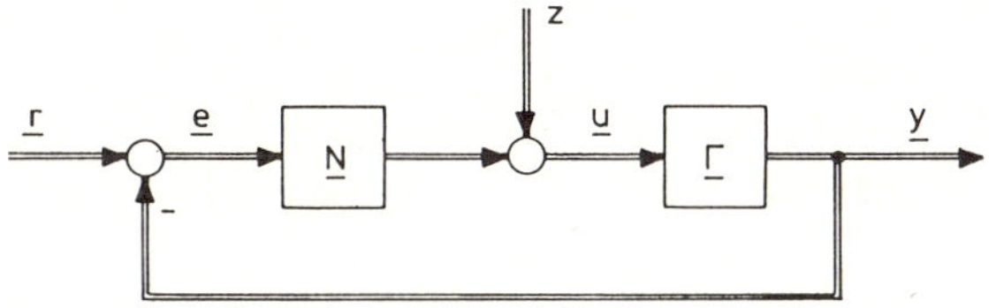

Bild 3.2: Nichtlinearer Standardregelkreis

Wir wählen für das lineare System den Buchstaben $\underline{\Gamma}$, um $\underline{g}$ für die Gewichtsfunktion bzw. Gewichtsfolge und $\underline{G}$ für die Übertragungsfunktion (Laplace- bzw. Z-Transformierte von $\underline{g}$) frei zu haben.

An dieser Stelle bleibt noch offen, ob es sich um ein Ein- oder Mehrgrößensystem bzw. um ein zeitkontinuierliches oder zeitdiskretes System handelt. Die allgemeinen Methoden ermöglichen es, zunächst alle diese Fälle gemeinsam zu behandeln.

Der Regelkreis weist zwei Eingangsgrößen $\underline{r}$, $\underline{z}$ auf. Nicht bei jedem System werden tatsächlich zwei Eingänge auftreten, doch ist es gut denkbar, daß neben einer Führungsgröße auch eine Störgröße angreift. Wir legen uns aber nicht fest, ob nun $\underline{r}$ Führungsgröße und $\underline{z}$ Störgröße ist oder umgekehrt. Ebenso stellt das Strukturbild 3.2 nicht unbedingt die gewohnte Aufspaltung in Regler und Strecke dar, sondern wir müssen sowohl die Strecke als auch den Regler nach linearen und nichtlinearen Anteilen sortieren, um auf den dargestellten Regelkreis zu kommen. Dies ist sicher nicht immer möglich.

Gemäß den einleitenden Bemerkungen werden $\underline{\Gamma}$ und $\underline{N}$ als Operatoren aufgefaßt, mit denen wir die Systemgleichungen

(3.2)
$$\begin{aligned} \underline{e} &= \underline{r} - \underline{y} \quad , \\ \underline{u} &= \underline{N}\,\underline{e} + \underline{z} \quad , \\ \underline{y} &= \underline{\Gamma}\,\underline{u} \end{aligned}$$

anschreiben. Die Funktionen $\underline{r}$, $\underline{z}$, $\underline{e}$, $\underline{u}$, $\underline{y}$ legen wir für das folgende als Elemente eines Raumes L_p^n fest. Derartige Funktionen sind in der p-ten Potenz absolut integrierbar. Die Räume L_p^n werden in (A3.22), (A3.33) näher erläutert. Dementsprechend sind $\underline{\Gamma}$ und $\underline{N}$ Operatoren auf L_p^n (Abbildungen von L_p^n in L_p^n). Zusätzlich gehen wir im gesamten Kapitel von der Kausalität der Teilsysteme $\underline{\Gamma}$ und $\underline{N}$ aus (siehe Definition (A3.53)). Dies ist bei technischen Systemen immer gewährleistet.

Die Räume L_p^n sind Banachräume (siehe (A3.8)). Die für uns wichtigste Eigenschaft eines Banachraums ist die Verfügbarkeit einer Norm $||\cdot||$ (siehe Definition (A3.5)). Für eine Funktion $\underline{f} \in L_p^n$ sind wir damit in der Lage, durch $||\underline{f}||_p$ ein Maß einzuführen, mit dem die "Größe" der Funktion $\underline{f}$ beschrieben werden kann. Um Verwechselungen von Normen verschiedener Räume L_p^n zu vermeiden, wird auch das Normzeichen mit p indiziert.

(3.3) Beispiel: Funktionennormen

Funktionen des $L_\infty(\mathbb{R}^+)$ sind über den reellen Zahlen $t \geq 0$ definiert und

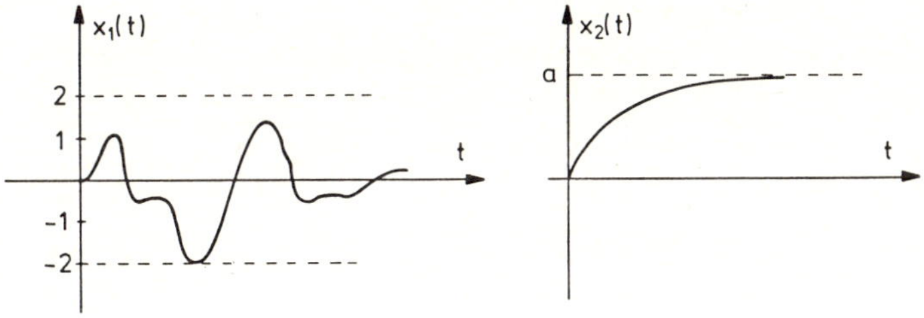

Bild 3.3: Beispiele für Funktionen aus $L_\infty(\mathbb{R}^+)$

überall beschränkt. Die Norm im Raum $L_\infty(\mathbb{R}^+)$ ist nach (A3.24) die Supremumnorm. Für die Funktionen x_1, x_2 in Bild 3.3 ist

$$||x_1||_\infty = 2 \quad ; \qquad ||x_2||_\infty = a \; .$$

Die Norm im Raum $L_2(\mathbb{R}^+)$ lautet nach (A3.23)

$$||x||_2 = \left[\int_0^\infty |x^2(t)| \; dt \right]^{\frac{1}{2}} \quad .$$

Für x_2 divergiert dieses Integral; x_2 ist keine Funktion aus $L_2(\mathbb{R}^+)$. Die Funktion x_1 könnte zu $L_2(\mathbb{R}^+)$ gehören. Die Norm ist jedoch nicht direkt aus der Zeichnung ablesbar, sondern muß ausgerechnet werden. ■

Im Mittelpunkt dieses Kapitels steht folgende Fragestellung: Beliebige Eingangsfunktionen $\underline{r}$, $\underline{z}$ seien vorgegeben. Ist es dann möglich, für den Regelkreis nach Bild 3.2 die "Größe" (Norm) der Ausgangsfunktion $\underline{y}$ und die der Funktionen $\underline{e}$, $\underline{u}$ mit endlicher Schranke abzuschätzen? Bei positiver Antwort nennen wir den Regelkreis stabil. Existieren keine endlichen Schranken, ist der Regelkreis instabil. Dies fassen wir in folgende Definitionen:

(3.4) Definition (Schwache L_p^n-Stabilität):

Ein Übertragungssystem nach Bild 3.1 wird schwach L_p^n-stabil genannt, wenn eine Funktion φ existiert, mit der für alle Eingangsfunktionen $\underline{r} \in L_p^n$

$$||\underline{y}||_p \leq \varphi[\,||\underline{r}||_p\,]$$

gilt. Entsprechend heißt ein Regelkreis nach Bild 3.2 schwach L_p^n-stabil, wenn es Funktionen φ, ψ gibt, mit denen für alle $\underline{r}$, $\underline{z} \in L_p^n$ gilt

$$||\underline{y}||_p \leq \varphi[\,||\underline{r}||_p,\ ||\underline{z}||_p\,] \quad ,$$

$$||\underline{u}||_p \leq \psi[\,||\underline{r}||_p,\ ||\underline{z}||_p\,] \quad .$$

■

(3.5) Bemerkung (BIBO-Stabilität):

Die Funktionen des L_∞^n sind überall beschränkt. Bei einem schwach L_∞^n-stabilen System gehören zu beschränkten Eingangsfunktionen immer beschränkte Ausgangsfunktionen, da diese Elemente des L_∞^n sein müssen. Die schwache L_∞^n-Stabilität ist also der bekannteren BIBO-Stabilität (bounded input - bounded output) äquivalent. ■

(3.6) Definition (L_p^n-Stabilität):

Gibt es bei einem schwach L_p^n-stabilen System entsprechend Definition (3.4) Abschätzungsfunktionen φ, ψ, die linear in $||\underline{r}||_p$ und $||\underline{z}||_p$ sind, so daß mit einer Konstanten C

$$||\underline{y}||_p \le C \; ||\underline{r}||_p \qquad \text{für alle } \underline{r} \in L_p^n$$

bzw. mit Konstanten C_1 bis C_4

$$\left.\begin{aligned} ||\underline{y}||_p &\le C_1 \; ||\underline{r}||_p + C_2 \; ||\underline{z}||_p \,, \\ ||\underline{u}||_p &\le C_3 \; ||\underline{r}||_p + C_4 \; ||\underline{z}||_p \end{aligned}\right. \qquad \text{für alle } \underline{r},\underline{z} \in L_p^n$$

gilt, sprechen wir von L_p^n-Stabilität. ■

Die L_p^n-Stabilität ist also dem Begriff der Beschränktheit eines Operators im Raum L_p^n nach Definition (A3.18) äquivalent.

Bei der L_p^n-Stabilität ist im Gegensatz zur schwachen L_p^n-Stabilität gesichert, daß für kleiner werdende Eingangsgrößen $||\underline{r}||_p$, $||\underline{z}||_p \to 0$ auch die Ausgangsgrößen gegen null streben: $||\underline{e}||_p$, $||\underline{u}||_p$, $||\underline{y}||_p \to 0$.

Es ist nicht nötig, auch die Abschätzbarkeit von $||\underline{e}||_p$ in der Definition (3.6) zu fordern; sie folgt vielmehr bereits aus $\underline{e} = \underline{r}-\underline{y}$ und Anwendung der Dreiecksungleichung (A3.6).

(3.7) Bemerkung:

Die oben definierten Stabilitätsbegriffe beziehen sich nur auf das Eingangs-Ausgangs-Verhalten von Systemen. Im allgemeinen ist es nicht zulässig, von der L_p^n-Stabilität etwa auf die Stabilität innerer Zustandsgrößen der Teilsysteme $\underline{N}$ und $\underline{\Gamma}$ zu schließen. Dies bedarf gesonderter Überlegungen. ■

3.1.2 Allgemeine Stabilitätssätze

Zum Nachweis der L_p^n-Stabilität dienen die nachfolgenden Sätze:

(3.8) Satz (Existenz, Eindeutigkeit und Stabilität im Raum L_p^n):

Es liege ein nichtlinearer Standardregelkreis nach Bild 3.2 mit den Systemgleichungen

$$\underline{e} = \underline{r} - \underline{y} \quad ,$$
$$(3.9) \qquad \underline{u} = \underline{N}\,\underline{e} + \underline{z} \quad ,$$
$$\underline{y} = \underline{\Gamma}\,\underline{u}$$

vor. $\underline{\Gamma}$ sei ein linearer Operator (siehe Definition (A3.16)), der mit einer Konstanten $\gamma \geq 0$ die Bedingung

$$(3.10) \qquad ||\underline{\Gamma}\,\underline{u}||_p \leq \gamma||\underline{u}||_p \qquad \text{für alle } \underline{u} \in L_p^n$$

erfülle, d.h. $\underline{\Gamma}$ ist beschränkt mit der Operatornorm $||\underline{\Gamma}||_p \leq \gamma$ (siehe Definition (A3.18)). Der Operator $\underline{N}$, der nichtlinear sein darf, genüge mit einer Konstanten $\nu \geq 0$ den Bedingungen

$$\underline{N}\,\underline{0} = \underline{0} \quad ,$$
$$(3.11) \qquad ||\underline{N}\,\underline{e}_1 - \underline{N}\,\underline{e}_2||_p \leq \nu||\underline{e}_1-\underline{e}_2||_p \qquad \text{für alle } \underline{e}_1,\underline{e}_2 \in L_p^n \quad ,$$

d.h. $\underline{N}$ ist Lipschitz-stetig (siehe Definition (A3.10)). Gilt die Ungleichung

$$(3.12) \qquad \alpha := \gamma\,\nu < 1 \quad ,$$

so existieren für alle Eingangsfunktionen $\underline{r},\underline{z} \in L_p^n$ eindeutige Lösungen für $\underline{e},\underline{u},\underline{y} \in L_p^n$. Diese lassen sich durch die Eingangsgrößen $\underline{r}$, $\underline{z}$ abschätzen:

$$||\underline{y}||_p \leq \frac{1}{1-\alpha}\,[\alpha||\underline{r}||_p + \gamma||\underline{z}||_p] \quad ,$$
$$(3.13) \qquad ||\underline{e}||_p \leq \frac{1}{1-\alpha}\,[||\underline{r}||_p + \gamma||\underline{z}||_p] \quad ,$$
$$||\underline{u}||_p \leq \frac{1}{1-\alpha}\,[\nu||\underline{r}||_p + ||\underline{z}||_p] \quad .$$

Nach Definition (3.6) ist der Regelkreis dann L_p^n-stabil. Die Lösungen für $\underline{e}$, $\underline{u}$, $\underline{y}$ hängen außerdem stetig von den Eingangsgrößen $\underline{r}$, $\underline{z}$ ab: Sind $(\underline{r}_1,\underline{z}_1,\underline{e}_1,\underline{u}_1,\underline{y}_1)$ und $(\underline{r}_2,\underline{z}_2,\underline{e}_2,\underline{u}_2,\underline{y}_2)$ zwei Lösungen der Regelkreisgleichungen, gelten die Abschätzungen (3.13) auch für die Differenzen $\Delta\underline{r} = \underline{r}_1-\underline{r}_2$ und $\Delta\underline{z},\Delta\underline{e},\Delta\underline{u},\Delta\underline{y}$ entsprechend. ■

(3.14) Bemerkung:

Nach den Voraussetzungen (3.10) und (3.11) sind auch die Teilsysteme $\underline{\Gamma}$ und $\underline{N}$ entsprechend Definition (3.6) L_p^n-stabile Systeme. ■

Der Beweis des Satzes erfolgt im Anschluß an zwei Beispiele.

(3.15) **Beispiel: Inkrementelle Sektorfunktionen**

Kennlinienglieder sind spezielle nichtlineare Übertragungsglieder, bei denen der momentane Wert der Ausgangsgröße nur vom momentanen Wert der Eingangsgröße abhängt, nicht aber von der Vorgeschichte der Eingangsgröße. Die Bedingung der Lipschitz-Stetigkeit (3.11) ist für Eingrößenkennlinienglieder gut graphisch darstellbar.

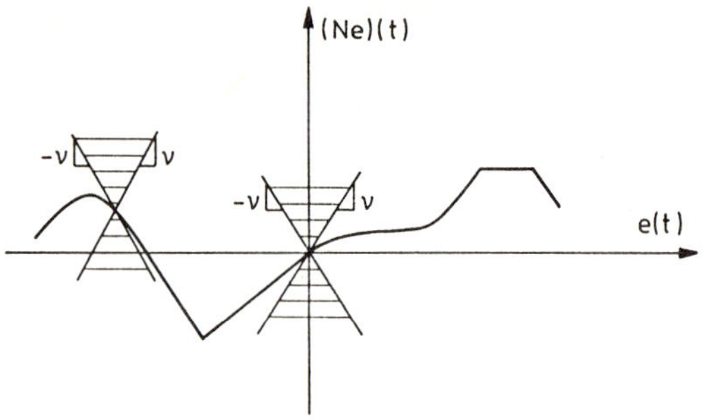

Bild 3.4: Inkrementelle Sektorfunktion

Die Kennlinie muß durch den Ursprung laufen und die Steigung darf in jedem Punkt vom Betrag nicht größer als ν werden. Dann erfüllt das nichtlineare System N die Bedingung (3.11) in allen Räumen L_p $(1 \leq p \leq \infty)$. Wir bezeichnen derartige Nichtlinearitäten als inkrementelle Sektorfunktionen (incrementally conic). ■

(3.16) **Beispiel für einen nichtlinearen Standardregelkreis**

Das lineare System Γ sei ein einfaches P-Glied mit Verstärkungsfaktor V. Dann ist $||\Gamma||_p = \gamma = V$ in allen Räumen L_p $(1 \leq p \leq \infty)$.

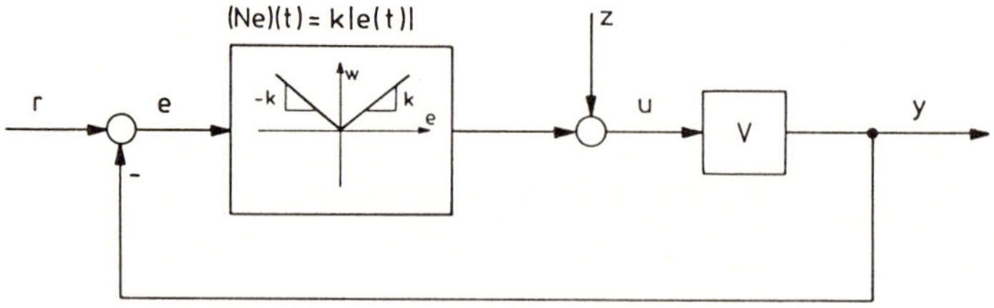

Bild 3.5: Einfaches Beispiel eines nichtlinearen Regelkreises

Das nichtlineare Kennlinienglied genügt mit ν = k der Bedingung (3.11).

Gilt $\alpha = \gamma\nu = kV < 1$, so ist nach Satz (3.8) der Regelkreis L_p-stabil. Die Aussage ist hier unabhängig von der Wahl von p; sie gilt für alle p mit $1 \leq p \leq \infty$. In Bild 3.6 ist für z = 0 die Größe y bei einer speziellen Erregung r dargestellt.

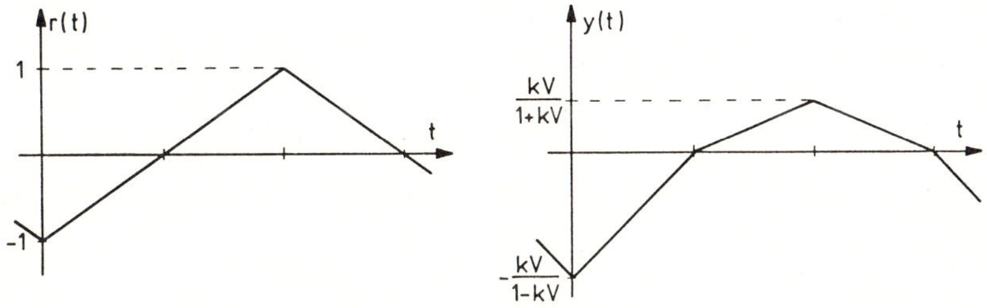

Bild 3.6: Ein- und Ausgangsgröße des Regelkreises nach Bild 3.5

Für dieses sehr einfache Beispiel konnten die Systemgrößen in Bild 3.6 explizit angegeben werden, was bei komplizierteren Systemen allgemein nicht möglich ist. Um die Aussagekraft von Normabschätzungen zu verdeutlichen, soll die nach (3.13) gewonnene Abschätzung

$$(3.17) \qquad ||y||_p \leq \frac{kV}{1-kV} ||r||_p$$

mit den exakten Größen nach Bild 3.6 verglichen werden. Bisher ist noch nicht festgelegt, welche spezielle Norm der Räume L_p wir verwenden wollen. Interessieren die Maximalwerte, wählen wir die Supremumnorm des Raumes L_∞. In Bild 3.6 lesen wir

$$||r||_\infty = 1 \quad \text{und} \quad ||y||_\infty = \frac{kV}{1-kV}$$

ab. Die Abschätzung (3.17) ist somit im Raum L_∞ die kleinstmögliche.

Interessiert man sich beispielsweise für die quadratische Gewichtung der Systemgrößen, welche ein Maß für die Energie ist, benutzt man stattdessen die Normen des L_2. ∎

Beweis des Satzes (3.8):

Wir setzen die Systemgleichungen (3.9) ineinander ein und erhalten aufgrund der Linearität des Operators $\underline{\Gamma}$ (siehe (A3.17)):

$$(3.18) \qquad \underline{y} = \underline{\Gamma}[\underline{N}(\underline{r}-\underline{y}) + \underline{z}] = \underline{\Gamma}\,\underline{N}(\underline{r}-\underline{y}) + \underline{\Gamma}\,\underline{z} =: \underline{T}\,\underline{y}\,.$$

Der Operator $\underline{T}$ wird für festes $\underline{r}$ und $\underline{z}$ definiert. $\underline{T}$ hängt also noch parametrisch von $\underline{r}$ und $\underline{z}$ ab. Wir wenden den Banachschen Fixpunktsatz

(A3.12) an, um zu zeigen, daß die Gleichung

$$\underline{y} = \underline{T}\,\underline{y}$$

eine Lösung besitzt. Dazu ist zu prüfen, ob der Operator $\underline{T}$ kontraktiv ist (siehe Definition (A3.10)):

$$||\underline{T}\,\underline{y}_1 - \underline{T}\,\underline{y}_2||_p = ||\underline{\Gamma}\,\underline{N}(\underline{r}-\underline{y}_1) - \underline{\Gamma}\,\underline{N}(\underline{r}-\underline{y}_2)||_p$$

$$= ||\underline{\Gamma}[\underline{N}(\underline{r}-\underline{y}_1) - \underline{N}(\underline{r}-\underline{y}_2)]||_p \leq ||\underline{\Gamma}||_p||\underline{N}(\underline{r}-\underline{y}_1) - \underline{N}(\underline{r}-\underline{y}_2)||_p$$

$$\leq \gamma\nu||(\underline{r}-\underline{y}_1) - (\underline{r}-\underline{y}_2)||_p = \alpha||\underline{y}_1-\underline{y}_2||_p \quad .$$

Zur Umformung wurden die Linearität von $\underline{\Gamma}$ (A3.17), die Eigenschaft der Operatornorm (A3.20) sowie die Voraussetzungen (3.10) und (3.11) eingesetzt. Da $\alpha < 1$, ist die Kontraktivität gesichert, sie hängt offensichtlich nicht von den Eingangsgrößen $\underline{r}$, $\underline{z}$ ab. Nach dem Banachschen Fixpunktsatz hat die Regelkreisgleichung (3.18) also genau eine Lösung $\underline{y}$. Wegen

$$\underline{e} = \underline{r} - \underline{y} \quad ,$$

$$\underline{u} = \underline{N}\,\underline{e} + \underline{z}$$

haben wir dann auch eindeutige Lösungen für $\underline{e}$ und $\underline{u}$. Zum Beweis der Abschätzungen (3.13) bilden wir

$$\Delta\underline{y} = \underline{y}_1-\underline{y}_2 = \underline{\Gamma}\,\underline{N}(\underline{r}_1-\underline{y}_1) - \underline{\Gamma}\,\underline{N}(\underline{r}_2-\underline{y}_2) + \underline{\Gamma}\,\underline{z}_1 - \underline{\Gamma}\,\underline{z}_2$$

$$= \underline{\Gamma}[\underline{N}(\underline{r}_1-\underline{y}_1) - \underline{N}(\underline{r}_2-\underline{y}_2) + \underline{z}_1-\underline{z}_2] \quad .$$

Daraus folgt mit der Dreiecksungleichung (A3.6):

$$||\Delta\underline{y}||_p \leq ||\underline{\Gamma}||_p\Big[||\underline{N}(\underline{r}_1-\underline{y}_1) - \underline{N}(\underline{r}_2-\underline{y}_2)|| + ||\Delta\underline{z}||_p\Big]$$

$$\leq \gamma\Big[\nu||(\underline{r}_1-\underline{y}_1)-(\underline{r}_2-\underline{y}_2)||_p + ||\Delta\underline{z}||_p\Big]$$

$$\leq \alpha\Big[||\Delta\underline{r}||_p + ||\Delta\underline{y}||_p\Big] + \gamma||\Delta\underline{z}||_p \quad .$$

Eine Umsortierung nach $||\Delta y||_p$ ergibt

$$(1-\alpha)||\Delta\underline{y}||_p \leq \alpha||\Delta\underline{r}||_p + \gamma\,||\Delta\underline{z}||_p \quad .$$

Da $\alpha < 1 \Leftrightarrow 1 - \alpha > 0$ kann durch $1 - \alpha$ dividiert werden, ohne daß sich das Ungleichheitszeichen umkehrt:

$$||\Delta \underline{y}||_p \leq \frac{1}{1-\alpha} [\alpha ||\Delta \underline{r}||_p + \gamma \; ||\Delta \underline{z}||_p] \; .$$

Entsprechend ergeben sich die Abschätzungen für $\Delta \underline{e}$, $\Delta \underline{u}$ aus den Systemgleichungen (3.9) unter erneuter Verwendung der Dreiecksungleichung (A3.6).

Wegen $\underline{\Gamma}\ \underline{0} = \underline{0}$ und $\underline{N}\ \underline{0} = \underline{0}$ ist offensichtlich $\underline{r} = \underline{z} = \underline{e} = \underline{u} = \underline{y} = \underline{0}$ eine Lösung der Regelkreisgleichungen, weshalb wir als Bezug in den Differenzen auch stets $(\cdot)_2 = 0$ wählen können. Hieraus folgen die Abschätzungen (3.13). ■

(3.19) Bemerkung:

Der Praktiker bringt Existenzbeweisen gewöhnlich nicht viel Verständnis entgegen. Tatsächlich gibt es das Problem der Nichtexistenz im technischen Bereich auch gar nicht: Irgendetwas passiert immer. Die Problematik liegt vielmehr in der mathematischen Modellbildung: Existiert die Lösung eines mathematischen Modells nicht, so ist das ein untrügliches Zeichen, daß die mathematische Modellierung das technische System nicht genau genug beschreibt (vgl. einleitende Bemerkungen zum Anhang A1).

Als ein bekanntes Phänomen sei aus der Relaistechnik der "Gleiteffekt" genannt (siehe Beispiel (1.46)), bei dem das System durch sehr schnelles Öffnen und Schließen eines Schaltgliedes entlang einer Schaltgeraden gleitet. Eine einfache Modellbildung kann diesen Effekt eigentlich gar nicht erklären: Bei einer Darstellung in der Zustandsebene laufen die Trajektorien von beiden Seiten der Schaltgeraden auf diese zu, sie enden dort. Man behilft sich hier durch die Zusatzüberlegung, daß bisher vernachlässigte Systemdynamiken ("unmodelled dynamics") die Trajektorie doch ein kleines Stück über die Schaltgerade hinüberlaufen lassen. Dieser Effekt wiederholt sich sehr schnell, so daß die Trajektorie scheinbar auf der Schaltgeraden "herunterrutscht".

Hier kann durch Zusatzannahmen das eigentlich nicht ausreichende mathematische Modell gerettet werden. Es ist jedoch z.B. nicht möglich, die Frequenz zu bestimmen, mit der das Relais beim "Gleiten" schaltet. Dazu muß ein neues, genaueres und umfangreicheres mathematisches Modell aufgestellt werden.

Ein Existenzbeweis, wie er mit Satz (3.8) möglich ist, kann daher sicherstellen, daß die Modellbildung in Bezug auf diese Problematik in sich abgeschlossen ist, und das Vertrauen in das Modell stärken. ■

(3.20) **Bemerkung**:

Bei zeitdiskreten Systemen ist die Frage nach der Existenz von Lösungen meistens recht einfach zu beantworten: Wenn die Systemgleichungen in rekursiver Form vorliegen (d.h. ein Wert zu einem bestimmten Zeitpunkt wird als Funktion der vorangegangenen Werte berechnet), erhält man konstruktiv durch einfaches Ausführen der Rekursion eine Lösung, womit die Existenz gesichert ist. ■

Der Stabilitätssatz (3.8) schränkt die zugelassenen Nichtlinearitäten recht stark ein. Insbesondere die Forderung der Stetigkeit an das nichtlineare Teilsystem (3.11) schließt Schaltglieder völlig aus. Wir geben einen weiteren Satz an, in dem die Forderung der Stetigkeit fallengelassen wird. Die Aussagen dieses Satzes sind dann aber auch nicht so weitgehend: Während Satz (3.8) die Existenz und Eindeutigkeit als Ergebnis lieferte, wird in Satz (3.21) bereits die Existenz von Lösungen der Regelkreisgleichung in geeigneter Form vorausgesetzt. Es wird dazu angenommen, es existieren Lösungen in dem erweiterten Funktionenraum L^n_{pe}, siehe (A3.37). In L^n_{pe} sind auch Funktionen enthalten, die im Unendlichen beliebig aufklingen können. Durch dieses Vorgehen wird zwar die Existenz "im Kleinen" (lokal) vorausgesetzt; durch die Benutzung des Raums L^n_{pe} wird aber auf das Stabilitätsverhalten "im Großen" nicht vorgegriffen. Zur Prüfung der lokalen Existenz von Lösungen im Falle zeitkontinuierlicher Systeme können zum Beispiel die Sätze im Anhang A1 herangezogen werden.

(3.21) **Satz (Stabilität im Raum L^n_p)**:

Es liege wieder der Regelkreis nach Bild 3.2 mit den Systemgleichungen

$$
\begin{aligned}
\underline{e} &= \underline{r} - \underline{y} \quad , \\
\underline{u} &= \underline{N}\,\underline{e} + \underline{z} \quad , \qquad (3.22)\\
\underline{y} &= \underline{\Gamma}\,\underline{u}
\end{aligned}
$$

vor. Der lineare Operator $\underline{\Gamma}$ und der Operator $\underline{N}$ erfüllen mit Konstanten $\gamma, \nu \geq 0$ die Bedingungen .

(3.23) $$||\underline{\Gamma}\,\underline{u}||_p \leq \gamma ||\underline{u}||_p \qquad \text{für alle } \underline{u} \in L^n_p \ ,$$

(3.24) $$||\underline{N}\,\underline{e}||_p \leq \nu ||\underline{e}||_p \qquad \text{für alle } \underline{e} \in L^n_p \ ,$$

d.h. für die Operatornormen gilt $||\underline{\Gamma}||_p \leq \gamma$, $||\underline{N}||_p \leq \nu$.

Für beliebige Eingangsfunktionen $\underline{r},\underline{z} \in L_p^n$ gebe es Lösungen der Systemgleichungen (3.22) $\underline{e},\underline{u},\underline{y} \in L_{pe}^n$. Gilt die Ungleichung

(3.25) $$\alpha := \gamma\nu < 1 \quad ,$$

ist $\underline{e},\underline{u},\underline{y} \in L_p^n$ für alle $\underline{r},\underline{z} \in L_p^n$ und es folgen die Abschätzungen

$$||\underline{y}||_p \leq \frac{1}{1-\alpha}[\alpha||\underline{r}||_p + \gamma||\underline{z}||_p]$$

(3.26) $$||\underline{e}||_p \leq \frac{1}{1-\alpha}[||\underline{r}||_p + \gamma||\underline{z}||_p]$$

$$||\underline{u}||_p \leq \frac{1}{1-\alpha}[\nu||\underline{r}||_p + ||\underline{z}||_p] \quad .$$

Der Regelkreis ist L_p^n-stabil. ■

Die Forderung an das lineare Teilsystem ist die gleiche wie in Satz (3.8). An das nichtlineare Teilsystem wird hier gegenüber (3.11) die schwächere Bedingung (3.24) gestellt, die wir uns für Eingrößenkennlinienglieder wieder gut veranschaulichen können:

(3.27) Beispiel: Sektorfunktionen

Läuft die Kennlinie entsprechend Bild 3.7 im Sektor mit den Steigungen $\pm\ \nu$, ist (3.24) in allen Räumen L_p $(1 \leq p \leq \infty)$ erfüllt. Hier sind auch Unstetigkeiten und Hystereseeffekte zulässig, wenn nur der Sektor nicht verlassen wird. Derartige Nichtlinearitäten haben den Namen "Sektorfunktionen" (conic functions).

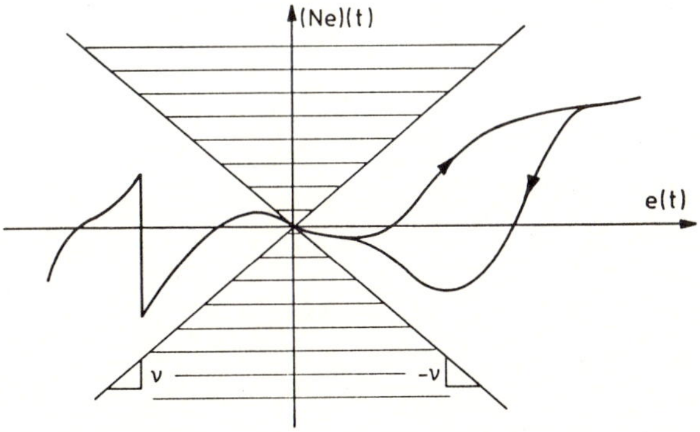

Bild 3.7: Sektorfunktion ■

Beweis des Satzes (3.21):

Die Systemgleichungen (3.22) werden ineinander eingesetzt, so daß wieder die Regelkreisgleichung

$$(3.28) \qquad \underline{y} = \underline{\Gamma}\ \underline{N}(\underline{r}-\underline{y}) + \underline{\Gamma}\ \underline{z}$$

entsteht. Nach Voraussetzung existiert für alle $\underline{r},\underline{z} \in L_p^n$ eine Lösung $\underline{y} \in L_{pe}^n$. Wir wenden die Abschneideoperation $(\cdot)_t$ nach (A3.38) auf (3.28) an und benutzen die Kausalität der Operatoren $\underline{\Gamma}$ und $\underline{N}$ nach (A3.53):

$$\underline{y}_t = [\underline{\Gamma}\ \underline{N}(\underline{r}-\underline{y})]_t + [\underline{\Gamma}\ \underline{z}]_t = [\underline{\Gamma}\ \underline{N}(\underline{r}-\underline{y})_t]_t + [\underline{\Gamma}\ \underline{z}_t]_t \quad .$$

Die abgeschnittenen Funktionen sind immer Funktionen des L_p^n, deshalb existieren die Normen:

$$\begin{aligned}
||\underline{y}_t||_p &= ||[\underline{\Gamma}\ \underline{N}(\underline{r}-\underline{y})_t]_t + [\underline{\Gamma}\ \underline{z}_t]_t||_p \\
&\le ||[\underline{\Gamma}\ \underline{N}(\underline{r}-\underline{y})_t]_t||_p + ||[\underline{\Gamma}\ \underline{z}_t]_t||_p \\
&\le ||\underline{\Gamma}\ \underline{N}(\underline{r}-\underline{y})_t||_p + ||\underline{\Gamma}\ \underline{z}_t||_p \\
&\le ||\underline{\Gamma}||_p||\underline{N}||_p||(\underline{r}-\underline{y})_t||_p + ||\underline{\Gamma}||_p||\underline{z}_t||_p \\
&\le \gamma\ \nu(||\underline{r}_t||_p + ||\underline{y}_t||_p) + \gamma||\underline{z}_t||_p \\
&\le \gamma\ \nu(||\underline{r}||_p + ||\underline{y}_t||_p) + \gamma||\underline{z}||_p \ .
\end{aligned}$$

Neben Dreiecksungleichung (A3.6) und Operatornorm (A3.20) wurde beim 2. Schritt der Abschätzungen die Eigenschaft der Beschränktheit der Operatoren auf L_p^n ausgenutzt: Da $(\underline{r}-\underline{y})_t \in L_p^n$, ist neben $[\underline{\Gamma}\ \underline{N}(\underline{r}-\underline{y})_t]_t$ auch $\underline{\Gamma}\ \underline{N}(\underline{r}-\underline{y})_t$ Element von L_p^n. Die Norm der letzten Funktion ist aber größer als die der ersten.

Da $\alpha = \gamma\nu < 1$, kann man die letzte Ungleichung nach $||\underline{y}_t||_p$ auflösen, und man erhält die Aussage

$$||\underline{y}_t||_p \le \frac{1}{1-\alpha}[\alpha||\underline{r}||_p + \gamma||\underline{z}||_p] \quad .$$

Die rechte Seite ist unabhängig von t. Nach (A3.39) , (A3.40) ist daher sogar $\underline{y} \in L_p^n$ und die Ungleichung gilt auch für $||\underline{y}||_p$. Die Abschätzungen für $||\underline{e}||_p$, $||\underline{u}||_p$ werden ebenso gewonnen. Der Regelkreis ist also L_p^n-stabil.

Es wäre nicht statthaft, direkt in der Regelkreisgleichung (3.28) die Normen zu bilden, denn $\underline{y}$ ist nur als Funktion des L_{pe}^n vorausgesetzt; $\underline{y}(t)$ könnte also für $t \to \infty$ beliebig aufklingen, dann gibt es aber keine Norm $||\underline{y}||_p$. ■

Satz (3.21) läßt gegenüber Satz (3.8) zwar Schaltglieder zu, doch darf auch dort der Schaltpunkt nicht bei $e(t) = 0$ liegen, da ein derartiges Zweipunktglied keine Sektorfunktion ist. Wir schließen daher diese Voranstellung allgemeiner Sätze mit einem dritten ab, der auch derartige Nichtlinearitäten zuläßt. Die Aussagen dieses Satzes sind dann aber gegenüber Satz (3.21) schwächer.

(3.29) Satz (Schwache L_p^n-Stabilität):

Es gelten die gleichen Voraussetzungen wie in Satz (3.21) mit Ausnahme der Beschränktheit (3.24) des Teilsystems $\underline{N}$. Statt dessen gebe es eine monoton wachsende Funktion $\nu(\cdot)$, mit der sich die Norm der Ausgangsgröße des nichtlinearen Teilsystems durch die der Eingangsgröße abschätzen lasse:

(3.30) $$||\underline{N}\ \underline{e}||_p \leq \nu(||\underline{e}||_p) \qquad \text{für alle } \underline{e} \in L_p^n \ .$$

Läßt sich die Funktion $\nu(\cdot)$ mit Konstanten $\nu_o, \nu_1 \geq 0$ durch

(3.31) $$\nu(\xi) \leq \nu_o + \nu_1 \xi \qquad \text{für alle } \xi \geq 0$$

abschätzen und gilt

(3.32) $$\alpha := \gamma\nu_1 < 1 \ ,$$

so ist der Regelkreis schwach L_p^n-stabil. Zu jedem $\underline{r}, \underline{z} \in L_p^n$ existieren daher Lösungen $\underline{e}, \underline{u}, \underline{y} \in L_p^n$, für die die Abschätzungen

$$||\underline{y}||_p \leq \frac{1}{1-\alpha} [\gamma\nu_o + \alpha||\underline{r}||_p + \gamma||\underline{z}||_p]$$

(3.33) $$||\underline{e}||_p \leq \frac{1}{1-\alpha} [\gamma\nu_o + ||\underline{r}||_p + \gamma||\underline{z}||_p]$$

$$||\underline{u}||_p \leq \frac{1}{1-\alpha} [\nu_o + \nu_1||\underline{r}||_p + ||\underline{z}||_p]$$

angegeben werden können. ■

Beweis:

Wie im Beweis des Satzes (3.21) gehen wir von der Regelkreisgleichung

(3.28) aus und gelangen zu der Abschätzung

$$||\underline{y}_t||_p \leq ||\underline{\underline{\Gamma}}\ \underline{N}(\underline{r}-\underline{y})_t||_p + ||\underline{\Gamma}\ \underline{z}_t||_p \ .$$

Unter Verwendung von (3.30) ergibt sich

$$||\underline{y}_t||_p \leq \gamma\ \nu(||\underline{r}_t-\underline{y}_t||_p) + \gamma||\underline{z}_t||_p$$

$$(3.34) \qquad ||\underline{y}_t||_p \leq \gamma\ \nu(||\underline{r}||_p + ||\underline{y}_t||_p) + \gamma||\underline{z}||_p \ .$$

Setzen wir (3.31) ein, kann die Ungleichung unter der Voraussetzung $\alpha - 1 < 1$ nach $||\underline{y}_t||_p$ aufgelöst werden:

$$||\underline{y}_t||_p \leq \gamma\nu_o + \gamma\nu_1(||\underline{r}||_p + ||\underline{y}_t||_p) + \gamma||\underline{z}||_p$$

$$||\underline{y}_t||_p(1-\gamma\nu_1) \leq \gamma\nu_o + \gamma\nu_1||\underline{r}||_p + \gamma||\underline{z}||_p$$

$$||\underline{y}_t||_p \leq \frac{1}{1-\alpha}\ [\gamma\nu_o + \alpha||\underline{r}||_p + \gamma||\underline{z}||_p] \ .$$

Da die rechte Seite dieser Ungleichung wieder unabhängig von t ist, folgt $\underline{y} \in L_p^n$ und die Gültigkeit dieser Ungleichung auch für $||\underline{y}||_p$. Entsprechend zeigt man die Existenz von $\underline{e},\underline{u} \in L_p^n$ und deren Abschätzungen. Der Regelkreis ist daher schwach L_p-stabil. ■

(3.35) **Bemerkung**:

Abweichend von Satz (3.29) läßt sich oft für spezielle Nichtlinearitäten, die die Bedingung (3.31) nicht erfüllen, eine Aussage gewinnen. Ebenso kann für Nichtlinearitäten, die (3.31) genügen, eventuell eine schärfere Abschätzung als (3.33) gewonnen werden. Wir benutzen dazu die Normabschätzungsfunktion $\nu(\cdot)$ und gehen direkt von der Ungleichung (3.34) aus, die wir in der Form

$$(3.36) \qquad \frac{1}{\gamma}\ \upsilon - \zeta \leq \nu(\upsilon+\rho)$$

mit den Abkürzungen

$$(3.37) \qquad \upsilon := ||\underline{y}_t||_p \ , \qquad \rho := ||\underline{r}||_p \ , \qquad \zeta := ||\underline{z}||_p$$

schreiben. Die Ungleichung (3.36) kann sehr gut graphisch ausgewertet werden, indem man den Graph der Funktion ν mit einer Geraden der Steigung $1/\gamma$ vergleicht. Das soll an Beispielen verdeutlicht werden. ■

(3.38) Beispiel: Normabschätzungsfunktionen

Besonders einfach erhält man die Normabschätzung $\nu(\cdot)$ bei Eingrößenkennliniengliedern, wenn man im Raum L_∞ arbeitet. Der Raum L_∞ wird durch di Supremumnorm normiert. Deshalb können für die Nichtlinearitäten nach Bild 3.8 die Normabschätzungen $\nu(\cdot)$ in Bild 3.9 unmittelbar angegeben werden.

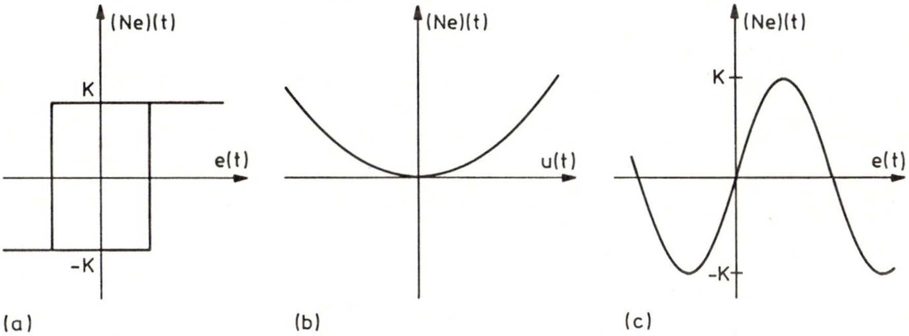

Bild 3.8: Zweipunktglied mit Hysterese, Quadrierer, Sinusfunktionsgeber

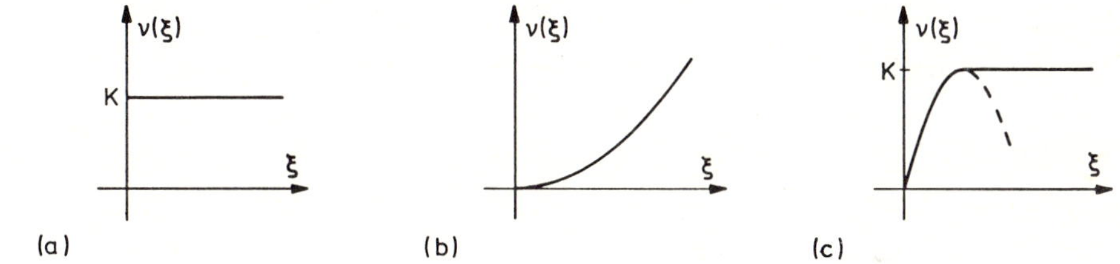

Bild 3.9: Normabschätzungsfunktionen $\nu(\cdot)$ der Nichtlinearitäten aus Bild 3.8

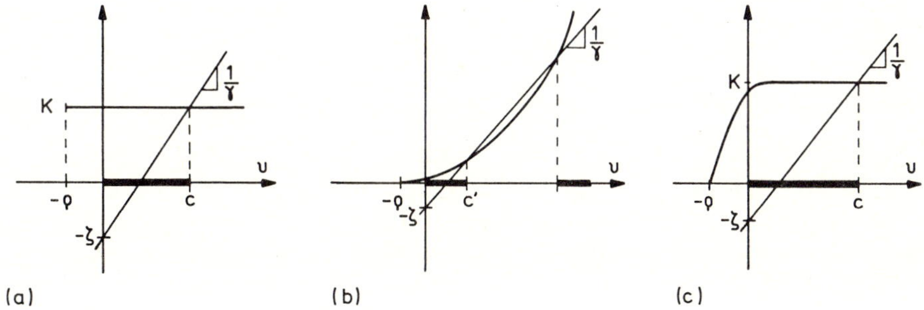

Bild 3.10: Konstruktion der Lösungsmengen der Ungleichung (3.36)

Zur Auswertung der Ungleichung (3.36) zeichnen wir eine um ζ nach unten verschobene Gerade der Steigung $1/\gamma$ und die um ρ nach links verschobene Funktion $\nu(\cdot)$. Alle Punkte υ, bei denen die Gerade unterhalb der Funktion $\nu(\cdot)$ verläuft, gehören zur Lösungsmenge der Ungleichung (3.36) (dick gezeichnet). In den Fällen (a) und (c) gibt es eine obere Schranke c dieser Lösungsmengen; es folgt

$$\upsilon = ||y_t||_\infty \leq c .$$

Die Abschätzung ist wieder unabhängig von t, daher gilt sie auch für $||y||_\infty$. Im Fall des Quadrierers (b) gibt es keine obere Schranke der Lösungsmenge von υ. Es gibt aber zwei disjunkte Intervalle, von denen das linke die Schranke c' besitzt. Können wir zusätzlich davon ausgehen, daß bei diesem Regelkreis die Größen e, u, y stetig von den Eingangsgrößen r, z im Raum L_{pe} abhängen und r = z = e = u = y = 0 eine Lösung der Regelkreisgleichungen ist, so kann υ nur im linken Intervall liegen, da ein "Springen" in das rechte unbeschränkte Intervall aufgrund der Stetigkeit nicht möglich ist. In diesem Fall wäre $||y||_p < c'$ gesichert (hier $p = \infty$).

Es darf nicht übersehen werden, daß die durch diese Methode gewonnenen Aussagen nur für ein spezielles $\rho = ||r||_p$ und $\zeta = ||z||_p$ gelten. Für andere Werte ist die Konstruktion erneut durchzuführen. Nur wenn für alle Werte ρ, ζ die Existenz einer Schranke c gezeigt werden kann, ist der Regelkreis schwach L_p-stabil. Andernfalls hat man nur für einige spezielle Eingangsfunktionen Beschränktheit nachgewiesen, was manchmal schon eine wertvolle Aussage sein kann. ■

3.1.3 Exponentielle Stabilität

Wenn die Frage gestellt wird, wie "schnell" die Ausgangsgröße y(t) des nichtlinearen Standardregelkreises nach einer Störung wieder gegen null geht, liefert der Begriff der L_p^n-Stabilität zunächst keine Antwort. Wir werden jedoch zeigen, daß sich auch diese Fragestellung mit den bisher dargestellten Begriffen bearbeiten läßt.

Multiplizieren wir die Ausgangsfunktion $\underline{y}$ mit einer Exponentialfunktion,

$$\underline{y}_\varepsilon(t) := e^{\varepsilon t}\, \underline{y}(t) \quad , \tag{3.39}$$

ist die Norm der so definierten Funktion $||\underline{y}_\varepsilon||_p$ ein mögliches Maß, um das Abklingen der Ausgangsfunktion $\underline{y}$ zu beschreiben. Für $\varepsilon>0$ muß y(t) für $t \to \infty$ schnell genug fallen, damit $||\underline{y}_\varepsilon||_p$ "endlich" ist. So ist z.B. für $p = \infty$ die Bedingung

(3.40) $$||\underline{y}_\varepsilon||_\infty \leq C$$

äquivalent mit der exponentiellen Abschätzung

(3.41) $$|y_i(t)| \leq C\, e^{-\varepsilon t} \quad , \quad i = 1,\dots,n \ ; \quad \text{für alle } t \ .$$

Gleichung (3.39) kann auch in der Operatorschreibweise

(3.42) $$\underline{y}_\varepsilon = E_\varepsilon \underline{y}$$

dargestellt werden, wobei die Anwendung des Exponentialoperators E_ε die Multiplikation mit der Exponentialfunktion $e^{\varepsilon t}$ bedeutet. Wir schreiben die Systemgleichungen

(3.43) $$\begin{aligned} \underline{e} &= \underline{r} - \underline{y} \quad , \\ \underline{u} &= \underline{N}\, \underline{e} + \underline{z} \quad , \\ \underline{y} &= \underline{\Gamma}\, \underline{u} \end{aligned}$$

an und multiplizieren diese mit der Exponentialfunktion (Anwendung des Operators E_ε), so daß die Gleichungen

(3.44) $$\begin{aligned} \underline{e}_\varepsilon &= \underline{r}_\varepsilon - \underline{y}_\varepsilon \quad , \\ \underline{u}_\varepsilon &= E_\varepsilon \underline{N}\, \underline{e} + \underline{z}_\varepsilon = E_\varepsilon \underline{N}\, E_{-\varepsilon}\, \underline{e}_\varepsilon + \underline{z}_\varepsilon \quad , \\ \underline{y}_\varepsilon &= E_\varepsilon \underline{\Gamma}\, \underline{u} \qquad\quad = E_\varepsilon \underline{\Gamma}\, E_{-\varepsilon}\, \underline{u}_\varepsilon \end{aligned}$$

entstehen. Hierbei wurde die Eigenschaft $E_{-\varepsilon}E_\varepsilon = 1$ ausgenutzt, damit auch auf den rechten Gleichungsseiten die Funktionen $\underline{e}_\varepsilon, \underline{u}_\varepsilon$ entstehen. Mit den neuen Operatoren

(3.45) $$\begin{aligned} \underline{\Gamma}_\varepsilon &:= E_\varepsilon \underline{\Gamma}\, E_{-\varepsilon} \quad , \\ \underline{N}_\varepsilon &:= E_\varepsilon \underline{N}\, E_{-\varepsilon} \end{aligned}$$

erhalten wir die transformierten Systemgleichungen

(3.46) $$\begin{aligned} \underline{e}_\varepsilon &= \underline{r}_\varepsilon - \underline{y}_\varepsilon \quad , \\ \underline{u}_\varepsilon &= \underline{N}_\varepsilon\, \underline{e}_\varepsilon + \underline{z}_\varepsilon \quad , \\ \underline{y}_\varepsilon &= \underline{\Gamma}_\varepsilon\, \underline{u}_\varepsilon \ . \end{aligned}$$

Diese Gleichungen haben die gleiche Form wie die ursprünglichen Gleichungen (3.43), so daß nichts dagegen spricht, die Stabilitätsbegriffe und Stabilitätssätze auch auf diese Gleichungen mit den veränderten Operatoren $\underline{\Gamma}_\varepsilon$, $\underline{N}_\varepsilon$ anzuwenden. Die Stabilitätssätze (3.8), (3.21), (3.29) liefern dann Aussagen über die exponentiell gewichteten Größen $\underline{e}_\varepsilon$, $\underline{u}_\varepsilon$, $\underline{y}_\varepsilon$ in Abhängigkeit von $\underline{r}_\varepsilon$, $\underline{z}_\varepsilon$, wodurch sich die aufgeworfene Frage nach dem Abklingverhalten beantworten läßt. Für die genaue Begriffsbildung führen wir folgende Definition ein:

(3.47) **Definition (L_p^n-Stabilität vom Grad ε)**:

Der nichtlineare Regelkreis mit den Systemgleichungen (3.43) heißt (schwach) L_p^n-stabil mit exponentiellem Stabilitätsgrad ε oder kurz (schwach) L_p^n-stabil vom Grad ε genau dann, wenn das System (3.46) mit den Operatoren $\underline{\Gamma}_\varepsilon$, $\underline{N}_\varepsilon$ (schwach) L_p^n-stabil ist. ■

(3.48) **Bemerkungen**:

Aus der L_p^n-Stabilität vom Grad ε_1 folgt die L_p^n-Stabilität vom Grad ε_2 für jedes $\varepsilon_2 \leq \varepsilon_1$, wie sich mit der Kausalität unseres Regelkreises nachweisen läßt.

Das Vorzeichen des exponentiellen Stabilitätsgrads ε unterliegt keiner Einschränkung, doch sind für die Beschreibung eines "echten" Stabilitätsverhaltens nur Konstanten $\varepsilon \geq 0$ sinnvoll. Negative Exponenten ε können aber verwendet werden, um bei instabilen Systemen das Aufklingen der Systemgrößen zu quantifizieren. In diesem Sinne können wir auch hier von L_p^n-Stabilität vom Grad ε mit $\varepsilon<0$ sprechen.

Der bisherige Begriff der (einfachen) L_p^n-Stabilität ist mit $\varepsilon = 0$ im Begriff der L_p^n-Stabilität vom Grad ε enthalten. ■

3.1.4 Berücksichtigung von Anfangszuständen

In diesem Abschnitt werden die Systeme nur durch ihr Eingangs-Ausgangs-Verhalten und nicht durch ihre Zustandsbeschreibung modelliert. Damit in den Eingangs-Ausgangs-Beschreibungen keine von den Anfangszuständen abhängigen Zusatzterme auftreten, sind diese als null angenommen. Sollen jedoch real vorhandene Anfangszustände berücksichtigt werden, ist eine "Umrechnung" auf ein Eingangs-Ausgangs-Problem möglich, sofern vollständige Erreichbarkeit der Teilsysteme $\underline{\Gamma}$ und $\underline{N}$ gewährleistet ist (zum Begriff der Erreichbarkeit siehe LUDYK [3.11], Seite 143).

Sollen zum Anfangszeitpunkt t_o die inneren Zustandsgrößen $\underline{x}_\Gamma$, $\underline{x}_N$ der Teilsysteme $\underline{\Gamma}$, $\underline{N}$ die Anfangswerte

$$\text{(3.49)}\qquad \begin{aligned} \underline{x}_\Gamma(t_o) &= \underline{x}_{\Gamma o} \quad , \\ \underline{x}_N(t_o) &= \underline{x}_{No} \end{aligned}$$

annehmen, so gibt es aufgrund der vollständigen Erreichbarkeit für den Zeitpunkt t_o Steuerfunktionen $\underline{e}_o(t)$, $\underline{u}_o(t)$, $t \leq t_o$, die die Zustände $\underline{x}_{\Gamma o}$, $\underline{x}_{No}$ zum Zeitpunkt t_o einstellen (erreichen). Die Steuerfunktionen $\underline{e}_o$, $\underline{u}_o$ können jedoch nicht direkt aufgebracht werden, da sich die Teilsysteme $\underline{\Gamma}$, $\underline{N}$ im geschlossenen Regelkreis befinden. Mit den von außen aufschaltbaren Steuerfunktionen

$$\text{(3.50)}\qquad \begin{aligned} \underline{r}_o(t) &:= \underline{e}_o(t) + (\underline{\Gamma}\,\underline{u}_o)(t) \\ \underline{z}_o(t) &:= \underline{u}_o(t) - (\underline{N}\,\underline{e}_o)(t) \end{aligned} \quad , \quad t \leq t_o$$

werden aber genau die gewünschten Zustände erreicht. Durch diesen "Vorlauf" der Steuerfunktionen $\underline{r}_o(t)$, $\underline{z}_o(t)$, $t \leq t_o$ kann also das Anfangswertproblem auf ein Eingangs-Ausgangs-Problem zurückgeführt werden. In diesem Sinne können die Stabilitätsbegriffe auch auf Anfangswertprobleme übertragen werden.

3.2 Kreiskriterium (L_2-Stabilität)

Die allgemeinen Aussagen des vorangegangenen Abschnitts sollen jetzt auf den Fall eines Eingrößenregelkreises (n = 1) und die L_2-Stabilität angewendet werden. Wir beschränken uns hier auf die Anwendung des Satzes (3.21), da dieser eine größere Klasse von Nichtlinearitäten als der Satz (3.8) zuläßt. Jedoch kann Satz (3.21) nicht wie Satz (3.8) die Existenz der Lösungen der Regelkreisgleichungen zeigen. Wie von Satz (3.21) gefordert, setzen wir die Existenz in dem erweiterten Raum L_{2e} für das nachfolgende stillschweigend voraus. Es bereitet jedoch keine Mühe, die folgenden Ausführungen auch für die Klasse der Nichtlinearitäten des Satzes (3.8) zu übertragen. Satz (3.29) wird hier nicht aufgegriffen, da dessen Voraussetzungen für den Raum L_2 im Einzelfall schwer nachweisbar sind. Dieser wird erst für die L_∞-Stabilität verwendet.

Wir werden sehen, daß sich die für die Anwendung des Satzes (3.8) abzuschätzende Norm $||\Gamma||_p$ des linearen Teilsystems im Raum L_2 auf sehr einfache Weise durch Untersuchung der Übertragungsfunktion G(p) im Laplace- bzw. Z-Bereich bestimmen läßt, woraus sich das Kreiskriterium ergibt. Eine graphische Interpretation führt dann auf eine Ortskurvendarstellung, die als Erweiterung des bekannten Nyquistkriteriums verstanden werden kann. Es schließt eine Übertragung der Stabilitätsaussagen in die Wurzelortsebene an, mit der der maximale exponentielle Stabilitätsgrad besonders einfach bestimmt werden kann. Den Abschluß dieses Abschnitts bildet eine algebraische Auswertung des Kreiskriteriums, die den Rechenaufwand für die Stabilitätsüberprüfung gegenüber der ursprünglichen Fassung erheblich reduziert.

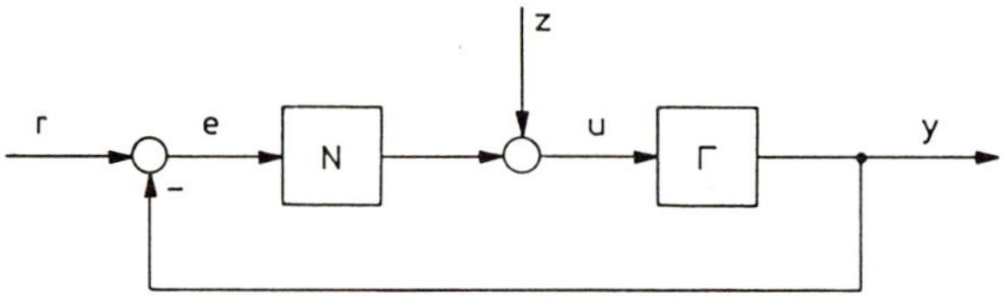

Bild 3.11: Nichtlinearer Eingrößen-Standardregelkreis

Das lineare Teilsystem des Standardregelkreises nach Bild 3.11 setzen wir von nun an als zeitinvariant voraus, so daß sich das Eingangs-Ausgangs-Verhalten durch Faltung mit der Gewichtsfunktion bzw. -folge g beschreiben läßt:

(3.51) $$y = \Gamma u = g * u \quad .$$

Für zeitkontinuierliche Systeme lautet die Faltung ausgeschrieben

(3.52) $$y(t) = \int_{-\infty}^{\infty} g(t-\tau)u(\tau)d\tau$$

und für zeitdiskrete Systeme

(3.53) $$y(k) = \sum_{i=-\infty}^{\infty} g(k-i)u(i) \quad .$$

Im gesamten Kapitel wurde Kausalität vorausgesetzt; daher ist $g(t) = 0$ für $t<0$, so daß im Faltungsintegral bzw. in der Faltungssumme die obere Grenze nur scheinbar gleich unendlich ist.

Im Bereich der Laplace- bzw. Z-Transformation geht die Faltung (3.51) in eine Multiplikation der Laplace- bzw. Z-Transformierten über (siehe Satz (A2.12) bzw. (A2.44)),

(3.54) $$Y(p) = G(p)U(p) ,$$

wobei im Laplace-Bereich die unabhängige Variable $p = s$ und im Z-Bereich $p = z$ ist. Die Laplace- bzw. Z-Transformierte $G(p)$ der Gewichtsfunktion bzw. -folge g ist die <u>Übertragungsfunktion</u> des Systems.

Im folgenden Satz wird die Analytizität der Übertragungsfunktion $G(p)$ im zeitkontinuierlichen Fall in einer Halbebene $Re(s) \geq -\varepsilon$ bzw. im zeitdiskreten Fall außerhalb des Kreises $|z| \geq e^{-\varepsilon}$ vorausgesetzt, d.h. Singularitäten (Polstellen) von $G(p)$ dürfen nur in der linken offenen Halbebene $Re(s) < -\varepsilon$ oder im Kreis $|z| < e^{-\varepsilon}$ liegen. Weiter wird eine Bedingung an $G(p)$ auf dem Rand dieses Gebietes $p = s = j\omega - \varepsilon$ bzw. $p = z = e^{j\varphi-\varepsilon}$ gestellt. Zur einheitlichen Formulierung definieren wir als abgeschlossenes Gebiet die rechte Halbebene

(3.55) $$\Omega_\varepsilon := \{s |\ Re(s) \geq -\varepsilon\}$$

bzw. das Äußere des Kreises

(3.56) $$\Omega_\varepsilon := \{z |\ |z| \geq e^{-\varepsilon}\} .$$

Den Rand dieses Gebietes, also die Gerade $s = j\omega-\varepsilon$ bzw. den Kreis $z = e^{j\varphi-\varepsilon}$, bezeichnen wir mit $\partial\Omega_\varepsilon$. Ein fortgelassener Index ε bedeutet stets $\varepsilon = 0$.

(3.57) <u>Satz (Kreiskriterium)</u>:

Es liege ein nichtlinearer Standardregelkreis nach Bild 3.11 vor. Die Übertragungsfunktion $G(p)$ des linearen Teilsystems sei in Ω_ε analytisch und es gelte mit einer Konstanten $\gamma_\varepsilon \geq 0$

(3.58) $$|G(p)| \leq \gamma_\varepsilon \quad \text{für alle} \quad p \in \partial\Omega_\varepsilon .$$

Das Teilsystem N erfülle mit einer Konstanten $\nu \geq 0$ die Sektorbedingung

(3.59) $$|(Ne)(t)| \leq \nu |e(t)|$$

für alle e und t. Gilt

(3.60) $$\alpha_\varepsilon := \gamma_\varepsilon \nu < 1 ,$$

so ist der Regelkreis L_2-stabil mit exponentiellem Stabilitätsgrad ε. ■

Beweis:

Wir führen den Beweis zunächst für die (einfache) L_2-Stabilität, d.h. exponentieller Stabilitätsgrad $\varepsilon = 0$. Die Sektorbedingung impliziert die Forderung des Satzes (3.21) an das nichtlineare Teilsystem N, so daß nur noch nachzuweisen ist, wie aus der Voraussetzung dieses Satzes an die Übertragungsfunktion G(p) die Bedingung

$$||y||_2 = ||\Gamma u||_2 \leq \gamma ||u||_2 ,$$

d.h.

$$||\Gamma|| \leq \gamma ,$$

folgt: Wir gehen vom Normquadrat der Funktion y aus und gelangen mit der Parsevalschen Gleichung (A2.18) bzw. (A2.50) in den Bereich der Fourier- bzw. diskreten Fourier-Transformation:

$$||y||_2^2 = \frac{1}{2\pi} ||\hat{Y}||_2^2 .$$

Aus $y = g*u$ wird im (diskreten) Fourier-Bereich $\hat{Y} = \hat{G}\,\hat{U}$. Zusammen mit der Rechenregel (A3.42) der L_p-Normen folgt

$$||y||_2^2 = \frac{1}{2\pi} ||\hat{G}\,\hat{U}||_2^2 = \frac{1}{2\pi} ||\hat{G}^2\,\hat{U}^2||_1 .$$

Mit der Hölderschen Ungleichung (A3.44) und erneuter Anwendung der Parsevalschen Gleichung erhalten wir

$$||y||_2^2 \leq \frac{1}{2\pi} ||\hat{G}^2||_\infty \, ||\hat{U}^2||_1 = \frac{1}{2\pi} ||\hat{G}||_\infty^2 \, ||\hat{U}||_2^2$$

$$= ||\hat{G}||_\infty^2 \, ||u||_2^2$$

und damit

$$||y||_2 \leq ||\hat{G}||_\infty ||u||_2 .$$

Hieraus folgt für die Norm des Operators Γ: $y = \Gamma u$ (siehe (A3.18))

$$||\Gamma||_2 \leq ||\hat{G}||_\infty .$$

Die einzige einfließende Abschätzung war die Höldersche Ungleichung. Nach Satz (A3.46) ist diese aber die kleinstmögliche. Daher gilt sogar

(3.61) $$||\Gamma||_2 = ||\hat{G}||_\infty .$$

Die Operatornorm von Γ auf L_2 wird also durch das Supremum des Betrags von $\hat{G}$ angegeben:

$$||\Gamma||_2 = ||\hat{G}||_\infty = \sup_{\omega\in\mathbb{R}} |\hat{G}(\omega)|$$

bzw.

$$||\Gamma||_2 = ||\hat{G}||_\infty = \sup_{\varphi\in[-\pi,\pi]} |\hat{G}(\varphi)| \quad .$$

Aufgrund der Voraussetzung der Analytizität im Gebiet $\Omega = \Omega_0$ ist die (diskrete) Fourier-Transformierte $\hat{G}$ durch die Übertragungsfunktion

$$\hat{G}(\omega) = G(j\omega)$$

bzw.

$$\hat{G}(\varphi) = G(e^{j\varphi})$$

gegeben, so daß aus der Voraussetzung (3.58) die gewünschte Aussage

(3.62) $$||\Gamma||_2 = \sup_{p\in\partial\Omega}|G(p)| \leq \gamma$$

folgt. Damit ist mit dem Satz (3.21) die L_2-Stabilität für $\varepsilon = 0$ nachgewiesen, wenn $\alpha = \gamma\nu < 1$.

Für $\varepsilon \neq 0$ ist entsprechend der Definition (3.47) das Übertragungsverhalten der exponentiell gewichteten Größen r_ε, z_ε, e_ε, u_ε, y_ε in (3.46) zu prüfen: Die zum Teilsystem

$$y_\varepsilon = \Gamma_\varepsilon u_\varepsilon$$

gehörende Übertragungsfunktion $G_\varepsilon(p)$ ergibt sich als Quotient der Transformierten $Y_\varepsilon(p)$, $U_\varepsilon(p)$. Im Laplace-Bereich geht die Multiplikation mit einer Exponentialfunktion nach der Dämpfungsregel Nr.6 aus (A2.19) in eine Verschiebung über, so daß folgt

(3.63) $$G_\varepsilon(s) = \frac{Y_\varepsilon(s)}{U_\varepsilon(s)} = \frac{Y(s-\varepsilon)}{U(s-\varepsilon)} = G(s-\varepsilon) \quad .$$

Entsprechend ergibt sich für die Z-Transformierten mit Regel Nr.6 aus (A2.51)

(3.64) $$G_\varepsilon(z) = \frac{Y_\varepsilon(z)}{U_\varepsilon(z)} = \frac{Y(ze^\varepsilon)}{U(ze^\varepsilon)} = G(ze^\varepsilon) \quad .$$

Durch die Voraussetzung an die Übertragungsfunktion $G(p)$ im Gebiet Ω_ε erfüllt $G_\varepsilon(p)$ die Voraussetzung dieses Satzes im Gebiet $\Omega = \Omega_0$.

Für das Teilsystem N ergibt sich mit der Substitution

$$e(t) = e^{-\varepsilon t} e_\varepsilon(t) = (E_{-\varepsilon} e_\varepsilon)(t)$$

aus der Sektorbedingung (3.59)

$$|(NE_{-\varepsilon}e_{\varepsilon})(t)| \leq \nu\, e^{-\varepsilon t}\, |e_{\varepsilon}(t)|$$

$$|e^{\varepsilon t}(NE_{-\varepsilon}e_{\varepsilon})(t)| \leq \nu |e_{\varepsilon}(t)|$$

$$|(E_{\varepsilon}NE_{-\varepsilon}e_{\varepsilon})(t)| \leq \nu |e_{\varepsilon}(t)| \quad ,$$

so daß die Sektorbedingung auch für das veränderte Teilsystem

$$N_{\varepsilon} = E_{\varepsilon}NE_{-\varepsilon}$$

erfüllt ist. Daher genügen die exponentiell gewichteten Systeme Γ_{ε}, N_{ε} den Voraussetzungen dieses Satzes für die (einfache) L_2-Stabilität. Nach Definition (3.47) ist daher der Regelkreis mit den ursprünglichen Teilsystemen Γ, N L_2-stabil vom Grad ε, wenn $\alpha_{\varepsilon} = \gamma_{\varepsilon}\nu < 1$ ist. ∎

(3.65) **Bemerkungen**:

Das Kreiskriterium kann zur Beantwortung verschiedener Fragestellungen herangezogen werden. Denkbar sind z.B. folgende Aufgaben:

1. Für vorgegebenes G(p) und ν überprüfe man die L_2-Stabilität für einen speziellen exponentiellen Stabilitätsgrad ε (Grundaufgabe).
2. Für vorgegebenes G(p) und ε ermittele man den größtmöglichen Sektor ν_{max} der Nichtlinearität N, für den sich mit dem Kreiskriterium L_2-Stabilität nachweisen läßt.
3. Für vorgegebenes ν und ε soll zu einer Streckenübertragungsfunktion $G_s(p)$ ein lineares Korrekturglied $G_c(p)$ entworfen werden, mit dem für $G(p) = G_c(p)G_s(p)$ Stabilität des nichtlinearen Regelkreises gesichert ist.

Diese drei Aufgabenstellungen lassen sich recht anschaulich mit Hilfe der anschließenden Ortskurvendarstellungen bearbeiten. Es sollte dabei nicht übersehen werden, daß die Prüfung eines exponentiellen Stabilitätsgrades $\varepsilon>0$, dessen Vorgabe sich nach den dynamischen Anforderungen an den Regelkreis richtet, etwas mehr Aufwand erfordert als die Prüfung der einfachen L_2-Stabilität mit $\varepsilon = 0$. Während bei dieser nämlich nur die vertrauten Frequenzgänge $G(j\omega)$ bzw. $G(e^{j\varphi})$ zu betrachten sind, muß für die exponentielle Stabilität G(p) entlang der Kontur $p = j\omega-\varepsilon$ bzw. $p = e^{j\varphi-\varepsilon}$ untersucht werden. Aus diesem Grund wird trotz der höheren Aussagekraft der exponentiellen Stabilität oft nur die einfache L_2-Stabilität überprüft. Bei der Verwendung von Rechnerprogrammen fällt dieser Nachteil aber kaum noch ins Gewicht. In bezug auf den Stabilitätsgrad läßt sich noch folgende Frage formulieren:

4. Für vorgegebene Systeme Γ, N ermittele man den maximalen Stabilitätsgrad ε_{max}, welcher sich mit dem Kreiskriterium nachweisen läßt. Man kann dazu wie in Bild 3.12 für jedes ε die zu ermittelnde kleinste Schranke γ_ε auftragen. Der Menge der zu prüfenden ε ist von vornherein eine Grenze a gesetzt: Man kann das Gebiet Ω_ε nur soweit erweitern, bis eine Polstelle von G(p) erreicht wird, da Analytizität von G(p) in Ω_ε gefordert wird. Der Wert -a ergibt sich im Laplace-Bereich durch den größten Realteil aller Polstellen, im Z-Bereich ist e^{-a} der größte Betrag aller Polstellen. Ein Vergleich der Kurve von γ_ε über ε mit der Konstanten $\frac{1}{\nu}$ liefert sofort die exponentielle Stabilitätsgrenze ε_{max}. Für alle $\varepsilon<\varepsilon_{max}$ ist exponentielle L_2-Stabilität gesichert, da hier $\gamma_\varepsilon \nu<1$ ist. Im übrigen läßt sich zeigen, daß der Verlauf von γ_ε über ε stets monoton wachsend ist, wie man auch intuitiv vermutet. Läßt sich also für ε_1 exponentielle Stabilität des Regelkreises mit dem Kreiskriterium nachweisen, so läßt sich dies auch für alle $\varepsilon_2 < \varepsilon_1$ (vgl. Bemerkung (3.48)). Die Frage nach dem maximalen exponentiellen Stabilitätsgrad ist zur Beurteilung des dynamischen Verhaltens des Regelkreises gut geeignet, auch wenn dieses Problem recht umfangreich erscheint. Wir werden jedoch später in der Wurzelortsebene (Abschnitt 3.2.2) eine überraschend einfache Deutung kennenlernen.

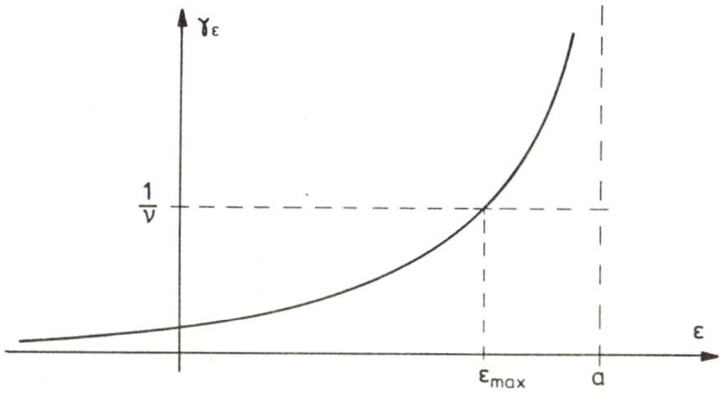

Bild 3.12: Ermittelung des maximalen Stabilitätsgrads ε_{max} ■

3.2.1 Ortskurvendarstellung des Kreiskriteriums

Die Bedingungen (3.58), (3.60) des Kreiskriteriums (3.57) lassen sich auch gemeinsam in der Form

(3.66) $\qquad |G(p)| \leq \gamma_\varepsilon < \frac{1}{\nu} \qquad$ für alle $p \in \partial\Omega_\varepsilon$

darstellen. Diese Ungleichung läßt sich unmittelbar anschaulich interpretieren. Zeichnet man die Ortskurve $G(p)$, $p \in \partial\Omega_\varepsilon$, in der komplexen Ebene, so besagt (3.66), daß diese innerhalb eines Kreises mit dem Radius γ_ε verbleiben muß. Ist die Konstante ν, welche die Nichtlinearität N abschätzt, bereits bekannt, kann auch gleich ein Kreis mit dem Radius $1/\nu$ gezeichnet werden. Wegen $\gamma_\varepsilon < 1/\nu$ darf die Ortskurve $G(p)$ diesen Kreis nirgends berühren. In Bild 3.13 ist diese graphische Auswertung dargestellt, woher das Kreiskriterium seinen Namen bezieht.

Da die Ortskurve $G(p)$, $p \in \partial\Omega_\varepsilon$, aus zwei zueinander konjugiert komplexen Teilen besteht, genügt das Zeichnen des einen Astes, also mit $p = s = j\omega-\varepsilon$ für $\omega \geq 0$ bzw. mit $p = z = e^{j\varphi-\varepsilon}$ für $\varphi \in [0,\pi]$. Da es bei der Kreisbedingung (3.66) nur auf den Betrag von $G(p)$ ankommt, bietet sich als Alternative zu der Ortskurvendarstellung auch die Benutzung von Frequenzkennlinien an. Es ist zu prüfen, ob die Betragskennlinie unterhalb der Verstärkung $1/\nu_\varepsilon$ bleibt (siehe z.B. Bild 3.17b).

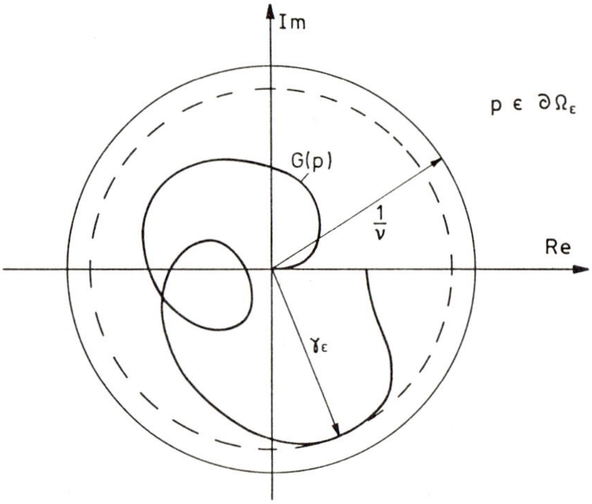

Bild 3.13: Ortskurvendarstellung des Kreiskriteriums

(3.67) **Bemerkung:**

Viele Probleme entsprechen in ihrer ursprünglichen Systemstruktur nicht dem nichtlinearen Standardregelkreis. Oft ist es aber möglich, durch Strukturumformungen zu diesem zu gelangen. Dies wird auch in dem folgenden Beispiel exemplarisch dargestellt. Die Art der notwendigen Strukturumformungen kann aber von Fall zu Fall recht verschieden sein. ■

(3.68) Beispiel: Winkelpositionierung eines Roboterarms

Wir greifen den im 1. Kapitel dargestellten Roboterarm auf (Beispiel (1.6), Bild 1.8), für den wir bei fester Auszugslänge des Arms

$$r(t) = r_o$$

einen Regler für eine Winkelpositionierung entwerfen wollen. Mit dem Gesamtmassenträgheitsmoment

$$\theta_G := \theta + m(\dot{r}-r_o)^2 + m_L r_o^2 + \theta_{Motor}$$

lautet die Bewegungsgleichung

$$\theta_G \ddot{\varphi}(t) = \theta_G \dot{\omega}(t) = M(t) \quad .$$

Liegt die Drehachse horizontal, bewirkt die Gewichtskraft ein winkelabhängiges Drehmoment

$$M_n(\varphi(t)) = M_o \cos \varphi(t)$$

mit

$$M_o := m_G \, g \, a \quad ,$$

wobei m_G die Gesamtmassen, a den Abstand des Massenmittelpunktes des gesamten Aufbaus von der Drehachse und g die Erdbeschleunigung angibt. Zusammen mit einem zu berücksichtigenden Reibmoment $r\omega$ und dem Antriebsmoment $M_A(t)$ des Motors ergibt sich

$$M(t) = M_A(t) - r\omega - M_o \cos \varphi \quad .$$

Der Antrieb erfolge durch eine konstant erregte Gleichstrommaschine, wobei durch eine unterlagerte Stromregelung näherungsweise Proportionalität zwischen Steuerspannung und Ankerstrom erreicht wird, so daß wir auch zwischen Steuerspannung und Antriebsmoment ein proportionales Verhalten erwarten dürfen:

$$M_A(t) = V \, u(t) \quad .$$

Die Zustandsgleichungen lauten nun zusammengefaßt

$$\dot{\varphi}(t) = \omega(t) \quad ,$$

$$\theta_G \dot{\omega}(t) = - r\omega(t) - M_o \cos\varphi(t) + V \, u(t)$$

Um einen Regler für dieses Modell zu entwerfen, wird das nichtlineare Moment M_n zunächst als scheinbar von außen wirkende Störgröße aufgefaßt, so daß die Zustandsgleichungen die lineare Form

$$\dot{\varphi}(t) = \omega(t) \quad ,$$

$$\theta_G \dot{\omega}(t) = - r\omega(t) + V\, u(t) + M_n(t)$$

erhalten. Hierauf können nun lineare Entwurfsmethoden angewendet werden. Die Streckenübertragungsfunktion zwischen Eingangsspannung u(t) und Winkelposition $\varphi(t)$ lautet dabei

$$G_s(s) = \frac{V}{s(\theta_G s+r)} \quad .$$

Bild 3.14 zeigt die Regelkreisstruktur mit einem zu entwerfenden linearen Regler $G_c(s)$.

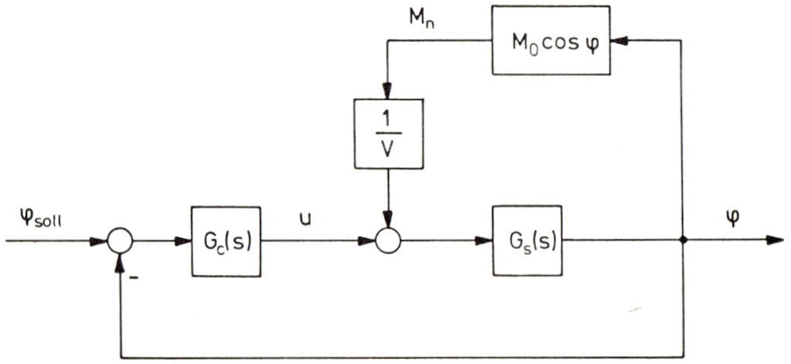

Bild 3.14: Strukturbild der Winkelpositionierung

Im Hinblick auf eine gute stationäre Störunterdrückung (Unterdrückung des nichtlinearen Anteils) soll der Regler einen Integrierer enthalten. Durch einen Entwurf mit Frequenzkennlinien oder Wurzelortskurven findet man als Regler z.B. ein PI-Lead-Glied

$$G_c(s) = V_c \frac{(s+b_1)(s+b_2)}{s(s+a)} \quad ,$$

dessen konkrete Werte sich nach den Streckenparametern richten. Dieser Reglerentwurf kann aber nur als Ansatz für den gesamten nichtlinearen Regelkreis dienen, da das nichtlineare Moment M_n tatsächlich in Form einer Rückkopplung und nicht als unabhängige Störgröße auftritt, wie hilfsweise angenommen wurde. Wir können jetzt aber das Kreiskriterium heranziehen, um zu prüfen, ob der oben entworfene Regler auch für den nichtlinearen Regelkreis Stabilität sichert.

Auf den ersten Blick ist eine Ähnlichkeit des Strukturbildes 3.14 mit dem Standardregelkreis nach Bild 3.11 nicht ohne weiteres ersichtlich und auch die auftretende Nichtlinearität cos φ ist keine Sektorfunktion, wie im Kreiskriterium (3.57) gefordert wird. Durch Umformungen können wir jedoch zu der gewünschten Struktur gelangen: Mit den Substitutionen

$$\tilde{\varphi}(t) \; := \; \varphi(t) - \varphi_o \quad ,$$

$$\tilde{\varphi}_{soll}(t) \; := \; \varphi_{soll}(t) - \varphi_o$$

mit einem beliebigen Bezugswinkel φ_o, um den das dynamische Verhalten beurteilt werden soll, erhalten wir in der umgeformten Struktur nach

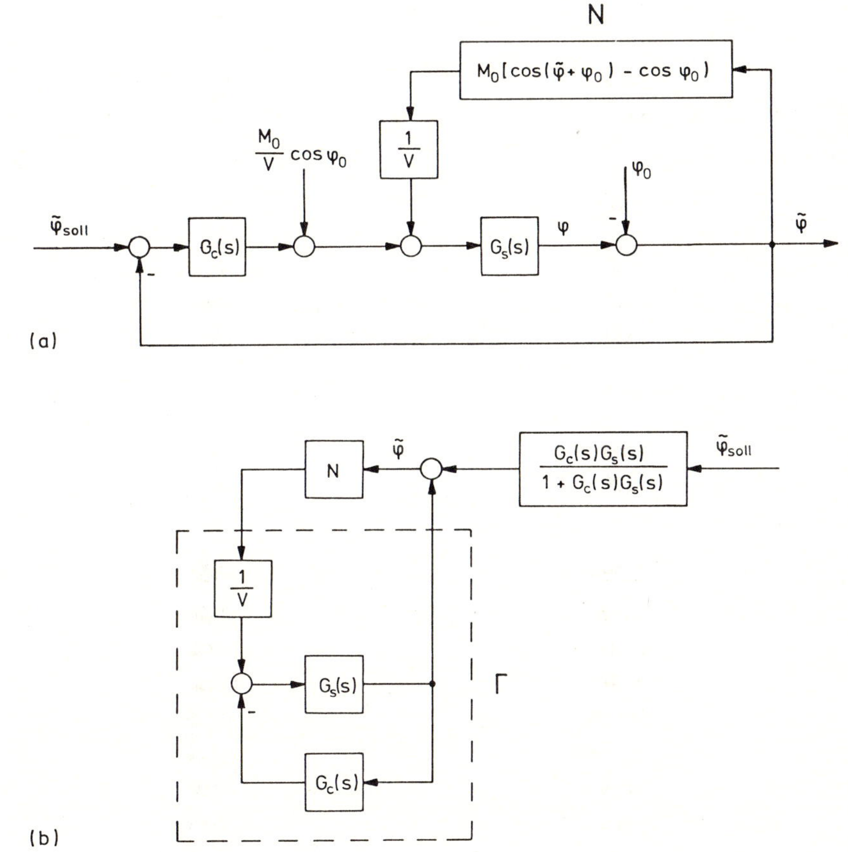

Bild 3.15: Strukturumformungen der Winkelpositionierung

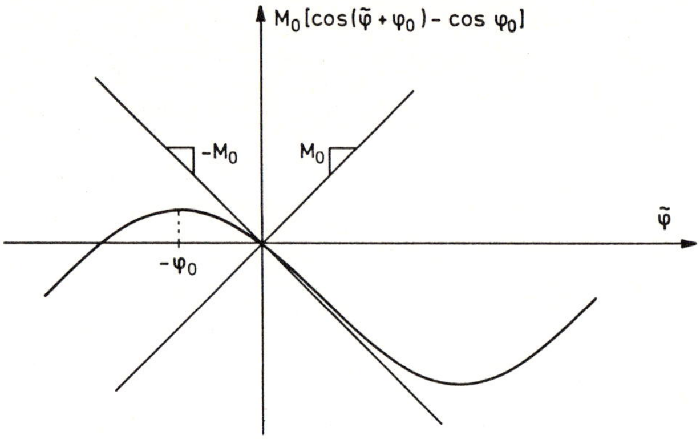

Bild 3.16: Abschätzung des nichtlinearen Moments durch einen Sektor der Steigung $\pm M_0$

Bild 3.15a nun eine Sektorfunktion. Diese wird unabhängig von der Wahl des Bezugswinkels φ_0 durch den Sektor mit $\nu = M_0$ abgeschätzt (siehe Bild 3.16). Da sowohl die Strecke als auch der Regler integrale Anteile enthalten, können die hinter $G_c(s)$ und $G_s(s)$ aufzuaddierenden Konstanten mit den Anfangswerten der Integratoren verrechnet werden, so daß diese Summenpunkte nicht mehr explizit im Strukturbild erscheinen. In Bild 3.15b ist nun auch der Angriffspunkt der Führungsgröße $\tilde{\varphi}_{soll}$ dem Standardregelkreis entsprechend verschoben dargestellt, die nun über ein "Vorfilter" angreift.

Der lineare Block Γ des Standardregelkreises ist nun klar zu erkennen. Die zugehörige Übertragungsfunktion lautet

$$G(s) = \frac{1}{V} \frac{G_s(s)}{1 + G_s(s)G_c(s)} .$$

Dies ist genau die Störübertragungsfunktion $T_{M_n}(s)$ des linearen Regelkreises. Für die konkrete Übertragungsfunktion

$$G_s(s) = \frac{0,17}{s(s + 0,06)} , \quad V = 1$$

wurde nach der oben beschriebenen Vorgehensweise der Regler

$$G_c(s) = 50 \frac{(s + 0,3)(s + 0,4)}{s(s + 10)}$$

entworfen, der für eine gewünschte normierte Durchtrittsfrequenz $\omega_c = 1$ einen Phasenrand von etwa 50° sichert. Für die Störübertragungsfunktion ergibt sich mit diesen Werten

$$T_{M_n}(s) = G(s) = \frac{0{,}17s^2 + 1{,}7s}{s^4 + 10{,}06s^3 + 9{,}1s^2 + 5{,}95s + 1{,}02} .$$

Damit überprüfen wir die L_2-Stabilität für die Stabilitätsgrade $\varepsilon = 0$ und $\varepsilon = 0{,}1$. Der größte Realteil aller Polstellen ist in beiden Fällen kleiner als $-\varepsilon$, wie man durch Polstellenberechnung oder andere geeignete Verfahren nachweist, womit die Analytizität von G(s) in den Halbebenen Ω_0, Ω_ε, d.h. $\mathrm{Re}(s) \geq 0$, $\mathrm{Re}(s) \geq -\varepsilon$, gewährleistet ist. In Bild 3.17a sind nun die Ortskurven $G(j\omega)$ und $G(j\omega-\varepsilon)$ dargestellt, denen sofort die Schranken $\gamma = ||\Gamma||_2 = 0{,}409$ und $\gamma_\varepsilon = ||\Gamma_\varepsilon||_2 = 0{,}625$ entnommen werden können. Wird nun

$$M_0 = \nu < \frac{1}{\gamma} = 2{,}45$$

sichergestellt, ist nach dem Kreiskriterium der nichtlineare Regelkreis L_2-stabil. Wird darüber hinaus sogar

$$M_0 = \nu < \frac{1}{\gamma_\varepsilon} = 1{,}60$$

eingehalten, ist der Regelkreis L_2-stabil vom Grad ε, d.h. für das dyna-

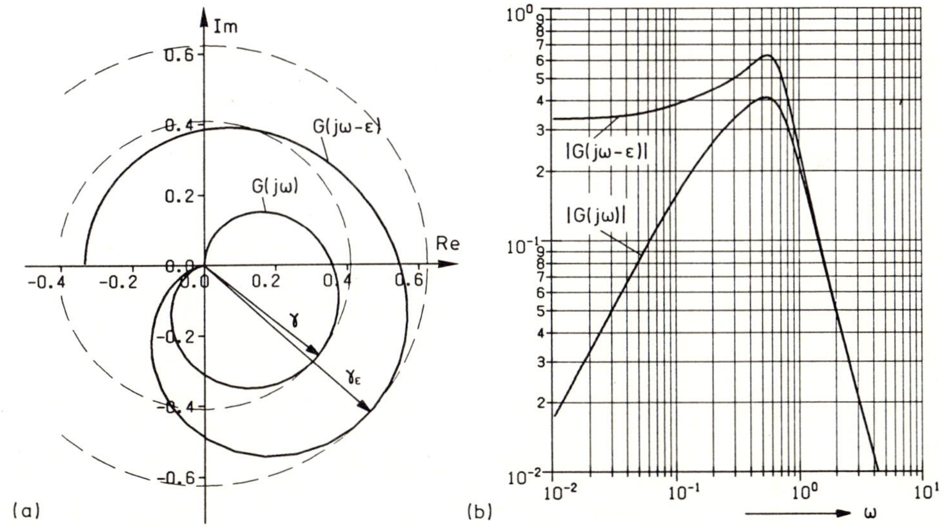

Bild 3.17: Ortskurven- und Betragskennliniendarstellung der Kreisbedingung für die Winkelpositionierung

mische Verhalten sind Zeitkonstanten kleiner gleich $1/\varepsilon$ zu erwarten. Das Kreiskriterium liefert nur eine hinreichende Aussage. Werden die Bedingungen nicht eingehalten, dürfen wir trotzdem nicht auf Instabilität schließen. Bei Einhaltung dieser Forderungen sind wir aber auf der sicheren Seite.

Statt der Ortskurvendarstellung kann alternativ die Frequenzkennliniendarstellung von $|G(j\omega)|$ und $|G(j\omega-\varepsilon)|$ geprüft werden. Ebenso wie in Bild 3.17a kann man 3.17b die Konstanten $\gamma = 0{,}409$ und $\gamma_\varepsilon = 0{,}625$ entnehmen.

Welche Bedeutung hat nun der hier eingeführte Bezugswinkel φ_0? Der Begriff der L_2-Stabilität allein sagt nur aus, daß zu im Sinne der L_2-Norm beschränkten Eingangsgrößen des Regelkreises im Sinne der L_2-Norm beschränkte Ausgangsgrößen gehören, wobei sich diese entsprechend der Definition (3.6) abschätzen lassen müssen. Geht also die Führungsgröße eines Regelkreises gegen null, tut dies auch die Ausgangsgröße. Es ist aber unsicher, ob die Ausgangsgröße auch beliebigen anderen Führungsvorgaben folgt. Da wir hier aber die Stabilität für das Übertragungsverhalten der auf φ_0 bezogenen Winkel $\tilde{\varphi}_{soll}$, $\tilde{\varphi}$ nachgewiesen haben, ist gesichert, daß $\varphi(t)$ bei einem beliebigen Führungssprung stets $\varphi_{soll}(t)$ folgt, da der Bezugswinkel φ_0 entsprechend gewählt werden kann. ■

(3.69) <u>L_2-Normen von Systemen 1. und 2. Ordnung</u>:

Für Systeme 1. und 2. Ordnung soll die jeweils kleinstmögliche Schranke $\gamma_\varepsilon = ||r_\varepsilon||_2$ allgemein dargestellt werden, so daß hierauf zurückgegriffen werden kann, ohne jedesmal G(p) mit den jeweils vorliegenden speziellen Werten untersuchen zu müssen.

Für ein System 1. Ordnung

$$G(s) = \frac{V}{1+\frac{s}{a}} \quad , \quad a \in \mathbb{R}, \quad V \geq 0 \quad ,$$

wird im Laplace-Bereich das betragsmäßige Maximum auf der Geraden $\partial\Omega_\varepsilon$: $s = j\omega-\varepsilon$ offensichtlich bei $\omega = 0$ angenommen. Wegen der Analytizität im Gebiet Ω_ε muß die Polstelle links von dieser Geraden liegen: $a > \varepsilon$. Als kleinste Schranke erhalten wir

$$||r_\varepsilon||_2 = \frac{V}{1-\frac{\varepsilon}{a}} \quad .$$

Für $\varepsilon = 0$ wird diese Schranke allein durch den Verstärkungsfaktor V bestimmt.

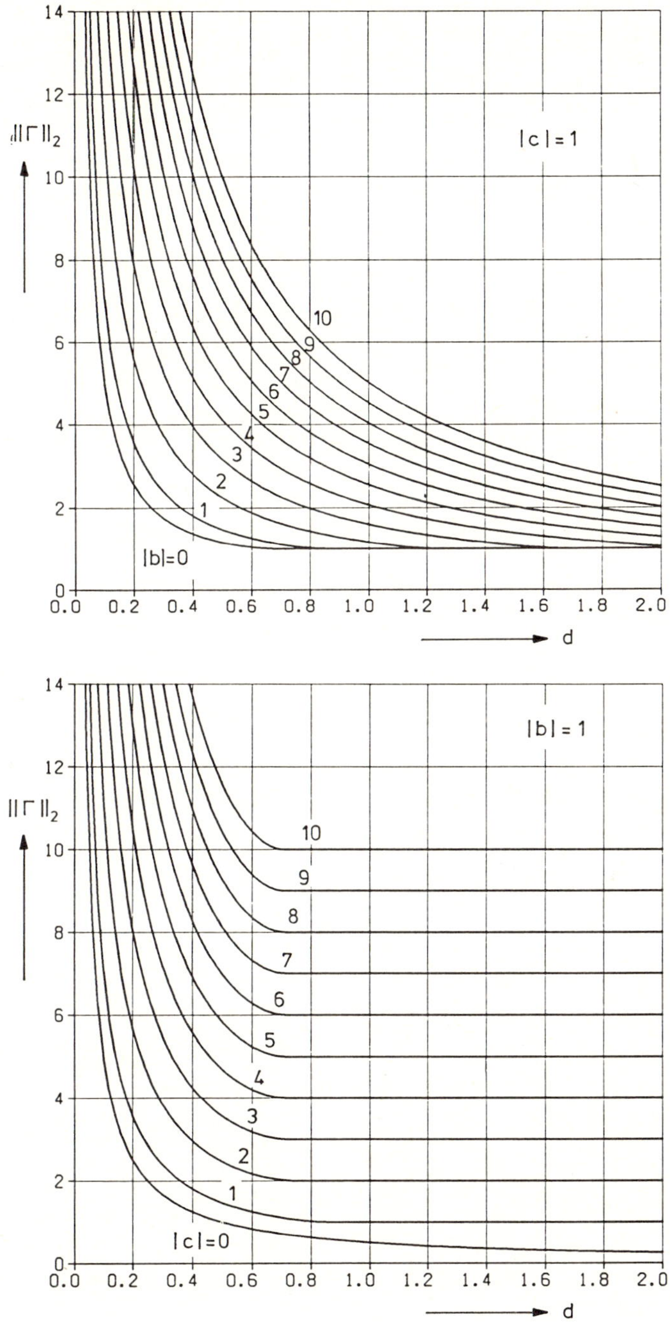

Bild 3.18: Darstellung der Operatornorm $||\Gamma||_2$ für eine Laplace-Übertragungsfunktion 2. Ordnung nach (3.70)

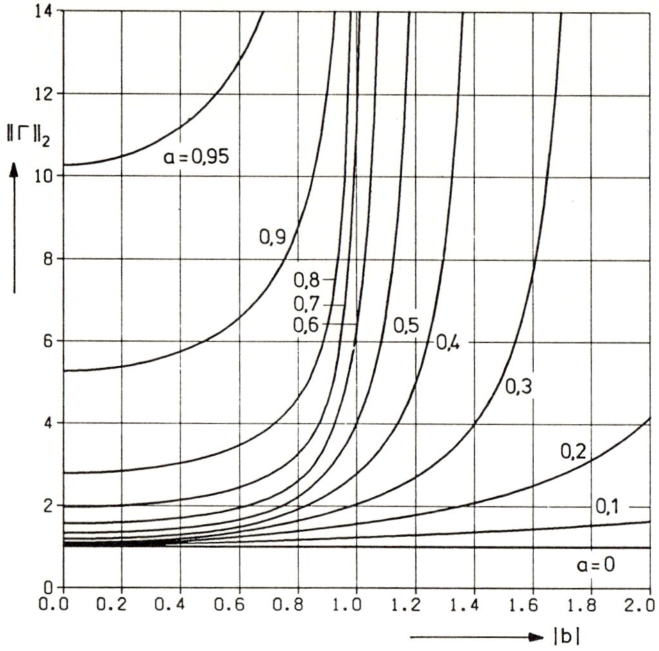

Bild 3.19: Darstellung der Operatornorm $||\Gamma||_2$ für eine Z-Übertragungsfunktion nach (3.71)

Für die Z-Übertragungsfunktion

$$G(z) = \frac{Vz}{z-a} \quad , \qquad a \in \mathbb{R} \;, \quad V \geq 0 \quad ,$$

wird das betragsmäßige Maximum auf dem Kreis $\partial\Omega_\varepsilon$: $z = e^{j\varphi-\varepsilon}$ für $a > 0$ bei $\varphi = 0$, für $a < 0$ bei $\varphi = \pm\pi$ angenommen. In beiden Fällen ergibt sich

$$||\Gamma_\varepsilon||_2 = \frac{Ve^{-\varepsilon}}{e^{-\varepsilon}-|a|} = \frac{V}{1 - |a|e^\varepsilon} \quad .$$

Die Polstelle $z = a$ muß aber innerhalb des Kreises $\partial\Omega_\varepsilon$ liegen: $\ln|a| < -\varepsilon$.

Für Systeme 2. Ordnung verzichten wir auf die explizite Berechnung (siehe BÖCKER [3.3], S.39 ff) und stellen die Operatornorm $||\Gamma||_2$ in Abhängigkeit der Parameter b, c, d der Standardform

$$(3.70) \qquad G(s) = \frac{c + b\,\frac{s}{\omega_o}}{1+2d\,\frac{s}{\omega_o} + \frac{s^2}{\omega_o^2}} \quad , \quad b,c \in \mathbb{R};\; d,\omega_o > 0$$

in Bild 3.18 dar. Um die Werte $||\Gamma_\varepsilon||_2$ für $\varepsilon \neq 0$ zu erhalten, ist $s \to s - \varepsilon$ zu substituieren.

Für den Z-Bereich ist die Operatornorm $||\Gamma||_2$ für

(3.71) $$G(z) = \frac{V\, z^k}{z^2 - 2abz + a^2} \; ; \quad a, b, V \in \mathbb{R}, \; k \leq 2,$$

in Abhängigkeit der Parameter a, b mit V = 1 dargestellt. Zur Bestimmung von $||\Gamma_\varepsilon||_2$ substituiere man $z \to ze^{-\varepsilon}$. ■

Bisher haben wir die Nichtlinearitäten durch einen symmetrischen Sektor abgeschätzt und dann den Stabilitätssatz (3.57) angewendet. Ist uns bekannt, daß eine Nichtlinearität asymmetrisch verläuft, so ist eine symmetrische Abschätzung zu grob, und die Anwendung des Kreiskriteriums (3.57) liefert einen zu kleinen Stabilitätsbereich bzw. Stabilitätsgrad des Standardregelkreises. Um diesen Nachteil zu vermeiden, können wir das Kreiskriterium so modifizieren, daß asymmetrische Sektorfunktionen direkt berücksichtigt werden. Dazu definieren wir:

(3.72) Definition (Nichtlinearitäten der Klasse $S(\nu_1, \nu_2)$):

Die Klasse $S(\nu_1, \nu_2)$ mit $\nu_1 \leq \nu_2$ wird durch die Operatoren N gebildet, die die Bedingung

(3.73) $$\nu_1 \leq \frac{(Ne)(t)}{e(t)} \leq \nu_2$$

für alle e und t erfüllen. ■

Die bisher betrachteten symmetrischen Sektorfunktionen lassen sich nach dieser neuen Definition als Nichtlinearitäten der Klasse $S(-\nu, \nu)$ beschreiben. Für das folgende definieren wir die mittlere Steigung

(3.74) $$\nu_m := \frac{1}{2}(\nu_2 + \nu_1)$$

und die Sektorweite

(3.75) $$\Delta\nu := \frac{1}{2}(\nu_2 - \nu_1) \quad .$$

Liegt nun ein Standardregelkreis mit einem Teilsystem $N \in S(\nu_1, \nu_2)$ vor, so symmetrieren wir diese Sektorfunktion durch die in Bild 3.21 a,b dargestellten Strukturumformungen. Das auf diese Weise entstehende Teilsystem N_m ist eine symmetrische Sektorfunktion aus $S(-\Delta\nu, \Delta\nu)$, so daß das

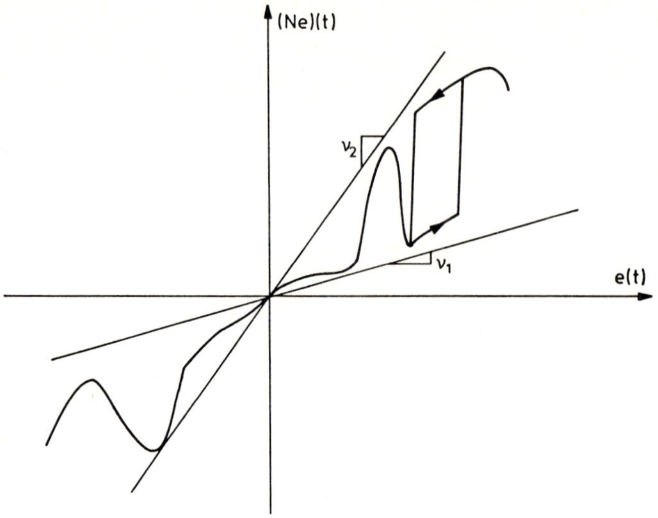

Bild 3.20: Nichtlinearität der Klasse $S(\nu_1, \nu_2)$

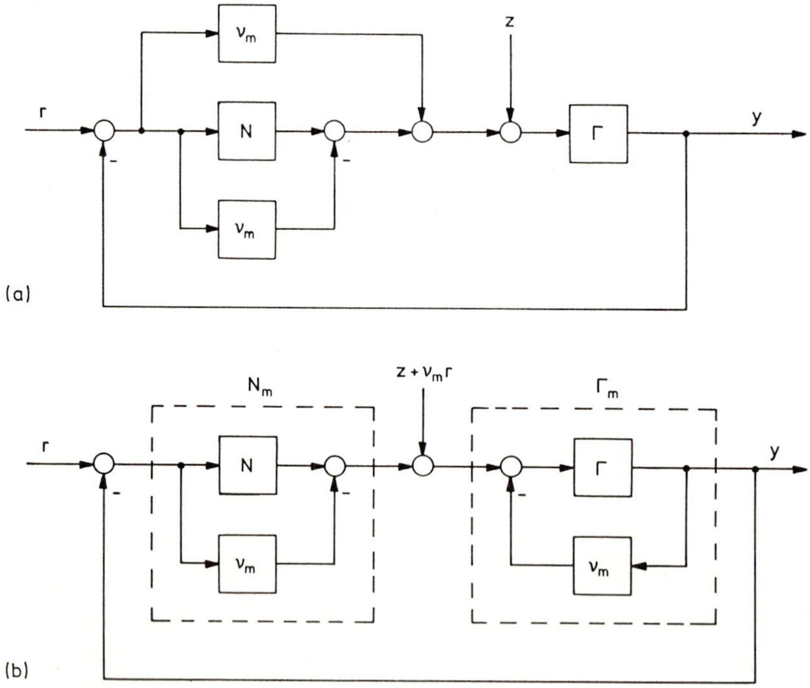

Bild 3.21: Strukturumformung des nichtlinearen Standardregelkreises zur Symmetrierung der Sektorfunktion

Kreiskriterium (3.57) angewendet werden kann. Als zugehöriges lineares Teilsystem ist nun das System Γ_m mit der Übertragungsfunktion

(3.76) $$G_m(p) = \frac{G(p)}{1 + \nu_m G(p)}$$

zu untersuchen. Die Kreisbedingung

(3.77) $$|G_m(p)| \leq \gamma < \frac{1}{\Delta\nu} \qquad \text{für alle} \quad p \in \partial\Omega_\varepsilon$$

setzen wir nun in eine Bedingung an die ursprüngliche Übertragungsfunktion G(p) um. Mit (3.76) ergibt sich

$$\left|\frac{G(p)}{1 + \nu_m G(p)}\right| < \frac{1}{\Delta\nu} ,$$

$$\Delta\nu|G(p)| < |1 + \nu_m G(p)| .$$

Wir quadrieren diese Ungleichung und stellen die Betragsquadrate durch Produkte der komplexen Größen mit ihren konjugiert komplexen Werten dar:

$$\Delta\nu^2 \, G(p)\bar{G}(p) < 1 + \nu_m[G(p) + \bar{G}(p)] + \nu_m^2 \, G(p)\bar{G}(p)$$

$$0 \leq (\nu_m^2 - \Delta\nu^2) \, G(p)\bar{G}(p) + \nu_m[G(p) + \bar{G}(p)] + 1 .$$

Mit $\nu_m^2 - \Delta\nu^2 = \nu_1\nu_2$ erhält man

(3.78) $$0 < \nu_1\nu_2 \, G(p)\bar{G}(p) + \nu_m[G(p) + \bar{G}(p)] + 1 .$$

Von hier an sind mehrere Fälle in Abhängigkeit der Vorzeichen von ν_1, ν_2 zu unterscheiden:

a) $\nu_1\nu_2 > 0$, d.h. ν_1 und ν_2 haben gleiches Vorzeichen. Es folgt

$$0 < G(p)\bar{G}(p) + \frac{\nu_m}{\nu_1\nu_2}[G(p) + \bar{G}(p)] + \frac{1}{\nu_1\nu_2} ,$$

$$\left[\frac{\nu_m}{\nu_1\nu_2}\right]^2 - \frac{1}{\nu_1\nu_2} < \left[G(p) + \frac{\nu_m}{\nu_1\nu_2}\right]\left[\bar{G}(p) + \frac{\nu_m}{\nu_1\nu_2}\right] .$$

Es ist

$$\left[\frac{\nu_m}{\nu_1\nu_2}\right]^2 - \frac{1}{\nu_1\nu_2} = \frac{1}{4}\left[\frac{\nu_2-\nu_1}{\nu_1\nu_2}\right]^2 = \frac{1}{4}\left[\frac{1}{\nu_1} - \frac{1}{\nu_2}\right]^2 ,$$

so daß wir die Ungleichung mit den Abkürzungen

$$(3.79)\qquad \rho := \frac{1}{2}\left|\frac{1}{\nu_1} - \frac{1}{\nu_2}\right| , \qquad \mu := -\frac{\nu_m}{\nu_1\nu_2} = -\frac{1}{2}\left[\frac{1}{\nu_1} + \frac{1}{\nu_2}\right]$$

in der Form

$$(3.80)\qquad |G(p) - \mu| > \rho \qquad \text{für alle } p \in \partial\Omega_\varepsilon$$

schreiben können. Diese Ungleichung ist wieder sehr leicht geometrisch zu interpretieren: Die Ortskurve $G(p)$, $p \in \partial\Omega_\varepsilon$, muß außerhalb eines Kreises mit Mittelpunkt μ und Radius ρ bleiben. Dies ist in Bild 3.22a illustriert.

b) $\nu_1 < 0 < \nu_2$ **.** Bei Division der Ungleichung (3.78) durch $\nu_1\nu_2 < 0$ kehrt sich das Ungleichheitszeichen um. Sonst laufen die algebraischen Umformungen wie in Fall a ab. Wir erhalten

$$(3.81)\qquad \left| G(p) - \mu \right| < \rho \qquad \text{für alle } p \in \partial\Omega_\varepsilon \ .$$

Die Ortskurve $G(p)$, $p \in \partial\Omega_\varepsilon$, muß hier innerhalb des Kreises mit dem Mittelpunkt μ und dem Radius ρ verlaufen (siehe dazu Bild 3.22b).

c) $\nu_1 = 0,\ \nu_2 > 0$ **.** Hier fällt der erste Term in (3.78) weg; wir dividieren durch $\nu_m = \nu_2/2 > 0$ und es ergibt sich

$$(3.82)\qquad \mathrm{Re}[G(p)] > -\frac{1}{\nu_2} \qquad \text{für alle } p \in \partial\Omega_\varepsilon \ .$$

Ist $G(p)$ nicht für alle Werte $p \in \partial\Omega_\varepsilon$ definiert, liegen also Pole von $G(p)$ auf $\partial\Omega_\varepsilon$, sind diese Werte gesondert zu untersuchen: Setzen wir $G(p) \to \infty$ in $G_m(p)$ nach (3.76) ein, erhalten wir

$$G_m(p) = \frac{1}{\nu_m} = \frac{2}{\nu_2} = \frac{1}{\Delta\nu}$$

als Widerspruch zu der Kreisbedingung (3.77). Im Gegensatz zum Fall b müssen wir hier neben (3.82) zusätzlich fordern, daß $G(p)$ für alle $p \in \partial\Omega_\varepsilon$ beschränkt bleibt, $G(p)$ also keine Pole auf $\partial\Omega_\varepsilon$ besitzt. Die graphische Darstellung der Bedingung (3.82) zeigt Bild 3.22c.

d) $\nu_2 = 0,\ \nu_1 < 0$ **.** Wie im Fall c fällt der erste Term der Ungleichung (3.78) fort. Nun ist aber $\nu_m = \frac{1}{2}\nu_1$ negativ, weshalb sich bei Division durch diesen Wert das Ungleichheitszeichen umkehrt. Es ergibt sich die Bedingung

(3.83) $$\mathrm{Re}[G(p)] < -\frac{1}{\nu_1} \qquad \text{für alle } p \in \partial\Omega_\varepsilon ,$$

neben der wir wie im Fall c die Beschränktheit von $G(p)$, $p \in \partial\Omega_\varepsilon$, fordern müssen.

Das "verbotene Gebiet" der komplexen Ebene, welches die Ortskurve $G(p)$, $p \in \partial\Omega_\varepsilon$, zu vermeiden hat, wollen wir in allen Fällen mit $V(\nu_1,\nu_2)$ bezeichnen. In den Fällen a und b ist $V(\nu_1,\nu_2)$ das Äußere bzw. Innere eines Kreises (mit Rand), in den Fällen c und d eine linke bzw. rechte Halbebene, denen auch der Punkt $p = \infty$ zugerechnet werden muß.

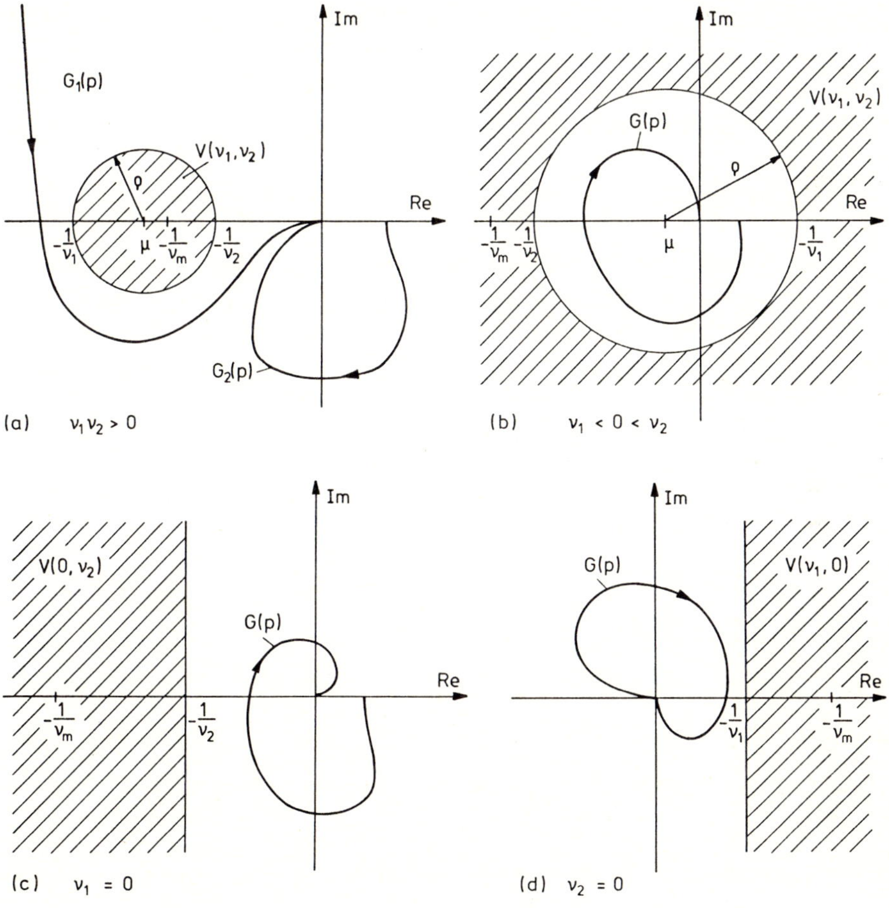

Bild 3.22: Graphische Deutung der Kreisbedingung für asymmetrische Sektorfunktionen

(3.84) **Bemerkung**:

In dieser Darstellung des Kreiskriteriums für "asymmetrische" Sektorfunktion können die in (3.65) genannten Aufgabenstellungen um weitere Punkte erweitert werden:

1. Mit gegebenem $G(p)$, ε ermittele man für ein vorgegebenes ν_1 die maximal mögliche Schranke ν_2 (oder umgekehrt).
2. Verletzt die Ortskurve $G_s(p)$, $p \in \partial\Omega_\varepsilon$, die Kreisbedingung mit Konstanten ν_1, ν_2, soll ein lineares Korrekturglied $G_c(p)$ entworfen werden, welches die Ortskurve so "verbiegt", daß mit $G(p) = G_c(p)G_s(p)$ die Kreisbedingung eingehalten wird.

   Oft kann durch die Herabsetzung der Kreisverstärkung als einfachste lineare Korrektur zwar eine Stabilisierung erreicht werden, doch entfernt man sich dadurch meistens von anderen angestrebten Entwurfszielen wie kleinem Regelfehler, weshalb dann doch ein etwas anspruchsvolleres Regelglied $G_c(p)$ zu entwerfen ist. Dazu können die bekannten linearen Entwurfsmethoden herangezogen werden. ■

Neben der Kreisbedingung darf auf keinen Fall die Forderung der Analytizität der Übertragungsfunktion $G_m(p)$ im Gebiet Ω_ε aus den Augen verloren werden. Diese Forderung können wir sogar in die oben entwickelten Ortskurvendarstellungen der Übertragungsfunktion $G(p)$ einbauen. Bisher durfte $G(p)$ durchaus eine transzendente Übertragungsfunktion sein, wie sie z.B. bei einem Wärmeleitungsproblem auftreten könnte. Jetzt beschränken wir uns aber auf gebrochen rationale Funktionen

(3.85) $$G(p) = \frac{Z(p)}{\Delta(p)}$$

mit $Z(p)$ und $\Delta(p)$ als Zähler- und Nennerpolynom. Zur Prüfung der Analytizität von

(3.86) $$G_m(p) = \frac{G(p)}{1+\nu_m G(p)} = \frac{Z(p)}{\Delta(p)+\nu_m Z(p)} =: \frac{Z(p)}{\Delta_m(p)}$$

in Ω_ε ist nun die Lage der Polstellen von $G_m(p)$ (Nullstellen von $\Delta_m(p)$) zu untersuchen. Diese Aufgabe bewältigt aber gerade das wohlbekannte <u>Ortskurvenkriterium von Nyquist</u> (2.124), was ohne Schwierigkeiten auch für das hier betrachtete Gebiet Ω_ε formuliert werden kann:

(3.87) **Satz (Allgemeines Nyquistkriterium)**:

Ist der Zählergrad von $G(p)$ kleiner als der Nennergrad und sind n_a und n_r die Anzahlen der Polstellen von $G(p)$ auf dem Rand $\partial\Omega_\varepsilon$ bzw. im

Innern des Gebietes Ω_ε, so liegt genau dann keine Polstelle von $G_m(p)$ innerhalb von Ω_ε, wenn für die stetige Winkeländerung der Ortskurve G(p), $p \in \partial\Omega_\varepsilon$, "vom Punkt $-1/\nu_m$ aus gesehen" gilt

(3.88) $$\underset{p\in\partial\Omega_\varepsilon}{\Delta} \arg\left[\frac{1}{\nu_m} + G(p)\right] = 2\pi\, n_r + \pi\, n_a \quad .$$ ■

Üblicherweise zeichnet man nur die Hälfte von $\partial\Omega_\varepsilon$ für positive ω bzw. φ; die Winkelsumme in (3.88) bezieht sich aber auf den gesamten Durchlauf von $\partial\Omega_\varepsilon$, so daß dann der Faktor 2 zu berücksichtigen ist. Den Durchlaufsinn der Kontur $\partial\Omega_\varepsilon$ verstehen wir dabei in Richtung wachsender ω- bzw. φ-Werte.

Wenn die Ortskurve G(p), $p \in \partial\Omega_\varepsilon$, wie in Bild 3.22 vorliegt, kann darin unmittelbar die Winkeländerung untersucht werden: Der Punkt $-1/\nu_m$ liegt im Fall a auf der reellen Achse zwischen $-1/\nu_1$ und $-1/\nu_2$ und in den Fällen b,c,d entweder links von $-1/\nu_2$ oder rechts von $-1/\nu_1$. In jedem Fall liegt $-1/\nu_m$ im verbotenen Gebiet $V(\nu_1,\nu_2)$. Da G(p), $p \in \partial\Omega_\varepsilon$, dieses Gebiet nicht durchschneiden oder berühren darf, muß die Winkeländerung für jeden Punkt des verbotenen Gebiets den gleichen Wert ergeben wie vom Punkt $-1/\nu_m \in V(\nu_1,\nu_2)$. Diese Aussage ist auch umkehrbar: Ergibt die Winkeländerung von G(p), $p \in \partial\Omega_\varepsilon$, für jeden Punkt aus $V(\nu_1,\nu_2)$ den gleichen Wert, kann die Ortskurve das verbotene Gebiet $V(\nu_1,\nu_2)$ nicht berühren. Es reicht sogar die Prüfung für die Randpunkte dieses Gebiets, die mit $\partial V(\nu_1,\nu_2)$ bezeichnet werden sollen. Mit diesen Zusammenhängen können nun verschiedene, zur ursprünglichen Fassung (3.57) des Kreiskriteriums äquivalente Aussagen gemacht werden.

(3.89) Satz (Ortskurvendarstellungen des Kreiskriteriums):

a) Es sei $N \in S(\nu_1,\nu_2)$ und die Ortskurve G(p), $p \in \partial\Omega_\varepsilon$, vermeide das verbotene Gebiet $V(\nu_1,\nu_2)$ und erfülle für einen beliebigen Punkt aus $V(\nu_1,\nu_2)$ (z.B. $-1/\nu_m$) die Nyquistbedingung (3.88). Dann ist der Regelkreis L_2-stabil mit exponentiellem Stabilitätsgrad ε.

b) Es sei $N \in S(\nu_1,\nu_2)$ und die Ortskurve G(p), $p \in \partial\Omega_\varepsilon$, erfülle für jeden Punkt des Randes $\partial V(\nu_1,\nu_2)$ die Nyquistbedingung (3.88). Dann ist der Regelkreis L_2-stabil mit exponentiellem Stabilitätsgrad ε. ■

Als Beispiele betrachten wir die in den Bildern 3.22 dargestellten Ortskurven. Im Teilbild a erzeugt die Ortskurve $G_1(p)$, $p \in \partial\Omega_\varepsilon$, für jeden Punkt des "verbotenen" Kreisgebiets eine Winkeländerung von $2\cdot\frac{3}{2}\pi = 3\pi$.

Hat die "offene" Übertragungsfunktion $G_1(p)$ einen Pol im Gebiet Ω_ε und einen Pol auf dem Rand $\partial\Omega_\varepsilon$, ist die Nyquistbedingung erfüllt, und der geschlossene nichtlineare Regelkreis ist L_2-stabil vom Grad ε. Für die Ortskurve $G_2(p)$ ergibt die Winkeländerung null; daher kann der geschlossene nichtlineare Regelkreis nur stabil sein, wenn $G_2(p)$ selbst keine Polstellen in Ω_ε oder auf dem Rand $\partial\Omega_\varepsilon$ besitzt. In allen Fällen nach Bild 3.22b kann die Nyquistbedingung nur erfüllt werden, wenn $G(p)$ keine Pole in Ω_ε oder auf $\partial\Omega_\varepsilon$ besitzt, da keine andere Winkeländerung als 0 erreichbar ist. Auch in den Fällen c und d kann die Ortskurve $G(p)$, $p \in \partial\Omega_\varepsilon$, nur die Winkeländerung null liefern. Andere Winkeländerungen wären nur durch Ortskurven mit Polen auf $\partial\Omega_\varepsilon$ zu erreichen, welche für diese Fälle aber ausgeschlossen sind (die Bedingung der Beschränktheit von $G(p)$, $p \in \partial\Omega_\varepsilon$, für die Fälle c und d korrespondiert mit der Nyquistbedingung bezüglich des Punktes $\infty \in V(\nu_1,\nu_2)$). Dann darf auch hier $G(p)$ keine Pole in Ω_ε besitzen, wenn die Nyquistbedingung erfüllt werden soll.

Für die Sektorgrenzen $\nu_1 \leq 0 \leq \nu_2$ (Fälle b,c,d) ist also stets Stabilität bereits des linearen Teilsystems Γ mit der Übertragungsfunktion $G(p)$ vorauszusetzen. Für $\nu_1\nu_2 > 0$ (Fall a) ist die Stabilität des linearen Teilsystems nicht erforderlich; sie kann vielmehr durch eine nichtlineare Rückkopplung erreicht werden.

(3.90) Interpretation der Ortskurvendarstellung des Kreiskriteriums

Die Fassung b) des Satzes (3.89) kann überraschenderweise so interpretiert werden, daß die Stabilität nur für konstante Rückkopplungen $\varkappa$ mit $-1/\varkappa \in \partial V(\nu_1,\nu_2)$ überprüft werden muß (diese sind im allgemeinen komplex), um die Stabilität für beliebige, auch nichtlineare Rückkopplungen aus $S(\nu_1,\nu_2)$ zu sichern. Die Menge dieser $\varkappa$ wollen wir mit

(3.91) $$\partial K(\nu_1,\nu_2) := \{\varkappa \in \mathbb{C} \mid -\frac{1}{\varkappa} \in \partial V(\nu_1,\nu_2)\}$$

bezeichnen. Dementsprechend ist

(3.92) $$K(\nu_1,\nu_2) := \{\varkappa \in \mathbb{C} \mid -\frac{1}{\varkappa} \in V(\nu_1,\nu_2)\}$$

die Menge der konstanten Rückkopplungen, die dem Inneren des verbotenen Gebiets $V(\nu_1,\nu_2)$ entsprechen. Diese Mengen können auch in der Form

(3.93) $$\begin{aligned} \partial K(\nu_1,\nu_2) &= \{\varkappa \in \mathbb{C} \mid |\varkappa - \nu_m| = \Delta\nu\} \\ K(\nu_1,\nu_2) &= \{\varkappa \in \mathbb{C} \mid |\varkappa - \nu_m| \leq \Delta\nu\} \end{aligned}$$

geschrieben werden, wie man durch Rechnung für die verschiedenen Fälle der Vorzeichen von ν_1, ν_2 nachweist, oder aber schneller mit der Eigenschaft der Funktion $-1/\nu$ überblickt, Kreise und Geraden der komplexen Ebene wiederum in Kreise und Geraden abzubilden. Im Rahmen dieser Betrachtung "komplexer Rückkopplungen" ist eine Erweiterung der Systemgrößen auf komplexwertige Funktionen sinnvoll. Dann sind aber auch beliebige komplexwertige Übertragungsglieder Γ, N zuzulassen. Die Erweiterung auf komplexwertige Übertragungsglieder Γ hat zur Folge, daß in ihren Übertragungsfunktionen G(p) auch komplexe Koeffizienten auftreten können. Im Unterschied zu der Sektorbedingung (3.73) für die Klasse $S(\nu_1,\nu_2)$ definieren wir durch

(3.94) $$|(Ne)(t) - \nu_m e(t)| \leq \Delta\nu\ |e(t)|$$

eine komplexe Erweiterung $\hat{S}(\nu_1,\nu_2)$, die die Menge $K(\nu_1,\nu_2)$ umfaßt:

(3.95) $$\partial K(\nu_1,\nu_2) \subset K(\nu_1,\nu_2) \subset \hat{S}(\nu_1,\nu_2) \quad .$$

Ohne Schwierigkeiten kann der Beweis des Kreiskriteriums auch für diese komplexwertigen Übertragungsglieder Γ, N geführt werden. Bemerkenswert ist, daß nach Satz (3.89b) nur die Stabilität der linearen Rückkopplungen aus $\partial K(\nu_1,\nu_2)$ zu überprüft werden braucht, um die Stabilität für die wesentlich umfassendere Menge $\hat{S}(\nu_1,\nu_2)$ zu sichern.

Bezüglich der Klasse $\hat{S}(\nu_1,\nu_2)$ ist das Kreiskriterium sogar hinreichend und notwendig. Wird die Nyquistbedingung für irgendein $\varkappa \in \partial K(\nu_1,\nu_2)$ verletzt, so ist der mit dieser komplexen linearen Rückkopplung aufgebaute geschlossene lineare Regelkreis mit Sicherheit instabil in dem Sinne, daß Pole im "verbotenen" Bereich Ω_ε liegen. Bezüglich einer festen vorgegebenen Sektorfunktion N ist das Kreiskriterium aber weiterhin nur hinreichend.

Da bei technischen Systemen aber nur reellwertige Größen auftreten, ist hierfür die Prüfung aller $\varkappa$ aus $\partial K(\nu_1,\nu_2)$ nur noch eine hinreichende, jedoch keine notwendige Bedingung mehr. Es ist aber anzumerken, daß z.B. bei der Beschreibung von Asynchronmaschinen oft zwei reelle Größen zu einer komplexen zusammengefaßt werden, wodurch die vorangegangenen Überlegungen durchaus auch praktische Bedeutung erlangen können. ■

(3.96) Zusammenhang des Kreiskriteriums mit der Methode der Harmonischen Balance

Ermittelt man für eine Sektorfunktion aus $S(\nu_1,\nu_2)$ die inverse Beschreibungsfunktion $N_I(A)$, so stellt man fest, daß diese vollständig innerhalb des verbotenen Gebiets $V(\nu_1,\nu_2)$ verläuft. Um dies nachzuweisen, gehen wir zunächst von einer "symmetrierten" Sektorfunktion f_m aus $S(-\Delta\nu,\Delta\nu)$ aus, wobei wir für die Nichtlinearität hier die Bezeichnungsweise f des 2. Kapitels verwenden, um einen Konflikt der Bezeichnungsweisen der Beschreibungsfunktion und des nichtlinearen Operators zu vermeiden. Der Index m weist auf die symmetrierte Sektorfunktion hin. Nach (2.69) gilt für die Beschreibungsfunktion

$$N_m(A) = \frac{a_1 + jb_1}{A} ,$$

worin a_1 und b_1 die Fourierkoeffizienten 1. Ordnung der Ausgangsfunktion

$$w = f_m(e,\ \mathrm{sgn}\ \dot{e})$$

sind, wenn die Nichtlinearität durch die Eingangsfunktion

$$e(\varphi) = A \sin \varphi \qquad (\varphi = \omega t)$$

erregt wird. Aufgrund der Eigenschaft der Sektorfunktion ist für die Ausgangsgröße die Abschätzung

$$|w(\varphi)| \leq A\ \Delta\nu |\sin\ \varphi|$$

bekannt. Mit Hilfe der Parsevalschen Gleichung (A2.50), die mit (A2.28) in der Form

$$\frac{1}{2\pi}\int_0^{2\pi} w^2(\varphi)d\varphi = \frac{1}{4}\ b_0^2 + \frac{1}{2}\sum_{k=1}^{\infty}(a_k^2 + b_k^2)$$

dargestellt werden kann, gelingt die Abschätzung

$$A^2|N_m(A)|^2 = a_1^2 + b_1^2 \leq \frac{1}{2}\ b_0^2 + \sum_{k=1}^{\infty}(a_k^2 + b_k^2)$$

$$= \frac{1}{\pi}\int_0^{2\pi} w^2(\varphi)d\varphi \leq \frac{A^2\Delta\nu^2}{\pi}\int_0^{2\pi}\sin^2\varphi\ d\varphi = A^2\Delta\nu^2$$

$$\Rightarrow |N_m(A)| \leq \Delta\nu .$$

Ohne Schwierigkeiten zeigt man, daß zu der ursprünglichen Nichtlinearität aus der Klasse $S(\nu_1,\nu_2)$

$$f(e,\mathrm{sgn}\ \dot{e}) = f_m(e,\mathrm{sgn}\ \dot{e}) + \nu_m e$$

die Beschreibungsfunktion

$$N(A) = N_m(A) + \nu_m$$

gehört, so daß wir zu der Abschätzung

$$|N(A) - \nu_m| \leq \Delta\nu \tag{3.97}$$

gelangen. Nach (3.93) gehört der Wert der Beschreibungsfunktion N(A) für jeden Amplitudenwert A zur Menge $K(\nu_1,\nu_2)$. Die inverse Beschreibungsfunktion wird durch den negativen reziproken Wert

$$N_I(A) = -\frac{1}{N(A)}$$

gebildet, wie auch $V(\nu_1,\nu_2)$ durch die Abbildung $-1/\varkappa$ aus $K(\nu_1,\nu_2)$ entsteht (siehe (3.92)). Aus

$$N(A) \in K(\nu_1,\nu_2)$$

folgt daher

$$N_I(A) \in V(\nu_1,\nu_2) \quad ;$$

die inverse Beschreibungsfunktion verläuft für alle A im verbotenen Gebiet $V(\nu_1,\nu_2)$. Gelingt es also, mit dem Kreiskriterium L_2-Stabilität nachzuweisen, so führt das Zwei-Ortskurven-Verfahren der Harmonischen Balance zwangsläufig zum Ergebnis der Nichtexistenz einer Grenzschwingung und zur Aussage der asymptotischen Stabilität der Ruhelage. Umgekehrt ist es möglich, daß das Zwei-Ortskurven-Verfahren die Nichtexistenz einer Grenzschwingung und die asymptotische Stabilität der Ruhelage nachweist, während mit dem Kreiskriterium keine Stabilitätsaussage gelingt. Dies ist durchaus einsichtig, da die Bedingungen des Kreiskriteriums <u>hinreichend</u> für Stabilität sind, während die Harmonische Balance eine <u>Näherungsmethode</u> ist. ■

3.2.2 Darstellung des Kreiskriteriums in der Wurzelortsebene

Neben der Ortskurvendarstellung des Kreiskriteriums wurde von DREYER [3.6] eine Übertragung in die Wurzelortsebene entwickelt. Ausgangspunkt ist hierfür die Fassung (3.89b) des Kreiskriteriums. Dort wird gefordert, daß die Ortskurve G(p), $p \in \partial\Omega_\varepsilon$, für jeden Punkt des Randes $\partial V(\nu_1,\nu_2)$ die Nyquistbedingung (3.88) befriedigt. Diese Forderung läßt sich mit dem Nyquistkriterium auch wieder in die Wurzelortsebene übersetzen: Zusammen mit den Überlegungen in (3.90) bedeutet dies, daß für jede konstante Rückkopplung der Übertragungsfunktion G(p) mit $\varkappa \in K(\nu_1,\nu_2)$ die Pole der Übertragungsfunktion des geschlossenen Kreises

(3.98) $$G_\varkappa(p) := \frac{G(p)}{1+\varkappa G(p)} = \frac{Z(p)}{\Delta(p)+\varkappa Z(p)} =: \frac{Z(p)}{\Delta_\varkappa(p)}$$

außerhalb des Gebiets Ω_ε (d.h. im "stabilen" Bereich) liegen müssen. Dies können wir sofort als neue Fassung des Kreiskriteriums formulieren:

(3.99) Satz (Wurzelortsdarstellung des Kreiskriteriums):

Sei $N \in S(\nu_1,\nu_2)$ und liegen für alle $\varkappa \in K(\nu_1,\nu_2)$ die Polstellen von $G_\varkappa(p)$ außerhalb von Ω_ε, ist der Regelkreis L_2-stabil vom Grad ε. ■

Die zur Anwendung des Satzes (3.99) notwendige Bestimmung der Polstellen von $G_\varkappa(p)$, d.h. der Nullstellen von

(3.100) $$\Delta_\varkappa(p) = \Delta(p) + \varkappa Z(p), \qquad \varkappa \in \partial K \quad ,$$

kann mit einem Nullstellenprogramm auf einem Rechner durchgeführt werden, wobei allerdings komplexe Koeffizienten des Polynoms $\Delta_\varkappa(p)$ zu verarbeiten sind. Die Menge der Wurzeln (Pole) für alle $\varkappa \in \partial K(\nu_1,\nu_2)$ (kurz ∂K) von $G_\varkappa(p)$ bezeichnen wir mit $\partial B(G,\nu_1,\nu_2)$ oder kurz ∂B:

(3.101) $$\partial B = \{p \mid \Delta_\varkappa(p) = 0 \quad , \quad \varkappa \in \partial K\} \quad ,$$

für die DREYER [3.6] den Namen <u>Betragsortskurve</u> geprägt hat. Die zu prüfenden $\varkappa \in \partial K$ können dabei durch

(3.102) $$\varkappa = \nu_m + \Delta\nu \, e^{j\phi} \quad , \qquad \phi \in [-\pi,\pi] \quad ,$$

parametrisiert werden.

Es ist auch möglich, die Polstellenbestimmung in Abhängigkeit des Parameters $\varkappa$ bzw. ϕ mit der bekannten Wurzelortsmethode durchzuführen. Da diese Methode gewöhnlich von Polynomen mit reellen Koeffizienten ausgeht, sind noch einige Vorbereitungen zu treffen: Da neben $\varkappa$ stets auch der konjugiert komplexe Wert $\bar{\varkappa}$ zur Menge ∂K gehört, kann mit der Parametrisierung (3.102) für ∂B auch die Darstellung

$$\begin{aligned} \partial B &= \{p \mid \Delta_{\varkappa(\phi)}(p) = 0 \quad , \quad \phi \in [0,\pi]\} \\ &\cup \{p \mid \Delta_{\bar{\varkappa}(\phi)}(p) = 0 \quad , \quad \phi \in [0,\pi]\} \\ &= \{p \mid \Delta_{\varkappa(\phi)}(p)\, \Delta_{\bar{\varkappa}(\phi)}(p) = 0 \quad , \quad \phi \in [0,\pi]\} \end{aligned}$$

angegeben werden. Wir formen das entstandene Polynom $\Delta_\varkappa(p)\Delta_{\bar\varkappa}(p)$ weiter um:

$$\begin{aligned}\Delta_\varkappa(p)\Delta_{\bar\varkappa}(p) &= [\Delta(p) + \nu_m Z(p) + \Delta\nu e^{j\phi}Z(p)]\,[\Delta(p) + \nu_m Z(p) + \Delta\nu e^{-j\phi}Z(p)] \\ &= [\Delta_m(p) + \Delta\nu e^{j\phi}Z(p)][\Delta_m(p) + \Delta\nu e^{-j\phi}Z(p)] \\ &= \Delta_m^2(p) + 2\Delta\nu\ \mathrm{Re}(e^{j\phi})\Delta_m(p)Z(p) + \Delta\nu^2 Z^2(p) \quad .\end{aligned}$$

An dieser Stelle ist bereits zu erkennen, daß ein Polynom mit reellen Koeffizienten entstanden ist. Für die weitere Umformung sind zwei verschiedene Möglichkeiten durch alternierende Vorzeichen und Indizes gekennzeichnet:

$$\Delta_\varkappa(p)\Delta_{\bar\varkappa}(p) = [\Delta_m(p) \mp \Delta\nu Z(p)]^2 \pm 2\Delta\nu(1 \pm \cos\phi)\Delta_m(p)Z(p) \quad .$$

Mit

$$\begin{aligned}\Delta_1(p) &:= \Delta_m(p) - \Delta\nu Z(p) = \Delta(p) + \nu_1 Z(p) \quad , \\ \Delta_2(p) &:= \Delta_m(p) + \Delta\nu Z(p) = \Delta(p) + \nu_2 Z(p)\end{aligned}$$

und der Substitution

$$\lambda := 2\Delta\nu\ (1 \pm \cos\phi) \quad , \qquad 0 \le \lambda \le 4\Delta\nu \quad ,$$

ergibt sich

(3.103) $$\Delta_\varkappa(p)\Delta_{\bar\varkappa}(p) = \Delta_{1,2}^2(p) \pm \lambda\ \Delta_m(p)Z(p) \quad ,$$

so daß die Betragsortskurve in der Form

(3.104) $$\partial B = \{p \mid \Delta_{1,2}^2(p) \pm \lambda\ \Delta_m(p)Z(p) = 0\ ,\quad 0 \le \lambda \le 4\Delta\nu\}$$

geschrieben werden kann. Auf diese Darstellung kann nun die Wurzelortsmethode angewendet werden, da hier die übliche Form

(3.105) $$Q(p) + \lambda\ R(p) = 0$$

mit den reellen Polynomen

(3.106) $$\begin{aligned}Q(p) &= \Delta_{1,2}^2(p) \quad , \\ R(p) &= \Delta_m(p)Z(p)\end{aligned}$$

und reellem Parameter λ vorliegt. Wir skizzieren kurz die Vorgehensweise, die sich auch in vorhandene Wurzelortsprogramme einfügen läßt.

(3.107) **Konstruktion der Betragsortskurve ∂B**

(Zur Erläuterung der Konstruktionsschritte siehe Bild 3.23).

1. Man kennzeichnet die Nullstellen von $Z(p)$ (○) und die Nullstellen von $\Delta(p)$ (×).

2. Hiervon ausgehend zeichnet man die gewöhnliche Wurzelortskurve von

$$\Delta_{\varkappa}(p) \; = \; \Delta(p) + \varkappa Z(p) \; = \; 0$$

für reelle $\varkappa$.

3. Auf dieser Kurve markiert man die Wurzelorte für den Parameterwert $\varkappa = \nu_m$ mit □ . Zusammen mit den Nullstellen von $Z(p)$ (○) liegen damit alle Nullstellen von $R(p) = \Delta_m(p)Z(p)$ vor. Der Parameterwert $\varkappa = \nu_1$ (bzw. $\varkappa = \nu_2$) liefert die Nullstellen von $Q(p)$, die aber wegen $Q(p) = \Delta_1^2(p)$ (bzw. $Q(p) = \Delta_2^2(p)$) doppelt einzuzeichnen sind (⊗⊗ bzw. ⊠⊠).

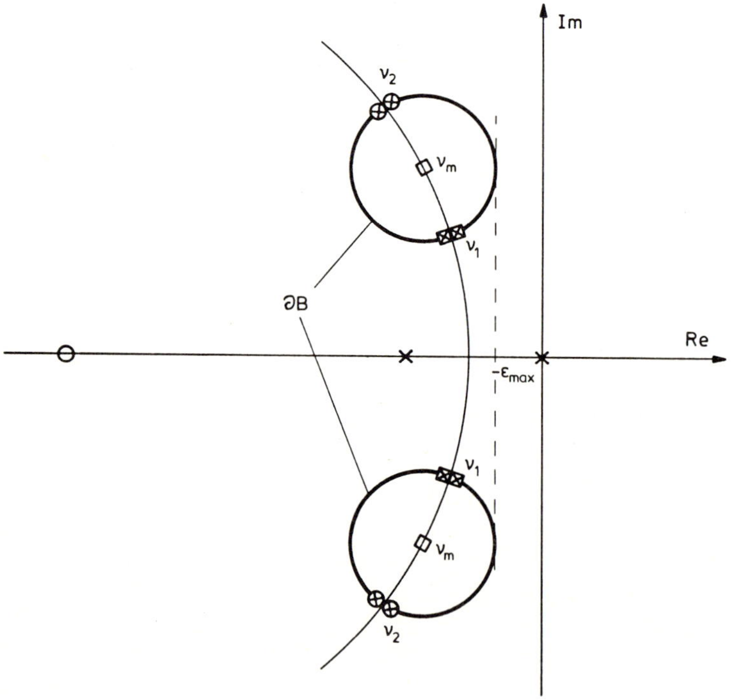

Bild 3.23: Konstruktion der Betragsortskurve ∂B

4. Ausgehend von den Nullstellen von Q(p) (⊗ bzw. ⊠) und den Nullstellen von R(p) (○ und □) zeichnet man die Wurzelortskurve von

$$Q(p) + \lambda\, R(p) = 0 \quad \text{für } 0 \leq \lambda \leq 4\Delta\nu$$

und hat damit die Betragsortskurve ∂B gewonnen.

Als Näherungskonstruktion können für kleine $\Delta\nu$ statt des 4. Schritts kleine Kreise mit Mittelpunkten in den Wurzelorten für den Parameterwert $\varkappa = \nu_m$ gezeichnet werden. ■

Unabhängig davon, ob die Betragsortskurve direkt durch Nullstellenbestimmung des (komplexen) Polynoms (3.100) oder durch die vorangegangene Konstruktion ermittelt wurde, läßt sich nun wie in Bild 3.23 unmittelbar der maximale Stabilitätsgrad ε_{max} ablesen oder prüfen, ob der gewünschte Stabilitätsgrad eingehalten wird. Im Bereich der Z-Transformation muß die Betragsortskurve für die L_2-Stabilität vom Grad ε vollständig innerhalb des Kreises $|z| = e^{-\varepsilon}$ liegen. DREYER [3.6] konnte anhand einer großen Menge von Beispielen zeigen, daß die Lage der Betragsortskurve ∂B weitere Schlüsse auf das dynamische Verhalten nahelegt: Das Übergangsverhalten von Regelkreisen mit einer beliebigen Sektorfunktion aus $S(\nu_1,\nu_2)$ läßt sich stets durch die Sprungantworten einer Klasse linearer Regelkreise abschätzen, deren Polstellen aus dem Bereich der Betragsortskurve ∂B gewählt werden. Bei einer Lage der Betragsortskurve wie in Bild 3.23 darf also etwa ein Verhalten wie das eines dominierenden Polpaares angenommen werden.

3.2.3 Algebraische Auswertung des Kreiskriteriums

Die vorangegangenen Darstellungen des Kreiskriteriums als verallgemeinertes Nyquistortskurvenkriterium und als verallgemeinerte Wurzelortskurve besitzen unmittelbare Anschaulichkeit. Da sich beide Verfahren zudem in bekannte regelungstechnische Methoden einbetten, bieten diese für den Reglerentwurf und die Beurteilung des Regelkreises einige Vorzüge. Diesen Methoden stellen wir jetzt eine algebraische Auswertung gegenüber, die ähnlich wie das bekannte Routh-Kriterium (sie baut teilweise auf diesem auf, siehe hierzu z.B. ZURMÜHL [3.18], S.98 ff) nach einem strengen Rechenschema abläuft, als Nachteil aber keine Anschaulichkeit bietet. Für die schnelle Überprüfung der Kreisbedingung sowohl von Hand als auch mit dem Rechner ist diese Methode aber besser geeignet als die vorangegangenen Verfahren. Dieses Verfahren wurde von KARL in [3.9] S. 163 und [3.10] erstmalig aufgezeigt, wird hier aber etwas modifiziert dargestellt. Wir beschränken uns dabei auf den Laplace-Bereich und die Untersuchung der einfachen L_2-Stabilität, d.h. $\varepsilon = 0$. Für $\varepsilon \neq 0$ kann die Methode mit Hilfe der Substitutionen (3.63) bzw. (3.64) angewendet werden.

Ausgangspunkt ist die Kreisbedingung

(3.108) $$|G_m(s)| < \frac{1}{\Delta\nu} \qquad \text{für alle } s \in \Omega = \Omega_0$$

oder $$|G_m(j\omega)| < \frac{1}{\Delta\nu} \qquad \text{für alle } \omega \quad .$$

Durch Quadrieren folgt

$$G_m(j\omega)\bar{G}_m(j\omega) = \frac{Z(j\omega)Z(-j\omega)}{\Delta_m(j\omega)\Delta_m(-j\omega)} < \frac{1}{\Delta\nu^2}$$

und damit

$$\Delta_m(j\omega)\Delta_m(-j\omega) - \Delta\nu^2 \, Z(j\omega)Z(-j\omega) > 0 \quad .$$

Wir schreiben dies als

(3.109) $$P(j\omega) > 0 \qquad \text{für alle } \omega$$

mit der Abkürzung

(3.110) $$P(s) := \Delta_m(s)\Delta_m(-s) - \Delta\nu^2 \, Z(s)Z(-s) \quad .$$

Wird in $P(j\omega)$ ω mit $-\omega$ vertauscht, ändert sich der Wert nicht, folglich kann das Polynom $P(s)$ nur aus geraden Potenzen bestehen. Ist daher s_0 eine beliebige komplexe Nullstelle von $P(s)$, $P(s_0) = 0$, muß auch $-s_0$ eine Nullstelle sein: $P(-s_0) = 0$. Aus (3.110) ist ersichtlich, daß

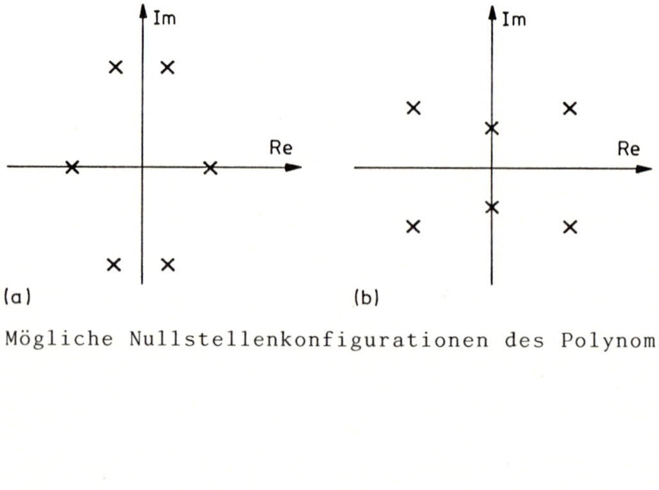

Bild 3.24: Mögliche Nullstellenkonfigurationen des Polynoms P(s)

die Koeffizienten von P(s) wie die von $\Delta_m(s)$ und Z(s) reell sind. Deshalb weisen die Nullstellen auch eine Symmetrie zur reellen Achse auf (siehe Bild 3.24).

Um die Ungleichung (3.109) zu befriedigen, dürfen keine Nullstellen von P(s) auf der imaginären Achse liegen. Wäre $s_o = j\omega_o$ eine Nullstelle (Bild 3.24b), führt $P(j\omega_o) = 0$ zum Widerspruch zu (3.109). Andererseits kann $P(j\omega)$ niemals das Vorzeichen wechseln, wenn keine Nullstelle von P(s) auf der imaginären Achse liegt (Bild 3.24a). Es genügt in diesem Fall, das Vorzeichen von $P(j\omega)$ für ein beliebiges ω zu prüfen, z.B. $P(0) > 0$, um $P(j\omega) > 0$ für alle ω sicherzustellen.

Die Kreisbedingung (3.108) kann niemals erfüllt werden, wenn der Zählergrad von $G_m(s)$ größer als der Nennergrad ist, da dann $|G_m(j\omega)|$ über alle Grenzen wächst. Für das folgende kann daher

$$n := \text{Grad}[\Delta_m(s)] \geq \text{Grad}\,[Z(s)]$$

angenommen werden. Aus (3.110) ist der Grad des Polynoms P(s) von 2n ersichtlich. Wegen der symmetrischen Nullstellenkonfiguration von P(s) müssen jeweils genau n Nullstellen in der offenen rechten Halbebene $Re(s) > 0$ und in der offenen linken Halbebene $Re(s) < 0$ liegen, da keine auf der imaginären Achse $Re(s) = 0$ liegen darf. Um dies zu prüfen, bietet sich das bekannte Routh-Kriterium an: Die Anzahl der Vorzeichenwechsel in der ersten Spalte des Routh-Schemas gibt die Anzahl der Polstellen in der rechten offenen Halbebene an; es müssen also n Vorzeichenwechsel erreicht werden. Gewöhnlich beginnt man beim Routh-Schema mit den beiden aus geraden und ungeraden Potenzen von P(s) gebildeten Startpolynomen. Da P(s) aber nur aus geraden Potenzen besteht, muß als zweites Startpolynom die Ableitung $P'(s)$ verwendet werden. Auf die beim Routh-Schema auftretenden Sonderfälle (Behandlung von Nullen in der 1. Spalte) gehen wir nicht ein, sondern verweisen dazu auf ZURMÜHL [3.18], S.98 ff.

Neben der Untersuchung der Kreisbedingung ist wieder zu prüfen, ob $G_m(s)$ selbst "stabile" Polstellen besitzt. Dies kann durch die übliche Anwendung des Routh-Kriteriums auf das Nennerpolynom $\Delta_m(s)$ nachgewiesen werden; hier darf kein Zeichenwechsel in der ersten Spalte auftreten.

(3.111) Beispiel: Algebraische Auswertung des Kreiskriteriums bei der Winkelpositionierung eines Roboterarms

Wir prüfen mit dieser Methode die bei der Winkelpositionierung (3.68) auftretende Übertragungsfunktion

$$G(s) = G_m(s) = \frac{Z(s)}{\Delta_m(s)}$$

mit

$$Z(s) = 0{,}17s^2 + 1{,}7s + 0 \quad ,$$

$$\Delta_m(s) = s^4 + 10{,}06s^3 + 9{,}1s^2 + 5{,}95s + 1{,}02 \quad .$$

Zuerst untersuchen wir mit dem Routh-Schema die "Stabilität" der Nullstellen von $\Delta_m(s)$. Je nach Darstellung variiert das Routh-Schema etwas in der äußeren Form; man vergleiche z.B. FÖLLINGER [3.7], S.124 und ZURMÜHL [3.18], S.98 ff. Wir beginnen mit dem höchsten Koeffizienten der Abbaupolynome immer in der ersten Spalte. Die Koeffizienten des jeweils nächsten Abbaupolynoms werden dabei nach dem Schema

$$\begin{matrix} a & \bullet & \bullet & b & \bullet \\ c & \bullet & \bullet & d & \bullet \\ \bullet & \bullet & x & \bullet & \bullet \end{matrix} \qquad x = b - d\,\frac{a}{c}$$

berechnet, wobei leere Plätze am rechten Rand des Schemas als null zählen. Der Quotient $\frac{a}{c}$ ist für alle Zahlen einer Zeile gleich und wird daher zweckmäßigerweise für jede Zeile nur einmal berechnet. Um die Nullstellen von $\Delta_m(s)$ zu untersuchen, starten wir mit den Koeffizienten der geraden und ungeraden Potenzen:

1	9,1	1,02
10,06	5,95	
8,51	1,02	
4,74		
1,02		

In der ersten Spalte tritt kein Vorzeichenwechsel auf; alle Nullstellen von $\Delta_m(s)$ liegen in der linken offenen Halbebene (außerhalb von Ω). Als nächstes sind die Produkte $\Delta_m(s)\Delta_m(-s)$ und $Z(s)Z(-s)$ zu berechnen. Es ist

$$Z(-s) = 0{,}17s^2 - 1{,}7s + 0 \quad ,$$

$$\Delta_m(-s) = s^4 - 10{,}06 + 9{,}1s^2 - 5{,}95s + 1{,}02 \quad .$$

Die Polynommultiplikation kann recht übersichtlich in einem Matrixschema durchgeführt werden, wobei die mit (•) gekennzeichneten Felder nicht berechnet werden, da diese Beiträge zu ungeraden Potenzen liefern, die sich im Ergebnis immer aufheben. Die Koeffizienten des Produktpolynoms erhält man durch Addition der Matrixelemente entlang der Diagonalen, wie angedeutet ist.

Z(s)

		0,17	1,7	0
	0,17	0,0289	•	0
Z(-s)	-1,7	•	-2,89	•
	0	0	•	0
		0,0289	-2,98	0

$$Z(s)Z(-s) = 0{,}0289s^4 - 2{,}89s^2 + 0$$

$\Delta_m(s)$

		1	10,06	9,1	5,95	1,02
	1	1	•	9,1	•	1,02
	-10,06	•	-101,2	•	-59,9	•
$\Delta_m(-s)$	9,1	9,1	•	82,8	•	9,28
	-5,95	•	-59,9	•	-35,4	•
	1,02	1,02	•	9,28		1,04
		1	-83	-34,9	-16,8	1,04

$$\Delta_m(s)\Delta_m(-s) = s^8 - 83s^6 - 34{,}9s^4 - 16{,}8s^2 + 1{,}04$$

Wir wollen den Sektor $\Delta\nu = 2$ überprüfen. Aus (3.110) ergibt sich damit

$$P(s) = s^8 - 83{,}0s^6 - 35{,}0s^4 - 5{,}28s^2 + 1{,}04$$

und

$$P'(s) = 8s^7 - 498s^5 - 140s^3 - 10{,}6s \quad .$$

Die Bedingung

$$P(0) = 1{,}04 > 0$$

ist erfüllt, so daß wir mit den Startpolynomen P(s) und P'(s) das Routh-Schema durchführen (nach Rechnung auf drei Stellen gerundet):

1	-83	-35	-5,28	1,04
8	-498	-140	-10,6	
-20,8	-17,5	-3,96	1,04	
-505	-141	-10,2		
-11,7	-3,54	1,04		
11,6	-55,1			
-58,8	1,04			
-54,9				
1,04				

In der 1. Spalte treten 4 Vorzeichenwechsel auf, da $n = \text{Grad}[\Delta_m(s)] = 4$, ist die Kreisbedingung erfüllt, der Regelkreis ist somit L_2-stabil, was genau dem Ergebnis aus Beispiel (3.67) entspricht, wo eine Stabilitätsgrenze von $\Delta\nu = \nu < 2{,}45$ ($\nu_m = 0$) ermittelt wurde. ■

Steht das Polynom $\Delta_m(s)$ bei Regelkreisen mit asymmetrischer Sektorfunktion nicht direkt zur Verfügung, kann die Beziehung

$$\Delta_m(s) = \Delta(s) + \nu_m Z(s)$$

auch direkt in (3.110) eingesetzt werden und man erhält mit dem Zusammenhang $\nu_m^2 - \Delta\nu^2 = \nu_1\nu_2$

(3.112) $$P(s) = \Delta(s)\Delta(-s) + \nu_m[\Delta(s)Z(-s) + \Delta(-s)Z(s)] + \nu_1\nu_2\, Z(s)Z(-s)\ .$$

Für den Bereich der Z-Transformation ist ein analoges Vorgehen mit dem Zypkin-Kriterium (siehe ACKERMANN [3.1], S. 211 ff) leider nicht möglich, da dieses Kriterium nur feststellt, ob Nullstellen außerhalb des Einheitskreises liegen. Es liefert aber nicht wie das Routh-Kriterium die Anzahl der außerhalb liegenden Nullstellen, die wir für dieses Verfahren benötigen. Es ist aber möglich, den Einheitskreis durch die Transformation

(3.113) $$z = \frac{1+s}{1-s}$$

auf die imaginäre Achse abzubilden. Aus

(3.114)
$$\Delta_m(z) = a_0 + a_1 z + a_2 z^2 + \ldots + a_n z^n$$
$$Z(z) = b_0 + b_1 z + b_2 z^2 + \ldots + b_m z^m\ ,\quad m \leq n$$

entstehen damit nach Erweiterung mit $(1-s)^n$ die Polynome

(3.115)
$$\Delta_m^*(s) = a_0(1-s)^n + a_1(1-s)^{n-1}(1+s) + \ldots + a_n(1+s)^n$$
$$Z^*(s) = b_0(1-s)^n + b_1(1-s)^{n-1}(1+s) + \ldots + a_m(1-s)^{n-m}(1+s)^m .$$

Mit den Polynomen $\Delta_m^*(s)$, $Z^*(s)$ kann nun das oben dargestellte Verfahren durchgeführt werden. Es fällt hier aber der zusätzliche Aufwand für die Ausmultiplikation und Umsortierung der Potenzen von (1+s) und (1-s) an.

3.3 Kreiskriterium für Mehrgrößensysteme (L_2^n-Stabilität)

Prinzipiell stellt sich das Mehrgrößenkreiskriterium durchaus ähnlich dem Kreiskriterium für Eingrößensysteme dar, nur daß hier statt der Übertragungsfunktion G(p) eine nxn Übertragungsmatrix $\underline{G}(p)$ auftritt. Im Mehrgrößenfall muß nun aber die <u>Matrixnorm</u> von $\underline{G}(p)$ untersucht werden, während im Eingrößenfall nur der <u>Betrag</u> von G(p) zu bilden ist. In der Regel wird man diese Matrixnorm (Hilbertnorm) nicht genau berechnen, da hierzu ein Eigenwertproblem für jedes zu prüfende $p \in \partial\Omega_\varepsilon$ zu lösen ist, sondern man benutzt einfacher zu handhabende Abschätzungen für die Hilbertnorm. Je nachdem was man für eine Abschätzung verwendet, erhält man verschiedene untereinander nicht äquivalente Fassungen des Mehrgrößenkreiskriteriums.

Wir beginnen mit einem Satz, der vornehmlich Grundlage der nachfolgenden Darstellungen sein soll, jedoch auch direkt angewendet werden kann (vgl. das Kreiskriterium (3.57) für Eingrößensysteme). Auch in diesem Abschnitt wird die für die Anwendung des allgemeinen Stabilitätssatzes (3.21) notwendige Existenz der Systemgrößen im Raum L_{2e}^n stets vorausgesetzt.

(3.116) Satz (Mehrgrößenkreiskriterium):

Es liege ein nichtlinearer Standardregelkreis nach Bild 3.2 vor. Die Übertragungsmatrix $\underline{G}(p)$ des linearen Teilsystems sei in Ω_ε analytisch und es gelte mit einer Konstanten $\gamma_\varepsilon \geq 0$ für die Hilbertnorm (siehe (A3.85)) der Übertragungsmatrix

(3.117) $$H[\underline{G}(p)] \leq \gamma_\varepsilon \quad \text{für alle } p \in \partial\Omega_\varepsilon \quad .$$

Das Teilsystem N erfülle mit einer Konstanten $\nu \geq 0$ bezüglich der Euklidischen Norm $E(\cdot)$ (siehe (A3.70)) die Bedingung

(3.118) $$E[(\underline{N}\ \underline{e})(t)] \leq \nu\, E[\underline{e}(t)]$$

für alle $\underline{e}$ und t. Gilt

(3.119) $$\alpha_\varepsilon := \gamma_\varepsilon \nu < 1 \quad ,$$

so ist der Regelkreis L_2^n-stabil mit exponentiellem Stabilitätsgrad ε. ■

(3.120) Bemerkung:

Die Bedingungen (3.117) und (3.119) können ähnlich wie bei der Kreisbedingung im Eingrößenfall zu

(3.121) $$H[\underline{G}(p)] \leq \gamma_\varepsilon < \frac{1}{\nu} \quad \text{für alle } p \in \partial\Omega_\varepsilon$$

zusammengefaßt werden. Leider ist hier eine unmittelbare graphische Interpretation nicht möglich. Wir werden im Abschnitt 3.3.2 dennoch eine Ortskurvendarstellung des Mehrgrößenkreiskriteriums kennenlernen, die aber nicht ohne zusätzliche Voraussetzungen auskommt. Auch die algebraische Auswertung im Abschnitt 3.3.1 verschärft die ursprünglichen Forderungen des Mehrgrößenkreiskriteriums. ■

Beweis des Satzes (3.116):

Die Beweisschritte laufen ähnlich ab wie die des Satzes (3.57) für Eingrößensysteme, weshalb wir uns hier etwas knapper fassen können. Wir beschränken uns wieder auf den Beweis für die einfache L_2^n-Stabilität ($\varepsilon = 0$). Die Übertragung auf Stabilitätsgrade $\varepsilon \neq 0$ geschieht dann wieder durch die Substitutionen (3.63) bzw. (3.64).

Ausgangspunkt ist das Normquadrat von $\underline{y}$, welches wir mit der Eigenschaft (A3.34) und der Parsevalschen Gleichung (A2.18) bzw. (A2.50) in den (diskreten) Fourier-Bereich bringen:

$$||\underline{y}||_2^2 = \sum_{i=1}^{n} ||y_i||_2^2 = \frac{1}{2\pi} \sum_{i=1}^{n} ||\hat{Y}_i||_2^2 = \frac{1}{2\pi} ||\hat{\underline{Y}}||_2^2 .$$

Mit (A3.43) folgt

$$||\underline{y}||_2^2 = \frac{1}{2\pi} ||\hat{\underline{Y}}^* \hat{\underline{Y}}||_1 ,$$

wobei $(\cdot)^*$ für Transposition und komplexe Konjugation steht.

Um Mißverständnisse zu vermeiden, benutzen wir für die Euklidische Vektornorm nach (A3.70) die Bezeichnungsweise $E(\cdot)$, so daß wir für den Term $\hat{\underline{Y}}^*(\omega)\hat{\underline{Y}}(\omega)$ schreiben können

$$E^2(\hat{\underline{Y}}(\omega)) = \hat{\underline{Y}}^*(\omega)\hat{\underline{Y}}(\omega) .$$

Es gilt $\hat{\underline{Y}}(\omega) = \hat{\underline{G}}(\omega)\hat{\underline{U}}(\omega)$. Mit Hilfe der Hilbertschen Matrixnorm $H(\cdot)$ gelangt man zu der Abschätzung

$$E[\hat{\underline{Y}}(\omega)] \le H[\hat{\underline{G}}(\omega)]\; E[\hat{\underline{U}}(\omega)] .$$

Wir setzen dies in $||\underline{y}||_2^2$ ein und erhalten mit der Hölderschen Ungleichung (A3.44)

$$\begin{aligned}
||\underline{y}||_2^2 &= \frac{1}{2\pi}||\hat{\underline{Y}}||_2^2 = \frac{1}{2\pi}||\underline{Y}^*\underline{Y}||_1 = \frac{1}{2\pi}||E^2[\hat{\underline{Y}}(\cdot)]||_1 \\
&\le \frac{1}{2\pi}||H^2[\hat{\underline{G}}(\cdot)]\; E^2[\hat{\underline{U}}(\cdot)]||_1 \\
&\le \frac{1}{2\pi}||H^2[\hat{\underline{G}}(\cdot)]||_\infty ||E^2[\hat{\underline{U}}(\cdot)]||_1 \\
&= \frac{1}{2\pi}||H[\hat{\underline{G}}(\cdot)]||_\infty^2\; ||\hat{\underline{U}}||_2^2 \\
&= ||H[\hat{\underline{G}}(\cdot)]||_\infty^2\; ||\underline{u}||_2^2 .
\end{aligned}$$

Beim letzten Umformungsschritt wurde wieder die Parsevalsche Gleichung für die Größe $\underline{u}$ verwendet. Wir erhalten also

$$||\underline{y}||_2 \leq ||H[\hat{\underline{G}}(\cdot)]||_\infty ||\underline{u}||_2 \quad .$$

Sowohl die Höldersche Ungleichung als auch die Abschätzung mit der Hilbertschen Matrixnorm sind jeweils kleinstmögliche Abschätzungen. Daher folgt für die Norm des Operators $\underline{\Gamma} : \underline{y} = \underline{\Gamma}\, \underline{u}$

$$||\underline{\Gamma}||_2 = ||H[\hat{\underline{G}}(\cdot)]||_\infty \quad .$$

Also

$$||\underline{\Gamma}||_2 = \sup_{\omega \in \mathbb{R}} H[\hat{\underline{G}}(\omega)]$$

bzw.

$$||\underline{\Gamma}||_2 = \sup_{\varphi \in [-\pi,\pi]} H[\hat{\underline{G}}(\varphi)] \quad .$$

Wegen der Voraussetzung der Analytizität in Ω gilt

$$\hat{\underline{G}}(\omega) = \underline{G}(j\omega)$$

bzw.

$$\hat{\underline{G}}(\varphi) = \underline{G}(e^{j\varphi}) \quad ,$$

so daß aus der Voraussetzung (3.117)

$$||\underline{\Gamma}||_2 \leq \gamma$$

folgt. Die Voraussetzung an das Teilsystem $\underline{N}$ impliziert unmittelbar $||\underline{N}||_2 \leq \nu$; daher ist mit dem allgemeinen Stabilitätssatz (3.21) L_2-Stabilität gezeigt, wenn $\gamma\nu < 1$. ∎

3.3.1 Algebraische Auswertung des Mehrgrößenkreiskriteriums

Wie eingangs erwähnt, ist die Berechnung der Hilbert-Norm recht aufwendig, weshalb man sich mit gröberen, aber leichter zu berechnenden Schranken behilft. Eine Abschätzung der Hilbert-Norm bietet nach (A3.87) die Euklidische Matrixnorm,

(3.122) $$H[\underline{G}(p)] \leq E[\underline{G}(p)] \quad ,$$

die sehr einfach zu berechnen ist. Im ungünstigsten Fall überschätzt man mit (3.122) die Hilbert-Norm um den Faktor $\sqrt{n}$ (siehe (A3.87)). Statt (3.121) fordern wir also als schärfere Bedingung

(3.123) $$E[\underline{G}(p)] < \frac{1}{\nu} \quad \text{für alle } p \in \partial\Omega_\varepsilon \quad .$$

Für das weitere benutzen wir für die Übertragungsmatrix die Form

(3.124) $$\underline{G}(p) = \frac{1}{\Delta(p)} \underline{Z}(p)$$

mit der Zählerpolynommatrix $\underline{Z}(p)$ und einem gemeinsamen Nennerpolynom $\Delta(p)$, welches gegebenenfalls als kleinstes gemeinsames Vielfaches der Nennerpolynome der Elemente $G_{ij}(p)$ zu bestimmen ist. Transzendente Übertragungsfunktionen müssen also bei dieser Methode ausgeschlossen werden. Mit (3.124) kann die Euklidische Matrixnorm als

$$E^2[\underline{G}(p)] = \sum_{i,j} |G_{ij}(p)|^2 = \frac{1}{|\Delta(p)|^2} \sum_{i,j} |Z_{ij}(p)|^2$$

geschrieben werden. Damit wird aus der Bedingung (3.123)

$$\sum_{i,j} |Z_{ij}(p)|^2 < \frac{1}{\nu^2} |\Delta(p)|^2 \qquad \text{für alle } p \in \partial\Omega_\varepsilon$$

bzw.

(3.125) $$|\Delta(p)|^2 - \nu^2 \sum_{i,j} |Z_{ij}(p)|^2 > 0 \qquad \text{für alle } p \in \partial\Omega_\varepsilon \quad .$$

Wir haben die gleiche Ungleichungsstruktur vorliegen wie im Fall des Eingrößensystems (siehe (3.109), (3.110)). Im Fall $\varepsilon = 0$ kann für Laplace-Übertragungsfunktionen mit

(3.126) $$P(s) := \Delta(s)\Delta(-s) - \nu^2 \sum_{i,j} Z_{ij}(s)Z_{ij}(-s)$$

sofort das Verfahren nach Abschnitt 3.2.3 angewendet werden, um zu prüfen, ob

$$P(j\omega) > 0 \qquad \text{für alle } \omega$$

erfüllt ist. Die Anwendung auf Z-Übertragungsfunktionen geschieht mit Hilfe der Transformation (3.113), für Stabilitätsgrade $\varepsilon \neq 0$ sind zuvor die Substitutionen (3.63) bzw. (3.64) auszuführen.

Für das weitere Vorgehen betrachten wir von nun an Nichtlinearitäten $\underline{N}$, die in einer "Diagonalform" (entkoppelt) vorliegen, d.h. die Eingangs-Ausgangs-Beziehung

(3.127) $$\underline{w} := \underline{N}\,\underline{e}$$

soll komponentenweise als

(3.128) $$w_i = N_i e_i \quad , \qquad i = 1,\dots,n \ ,$$

geschrieben werden können. Nur die i-te Eingangsgröße hat Wirkung auf

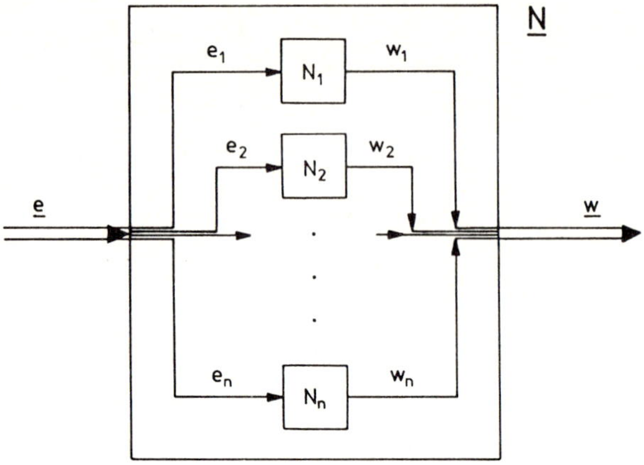

Bild 3.25: Teilsystem $\underline{N}$ mit Diagonalstruktur

die i-te Ausgangsgröße (siehe Bild 3.25). Kopplungen zu anderen Eingangsgrößen sind nicht gestattet. Ein derartiges entkoppeltes System erfüllt die Voraussetzung

(3.129) $$E[(\underline{N}\ \underline{e})(t)] \leq \nu\, E[\underline{e}(t)]$$

des Satzes (3.116), wenn alle Komponenten N_i Sektorfunktion aus $S(-\nu,\nu)$ sind. Sind jedoch die einzelnen Komponenten N_i durch verschiedene (symmetrische) Sektoren $\pm\ \nu_i$ abschätzbar, würde die Wahl von ν als

$$\nu = \max \nu_i$$

eine zu grobe Abschätzung darstellen. Um dies zu vermeiden, führt man eine Umnormierung durch:

(3.130) <u>Umnormierung des nichtlinearen Teilsystems $\underline{N}$</u>

Um möglichst gleichartige Abschätzungen für die Komponenten N_i zu erhalten, die wir als Sektorfunktionen aus $S(-\nu_i,\nu_i)$ mit im allgemeinen unterschiedlichen Konstanten ν_i voraussetzen, kann recht instruktiv eine Transformation direkt im Strukturbild 3.26 vorgenommen werden. Man fügt in den Regelkreis Einheitsmatrizen $\underline{E}$ ein, die in $\underline{E} = \underline{U}^{-1}\underline{U}$ bzw. $\underline{E} = \underline{V}\ \underline{V}^{-1}$ mit zunächst noch beliebigen Matrizen $\underline{U}$, $\underline{V}$ aufgespalten werden. Durch Umstrukturierung entsteht ein transformierter Regelkreis mit den Teilsystemen $\underline{\tilde{\Gamma}}$, $\underline{\tilde{N}}$ und den Systemgrößen $\underline{\tilde{r}}$, $\underline{\tilde{z}}$, $\underline{\tilde{e}}$, $\underline{\tilde{u}}$, $\underline{\tilde{y}}$.

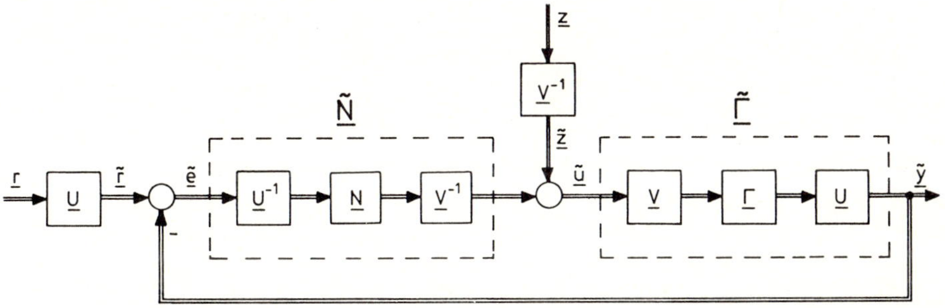

Bild 3.26: Strukturumformung des nichtlinearen Mehrgrößenstandardregelkreises zur Umnormierung der Sektorfunktionen

Wählen wir nun $\underline{U}$ und $\underline{V}$ als Diagonalmatrizen zu

(3.131)
$$\underline{U} = \mathrm{diag}(U_i) \;, \quad U_i := \sqrt{\nu_i}\,\lambda_i \;,$$
$$\underline{V} = \mathrm{diag}(V_i) \;, \quad V_i := \sqrt{\nu_i}\,\lambda_i^{-1}$$

mit noch freien Parametern $\lambda_i > 0$, so ergeben sich die Komponenten des Teilsystems $\tilde{\underline{N}} = \underline{V}^{-1}\,\underline{N}\,\underline{U}^{-1}$ zu

(3.132)
$$\tilde{N}_i = V_i^{-1}\,N_i\,U_i^{-1} = \frac{\lambda_i}{\sqrt{\nu_i}}\,N_i\,\frac{1}{\lambda_i\sqrt{\nu_i}} \;.$$

Die Konstanten λ_i dürfen hier nicht gekürzt werden, da die nichtlinearen Operatoren N_i keine Vertauschung der Reihenfolge gestatten. Dennoch ist jede Komponente $\tilde{N}_i$ der transformierten Nichtlinearität $\tilde{\underline{N}}$ eine Sektorfunktion aus S(-1,1) wie man ausgehend von

$$|(N_i e_i)(t)| \leq \nu_i |e_i(t)|$$

mit Hilfe der Substitution

$$\tilde{e}_i(t) := \lambda_i\sqrt{\nu_i}\;e_i(t)$$

nachweist:

$$\left|\left[N_i\,\frac{1}{\lambda_i\sqrt{\nu_i}}\,\tilde{e}_i\right](t)\right| \leq \nu_i\,\frac{1}{\lambda_i\sqrt{\nu_i}}\,|\tilde{e}_i(t)| \;,$$

$$\left|\left[\frac{\lambda_i}{\sqrt{\nu_i}}\,N_i\,\frac{1}{\lambda_i\sqrt{\nu_i}}\,\tilde{e}_i\right](t)\right| = |\tilde{N}_i\tilde{e}_i(t)| \leq |\tilde{e}_i(t)| \;.$$

Durch Quadrieren und Addition über alle Komponenten i erhält man für $\tilde{\underline{N}}$ eine Abschätzung der Art (3.129) bzw. (3.118) mit $\nu = 1$:

$$E[(\tilde{\underline{N}}\,\tilde{\underline{e}})(t)] \leq E[\tilde{\underline{e}}(t)] \quad . \tag{3.133}$$

Die Übertragungsmatrix des transformierten Systems $\tilde{\underline{\Gamma}} = \underline{U}\,\underline{\Gamma}\,\underline{V}$ lautet

$$\tilde{\underline{G}}(p) = \underline{U}\,\underline{G}(p)\,\underline{V} =: \frac{1}{\Delta(p)}\,\tilde{Z}_{ij}(p) \tag{3.134}$$

mit den Komponenten der Zählerpolynommatrix

$$\tilde{Z}_{ij}(p) = \frac{\lambda_i}{\lambda_j}\,\sqrt{\nu_i \nu_j}\; Z_{ij}(p) \quad . \tag{3.135}$$

Für die Anwendung des oben beschriebenen algebraischen Verfahrens auf $\tilde{\underline{G}}(s)$ sind die Polynome $\Delta(s)$, $\tilde{Z}_{ij}(s)$ in (3.126) einzusetzen, wobei zuvor $Z_{ij}(s)$ durch $\tilde{Z}_{ij}(s)$ zu ersetzen ist. Dann erhalten wir das Polynom

$$P(s) = \Delta(s)\Delta(-s) - \sum_{i,j} \frac{\lambda_i^2}{\lambda_j^2}\,\nu_i \nu_j\; Z_{ij}(s) Z_{ij}(-s) \quad , \tag{3.136}$$

auf das wiederum das in Abschnitt 3.2.3 dargestellte algebraische Verfahren angewendet werden kann. Die noch freien Parameter λ_i können vorteilhaft dazu genutzt werden, die Nichtdiagonalelemente $Z_{ij}(s)$, $i \neq j$, in der Summe (3.136) unterschiedlich stark zu gewichten. Haben beispielsweise in einer 2x2 Übertragungsmatrix die beiden Elemente $Z_{12}(s)$, $Z_{21}(s)$ betragsmäßig verschiedene Größenordnungen, kann durch Wahl des Quotienten

$$\frac{\lambda_1}{\lambda_2} \approx \left| \frac{Z_{21}(s)}{Z_{12}(s)} \right|$$

die Größenordnung angeglichen werden. Dabei ist für $s = j\omega$ derjenige Frequenzbereich zu wählen, für den am ehesten eine Verletzung der Bedingung $P(j\omega) > 0$ zu erwarten ist. Ist sogar ein Element identisch null, z.B. $Z_{21}(s) = 0$, geht durch die Wahl $\lambda_1 \to 0$ auch das andere Nichtdiagonalelement $Z_{12}(s)$ überhaupt nicht mehr in die Summe (3.136) ein. Die Diagonalelemente $Z_{ii}(s)$ bleiben von der Wahl der λ_i stets unberührt, da dort immer der Quotient 1 entsteht. ■

In einem weiteren Schritt sollen nun auch Sektorfunktionen mit asymmetrischen Sektoren zugelassen werden:

(3.137) **Symmetrierung asymmetrischer Sektorfunktionen**

Treten im Mehrgrößenregelkreis "asymmetrische" Sektorfunktionen

(3.138) $$N_i \in S(\nu_{1i}, \nu_{2i})$$

auf, kann ähnlich wie im Eingrößenfall durch die Transformation

(3.139) $$\underline{N}_m := \underline{N} - \underline{\nu}_m$$

eine Symmetrierung erreicht werden (siehe Bild 3.27, vgl. Bild 3.21). Die Diagonalmatrix $\underline{\nu}_m$ ergibt sich aus den Komponenten

(3.140) $$\nu_{mi} := \frac{1}{2} (\nu_{2i} + \nu_{1i}) \quad .$$

Der zugehörige Block $\underline{\Gamma}_m$ hat die Übertragungsmatrix

(3.141) $$\begin{aligned} \underline{G}_m(p) &= (\underline{E} + \underline{G}(p)\underline{\nu}_m)^{-1} \underline{G}(p) \\ &= (\underline{G}^{-1}(p) + \underline{\nu}_m)^{-1} \quad . \end{aligned}$$

Auf diese Weise ist es möglich, die algebraische Auswertung des Mehrgrößenkreiskriteriums auf beliebige Sektorfunktionen zu übertragen. Allerdings ist die Bildung der dazu notwendigen Übertragungsmatrix $\underline{G}_m(p)$ auf rein analytischem Weg im allgemeinen recht aufwendig, da hierzu Matrixinversionen durchgeführt werden müssen.

Eine Alternative bietet eine modifizierte Strukturumformung nach Bild 3.28, wobei die zugehörige Übertragungsmatrix sehr einfach zu bilden ist. Dazu muß aber die Einschränkung

(3.142) $$\nu_{1i} < 0 < \nu_{2i}$$

gemacht werden. Anders als in Bild 3.27 wird dazu das Teilsystem $\underline{N}$ nicht mit einem Block $\underline{\nu}_m$ parallel geschaltet, sondern durch $\underline{\mu}$ gegengekoppelt. Es ist unerheblich, ob das dadurch entstehende neue Teilsystem $\underline{N}_\mu$, welches wir formal als

(3.143) $$\underline{N}_\mu = (\underline{N}^{-1} + \underline{\mu})^{-1}$$

schreiben wollen, tatsächlich eine eindeutige Abbildung zwischen der neuen Eingangsgröße und der Ausgangsgröße vermittelt, da in bezug auf das Teilsystem $\underline{N}_\mu$ nur Abschätzungen und keine expliziten Funktionalzusammenhänge interessieren.

Die Elemente der Diagonalmatrix $\underline{\mu}$ werden auf die Werte

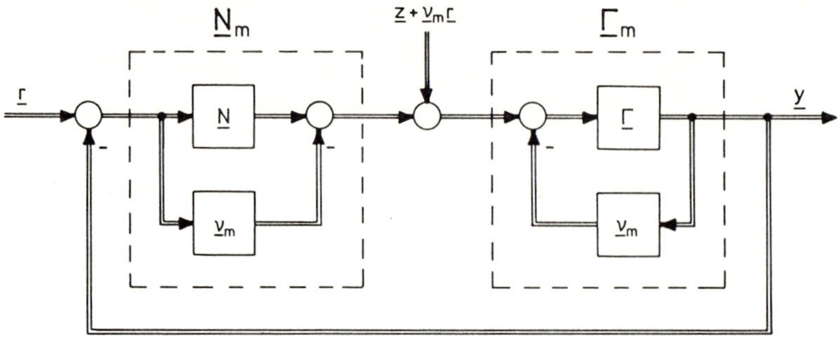

Bild 3.27: Symmetrierung der Sektorfunktionen durch Subtraktion der mittleren Sektorweiten $\underline{\nu}_m$

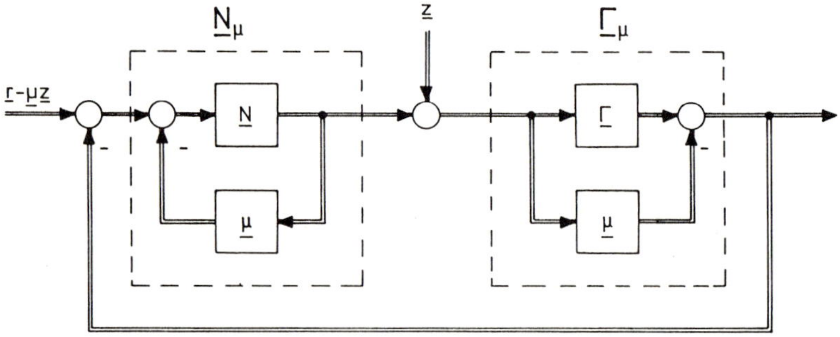

Bild 3.28: Symmetrierung der Sektorfunktionen durch Gegenkopplung des nichtlinearen Teilsystems

(3.144)
$$\mu_i \ := \ -\frac{1}{2}\left[\frac{1}{\nu_{1i}} + \frac{1}{\nu_{2i}}\right]$$

gesetzt (vgl. im Eingrößenfall Gleichung (3.79)). Die nichtlinearen Operatoren besitzen "Diagonalstruktur"; daher kann die Untersuchung von $\underline{N}_\mu$ komponentenweise durchgeführt werden. Da N_i eine Sektorfunktion aus $S(\nu_{1i},\nu_{2i})$ $(\nu_{1i} < 0 < \nu_{2i})$ ist, gilt

$$\nu_{1i} \leq \frac{(N_i e_i)(t)}{e_i(t)} \leq \nu_{2i} \quad .$$

Ist der Quotient negativ, besitzt er das gleiche Vorzeichen wie ν_{1i}, so daß sich bei Kehrwertbildung in der linken Ungleichung das Ungleichheitszeichen umkehrt und wir

$$\frac{1}{\nu_{1i}} \geq \frac{e_i(t)}{(N_i e_i)(t)} = \frac{(N_i^{-1} w_i)(t)}{w_i(t)}$$

erhalten, wobei $w_i = N_i e_i$ substituiert wurde. Für positive Quotienten ergibt sich für den Kehrwert

$$\frac{e_i(t)}{(N_i e_i)(t)} = \frac{(N_i^{-1} w_i)(t)}{w_i(t)} \geq \frac{1}{\nu_{2i}} \quad .$$

Wird nun der Wert μ_i zu N_i^{-1} addiert, erhält man als Abschätzungen für die Komponenten $N_{\mu i}^{-1} = N_i^{-1} + \mu_i$ im Fall des negativen Vorzeichens

$$\frac{1}{2}\left[\frac{1}{\nu_{1i}} - \frac{1}{\nu_{2i}}\right] \geq \frac{(N_i^{-1} + \mu_i) w_i(t)}{w_i(t)} = \frac{(N_{\mu i}^{-1} w_i)(t)}{w_i(t)}$$

und im Fall des positiven Vorzeichens

$$\frac{1}{2}\left[\frac{1}{\nu_{2i}} - \frac{1}{\nu_{1i}}\right] \leq \frac{(N_i^{-1} + \mu_i) w_i(t)}{w_i(t)} = \frac{(N_{\mu i}^{-1} w_i)(t)}{w_i(t)} \quad .$$

Wird die erste Ungleichung mit -1 multipliziert, kehrt sich das Ungleichheitszeichen um, wodurch die beiden Fälle zu

$$\left| \frac{(N_{\mu i}^{-1} w_i)(t)}{w_i(t)} \right| \geq \rho_i$$

zusammengefaßt werden können. Hierbei ist ρ_i als

(3.145) $$\rho_i := \frac{1}{2} \left| \frac{1}{\nu_{1i}} - \frac{1}{\nu_{2i}} \right|$$

definiert (vgl. auch hier Gleichung (3.79)). Die Inversion der letzten Ungleichung führt auf

$$\left| \frac{w_i(t)}{(N_{\mu i}^{-1} w_i)(t)} \right| = \left| \frac{(N_{\mu i} v_i)(t)}{v_i(t)} \right| \leq \frac{1}{\rho_i} \quad ,$$

wodurch nachgewiesen ist, daß die Komponente $N_{\mu i}$ eine "symmetrische" Sektorfunktion aus $S(-1/\rho_i,\ 1/\rho_i)$ ist. Die zugehörige Übertragungsmatrix des linearen Teilsystems $\underline{\Gamma}_\mu$ ergibt sich zu

(3.146) $$\underline{G}_\mu(p) = \underline{G}(p) - \underline{\mu} \quad .$$

Diese ist im Gegensatz zu der Übertragungsmatrix $\underline{G}_m(p)$ nach (3.141) sehr einfach zu bilden. In der Schreibweise mit

$$\underline{G}_\mu(p) = \frac{1}{\Delta(p)} \underline{Z}_\mu(p) \tag{3.147}$$

bedeutet dies für die Komponenten der Zählerpolynommatrix

$$\begin{aligned} Z_{\mu ij}(p) &= Z_{ij}(p) \text{ für } i \neq j \quad , \\ Z_{\mu ii}(p) &= Z_{ii}(p) + \mu_i \Delta(p) \ , \end{aligned} \tag{3.148}$$

während das Nennerpolynom von $\underline{G}_\mu(p)$ das gleiche wie das von $\underline{G}(p)$ ist. Wenden wir nun die algebraische Auswertung des Mehrgrößenkreiskriteriums (im Fall von Laplace-Übertragungsmatrizen) für "asymmetrische" Sektorfunktionen mit dem Polynom P(s) nach (3.136) an, in dem ν_i durch $\frac{1}{\rho_i}$ und Z_{ij} durch $Z_{\mu ij}$ zu ersetzen sind, ergibt sich

$$\begin{aligned} P(s) = &\left[1 - \sum_i \frac{\mu_i}{\rho_i^2}\right] \Delta(s)\Delta(-s) - \sum_{i,j} \frac{\lambda_i^2}{\lambda_j^2} \frac{1}{\rho_i \rho_j} Z_{ij}(s) Z_{ij}(-s) \\ &- \Delta(s) \sum_i \frac{\mu_i}{\rho_i^2} Z_{ii}(-s) - \Delta(-s) \sum_i \frac{\mu_i}{\rho_i^2} Z_{ii}(s) \quad . \end{aligned} \tag{3.149}$$

Dieses Polynom kann dann wieder dem in Abschnitt 3.2.3 dargestellten Algorithmus unterworfen werden, um festzustellen, ob die Kreisbedingung befriedigt wird. Da $\underline{G}_\mu(p)$ wie $\underline{G}(p)$ das Nennerpolynom $\Delta(p)$ besitzt, ist die Prüfung der Analytizität von $\underline{G}_\mu(p)$ in Ω_ε gleichbedeutend mit der Prüfung der Nullstellen von $\Delta(p)$, was wie in Abschnitt 3.2.3 mit dem Routh-Kriterium durchgeführt werden kann. ■

3.3.2 Ortskurvendarstellung des Mehrgrößenkreiskriteriums

Wie bei der algebraischen Auswertung des Mehrgrößenkreiskriteriums muß die Hilbert-Norm von $\underline{G}(p)$ durch eine gröbere Schranke abgeschätzt werden, um zu einer anschaulichen Deutung zu gelangen. Anders als im Eingrößenfall, wo die Darstellungen in der Ortskurvenebene, in der Wurzelortsebene und die algebraische Auswertung äquivalente Formen des Kreiskriteriums sind, impliziert weder die folgende Abschätzung die Abschätzung durch die Euklidische Matrixnorm des Abschnitts 3.3.1 noch umgekehrt. Es ist durchaus möglich, mit der einen Fassung des Mehrgrößenkreiskriteriums Stabilität nachzuweisen, während die andere nicht zum Ziel führt.

Allein für die Ortskurvendarstellung gibt es mehrere untereinander nicht äquivalente Varianten (siehe z.B. ROSENBROCK [3.13], COOK [3.5], SAFONOV, ATHANS [3.15], BÖCKER [3.2], S.88 ff). Wir beschränken uns in diesem Abschnitt auf zwei Stabilitätssätze, für die wir im Anschluß Ortskurveninterpretationen entwickeln.

Für das Teilsystem $\underline{N}$ wird wieder "Diagonalstruktur" angenommen, wobei jede Komponente N_i eine Sektorfunktion aus $S(\nu_{1i},\nu_{2i})$ mit unterschiedlichen Konstanten ν_{1i}, ν_{2i} sein darf. Die folgenden Sätze unterscheiden dabei zwei Fälle, die leider nicht alle Möglichkeiten abdecken: Für die Anwendung des Satzes (3.153) muß

(3.150) $$\nu_{1i} < 0 < \nu_{2i}$$

für alle i gelten, während Satz (3.156)

(3.151) $$\nu_{1i}\nu_{2i} > 0$$

für alle i fordert; ν_{1i} und ν_{2i} müssen jeweils gleiches Vorzeichen haben. Eine Mischung der beiden Voraussetzungen ist nicht möglich. Für diesen Fall ist aber die Möglichkeit unbenommen, zunächst durch die Symmetrirung (3.137) auf "symmetrische" Sektorfunktionen überzugehen, die die Bedingung (3.150) erfüllen. Auch in diesem Abschnitt machen wir von den in (3.144), (3.145) definierten Abkürzungen

(3.152) $$\mu_i = -\frac{1}{2}\left[\frac{1}{\nu_{1i}} + \frac{1}{\nu_{2i}}\right] , \qquad \rho_i = \frac{1}{2}\left|\frac{1}{\nu_{1i}} - \frac{1}{\nu_{2i}}\right|$$

Gebrauch.

(3.153) <u>Satz (Mehrgrößenkreiskriterium)</u>:

Für die Komponenten $N_i \in S(\nu_{1i},\nu_{2i})$ gelte $\nu_{1i} < 0 < \nu_{2i}$ für alle i. Ist die Übertragungsmatrix $\underline{G}(p)$ analytisch in Ω_ε und gilt mit der Summe

(3.154) $$r_i(p) := \sum_{j\neq i} \sqrt{\frac{\rho_i}{\rho_j}}\, \max\left[\frac{\lambda_i}{\lambda_j}\,|G_{ij}(p)|,\ \frac{\lambda_j}{\lambda_i}\,|G_{ji}(p)|\right] ,$$

worin die $\lambda_i > 0$ frei verfügbare Konstanten sind,

(3.155) $$|G_{ii}(p) - \mu_i| + r_i(p) < \rho_i \quad \text{für alle } p \in \partial\Omega_\varepsilon$$

und alle i, so ist der Mehrgrößenregelkreis L_2^n-stabil vom Grad ε. ■

Beweis:

Mit Hilfe der Symmetrierung (3.137) des Abschnittes 3.3.1 gelangen wir zu der transformierten Übertragungsmatrix

$$\underline{G}_\mu(p) = \underline{G}(p) - \underline{\mu}$$

und zu Sektorfunktionen aus $S(-1/\rho_i, 1/\rho_i)$. Wenden wir hierauf die Umnormierung nach (3.130) an, entstehen Sektorfunktionen aus S(-1,1), so daß die Operatornorm des umnormierten Systems $\tilde{\underline{N}}$ kleiner 1 ist. Die Komponenten der Übertragungsmatrix $\tilde{\underline{G}}_\mu(p)$ lauten dann

$$\tilde{G}_{\mu ij}(p) = \frac{\lambda_i}{\lambda_j} \frac{1}{\sqrt{\rho_i \rho_j}} G_{\mu ij}(p) .$$

Nach Satz (A3.96) ist die Hilbert-Norm der Matrix $\tilde{\underline{G}}(p)$ kleiner 1, wenn

$$\sum_j \max \left[\tilde{G}_{\mu ij}(p) , \tilde{G}_{\mu ji}(p) \right] \leq 1$$

für alle i gilt. Genau dies ist die Voraussetzung (3.155), was man durch Einsetzen der Komponenten

$$\tilde{G}_{\mu ii}(p) = \frac{1}{\rho_i}\left[G_{ii}(p) - \mu_i\right] ,$$

$$\tilde{G}_{\mu ij}(p) = \frac{\lambda_i}{\lambda_j} \frac{1}{\sqrt{\rho_i \rho_j}} G_{ij}(p) \qquad \text{für } i \neq j$$

und Multiplikation der Ungleichungen jeweils mit ρ_i erkennt. Nach Satz (3.116) ist also der Regelkreis L_p^n-stabil vom Grad ε. ■

(3.156) Satz (Mehrgrößenkreiskriterium):

Für die Komponenten $N_i \in S(\nu_{1i}, \nu_{2i})$ gelte $\nu_{1i}\nu_{2i} > 0$ für alle i. Ist $(\underline{G}(p) - \underline{\mu})^{-1}$ analytisch in Ω_ε und gilt mit

(3.157) $$r_i(p) := \frac{1}{2} \sum_{j \neq i} \frac{\lambda_i}{\lambda_j} |G_{ij}(p)| + \frac{\lambda_j}{\lambda_i} |G_{ji}(p)| ,$$

worin die $\lambda_i > 0$ frei verfügbare Konstanten sind,

(3.158) $$|G_{ii}(p) - \mu_i| - r_i(p) > \rho_i \qquad \text{für alle } p \in \partial\Omega_\varepsilon$$

und alle i, so ist der Mehrgrößenkreis L_2^n-stabil vom Grad ε. ■

Beweis:

Wir führen Strukturumformungen wie in Bild 3.28 durch. Anders als in (3.137), wo die Einschränkung $\nu_{1i} < 0 < \nu_{2i}$ getroffen wurde, folgt hier bei gleichen Vorzeichen von ν_{1i} und ν_{2i} aus

$$N_i \in S(\nu_{1i}, \nu_{2i})$$

für die "inverse" Funktion unmittelbar

$$N_i^{-1} \in S(\frac{1}{\nu_{2i}}, \frac{1}{\nu_{1i}}) \quad .$$

Für die Komponenten $N_{\mu i}^{-1} = N_i^{-1} + \mu_i$ des "inversen Operators" $\underline{N}_\mu^{-1}$ ergibt sich

$$N_i^{-1} + \mu_i \in S(\frac{1}{\nu_{2i}} + \mu_i, \frac{1}{\nu_{1i}} + \mu_i) \quad ,$$

$$N_{\mu i}^{-1} \in S(-\rho_i, \rho_i) \quad ,$$

wodurch wir wieder "symmetrische" Sektorfunktionen erhalten haben. Die Übertragungsmatrix des inversen Operators $\underline{\Gamma}_\mu^{-1}$ lautet

$$\underline{G}_\mu^{-1}(p) = (\underline{G}(p) - \underline{\mu})^{-1} \quad .$$

Ebenso wie der Regelkreis mit den Teilsystemen $\underline{\Gamma}_\mu$, $\underline{N}_\mu$ ist auch der aus den inversen Übertragungsgliedern $\underline{\Gamma}_\mu^{-1}$, $\underline{N}_\mu^{-1}$ aufgebaute Kreis ein Standardregelkreis, so daß hierauf der Satz (3.116) angewendet werden kann. Zuvor werden ähnlich wie in (3.130) die Systemgrößen umnormiert, so daß Sektorfunktionen aus S(-1,1) entstehen. Für das umnormierte inverse lineare Übertragungsglied ergibt sich dann

$$\tilde{\underline{G}}_\mu^{-1}(p) = \underline{U}\,(\underline{G}(p) - \underline{\mu})^{-1}\,\underline{V}$$
$$= \left[\underline{V}^{-1}(\underline{G}(p) - \underline{\mu})\,\underline{U}^{-1}\right]^{-1}$$

mit

$$\underline{U} = \mathrm{diag}(U_i) \quad , \quad U_i = \sqrt{\rho_i}\,\lambda_i \quad ,$$

$$\underline{V} = \mathrm{diag}(V_i) \quad , \quad V_i = \sqrt{\rho_i}\,\lambda_i^{-1} \quad .$$

Für die Übertragungsmatrix

$$\tilde{\underline{G}}_\mu(p) = \underline{V}^{-1}(\underline{G}(p) - \underline{\mu})\,\underline{U}^{-1}$$

bedeutet dies in Komponentenschreibweise

$$\tilde{G}_{\mu ii}(p) = \frac{1}{\rho_i} [G_{ii}(p) - \mu_i]$$

$$\tilde{G}_{\mu ij}(p) = \frac{1}{\sqrt{\rho_i \rho_j}} \frac{\lambda_i}{\lambda_j} G_{ij}(p) \quad \text{für } i \neq j \quad .$$

Die Anwendung des Satzes (A3.97) auf die Matrix $\underline{\tilde{G}}_\mu(p)$ führt mit der Wahl der freien Konstanten $\eta_i = 1/\sqrt{\rho_i}$ zusammen mit der Voraussetzung (3.158) dieses Satzes zu der Aussage

$$H[\underline{\tilde{G}}_\mu^{-1}(p)] < 1 \qquad \text{für alle } p \in \partial\Omega_\varepsilon$$

wodurch mit Satz (3.116) L_2^n-Stabilität vom Grad ε gesichert ist. ■

In den Bildern 3.29, 3.30 ist eine graphische Interpretation des Mehrgrößenkreiskriteriums dargestellt: Man zeichnet für ein i ähnlich wie im Eingrößenfall die Ortskurve des Diagonalelementes $G_{ii}(p)$, $p \in \partial\Omega_\varepsilon$, und konstruiert dann für jedes $p \in \partial\Omega_\varepsilon$ (in der Praxis für einige Werte p aus $\partial\Omega_\varepsilon$ mit angemessener Schrittweite) ausgehend von den Mittelpunkten $G_{ii}(p)$ Kreise mit Radien $r_i(p)$. Auf diese Weise entsteht ein "Band" in der komplexen Ebene, welches wir i-tes modifiziertes Gerschgorinband nennen wollen. Bleibt dieses Gerschgorinband für alle $p \in \partial\Omega_\varepsilon$ im Fall des Satzes (3.153), Bild 3.29, innerhalb bzw. im Fall des Satzes (3.156), Bild 3.30, außerhalb des Kreises mit Mittelpunkt μ_i und Radius ρ_i, ist die Bedingung (3.155) bzw. (3.158) für dieses i erfüllt. Auf diese Weise prüft man alle i zwischen 1 und n. Es sind also n modifizierte Gerschgorinbänder zu untersuchen.

Das für das Gerschgorinband "verbotene Gebiet" ist das gleiche wie im Eingrößenfall, weshalb wir auch hier von der Bezeichnung $V(\nu_{1i}, \nu_{2i})$ für das verbotene Gebiet Gebrauch machen können. Zu beachten ist, daß die Radien $r_i(p)$ der "Gerschgorinkreise" im Fall $\nu_{1i} < 0 < \nu_{2i}$ und $\nu_{1i}\nu_{2i} > 0$ unterschiedlich definiert sind.

Neben der Bedingung, daß die modifizierten Gerschgorinbänder jeweils außerhalb der verbotenen Gebiete $V(\nu_{1i}, \nu_{2i})$ bleiben müssen, ist im Fall des Satzes (3.156) als weitere wichtige Bedingung die Analytizität der inversen Übertragungsmatrix

(3.159) $$\underline{G}_\mu^{-1}(p) = (\underline{G}(p) - \underline{\mu})^{-1}$$

in Ω_ε nachzuweisen. Die Prüfung kann durch direkte Bestimmung von $\underline{G}_\mu^{-1}(p)$ durchgeführt werden, was im allgemeinen jedoch sehr aufwendig ist. Die

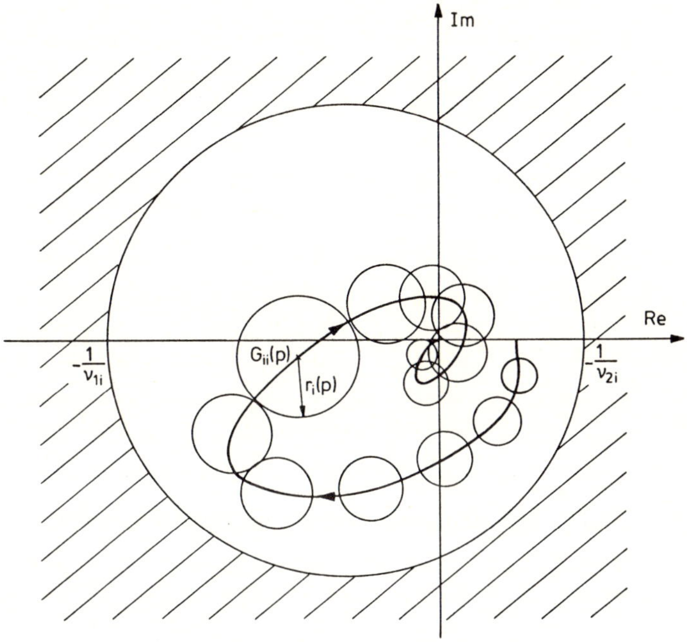

Bild 3.29: Darstellung des Mehrgrößenkreiskriteriums (3.153)

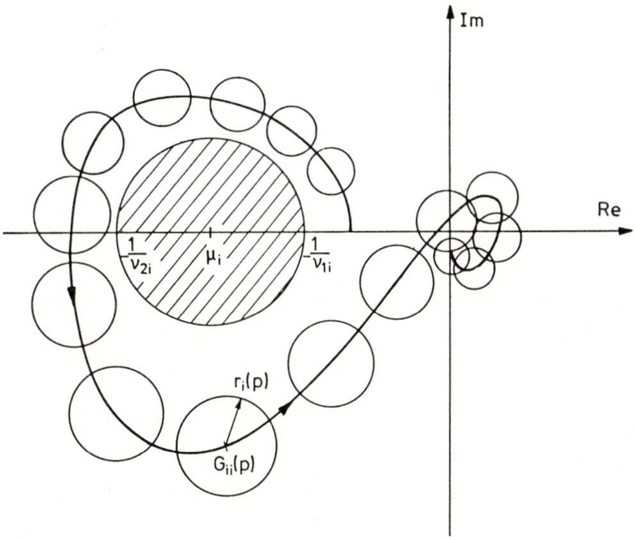

Bild 3.30: Darstellung des Mehrgrößenkreiskriteriums (3.156)

Frage nach der Lage der Polstellen von $\underline{G}_{\mu}^{-1}(p)$ kann jedoch auch ohne explizite Kenntnis von $\underline{G}_{\mu}^{-1}(p)$ durch Untersuchung der gegebenen Übertragungsmatrix $\underline{G}(p)$ mit Hilfe des Mehrgrößennyquistkriteriums beantwortet werden, welches wir im folgenden direkt in der für unsere Problemstellung benötigten Fassung herleiten wollen. Dieses bezieht sich wie das Eingrößennyquistkriterium jedoch auf eine Rückkopplungsstruktur und ist nicht unmittelbar auf $\underline{G}_{\mu}^{-1}(p)$ wie in (3.159) anwendbar. Um zu dem Ziel zu gelangen, die Analytizität von $\underline{G}_{\mu}^{-1}(p)$ wie im Eingrößenfall direkt in der Ortskurvenebene mit Hilfe einer Winkelbedingung überprüfen zu können, gliedern wir das weitere Vorgehen in drei Teilprobleme:

1. Als erstes wird gezeigt, daß die zu untersuchende Matrix $\underline{G}_{\mu}^{-1}(p)$ dieselben analytischen Eigenschaften wie die Führungs-Übertragungsmatrix $\underline{T}(p)$ einer Rückkopplungsstruktur nach Bild 3.31 besitzt, auf die im zweiten Punkt das Mehrgrößennyquistkriterium angewendet wird.

2. Ausgehend von der Zustandsbeschreibung eines Systems erarbeiten wir die Nyquistbedingung für Mehrgrößensysteme, die ähnlich wie im Eingrößenfall einen Zusammenhang zwischen einer Winkelbedingung und der Anzahl der "instabilen" Pole des offenen Kreises herstellt.

3. Der letzte Schritt hat zur Aufgabe, die so erhaltenen Bedingungen in die Ortskurvendarstellung der Diagonalelemente $G_{ii}(p)$ der ursprünglichen Matrix $\underline{G}(p)$ einzuarbeiten. Die Ergebnisse werden dann im Satz (3.178) zusammengefaßt.

1. Wir betrachten den rückgekoppelten Regelkreis aus Bild 3.31, für den sich die Übertragungsmatrix

(3.160) $$\underline{T}(p) = [\underline{\mu}\, \underline{G}^{-1}(p) - \underline{E}]^{-1} = [\underline{E} - \underline{G}(p)\underline{\mu}^{-1}]^{-1}\underline{G}(p)\underline{\mu}^{-1}$$

ergibt. In Bild 3.31 ist eine spezielle Bezeichnung der Ein- und Ausgangsgrößen unterblieben, da diese in keinem direkten Zusammenhang mit den bisherigen Systemgrößen stehen und für das folgende auch nicht weiter benötigt werden. Um einen Zusammenhang zu $\underline{G}_{\mu}(p)$ herzustellen, formen wir (3.160) um:

$$[\underline{E} - \underline{G}(p)\underline{\mu}^{-1}]\ \underline{T}(p) = \underline{G}(p)\underline{\mu}^{-1} \quad ,$$

$$[\underline{E} - \underline{G}(p)\underline{\mu}^{-1}]\ \underline{T}(p) = [\underline{G}(p)\underline{\mu}^{-1} - \underline{E}] + \underline{E} \quad ,$$

$$[\underline{E} - \underline{G}(p)\underline{\mu}^{-1}][\underline{T}(p) + \underline{E}] = \underline{E} \quad ,$$

$$[\underline{G}(p) - \underline{\mu}][-\underline{\mu}^{-1}][\underline{T}(p) + \underline{E}] = \underline{E} \quad .$$

Es ergibt sich

(3.161) $$\underline{G}_\mu^{-1}(p) = [\underline{G}(p) - \underline{\mu}]^{-1} = - \underline{\mu}^{-1}[\underline{T}(p) + \underline{E}] \quad .$$

Man erkennt aus dieser Gleichung, daß $\underline{T}(p)$ und $\underline{G}_\mu^{-1}(p)$ gleiche Polstellen haben müssen. Deshalb können wir im folgenden statt $\underline{G}_\mu^{-1}(p)$ die Führungsübertragungsmatrix $\underline{T}(p)$ untersuchen. Zu bemerken ist noch, daß aufgrund der gleichen Vorzeichen von ν_{1i} und ν_{2i} stets $\mu_i \neq 0$ gilt, weshalb die inverse Matrix $\underline{\mu}^{-1}$ immer existiert.

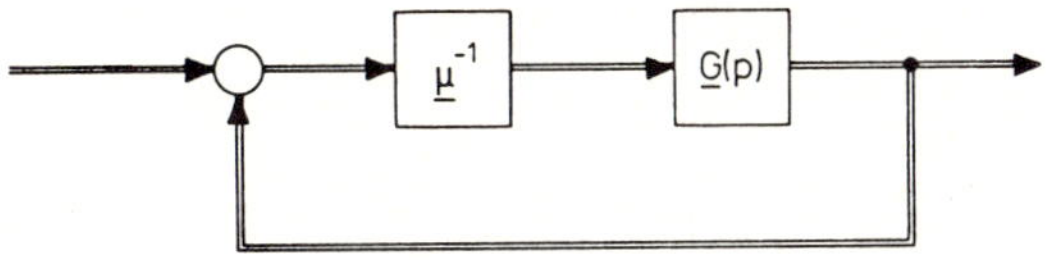

Bild 3.31: Regelkreisstruktur mit der Führungs-Übertragungsmatrix $\underline{T}(p)$

2. Die Herleitung des Mehrgrößennyquistkriteriums gelingt am einfachsten, wenn man auf die Zustandsbeschreibung der zu $\underline{G}(p)$ gehörenden Strecke übergeht, wie dies in Bild 3.32 mit der Systemmatrix $\underline{A}$ und den Ein- und Ausgangsmatrizen $\underline{B}$ und $\underline{C}$, dargestellt ist. Die Realisierung ($\underline{A}$, $\underline{B}$, $\underline{C}$) wird dabei als Minimalrealisierung vorausgesetzt. Dann lautet die Übertragungsmatrix

(3.162) $$\underline{G}(p) = \frac{\underline{Z}(p)}{\Delta(p)} = \underline{C}\,(\underline{E}p-\underline{A})^{-1}\underline{B}$$

mit

(3.163) $$\Delta(p) = \det(\underline{E}p-\underline{A}) \quad .$$

Die innere Rückkopplung im Strukturbild 3.32 mit der Matrix $\underline{A}$ läßt sich mit der äußeren Rückkopplung über die Matrix $\underline{B}\,\underline{\mu}^{-1}\underline{C}$ zu $\underline{A}+\underline{B}\,\underline{\mu}^{-1}\underline{C}$

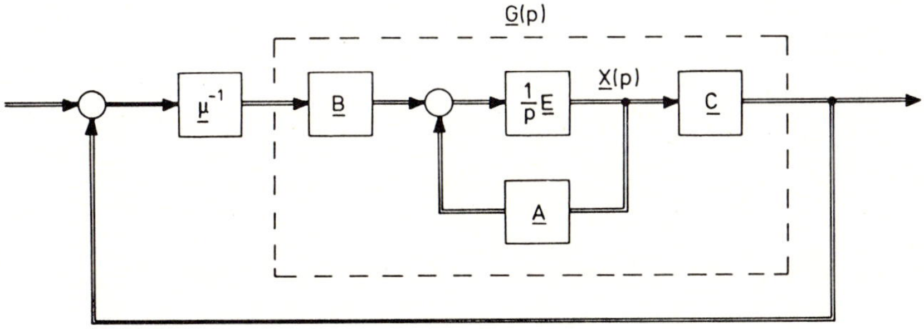

Bild 3.32: Regelkreis nach Bild 3.31 in Zustandsdarstellung

zusammenfassen, woraus wir sofort für die Führungsübertragungsmatrix $\underline{T}(p)$ die neue Darstellung

(3.164) $$\underline{T}(p) = \underline{C}\,[\underline{E}p-\underline{A}-\underline{B}\,\underline{\mu}^{-1}\underline{C}]^{-1}\underline{B}\,\underline{\mu}^{-1} =: \frac{\underline{Z}_T(p)}{\Delta_T(p)}$$

mit

(3.165) $$\Delta_T(p) = \det\,[\underline{E}p-\underline{A}-\underline{B}\,\underline{\mu}^{-1}\underline{C}]$$

erhalten. Mit der Determinantenrechenregel

(3.166) $$\det\,[\underline{E} + \underline{P}\,\underline{Q}] = \det\,[\underline{E} + \underline{Q}\,\underline{P}] ,$$

worin $\underline{P}$ eine beliebige kxl Matrix, $\underline{Q}$ eine beliebige lxk Matrix und $\underline{E}$ die jeweils passende Einheitsmatrix ist, formen wir das Polynom $\Delta_T(p)$ um, wobei $\underline{P} = (\underline{E}p-\underline{A})^{-1}\underline{B}\,\underline{\mu}^{-1}$ und $\underline{Q} = \underline{C}$ gesetzt wird:

$$\begin{aligned}\Delta_T(p) &= \det\,[\underline{E}p-\underline{A}-\underline{B}\,\underline{\mu}^{-1}\underline{C}]\\ &= \det\,[\underline{E}p-\underline{A}]\,\det\,[\underline{E} - (\underline{E}p-\underline{A})^{-1}\underline{B}\,\underline{\mu}^{-1}\underline{C}]\\ &= \det\,[\underline{E}p-\underline{A}]\,\det\,[\underline{E} - \underline{C}(\underline{E}p-\underline{A})^{-1}\underline{B}\,\underline{\mu}^{-1}]\\ &= \Delta(p)\,\det\,[\underline{E} - \underline{G}(p)\underline{\mu}^{-1}] .\end{aligned}$$

Das Verhältnis der Nennerpolynome der Übertragungsmatrizen vom geschlossenen und offenen Kreis ist also durch

(3.167) $$\frac{\Delta_T(p)}{\Delta(p)} = \det\,[\underline{E} - \underline{G}(p)\underline{\mu}^{-1}]$$

gegeben. Von diesem Ausdruck untersuchen wir die stetige Winkeländerung entlang der Kurve $\partial\Omega_\varepsilon$: Damit T(p) analytisch in Ω_ε ist, müssen alle Nullstellen von $\Delta_T(p)$ außerhalb von Ω_ε liegen. Würden auch alle Nullstellen von $\Delta(p)$ außerhalb von Ω_ε liegen, ergäbe die Winkeländerung entlang $\partial\Omega_\varepsilon$ den Wert null, da beide Polynome gleichen Grad besitzen. Für jede Nullstelle von $\Delta(p)$, die im Innern von Ω_ε liegt, ändert sich der Beitrag zur Winkeländerung um den Wert 2π. Nullstellen von $\Delta(p)$ auf dem Rand $\partial\Omega_\varepsilon$ geben als stetige Winkeländerung nur den halben Beitrag, so daß die <u>Mehrgrößennyquistbedingung</u>

(3.168) $$\underset{p\varepsilon\partial\Omega_\varepsilon}{\Delta} \det\,[\underline{E} - \underline{G}(p)\underline{\mu}^{-1}] = 2\pi\, n_r + n_a =: \pi N$$

erfüllt werden muß, wenn $\underline{T}(p)$ und damit $\underline{G}_\mu^{-1}(p)$ analytisch in Ω_ε sein sollen. Die Anzahl der Pole von $\Delta(p)$ im Innern von Ω_ε ist dabei mit

n_r, die der Pole auf dem Rand $\partial\Omega_\varepsilon$ mit n_a bezeichnet. Es gilt

$$\det[\underline{E} - \underline{G}(p)\underline{\mu}^{-1}] = \det[\underline{G}(p) - \underline{\mu}]\det[-\underline{\mu}^{-1}]$$

$$= \det[\underline{G}_\mu(p)]\det[-\underline{\mu}^{-1}] \quad ,$$

so daß wir statt (3.168) auch

(3.169) $$\underset{p\varepsilon\partial\Omega_\varepsilon}{\Delta} \arg\det[\underline{G}_\mu(p)] = \pi N$$

schreiben können, da die Konstante $\det(-\underline{\mu}^{-1})$ zur Winkeländerung keinen Beitrag liefert. Die Determinante einer Matrix ist das Produkt aller ihrer Eigenwerte, so daß wir schließlich zu der Winkelbedingung

(3.170) $$\underset{p\varepsilon\partial\Omega_\varepsilon}{\Delta} \arg\prod_{i=1}^{n}\lambda_i[\underline{G}_\mu(p)] = \sum_{i=1}^{n}\underset{p\varepsilon\partial\Omega_\varepsilon}{\Delta}\arg\lambda_i[\underline{G}_\mu(p)] = \pi N$$

gelangen, worin $\lambda_i[\underline{G}(p)]$ die Eigenwerte von $\underline{G}(p)$ bezeichnen. Diese dürfen keinesfalls mit den Eigenwerten der Systemmatrix $\underline{A}$ (Pole von $\Delta(p)$) verwechselt werden.

3. Da die Winkelbedingung (3.170) eine Eigenwertberechnung notwendig machen würde, ist immer noch nicht die angestrebte einfache graphische Interpretation erreicht. Nur im Spezialfall einer Diagonalmatrix sind die Eigenwerte von $\underline{G}_\mu(p)$ gleich den Diagonalelementen

(3.171) $$G_{\mu ii}(p) = G_{ii}(p) - \mu_i \quad ,$$

deren stetige Winkeländerungen

(3.172) $$N_i := \frac{1}{\pi}\underset{p\varepsilon\partial\Omega_\varepsilon}{\Delta}\arg(G_{ii}(p) - \mu_i)$$

dann der Gleichung

(3.173) $$N_G := \sum_{i=1}^{n} N_i = N = 2n_r + n_a$$

genügen müßten. Wir werden jedoch zeigen, daß auch im Fall einer Nicht-Diagonalmatrix die Prüfung der Bedingung (3.173) ausreicht, wobei die Größen N_i weiterhin nur durch die Diagonalelemente $G_{ii}(p)$ nach (3.172) bestimmt werden: Dazu definieren wir in Abhängigkeit eines Parameters $\zeta \varepsilon [0,1]$ die Matrix

(3.174) $$\underline{G}(p;\zeta) := \zeta\,\underline{G}(p) + (1-\zeta)\mathrm{diag}(G_{ii}(p)) \, .$$

Offensichtlich gilt $\underline{G}(p;1) = \underline{G}(p)$, während $\underline{G}(p;0)$ eine Diagonalmatrix mit den Elementen $G_{ii}(p)$ ist. Entsprechend zu $\underline{G}_{\mu}(p)$ definieren wir

(3.175) $$\underline{G}_{\mu}(p;\zeta) := \underline{G}(p;\zeta) - \underline{\mu}$$

und ähnlich zu der Matrix $\tilde{\underline{G}}_{\mu}(p)$, die im Verlauf des Beweises von Satz (3.156) eingeführt wurde,

(3.176) $$\tilde{\underline{G}}_{\mu}(p;\zeta) = \underline{V}^{-1}\ \underline{G}_{\mu}(p;\zeta)\ \underline{U}^{-1} \quad .$$

Die stetige Winkeländerung von $\det(\underline{G}_{\mu}(p;0))$, $p \in \partial\Omega_{\varepsilon}$, liefert also wie oben angenommen den Wert πN_G. Wegen

$$\det(\tilde{\underline{G}}_{\mu}(p;\zeta)) = \det(\underline{V}^{-1})\det(\underline{G}_{\mu}(p;\zeta))\det(\underline{U}^{-1}) \quad ,$$

ergibt auch die stetige Winkeländerung von $\det(\tilde{\underline{G}}_{\mu}(p;0))$ den Wert πN_G, da die Konstante $\det(\underline{V}^{-1})\det(\underline{U}^{-1})$ hierzu nichts beiträgt. Im Verlauf des Beweises der Fassung (3.156) des Mehrgrößenkreiskriteriums wurde mit Hilfe des Satzes (A3.97) gezeigt, daß die Hilbert-Norm von $\tilde{\underline{G}}_{\mu}^{-1}(p) = \tilde{\underline{G}}_{\mu}^{-1}(p;1)$ für $p \in \partial\Omega_{\varepsilon}$ kleiner 1 ist, wenn die Voraussetzung (3.158) erfüllt ist. Die modifizierte Matrix $\underline{G}(p;\zeta)$ erfüllt dann aber für $\zeta \in [0,1]$ die Voraussetzung (3.158) erst recht, womit die Aussage über die Hilbert-Norm von $\tilde{\underline{G}}_{\mu}^{-1}(p;\zeta)$ für alle $\zeta \in [0,1]$ gilt. Nach Satz (A3.97) sind daher auch alle Eigenwerte von $\tilde{\underline{G}}_{\mu}^{-1}(p;\zeta)$ für $p \in \partial\Omega_{\varepsilon}$ und $\zeta \in [0,1]$ betragsmäßig kleiner 1. Die Eigenwerte von $\tilde{\underline{G}}_{\mu}(p,\zeta)$ und auch die Determinante als Produkt der Eigenwerte sind also alle vom Betrage größer als 1. Sollte nun die Ortskurve $\det(\tilde{\underline{G}}_{\mu}(p,\zeta))$, $p \in \partial\Omega_{\varepsilon}$, den Ursprung für $\zeta = 0$ weniger oder öfter umschlingen als für $\zeta = 1$, ist dies nur möglich, wenn die Ortskurve, die sich stetig mit dem Parameter ζ ändert, für einen Zwischenwert $\zeta_0 \in [0,1]$ durch den Ursprung läuft, also $\det(\tilde{\underline{G}}_{\mu}(p_0;\zeta_0)) = 0$ für einen Punkt $p_0 \in \partial\Omega_{\varepsilon}$. Dies widerspricht aber der obigen Aussage. Deshalb reicht es aus, daß beim Vorliegen der Voraussetzung (3.158) die Diagonalelemente $G_{ii}(p)$ der Winkelbedingung (3.173) genügen, um die Analytizität von $\underline{G}_{\mu}^{-1}(p)$ in Ω_{ε} nachzuweisen.

(3.177) **Bemerkung:**

Bei der vorangegangenen Ableitung müssen die Anzahlen n_r und n_a des charakteristischen Polynoms $\Delta(p)$ im Inneren und auf dem Rand von Ω_{ε} bekannt sein. Bestimmt man diese Anzahlen nicht direkt aus $\Delta(p) = \det(\underline{E}s-\underline{A})^{-1}$, sondern bestimmt statt dessen die Nullstellen des kleinsten gemeinsamen Nennerpolynoms der Elemente von $\underline{G}(p)$, ist es möglich, zu einem falschen Ergebnis zu gelangen. So ist z.B. eine Minimalrealisierung der Übertragungsmatrix

$$\underline{G}(p) = \frac{1}{p+a} \begin{bmatrix} 1 & 2 \\ 3 & 4 \end{bmatrix}$$

durch die Matrizen

$$\underline{A} = \begin{bmatrix} -a & 0 \\ 0 & -a \end{bmatrix}, \quad \underline{B} = \begin{bmatrix} 1 & 0 \\ 0 & 1 \end{bmatrix}, \quad \underline{C} = \begin{bmatrix} 1 & 2 \\ 3 & 4 \end{bmatrix}$$

gegeben. Eine Minimalrealisierung mit einer Ordnung der Systemmatrix $\underline{A}$ kleiner als 2 existiert nicht, obwohl es zunächst nach alleiniger Betrachtung des Nennerpolynoms mit einer einzigen Nullstelle so erscheinen mag. Das maßgebliche Polynom $\Delta(p)$ ist also

$$\Delta(p) = \det(\underline{E}p-\underline{A}) = (p+a)^2$$

und nicht das Nennerpolynom p+a. Liegt die Nullstelle p = a im "instabilen" Bereich Ω_ε, z.B. Re(-a) > 0, muß diese in der Nyquistbedingung (3.173) doppelt gezählt werden: $n_r = 2$. Es ist daher zweckmäßig, im Falle "instabiler" Polstellen von der Zustandsdarstellung des Systems auszugehen. ■

In Satz (3.178) geben wir nun eine Zusammenfassung der Ergebnisse:

(3.178) Satz (Mehrgrößenkreiskriterium):

Für die Komponenten $N_i \in S(\nu_{1i},\nu_{2i})$ gelte $\nu_{1i}\nu_{2i} > 0$ für alle i. Bleibt jeweils das i-te modifizierte Gerschgorinband für $p \in \partial\Omega_\varepsilon$ außerhalb des verbotenen Gebietes $V(\nu_{1i},\nu_{2i})$ (d.h. es wird die Bedingung (3.158) erfüllt) und genügen die Ortskurven $G_{ii}(p)$, $p \in \partial\Omega_\varepsilon$, der Nyquistbedingung (3.172), (3.173), so ist der Mehrgrößenregelkreis L_p^n-stabil vom Grad ε. ■

3.4 Modifikationen des Kreiskriteriums

Neben dem Kreiskriterium wurde von Popov für den Fall zeitkontinuierlicher Eingrößensysteme ein weiteres Stabilitätskriterium angegeben (siehe z.B. HSU, MEYER [3.8], S.372 ff). Dieses bezieht sich wie das Kreiskriterium auf die Struktur des Standardregelkreises nach Bild 3.11. Das Stabilitätskriterium nach Popov gestattet bezüglich einer vorgegebenen Übertragungsfunktion G(s) des Teilsystems Γ im allgemeinen einen größeren Sektor für das Teilsystem N als das Kreiskriterium liefert. Diesen Vorteil des Popov-Kriteriums gegenüber dem Kreiskriterium stehen zwei Nachteile gegenüber: Im Gegensatz zum Kreiskriterium, bei dem Sektorfunktionen durchaus dynamische Systeme (mit "Gedächtnis") sein dürfen, fordert das Popovkriterium zusätzlich eindeutige statische (eventuell hysteretische) Kennlinien. Weiterhin ist bei der Ortskurveninterpretation des Popov-Kriteriums statt G(s), $s \in \partial\Omega_\varepsilon$, eine modifizierte Ortskurve zu zeichnen.

Historisch wurde bei der Entwicklung des Popov-Kriteriums ein anderer Weg beschritten als beim Kreiskriterium. So sind Zugänge über Ljapunov-Funktionen oder über die Hyperstabilitätstheorie möglich. Dementsprechend bezog sich die Aussage auch auf andere Stabilitätsbegriffe wie die asymptotische Ljapunov-Stabilität, bei der Eingangsgrößen des Regelkreises nicht zugelassen sind.

Später gelang es ZAMES [3.17] zu zeigen, daß das Popov-Kriterium durch eine Transformation aus dem Kreiskriterium zu erhalten ist. Dadurch überträgt sich der beim Kreiskriterium verwendete Begriff aus der L_2-Stabilität auf das Popov-Kriterium. Wir wollen dieses Vorgehen im folgenden nur grob skizzieren:

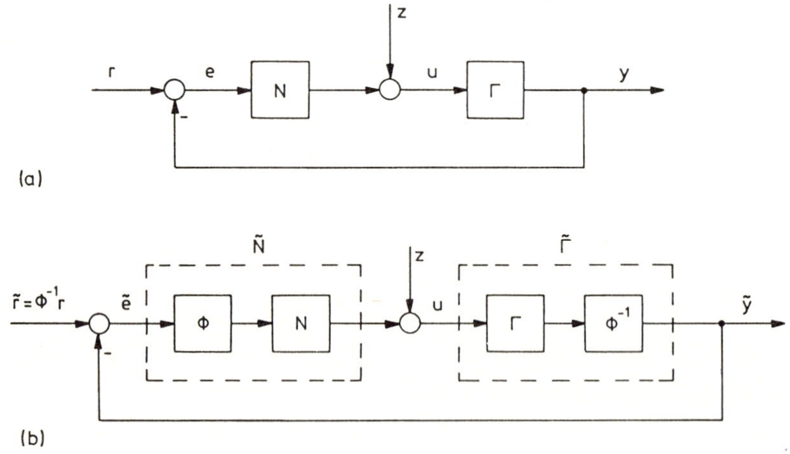

Bild 3.33: Strukturumformung des Standardregelkreises durch Einfügen von Operatoren Φ und Φ^{-1}

Wie in Bild 3.33 dargestellt ist, fügt man in den Regelkreis einen Operator $\Phi^{-1}\Phi = I$ (Identität) ein. Dieser wird aufgespalten und die Teile Φ und Φ^{-1} werden mit den Systemen N und Γ zu den neuen Operatoren

$$\begin{aligned} \tilde{N} &= N\Phi \quad , \\ \tilde{\Gamma} &= \Phi^{-1}\Gamma \end{aligned} \tag{3.179}$$

zusammengefaßt. Im allgemeinen ist das transformierte Teilsystem $\tilde{N}$ keine Sektorfunktion mehr. Unter zusätzlichen Einschränkungen läßt sich jedoch zeigen, daß $\tilde{N}$ der verallgemeinerten Sektorbedingung

$$||\tilde{N}\,\tilde{e} - \tilde{\nu}_m \tilde{e}||_2 \leq \Delta\tilde{\nu}\, ||\tilde{e}||_2 \qquad \text{für alle } \tilde{e} \tag{3.180}$$

mit

$$\begin{aligned} \tilde{\nu}_m &:= \frac{1}{2}\left[\tilde{\nu}_2 + \tilde{\nu}_1\right] \quad , \\ \Delta\tilde{\nu} &:= \frac{1}{2}\left[\tilde{\nu}_2 - \tilde{\nu}_1\right] \end{aligned} \tag{3.181}$$

genügt: Ist N eine Sektorfunktion aus $S(\nu_1,\nu_2)$ mit einer eindeutigen statischen Kennlinie

$$(N\,e)(t) = f(e(t)) \tag{3.182}$$

und wird für Φ ein VZ1-Glied mit der Übertragungsfunktion

$$F(s) = \frac{1}{1+qs} \quad , \qquad q \geq 0 \quad , \tag{3.183}$$

gewählt, befriedigt im Fall $\nu_1 \leq 0 \leq \nu_2$ das zusammengesetzte Teilsystem $\tilde{N}$ die verallgemeinerte Sektorbedingung ebenfalls mit den Sektorgrenzen

$$\tilde{\nu}_1 = \nu_1 \ , \qquad \tilde{\nu}_2 = \nu_2 \ . \tag{3.184}$$

Im Fall $0 < \nu_1 \leq \nu_2$ ist $\tilde{N}$ eine verallgemeinerte Sektorfunktion mit

$$\tilde{\nu}_1 = 0 \ , \qquad \tilde{\nu}_2 = \nu_2 \ . \tag{3.185}$$

Entsprechendes gilt für $\nu_1 \leq \nu_2 < 0$.

Im Fall der einfachen L_2-Stabilität (Stabilitätsgrad $\varepsilon = 0$) kann das Kreiskriterium ohne Schwierigkeiten auch für verallgemeinerte Sektorfunktionen formuliert werden. Die Anwendung des Kreiskriteriums auf die Übertragungsfunktion

$$\tilde{G}(s) = F(s)G(s) = (1+qs)G(s) \tag{3.186}$$

des transformierten Teilsystems $\tilde{\Gamma}$ führt dann auf das Popov-Kriterium, welches wir aber nur für Sektorfunktionen aus $S(0,\nu)$, $\nu > 0$, darstellen.

(3.187) **Satz (Popov-Kriterium):**

Es liege ein nichtlinearer Standardregelkreis nach Bild 3.33a vor. Das Teilsystem N sei eine eindeutige statische Kennlinie nach (3.182) aus $S(0,\nu)$ mit $\nu > 0$ und die Übertragungsfunktion $G(s)$ des linearen zeitinvarianten Teilsystems sei analytisch in Ω $(\mathrm{Re}(s) \geq 0)$. Gilt mit einer frei wählbaren Konstante $q \in \mathbb{R}$

(3.188) $$\mathrm{Re}\left[(1+qs)G(s)\right] > -\frac{1}{\nu} \quad \text{für alle } s = j\omega \text{ , } \omega \geq 0$$

ist der Regelkreis L_2-stabil, wenn neben r, $z \in L_2$ auch die Zeitableitung $\dot{r}$ Funktion aus L_2 ist. ■

(3.189) **Bemerkungen:**

Obwohl in (3.183) $q \geq 0$ vorausgesetzt wurde, gelingt es durch zusätzliche Überlegungen, auch negative q zuzulassen.

Ist die Sektorfunktion N entgegen der Voraussetzung des Satzes (3.187) keine eindeutige Kennlinie, sondern besitzt sie eine Hysterese mit zwei verschieden durchlaufenen Kennlinienästen, bleibt die Aussage des Satzes (3.187) gültig, wenn für passive Hysteresen die Einschränkung $q \geq 0$, für aktive Hysteresen die Einschränkung $q \leq 0$ gemacht wird. Eine passive Hysterese liegt vor, wenn mit der Bezeichnungsweise (2.79) für die beiden Kennlinienäste

$$f_+[e(t)] \leq f_-[e(t)] \qquad \text{für alle } e(t)$$

gilt. Bei einer aktiven Hysterese gilt das umgekehrte Ungleichheitszeichen.

Ein Vergleich mit dem Kreiskriterium zeigt, daß für $q = 0$ die Forderung (3.188) genau in die Bedingung (3.82) des Kreiskriteriums für Sektoren aus $S(0,\nu)$ übergeht. ■

(3.190) **Graphische Interpretation des Popov-Kriteriums**

Spalten wir $G(s)$ nach Real- und Imaginärteil auf,

$$G(s) = G_r(s) + j\,G_i(s) \quad ,$$

kann die Popov-Bedingung (3.188) auch in der Form

$$\mathrm{Re}\left[(1+qj\omega)(G_r(j\omega) + jG_i(j\omega))\right] > -\frac{1}{\nu}$$

(3.191) $$G_r(j\omega) - q\omega G_i(j\omega) > -\frac{1}{\nu}$$

geschrieben werden. Um zu einer graphischen Interpretation zu gelangen, führt man die sogenannte Popov-Ortskurve

(3.192) $$G^*(j\omega) := G_r(j\omega) + j\omega G_i(j\omega)$$

ein. Diese muß nach der Bedingung (3.191) in der komplexen Ebene rechts von einer Geraden liegen, die durch den Punkt $-1/\nu$ tritt und die Steigung $1/q$ besitzt (Popov-Gerade). Man betrachte dazu Bild 3.34.

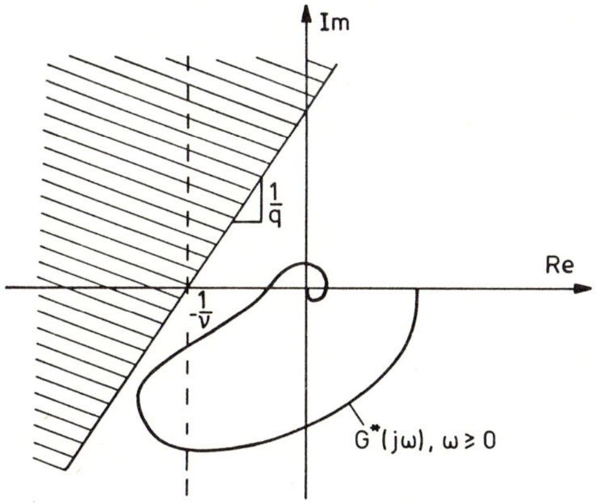

Bild 3.34: Popov-Ortskurve mit der Popov-Geraden

Man erkennt, daß das ursprüngliche Kreiskriterium für die in Bild 3.34 dargestellte Ortskurve keine Stabilitätsaussage ermöglicht, da dann die Ortskurve rechts von der gestrichelt eingezeichneten Geraden bleiben müßte (man vergleiche Bild 3.22c). Durch Wahl einer geeigneten Steigung $1/q$ ist mit dem Popov-Kriterium hier eine Stabilitätsaussage möglich.

Zu einem weiteren bemerkenswerten Satz gelangt man, indem man das oben vorgestellte Konzept der Regelkreistransformation auf kompliziertere "Multiplikatoren" Φ ausdehnt (siehe CHO, NARENDRA [3.4]). Dazu muß aber die Klasse der Nichtlinearitäten auf inkrementelle Sektorfunktionen eingeschränkt werden, die der Bedingung

(3.193)
$$(N\,e)(t) = 0 \quad \text{für} \quad e(t) = 0 \; ,$$

$$\nu_1 \leq \frac{(N\,e_1)(t) - (N\,e_2)(t)}{e_1(t) - e_2(t)} \leq \nu_2$$

für alle e_i, t genügen (siehe auch (3.15)).

(3.194) Satz (Modifiziertes Kreiskriterium für inkrementelle Sektorfunktionen):

Das Teilsystem N des Standardregelkreises sei eine eindeutige Kennlinie entsprechend (3.182), die die inkrementelle Sektorbedingung (3.193) mit Konstanten ν_1, ν_2 erfüllt. Befriedigt die Ortskurve G(s), $s \in \partial\Omega$ ($s = j\omega$, $\omega \in \mathbb{R}$), für den Punkt $-1/\nu_m$ die Nyquistbedingung (3.88) und bleibt G(s), $s = j\omega$, für $\omega \geq 0$ außerhalb eines modifizierten Gebiets, dessen Lage für die verschiedenen Fälle der Konstanten ν_1, ν_2 in Bild 3.35 dargestellt ist, ist der Regelkreis L_2-stabil. ■

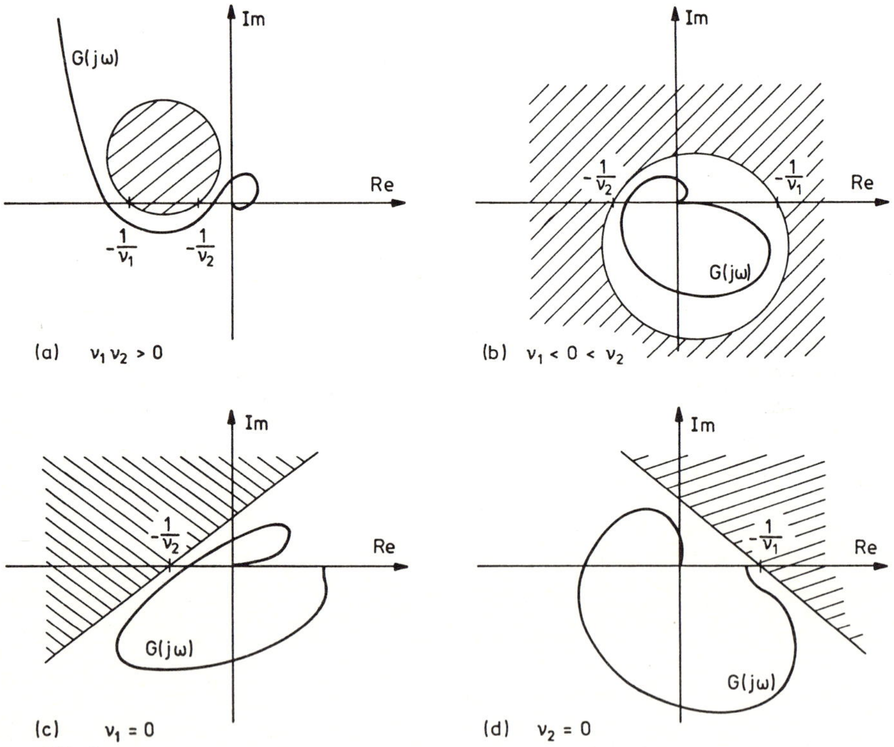

Bild 3.35: Verbotene Gebiete des modifizierten Kreiskriteriums (3.194)

Wie beim ursprünglichen Kreiskriterium besteht das verbotene Gebiet aus Kreisflächen oder Halbebenen, deren Ränder die reelle Achse wie auch $\partial V(\nu_1,\nu_2)$ in den Punkten $-1/\nu_1$ und $-1/\nu_2$ schneiden. Während aber für ν_1, $\nu_2 \neq 0$ beim Gebiet $V(\nu_1,\nu_2)$ die Mittelpunkte der Kreise stets auf der reellen Achse liegen, können hier die Mittelpunkte der Kreise auch abseits der reellen Achse gewählt werden. Im Fall $\nu_1 = 0$ oder $\nu_2 = 0$ dürfen die "Steigungen" der Begrenzungsgeraden frei gewählt werden, wobei auch hier der Punkt ∞ mit zum Gebiet gehört, so daß Polstellen von $G(s)$ auf der imaginären Achse nicht zulässig sind.

Durch diese Wahlmöglichkeiten gelingt es im allgemeinen, einen wesentlich größeren Sektor des Teilsystems N zuzulassen, als dies mit dem ursprünglichen Kreiskriterium möglich ist.

3.5 L_∞-Stabilität

Verschiedene Gründe können maßgeblich sein, statt der L_2-Stabilität die L_∞-Stabilität zu untersuchen: Besteht die Aufgabe, einen Regelkreis zu entwerfen, bei dem technisch vorgegebene Grenzwerte wie maximale Spannung oder Druck unbedingt eingehalten werden müssen, ist die Verwendung der Begriffe des Raums L_∞ ein geeignetes Mittel, dieses Problem zu bearbeiten. Die Normen von Funktionen des Raums L_∞ sind die betragsmäßigen Maximalwerte. Gewinnt man durch die L_∞-Stabilität eine Abschätzung der Normen, gilt diese Abschätzung erst recht für jeden Funktionswert zu beliebigen Zeitpunkten. Im Gegensatz dazu liefert die Methode der L_2-Stabilität Aussagen über die Integrale bzw. Summen der Quadrate der Systemgrößen, welche keine Aussagen über die Maximalwerte gestatten.

Ein anderer Grund, statt der L_2- die L_∞-Stabilität zu verwenden, kann darin liegen, daß der Regelkreis gar nicht L_2-stabil ist, während die L_∞-Stabilität noch gezeigt werden kann. In diesem Fall wählt man den zu untersuchenden Stabilitätsbegriff weniger aufgrund technischer Anforderungen wie bei der ersten Aufgabenstellung, sondern man benutzt denjenigen Stabilitätsbegriff, für den sich überhaupt noch Stabilität nachweisen läßt. Natürlich ist auch der umgekehrte Fall denkbar, bei dem L_2-Stabilität, aber keine L_∞-Stabilität nachweisbar ist (man beachte aber den Satz (3.203)).

Mit den im Anhang A3 zur Verfügung stehenden Mitteln und dem Rückgriff auf einzelne Punkte in den vorangegangenen Abschnitten läßt sich unmittelbar ein Stabilitätssatz formulieren, den wir aber nur für Eingrößensysteme darstellen. Eine Stabilitätsaussage im Raum L_∞^n für Mehrgrößensysteme läßt sich ähnlich wie im Abschnitt 3.3 gewinnen: Dazu müssen dann zusätzlich Matrizennormen der Gewichtsfunktionsmatrix eingearbeitet werden. Die Existenz der Lösungen der Regelkreisgleichungen im Raum $L_{\infty e}$ wird allgemein vorausgesetzt, um die Stabilitätssätze (3.21) und (3.29) anwenden zu können.

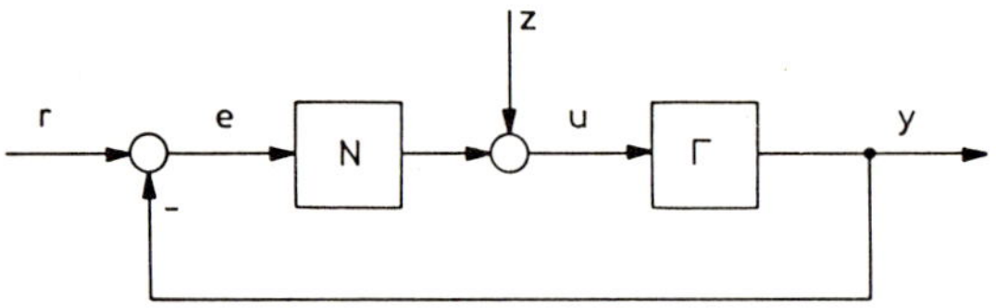

Bild 3.36: Nichtlinearer Standardregelkreis

(3.195) Satz (L_∞-Stabilität):

Es liege ein nichtlinearer Standardregelkreis nach Bild 3.36 vor. N sei eine Sektorfunktion aus $S(-\nu,\nu)$ und die Gewichtsfunktion bzw. -folge g des linearen Teilsystems Γ erfülle mit einer Konstanten $\gamma_\varepsilon \geq 0$ die Abschätzung

(3.196) $$\int_{-\infty}^{\infty} |g(t)|\, e^{\varepsilon t}\, dt \leq \gamma_\varepsilon$$

bzw.

(3.197) $$\sum_{i=-\infty}^{\infty} |g(i)| e^{\varepsilon i} \leq \gamma_\varepsilon \quad .$$

Gilt

(3.198) $$\alpha_\varepsilon := \gamma_\varepsilon \nu < 1 \quad ,$$

so ist der Regelkreis L_∞-stabil vom Grad ε und es lassen sich die Abschätzungen

(3.199) $$|y(t)| \leq \frac{\alpha_\varepsilon \rho_\varepsilon + \gamma_\varepsilon \zeta_\varepsilon}{1 - \alpha_\varepsilon}\, e^{-\varepsilon t} \quad ,$$
$$|e(t)| \leq \frac{\rho_\varepsilon + \gamma_\varepsilon \zeta_\varepsilon}{1 - \alpha_\varepsilon}\, e^{-\varepsilon t} \quad ,$$
$$|u(t)| \leq \frac{\nu \rho_\varepsilon + \zeta_\varepsilon}{1 - \alpha_\varepsilon}\, e^{-\varepsilon t}$$

für alle t angeben. Hierbei sind

$$\rho_\varepsilon := ||r_\varepsilon||_\infty = \sup_t |r(t)e^{\varepsilon t}| \quad ,$$

(3.200)

$$\zeta_\varepsilon := ||z_\varepsilon||_\infty = \sup_t |z(t)e^{\varepsilon t}|$$

die L_∞-Normen der gewichteten Eingangsgrößen r_ε, z_ε. ■

Beweis:

Wir wenden den allgemeinen Stabilitätssatz (3.21) an, um zunächst den Beweis für die einfache L_∞-Stabilität, also $\varepsilon = 0$, zu führen. N ist eine Sektorfunktion aus $S(-\nu,\nu)$ und erfüllt daher die Abschätzung (3.24), d.h. $||N||_\infty \leq \nu$. Da die Voraussetzung (3.196) bzw. (3.197) an die Gewichtsfunktion bzw. -folge für $\varepsilon = 0$ auch als $||g||_1 \leq \gamma$ geschrieben werden kann, liefert die Anwendung des Satzes (A3.60) (siehe auch Bemerkung (A3.62)) für die Norm des linearen Operators

$$||\Gamma||_\infty = ||g||_1 \leq \gamma \quad .$$

Damit sind zusammen mit (3.198) die Voraussetzungen des allgemeinen Stabilitätssatzes (3.21) erfüllt, womit für den Stabilitätsgrad $\varepsilon = 0$ die L_∞-Stabilität nachgewiesen ist. Die Abschätzungen (3.199) ergeben sich unmittelbar aus (3.26).

Für $\varepsilon \neq 0$ ist bereits im Beweis des Kreiskriteriums (3.57) gezeigt worden, daß das dann zu prüfende transformierte nichtlineare System

$$N_\varepsilon = E_\varepsilon N E_{-\varepsilon}$$

ebenfalls eine Sektorfunktion aus $S(-\nu,\nu)$ ist. Bei dem linearen Teilsystem ist im Laplace- bzw. Z-Bereich nach (3.63), (3.64) die Substitution

$$G_\varepsilon(s) = G(s-\varepsilon)$$

bzw.

$$G_\varepsilon(z) = G(ze^\varepsilon)$$

durchzuführen. Im Zeitbereich bedeutet dies aber nach der Rechenregel Nr. 6 in (A2.19) bzw. (A2.51) eine Multiplikation mit der Exponentialfunktion, so daß die transformierte Gewichtsfunktion

$$g_\varepsilon(t) = g(t)e^{\varepsilon t}$$

bzw. die Gewichtsfolge

$$g_\varepsilon(i) = g(i)e^{\varepsilon i}$$

entsteht. Mit der Voraussetzung (3.196) bzw. (3.197) folgt also

$$||r_\varepsilon||_\infty = ||g_\varepsilon||_1 \leq \gamma_\varepsilon ,$$

womit die Bedingungen für die exponentielle Stabilität entsprechend dem Abschnitt 3.1.3 erfüllt sind. Die Abschätzungen (3.26) gelten dann für die gewichteten Funktionen r_ε, z_ε, e_ε, u_ε, y_ε. Bringt man dann in

$$|y(t)e^{\varepsilon t}| = |y_\varepsilon(t)| \leq ||y_\varepsilon||_\infty \leq \frac{\alpha_\varepsilon||r_\varepsilon||_\infty + \gamma_\varepsilon||z_\varepsilon||_\infty}{1 - \alpha_\varepsilon}$$

die Exponentialfunktion auf die rechte Ungleichungsseite, entsteht die Abschätzung (3.199). Ebenso erhält man die Abschätzungen für u(t) und e(t). ■

(3.201) **Bemerkung (Asymmetrische Sektorfunktionen):**

Anders als beim Kreiskriterium ist es hier leider schlecht möglich, "asymmetrische" Sektorfunktionen aus $S(\nu_1,\nu_2)$, $-\nu_1 \neq \nu_2$, direkt in die Formulierung des Satzes über die L_∞-Stabilität einzuarbeiten. Um asymmetrische Sektorfunktionen auch in bezug auf die L_∞-Stabilität zu untersuchen, kann aber selbstverständlich die Strukturumformung nach Bild 3.21 durchgeführt werden, nur daß hier die zum linearen Teilsystem Γ_m gehörende Gewichtsfunktion explizit bestimmt werden muß, während dies beim Kreiskriterium nicht nötig ist. ■

Der Bemerkung (A3.62) entnehmen wir, daß die Norm des Operators Γ im Raum L_∞ stets eine obere Schranke für die Normen von Γ in allen anderen Räumen L_p, $p \leq 1 < \infty$, ist:

(3.202) $$||\Gamma||_p \leq ||\Gamma||_\infty = ||g||_1 \quad .$$

Die Norm $||\Gamma||_\infty$ wird durch das Integral oder die Summe des Betrags der Gewichtsfunktion oder -folge angegeben. Da weiterhin eine nichtlineare Sektorfunktion aus $S(-\nu,\nu)$ in allen Räumen L_p die Bedingung $||N||_p \leq \nu$ befriedigt, kann sofort folgender Satz formuliert werden.

(3.203) **Satz (L_p-Stabilität):**

Unter den Voraussetzungen des Satzes (3.195) ist der Regelkreis L_p-stabil vom Grade ε für jedes $p \in [1,\infty]$. ■

(3.204) **L_∞-Normen von Systemen 1. und 2. Ordnung:**

Wie in (3.69) für den Fall der L_2-Normen soll hier die jeweils kleinstmögliche Schranke

$$\gamma_\varepsilon = ||\Gamma_\varepsilon||_\infty$$

des linearen Teilsystems für Systeme 1. und 2. Ordnung allgemein bestimmt werden.

Zu der Laplace-Übertragungsfunktion

$$G(s) = \frac{V}{1 + \frac{s}{a}} \quad , \quad a \in \mathbb{R} \, , \quad V \geq 0 \quad , \tag{3.205}$$

gehört die Gewichtsfunktion

$$g(t) = V\, a\, e_+^{-at} \quad , \tag{3.206}$$

wobei wir mit der Schreibweise $(\cdot)_+$ entsprechend (A2.20) die für $t < 0$ abgeschnittene Funktion bezeichnen. Es ergibt sich

$$||\Gamma_\varepsilon||_\infty = \int_{-\infty}^{\infty} |g(t)| e^{\varepsilon t} dt = V\, a \int_0^{\infty} e^{(\varepsilon - a)t} dt \quad ,$$

$$||\Gamma_\varepsilon||_\infty = \frac{Va}{a-\varepsilon} = \frac{V}{1 - \frac{\varepsilon}{a}} \quad . \tag{3.207}$$

Damit das Integral konvergiert, muß $a > \varepsilon$ vorausgesetzt werden. Es ergibt sich die gleiche Konstante wie im Fall der L_2-Norm (3.69).

Die Z-Übertragungsfunktion

$$G(z) = \frac{Vz}{z-a} \quad , \quad a \in \mathbb{R} \, , \quad V \geq 0 \tag{3.208}$$

hat als Rücktransformierte nach Tabelle (A2.83), Nr.4 die Gewichtsfolge

$$g(k) = V\, a_+^k \quad . \tag{3.209}$$

Für die Schranke $||\Gamma_\varepsilon||_\infty$ erhalten wir

$$||\Gamma_\varepsilon||_\infty = \sum_{k=-\infty}^{\infty} |g(k)| e^{\varepsilon k} = V \sum_{k=0}^{\infty} |a|^k e^{\varepsilon k}$$

$$= V \sum_{k=0}^{\infty} [\,|a| e^{\varepsilon}]^k \quad ,$$

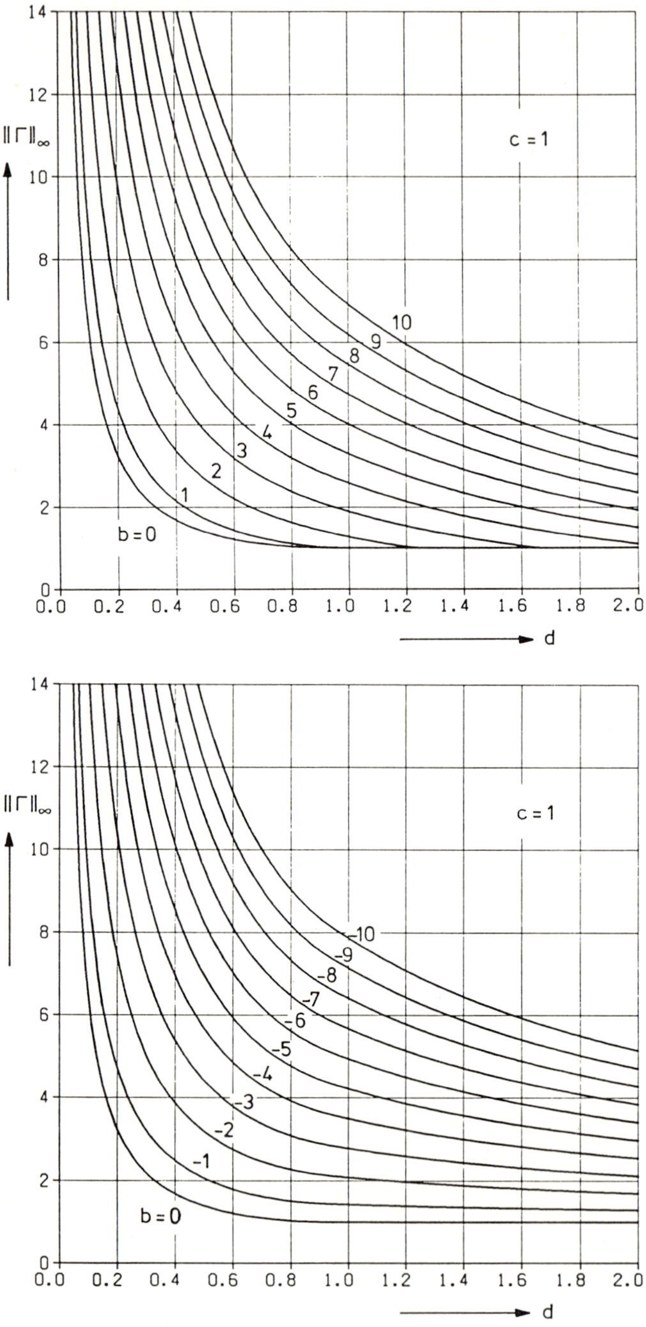

Bild 3.37: Darstellung der Operatornorm $||\Gamma||_\infty$ für eine Laplace-Übertragungsfunktion 2. Ordnung nach (3.211)

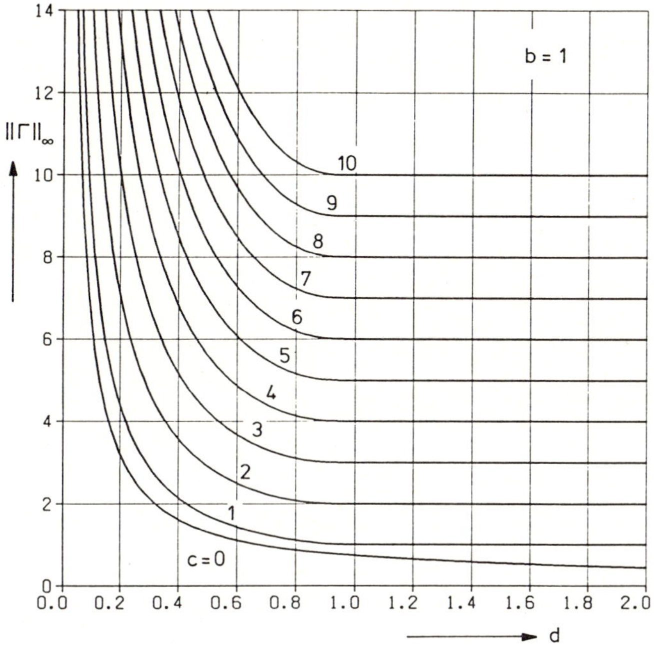

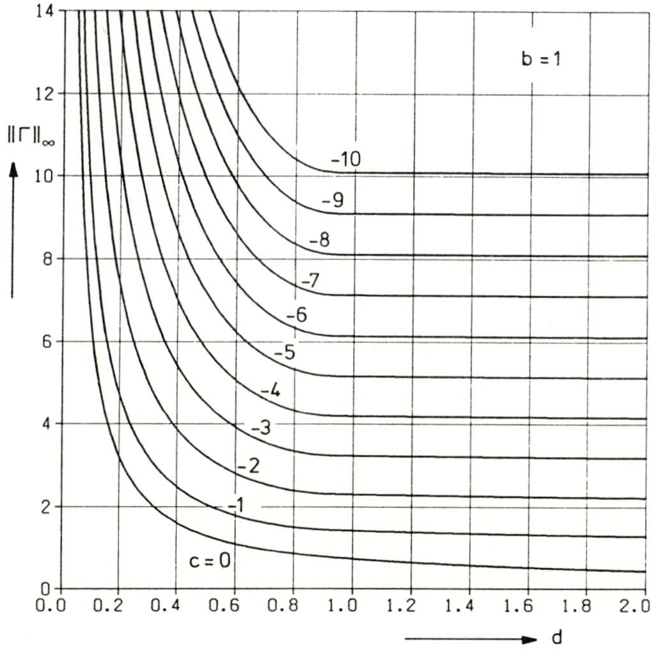

Bild 3.37: (Fortsetzung)

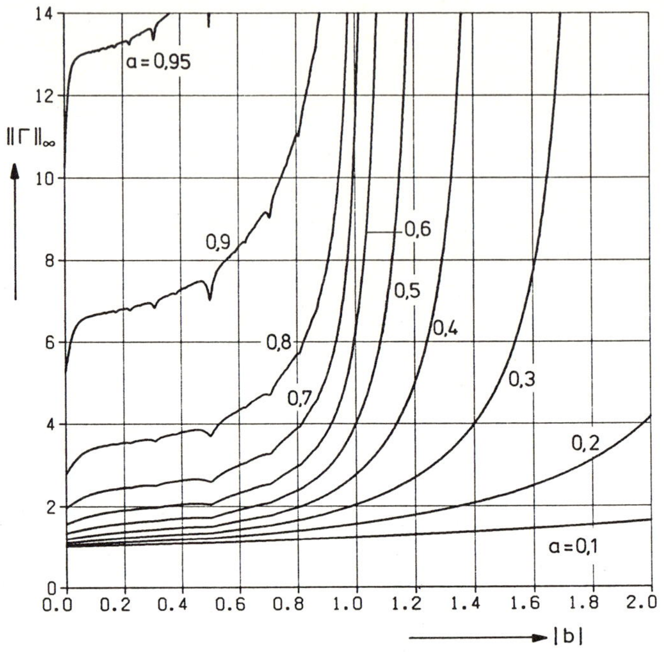

Bild 3.38: Darstellung der Operatornorm $||\Gamma||_\infty$ für eine Z-Übertragungsfunktion nach (3.212)

$$(3.210) \qquad ||\Gamma_\varepsilon||_\infty = \frac{V}{1 - |a|e^\varepsilon} \quad ,$$

wobei wir für die Konvergenz der Reihe aber $\ln|a| < \varepsilon$ fordern müssen. Auch hier ergibt sich beim Vergleich mit der L_2-Abschätzung (3.69) $||\Gamma_\varepsilon||_\infty = ||\Gamma_\varepsilon||_2$, was aber nicht für beliebige lineare Teilsysteme Γ gültig ist.

Für Systeme 2. Ordnung stellen wir die Ergebnisse für die Operatornorm $||\Gamma||_\infty$ in Abhängigkeit der Parameter b, c, d der Standardform

$$(3.211) \qquad G(s) = \frac{c + b\frac{s}{\omega_0}}{1 + 2d\frac{s}{\omega_0} + \frac{s^2}{\omega_0^2}} \quad ; \quad b,c \in \mathbb{R} \quad ; \quad d,\omega_0 > 0$$

in Bild 3.37 dar. Für die expizite Berechnung siehe BÖCKER [3.3], S.29 ff. Um die Werte für $||\Gamma_\varepsilon||_\infty$ für $\varepsilon \neq 0$ zu erhalten, ist $s \to s-\varepsilon$ zu substituieren.

Ebenso ist für die Z-Übertragungsfunktion

$$(3.212) \qquad G(z) = \frac{V\, z^k}{z^2 - 2abz + a^2} \;, \qquad a, b, V \in \mathbb{R}, \quad k \leq 2,$$

in Abhängigkeit der Parameter a, b mit V = 1 die Norm $||\Gamma||_\infty$ in Bild 3.38 aufgetragen. Die relativen Minima der Kurven liegen an den Stellen des Parameters b, bei denen der Winkel des Polpaares Bruchteile von 2π annimmt, so daß in der Gewichtsfolge eine Reihe von Gliedern zu null wird. Für die Werte b > 1 (reelle Polstellen) stimmt die L_∞-Norm mit der L_2-Norm nach Bild 3.19 überein. Zur Bestimmung von $\gamma_\varepsilon = ||\Gamma_\varepsilon||_\infty$ ist wieder z durch $z^{-\varepsilon}$ zu substituieren. ■

Wir wollen jetzt Regelkreise untersuchen, in denen die Nichtlinearitäten keine Sektorfunktionen sind. Das Kreiskriterium kann hier nicht angewendet werden, da dieses Sektorfunktionen fordert. Deshalb ist es besonders interessant, daß mit den Hilfsmitteln des Raumes L_∞ dennoch eine Stabilitätsaussage gelingt. Wir müssen uns dazu aber auf den Stabilitätsgrad $\varepsilon = 0$ festlegen. Der nachfolgende Satz liefert eine Aussage über die schwache L_∞-Stabilität (siehe Definition (3.4)), die wir nach Bemerkung (3.5) auch als BIBO-Stabilität bezeichnen.

(3.213) **Satz (Schwache L_∞-Stabilität):**

Es liege ein nichtlinearer Standardregelkreis nach Bild 3.36 vor. Für die Gewichtsfunktion bzw. -folge g des linearen Teilsystems Γ gelte mit einer Konstanten $\gamma \geq 0$

$$(3.214) \qquad \int_{-\infty}^{\infty} |g(t)|\; dt \leq \gamma$$

bzw.

$$(3.215) \qquad \sum_{i=-\infty}^{\infty} |g(i)| \leq \gamma \quad .$$

Das Teilsystem N sei so beschaffen, daß mit Konstanten $\nu_0, \nu_1 \geq 0$ die Bedingung

$$(3.216) \qquad ||N\, e||_\infty \leq \nu_0 + \nu_1\, ||e||_\infty$$

für alle Funktionen $e \in L_\infty$ erfüllt wird. Gilt

$$(3.217) \qquad \alpha := \gamma\nu_1 < 1 \quad ,$$

ist der Regelkreis schwach L_∞-stabil und es lassen sich die Abschätzungen

$$|y(t)| \leq \frac{1}{1-\alpha}[\gamma\nu_0 + \alpha\,||r||_\infty + \gamma||z||_\infty]$$

(3.218)
$$|e(t)| \leq \frac{1}{1-\alpha}[\gamma\nu_0 + ||r||_\infty + \gamma\,||z||_\infty]$$

$$|u(t)| \leq \frac{1}{1-\alpha}[\nu_0 + \nu_1\,||r||_\infty + ||z||_\infty]$$

für alle t angeben. Ist die Konstante $\nu_0 = 0$, folgt über die schwache L_∞-Stabilität hinaus sogar die L_∞-Stabilität. ■

Beweis:

Die Voraussetzung (3.214) bzw. (3.215) an das lineare Teilsystem ist gleichbedeutend mit

$$||r||_\infty = ||g||_1 \leq \gamma \quad .$$

Da die Bedingung (3.216) direkt der Voraussetzung (3.30), (3.31) des allgemeinen Stabilitätssatzes (3.29) entsprechen, liegen zusammen mit (3.217) alle Voraussetzungen für die Anwendung von Satz (3.29) für den Fall $p = \infty$ vor. Wir erhalten die Aussage der schwachen L_∞-Stabilität und die Abschätzungen (3.33) für die L_∞-Normen der Systemgrößen y,e,u. Da die L_∞-Normen obere Schranken für den Betrag jedes Funktionswertes sind, ergibt sich die Aussage (3.218) dieses Satzes. Für $\nu_0 = 0$ entsprechen die Normabschätzungen unmittelbar der Definition (3.6) der L_∞-Stabilität; daher folgt die letzte Aussage des Satzes. ■

(3.219) Bemerkung:

Wie bereits in der Bemerkung (3.35) ausgeführt wurde, ist in speziellen Fällen abweichend vom vorangegangenen Stabilitätssatz eine bessere Abschätzung als die in (3.218) angegebene zu erzielen. Dazu geht man von einer monoton wachsenden Normabschätzungsfunktion $\nu(\cdot)$ aus, die statt (3.216) die Abschätzung

(3.220)
$$||N\,e||_\infty \leq \nu[\,||e||_\infty]$$

für alle e gestatten möge. Das weitere Vorgehen folgt den Ausführungen von Beispiel (3.38), wo bereits der Fall des Raums L_∞ aufgegriffen wurde. ■

(3.221) **Bemerkung**:

Es darf nicht übersehen werden, daß der Satz (3.213) für $\nu_0 > 0$ im eigentlichen Wortsinn nur eine schwache Stabilitätsaussage liefert: Für verschwindende Eingangsgrößen $r = z = 0$ darf sich z.B. die Ausgangsgröße y nach (3.218) noch innerhalb der Abschätzung

$$|y(t)| \leq \frac{\gamma\nu_0}{1-\alpha}$$

bewegen. So ist ein System mit einer stabilen Grenzschwingung durchaus schwach L_∞-stabil. Diese "schwache" Aussage erklärt sich aber mit der sehr umfangreichen Klasse der im Satz (3.213) zugelassenen Nichtlinearitäten, für die der Satz (3.195) über die L_∞-Stabilität oder das Kreiskriterium überhaupt keine Aussage liefern würde. ■

(3.222) **Beispiele für Teilsysteme N, die in Satz (3.213) zugelassen sind**

Zweipunktglied

Eine wichtige Nichtlinearität, die mit Satz (3.213) behandelt werden kann, ist das Zweipunktglied mit oder ohne Hysterese (Bild 3.39a). Die Ausgangsgröße dieser Nichtlinearität hat stets den konstanten Betrag K, so daß die Normabschätzungsfunktion

(3.223) $$\nu(\xi) = K$$

ist. Mit

(3.224) $$\nu_0 = K , \quad \nu_1 = 0$$

läßt sich eine Abschätzung der Art (3.216) angeben.

Dreipunktglied

Beim Dreipunktglied mit oder ohne Hysterese (Bild 3.39b) lautet die Normabschätzungsfunktion

(3.225) $$\nu(\xi) = \begin{cases} 0 & \text{für } \xi < a \\ K & \text{für } \xi \geq a \end{cases} ,$$

da erst beim Überschreiten der Eingangsamplitude a der Ausgang erstmalig auf den Wert $\pm$ K springt. Wie beim Zweipunktglied gelingt mit

(3.226) $$\nu_0 = K , \quad \nu_1 = 0$$

eine Abschätzung der Art (3.216). Dies ist hier aber nicht die einzige Möglichkeit. Man kann ν_0 frei zwischen 0 und K vorgeben und erhält dann

(3.227) $$\nu_1 = \frac{K - \nu_0}{a} \quad .$$

Insbesondere der Fall

(3.228) $$\nu_0 = 0 \quad , \quad \nu_1 = \frac{K}{a}$$

kann mit Hilfe von Satz (3.213) eine Aussage sogar über die L_∞-Stabilität möglich machen.

Totzeitglied

Ein Totzeitglied (ohne Bild)

(3.229) $$(N\,e)(t) := e(t-T) \quad ,$$

wobei T die Totzeit (Zeitverzögerung) ist, liefert an seinem Ausgang nur die verzögerten Werte der Eingangsfunktion. Die Amplitude der Ausgangsfunktion kann daher niemals den betragsmäßig größten Wert der Eingangsfunktion überschreiten: Die L_∞-Norm der Ausgangsgröße ist stets gleich der L_∞-Norm der Eingangsgröße,

(3.230) $$||Ne||_\infty = ||e||_\infty \quad ,$$

woraus sofort

(3.231) $$\nu(\xi) = \xi$$

folgt und sich die Konstanten

(3.232) $$\nu_0 = 0 \quad , \quad \nu_1 = 1$$

ergeben. Diese Gleichungen hängen vom konkreten Wert der Totzeit T überhaupt nicht ab. Wir dürfen sogar eine zeitabhängige Totzeit T = T(t) zulassen.

In Bild 3.39 sind weitere Nichtlinearitäten mit ihren Normabschätzungsfunktionen und möglichen Abschätzungskonstanten angegeben.

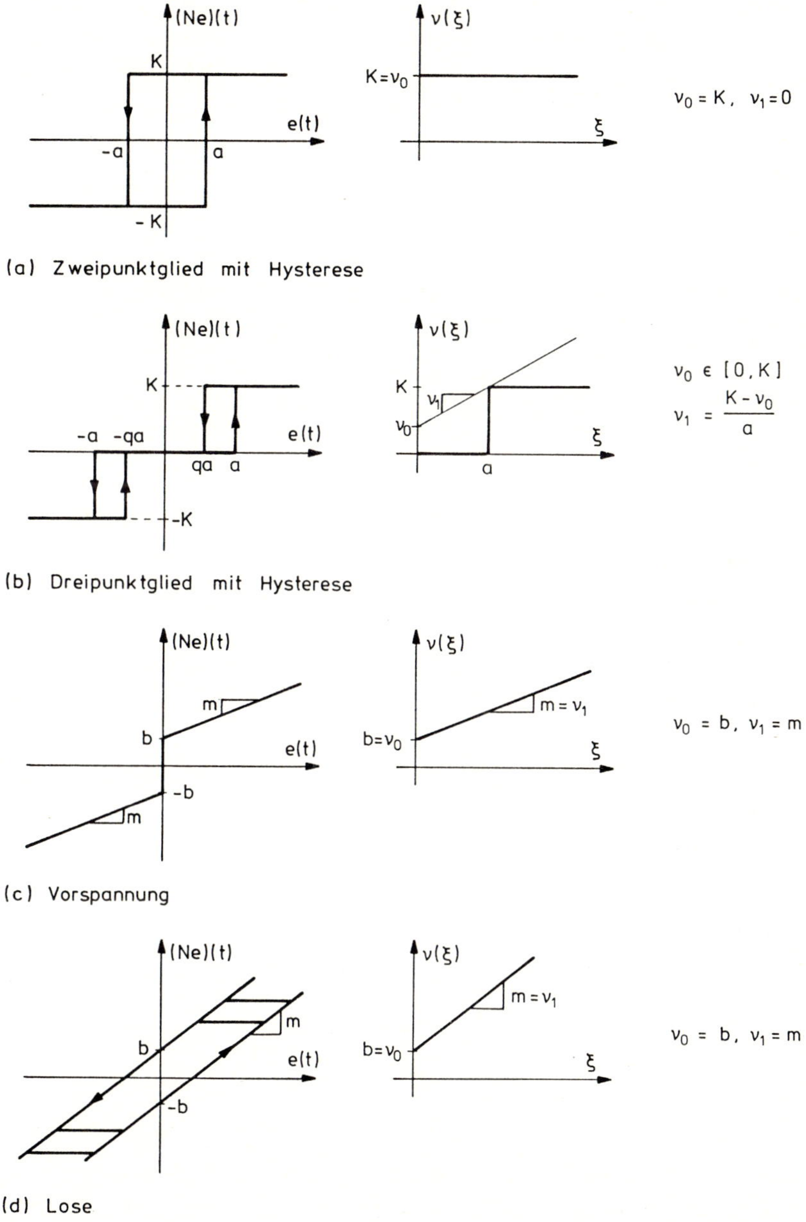

Bild 3.39: Beispiele von Nichtlinearitäten, die mit Satz (3.213) bearbeitet werden können, mit zugehörigen Normabschätzungsfunktionen $\nu(\cdot)$ und Abschätzungskonstanten ν_0, ν_1 ■

(3.233) **Beispiel: Regelkreis mit VZ2-Glied und Zweipunktglied mit Hysterese**

Zur Erläuterung der möglichen Abschätzungen betrachten wir ein System, bei dem das lineare Teilsystem Γ aus einem VZ2-Glied mit der Übertragungsfunktion

(3.234) $$G(s) = \frac{1}{s^2 + 0{,}4s+1}$$

besteht und das nichtlineare Teilsystem N ein Zweipunktglied mit Hysterese nach Bild 3.39a mit den Kenngrößen

(3.235) $$K = 1 \quad , \quad a = 1{,}5$$

ist. Nach (3.224) gelten hierfür die Abschätzungskonstanten

(3.236) $$\nu_0 = 1 \quad , \quad \nu_1 = 0 \quad .$$

Für das lineare Teilsystem entnehmen wir mit den Werten b = 0, c = 1, d = 0,2 der Standardform (3.211) aus Bild 3.37 die Schranke

(3.237) $$\gamma = ||\Gamma||_\infty = 3{,}1 \quad .$$

Da $$\alpha = \gamma\nu_1 = 0 < 1$$

gilt, ist der Regelkreis nach Satz (3.213) schwach L_∞-stabil und es gilt z.B. für die Ausgangsgröße y die Abschätzung

(3.238) $$|y(t)| \leq 3{,}1 + 3{,}1 \; ||z||_\infty .$$

Dies soll mit einem Simulationsergebnis nach Bild 3.40 verglichen werden. Ohne äußere Erregung (r = z = 0) geht das System je nach Anfangszustand (hier: $\underline{x} = \underline{0}$) in eine Grenzschwingung über, die eine Amplitude von

(3.239) $$A = 2{,}0$$

erreicht. Dagegen liefert die Abschätzung (3.238) für r = z = 0

(3.240) $$|y(t)| \leq 3{,}1 \quad .$$

Die Amplitude wird etwa um den Faktor 1,5 überschätzt, doch darf nicht übersehen werden, daß die Abschätzung (3.238) auch für beliebige andere Eingangsfunktionen r,z gültig ist. Hier sind Funktionen denkbar, die die obere Grenze der Abschätzung erreichen.

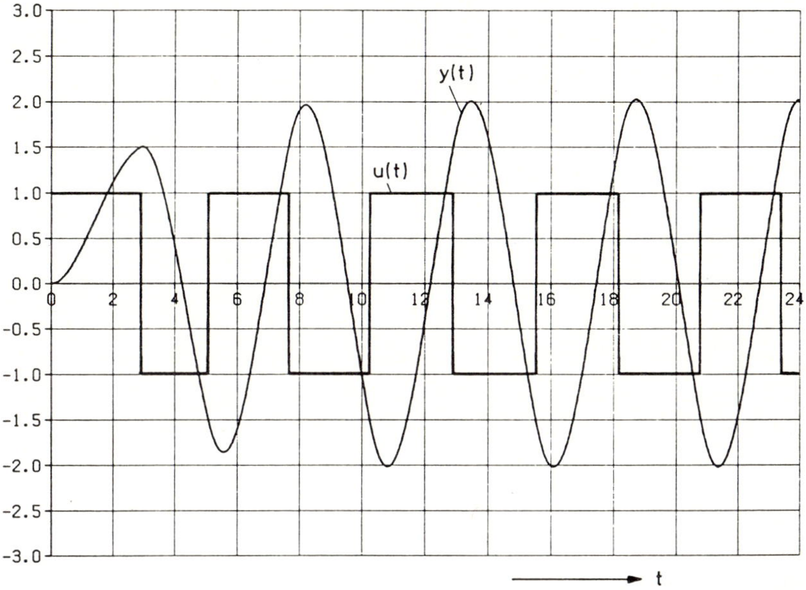

Bild 3.40: Grenzschwingung eines Regelkreises mit einem VZ2-Glied und einem Zweipunktglied mit Hysterese ■

4 Analyse und Synthese von Regelkreisen im Zustandsraum

4.1 Einführende Betrachtungen zu nichtlinearen Zustandsmodellen

In den vorangegangenen Kapiteln ist bei der Untersuchung von nichtlinearen Regelkreisen weitgehend vorausgesetzt worden, daß sich diese in ein lineares und nichtlineares Teilsystem zerlegen lassen. Auch in diesem Kapitel führt eine solche Voraussetzung zu einer einfacheren Behandlung der nichtlinearen Regelkreise, jedoch streben wir darüberhinaus eine Untersuchung von allgemeineren Zustandsmodellen an.

Gegenstand dieses Kapitels sind bis auf einige Ausnahmen zeitkontinuierliche und zeitdiskrete dynamische Systeme mit zeitinvariantem Verhalten. Die Untersuchung dieser Systeme macht es erforderlich, daß wir uns zuerst ausführlich mit der direkten Methode nach Ljapunov, den Parameter- und den Zustandsschätzungen beschäftigen. Diese Methoden werden im letzten Teil des Kapitels zu Entwurfsverfahren bei nichtlinearen Regelkreisen weiterentwickelt.

Bei dem zeitkontinuierlichen Zustandsmodell

$$\begin{aligned} \dot{\underline{x}}(t) &= \underline{f}[\underline{x}(t);\underline{u}(t)] \qquad && \underline{x}(t) \in \mathbb{R}^n,\ \underline{u}(t) \in \mathbb{R}^r \\ \underline{y}(t) &= \underline{h}[\underline{x}(t);\underline{u}(t)] && \underline{y}(t) \in \mathbb{R}^p \end{aligned} \tag{4.1}$$

mit gegebenen $\underline{x}_o := \underline{x}(t_o)$ wird allgemein vorausgesetzt, daß $\underline{f}[\cdot,\cdot]$ und $\underline{h}[\cdot,\cdot]$ mindestens stetige Funktionen in $\underline{x}$ und $\underline{u}$ sind. Weiterhin genüge $\underline{f}[\underline{x}(t),\underline{u}(t)]$ für alle zulässigen festen $\underline{u}(\cdot)$ in einer offenen zusammenhängenden Menge

$$M = \{(\underline{x}) \mid \underline{x}(t) \in M_x \subset \mathbb{R}^n\}$$

der Lipschitz-Bedingung

$$||\underline{f}[\underline{x}_1;\underline{u}] - \underline{f}[\underline{x}_2;\underline{u}]|| \leq K\ ||\underline{x}_1-\underline{x}_2|| \tag{4.2}$$

mit einer von $(\underline{x}_i) \in M$ unabhängigen positiven Konstanten K, die jedoch noch von $\underline{u}$ abhängen kann. Außer der Steuerfunktion $\underline{u}(\cdot)$ hängt $\underline{f}[\cdot,\cdot]$ auch von der Störfunktion $\underline{z}(\cdot)$ ab, die sich jedoch formal im Zustandsmodell (4.1) wie eine zusätzliche Eingangsgröße auswirkt (siehe Abschnitt 1.1, Gl.(1.1) und Bild 1.2). Aussagen über die Existenz und Eindeutigkeit von Lösungen der Differentialgleichung (4.1) findet der Leser im Anhang (A1). Die Voraussetzungen hierzu sind in unseren Ausführungen immer gegeben.

Treten nichtlineare Systeme in einem zeitdiskreten Regelkreis auf, dann ist eine kontinuierliche Regelstrecke in der Zeit zu diskretisieren (vgl. Bild 4.1), während der Regler durch eine "reine" nichtlineare Differenzengleichung beschrieben werden kann.

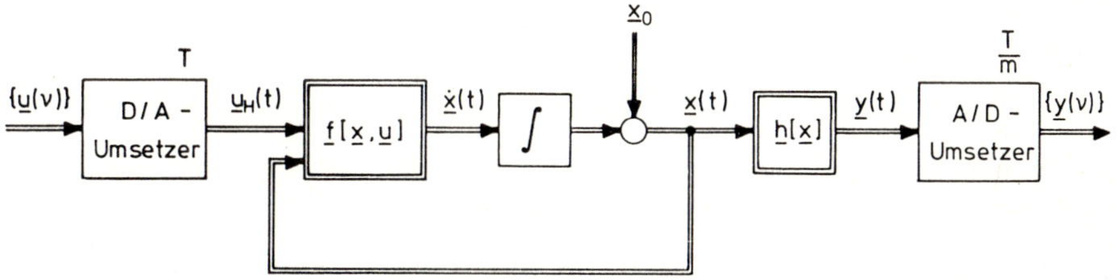

Bild 4.1: Zeitdiskrete Regelstrecke

Das zeitdiskrete nichtlineare Zustandsmodell läßt sich aus einer kontinuierlichen Regelstrecke nicht so einfach wie im linearen Fall ermitteln. Bei linearen zeitdiskreten Regelstrecken wird in der Regel für die Eingangs- und Ausgangsgrößen die gleiche Abtastzeit gewählt. Will man ein möglichst einfaches nichtlineares zeitdiskretes Zustandsmodell, das den Verlauf der Zustandsgrößen der kontinuierlichen Strecke bei gleicher Eingangs-Treppenfunktion gut approximiert, dann sollte die Abtastzeit für die Ausgangsgröße wesentlich kleiner als die für die Eingangsgröße gewählt werden. Formt man die Differentialgleichung (4.1) in eine Integralgleichung über dem Zeitintervall $[t_\nu, t_{\nu+1}]$ um, dann folgt für den Zustand zum Zeitpunkt $t_{\nu+1}$

$$\underline{x}(t_{\nu+1}) = \underline{x}(t_\nu) + \int_{t_\nu}^{t_{\nu+1}} \underline{f}[\underline{x}(\tau);\underline{u}(\tau)]d\tau \quad .$$

Es sei nun $t_\nu = \nu T_0$, $t_{\nu+1} = (\nu+1)T_0$ und $\underline{u}(\tau)$ eine Treppenfunktion, zu der die Folge $\{\underline{u}(\nu) := \underline{u}(\nu T_0)\}$ gehört, so daß gilt

(4.3) $$\underline{x}(\nu+1) = \underline{x}(\nu) + \int_{t_\nu}^{t_{\nu+1}} \underline{f}[\underline{x}(\tau);\underline{u}(\nu)]d\tau \quad .$$

Um eine gute Approximation des Integrals zu bekommen, zerlegen wir das Intervall $[t_\nu, t_{\nu+1}]$ in m gleiche Zeitabschnitte T_m. Es ist dann

$$T_m = \frac{T_o}{m} \quad , \quad (\nu T_o + mT_m) = (\nu+1)T_o$$

und

$$\underline{x}_\mu(\nu) := \underline{x}(\nu T + \mu T_m)$$

mit $\mu = 0,\ldots,m$. Bezüglich der Abtastzeit T_m erhält man die Approximation der Differentialgleichung (4.1)

(4.4) $$\hat{\underline{x}}_\mu(\nu) = \hat{\underline{x}}_{\mu-1}(\nu) + T_m \, \underline{f}[\hat{\underline{x}}_{\mu-1}(\nu);\underline{u}(\nu)]$$

$$\mu = 1,\ldots,m \; .$$

Wird das Integral in der Gleichung (4.3) unter Ausnutzung des Mittelwertsatzes der Integralrechnung angenähert, so geht diese Beziehung in die Differenzengleichung

(4.5) $$\hat{\underline{x}}(\nu+1) = \hat{\underline{x}}(\nu) + T_m \sum_{\mu=1}^{m} \underline{f}\left[\tfrac{1}{2}[\hat{\underline{x}}_{\mu-1}(\nu) + \hat{\underline{x}}_\mu(\nu)];\underline{u}(\nu)\right]$$

$$\hat{\underline{x}}_o(\nu) = \hat{\underline{x}}(\nu)$$

über. Die Gleichungen (4.4) und (4.5) stellen zusammen mit der Ausgangsbeziehung

(4.6) $$\underline{y}_\mu(\nu) = \underline{h}[\underline{x}_\mu(\nu);\underline{u}(\nu)] \qquad \mu = 0,\ldots,m \quad ,$$

das aus dem kontinuierlichen System (4.1) näherungsweise gewonnene zeitdiskrete Zustandsmodell dar. Die Güte dieser Näherung ist schwierig abzuschätzen. Hierzu ist in der Gleichung (4.3) der Mittelwertsatz der Integralrechnung anzuwenden. Die formale Berechnung der Fehlerfolge $\{\underline{e}(\nu) := \hat{\underline{x}}(\nu) - \underline{x}(\nu)\}$ sei dem Leser überlassen.

Eine andere Klasse nichtlinearer zeitdiskreter Systeme sind die pulsbreitenmodulierten Regelkreise. Aus dem Bild 4.2 liest man ab, daß sich der Regelkreis aus den Teilsystemen

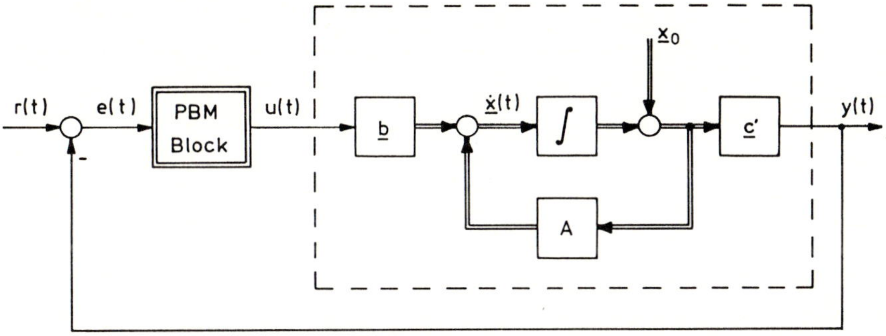

Bild 4.2: Pulsbreitenmodulierter Regelkreis

(4.7)
$$\dot{\underline{x}}(t) = \underline{A}\,\underline{x}(t) + \underline{b}\,u(t)$$
$$y(t) = \underline{c}'\,\underline{x}(t)$$

und $(e(\nu) := e(\nu T))$

(4.8)
$$u(t) = \begin{cases} M\,\mathrm{sgn}[e(\nu)] & \text{für } \nu T \leq t \leq \nu T + \tau[e(\nu)] \\ 0 & \text{sonst} \end{cases}$$

zusammensetzt, wobei sich die Impulsdauer in jedem Abtastzeitpunkt aus der Beziehung

(4.9)
$$\tau(\nu) := \tau[e(\nu)] = \begin{cases} ß\,|e(\nu)| & \text{für } ß|e(\nu)| < T \\ T & \text{für } ß|e(\nu)| \geq T \end{cases}$$

berechnet. ß bezeichnet man als Modulationsfaktor. Es sei nun $r(t) = 0$, dann ist $e(\nu) = -\underline{c}'\underline{x}(\nu)$. Die Lösung der Zustandsgleichung des linearen Teilsystems lautet in den Abtastzeitpunkten (νT)

$$\underline{x}(\nu+1) = \underline{\Phi}(T)\underline{x}(\nu) + \int_0^{\tau(\nu)} \underline{\Phi}(T-\tau)\underline{b}\,u(\tau)d\tau \quad ,$$

wobei

$$\underline{\Phi}(T) = e^{\underline{A}T}$$

die Transitionsmatrix des kontinuierlichen Systems ist. Nach dem Einsetzen von $u(\tau)$ und $e(\nu)$ erhält man als nichtlineare Regelkreisgleichung (Bild 4.2)

(4.10)
$$\underline{x}(\nu+1) = \underline{\Phi}(T)\underline{x}(\nu) - M\,\mathrm{sgn}[\underline{c}'\underline{x}(\nu)] \int_0^{\tau(\nu)} \underline{\Phi}(T-\tau)\underline{b}\,d\tau \quad .$$

Die Stabilitätsuntersuchung und die Festlegung der Parameter des pulsbreitenmodulierten Regelkreises wird im Abschnitt 4.5 durchgeführt.

(4.11) Steuerbarkeit und Beobachtbarkeit

Bei linearen Systemen ist die Steuerbarkeit und Beobachtbarkeit in den Lehrbüchern ausführlich behandelt (siehe z.B. HARTMANN [4.9], KNOBLOCH/KWAKERNAAK [4.14], LUDYK [4.16], UNBEHAUEN [4.23]).

Während für lineare Systeme rein algebraische Kriterien der Steuerbarkeit bzw. Beobachtbarkeit mit einer globalen Aussage existieren, besitzen nichtlineare Systeme in der Regel diese Eigenschaften nur in einer lokalen Umgebung eines ausgezeichneten Punktes des Zustandsraumes (z.B. einer Ruhelage). Von MARKUS und LEE [4.17] sind hinreichende Kriterien für die lokale Steuerbarkeit und Beobachtbarkeit abgeleitet worden. Andere hinreichende Kriterien der Steuerbarkeit bei nichtlinearen Systemen findet der Leser in GÜNTHER [4.7]. ■

(4.12) Definition (Steuerbarkeit):

Gegeben sei das nichtlineare Zustandsmodell (4.1), in dem $\underline{x} = \underline{0}$ eine Ruhelage oder ein Arbeitspunkt ist und $\underline{u}(t) \in U^r \subset \mathbb{R}^r$ aufgrund der Teilmenge U^r einer Beschränkung unterliegt. $\underline{u}(\cdot)$ heißt dann zulässig. Die Menge aller Zustände $\underline{x}_0 \in \mathbb{R}^n$, die sich mit einer zulässigen Steuerfunktion $\underline{u}(\cdot)$ in endlicher Zeit in den $\underline{0}$-Zustand bringen läßt, werde als <u>Bereich S_0 der $\underline{0}$-Steuerbarkeit</u> bezeichnet.

Wenn die Menge $S_0 \subset \mathbb{R}^n$ eine offene Umgebung des $\underline{0}$-Zustandes enthält, dann heißt $\underline{x} \in S_0$ <u>lokal steuerbar</u>. ■

(4.13) Satz (Steuerbarkeit):

Gegeben sei das nichtlineare Zustandsmodell (4.1) mit $\underline{u}(t) \in U^r \subset \mathbb{R}^r$ und $\underline{u} = \underline{0}$ liege im Inneren von U^r. Wenn die Bedingungen

a) $$\underline{f}[\underline{0};\ \underline{0}] = \underline{0}$$

b) $$\text{Rang}\ \left[[\underline{B},\ \underline{A}\ \underline{B}, \ldots, \underline{A}^{n-1}\underline{B}]\right] = n$$

mit $$\underline{A} = \left[\frac{\partial f_i}{\partial x_j}\right]_{\substack{\underline{x}=\underline{o}\\ \underline{u}=\underline{o}}} \equiv \underline{f}_{\underline{x}}[\underline{0};\underline{0}] \quad \text{und} \quad \underline{B} = \left[\frac{\partial f_i}{\partial u_j}\right]_{\substack{\underline{x}=\underline{o}\\ \underline{u}=\underline{o}}} \equiv \underline{f}_{\underline{u}}[\underline{0};\underline{0}]$$

gelten, dann ist der Bereich der $\underline{0}$-Steuerbarkeit S_0 offen im $\mathbb{R}^n$, so daß alle $\underline{x} \in S_0$ lokal steuerbar sind. ■

Den Beweis findet der Leser bei MARKUS und LEE [4.17], Seite 366.

(4.14) Beispiel: Lokale Steuerbarkeit eines nichtlinearen Systems

Es ist zu zeigen, daß das System

$$x^{(n)}(t) - F[x(t),\dot{x}(t),\ldots,x^{(n-1)}(t),u(t)] = 0$$

mit $|u(t)| \leq 1$ lokal steuerbar ist, wenn gilt

a) $F[\ldots]$ ist in allen Variablen stetig differenzierbar,

b) $F[0,\ldots,0] = 0$,

c) $F_u[0,\ldots,0] \neq 0$.

Zuerst formen wir die Differentialgleichung n-ter Ordnung in n Differentialgleichungen erster Ordnung um. Mit $x_1(t) := x(t)$ ist

$$\begin{aligned}
\dot{x}_1(t) &= x_2(t)\\
&\vdots\\
\dot{x}_{n-1}(t) &= x_n(t)\\
\dot{x}_n(t) &= F[x_1(t),x_2(t),\ldots,x_{n-1}(t),u(t)] \quad .
\end{aligned}$$

Die Bedingung (a) im Satz (4.13) ist laut Voraussetzung erfüllt. Die Bedingung (b) des Satzes (4.13) führt in diesem Beispiel auf die Matrizen

$$\underline{A} = \begin{bmatrix} 0 & 1 & 0 & \ldots & 0\\ & & \cdot & & \cdot\\ \cdot & & & & \cdot\\ \cdot & & & \cdot & \\ \cdot & & & \cdot & 1\\ \frac{\partial F}{\partial x_1} & ,\ldots, & & \frac{\partial F}{\partial x_{n-1}} & 0 \end{bmatrix}_{\substack{\underline{x}=\underline{o}\\ \underline{u}=\underline{o}}} , \quad \underline{B} = \begin{bmatrix} 0\\ \cdot\\ \cdot\\ \cdot\\ 0\\ \frac{\partial F}{\partial u} \end{bmatrix}_{\substack{\underline{x}=\underline{o}\\ \underline{u}=\underline{o}}} .$$

Hieraus folgt, daß in diesem Beispiel die Bedingung (b) des Satzes (4.13) unabhängig von den Werten $F_{x_i}[0,\ldots,0]$ erfüllt ist. ■

(4.15) Definition (Beobachtbarkeit):

Ein Zustand $\underline{x}_0$ eines nichtlinearen Zustandsmodells (4.1) heißt <u>beobachtbar</u>, wenn für jede beschränkte stückweise stetige Steuerfunktion $\underline{u}(\cdot)$

mit den Trajektorien

$$\underline{x}(t) = \underline{\phi}[t,\ t_o,\ \underline{x}_o,\ \underline{u}_{[t_o,t]}]$$

$$\tilde{\underline{x}}(t) = \underline{\phi}[t,\ t_o,\ \tilde{\underline{x}}_o,\ \underline{u}_{[t_o,t]}]$$

und $\underline{x}_o \neq \tilde{\underline{x}}_o$ (beliebig) der Verlauf der Ausgangsfunktionen $\underline{h}[\underline{x}(\cdot)]$ und $\underline{h}[\tilde{\underline{x}}(\cdot)]$ verschieden ist. ■

(4.16) Satz (Beobachtbarkeit):

Gegeben sei das Zustandsmodell (4.1) mit $\underline{u}(t) \in U^r \subset \mathbb{R}^r$ und $\underline{y}(t) \in Y^p \subset \mathbb{R}^p$. Wenn die Bedingungen

a) $\underline{f}[\underline{0};\underline{0}] = \underline{0}$, $\underline{h}[\underline{0};\underline{0}] = \underline{0}$

b) $\text{Rang}\ \big[[\underline{C}',\ \underline{A}'\ \underline{C}', \ldots,\ \underline{A}'^{\,n-1}\ \underline{C}']\big] = n$

mit $\underline{A} = \underline{f}_x[\underline{0};\underline{0}]$ und $\underline{C} = \underline{h}_x[\underline{0};\underline{0}]$

erfüllt sind, dann gibt es eine Umgebung $\underline{B}_o$ des $\underline{0}$-Zustandes, deren Zustände beobachtbar sind, d.h. lokal beobachtbar. ■

Den Beweis findet der Leser bei MARKUS und LEE [4.17], Seite 379.

(4.17) Beispiel: Lokale Beobachtbarkeit eines nichtlinearen Systems

Es ist zu zeigen, daß das System

$$x^{(n)}(t) - F[x(t), \dot{x}(t), \ldots, x^{(n-1)}(t), u(t)] = 0$$

$$y(t) = h[x(t)]$$

lokal beobachtbar ist, wenn gilt

a) $h[\cdot]$ und $F[\cdots]$ sind in allen Variablen stetig differenzierbar,

b) $F[0,\ldots,0] = 0$; $h[0] = 0$,

c) $h_x[0] \neq 0$.

Die Lösung der Aufgabe sei dem Leser empfohlen, die in Analogie zum Beispiel (4.14) ermittelt werden kann. ■

Die Steuerbarkeit und Beobachtbarkeit eines Zustandsmodells hat insbesondere einen Einfluß auf die Zustands- und Parameterschätzung (Abschnitt

4.4) sowie beim Entwurf der nichtlinearen Regelungssysteme (Abschnitt 4.5 und 4.6).

4.2 Einfache Stabilitätskriterien

Die Stabilitätsuntersuchungen bei nichtlinearen Systemen beziehen sich nicht nur auf die Ermittlung des Stabilitätsverhaltens einer Ruhelage, sondern auch auf die Bestimmung des Einzugsbereichs. In der Anwendung ist im allgemeinen ein hinreichend großer Arbeitsbereich für die Zustände der Strecke gefordert. Dieser Abschnitt beschäftigt sich im wesentlichen nur mit der Frage nach der Stabilität der Ruhelage. Verfahren zur näherungsweisen Bestimmung des Einzugsbereiches einer asymptotisch stabilen Ruhelage lernt der Leser im Abschnitt 4.3 kennen.

4.2.1 Stabilität in der ersten Näherung

Im Abschnitt 1.5 (Bemerkung (1.36)) wurde schon darauf hingewiesen, daß unter bestimmten Voraussetzungen das Stabilitätsverhalten eines nichtlinearen Systems mit der zugehörigen linearisierten Differentialgleichung in einer Umgebung der Ruhelage des Arbeitspunktes übereinstimmt. Das Ausnutzen dieses Zusammenhanges ermöglicht bei Stabilitätsuntersuchungen von nichtlinearen Systemen eine erste einfache Entscheidung über das Stabilitätsverhalten einer Ruhelage.

Die Differentialgleichung (4.1) habe einen Arbeitspunkt bei ($\underline{x}_A = \underline{0}$, $\underline{u}_A = \underline{0}$). Im Abschnitt 1.4 (Gl.(1.27)) wurde gezeigt, daß durch eine geeignete Transformation

$$\underline{x}(t) = \tilde{\underline{x}}_A + \Delta\underline{x}(t) \quad \text{und} \quad \underline{u}(t) = \tilde{\underline{u}}_A + \Delta\underline{u}(t)$$

ein Arbeitspunkt oder eine Ruhelage in den Punkt (0,0) überführt werden kann. Mit den hier gemachten Voraussetzungen und unter Abänderung von $\Delta\underline{x}(t) \rightarrow \underline{x}(t)$ sowie $\Delta\underline{u}(t) \rightarrow \underline{u}(t)$ nimmt dann die Differentialgleichung (4.1) nach einer Taylorentwicklung die Form der Gleichung (1.33), (Abschnitt 1.5)

$$\dot{\underline{x}}(t) = \underline{A}\ \underline{x}(t) + \underline{B}\ \underline{u}(t) + \tilde{\underline{f}}[\underline{x}(t);\underline{u}(t)] \tag{4.18}$$

mit $\tilde{\underline{f}}[\underline{0};\ \underline{0}] = \underline{0}$ an.

(4.19) Satz (Stabilität in der ersten Näherung):

Das Stabilitätsverhalten der Lösungen der Differentialgleichung (4.18) für $\underline{u}(\cdot) = \underline{0}$ stimmt in einer hinreichend kleinen Umgebung der Ruhelage $\underline{x}_R = \underline{0}$ mit der linearisierten Differentialgleichung

$$\dot{\underline{v}}(t) = \underline{A}\,\underline{v}(t) \qquad \underline{v}(t) \in \mathbb{R}^n$$

überein, wenn die beiden folgenden Bedingungen erfüllt sind:

a) Die Matrix $\underline{A}$ besitzt keine Eigenwerte auf der imaginären Achse.

b) Der nichtlineare Anteil in (4.18) erfüllt die Bedingung

$$\lim_{||\underline{x}|| \to 0} \frac{||\tilde{\underline{f}}[\underline{x};\underline{0}]||}{||\underline{x}||} = 0 \; .$$

■

Beweis:

Es sei $\underline{\Phi}(t)$ die Transitionsmatrix der linearisierten Differentialgleichung, d.h. $\underline{\Phi}(t) = e^{\underline{A}t}$, dann läßt sich (4.18) unter den angegebenen Voraussetzungen in der Integralform

$$\underline{x}(t) = \underline{\Phi}(t)\underline{x}_0 + \int_0^t \underline{\Phi}(t-\tau)\tilde{\underline{f}}[\underline{x}(\tau);\underline{0}]d\tau \tag{4.20}$$

darstellen. Haben alle Eigenwerte der Matrix $\underline{A}$ einen negativen Realteil, so folgt für die Transitionsmatrix die Abschätzung

$$||\underline{\Phi}(t)|| \leq ß\, e^{-\gamma t} \qquad ß, \gamma > 0 \quad ,$$

siehe KNOBLOCH et al. [4.14], LUDYK [4.16] oder UNBEHAUEN [4.23]. Aufgrund der Bedingung des Satzes (4.19) gibt es ein $\varepsilon > 0$ mit einem zugehörigen $\delta(\varepsilon) > 0$, so daß

$$||\tilde{\underline{f}}[\underline{x}(t);\underline{0}]|| \leq \varepsilon ||\underline{x}(t)|| \qquad \text{für alle } ||\underline{x}(t)|| \leq \delta$$

gilt. Die Lösungen $\underline{x}(t)$ der Differentialgleichung (4.18) ($\underline{u}(\cdot) = \underline{0}$) lassen sich nun in der Umgebung $||\underline{x}(t)|| \leq \delta$ mit der Integralform (4.20) abschätzen. Es gilt

$$||\underline{x}(t)|| \leq ||\underline{\Phi}(t)||\; ||\underline{x}_0|| + \int_0^t ||\underline{\Phi}(t-\tau)||\; ||\tilde{\underline{f}}[\underline{x}(\tau);\underline{0}]||\; d\tau$$

$$\leq ß\, e^{-\gamma t}\, ||\underline{x}_0|| + \int_0^t \varepsilon ß\, e^{-\gamma(t-\tau)}\, ||\underline{x}(\tau)|| d\tau \quad .$$

Durch Multiplikation mit $e^{\gamma t}$ führt letztere Ungleichung auf

$$e^{\gamma t}||\underline{x}(t)|| \leq ß \; ||\underline{x}_0|| + ß \; \varepsilon \int_0^t e^{\gamma\tau}||\underline{x}(\tau)||d\tau \quad ,$$

die alle Voraussetzungen des Satzes von Gronwall (siehe (A1.17)) erfüllt, wobei hier als nichtnegative stetige Funktionen $e^{\gamma t}||\underline{x}(t)||$ und $(ß\varepsilon)$ auftreten, so daß die Gronwall-Ungleichung lautet

$$e^{\gamma t} \; ||\underline{x}(t)|| \leq ß \; ||\underline{x}_0||e^{ß\varepsilon t} \quad ,$$

$$||\underline{x}(t)|| \leq ß \; ||\underline{x}_0||e^{-[\gamma-ß\varepsilon]t} \quad .$$

Die Ruhelage der nichtlinearen Zustandsdifferentialgleichung (4.18) ist unter der Voraussetzung, daß alle Eigenwerte der Systemmatrix $\underline{A}$ in der linken offenen s-Halbebene liegen, für alle $||\underline{x}(t)|| \leq \delta$ und $\gamma > (ß\varepsilon)$ asymptotisch stabil. Die Bedingung (b) des Satzes (4.19) läßt immer ein hinreichend kleines ε zu, so daß die Ungleichung $\gamma > (ß\varepsilon)$ erfüllbar ist.

Den Beweis, daß die Ruhelage $\underline{x}_R = \underline{0}$ von (4.18) instabil ist, wenn die Systemmatrix $\underline{A}$ des linearisierten Systems mindestens einen Eigenwert mit positivem Realteil besitzt, kann der Leser mit der im nächsten Abschnitt eingeführten direkten Methode von Ljapunov führen, wobei zu zeigen ist, daß es immer einen Zustand mit $||\underline{x}(0)|| \leq \delta$ gibt, der eine untere monoton wachsende Schranke in t besitzt. ■

(4.21) Bemerkung:

Der in der Abschätzung der Transitionsmatrix auftretende Parameter γ hängt von dem größten Eigenwert der Systemmatrix $\underline{A}$ ab. Aus dem Beweis des Satzes (4.19) ist zu erkennen, daß $\gamma > ß\varepsilon$ den Parameter ε und damit auch $||\underline{x}(t)|| \leq \delta$ beschränkt. Ist der lineare Anteil in (4.18) vollständig steuerbar, dann läßt sich γ durch eine geeignete lineare Zustandsrückführung $\underline{u}(t) = -\underline{K}\;\underline{x}(t)$ vergrößern, in dem die Eigenwerte der Matrix $[\underline{A}-\underline{B}\;\underline{K}]$ gegenüber denen von $\underline{A}$ in einen weiter links liegenden vorgegebenen Sektor verschoben werden. Dabei darf sich die Abschätzung von $\tilde{\underline{f}}[\underline{x}(t);-\underline{K}\;\underline{x}(t)]$ mit den Parametern $(\varepsilon,\delta(\varepsilon))$ nicht verschlechtern. Dies ist jedoch nicht zu erwarten, wenn $\tilde{\underline{f}}[\underline{x}(t);\underline{u}(t)]$ in $\underline{x}$ und $\underline{u}$ mit höherer als 1.Ordnung gegen Null strebt. Damit bedingt ein größeres γ auch eine größere $\delta(\varepsilon)$-Umgebung der Ruhelage. ■

(4.22) Beispiel: Stabilitätsverhalten einer nichtlinearen Schwingungsdifferentialgleichung

Es ist das Stabilitätsverhalten der Ruhelage $\underline{x}_R = \underline{0}$ von der nichtlinearen Schwingungsdifferentialgleichung

$$\ddot{x}(t) + F[x(t),\dot{x}(t)] + g[x(t)] = u(t)$$

mit F[0,0] = 0 und g[0] = 0 zu untersuchen. Es wird vorausgesetzt, daß $F[x,\dot{x}]$ und g[x] mindestens einmal stetig differenzierbar in x, $\dot{x}$ sind und die Restterme entsprechend der Beziehung (4.18) mit höherer als 1. Ordnung gegen Null streben.

Das Zustandsmodell lautet mit $x_1(t) := x(t)$ und $x_2(t) = \dot{x}(t)$

$$\underline{\dot{x}}(t) = \begin{bmatrix} x_2(t) \\ -F[x_1,x_2] - g[x_1] \end{bmatrix} + \begin{bmatrix} 0 \\ 1 \end{bmatrix} u(t) =: \underline{f}[\underline{x}(t);u(t)] \quad .$$

Als Systemmatrix des um die Ruhelage $\underline{x}_R = \underline{0}$ linearisierten Zustandsmodells erhält man

$$\underline{A} = \begin{bmatrix} \frac{\partial f_1}{x_1}[0,0]; & \frac{\partial f_1}{x_2}[0,0] \\ \frac{\partial f_2}{\partial x_1}[0,0]; & \frac{\partial f_2}{\partial x_2}[0,0] \end{bmatrix} = \begin{bmatrix} 0 & 1 \\ \left[-\frac{\partial F}{\partial x_1}[0,0] - \frac{\partial g}{\partial x_1}[0]\right]; & -\frac{\partial F}{\partial x_2}[0,0] \end{bmatrix} \quad .$$

Die Eigenwerte der Systemmatrix sind die Nullstellen des Polynoms

$$s^2 + s\left[\frac{\partial F}{\partial x_2}[0,0]\right] + \left[\frac{\partial F}{\partial x_1}[0,0] + \frac{\partial g}{\partial x_1}[0]\right] = 0 \quad .$$

Die Ruhelage $\underline{x}_R = \underline{0}$ der nichtlinearen Schwingungsdifferentialgleichung ist aufgrund der Aussage des Satzes (4.19) asymptotisch stabil, wenn gilt

(4.23) $$\frac{\partial F}{\partial x_2}[0,0] > 0 \quad \underline{\text{und}} \quad \left[\frac{\partial F}{\partial x_1}[0,0] + \frac{\partial g}{\partial x_1}[0]\right] > 0 \quad ,$$

da dann beide Nullstellen des Polynoms einen negativen Realteil besitzen.

Die Ruhelage ist instabil, wenn eine der folgenden Ungleichungen gilt:

a) $$\left[\frac{\partial F}{\partial x_1}[0,0] + \frac{\partial g}{\partial x_1}[0]\right] < 0$$

oder

b) $$\frac{\partial F}{\partial x_2}[0,0] < 0 \quad .$$ ■

4.2.2 Stabilitätsverhalten periodischer Lösungen von zeitdiskreten Systemen

Die Untersuchungen der Existenz und Stabilitätseigenschaften von periodischen Lösungen bei kontinuierlichen Systemen, insbesondere in Regelkreisen, wurden im zweiten Kapitel durchgeführt. Dort steht die Frage im Vordergrund, unter welchen Voraussetzungen (asymptotisch stabile) periodische Lösungen erzeugt oder verhindert werden können.

In diesem Abschnitt werden die Eigenschaften von periodischen Grenzfolgen der zeitdiskreten nichtlinearen Systeme hauptsächlich untersucht, um diese im Abschnitt 4.3 bei der Ermittlung des näherungsweisen Einzugsbereiches einer asymptotisch stabilen Ruhelage zu verwenden.

Es werde das zeitdiskrete autonome nichtlineare System

(4.24) $$\underline{x}(\nu+1) = \underline{f}_o[\underline{x}(\nu)]$$

mit $\underline{f}_o[\underline{0}] = \underline{0}$ betrachtet, das auch eine autonome Regelkreisgleichung darstellen kann, wenn beispielsweise

(4.25) $$\underline{x}(\nu+1) = \underline{f}[\underline{x}(\nu);\underline{u}(\nu)]$$

eine Regelstrecke und $\underline{u}(\nu) = -\underline{K}\,\underline{x}(\nu)$ ein Zustandsregler sind.

Die Ruhelagen eines zeitdiskreten Zustandsmodells sind die Lösungen der Gleichung

$$\underline{x}_R = \underline{f}_o[\underline{x}_R] \quad ,$$

d.h. das System (4.24) hat eine Ruhelage bei $\underline{x}_R = \underline{0}$. Eine Lösung der Zustandsgleichung (4.24) wird mit $\underline{\varphi}[\nu;\ \underline{x}(0)]$ bezeichnet.

In Analogie zur Entwicklung des kontinuierlichen Zustandsmodells (4.18) läßt sich das zeitdiskrete System (4.25) mit $\underline{f}[\underline{0};\underline{0}] = \underline{0}$ in die Form

(4.26) $$\underline{x}(\nu+1) = \underline{\Phi}\,\underline{x}(\nu) + \underline{H}\,\underline{u}(\nu) + \tilde{\underline{f}}[\underline{x}(\nu);\underline{u}(\nu)]$$

bringen, wobei

$$\underline{\Phi} := \left[\frac{\partial f_i}{\partial x_j}[\underline{0};\underline{0}]\right] \quad \text{eine (nxn)-Matrix}$$

und $\qquad \underline{H} := \left[\frac{\partial f_i}{\partial u_j} [\underline{0};\underline{0}] \right]$ eine (nxr)-Matrix

sind. Der Satz (4.19) ist dann auch auf zeitdiskrete Systeme übertragbar.

(4.27) Satz (Stabilität in der ersten Näherung bei zeitdiskreten Systemen):

Das Stabilitätsverhalten der Lösungen der Differenzengleichung (4.26) für $\underline{u}(\cdot) = \underline{0}$ stimmt in einer hinreichend kleinen Umgebung der Ruhelage $\underline{x}_R = \underline{0}$ mit der linearisierten Differenzengleichung

$$\underline{v}(\nu+1) = \underline{\Phi}\,\underline{v}(\nu) \qquad \underline{v}(\nu) \in \mathbb{R}^n$$

überein, wenn gilt:

a) Die Matrix $\underline{\Phi}$ besitzt keine Eigenwerte auf dem Einheitskreis. (Die Ruhelage ist asymptotisch stabil, wenn alle Eigenwerte von $\underline{\Phi}$ im Inneren des Einheitskreises liegen und instabil, wenn $\underline{\Phi}$ mindestens einen Eigenwert außerhalb des Einheitskreises besitzt).

b) Der nichtlineare Anteil in (4.26) erfüllt die Bedingung

$$\lim_{||\underline{x}||\to 0} \frac{||\underline{\tilde{f}}[\underline{x};\underline{0}]||}{||\underline{x}||} = 0 \quad . \qquad \blacksquare$$

Der Beweis des Satzes wird dem Leser empfohlen und läßt sich in Analogie zum Satz (4.19) durchführen.

Im weiteren gehen wir davon aus, daß die Ruhelage $\underline{x}_R = \underline{0}$ asymptotisch stabil ist, d.h. nach Satz (4.27), daß die Matrix $\underline{\Phi}$ nur Eigenwerte im Inneren des Einheitskreises besitzt, und der Einzugsbereich M_E der Ruhelage eine echte Teilmenge im $\mathbb{R}^n$ ist, d.h. mit $CM_E \neq \emptyset$ (leere Menge) als Komplementärmenge gilt $\mathbb{R}^n = M_E \cup CM_E$.

In der Arbeit von AFACAN [4.1] wurden Eigenschaften von periodischen Grenzfolgen auf dem Rand ∂M_E des Einzugsbereiches untersucht, die dann in den Abschnitten 4.3 und 4.5 eine effektive Stabilitätsanalyse ermöglichen.

Eine Lösungsfolge des nichtlinearen zeitdiskreten Systems (4.24) heißt periodisch mit der Periode p, wenn

$$\underline{x}(\nu) = \underline{\varphi}[(\nu+p); \underline{x}(\nu)] \qquad , \qquad p \in \mathbb{N}^+$$

gilt. Die periodische Lösungsfolge wird in der Form $\{\underline{x}(\nu)\}_1^p$ geschrieben.

(4.28) Definition (Stabilität periodischer Lösungen):

Eine periodische Lösung der Zustandsgleichung (4.24) heißt asymptotisch stabil, wenn gilt:

a) Zu jedem $\varepsilon>0$ existiert ein $\delta(\varepsilon)$, so daß für jedes

$$\underline{x}(0) \in U[\underline{x}(\mu);\delta(\varepsilon)] := \left\{ \underline{x} \,\middle|\, ||\underline{x}-\underline{x}(\mu)||_{\mathbb{R}^n} < \delta(\varepsilon) \right\}$$

und jedes $\underline{x}(\mu) \in \{\underline{x}(\nu)\}_1^p$ die Ungleichung

$$||\underline{\varphi}[\nu;\underline{x}(0)] - \underline{\varphi}[\nu;\underline{x}(\mu)]||_{\mathbb{R}^n} < \varepsilon$$

für alle $\nu \in \mathbb{N}$ folgt.

b) $$\lim_{\nu\to\infty} ||\underline{\varphi}[\nu;\underline{x}(0)] - \underline{\varphi}[\nu;\underline{x}(\mu)]||_{\mathbb{R}^n} = 0 \quad .$$

Eine periodische Lösung heißt stabil, wenn die Bedingung (a) gilt und instabil, wenn die Bedingung (a) nicht erfüllt ist. ■

(4.29) Definition (Rand des Einzugsbereiches; Invarianzeigenschaft):

Die Zustandsmenge $\partial M_E \subseteq CM_E$ heißt der Rand des Einzugsbereiches M_E, wenn kein Zustand aus ∂M_E eine ε-Umgebung hat, die ganz in CM_E enthalten ist. Eine Zustandsmenge M, die durch die Zustandsgleichung (4.24) erzeugt wird, heißt invariant bezüglich $\underline{f}_o[\underline{x}]$, wenn für jedes $\underline{x}(\nu) \in M$ auch $\underline{f}_o[\underline{x}(\nu)] \in M$ folgt. ■

(4.30) Satz (Stabilität von periodischen Lösungen auf dem Rand):

Eine periodische Lösung $\{\underline{x}(\nu)\}_1^p$, die auf dem Rand ∂M_E des Einzugsbereiches der asymptotisch stabilen Ruhelage $\underline{x}_R = \underline{0}$ liegt, ist instabil. ■

Beweis:

Nach Definition (4.29) gibt es für einen Zustand $\underline{x} \in \partial M_E$ keine ε-Umgebung, die ganz in CM_E enthalten ist. Hieraus folgt, daß zur ε-Umgebung von $\underline{x}(\mu) \in \{\underline{x}(\nu)\}_1^p \subset \partial M_E$ auch Zustände aus M_E gehören. Da aber aus $\underline{x}(0) \in M_E$ $\underline{\varphi}[\nu;\underline{x}(0)] \to \underline{0}$ für $\nu \to \infty$ folgt, ist in der Definition (4.28) die Bedingung (a) verletzt, so daß die periodische Lösungsfolge auf dem Rand instabil sein muß. ■

(4.31) Satz (Invarianz von ∂M_E):

Es sei $\underline{f}_o[\underline{x}]$ in (4.24) mindestens stetig, dann ist der Rand ∂M_E des Einzugsbereiches invariant bezüglich der Zustandsgleichung (4.24). ■

Beweis:

Es muß gezeigt werden, daß aus $\underline{x}(\nu) \in \partial M_E$ $\underline{f}_o[\underline{x}(\nu)] \in \partial M_E$ folgt. Es sei erinnert, daß eine Abbildung $\underline{f}[\cdot] : \mathbb{R}^n \to \mathbb{R}^n$ genau dann im Punkt $\underline{x}$ stetig ist, wenn für jede Umgebung U_f von $\underline{f}[\underline{x}]$ die Menge $f^{-1}[U_f] = \{\underline{x}|f(\underline{x}) \in U_f\}$ eine Umgebung des Punktes $\underline{x}$ ist. Weiterhin wird die Aussage verwendet, daß ein Punkt $\underline{x}(\nu)$ genau dann auf dem Rand ∂M_E der Menge M_E liegt, wenn für jedes $\delta>0$ sowohl die Umgebung $U[\underline{x}(\nu);\delta(\varepsilon)] \cap M_E \neq \emptyset$ als auch die Umgebung $U[\underline{x}(\nu);\delta(\varepsilon)] \cap CM_E \neq \emptyset$ ist.

Eine Umgebung U_f von $\underline{f}_o[\underline{x}(\nu)]$ kann nicht ganz in M_E enthalten sein, da die durch (4.24) erzeugte Folge $\{\underline{x}(\mu)\}$ aufgrund der Voraussetzung dann gegen die Ruhelage $\underline{x}_R = \underline{0}$ strebt im Gegensatz zur Annahme, daß $\underline{x}(\nu)$ auf dem Rand des Einzugsbereiches liegt. Daraus folgt, daß $\underline{f}_o[\underline{x}(\nu)]$ zur Komplementärmenge CM_E gehört.

Es ist nun zu prüfen, ob es eine Umgebung U_f von $\underline{f}_o[\underline{x}(\nu)]$ gibt, die ganz in CM_E liegt. Wenn U_f eine Umgebung von $\underline{f}_o[\underline{x}(\nu)]$ ist, dann folgt aus der Stetigkeit der Abbildung, daß $\underline{f}_o^{-1}[U_f]$ eine Umgebung von $\underline{x}(\nu)$ ist, d.h. es gibt ein $\tilde{\underline{x}} \in M_E \cap \underline{f}_o^{-1}[U_f]$ (weil $\underline{x}(\nu) \in \delta M_E$) und daraus folgt $\underline{f}_o[\tilde{\underline{x}}] \in \underline{f}_o[M_E] \cap U_f$. Mithin kann U_f nicht ganz in CM_E enthalten sein und hieraus folgt $\underline{f}_o[\underline{x}(\nu)] \in \partial M_E$. ■

Im folgenden erweist sich eine nur auf eine Teilmenge beschränkte Stabilitätsdefinition als nützlich.

(4.32) Definition (Asymptotische Stabilität auf dem Rand):
Eine periodische Grenzfolge $\{\underline{x}(\nu)\}_1^p \subset \partial M_E$ der Zustandsgleichung (4.24) heißt asymptotisch stabil auf dem Rand ∂M_E, wenn die Aussagen in der Definition (4.28) auf die Umgebungen des Randes $\tilde{U}[\underline{x}(\mu);\delta(\varepsilon)] = \partial M_E \cap U[\underline{x}(\mu);\delta(\varepsilon)]$ beschränkt werden. ■

Eine zeitdiskrete Trajektorie mit einem Anfangszustand auf dem Rand des Einzugsbereiches strebt entweder gegen einen Zustand einer periodischen Grenzfolge mit endlicher Periode p oder führt eine Bewegung aus, die als Grenzfolge unendlicher Periode (limited band) bezeichnet wird. In jedem Fall bleibt die Trajektorie aufgrund der Invarianzeigenschaft des Randes in ∂M_E.

Ermittlung von periodischen Lösungen

Eine periodische Lösung mit der Periode p der Zustandsgleichung (4.24) erfüllt die Beziehung

$$(4.33) \qquad \underline{g}[\underline{x}] = \underbrace{\underline{f}_o[\underline{f}_o \ldots \underline{f}_o[\underline{f}_o[\underline{x}] \ldots]}_{(p-1)\text{Verkettungen}} = \underline{x} \quad .$$

Jeder Zustand der periodischen Lösung $\{\underline{x}(\nu)\}_1^p$ erfüllt die Gleichung (4.33). Es genügt auch, einen Zustand $\underline{x}(1)$ einer periodischen Lösung aus (4.33) zu ermitteln, denn die übrigen Zustände $\underline{x}(2),\ldots,\underline{x}(p)$ lassen sich mit der Zustandsgleichung (4.24) berechnen. Nicht für jedes p muß eine neue Beziehung (4.33) aufgestellt werden, denn liegt z.B. für p = 6 das Ergebnis vor, dann erfüllen die Lösungen für die Periode 1,2 und 3 auch die Gleichung (4.33) mit p = 6, d.h. für alle Perioden, die ein ganzzahliges Vielfaches von p sind.

Numerisch können die Lösungen von (4.33) aus einem quadratischen Gütekriterium ermittelt werden. Es ist also

$$(4.34) \qquad J[\underline{x}] := \frac{1}{2}\left[\underline{g}[\underline{x}] - \underline{x}\right]'\left[\underline{g}[\underline{x}] - \underline{x}\right] \stackrel{!}{=} 0$$

zu einem Minimum zu machen. Unter den hier allgemein vereinbarten Voraussetzungen existiert der Gradient von (4.34)

$$\text{grad}_{\underline{x}}[J[\underline{x}]] = \left[\underline{P}'[\underline{x}] - \underline{E}\right]\left[\underline{g}[\underline{x}] - \underline{x}\right]$$

mit der (nxn)-Matrix

$$\underline{P}[\underline{x}] := \left[\frac{\partial \underline{g}(\underline{x})}{\partial \underline{x}}\right] \quad .$$

Somit lassen sich verschiedene Gradientenverfahren zur Lösung der Extremalaufgabe (4.34) anwenden. Die Matrix $\underline{P}$ ist bei Anwendung der Kettenregel einfach zu bestimmen. Es gilt

$$(4.35) \qquad \underline{P}[\underline{x}(\nu)] = \left[\frac{\partial \underline{f}_o[\underline{x}]}{\partial \underline{x}}\right]_{\underline{x}=\underline{x}[\nu+p-1]} \cdot \;\cdot \;\cdot \;\cdot \;\cdot \;\cdot \left[\frac{\partial \underline{f}_o[\underline{x}]}{\partial \underline{x}}\right]_{\underline{x}=\underline{x}[\nu]}$$

$$= \underline{L}[\nu+p-1]\,\underline{L}[\nu+p-2]\ldots\underline{L}[\nu] \quad ,$$

wobei die Matrizen $\underline{L}$ durch

$$\underline{L}[\mu] = \left[\frac{\partial \underline{f}_0[\underline{x}]}{\partial \underline{x}}\right]_{\underline{x}=\underline{x}(\mu)}$$

erklärt sind. Für eine hinreichend kleine Umgebung der periodischen Lösungsfolge bestimmt $\underline{P}[\underline{x}(\nu)]$ das Stabilitätsverhalten der Lösung (in Analogie zum Satz (4.27)). Die periodische Lösung ist dann asymptotisch stabil (in der ersten Näherung), wenn alle Eigenwerte der Matrix $\underline{P}[\underline{x}(\nu)]$ im Einheitskreis liegen. Man kann zeigen, daß die Eigenwerte der Matrizen

$$\underline{P}[\underline{x}(\nu)] \; ; \; \underline{P}[\underline{x}(\nu+1)] \; ; \; \ldots \; \underline{P}[\underline{x}(\nu+p-1)]$$

sich nicht ändern, sofern die Zustände $\underline{x}$ zur gleichen periodischen Lösungsfolge gehören.

(4.36) **Beispiel: Stabilität periodischer Lösungen**

Welches Stabilitätsverhalten besitzen die periodischen Lösungen des autonomen zeitdiskreten Zustandsmodells

$$\underline{x}(\nu+1) = \begin{bmatrix} x_1^2(\nu) - 2\, x_1(\nu)x_2(\nu) \\ x_1(\nu) - x_2^2(\nu) \end{bmatrix} \qquad ?$$

Die periodische Lösungsfolge wird mit einem Gradientenverfahren ermittelt, das das Gütekriterium (4.34) zu einem Minimum macht. Hierzu kann beispielsweise der Algorithmus ($\alpha>0$)

$$\underline{x}_{i+1} = \underline{x}_i + \alpha\left[\underline{P}'[\underline{x}_i] - \underline{E}\right]\left[\underline{g}[\underline{x}_i] - \underline{x}_i\right] \qquad i = 0,1,\ldots \tag{4.37}$$

gewählt werden.

Für die Periode $p = 4$ und mit dem Startvektor $[1{,}5;\ 1{,}5]'$ bekommt man die periodische Lösungsfolge

$$\{\underline{x}(\nu)\}_1^4 = \left\{\begin{bmatrix} 0{,}697 \\ 0{,}835 \end{bmatrix}, \begin{bmatrix} -0{,}678 \\ 0 \end{bmatrix}, \begin{bmatrix} 0{,}46 \\ -0{,}678 \end{bmatrix}, \begin{bmatrix} 0{,}835 \\ 0 \end{bmatrix}\right\},$$

die im Bild 4.3 dargestellt ist. Die Stabilitätsmatrix $\underline{P}[\underline{x}(\nu)]$ wird nun für einen dieser Zustände nach (4.35) berechnet. Die Matrix $\underline{P}$ besitzt hier die Eigenwerte $\lambda_1 = 7{,}43$ und $\lambda_2 = -2{,}26$. Hieraus folgt aufgrund der vorangegangenen Ausführungen, daß die Lösungsfolge instabil ist (mindestens ein $|\lambda_i| > 1$).

Die Periode p = 1 und der Startvektor $[-1; -1]'$ liefern unter Anwendung des Algorithmus (4.37) die Lösung

$$\{\underline{x}(\nu)\} = \underline{x}_{R1} = \begin{bmatrix} -0{,}236 \\ -0{,}618 \end{bmatrix}$$

und die Stabilitätsmatrix $\underline{P}[\underline{x}_{R1}]$ hat die Eigenwerte $\lambda_1 = 1{,}726$ und $\lambda_2 = 0{,}273$, d.h. die Ruhelage $\underline{x}_{R1}$ (entartete periodische Folge) ist instabil ($|\lambda_1| > 1$).

Für p = 1 und den Startvektor $[0;-2]'$ erhält man eine weitere Ruhelage $\underline{x}_{R2} = [0;-1]'$ mit den Eigenwerten $\lambda_{1,2} = 2$ der Matrix $\underline{P}[\underline{x}_{R2}]$. Auch diese Ruhelage ist instabil.

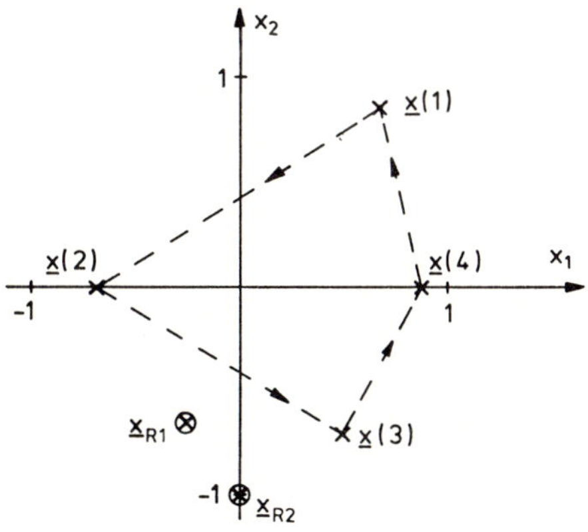

Bild 4.3: Ruhelagen und periodische Lösungsfolge des Beispiels (4.36) ■

Eigenschaften der Stabilitätsmatrix $\underline{P}[\underline{x}(\nu)]$ auf dem Rand des Einzugbereiches

Es sei $F[\underline{x}] = 0$ eine den Rand ∂M_E beschreibende Hyperfläche im $\mathbb{R}^n$ und alle ersten partiellen Ableitungen von $F[\underline{x}]$ sollen auf dem Rand existieren. Insbesondere werden die Gradienten von $F[\underline{x}]$ in den Zuständen der periodischen Grenzfolge $\{\underline{x}(\nu)\}_1^p$ mit

(4.38) $$\underline{b}_\nu := \mathrm{grad}_{\underline{x}} \Big[F[\underline{x}]\Big]_{\underline{x}=\underline{x}(\nu)} \qquad \nu = 1,\dots,p$$

bezeichnet. Für alle $\underline{x} \in \partial M_E$ ist die Beziehung

$$F[\underline{x}] = F\Big[\underline{f}_0[\underline{x}]\Big] = F\Big[\underline{g}[\underline{x}]\Big] = 0$$

erfüllt, wobei $\underline{g}$ durch Gleichung (4.33) erklärt ist und die Invarianzeigenschaft auf dem Rande ausgenutzt wurde (vgl. Satz 4.31).

Zur Vereinfachung wird in den weiteren Betrachtungen angenommen, daß die Eigenwerte von $\underline{P}[\underline{x}]$ alle voneinander verschieden sind.

Zu $F[\underline{x}]$ und $F[\underline{g}[\underline{x}]]$ gehören dieselben Zustände auf der Hyperfläche und die zugehörigen Gradienten müssen daher dieselben Richtungen haben. Insbesondere für die periodische Grenzfolge $\{\underline{x}(\nu)\}_1^p$ folgt dann im Vergleich zu (4.38)

$$\text{(4.39)} \qquad \operatorname{grad}_{\underline{x}} \Big[F[\underline{g}[\underline{x}]]\Big]\Big|_{\underline{x}=\underline{x}(\nu)} = \lambda_\nu \, \underline{b}_\nu \qquad \nu = 1,\dots,p \quad ,$$

wobei man nach Anwendung der Kettenregel erhält

$$\frac{\partial F[\underline{g}[\underline{x}]]}{\partial \underline{x}} = \left[\left[\frac{\partial F[\underline{g}]}{\partial \underline{g}}\right]' \frac{\partial \underline{g}[\underline{x}]}{\partial \underline{x}}\right]' \quad .$$

Unter Berücksichtigung von $\underline{P}[\underline{x}]$ und (4.38) in der letzten Beziehung, läßt sich die Gleichung (4.39) in der Form

$$\text{(4.40)} \qquad \underline{P}_\nu' \underline{b}_\nu := \underline{P}'[\underline{x}(\nu)] \, \underline{b}_\nu = \lambda_\nu \, \underline{b}_\nu \qquad \nu = 1,\dots,p$$

schreiben. Die Gradienten auf der Hyperfläche in den Zuständen $\underline{x}(\nu)$ sind also Linkseigenvektoren der Stabilitätsmatrix $\underline{P}_\nu$. Die zugehörigen Eigenwerte von $\underline{P}_\nu$ müssen reell sein, da die Hyperfläche im $\mathbb{R}^n$ liegt.

(4.41) Satz (Asymptotische Stabilität auf dem Rand ∂M_E):

Eine periodische Lösung $\{\underline{x}(\nu)\}_1^p$ auf dem Rand des Einzugsbereiches ist genau dann asymptotisch stabil auf dem Rand ∂M_E, wenn die zugehörige Stabilitätsmatrix $\underline{P}_\nu$ n-1 Eigenwerte im Einheitskreis und den n-ten Eigenwert (reell) außerhalb des Einheitskreises hat. ■

Beweis: Die Hyperfläche ∂M_E hat die Dimension (n-1) und der Gradient $\underline{b}_\nu$ (Gleichung (4.38)) steht im Punkt $\underline{x}(\nu)$ senkrecht auf der Hyperfläche. $\underline{b}_\nu$ steht aber in $\underline{x}(\nu)$ als Linkseigenvektor senkrecht zu den (n-1) Rechtseigenvektoren von $\underline{P}_\nu$. Denn mit $\tilde{\underline{b}}_j(\nu)$ als Rechtseigenvektor gilt $\underline{P}_\nu \tilde{\underline{b}}_j(\nu) = \lambda_j(\nu)\tilde{\underline{b}}_j(\nu)$. Wird in (4.40) mit $\tilde{\underline{b}}_j(\nu)$ das Innere Produkt gebildet, so folgt

$$\tilde{\underline{b}}_j'(\nu)\underline{P}_\nu'\underline{b}_\nu = \lambda_\nu \tilde{\underline{b}}_j'(\nu)\underline{b}_\nu \rightarrow [\underline{P}_\nu \tilde{\underline{b}}_j(\nu)]' \underline{b}_\nu = \lambda_j(\nu)\tilde{\underline{b}}_j'(\nu)\underline{b}_\nu = \lambda_\nu \tilde{\underline{b}}_j'(\nu)\underline{b}_\nu \quad .$$

Mit $\lambda_j(\nu) \neq \lambda_\nu$ muß also das Innere Produkt $\tilde{\underline{b}}_j'(\nu)\underline{b}_\nu$ für alle $j \neq \nu$ verschwinden. Es müssen daher diese n-1 Rechtseigenvektoren von $\underline{P}_\nu$ in der invarianten Hyperfläche ∂M_E liegen.

Es sei nun die Beziehung (4.33) an der Stelle $\underline{x}(\mu) \in \{\underline{x}(\nu)\}_1^p$ in eine Taylor-Reihe bis zum linearen Glied entwickelt, so daß in der ersten Näherung gilt

$$\underline{g}[\underline{x}] = \underline{g}[\underline{x}(\mu)] + \left[\frac{\partial \underline{g}[\underline{x}]}{\partial \underline{x}}\right]_{\underline{x}(\mu)} \cdot [\underline{x} - \underline{x}(\mu)]$$

$$= \underline{x}(\mu) + \underline{P}_\mu[\underline{x} - \underline{x}(\mu)] \; .$$

Mit $\underline{x} \in \tilde{U}[\underline{x}(\mu);\delta(\varepsilon)]$ (Definition 4.32) folgt $||\underline{x} - \underline{x}(\mu)|| < \delta$ und nach Satz 4.31 $\underline{g}[\underline{x}] \in \partial M_E$. Die (n-1) Rechtseigenvektoren aus ∂M_E bilden eine Basis in den Umgebungen $\tilde{U}$ nach Definition 4.32, so daß $[\underline{x} - \underline{x}(\mu)]$ sich nach dieser Basis entwickeln läßt. Es gilt dann

$$[\underline{x} - \underline{x}(\mu)] = \sum_{j=1}^{n-1} \alpha_j \, \tilde{b}_j(\mu)$$

und für jedes $\underline{x}(i) \in \tilde{U}$

$$\underline{x}(i+p) = \underline{g}[\underline{x}(i)] = \underline{x}(\mu) + \underline{P}_\mu \sum_{j=1}^{n-1} \alpha_j \, \tilde{b}_j(\mu)$$

$$= \underline{x}(\mu) + \sum_{j=1}^{n-1} \alpha_j \lambda_j(\mu) \underline{\tilde{b}}_j(\mu) \; .$$

Weiterhin folgt aus der letzten Gleichung

$$\underline{x}(i+2p) = \underline{g}[\underline{x}(i+p)] = \underline{x}(\mu) + \underline{P}_\mu\big[\underline{x}(i+p) - \underline{x}(\mu)\big]$$

$$= \underline{x}(\mu) + \underline{P}_\mu \sum_{j=1}^{n-1} \alpha_j \lambda_j(\mu) \underline{\tilde{b}}_j(\mu)$$

$$= \underline{x}(\mu) + \sum_{j=1}^{n-1} \alpha_j \lambda_j^2(\mu) \underline{\tilde{b}}_j(\mu) \; ,$$

so daß sich die Komponenten des letzten Ausdruckes für ein $\underline{x} \in \tilde{U}$ mit $\alpha_j \lambda_j^1(\mu)$ verändern. Hieraus folgt aber, daß nach Definition 4.32 genau dann asymptotische Stabilität auf dem Rand vorliegt, wenn alle Eigenwerte zu den (n-1) Rechtseigenvektoren aus ∂M_E betragsmäßig kleiner eins sind, d.h. es gilt dann

$$\lim_{l \to \infty} |\alpha_j \lambda_j^l(\mu)| = 0 \qquad \text{für alle } j = 1,\ldots(n-1) \; .$$

Andererseits muß nach Satz (4.30) eine periodische Lösung auf dem Rand instabil sein, d.h. mindestens ein Eigenwert von $\underline{P}_\nu$ liegt außerhalb des Einheitskreises. Damit muß der Eigenwert λ_ν von $\underline{b}_\nu$ größer eins sein. Die Aussage des Satzes ist damit bewiesen. ■

Einen Algorithmus zum Auffinden der periodischen Lösungen auf dem Rand des Einzugsbereiches findet der Leser in der Arbeit von AFACAN [4.1].

(4.42) <u>Beispiel: Stabilität periodischer Lösungen auf dem Rand</u>

Aus den Ergebnissen des Beispiels (4.36) und Bild 4.3 geht hervor, daß $\underline{x}_{R1}$ (p = 1) als einzige Lösung die Bedingungen des Satzes (4.41) erfüllt. Das autonome zeitdiskrete Zustandsmodell

$$\underline{x}(\nu+1) = \begin{bmatrix} [x_1^2(\nu) - x_2^2(\nu)] \\ x_1(\nu) \end{bmatrix}$$

hat bei Anwendung des Algorithmus (4.37) die periodische Lösung (vgl. Bild 4.4)

$$\{\underline{x}(\nu)\}_1^3 = \left\{ \begin{bmatrix} 1 \\ -1 \end{bmatrix}, \begin{bmatrix} 0 \\ 1 \end{bmatrix}, \begin{bmatrix} -1 \\ 0 \end{bmatrix} \right\}$$

und die Stabilitätsmatrix $\underline{P}[\underline{x}(\nu)]$ hat die Eigenwerte $\lambda_1 = 0$ sowie $\lambda_2 = 4$. Die Ruhelage $\underline{x}_R = \underline{0}$ ist nach Satz (4.27) asymptotisch stabil und die periodische Lösung (Bild 4.4) erfüllt die Bedingungen des Satzes (4.41), d.h. asymptotisch stabil in ∂M_E.

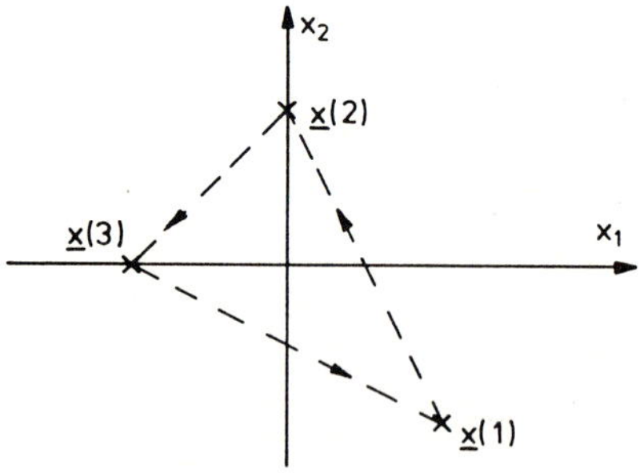

<u>Bild 4.4</u>: Periodische Lösungsfolge aus dem Beispiel (4.42) ■

Die hier gewonnenen Aussagen werden im nächsten Abschnitt bei der Konstruktion des Einzugsbereiches benötigt und geben auch einen vertieften Einblick in die Stabilitätsanalyse bei zeitdiskreten nichtlinearen Systemen.

4.3 Die direkte Methode von Ljapunov

Der Anwendungsbereich der direkten Methode von Ljapunov liegt vor allem in der Regelungstechnik, Signalverarbeitung und Mathematik. Die Methode kann sowohl als Hilfsmittel in Beweisen als auch in Kriterien oder Verfahren Verwendung finden. In der nichtlinearen Regelungstechnik führt diese Methode beim Vorliegen eines Zustandsmodells in vielen Fällen zu Ergebnissen, die mit den Methoden und Verfahren aus den Kapiteln 2 und 3 nicht gewonnen werden können. Beim Entwurf von nichtlinearen Regelkreisen oder einfachen adaptiven Regelungen ist eine erweiterte direkte Methode häufig anwendbar (vgl. Abschnitte 4.6 und 5.1), die für spezielle Klassen von Regelstrecken sogar zu einem suboptimalen bzw. optimalen Reglergesetz führt.

Gegenstand dieses Abschnitts sind die Einführung der erforderlichen Begriffe und der grundlegenden Stabilitätssätze von Ljapunov, das Auffinden geeigneter Ljapunov-Funktionen und die hieraus folgende Ermittlung von hinreichend großen Teilbereichen eines Einzugsbereichs, die eine Umgebung der asymptotischen stabilen Ruhelage ganz enthalten.

Zum Verständnis der Sätze von Ljapunov ist eine Kenntnis über definite Abbildungen und Vergleichsfunktionen erforderlich.

(4.43) Definition (Definite Abbildungen):

Es sei $\Gamma(\alpha) := \{\underline{x} \mid \underline{x} \in \mathbb{R}^n ; 0 \leq ||\underline{x}|| < \alpha\}$ eine Umgebung der Ruhelage $\underline{x}_R = \underline{0}$. Es ist dann für $\alpha < \infty$ $\Gamma(\alpha) \subset \mathbb{R}^n$ und $\Gamma(\infty) = \mathbb{R}^n$. Eine Abbildung $V[\cdot] : \Gamma(\alpha) \to R$ heißt positiv (negativ) definit auf $\Gamma(\alpha)$, wenn für alle $\underline{x} \in \Gamma(\alpha)$

$$V[\underline{x}] > 0 \quad (V[\underline{x}] < 0) \quad \text{und} \quad V[\underline{0}] = 0$$

gilt. Ist für alle $\underline{x} \in \Gamma(\alpha)$

$$V[\underline{x}] \geq 0 \quad (V[\underline{x}] \leq 0) \quad ,$$

so heißt $V[\underline{x}]$ positiv (negativ) semidefinit auf $\Gamma(\alpha)$. Wenn eine Funktion auf dem $\mathbb{R}^n$ definit ist, wird $\Gamma(\infty)$ nicht explizit angegeben. ■

Ein allgemeines Kriterium zum Nachweis der Definitheit einer Funktion $V[\underline{x}]$ gibt es nicht. Liegt jedoch eine quadratische Form $V[\underline{x}] = \underline{x}'\underline{Q}\,\underline{x}$ vor, dann läßt sich diese auf (Semi-) Definitheit prüfen. Es gibt hierfür zwei Möglichkeiten des Nachweises.

(4.44) Ist $V[\underline{x}] = \underline{x}'\underline{Q}\,\underline{x}$ eine positive (negative) definite quadratische Form, dann muß gelten, daß $\underline{Q} = \underline{Q}'$ eine symmetrische Matrix ist und alle Eigenwerte $\lambda_\nu(\underline{Q})$ reell und positiv (negativ) sind. Unter Anwendung der Definition (4.43) und Entwicklung des Vektors $\underline{x}$ nach den Eigenvektoren von $\underline{Q}$ kann der Leser diese Aussage leicht zeigen.

(4.45) Eine Matrix $\underline{Q}$ ist genau dann positiv definit, wenn $\underline{Q} = \underline{Q}'$ und alle Hauptunterdeterminanten von $\underline{Q}$ positiv sind, d.h.

$$\det[\underline{Q}_1] = q_{11} > 0 \quad ; \quad \det[\underline{Q}_2] = \begin{bmatrix} q_{11} & q_{12} \\ q_{12} & q_{22} \end{bmatrix} > 0 \; \ldots$$

$$\det[\underline{Q}_\nu] = \begin{bmatrix} q_{11} & \cdots & q_{1\nu} \\ \vdots & & \\ q_{1\nu} & \cdots & q_{\nu\nu} \end{bmatrix} > 0 \qquad \nu = \ldots n \quad .$$

(4.46) Beispiel: Nachweis der Definitheit einer Matrix

Die Matrix

$$\underline{Q} = \begin{bmatrix} 6 & 2 \\ 2 & 3 \end{bmatrix}$$

ist auf Definitheit zu untersuchen.

Da $\underline{Q}$ symmetrisch ist und alle Eigenwerte wegen $\lambda_1(\underline{Q}) = 2$ sowie $\lambda_2(\underline{Q}) = 7$ positiv sind, folgt aus dem Kriterium (4.44) die positive Definitheit der Matrix. Der Nachweis mit dem Kriterium (4.45) liefert die gleiche Aussage, d.h.

$$\det[\underline{Q}_1] = 6 > 0 \quad \text{und} \quad \det[\underline{Q}_2] = 14 > 0 \quad .$$ ■

Bei der Behandlung von zeitvarianten bzw. nichtautonomen dynamischen Systemen (vgl. Abschnitt 1.1) ist die Definition (4.43) auf definite Abbildungen zu erweitern, die explizit von der Zeit t abhängen.

(4.47) Definition (Explizit zeitabhängige definite Abbildungen):

Eine Funktion $V[\underline{x};t]$ mit $V[\underline{0},t] = 0$ heißt positiv (negativ) definit auf $\Gamma(\alpha)$, wenn aus der Klasse $K(\alpha)$ der streng monoton wachsenden, stetigen Funktionen mit $\rho[0] = 0$ eine Abbildung $\rho_u[r] \in K(\alpha)$ im Intervall $0 \leq r \leq \alpha$ existiert, so daß

$$V[\underline{x};\, t] \geq \rho_u\left[||\underline{x}||\right] \qquad \left(\leq -\rho_u\left[||\underline{x}||\right]\right)$$

gilt. $V[\underline{x};t]$ heißt radial unbeschränkt, wenn die Ungleichung für eine Funktion $\rho_u\left[||\underline{x}||\right] \in K(\infty)$ erfüllt ist, d.h. für alle $\underline{x}$ und $||\underline{x}|| \to \infty$. ■

Eine Funktion $V[\underline{x};t]$ mit $V[\underline{0};t] = 0$ läßt sich auch durch eine obere Schrankenfunktion $\rho_o[r] \in K$ abschätzen, wenn alle ersten partiellen Ableitungen von $V[\underline{x};t]$ nach x_i $(i = 1,\ldots,n)$ in $\Gamma(\alpha)$ für alle $t \geq t_o$ beschränkt sind. Aus dem Mittelwertsatz der Differentialrechnung folgt unter den angegebenen Voraussetzungen die Ungleichung

(4.48)
$$|V[\underline{x};t]| \leq ||\underline{x}|| \sup_{0\leq\alpha\leq 1} ||\mathrm{grad}_{\underline{x}}\left[V[\alpha\underline{x};t]\right]||$$
$$\leq \rho_o\left[||\underline{x}||\right] \qquad \text{für alle } t \geq t_o.$$

Die Vergleichs- bzw. Schrankenfunktionen $\rho(r) \in K(\alpha)$ genügen der Ungleichung

(4.49)
$$\rho[(r-\varkappa)] \leq \rho(r)[1-m\varkappa]$$

für $0 \leq \varkappa \leq r \leq \alpha$ und $\rho(r)m \leq c$ mit

$$c := \min_r \frac{d\rho[r]}{dr} \quad .$$

Der Leser mache sich die Aussage anhand des Bildes 4.5 klar.

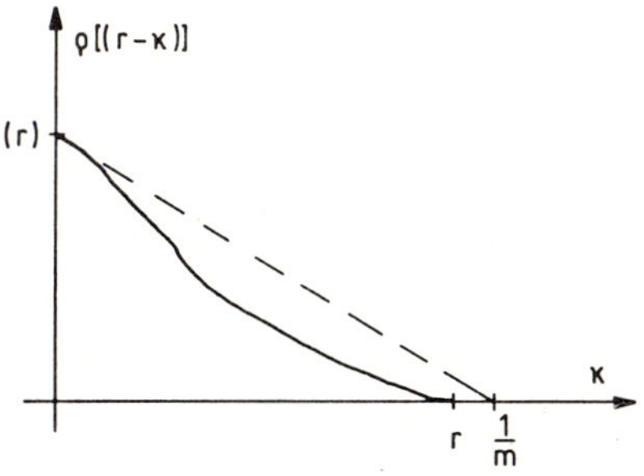

Bild 4.5: Darstellung der Ungleichung (4.49)

Die folgende Abschätzung der Lösung einer skalaren Differentialgleichung ist bei den Stabilitätsuntersuchungen, insbesondere bei Regelkreisen, von Bedeutung. Es sei

$$\dot{v}(t) = -g[v(t)]$$

mit $g[v] \in K(\alpha)$ und $0 \leq v(t_0) \leq \alpha$ gegeben. Die Lösung dieser skalaren Differentialgleichung 1. Ordnung genügt dann der Ungleichung

$$v(t) \leq v(t_0)[1-m(t-t_0)] \qquad t \geq t_o \tag{4.50}$$

mit $v(t_0)\, m \leq c := \min_v g[v]$. Der Leser kann diese Ungleichung unter Verwendung von (4.49) bzw. Bild 4.5 leicht nachweisen.

4.3.1 Stabilitätssätze von Ljapunov für zeitkontinuierliche Systeme (direkte Methode)

Im Abschnitt 1.3 findet der Leser die Begriffe

- Ruhelage (Definition (1.9))

und

- Stabilität bzw. asymptotische Stabilität einer Ruhelage i.S.v. Ljapunov (Definitionen (1.15) und (1.16))

bei nichtautonomen sowie autonomen zeitkontinuierlichen Systemen erklärt. Die hier abgeleiteten Stabilitätssätze für nichtautonome dynamische Systeme werden insbesondere beim Entwurf von zeitabhängigen Steuerfunktionen, bei der Berücksichtigung von Störgrößen in der Regelstrecke und in einigen Konvergenzbeweisen bei adaptiven Regelungen benötigt.

Der Stabilitätssatz in der ersten Näherung (4.19) liefert uns mit den im Abschnitt 4.2.1 gemachten Voraussetzungen schon eine Aussage über das Stabilitätsverhalten einer Ruhelage (asymptotisch stabil, instabil). Die Anwendung der hier behandelten Stabilitätssätze soll daher hauptsächlich

- zur Ermittlung hinreichend großer Stabilitätsgebiete im Einzugsbereich einer asymptotischen stabilen Ruhelage (im Idealfall den ganzen Einzugsbereich)

und

- zu Reglerentwurfsverfahren

bei nichtlinearen dynamischen Systemn führen. Hierzu müssen die Stabilitätsdefinitionen aus Abschnitt 1.3 ergänzt werden.

(4.51) Definition (Asymptotisch stabil im Großen):

Die Ruhelage $\underline{x}_R = \underline{0}$ eines Zustandsmodells $\underline{x}(t) = \underline{f}[\underline{x}(t);\underline{0};t]$ heißt asymptotisch stabil im Großen, wenn alle $\underline{x}(t_0) \in \mathbb{R}^n$, die als Anfangszustände der Differentialgleichung auftreten können, die Bedingungen der Definition (1.16) erfüllen. ■

Bei nichtautonomen dynamischen Systemen hängen alle bisherigen Stabilitätsaussagen vom Anfangszeitpunkt t_0 ab.

(4.52) Bemerkung (Gleichmäßige Stabilität):

Eine Ruhelage $\underline{x}_R$ heißt gleichmäßig stabil, gleichmäßig asymptotisch stabil bzw. gleichmäßig asymptotisch stabil im Großen, wenn in den Definitionen (1.15), (1.16) bzw. (4.51) die Größen $\delta(\varepsilon)$ und in den Definitionen (1.16) bzw. (4.51) die Umgebungen in der zweiten Bedingung nicht vom Anfangszeitpunkt t_0 abhängen. Die nachfolgenden Sätze vereinfachen sich in der gleichen Weise. ■

Die Stabilitätssätze in diesem Abschnitt machen ohne Kenntnis der Lösung der Zustandsdifferentialgleichung eine Aussage über das Stabilitätsverhalten einer Ruhelage. Man spricht in diesem Zusammenhang auch von der direkten Methode. Unter Verwendung von definiten Funktionen wird ein verallgemeinerter Abstand zwischen dem Trajektorienverlauf $\underline{x}(\cdot)$ und der Ruhelage $\underline{x}_R$ des Zustandsmodells eingeführt. Nimmt dieser Abstand über das ganze Zeitintervall $[t_0,\infty)$ nicht zu bzw. (streng) monoton ab, dann liegt Stabilität bzw. asymptotische Stabilität der Ruhelage vor.
Diese Vorgehensweise soll zuerst anhand eines autonomen dynamischen Systems beispielhaft erläutert und eine mögliche physikalische Deutung gegeben werden.

(4.53) Beispiel: Weiterführung des Beispiels (4.22)

Die nichtlineare Schwingungsdifferentialgleichung aus Beispiel (4.22) mit den dort genannten Voraussetzungen sei in der autonomen Form

$$\ddot{x}(t) + F_1[x(t);\ \dot{x}(t)]\dot{x}(t) + g[x(t)] = 0$$

gegeben, wobei $F_1[x(t);\ \dot{x}(t)]$ als nichtlinearer Dämpfungsterm und

$$G[x(t)] = \int_0^x g[v]dv$$

mit den Bedingungen

$$g[x(t)]x(t) > 0 \qquad \text{für alle } x \neq 0$$

und

$$\lim_{|x|\to\infty} G[x] = \infty$$

als die gespeicherte Energie des Systems interpretiert werden können. Denken wir z.B. an ein mechanisches Feder-Dämpfungs-Massesystem, dann gilt nach dem Energieerhaltungssatz der Mechanik, daß die Summe aus der kinetischen Energie (hier $\frac{1}{2}\dot{x}^2$ auf die Masse bzw. Trägheitsmoment normiert) und der potentiellen Energie $G[x]$ gleich der Differenz aus zugeführter und abgeführter Energie ist.

Aufgrund der gemachten Voraussetzungen ist $\underline{x}_R = \underline{0}$ eine Ruhelage der Zustandsdifferentialgleichung $(x_1(t) := x(t))$

$$\dot{x}_1(t) = x_2(t)$$

$$\dot{x}_2(t) = -x_2(t)F_1[x_1(t);\, x_2(t)] - g[x_1(t)] \quad .$$

Im Beispiel (4.22) wurde gezeigt, daß die Ruhelage $\underline{x}_R = \underline{0}$ asymptotisch stabil ist, wenn die Bedingungen (4.23), d.h. hier

(4.54) $$F_1[0;0] > 0 \quad \underline{\text{und}} \quad \frac{\partial g}{\partial x_1}[0] > 0 \quad ,$$

erfüllt sind. Es sei daran erinnert, daß der Stabilitätssatz (4.19) keine Aussage über das Stabilitätsverhalten der Ruhelage macht, wenn die Matrix $\underline{A}$ des linearisierten Systems Eigenwerte auf der imaginären Achse besitzt. In dem vorliegenden Beispiel liegt dieser Fall vor (vgl. Beispiel (4.22)), wenn

(4.55) $$F_1[0;0] = 0 \quad \underline{\text{oder}} \quad \frac{\partial g}{\partial x_1}[0] = 0$$

ist. Mit der direkten Methode, die in den nachfolgenden Stabilitätssätzen begründet wird, wollen wir einerseits die Bedingungen (4.54) und (4.55) überprüfen und andererseits einen hinreichend großen Stabilitätsbereich für die asymptotisch stabile Ruhelage des Beispiels ermitteln. Ausgehend vom Energieerhaltungssatz der Mechanik läßt sich die Energiefunktion

(4.56) $$V[x_1,x_2] = \frac{1}{2}x_2^2 + G[x_1] \quad , \quad \underline{x} = \begin{bmatrix} x_1 \\ x_2 \end{bmatrix} \in \mathbb{R}^2$$

einführen, die auf dem ganzen $\mathbb{R}^2$ positiv definit ist und für $||\underline{x}|| \to \infty$ gegen unendlich strebt. Für $V(\underline{x}) = c_i$ = konst. ergeben sich aufgrund der gemachten Voraussetzungen an $G[x_1]$ geschlossene Kurven im $\mathbb{R}^2$, die für jedes $c_i > 0$ den Ursprung einschließen (vgl. Bild 4.6). Die Ellipsen im Bild 4.6 treten im speziellen Fall $G[x_1] = \alpha\, x_1^2$ $(\alpha > 0)$ auf. $V[\underline{x}]$ darf auch als eine verallgemeinerte Abstandsfunktion aufgefaßt werden. Jeder Zustandspunkt auf der geschlossenen Kurve $V[\underline{x}] = c_i$ hat denselben Abstand (Energiewert) vom Ursprung und dieser nimmt streng monoton zu mit wachsenden Werten c_i. Weiterhin gilt $V[\underline{0}] = 0$. Die Gradienten der Funktion $V[\underline{x}]$ in den Punkten einer geschlossenen Kurve stehen senkrecht auf

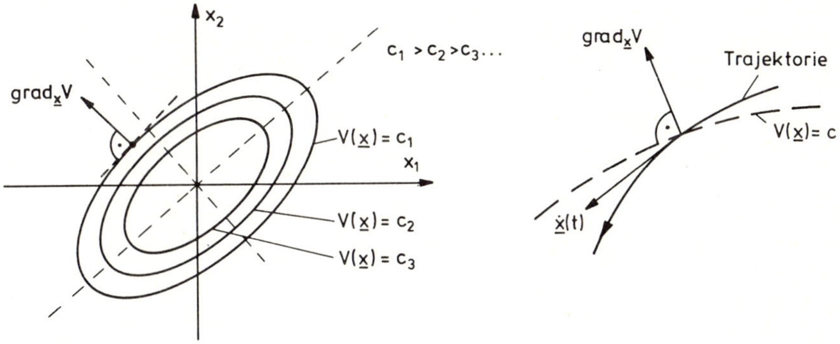

Bild 4.6: Veranschaulichung der direkten Methode

den anliegenden Tangenten. Stimmt die Trajektorie einer Zustandsdifferentialgleichung mit einer geschlossenen Kurve $V[\underline{x}] = c_i$ vollständig überein, d.h. die Lösung der Differentialgleichung mit $V[\underline{x}_0] = c_i$ stellt in der Zustandsebene eine geschlossene Kurve dar, dann ist die Bedingung

$$\left[\operatorname{grad}_{\underline{x}} V[\underline{x}(t)]\right]' \dot{\underline{x}}(t) = 0 \qquad \text{für alle } t \geq t_0$$

erfüllt. Schneiden die Trajektorien einer Zustandsdifferentialgleichung die geschlossenen Kurven mit einer Richtung $\dot{\underline{x}}(t)$, die nach innen führt, dann ist das innere Produkt

$$\left[\operatorname{grad}_{\underline{x}} V[\underline{x}(t)]\right]' \dot{\underline{x}}(t) < 0 ,$$

d.h. der Winkel zwischen dem Gradienten und dem Richtungssinn der Trajektorie liegt zwischen größer 90° und 180° (Bild 4.6). In diesem Fall nimmt der Abstand (Energiewert) $V[\underline{x}(t)]$ immer ab. Liegt für alle $\underline{x} \in \Gamma(\alpha)$ mit $V[\underline{x}] \leq c_i$ diese Aussage vor, dann laufen alle Trajektorien, die ganz in $V[\underline{x}] \leq c_i$ liegen, in die Ruhelage $\underline{x}_R = \underline{0}$. Die Ruhelage ist dann asymptotisch stabil und $V[\underline{x}] = c_i$ gibt den Stabilitätsbereich an, der mit dem Einzugsbereich übereinstimmt oder eine Teilmenge davon ist.

Die direkte Methode nach Ljapunov fordert also für die asymptotische Stabilität der Ruhelage und den Stabilitätsbereich die Bedingung, daß die totale zeitliche Ableitung der positiv definiten Funktion $V[\underline{x}(t)]$ negativ definit für alle $\underline{x}$ auf der Trajektorie ist, die auch ganz in $\Gamma(\alpha)$ liegen muß, d.h. mit $\dot{\underline{x}}(t) = \underline{f}[\underline{x}(t)]$ gilt

$$V[\underline{x}(t)] = \left[\mathrm{grad}_{\underline{x}}\, V[\underline{x}(t)]\right]' \underline{f}[\underline{x}(t)] < 0 \text{ für alle } \underline{x} \in \Gamma(\alpha) .$$

Im vorliegenden Beispiel lautet die totale zeitliche Ableitung der Energiefunktion (4.56)

$$\dot{V}[\underline{x}(t)] = x_2\dot{x}_2 + \frac{dG[x_1]}{dx_1}\dot{x}_1 = -x_2^2 F_1[x_1;x_2] - x_2 g[x_1] + g[x_1]x_2 ,$$

$$\dot{V}[\underline{x}(t)] = -x_2^2 F_1[x_1;x_2] .$$

Da $x_1(t) = \text{konst} \neq 0$ und damit $x_2(t) \hat{=} \dot{x}(t) = 0$ keine Lösung der Zustandsdifferentialgleichung ist, gilt für alle $\underline{x}(t)$ auf der Trajektorie $\dot{V}[\underline{x}(t)] < 0$, wenn $F_1[x_1;x_2] > 0$ für $\underline{x} \neq 0$ ist, d.h. $V[\underline{x}(t)]$ nimmt in diesem Fall streng monoton ab und strebt gegen null. Zu der Funktion (4.56), die aufgrund der Voraussetzung an $G[x_1]$ für alle $\underline{x} \in \mathbb{R}^2$ positiv definit ist, gehört eine auf die Lösung der Zustandsdifferentialgleichung $\underline{x}(t)$ eingeschränkte Funktion $\dot{V}[\underline{x}(t)]$, die für alle $\underline{x}$ mit $F_1[x_1;x_2] > 0$ negativ definit ist. Der Einzugsbereich der asymptotischen stabilen Ruhelage $\underline{x}_R = \underline{0}$ stimmt mit dem $\mathbb{R}^2$ überein, wenn $F_1[x_1;x_2] > 0$ auf dem ganzen $\mathbb{R}^2$ gilt.

Der Leser prüft mit der direkten Methode leicht nach, daß im vorliegenden Beispiel die Bedingungen (4.54) oder (4.55) zu einer asymptotischen stabilen Ruhelage führen, d.h. wir erhalten eine erweiterte Aussage gegenüber dem Satz (4.19). ■

Eine positiv definite Funktion $V[\underline{x}(t)]$ über $\Gamma(\alpha)$, zu der die negative (semi) definite Funktion mit der Einschränkung auf alle $\underline{x}$ der Trajektorie

$$\dot{V}[\underline{x}(t)] = \sum_{i=1}^{n} \frac{\partial V}{\partial x_i} f_i[\underline{x}(t)] = \left[\mathrm{grad}_{\underline{x}} V[\underline{x}]\right]' \underline{f}[\underline{x}(t)]$$

über $\Gamma(\alpha)$ gehört, heißt <u>Ljapunovfunktion</u>.

(4.57) Satz (Stabilität i.S.v. Ljapunov):

Die nichtautonome Zustandsdifferentialgleichung $\dot{\underline{x}}(t) = \underline{f}[\underline{x}(t);t]$ habe eine Ruhelage bei $\underline{x}_R = \underline{0}$ und es existiere eine Ljapunovfunktion $V[\underline{x}(t);t]$ mit der negativ semidefiniten Ableitung

$$\dot{V}[\underline{x}(t);t] = \frac{\partial V}{\partial t} + \left[\text{grad}_{\underline{x}} V[\underline{x},t]\right]' \underline{f}[\underline{x}(t);t] \quad ,$$

dann ist die Ruhelage $\underline{x}_R = \underline{0}$ stabil im Sinne der Definition (1.15). ■

Beweis:

Die positiv definite Funktion $V[\underline{x};t]$ besitzt aufgrund der Definition (4.47) eine untere Schrankenfunktion auf $\Gamma(\alpha)$, d.h.

$$V[\underline{x};t] \geq \rho_u\left[||\underline{x}||\right] \in K(\alpha) \qquad \text{für alle } t \geq t_0 \quad .$$

Nach Voraussetzung ist $V[\cdot;\cdot]$ in $\underline{x}$ und t stetig, so daß zu jedem $0 < \varepsilon < \alpha$ ein $\delta(\varepsilon,t_0)$ mit den Ungleichungen

$$||\underline{x}(t_0)|| < \delta(\varepsilon,t_0) \quad \text{und} \quad V[\underline{x}(t_0);t_0] < \rho_u[\varepsilon]$$

existiert. Der Leser mache sich die Ungleichungen anhand des Bildes 4.7

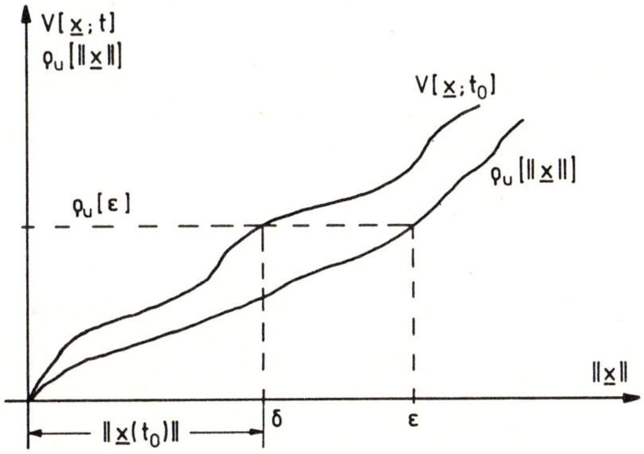

Bild 4.7: Erläuterung zum Beweis des Satzes (4.57)

klar. Es sei nun $\underline{x}(t) := \underline{\varphi}[t;t_0;\underline{x}(t_0)]$ die Lösung der Differentialgleichung, dann folgt aus Bild 4.7, daß für hinreichend kleine Werte von $(t-t_0)$

$$||\underline{\varphi}[t;t_0;\underline{x}(t_0)]|| < \varepsilon$$

gilt. Existiert nun ein Zeitpunkt $t_1 > t_o$ mit

$$||\underline{\varphi}[t_1;t_o;\underline{x}(t_o)]|| = \varepsilon \quad ,$$

dann muß aufgrund der oben angegebenen Ungleichungen gelten

$$V[\underline{x}(t_1);t_1] \geq \rho_u\left[||\underline{x}_1||\right] = \rho_u[\varepsilon] > V[\underline{x}(t_o);t_o] \quad .$$

Diese Aussage steht im Widerspruch zur Bedingung des Satzes

$$\dot{V}[\underline{x};t] \leq 0 \rightarrow V[\underline{x}(t_1);t_1] \leq V[\underline{x}(t_o);t_o] \quad ,$$

d.h. wenn eine Ljapunovfunktion existiert, dann liegt Stabilität der Ruhelage i.S.v. Ljapunov vor. ■

(4.58) **Satz (Asymptotische Stabilität i.S.v.Ljapunov)**:

Die Ruhelage $\underline{x}_R = \underline{0}$ des nichtautonomen Zustandsmodells aus dem Satz (4.57) ist asymptotisch stabil, wenn es eine Ljapunovfunktion $V[\underline{x}(t);t]$ mit der negativ definiten Ableitung

$$\dot{V}[\underline{x}(t);t] = \frac{\partial V}{\partial t} + \left[\text{grad}_{\underline{x}} V[\underline{x}(t);t]\right]' \underline{f}[\underline{x}(t);t]$$

gibt. ■

Beweis:

Die Bedingung aus Satz (4.57) ist erfüllt, so daß die Ruhelage mindestens stabil ist und die Lösungen $\underline{\varphi}[t;t_o;\underline{x}(t_o)]$ mit hinreichend kleinem $||\underline{x}(t_o)||$ in einer Umgebung $\Gamma(\alpha)$ verlaufen. Weiterhin gilt aufgrund der Definition (4.47)

$$V[\underline{x}(t);t] \geq \rho_{u1}\left[||\underline{x}||\right] \quad \text{und} \quad \dot{V}[\underline{x}(t);t] \leq -\rho_{u2}\left[||\underline{x}||\right] \quad .$$

Hieraus folgt, daß mit wachsendem t die Ljapunovfunktion $V[\underline{x};t]$ abnimmt und einen Grenzwert

$$\lim_{t\to\infty} V[\underline{\varphi}[t;t_o;\underline{x}(t_o)];t] = \tilde{V}(\infty) \geq 0$$

besitzt. Der Leser beachte, daß für $\tilde{V}(\infty) > 0$ die Norm des Zustandes $||\underline{x}(\infty)|| > 0$ ist. Unter der Annahme $\tilde{V}(\infty) > 0$ gibt es also ein α_o mit

$$||\underline{\varphi}[t;t_o;\underline{x}(t_o)]|| \geq \alpha_o \qquad t \geq t_o \quad ,$$

so daß

$$\dot{V}\left[\underline{\varphi}[t;t_o;\underline{x}(t_o)];t\right] \leq -\rho_{u2}[\alpha_o]$$

und nach Integration

$$\tilde{V}(t) \leq V[\underline{x}(t_o);t_o] - (t-t_o)\rho_{u2}[\alpha_o]$$

für jedes $t \geq t_o$ gelten. Da laut Voraussetzung $\tilde{V}(t) \geq 0$ ist, liegt in der letzten Ungleichung ein Widerspruch vor. Daraus folgen $\alpha_o = 0$ und

$$\lim_{t\to\infty} \tilde{V}(t) = 0 \quad .$$ ■

(4.59) **Bemerkung**:

Bei autonomen Zustandsdifferentialgleichungen $\dot{\underline{x}}(t) = \underline{f}[\underline{x}(t)]$ genügt es, in den Sätzen (4.57) und (4.58) eine Ljapunovfunktion $V[\underline{x}(t)]$ nach der Definition (4.43) zu verwenden, d.h. V hängt nicht explizit von der Zeit ab.

Die Ruhelage eines nichtautonomen Zustandsmodells ist gleichmäßig stabil bzw. gleichmäßig asymptotisch stabil, wenn in den Sätzen (4.57) bzw. (4.58) eine Ljapunovfunktion existiert, die eine von t unabhängige obere Schrankenfunktion $\rho_o[r] \in K(\alpha)$ besitzt, d.h. $V[\underline{x}(t);t] \leq \rho_o\left[||\underline{x}||\right]$. ■

(4.60) **Bemerkung**:

Die Ruhelage $\underline{x}_R = \underline{0}$ eines Zustandsmodells ist asymptotisch stabil im Großen, wenn es im Satz (4.58) eine radial unbeschränkte Ljapunovfunktion gibt. ■

(4.61) **Satz (Instabile Ruhelage)**:

Das Zustandsmodell $\dot{\underline{x}}(t) = \underline{f}[\underline{x}(t);t]$ habe eine Ruhelage bei $\underline{x}_R = \underline{0}$ und es existiere eine Funktion $V[\underline{x};t]$ in einem Bereich $\Gamma(\alpha;t_o) := \{(\underline{x},t_o) | \underline{x} \in \mathbb{R}^n;\ 0 \leq ||\underline{x}|| < \alpha;\ t_o \in \mathbb{R}\}$ mit den folgenden Eigenschaften:

a) $\qquad V[\underline{x};t] > 0$ für $\underline{x} \neq \underline{0}$.

b) $$\dot{V}[\underline{x};t] = \frac{\partial V}{\partial t} + \sum_{i=1}^{n} \frac{\partial V}{\partial x_i} f_i[\underline{x};t] \geq 0 \quad .$$

c) Die Funktion $V[\underline{x};t]$ strebt mit wachsendem t gleichmäßig bezüglich $\underline{x}$ gegen null.

Dann ist die Ruhelage instabil. ■

Dem Leser sei der Beweis dieses Satzes in Anlehnung an die Beweise der vorangegangenen Sätze empfohlen.

Hinweis: Es genügt zu zeigen, daß es in jeder Umgebung der Ruhelage ein $\underline{x}_0$ gibt, so daß kein $\varepsilon > 0$ nach der Stabilitätsdefinition (1.15) existiert.

4.3.2 Auffinden von Ljapunovfunktionen - zeitkontinuierlich -

Die Stabilitätssätze im Abschnitt 4.3.1 geben hinreichende Bedingungen über das Stabilitätsverhalten der Ruhelagen an. Es wird jedoch nichts ausgesagt auf welche Weise man zu einer gegebenen Zustandsdifferentialgleichung eine mögliche Ljapunovfunktion findet. Ob eine solche Funktion überhaupt existiert, wird nicht beantwortet. Es ist daher erforderlich, das Auffinden von Ljapunovfunktionen jeweils auf eine bestimmte Klasse von Systemen zu beschränken.

Um das Stabilitätsverhalten einer Ruhelage mit der direkten Methode nachzuweisen, ist eine positiv definite Funktion $V[\underline{x}]$ bzw. $V[\underline{x};t]$ mit den entsprechenden Eigenschaften aus den Stabilitätssätzen zu ermitteln. Dabei kann es vorkommen, daß die gefundene Ljapunovfunktion einen gegenüber dem Einzugsbereich einer asymptotisch stabilen Ruhelage wesentlich kleineren Stabilitätsbereich liefert.

a) Lineare zeitinvariante Systeme

Das Stabilitätsverhalten der Ruhelage bei linearen zeitinvarianten Systemen wird nur dann mit der direkten Methode untersucht, wenn damit gleichzeitig andere Frage- und Aufgabenstellungen aus der Regelungstechnik verbunden sind, wie sie beispielsweise beim Entwurf eines Reglers auftreten, oder wenn das lineare System als Teilsystem innerhalb eines nichtlinearen Modells auftritt (vergleiche Abschnitt 4.6). Ist <u>nur</u> nach dem Stabilitätsverhalten eines Systems

$$\text{(4.62)} \qquad \dot{\underline{x}}(t) = \underline{A}\,\underline{x}(t)$$

gefragt, dann gibt es einfachere Verfahren wie beispielsweise das Routh-Schema, welches auf das charakteristische Polynom $\det[\underline{E}s-\underline{A}]$ angewendet wird.

Bei der Untersuchung des homogenen Systems (4.62) genügt es, die positiv definite Funktion in quadratischer Form

$$V[\underline{x}] = \underline{x}'\underline{Q}\,\underline{x} = \sum_{\nu=1}^{n}\sum_{\mu=1}^{n} q_{\nu\mu}\, x_\nu x_\mu$$

mit $\underline{Q}' = \underline{Q}$ anzusetzen. Als totale zeitliche Ableitung erhält man dann

$$\dot{V}[\underline{x}] = \left[\operatorname{grad}_{\underline{x}} V[\underline{x}]\right]' \dot{\underline{x}}(t) = \dot{\underline{x}}' \underline{Q}\, \underline{x} + \underline{x}' \underline{Q}\, \dot{\underline{x}}$$

$$= \underline{x}' [\underline{A}' \underline{Q} + \underline{Q}\, \underline{A}]\, \underline{x} = - \underline{x}' \underline{P}\, \underline{x} \ .$$

(4.63) Satz (Asymptotische Stabilität):

Die Ruhelage $\underline{x}_R = \underline{0}$ des linearen Zustandsmodells (4.62) ist genau dann asymptotisch stabil, wenn zu einer beliebigen vorgegebenen positiv definiten Matrix $\underline{P}$ die Matrixgleichung

$$\underline{A}' \underline{Q} + \underline{Q}\, \underline{A} = - \underline{P}$$

eine positiv definite Lösung $\underline{Q}$ besitzt. ■

Den Beweis findet der Leser im Buch von HAHN [4.8].

Es läßt sich für die n(n+1)/2 unbekannten Elemente $q_{\nu\mu}$ der Matrix $\underline{Q}$ die gleiche Anzahl von linear unabhängigen Gleichungen aufstellen. Wird für die Matrix $\underline{P}$ eine Einheitsmatrix gewählt, dann vereinfacht sich das zu lösende Gleichungssystem erheblich. Andererseits liefert im Zusammenhang mit nichtlinearen Systemen die Wahl $\underline{P} = \underline{E}$ häufig einen zu kleinen Stabilitätsbereich, d.h. dieser ist erheblich kleiner als der Einzugsbereich der Ruhelage.

b) Nichtlineare zeitinvariante Systeme mit linearem Teilsystem

Das Modell $\dot{\underline{x}}(t) = \underline{A}\, \underline{x}(t)$ habe eine asymptotisch stabile Ruhelage. Es besitzt dann den Einzugsbereich $\mathbb{R}^n$. Betrachten wir nun das erweiterte Zustandsmodell

(4.64) $$\dot{\underline{x}}(t) = \underline{A}\, \underline{x}(t) + \underline{g}[\underline{x}(t)] \quad ,$$

dann wird sich durch den nichtlinearen Anteil $\underline{g}[\underline{x}]$ unter Umständen ein kleinerer Einzugsbereich ergeben ($M_E \subset \mathbb{R}^n$). Es sei nun

$$V_L[\underline{x}] = \underline{x}' \underline{Q}\, \underline{x} \qquad \underline{Q} > \underline{0}$$

eine Ljapunovfunktion des linearen Teilsystems in (4.64) mit der negativ definiten Ableitung

$$\dot{V}_L\, \underline{x} = \underline{x}' \, \underline{Q}\, \underline{A} + \underline{A}' \underline{Q} \ \underline{x} = - \underline{x}' \underline{P}_L \underline{x} \ .$$

Die Ruhelage $\underline{x}_R = \underline{0}$ von (4.64) ist nach Satz (4.58) asymptotisch stabil (vergleiche Bemerkung (4.59)), wenn $V_L(\underline{x})$ eine Ljapunovfunktion von (4.64) ist, d.h. es wird der Zustandsbereich mit $V_L[\underline{x}] = c$ gesucht, für den die Bedingung

(4.65)
$$\begin{aligned} \dot{V}_N[\underline{x}] &= \dot{\underline{x}}'\underline{Q}\,\underline{x} + \underline{x}'\underline{Q}\,\dot{\underline{x}} \\ &= \underline{x}'[\underline{A}'\underline{Q} + \underline{Q}\,\underline{A}]\underline{x} + 2\,\underline{x}'\underline{Q}\,\underline{g}[\underline{x}] \\ &= \dot{V}_L[\underline{x}] + 2\,\underline{x}'\underline{Q}\,\underline{g}[\underline{x}] < 0 \end{aligned}$$

für alle $V_L[\underline{x}] < c$ erfüllt ist. Der Leser findet hierzu eine anschauliche

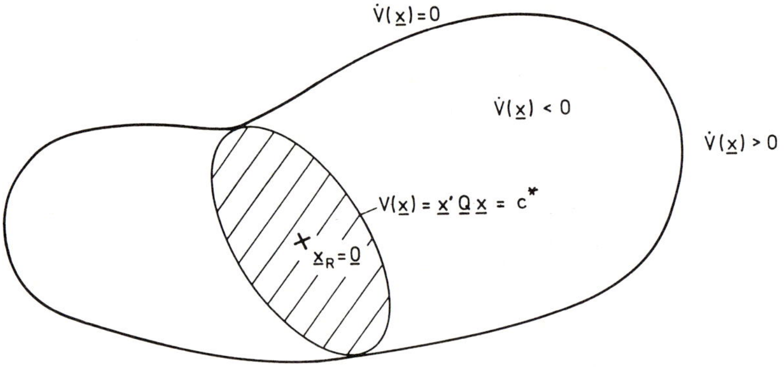

Bild 4.8: Ein aus einer Ljapunovfunktion ermittelter Stabilitätsbereich

Darstellung im Bild 4.8. Gleichzeitig liest man aus diesem Bild ab, daß durch eine ungünstige Wahl der Matrix $\underline{P}_L$ und damit auch $V_L[\underline{x}]$ ein kleinerer Stabilitätsbereich ermittelt wird. Die Erfüllung der Bedingung (4.65) hängt bei diesem Verfahren davon ab, ob der nichtlineare Anteil in (4.64) durch geeignete obere und untere lineare Schranken in $\underline{x}$ abschätzbar ist. Wir suchen jetzt jeweils n obere und untere Schrankenvektoren $\check{\underline{s}}_\mu$ bzw. $\hat{\underline{s}}_\mu$ mit der Eigenschaft

(4.66)
$$\check{\underline{s}}_\mu'\underline{x} \leq g_\mu[\underline{x}] \leq \hat{\underline{s}}_\mu'\underline{x} \qquad \mu = 1,\dots,n \quad .$$

Weiterhin ist der Wertebereich der Elemente einer Matrix $\underline{S}$ zu ermitteln, für den die Matrix $\underline{S}$ die Bedingung (4.65) in der Form

$$\dot{V}_L[\underline{x}] + \underline{x}'[\underline{S}'\underline{Q} + \underline{Q}\,\underline{S}]\underline{x} < 0$$

erfüllt, d.h. es wird das äquivalente System $\dot{\underline{x}}(t) = [\underline{A} + \underline{S}]\,\underline{x}(t)$ mit einer asymptotisch stabilen Ruhelage gesucht. Es gilt dann

(4.67) $$-\underline{P}_L + \underline{S}'\underline{Q} + \underline{Q}\,\underline{S} < 0 \quad \rightarrow \quad \text{negativ definit.}$$

Da die Ruhelage des linearen Teilsystems asymptotisch stabil ist, gibt es nichtleere Intervalle $I_{\nu\mu}$ mit $s_{\nu\mu} \in I_{\nu\mu}$, aus denen sich Matrizen $\underline{S}$ bilden lassen, die alle die Bedingung (4.67) erfüllen. Liegen nun alle Komponenten $\hat{s}_{\nu\mu}$ und $\check{s}_{\nu\mu}$ der Schrankenvektoren ganz in diesen zulässigen Intervallen $I_{\nu\mu}$, dann ist das Stabilitätsgebiet im Zustandsraum durch die von der größten Ellipse $V_L[\underline{x}] = c^*$ eingeschlossenen Fläche gegeben, die von den Ungleichungen (4.66) begrenzt wird.

Die Ermittlung des Stabilitätsgebietes für Zustandsmodelle höherer Ordnung der Form (4.64) ist im allgemeinen sehr mühsam und hängt von der Wahl der Matrix $\underline{P}_L$ ab. Anhand eines allgemein gehaltenen Beispiels zweiter Ordnung wird die Bestimmung der Stabilitätsgrenzen aufgezeigt.

(4.68) <u>Beispiel: Ermittlung eines Stabilitätsgebietes</u>

Es sei die autonome Zustandsdifferentialgleichung

$$\ddot{x}(t) + \tilde{g}[x(t);\dot{x}(t)] = 0$$

mit $\tilde{g}[0;0] = 0$ gegeben. Diese läßt sich in die Form

$$\ddot{x}(t) + a_1\dot{x}(t) + a_0 x(t) + g[x(t);\dot{x}(t)] = 0$$

oder mit $x_1(t) := x(t)$ in die Darstellung

$$\dot{x}_1(t) = x_2(t)$$

(4.69) $$\dot{x}_2(t) = -a_0 x_1(t) - a_1 x_2(t) + g[\underline{x}(t)]$$

bringen. Das lineare Teilsystem mit der Systemmatrix

$$\underline{A} = \begin{bmatrix} 0 & 1 \\ -a_0 & -a_1 \end{bmatrix}$$

hat genau dann eine asymptotisch stabile Ruhelage, wenn $a_0 > 0$ und $a_1 > 0$ sind. Es sei nun angenommen, daß die Nichtlinearität in der Umgebung der Ruhelage durch

$$\underline{\check{s}}_2'\,\underline{x} \leq g[\underline{x}] \leq \underline{\hat{s}}_2'\,\underline{x}$$

abschätzbar ist, wobei $g[\underline{x}] = -a_1x_2 - a_0x_1 + \tilde{g}[\underline{x}]$ gilt. In diesem Beispiel haben die gesuchten Matrizen $\underline{S}$ nur in der letzten Zeile von Null verschiedene Elemente, die die Bedingung (4.67) genau dann erfüllen, wenn die Koeffizienten

$$[a_0 - s_{21}] > 0 \quad \text{und} \quad [a_1 - s_{22}] > 0$$

sind. Die zulässigen Intervalle für die Elemente der Matrizen $\underline{S}$ ermittelt man aus den letzten Ungleichungen. Es ist

$$I_{21} \hat{=} (-\infty, a_0) \quad \text{und} \quad I_{22} \hat{=} (-\infty, a_1)$$

und die Komponenten der Schrankenvektoren $\underline{\check{s}}_2$ und $\underline{\hat{s}}_2$ müssen entsprechend in diesen Intervallen liegen, d.h.

$$\check{s}_{21}, \ \hat{s}_{21} \in I_{21} \quad \text{und} \quad \check{s}_{22}, \ \hat{s}_{22} \in I_{22} \quad .$$

Das Stabilitätsgebiet der asymptotisch stabilen Ruhelage wird nun aus $[\underline{Q}\ \underline{A} + \underline{A}'\underline{Q}] = -\underline{P}_L$ und der Beziehung (4.67) berechnet, d.h. es ist der von $V_L[\underline{x}] = c^*$ eingeschlossene Bereich zu bestimmen, der durch die beiden Geraden

$$\underline{\check{s}}_2'\ \underline{x} = \alpha_u = \min_{\underline{x}} g[\underline{x}] \quad \text{und} \quad \underline{\hat{s}}_2'\ \underline{x} = \alpha_0 = \max_{\underline{x}} g[\underline{x}]$$

begrenzt wird, vergleiche Bild 4.9. Der Leser mache sich klar, welche Bedeutung verschieden gewählte positiv definite Matrizen $\underline{P}_L$ in diesem Beispiel haben.

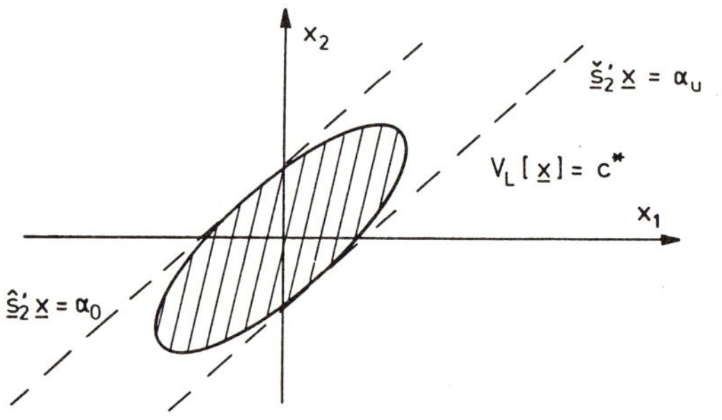

Bild 4.9: Stabilitätsgebiet zu Beispiel (4.68) ■

c) Erweiterte Betrachtungen zu Beispiel (4.53)

Die Bewegungsgleichungen eines autonomen Systems in kanonischer Form lauten

$$\dot{q}_\nu(t) = \frac{\partial H[\underline{q};\underline{p}]}{\partial p_\nu} \quad \text{und} \quad \dot{p}_\nu(t) = -\frac{\partial H[\underline{q};\underline{p}]}{\partial q_\nu} \quad (\nu = 1,\ldots,m),$$

wobei die Gesamtenergie $H[\underline{q};\underline{p}]$ des Systems sich nicht ändert. Die Ortskoordinaten $q_\nu(t)$ und die Impulskoordinaten $p_\nu(t)$ beschreiben dann den Zustand des Systems vollständig. $H[\underline{q};\underline{p}]$ wird Hamiltonfunktion genannt. Für das Beispiel (4.53) wurde als Ljapunovfunktion $V[x_1;x_2]$ die Energiefunktion (4.56) gewählt. Ein System, in dem die Gesamtenergie (4.56) erhalten bleibt, d.h. $H[\underline{q};\underline{p}] = V[x_1;x_2]$, besitzt die Bewegungsgleichungen (Zustandsmodell, $x_1 := q_1$ und $x_2 := p_1$)

(4.70)
$$\begin{aligned} \dot{x}_1(t) &= \frac{\partial H}{\partial x_2} = x_2(t) \\ \dot{x}_2(t) &= -\frac{\partial H}{\partial x_1} = -\frac{dG}{dx_1} = -g[x_1(t)] \;. \end{aligned}$$

Der Leser zeige, daß die Ruhelage des Systems stabil aufgrund des Satzes (4.57) und Bemerkung (4.59) ist, d.h. $\dot{H}(t) = 0$. Die positiv definite Hamiltonfunktion kann in solchen Systemen als Ljapunovfunktion verwendet werden. Weiterhin erkennt man, daß in den Bewegungsgleichungen (4.70) gegenüber dem Beispiel (4.53) der (positive oder negative) Dämpfungsterm fehlt. Dieser Term ist für die Zu- oder Abnahme der Gesamtenergie verantwortlich und bestimmt somit das Stabilitätsverhalten der Ruhelage (Gleichgewichtslage).

Eine Erweiterung auf nichtautonome Systeme mit einer Hamiltonfunktion $H[\underline{q};\ \underline{p};\ t]$ ist möglich. Der Leser sollte dann Lehrbücher der Mechanik verwenden, die die Hamilton'sche Theorie behandeln.

d) Ljapunovfunktionen nach dem Verfahren von Krasovskii

Es existiere auf $\Gamma(\alpha)$ die Funktionalmatrix

$$\underline{J}[\underline{x}] := \left[\frac{\partial f_\nu[\underline{x}]}{\partial x_\mu} \right]_{\nu,\mu=1\ldots n} \quad ,$$

die auch Jakobi-Matrix von $\underline{f}[\underline{x}(t)]$ genannt wird. Das autonome Zustandsmodell sei durch

$$\dot{\underline{x}}(t) = \underline{f}[\underline{x}(t)] \qquad \text{mit} \quad \underline{f}[\underline{0}] = \underline{0}$$

gegeben und die Ruhelage $\underline{x}_R = \underline{0}$ asymptotisch stabil. Zur Ermittlung des zugehörigen Stabilitätsgebietes (Einzugsbereiches) lassen sich die folgenden Ljapunovfunktionen verwenden:

(4.71)
$$V[\underline{x}(t)] = \underline{x}'\underline{Q}\,\underline{x}$$
$$\dot{V}[\underline{x}(t)] = \int_0^1 \underline{x}'\left[\underline{J}'[ß\,\underline{x}]\underline{Q} + \underline{Q}\,\underline{J}[ß\,\underline{x}]\right]\underline{x}\,dß < 0$$

und

(4.72)
$$V[\underline{x}(t)] = \underline{f}'[\underline{x}]\underline{Q}\,\underline{f}[\underline{x}]$$
$$\dot{V}[\underline{x}(t)] = \underline{f}'[\underline{x}]\left[\underline{J}'[\underline{x}]\underline{Q} + \underline{Q}\,\underline{J}[\underline{x}]\right]\underline{f}[\underline{x}] < 0$$

für alle $\underline{x} \in \Gamma(\alpha)$.

Die totale zeitliche Ableitung von $V[\underline{x}]$ in (4.71) lautet

$$\dot{V}[\underline{x}] = \underline{f}'[\underline{x}]\underline{Q}\,\underline{x} + \underline{x}'\underline{Q}\,\underline{f}[\underline{x}]\ .$$

$\underline{f}[\underline{x}]$ ist nun in Abhängigkeit von der Jakobi-Matrix darzustellen. Hierzu bilden wir mit $\underline{v} = ß\,\underline{x}$ die Ableitung

$$\frac{d\,f_\nu[\underline{v}]}{dß} = \sum_{\mu=1}^{n} \frac{\partial f_\nu[\underline{v}]}{\partial v_\mu}\,\frac{dv_\mu}{dß}$$
$$= \sum_{\mu=1}^{n} \frac{\partial f_\nu[ß\underline{x}]}{\partial(ßx_\mu)}\,x_\mu \qquad \nu = 1,\ldots,n\ .$$

In der Vektordarstellung lautet der letzte Ausdruck

$$d\underline{f}[ß\underline{x}] = \underline{J}[ß\underline{x}]\underline{x}\,dß$$

und nach Integration über ß in den Grenzen 0 bis 1 erhält man

$$\underline{f}[\underline{x}] - \underline{f}[\underline{0}] = \int_0^1 \underline{J}[ß\underline{x}]\underline{x}\,dß\ .$$

Nach Voraussetzung ist $\underline{f}[\underline{0}] = \underline{0}$, so daß sich nach Einsetzen von $\underline{f}[\underline{x}]$ in $\dot{V}[\underline{x}]$ die Ableitung in (4.71) ergibt. Da über den Integranden in (4.71) keine differentierte Aussage bezüglich der Definitheit in der vorliegenden Form möglich ist, bestimmt man die Matrix $\underline{Q}$ aus der Forderung, daß für alle $ß \in (0,1)$ die Matrix

$$\underline{J}'[ß\underline{x}]\underline{Q} + \underline{Q}\,\underline{J}[ß\underline{x}]$$

negativ semidefinit ist.

Der Ausdruck für die totale zeitliche Ableitung in (4.72) läßt sich unter Berücksichtigung von

$$\dot{\underline{f}}[\underline{x}] = \underline{J}[\underline{x}]\,\underline{f}[\underline{x}]$$

unmittelbar nachweisen.

Die Größe des berechneten Stabilitätsgebietes hängt in beiden Fällen von der Wahl der negativen definiten Matrix ab, die dann $\underline{Q}$ bestimmt.

(4.73) Beispiel: Bedingungen für ein Stabilitätsgebiet

Gegeben sei das autonome Zustandsmodell

$$\begin{aligned}\dot{x}_1(t) &= f_1[\underline{x}(t)] \\ \dot{x}_2(t) &= f_2[\underline{x}(t)]\end{aligned} \qquad \underline{x}(t) \in \mathbb{R}^2$$

mit $f_\nu[\underline{O}] = \underline{O}$ ($\nu = 1,2$). Es wird angenommen, daß stetige erste Ableitungen von $f_\nu[\underline{x}]$ nach allen x_ν existieren und die Ruhelage $\underline{x}_R = \underline{O}$ asymptotisch stabil ist. Gesucht werden die Bedingungen, aus denen sich ein Stabilitätsgebiet der Ruhelage berechnen läßt.

Es wird zuerst mit $\underline{Q} = \underline{E}$ versucht, ob (4.72) eine Ljapunovfunktion sein kann. Es ist also der symmetrische Teil der Jakobi-Matrix auf negative Definitheit zu prüfen. Als Forderung an die Elemente der Matrix

$$\underline{J}'[\underline{x}] + \underline{J}[\underline{x}] = \begin{bmatrix} 2\,\dfrac{\partial f_1[\underline{x}]}{\partial x_1} & ; & \left[\dfrac{\partial f_1}{\partial x_2} + \dfrac{\partial f_2}{\partial x_1}\right] \\ \left[\dfrac{\partial f_1}{\partial x_2} + \dfrac{\partial f_2}{\partial x_1}\right] & ; & 2\,\dfrac{\partial f_2[\underline{x}]}{\partial x_2} \end{bmatrix}$$

erhält man (vergleiche Nachweis (4.45), hier jedoch für negative Definitheit)

$$\frac{\partial f_1[\underline{x}]}{\partial x_1} < 0$$

$$4\,\frac{\partial f_1[\underline{x}]}{\partial x_1}\,\frac{\partial f_2[\underline{x}]}{\partial x_2} - \left[\frac{\partial f_1}{\partial x_2} + \frac{\partial f_2}{\partial x_1}\right]^2 > 0 \ .$$

Hängt $f_1[\underline{x}]$ nicht von x_1 ab, dann lassen sich beide Bedingungen nicht erfüllen. In diesem Fall muß man nach einer geeigneten positiv definiten Matrix $\underline{Q}$ suchen. Hierin liegt dann auch die Schwierigkeit der Anwendung des Verfahrens. ■

e) Ljapunovfunktionen bei norminvarianten Systemen

Eine autonome Zustandsdifferentialgleichung $\dot{\underline{x}}(t) = \underline{f}[\underline{x}(t)]$ mit $\underline{f}[\underline{0}] = \underline{0}$ heißt norminvariant, wenn es eine positiv definite Funktion $k\left[||\underline{x}||\right]$ und eine positiv definite Matrix $\underline{Q}$ gibt, so daß für alle $\underline{x} \in \Gamma(\alpha)$

$$\text{(4.74)} \qquad \underline{f}'[\underline{x}]\underline{Q}\,\underline{x} = -k\left[||\underline{x}||\right]$$

gilt.

Die Ljapunovfunktion bei norminvarianten Systemen leitet sich direkt aus der Beziehung (4.74) ab. Für die positiv definite Funktion

$$V[\underline{x}] = \frac{1}{2}\,\underline{x}'\underline{Q}\,\underline{x}$$

ergibt sich unter der Bedingung (4.74) die totale zeitliche Ableitung in $\Gamma(\alpha)$

$$\dot{V}[\underline{x}] = \dot{\underline{x}}'\underline{Q}\,\underline{x} = \underline{f}'[\underline{x}]\underline{Q}\,\underline{x} = -k\left[||\underline{x}||\right] < 0 \quad .$$

Ist die Beziehung (4.74) im ganzen $\mathbb{R}^n$ erfüllt, dann liegt asymptotische Stabilität der Ruhelage im Großen vor.

Das Verfahren besitzt gegenüber der Vorgehensweise in b) bis d) die folgenden Vorteile:

- Die rechte Seite des Zustandsmodells $\underline{f}[\underline{x}]$ muß nicht differenzierbar sondern nur stetig im Zustand $\underline{x} = \underline{0}$ sein.
- Die Ljapunovfunktion liegt in einfacher Form vor

und

- das Verfahren läßt sich ohne Schwierigkeiten auf den nichtautonomen Fall übertragen, wenn die Bedingung (4.74) für jedes $t \geq t_0$ erfüllt ist.

(4.75) Beispiel: Kräftefreie Kreisel

Es seien Θ_ν die Hauptträgheitsmomente, $\omega_\nu(t)$ die Winkelgeschwindigkeiten und $N_\nu(t) = \Theta_\nu\,\omega_\nu(t)$ $(\nu = 1,2,3)$ die Komponenten des Drehimpulses eines starren Körpers im körperfesten Bezugssystem, in dem die Koordinatenachsen mit den drei Hauptträgheitsachsen zusammenfallen. Die Drehbewegung eines starren Körpers in diesem Bezugssystem lautet (auch Eulersche Gleichungen genannt, die der Leser in jedem Lehrbuch der Mechanik des starren Körpers findet):

$$\begin{aligned} \theta_1 \dot{\omega}_1(t) &= [\theta_2 - \theta_3]\omega_2(t)\omega_3(t) + m_1(t) \\ \theta_2 \dot{\omega}_2(t) &= [\theta_3 - \theta_1]\omega_1(t)\omega_3(t) + m_2(t) \qquad (4.76) \\ \theta_3 \dot{\omega}_3(t) &= [\theta_1 - \theta_2]\omega_1(t)\omega_2(t) + m_3(t) \quad , \end{aligned}$$

wobei die Drehmomente $m_\nu(t)$ ($\nu = 1,2,3$) Eingangsgrößen des Kreisels sind. Bei einem kräftefreien Kreisel sind die äußeren Drehmomente $m_\nu(t) \equiv 0$. Die Winkelgeschwindigkeiten $\underline{\omega}(t)$ sind die Zustände, die das Kreiselverhalten beschreiben. Im Kreiselmodell (4.76) ist eine Reibung, die z.B. von der Winkelgeschwindigkeit abhängen könnte, nicht berücksichtigt worden.

Wir prüfen nun mit der positiv definiten Matrix $\underline{Q} = \mathrm{Diag}[\theta_1,\theta_2,\theta_3]$, ob der autonome Teil des Kreiselmodells (4.76) im Sinne der Bedingung (4.74) norminvariant ist. Es gilt

$$\underline{f}'[\underline{\omega}]\, \underline{Q}\, \underline{\omega} = \left[\frac{\theta_2-\theta_3}{\theta_1}\right] \omega_2\omega_3\, \theta_1\omega_1 + \left[\frac{\theta_3-\theta_1}{\theta_2}\right] \omega_1\omega_3\, \theta_2\omega_2 + \left[\frac{\theta_1-\theta_2}{\theta_3}\right] \omega_1\omega_2\, \theta_3\omega_3 = 0$$

für alle $\underline{\omega}(t) \in \mathbb{R}^3$. Hier liegt ein Grenzfall der Bedingung (4.74) vor, da zu der positiv definiten Funktion

$$V[\underline{\omega}] = \frac{1}{2}\, \underline{\omega}'\underline{Q}\, \underline{\omega} = \frac{1}{2}\left[\theta_1\omega_1^2 + \theta_2\omega_2^2 + \theta_3\omega_3^2\right]$$

eine negativ semidefinite Ableitung

$$\dot{V}[\omega] = 0 \qquad \text{für alle } \underline{\omega} \in \mathbb{R}^3$$

gehört. Die Ruhelage $\underline{\omega}_R = \underline{0}$ des Kreisels ist daher nach Satz (4.57) stabil. Die Regelung eines Kreisels wird im Abschnitt 4.6 behandelt. ■

f) Ljapunovfunktionen nach dem variablen Gradientenverfahren

Das Verfahren geht von einem Ansatz des Gradienten der $V[\underline{x}]$-Funktion aus. Die Komponenten des Gradienten

$$\frac{\partial V[\underline{x}]}{\partial x_\nu} \qquad \nu = 1,\ldots,n$$

sind zuerst in der Weise zu wählen, daß $\dot{V}[\underline{x}]$ mindestens negativ semidefinit wird. Aus dem Linienintegral

$$-\int_0^{t_1} \dot{V}[\underline{x}(t)]dt = -\int_0^{t_1} \left[\text{grad}_{\underline{x}} V[\underline{x}(t)]\right]' \underline{\dot{x}}(t)dt$$

$$= \int_{\underline{x}(t_1)=\underline{0}}^{\underline{x}(0)=\underline{x}} \left[\text{grad}_{\underline{z}} V[\underline{z}(t)]\right]' d\underline{z} \stackrel{!}{=} V[\underline{x}]$$

läßt sich $V[\underline{x}]$ mit $V(\underline{0}) = 0$ genau dann eindeutig ermitteln, wenn das Integral im Zustandsraum unabhängig vom Wege ist. Die Berechnung von $V[\underline{x}]$ kann unter dieser Voraussetzung nach der Formel

(4.77)
$$V[\underline{x}] = \int_0^{x_1} \frac{\partial V[z_1,0,\dots 0]}{\partial z_1} dz_1 + \int_0^{x_2} \frac{\partial V[x_1,z_2.0\dots 0]}{\partial z_2} dz_1 + \dots$$
$$\dots + \int_0^{x_n} \frac{\partial V[x_1,\dots x_{n-1},z_n]}{\partial z_n} dz_n$$

erfolgen. Die Forderung an das Linienintegral ist eine vorweggenommene Einschränkung an eine mögliche $V[\underline{x}]$-Funktion, die zu einem festgelegten $\text{grad}_{\underline{x}} V[\underline{x}]$ gehört. Das Linienintegral ist vom Wege unabhängig, wenn

$$\left[\text{rot grad}_{\underline{x}} V[\underline{x}]\right] = \underline{0}$$

ist, d.h. die nach diesem Verfahren erzeugte Ljapunovfunktion muß die Bedingung

(4.78)
$$\frac{\partial}{\partial x_\nu}\left[\frac{\partial V}{\partial x_\mu}\right] = \frac{\partial}{\partial x_\mu}\left[\frac{\partial V}{\partial x_\nu}\right] \qquad \nu,\mu = 1,\dots,n$$

erfüllen. Mit diesen $n(n-1)/2$ Gleichungen können $n(n-1)/2$ unbekannte Koeffizienten im Ansatz des $\text{grad}_{\underline{x}} V[\underline{x}]$ bestimmt werden. Eine mögliche Wahl für die Gradientenfunktion wäre

(4.79)
$$\frac{\partial V}{\partial x_\nu} = \sum_{\mu=1}^{n} q_{\nu\mu}[\underline{x}]x_\mu \qquad \nu = 1,\dots,n \quad ,$$

wobei die $q_{\nu\mu}[\underline{x}]$ zuerst einmal beliebige nichtlineare Funktionen der Zustandsvariablen sein können.

Durch die weitere Einschränkung des Ansatzes

(4.80)
$$q_{\nu\nu}[x_\nu] > 0 \qquad \nu = 1,\dots,(n-1)$$
$$q_{nn} = 2 \quad ,$$

wird eine zusätzliche Vereinfachung erreicht. Der folgende Satz faßt die zu erfüllenden Bedingungen und Vorgehensweise bei der Methode nach SCHULTZ-GIBSON [4.21] zusammen.

(4.81) Satz (Variable Gradientenmethode):

Gegeben sei das autonome Zustandsmodell

$$\dot{\underline{x}}(t) = \underline{f}[\underline{x}(t)]$$

mit $\underline{f}[\underline{O}] = \underline{O}$. Die Ruhelage $\underline{x}_R = \underline{O}$ ist asymptotisch stabil mit dem Stabilitätsbereich $\Gamma(\alpha) \subset \mathbb{R}^n$, wenn eine reelle Vektorfunktion $\operatorname{grad}_{\underline{x}} V[\underline{x}]$ existiert, die die folgenden Bedingungen erfüllt:

(1) Bei der Wahl des Ansatzes (z.B. Gleichung (4.79)) ist darauf zu achten, daß $\operatorname{grad}_{\underline{x}} V[\underline{x}] \neq \underline{O}$ für alle $\underline{x} \in \Gamma(\alpha)$ gilt, jedoch $\underline{x} = \underline{O}$ ausgenommen,

(2) Die Funktion $\dot{V}[\underline{x}(t)] = \left[\operatorname{grad}_{\underline{x}} V[\underline{x}]\right]' \underline{f}[\underline{x}(t)]$ muß mindestens für alle $\underline{x} \in \Gamma(\alpha)$ negativ semidefinit sein und darf längs einer Trajektorie der Zustandsdifferentialgleichung nicht identisch verschwinden,

(3) Der Ansatz muß die $n(n-1)/2$ Bedingungen (4.78) erfüllen, so daß damit $n(n-1)/2$ Koeffizienten (Funktionen) festgelegt sind.

(4) Die Funktion $V[\underline{x}(t)]$ ist nun nach der Formel (4.77) zu ermitteln und auf positive Definitheit zu prüfen, anderenfalls kann $V[\underline{x}(t)]$ keine Ljapunovfunktion sein. ■

Ein gegenüber (4.79) anderer Ansatz, der sich gleichzeitig auf nichtautonome Systeme anwenden läßt, hat die Form

(4.82)
$$\left[\operatorname{grad}_{\underline{x}} V[\underline{x};t]\right] := [\underline{\Lambda} + \underline{Q}_S]\underline{f}[\underline{x}(t);t] \quad ,$$

wobei $\underline{\Lambda}$ eine Diagonalmatrix und $\underline{Q}_S$ eine reelle schiefsymmetrische Matrix mit noch festzulegenden Koeffizienten sind. Dieser Ansatz liefert eine negativ definite Funktion auf $\Gamma(\alpha)$

$$\left[\dot{V}[\underline{x};t] - \frac{\partial V[\underline{x};t]}{\partial t}\right] = \underline{f}'[\underline{x};t]\underline{\Lambda}\, \underline{f}[\underline{x};t]$$

für alle $t \geq t_0$, wenn alle Elemente der Diagonalmatrix negativ und $\underline{f}[\underline{x};t] \neq \underline{0}$ für alle $\underline{x} \in \Gamma(\alpha)$ sind. Der schiefsymmetrische Anteil mit $\underline{Q}_s$ verschwindet bei der Bildung von $\dot{V}[\underline{x};t]$.

Genügt nun der Ansatz (4.82) den Bedingungen (3) und (4) im Satz (4.81), dann erhält man eine Ljapunovfunktion $V[\underline{x};t]$ auch für nichtautonome Systeme.

(4.83) Beispiel: Variable Gradientenmethode

Für das autonome Zustandsmodell

$$\dot{x}_1(t) = x_2(t)$$

$$\dot{x}_2(t) = -f[x_2(t)] - g[x_1(t)] \qquad f[0] = g[0] = 0$$

sind die Bedingungen an $f[\cdot]$ und $g[\cdot]$ zu ermitteln, so daß die Ruhelage $\underline{x}_R = \underline{0}$ asymptotisch stabil ist. Welche Bedingungen müssen für einen nach der variablen Gradientenmethode ermittelten Stabilitätsbereich der Ruhelage gelten?

Mit dem Ansatz (4.79) lautet der zweite Schritt im Satz (4.81)

$$\dot{V}[\underline{x}(t)] = \left[q_{11}x_1(t) + q_{12}x_2(t)\right]x_2(t) - \left[q_{21}x_1(t) + 2x_2(t)\right]\left[f[x_2(t)] + g[x_1(t)]\right]$$

$$= x_1x_2\left[q_{11} - 2\,\frac{g[x_1]}{x_1}\right] - x_2f[x_2]\left[2 + q_{21}\,\frac{x_1}{x_2}\right] + q_{12}x_2^2 - q_{21}x_1g[x_1] \quad .$$

Damit $\dot{V}[\cdot]$ in $\underline{x} \in \Gamma(\alpha)$ negativ definit wird, müssen die Bedingungen

$$q_{11}[x_1] = 2\,\frac{g[x_1]}{x_1} \quad ; \quad x_1g[x_1] > 0 \quad \text{für } x_1 \neq 0$$

und unter Beachtung des Schrittes 3 im Satz (4.81)

$$q_{12}[\underline{x}] + x_2\,\frac{\partial q_{12}[\underline{x}]}{\partial x_2} = q_{21}[\underline{x}] + x_1\,\frac{\partial q_{21}[\underline{x}]}{\partial x_1}$$

mit $q_{12} = q_{21} = \alpha_{21}\, x_2^2\, x_1^2$

$$x_2f[x_2]\left[2 + \alpha_{21}x_2x_1^3\right] > 0$$

und

$$\alpha_{21}x_1^2x_2^2\left[x_2^2 - x_1g[x_1]\right] < 0$$

gelten. Aus den letzten beiden Ungleichungen läßt sich der Rand des Stabilitätsbereichs bestimmen, wenn $V[\underline{x}]$ in einem noch zu ermittelnden Gebiet $\Gamma(\alpha)$ eine Ljapunovfunktion ist.

Die Gradientenfunktion geht nun mit den gewonnenen Bedingungen in den Ausdruck

$$\operatorname{grad}_{\underline{x}} V[\underline{x}] = \begin{bmatrix} 2\, g[x_1] + \alpha_{21} x_2^3 x_2^2 \\ \alpha_{21} x_2^2 x_1^3 + 2\, x_2 \end{bmatrix}$$

über. Die Funktion $V[\underline{x}]$ wird nach Gleichung (4.77) berechnet. Es gilt

$$V[\underline{x}(t)] = 2 \int_0^{x_1} g[x_1]dx_1 + \int_0^{x_2} \left[\alpha_{21} x_2^2 x_1^3 + 2\, x_2\right] dx_2$$

$$= 2\, G[x_1] + \frac{1}{3}\alpha_{21}\, x_2^3 x_1^3 + x_2^2 \quad .$$

Aus der Bedingung $x_1 g[x_1] > 0$ folgt, daß $G[x_1] > 0$ für alle $x_1 > 0$ ist und damit gibt es ein Gebiet $\Gamma(\alpha) \subset \mathbb{R}^2$, auf dem $V[\underline{x}]$ positiv definit ist. ■

Der Leser bestimme die Stabilitätsbereiche der Ruhelage $\underline{x}_R = \underline{0}$ für die Fälle (a) $f[x_2] = x_2$ und $g[x_1] = x_1^3$ und (b) $f[x_2] = x_2^2\, \operatorname{sgn}[x_2]$ und $g[x_1] = x_1^3$. Weiterhin untersuche der Leser das Beispiel (4.83) mit dem Ansatz (4.82) und vergleiche die Ergebnisse, die mit den beiden Ansätzen erzielt wurden.

4.3.3 Zubov-Methode bei kontinuierlichen Systemen

ZUBOV [4.26] hat das Auffinden einer Ljapunovfunktion auf die Lösung einer partiellen Differentialgleichung zurückgeführt. Mit dieser Lösung läßt sich der Einzugsbereich einer asymptotisch stabilen Ruhelage genau bestimmen. Die Schwierigkeit bei dieser Methode liegt jedoch in der Ermittlung der Lösung, die nur selten in geschlossener Form angebbar ist.

(4.84) Satz (von Zubov):

Es sei $M_E \subset \mathbb{R}^n$ eine offene Menge und $\bar{M}_E$ die abgeschlossene Hülle mit $\underline{x}_R = \underline{0} \in M_E$.

Γ ist genau dann der Einzugsbereich der Ruhelage $\underline{x}_R = \underline{0}$ von $\dot{\underline{x}}(t) = \underline{f}[\underline{x}(t)]$, wenn zwei skalare Funktionen $V[\underline{x}]$ und $\varphi[\underline{x}]$ mit den folgenden Eigenschaften existieren:

a) $V[\underline{x}]$ ist stetig und positiv definit auf M_E und es gilt $0 < V[\underline{x}] < 1$ für alle $\underline{x} \in M_E$ $(\underline{x} \neq \underline{0})$,

b) $\varphi[\underline{x}]$ ist stetig und positiv definit auf dem $\mathbb{R}^n$,

c) für alle $\underline{x}$ auf dem Rand von M_E gilt $V[\underline{x}] = 1$,

d) $V[\underline{x}]$ ist Lösung der partiellen Differentialgleichung

$$\sum_{\nu=1}^{n} \frac{\partial V[\underline{x}]}{\partial x_\nu} f_\nu[\underline{x}] = - \varphi[\underline{x}]\left[1 - V[\underline{x}]\right] \sqrt{1 + ||\underline{f}||^2} \quad .$$

Die Funktion $\varphi[\underline{x}]$ ist, bis auf die geforderten Eigenschaften im Satz, weitgehend frei wählbar, so daß sich die rechte Seite der Differentialgleichung noch vereinfachen läßt. Den Beweis zum Satz (4.84) findet der Leser in dem Buch von ZUBOV [4.26]. ∎

(4.85) Beispiel zum Satz von Zubov (1):

Es ist zu prüfen, ob die Ruhelage $\underline{x}_R = \underline{0}$ des autonomen Zustandsmodells

$$\dot{x}_1(t) = - x_1(t) + 2x_1^2(t)x_2(t)$$

$$\dot{x}_2(t) = - x_2(t)$$

asymptotisch stabil ist, d.h. eine Ljapunovfunktion als Lösung der partiellen Differentialgleichung aus dem Satz (4.84) existiert. Liegt eine Ljapunovfunktion vor, so ist dann der Einzugsbereich zu ermitteln.
Der Leser erkennt, daß sich das autonome Zustandsmodell zweiter Ordnung in eine nichtautonome Differentialgleichung erster Ordnung mit $x_2(t) = x_{2o}e^{-t}$ überführen läßt.
Hier gehen wir jedoch von dem autonomen System aus. Die partielle Differentialgleichung lautet

$$\frac{\partial V[\underline{x}]}{\partial x_1}\left[-x_1 + 2x_1^2x_2\right] + \frac{\partial V[\underline{x}]}{\partial x_2}\left[-x_2\right] = - \varphi[\underline{x}]\left[1 - V[\underline{x}]\right]\sqrt{1 + ||\underline{f}||^2} \quad .$$

Wird

$$\varphi[\underline{x}] = \frac{\left[x_1^2 + x_2^2\right]}{\sqrt{1 + ||\underline{f}||^2}}$$

gewählt, so erfüllt $\varphi[\underline{x}]$ alle Bedingungen des Satzes (4.84) und als Lösung der partiellen Differentialgleichung erhält man

$$V[\underline{x}] = 1 - \exp\left[- \frac{x_1^2}{2[1-x_1x_2]} - \frac{x_2^2}{2} \right] .$$

Der Leser prüfe das Ergebnis durch Einsetzen der Lösung $V[\underline{x}]$ in die Differentialgleichung nach.

Aus der Bedingung $[1 - V[\underline{x}]] = 0$ berechnet man den Rand des Einzugsbereiches, der in dem vorliegenden Beispiel durch die Ungleichung

$$x_1x_2 \leq 1$$

dargestellt wird. Der Leser zeichne sich den Einzugsbereich der Ruhelage in die Zustandsebene $(x_1;x_2)$ ein. ■

(4.86) Beispiel zum Satz von Zubov (2):

Gegeben sei die autonome Zustandsdifferentialgleichung

$$\dot{x}_1(t) = f_1[x_1(t)] + g_1[x_2(t)]$$
$$\dot{x}_2(t) = f_2[x_1(t)] \qquad ,$$

die bei $\underline{x}_R = \underline{0}$ eine Ruhelage und für jeden endlichen Anfangszustand $\underline{x}_0$ eine eindeutige Lösung besitze. Weiterhin gelte $f_1[x_1]f_2[x_1] > 0$ für alle $x_1 \neq 0$. Es sind die Bedingungen an die Funktionen $f_1[\cdot]$, $f_2[\cdot]$, $g_1[\cdot]$ zu ermitteln, so daß die Ruhelage $\underline{x}_R = 0$ asymptotisch stabil im Großen ist.

Die partielle Differentialgleichung im Satz (4.84) lautet mit

$$\varphi[\underline{x}] = \frac{f_1[x_1]\ f_2[x_1]}{\sqrt{1 + \left[f_1[x_1]+g_1[x_2]\right]^2 + f_2^2[x_1]}}$$

$$\frac{\partial V[\underline{x}]}{\partial x_1}\left[f_1[x_1]+g_1[x_1]\right] + \frac{\partial V[\underline{x}]}{\partial x_2} f_2[x_1] = - f_1[x_1]f_2[x_1]\left[1-V[\underline{x}]\right] .$$

Der Leser zeige, daß die Funktion

$$V[\underline{x}] = 1 - \exp\left[F_2[x_1] - G_1[x_2]\right]$$

eine Lösung der partiellen Differentialgleichung ist, wenn

$$F_2[x_1] := \int_0^{x_1} f_2[v]dv \quad \text{und} \quad G_1[x_2] := \int_0^{x_2} g_1[v]dv$$

gilt. Wenn die Ruhelage $\underline{x}_R = \underline{0}$ asymptotisch stabil im Großen ist, müssen die folgenden Bedingungen erfüllt sein:

$$f_1[0] = - g_1[0] \; ; \; f_2[0] = 0$$

$$f_1[x_1]f_2[x_1] > 0 \qquad \text{für } x_1 \neq 0$$

$$\left[F_2[x_1] - G_1[x_2]\right] < 0 \qquad \text{für alle } x_1,\, x_2 \in R$$

$$\lim_{|x_1|,|x_2| \to \infty} \left[F_2[x_1] - G_1[x_2]\right] = -\infty \; .$$

Die letzte Bedingung garantiert, daß der Einzugsbereich gleich dem $\mathbb{R}^2$ ist. Andernfalls wird der Rand des Einzugsbereichs (also "nicht im Grossen") durch die Beziehung

$$\left[F_2[x_1] - G_1[x_2]\right] = -\infty$$

beschrieben, sofern dieser existiert. ■

Der folgende Satz hat eine große Bedeutung beim Entwurf von nichtlinearen Regelkreisen, vergleiche Abschnitt 4.6.

(4.87) Satz (von Zubov bei Berücksichtigung eines Regleranteils oder einer Modellunsicherheit):

Das autonome Zustandsmodell $\dot{\underline{x}}(t) = \underline{g}[\underline{x}(t)]$ habe eine asymptotische stabile Ruhelage $\underline{x}_R = \underline{0}$ mit dem Stabilitätsbereich $M \subset \mathbb{R}^n$. Es gibt also eine Ljapunovfunktion $V[\underline{x}]$ mit einer positiv definiten Funktion $W[\underline{x}]$, so daß

$$\frac{dV}{dt} = \left[\operatorname{grad}_{\underline{x}} V[\underline{x}]\right]' \underline{g}[\underline{x}] = - W[\underline{x}]$$

gilt. Das nichtautonome Zustandsmodell

$$\dot{\underline{x}}(t) = \underline{g}[\underline{x}(t)] + \underline{f}[\underline{x}(t);t]$$

mit $\underline{f}[\underline{0},t] = \underline{0}$ hat dann eine asymptotische stabile Ruhelage $\underline{x}_R = \underline{0}$ mit demselben Stabilitätsbereich M, wenn die Bedingungen

$$|f_\nu[\underline{x};t]| < F[\underline{x}] \qquad \nu = 1,\ldots,n$$

$$\sqrt{n}\; F[\underline{x}] \; ||\operatorname{grad}_{\underline{x}} V[\underline{x}]|| < l[\underline{x}]W[\underline{x}]$$

$$0 \leq l[\underline{x}] \leq 0{,}5$$

erfüllt sind. ■

Beweis:

Nach Satz (4.58) ist $V[\underline{x}]$ auch Ljapunovfunktion des nichtautonomen Zustandsmodells, wenn

$$\frac{dV[\underline{x}]}{dt} = \sum_{\nu=1}^{n} \frac{\partial V[\underline{x}]}{\partial x_\nu} \left[g_\nu[\underline{x}] + f_\nu[\underline{x};t] \right]$$

eine negativ definite Funktion für jedes $t \geq t_o$ ist. Es gelten nun die Bedingungen des Satzes, dann folgt

$$\sum_{\nu=1}^{n} \frac{\partial V[\underline{x}]}{\partial x_\nu} f_\nu[\underline{x};t] \leq ||\mathrm{grad}_{\underline{x}} V[\underline{x}]|| \sqrt{\sum_{\nu=1}^{n} f_\nu^2[\underline{x};t]}$$

$$< ||\mathrm{grad}_{\underline{x}} V[\underline{x}]|| \sqrt{n} \; F[\underline{x}] \quad .$$

Damit die totale zeitliche Ableitung von $V[\underline{x}]$ negativ definit wird, müssen die zweiten und dritten Bedingungen des Satzes erfüllt sein. ■

Der Leser leite sich die Bedingungen des Satzes für den Fall ab, daß $g[\underline{x}(t)] = \underline{A}\,\underline{x}(t)$ linear ist und $\underline{A}$ nur Eigenwerte mit negativem Realteil besitzt.

4.3.4 Stabilitätskriterien für zeitdiskrete Zustandsmodelle

Stabilitätsbegriffe und Sätze bei Systemen mit periodischen Folgen sind im Abschnitt 4.2.2 behandelt worden. Das Stabilitätsverhalten bei zeitdiskreten Systemen in der ersten Näherung wurde im Satz (4.27) untersucht. In diesem Abschnitt wird das Stabilitätsverhalten der Ruhelage und deren Einzugsbereich eines autonomen zeitdiskreten Zustandsmodells (4.24) bestimmt.

Die Normen der hier auftretenden Folgen hängen von dem zu betrachtenden Folgenraum l_q ab (vergleiche Anhang A3). Obwohl die Stabilitätsdefinition (1.16) für kontinuierliche Systeme direkt auf zeitdiskrete Systeme übertragbar ist, sei hier die entsprechende Definition formuliert.

(4.88) Definition (Asymptotische Stabilität):

Es sei $\underline{x}_R = \underline{0}$ die Ruhelage des autonomen zeitdiskreten Zustandsmodells $\underline{x}(\nu+1) = \underline{f}_o[\underline{x}(\nu)]$. Die Ruhelage $\underline{x}_R$ heißt asymptotisch stabil i.S.v. Ljapunov, wenn

a) zu jedem $\varepsilon > 0$ ein $\delta(\varepsilon) > 0$ existiert, so daß für jedes $\underline{x}_0$ mit der Bedingung

$$||\underline{x}_0||_{l_q} < \delta(\varepsilon)$$

die Ungleichung

$$||\underline{x}(\nu)||_{l_q} < \varepsilon \qquad \text{für alle } \nu \in \mathbb{N}$$

folgt

und

b) $$\lim_{\nu\to\infty} ||\underline{x}(\nu)||_{l_q} = 0$$

gilt.

Die Bedingung (a) der Definition (4.88) garantiert die Stabilität der Ruhelage. Eine Ruhelage heißt instabil, wenn die Bedingung (a) nicht erfüllt ist. ■

Ein weiterer Stabilitätsbegriff ist die Bibostabilität, die insbesondere im dritten Kapitel und im Abschnitt 4.5 Anwendung findet. Dieser Begriff legt das Stabilitätsverhalten zwischen den Eingangsgrößen und den Ausgangsgrößen fest. Hier wird dieser Begriff anhand von zeitvarianten linearen Systemen nur in einer Übersicht (den Bildern 4.10 und 4.11) der Stabilität im Sinne von Ljapunov gegenübergestellt. Eine ähnliche Übersicht läßt sich auch für nichtlineare Systeme aufstellen. Die weiteren Betrachtungen beziehen sich auf die Ljapunov-Stabilität, da aus den Bildern 4.10 und 4.11 hervorgeht, daß mit schwachen zusätzlichen Voraussetzungen auf das Stabilitätsverhalten des Übertragungssystems (Eingang-Ausgang) geschlossen werden kann.

Für den Nachweis der Stabilität i.S.v. Ljapunov bei zeitdiskreten Systemen wird neben der positiv definiten Funktion $V[\underline{x}(\nu)]$ die erste Differenz

$$\Delta V[\underline{x}(\nu)] = \left[V[\underline{x}(\nu+1)] - V[\underline{x}(\nu)]\right]$$

benötigt.

(4.89) Satz (Asymptotische Stabilität i.S.v. Ljapunov):

Die autonome Zustandsdifferenzengleichung $\underline{x}(\nu+1) = \underline{f}[\underline{x}(\nu)]$ habe eine Ruhelage bei $\underline{x}_R = \underline{0}$ und es existiere eine Ljapunovfunktion $V[\underline{x}(\nu)]$ mit der negativen definiten ersten Differenz

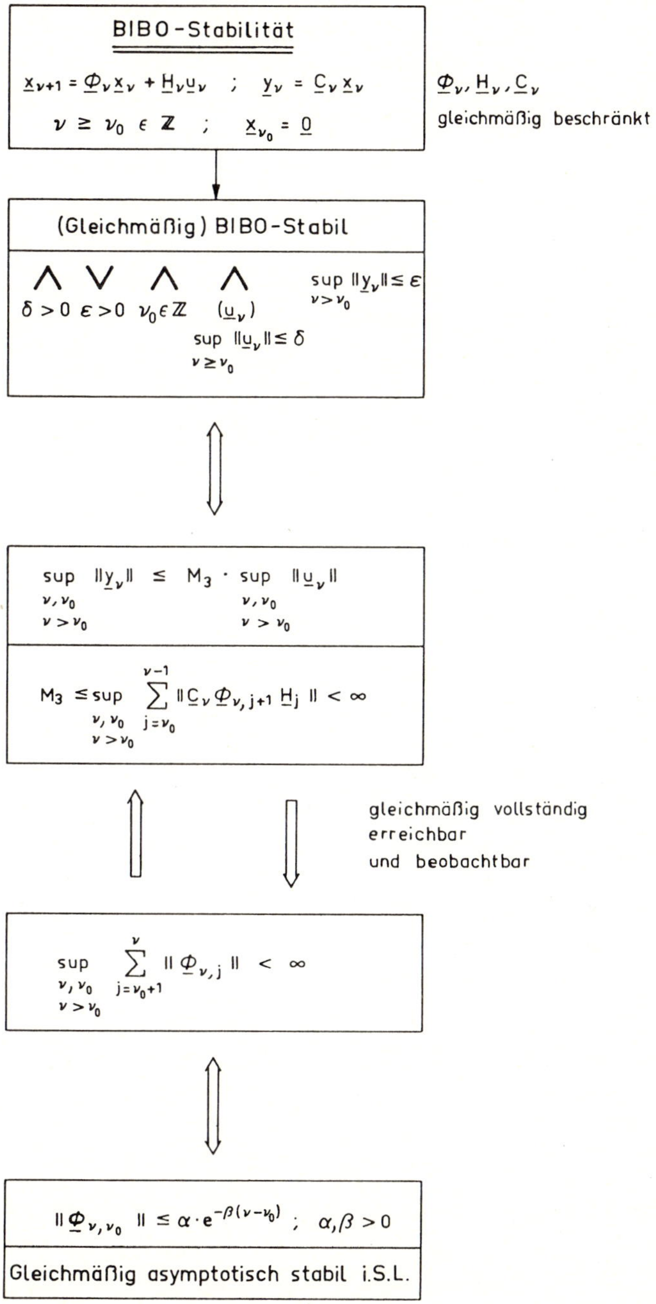

Bild 4.10: Definitionen der Bibostabilität und Zusammenhang mit der gleichmäßigen asymptotischen Stabilität bei linearen zeitvarianten Systemen

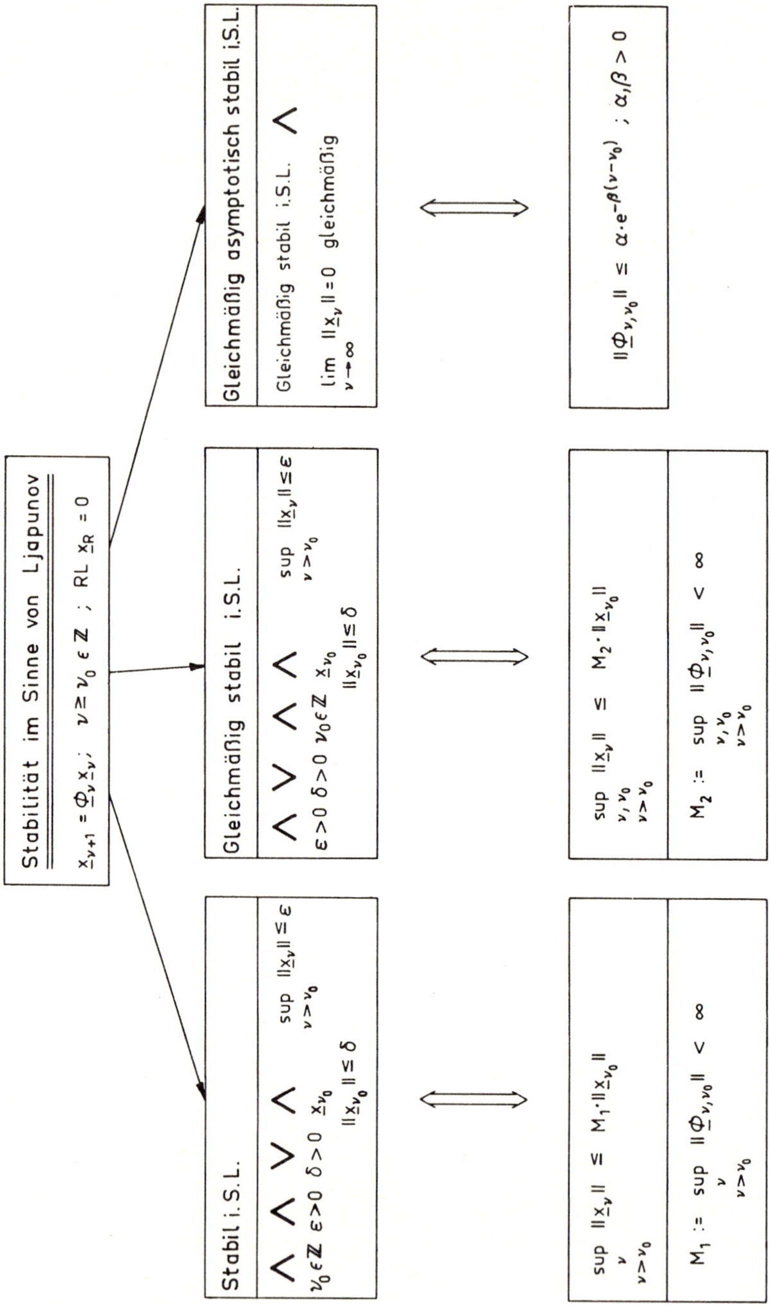

Bild 4.11: Stabilitätsdefinitionen im Sinne von Ljapunov bei linearen zeitvarianten Systemen

$$\Delta V[\underline{x}(\nu)] = \left[V\left[\underline{f}[\underline{x}(\nu)]\right] - V[\underline{x}(\nu)]\right] ,$$

dann ist die Ruhelage $\underline{x}_R = \underline{0}$ asymptotisch stabil im Sinne der Definition (4.88).

Gilt $V[\underline{x}] \to \infty$ für $||\underline{x}|| \to \infty$ und $\Delta V[\underline{x}] < 0$ für alle $\underline{x} \in \mathbb{R}^n$, dann liegt asymptotische Stabilität im Großen vor, d.h. der Einzugsbereich der Ruhelage stimmt mit dem $\mathbb{R}^n$ überein. ■

Der Beweis läßt sich in Analogie zum Satz (4.58) führen oder ist der Arbeit von KALMAN, BERTRAM [4.13] zu entnehmen.

Einen Überblick zu den Stabilitätskriterien von Ljapunov für zeitdiskrete Zustandsmodelle findet der Leser im Bild 4.12.

(4.90) Bemerkung:

Bei linearen zeitinvarianten Systemen

$$\underline{x}(\nu+1) = \underline{\Phi}\ \underline{x}(\nu)$$

ist die Aussage des Satzes (4.89) auch notwendig. Es genügt, für die positiv definite Funktion den Ansatz

$$V[\underline{x}(\nu)] = \underline{x}'(\nu)\ \underline{Q}\ \underline{x}(\nu)$$

mit $\underline{Q}$ als positiv definiter Matrix zu machen. Es muß dann gezeigt werden, daß zu einer negativ definiten Differenz

$$\Delta V[\underline{x}(\nu)] = \underline{x}'(\nu+1)\ \underline{Q}\ \underline{x}(\nu+1) - \underline{x}'(\nu)\ \underline{Q}\ \underline{x}(\nu)$$

$$= \underline{x}'(\nu)\left[\underline{\Phi}'\underline{Q}\ \underline{\Phi} - \underline{Q}\right]\underline{x}(\nu) = -\ \underline{x}'(\nu)\underline{P}\ \underline{x}(\nu)$$

mit $\underline{P}$ als positiv definiter Matrix eine positiv definite Matrix $\underline{Q}$ gehört. Die zu bestimmende Matrix $\underline{Q}$ genügt also der Matrixgleichung

(4.91) $$[\underline{\Phi}'\underline{Q}\ \underline{\Phi} - \underline{Q}] = -\ \underline{P} ,$$

wobei die Matrix $\underline{P}$ vorzugeben ist. Den Beweis findet der Leser in dem Buch von HARTMANN, 4. Kapitel, [4.9]. ■

(4.92) Beispiel: Zum Stabilitätskriterium (4.89)

Der im Bild 4.13 dargestellte Abtastregelkreis ist auf Stabilität i.S.v. Ljapunov zu untersuchen und der Stabilitätsbereich ist in der Parameterebene (a,b) anzugeben.

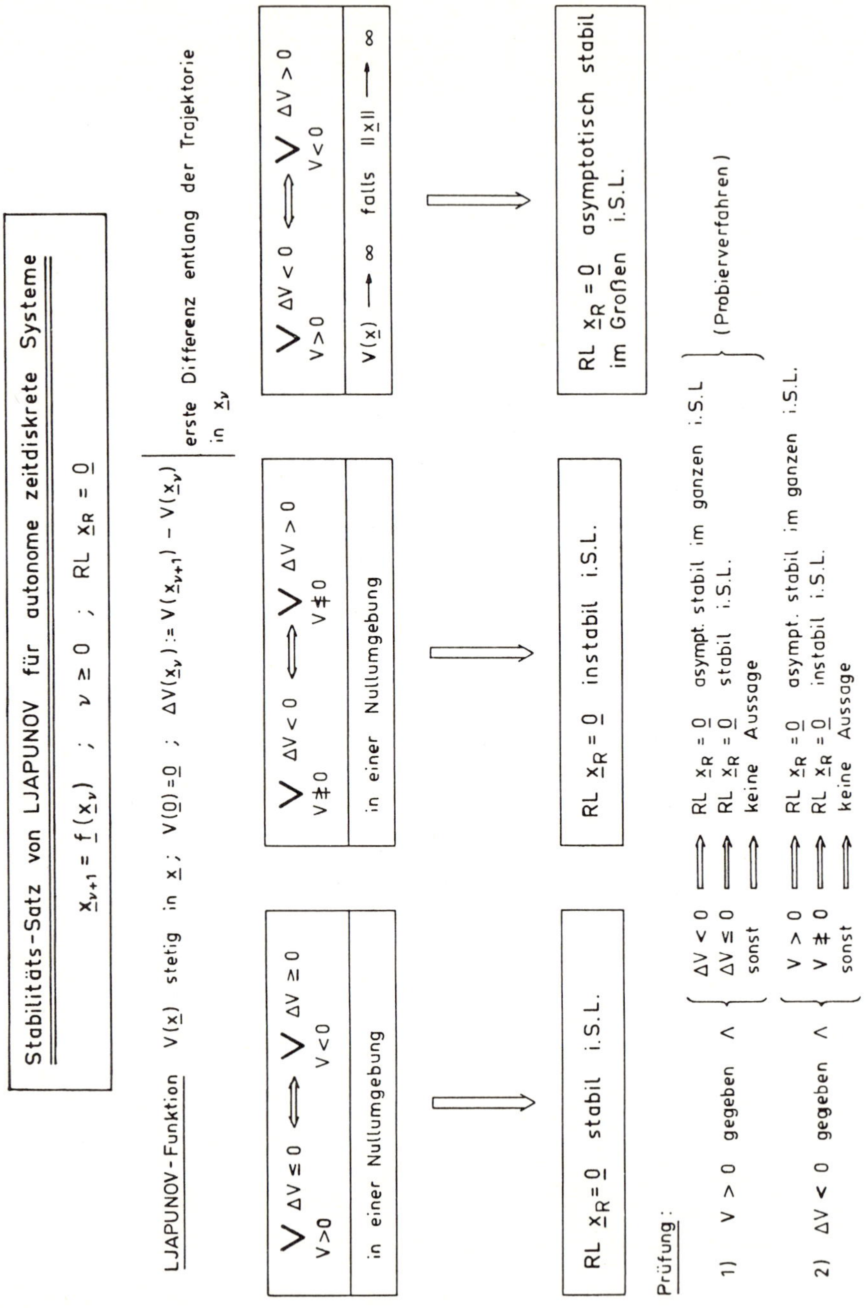

Bild 4.12: Schematische Darstellung der Stabilitätskriterien für autonome zeitdiskrete Zustandsmodelle

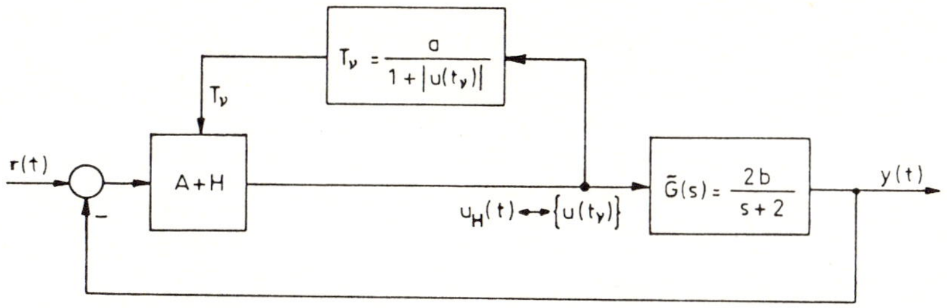

Bild 4.13: Regelkreis mit variabler Abtastzeit

Es gelte

$$T_\nu := [t_{\nu+1} - t_\nu] \text{ und } u_H(t) = u(t_\nu) \text{ für } t \in (t_\nu, t_{\nu+1}].$$

Zu der kontinuierlichen Übertragungsfunktion $\tilde{G}(s)$ gehört die Gewichtsfunktion

$$g(t) = \mathcal{L}^{-1}[\tilde{G}(s)] = 2b\, e^{-2t} .$$

Das zeitdiskrete Modell der Strecke lautet

$$y(\nu+1) = \Phi(T_\nu)y(\nu) + \int_{t_\nu}^{t_{\nu+1}} g[t_{\nu+1} - \tau]\, u(t_\nu)\, d\tau$$

mit

$$\Phi(T_\nu) = e^{-2T_\nu}$$

und

$$H[t_{\nu+1};t_\nu] := \int_{t_\nu}^{t_{\nu+1}} g[t_{\nu+1} - \tau]\, d\tau = b\left[1 - e^{-2T_\nu}\right] .$$

Die zeitdiskrete Regelkreisgleichung leitet man nun aus dem Bild 4.13 ab.

$$\begin{aligned} y(\nu+1) &= \Phi(T_\nu)y(\nu) + H(T_\nu)[r(\nu) - y(\nu)] \\ &= [\underline{\Phi}(T_\nu) - H(T_\nu)]\, y(\nu) + H(T_\nu)r(\nu) \quad . \end{aligned}$$

Hierbei ist die Abtastzeit durch

$$T_\nu = \frac{a}{[1 + |r(\nu)-y(\nu)|]}$$

gegeben. Für die autonome Differenzengleichung ist $r(\nu) \equiv 0$ zu setzen, so daß man nach dem Einsetzen von T_ν das nichtlineare System

$$y(\nu+1) = \left[[1+b]\exp.\left[\frac{-2a}{[1+|y(\nu)|]}\right] - b\right] y(\nu) = f[y(\nu)]$$

erhält. Die positiv definite Funktion

$$V[y(\nu)] = y^2(\nu)$$

führt auf die erste Differenz

$$\Delta V[y(\nu)] = \left[y^2(\nu+1) - y^2(\nu)\right]$$

$$= \left[\left[[1+b]\exp.\left[\frac{-2a}{[1+|y(\nu)|]}\right] - b\right]^2 - 1\right] y^2(\nu) \ .$$

Damit $\Delta V[\cdot]$ negativ definit ist, muß gelten

$$\left|[1+b]\exp\left[\frac{-2a}{[1+|y(\nu)|]}\right] - b\right| < 1 \ .$$

Der ungünstigste Fall in dieser Bedingung liegt bei $y(\nu) = 0$, so daß für $a \to \infty$ $|b| < 1$ und für endliche $a > 0$

$$\left[b\left[1 - e^{-2a}\right] - e^{-2a}\right] < 1$$

folgen. Damit erhält man für die Parameter die Ungleichung

$$-1 < b < \left[\frac{1 + e^{-2a}}{1 - e^{-2a}}\right] = \coth[a] \qquad \text{für alle } |y(\nu)| \ .$$

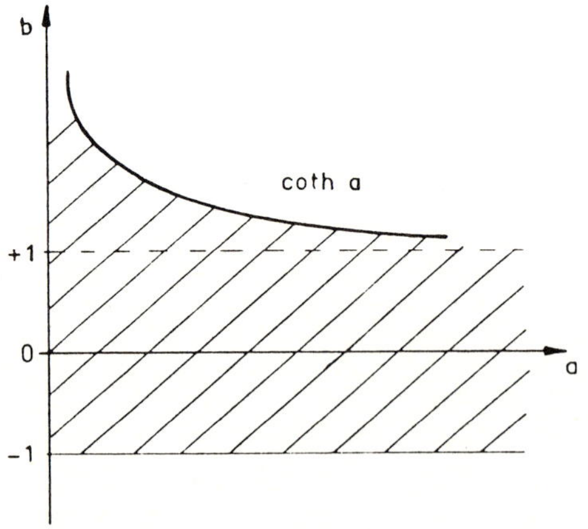

Bild 4.14: Stabilitätsgebiet in der Parameterebene

Im schraffierten Parameterbereich des Bildes 4.14 ist die erste Differenz $\Delta V[y(\nu)]$ für alle $y(\nu) \neq 0$ negativ, so daß mit diesen Parametern die Ruhelage des nichtlinearen Abtastregelkreises (Bild 4.13) asymptotisch stabil im Großen ist. ■

In den weiteren Ausführungen dieses Abschnittes soll die Zubov-Methode auf zeitdiskrete autonome Zustandsmodelle übertragen werden, so daß hier die Ljapunovfunktion als Lösung einer Differenzengleichung auftritt. Diese Überlegungen gehen auf O'SHEA [4.20] zurück.

Es sei daran erinnert, daß aus der asymptotischen Stabilität der Ruhelage in der ersten Näherung nach Satz (4.27) bei autonomen Systemen die exponentielle Stabilität der Lösung in einer Umgebung von $\underline{x}_R$ folgt, d.h. es gibt positive reelle Zahlen δ, α und $a > 0$, so daß sich für die Anfangszustände $||\underline{x}(0)|| < \delta$ die Ungleichung

$$||\underline{x}(\nu)|| \leq ||\underline{x}(0)|| \; a \; e^{-\alpha\nu}$$

für alle $\nu \geq 0$ ergibt. Die Systemmatrix $\underline{\Phi}$ der linearisierten Differenzengleichung im Satz (4.27) besitzt dann nur Eigenwerte, die alle im Inneren des Einheitskreises liegen.

(4.93) **Satz (von Zubov bei autonomen zeitdiskreten Systemen):**

Das autonome Zustandsmodell $\underline{x}(\nu+1) = \underline{f}_0[\underline{x}(\nu)]$ habe eine Ruhelage bei $\underline{x}_R = \underline{0}$, die nach der ersten Näherung (Satz (4.27)) asymptotisch stabil sei.

$V_0[\underline{x}(\nu)]$ sei eine beliebige positiv definite quadratische Form, dann besitzt die Differenzengleichung

$$\Delta V[\underline{x}(\nu)] = - V_0[\underline{x}(\nu)] \left[1 - V[\underline{x}(\nu)]\right]$$

mit $V[\underline{0}] = 0$ eine Lösung

(4.94) $$V[\underline{x}(\nu)] = 1 - \frac{1}{\prod_{i=0}^{\infty} \left[1 + V_0[\underline{x}(\nu+i)]\right]} ,$$

die als Ljapunovfunktion im ganzen Einzugsbereich M_E der Ruhelage erklärt ist und die Werte $0 \leq V[\underline{x}] < 1$ annimmt, wenn M_E ein einfacher zusammenhängender Bereich ist. Der Rand ∂M_E wird dann durch $V[\underline{x}] = 1$ beschrieben. ■

Beweis:

Zuerst zeigen wir, daß (4.94) eine Lösung auf M_E ist. Dividiert man die Differenzengleichung durch $\left[1 - V[\underline{x}(\nu)]\right]$ und addiert anschließend beide Seiten mit -1, so ergibt sich der Ausdruck

$$\frac{\left[1 - V[\underline{x}(\nu+1)]\right]}{\left[1 - V[\underline{x}(\nu)]\right]} = \left[1 + V_o[\underline{x}(\nu)]\right] \quad ,$$

der nach Logarithmierung auf beiden Seiten in die Form

$$\ln\left[1 - V[\underline{x}(\nu+1)]\right] - \ln\left[1 - V[\underline{x}(\nu)]\right] = \ln\left[1 + V_o[\underline{x}(\nu)]\right]$$

übergeht. Eine Aufsummierung zwischen den Abtastwerten $\nu = 0$ bis $\nu = \mu$ ergibt

$$\ln\left[1 - V[\underline{x}(\mu+1)]\right] - \ln\left[1 - V[\underline{x}(0)]\right] = \sum_{i=o}^{\mu} \ln\left[1 + V_o[\underline{x}(i)]\right] .$$

Da nach Voraussetzung $\underline{x}(0)$ zum Einzugsbereich M_E gehören soll, ist auch die gesamte Lösungsfolge $\{\underline{x}(\nu)\}$ des autonomen Zustandsmodells in M_E enthalten und es gilt $\lim_{\nu\to\infty} ||\underline{x}(\nu)|| = 0$. Damit erhalten wir aus der letzten Beziehung für $\mu \to \infty$ die Gleichung

$$(4.95) \qquad - \ln\left[1 - V[\underline{x}(0)]\right] = \sum_{i=o}^{\infty} \ln\left[1 + V_o[\underline{x}(i)]\right] \quad .$$

Es ist nun die Konvergenz der Summe auf der rechten Seite zu zeigen. Aufgrund der Voraussetzung gibt es eine Umgebung δ der Ruhelage, in der die Lösungsfolge exponentiell abnimmt. Diese Umgebung sei nach m Abtastschritten erreicht, so daß für $\mu \geq m$ die quadratische Funktion $V_o[\cdot]$ durch

$$V_o[\underline{x}(\mu)] \leq ||\underline{x}(m)||^2 a\ e^{-2\alpha\mu} \qquad a,\ \alpha > 0$$

nach oben abgeschätzt werden kann. Weiterhin ist $V_o[\underline{x}(i)]$ für alle $\underline{x}(i) \in M_E$ endlich. Die Summe in (4.95) läßt sich also durch die Teilsummen

$$\sum_{i=o}^{m} \ln\left[1 + V_o[\underline{x}(i)]\right] < c < \infty$$

und

$$\sum_{i=m+1}^{\infty} \ln\left[1 + V_o[\underline{x}(i)]\right] \leq \sum_{i=m+1}^{\infty} \ln\left[1 + a\ ||\underline{x}(m)||^2 e^{-2\alpha i}\right]$$

abschätzen. Aus der Konvergenz der rechten Seite in der letzten Ungleichung folgt dann auch die Konvergenz der Beziehung (4.95). Die Summe darf mit dem ln vertauscht werden, so daß sich (4.95) in

$$\ln\left[1 - V[\underline{x}(0)]\right] = -\ln\left[\prod_{i=0}^{\infty}\left[1 + V_0[\underline{x}(i)]\right]\right]$$

überführen läßt. Hieraus berechnet man nach einer Indexverschiebung $0 \rightarrow \nu$ direkt die Lösung (4.94). Der Wertebereich liegt zwischen $0 \leq V[\underline{x}] < 1$. Nur für

$$\prod_{i=0}^{\infty}\left[1 + V_0[\underline{x}(\nu+i)]\right] = \infty$$

ist $V[\underline{x}] = 1$. Da $\Delta V[\underline{x}]$ auf dem Einzugsbereich M_E negativ definit und $\underline{f}[\cdot]$ stetig sind, kann $\underline{x} \in M_E$ nur wieder in M_E abgebildet werden. Aus $V[\underline{x}] = 1$ folgt $\partial V[\underline{x}] = 0$. Nach Voraussetzung ist M_E einfach zusammenhängend, so daß die Hyperfläche $V[\underline{x}] = 1$ den Rand ∂M_E beschreibt. ■

Die Schwierigkeit bei der direkten Anwendung des Satzes (4.93) besteht darin, daß das unendliche Produkt in der Lösung (4.94) nur in wenigen Fällen zu einem geschlossenen Ausdruck führt. Aus diesem Grund untersuchen wir die Funktion

(4.96) $$V_m[\underline{x}(\nu)] := \prod_{i=0}^{m}\left[1 + V_0[\underline{x}(\nu+i)]\right] \qquad m \geq 1 \quad ,$$

die für alle $\underline{x} \in \mathbb{R}^n$ eine positive definite Form bildet. Es werden die Teilmengen

$$M_0 := \{\underline{x}(\nu) \in M_E \,|\, [1 + V_0[\underline{x}(\nu)]] \leq [\alpha_0+1]\}$$

und

$$M_m := \{\underline{x}(\nu) \in M_E \,|\, V_m[\underline{x}(\nu)] \leq [\alpha_0+1]^{m+1};\ m \geq 1\}$$

eingeführt, wobei α_0 vorgegeben wird, so daß die Bedingungen $M_0 \subset M_E$ und $\Delta V_0[\cdot] < 0$ für alle $\underline{x} \in M_0$ gelten.

(4.97) **<u>Satz (Approximation des Einzugsbereiches)</u>:**

Die Teilmengen M_m sind für jedes $m \geq 1$ in M_E enthalten, d.h. $M_m \subset M_E$. Jeder beliebige dicht am Rand ∂M_E liegende Zustand $\underline{x}(\nu) \in M_E$ wird durch das autonome Zustandsmodell $\underline{x}(\nu+1) = \underline{f}_0[\underline{x}(\nu)]$ nach einer endlichen Anzahl von Schritten m^* in die Teilmenge M_m transformiert. ■

Beweis:

Nach Voraussetzung gibt es $\underline{x}(\nu) \in M_E$ mit

$$\left[1 + V_o[\underline{x}(\nu)]\right] \leq [\alpha_o + 1] \; ,$$

d.h. $\underline{x}(\nu) \in M_o \subset M_E$. Da $\Delta V_o[\underline{x}(\nu)] < 0$ ist, gilt auch für jedes $\underline{x}(\nu+i)$ der Lösungsfolge mit dem Anfangszustand $\underline{x}(\nu)$ die Bedingung

$$\left[1 + V_o[\underline{x}(\nu+i)]\right] \leq [\alpha_o + 1]$$

und $\underline{x}(\nu+i) \in M_E$. Andererseits gibt es aus dem Einzugsbereich Anfangszustände $\underline{x}(\nu) \notin M_o$, deren Lösungsfolge erst nach einer endlichen Anzahl von Abtastschritten in die Menge M_o eintreten. Da nach Satz (4.93) für $\underline{x}(\nu) \in M_E$ das Produkt $\lim\limits_{m\to\infty} V_m[\underline{x}(\nu)]$ konvergiert, gilt für die Teilmengen

$$\underline{x}_R \in M_o \subset M_1 \subset \ldots \quad M_{m-1} \subset M_m \subset M_E \quad .$$

Aufgrund der asymptotischen Stabilität der Ruhelage muß ein beliebiger Anfangszustand $\underline{x}(\nu) \in M_E$ mindestens nach einer endlichen Anzahl von Abtastschritten die Menge M_m erreichen, so daß die Aussagen des Satzes bewiesen sind. ■

Das Problem besteht jetzt darin, eine möglichst geeignete positive definite quadratische Funktion $V_o[\underline{x}]$ zu finden. Es sollten die im Abschnitt 4.2.2 gefundenen periodischen Lösungen, die asymptotisch stabil auf dem Rand ∂M_E sind (Satz (4.41)), auch auf dem Rand der Hyperfläche $V_o[\underline{x}] = \alpha_o$ liegen. Diese periodischen Lösungen brauchen nur näherungsweise bekannt zu sein. Es sei z.B. $\{\underline{x}^*(\nu)\}_1^p$ eine solche periodische Folge, dann ist das Optimierungsproblem

(4.98) $$V_o[\underline{x}^*(\mu)] = \ldots = V_o[\underline{x}^*(p)] = \min_{\underline{x}\in\partial M_E} V_o[\underline{x}]$$

mit möglichst vielen $\underline{x}^*(\nu)$ und den nachfolgenden Nebenbedingungen zu lösen (die Folge $\{\underline{x}^*(\nu)\}_1^p$ kann durch eine nach Algorithmus (4.37) berechnete Näherung $\{\hat{\underline{x}}^*(\nu)\}_1^p$ ersetzt werden):

a) Es sei $W[\underline{x}]$ eine beliebige positive definite quadratische Form, dann gelte

$$\left[1 + V_o[\hat{\underline{x}}^*(\nu)]\right] = \prod_{i=o}^{p-1} \left[1 + W[\hat{\underline{x}}^*(\nu+i)]\right] \quad .$$

b) Da die Hyperfläche $V_o[\underline{x}] = V_o[\underline{x}^*(\nu)]$ den Rand des Einzugsbereiches ∂M_E in den Zuständen $\{\underline{x}^*(\nu)\}_1^p$ berührt und sonst in M_E enthalten sein soll, muß diese in den Zuständen $\underline{x}^*(\nu)$ die gleiche Tangentialhyperebene wie die von ∂M_E besitzen. Es sind also die Bedingungen (vergleiche Gleichung (4.38))

$$\text{grad}_{\underline{x}}\Big[V_o[\underline{x}]\Big]_{\underline{x}=\underline{x}^*(\nu)} = \underline{b}_\nu \qquad \nu = 1,\ldots,p$$

mit $\underline{b}_\nu$ nach Gleichung (4.40) zu erfüllen.

Es sind anschließend mit der inversen Transformation, bei der in $V_o[\cdot]$ $\underline{x}$ durch $f_o[\underline{x}]$ ersetzt wird, der Reihe nach die erweiterten Hyperflächen in M_E

$$V_o\big[\underline{f}_o[\underline{x}]\big] = V_o[\hat{\underline{x}}^*(1)] \;\hat{=}\; \alpha$$

bis

$$V_o^{(m)}[\underline{x}] = V_o\Big[\underbrace{\underline{f}_o[\ldots\underline{f}_o[\underline{x}]]}_{m \text{ Verknüpfungen}}\Big] = V_o[\hat{\underline{x}}^*(1)]$$

zu ermitteln. Damit ist $V_o[\cdot]$ im Ausdruck (4.96) bestimmt, wobei $\underline{x}(\nu+m)$ von der Hyperfläche $V_o[\underline{x}] = \alpha$ eingeschlossen wird.

(4.99) Beispiel: Approximation des Einzugsbereiches

Im Beispiel (4.42) wurde für das zeitdiskrete Zustandsmodell

$$\underline{x}(\nu+1) = \begin{bmatrix} \left[x_1^2(\nu) - x_2^2(\nu)\right] \\ x_1(\nu) \end{bmatrix}$$

die periodische Lösung

$$\{\underline{x}^*(\nu)\}_1^3 = \left\{ \begin{bmatrix} 1 \\ -1 \end{bmatrix}, \begin{bmatrix} 0 \\ 1 \end{bmatrix}, \begin{bmatrix} -1 \\ 0 \end{bmatrix} \right\}$$

ermittelt, die asymptotisch stabil auf dem Rand ∂M_E ist. Die positiv definite Funktion

$$V_o[\underline{x}] = x_1^2 + x_2^2$$

berührt den Rand des Einzugsbereiches in den Zuständen $\underline{x}^*(2)$ und $\underline{x}^*(3)$, d.h.

$$x_1^2 + x_2^2 = V_0[\underline{x}^*(2)] = V_0[\underline{x}^*(3)] = 1 .$$

Durch dreimalige Anwendung der inversen Transformation erreicht man dann eine gute Abschätzung des Einzugsbereichs, vergleiche Bild 4.15. Es gilt

$$V_0^{(3)}[\underline{x}] = \left[\left[[x_1^2-x_2^2]^2 - x_1^2\right]^2 - [x_1^2-x_2^2]^2\right]^2 + \left[[x_1^2-x_2^2]^2 - x_1^2\right]^2 = 1 .$$

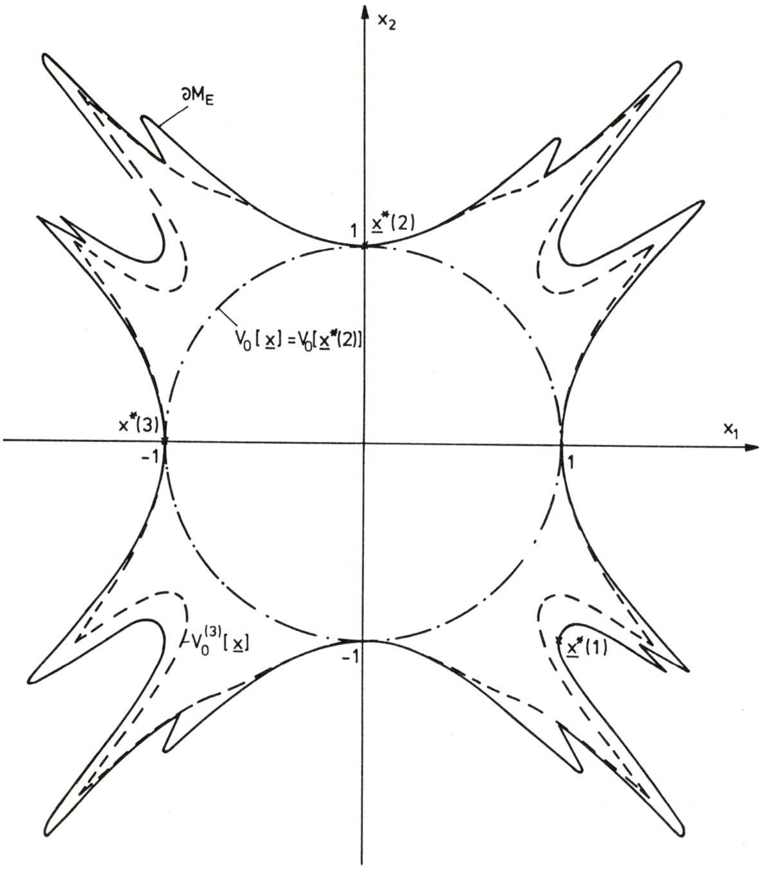

Bild 4.15: Approximierter Einzugsbereich $V_0^{(3)}[\underline{x}]$ nach Beispiel (4.99)

4.4 Nichtlineare Parameter- und Zustandsschätzung

Die Struktur und die Parameter eines nichtlinearen dynamischen Systems aus den Meßdaten der Eingangs- und Ausgangsgrößen zu ermitteln, stellt ein schwieriges Problem dar, das in dieser Allgemeinheit für praktische Anwendungen noch nicht gelöst ist. Bei technischen Prozessen liegen gewisse Kenntnisse über die physikalischen Zusammenhänge vor, die sich a priori nutzen lassen. Dadurch reduziert sich in vielen Anwendungen die Aufgabenstellung auf eine parametrisierte Struktur, die im günstigsten Fall zu einer Linearisierung in den Arbeitspunkten führt.

In komplexen technischen Prozessen ist jedoch nicht nur das Eingangs-Ausgangsverhalten von Interesse, das im nichtlinearen Fall meistens in komplizierter Weise von den Anfangszuständen abhängt, sondern es wird auch der Verlauf der nicht meßbaren Zustandsgrößen in den verschiedensten Aufgabenstellungen benötigt. Z.B. bei der Überwachung, Diagnose oder Regelung des Prozesses.

In diesem Buch findet der Leser nur einführende Betrachtungen und eine vereinfachte Behandlung der nichtlinearen Zustands- und Parameterschätzverfahren. Als weiterführende Literatur seien z.B. die Bücher von ANDERSON und MOORE [4.3] und HSIA [4.11] empfohlen.

4.4.1 Dynamische Beobachtung des Zustandes

Die vollständige Kenntnis über den zeitlichen Verlauf aller Zustandsgrössen, die einen Prozeß beschreiben, wird

- bei einem Regelkreisentwurf hoher Güte,
- bei der sicheren Führung und Überwachung

und

- bei der Feststellung und Lokalisierung von Fehlern (Diagnose) im Prozeß

angestrebt. Die Zustandsgrößen können entweder mit einem

- geeigneten Meßumformer, z.B. Tachomaschine, Strom- und Spannungswandler, Kraftmeßdose, Thermoelement,

oder

- dynamischen Zustandsbeobachter bzw. Zustandsschätzer

ermittelt werden. Bei der Rekonstruktion bzw. Schätzung des Zustandes ist jedoch eine hinreichend genaue Kenntnis der Struktur und Parameter des Prozesses erforderlich. Liegen diese Kenntnisse nur teilweise vor, dann muß ein adaptiver Schätzer entworfen werden, der Parameter und Zustände des Prozesses gleichzeitig schätzt, siehe auch 5. Kapitel "Adaptive Systeme". In diesem Abschnitt gehen wir davon aus, daß ein geeignetes Zustandsmodell vorliegt, d.h. die Struktur und die Parameter sind bekannt.

Der Einsatz eines Meßumformers ist infrage gestellt, wenn der Aufwand für die Messung zu groß oder eine direkte laufende Messung der Zustandsgröße nicht möglich ist. Derartige Fälle sind z.B. nicht zugängliche Temperaturen oder Stoffkonzentrationen in einem chemischen Reaktor, die Beschleunigung eines bewegten Körpers oder der magnetische Fluß in einer elektrischen Maschine.

Das Zustandsmodell des Prozesses (Strecke) liege in der zeitkontinuierlichen Form

$$\dot{\underline{x}}(t) = \underline{f}[\underline{x}(t);\underline{u}(t)]$$
$$\underline{y}(t) = \underline{h}[\underline{x}(t);\underline{u}(t)] \qquad (4.100)$$

vor, vergleiche auch Voraussetzungen zum Modell (4.1). Um den Zustand $\underline{x}(t)$ aus vergangenen Messungen $\{\underline{u}(t), \underline{y}(t)\}$ zu rekonstruieren, müssen die Zustände der Strecke in einem hinreichend großen Arbeitsbereich be-

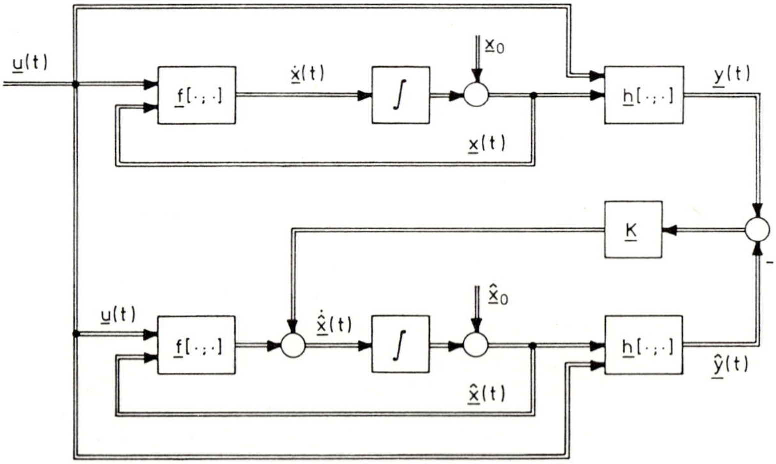

Bild 4.16: Strecke mit nichtlinearem Zustandsbeobachter

obachtbar sein. Der direkte Nachweis einer globalen Beobachtbarkeit, d.h. zwischen den Messungen $\{\underline{u}(t), \underline{y}(t)\}$ und den Anfangszuständen $\underline{x}_0$ aus einer Menge $M_B \subset \mathbb{R}^n$ existiert eine eindeutig umkehrbare Abbildung, ist bis auf spezielle Systeme nicht einfach zu führen. Daher setzen wir beim Entwurf eines dynamischen Beobachters nur die lokale Beobachtbarkeit (Satz (4.16)) in den gewünschten Arbeitspunkten $(\underline{x}_A, \underline{u}_A)$ (Definition (1.12)) voraus.

(4.101) Satz (Dynamischer Zustandsbeobachter):

Das zeitkontinuierliche Zustandsmodell (4.100) sei im Arbeitspunkt $(\underline{x}_A, \underline{u}_A)$ lokal beobachtbar und es gelten die Entwicklungen (vergleiche Gleichungen (1.33) für den zeitinvarianten Fall)

$$\underline{f}[\underline{x}(t);\underline{u}(t)] = \underline{f}[\underline{x}_A;\underline{u}_A] + \underline{A}\,\Delta\underline{x}(t) + \underline{B}\,\Delta\underline{u}(t) + \tilde{\underline{f}}[\Delta\underline{x}(t);\Delta\underline{u}(t)]$$

$$\underline{h}[\underline{x}(t);\underline{u}(t)] = \underline{h}[\underline{x}_A;\underline{u}_A] + \underline{C}\,\Delta\underline{x}(t) + \underline{D}\,\Delta\underline{u}(t) + \tilde{\underline{h}}[\Delta\underline{x}(t);\Delta\underline{u}(t)]$$

mit $\Delta\underline{x}(t) = [\underline{x}(t) - \underline{x}_A]$ und $\Delta\underline{u}(t) = [\underline{u}(t) - \underline{u}_A]$. Dann gibt es eine offene Zustandsmenge $M_B \subset \mathbb{R}^n$ mit $\underline{x}_A \in M_B$, so daß durch geeignete Wahl der Verstärkungsmatrix $\underline{K}$ der Zustandsbeobachter

$$\dot{\hat{\underline{x}}}(t) = \underline{f}[\hat{\underline{x}}(t);\underline{u}(t)] + \underline{K}\big[\underline{y}(t) - \underline{h}[\hat{\underline{x}}(t);\underline{u}(t)]\big] \tag{4.102}$$

eine Fehlerdifferentialgleichung

$$\dot{\underline{e}}(t) = [\underline{A} - \underline{K}\,\underline{C}]\underline{e}(t) + \big[\underline{r}[\Delta\hat{\underline{x}}(t);\Delta\underline{u}(t)] - \underline{r}[\Delta\underline{x}(t);\Delta\underline{u}(t)]\big] \tag{4.103}$$

mit

$$\underline{e}(t) := [\hat{\underline{x}}(t) - \underline{x}(t)] \quad ; \quad \underline{r}[\underline{0};\underline{0}] = \underline{0}$$

und

$$|r_i[\Delta\hat{\underline{x}}(t);\Delta\underline{u}(t)] - r_i[\Delta\underline{x}(t);\Delta\underline{u}(t)]| < R[\underline{e}(t)]$$

$i = 1,\dots,n$ für alle $t \geq t_0$ besitzt und die eine asymptotisch stabile Ruhelage $\underline{e}_R = \underline{0}$ mit dem Stabilitätsgebiet M_B für $\Delta\underline{u}(t) \equiv \underline{0}$ hat. Das Stabilitätsgebiet wird durch die Schrankenfunktion $R[\cdot]$ bestimmt.

Das zugehörige Blockschaltbild ist dem Bild 4.16 zu entnehmen. ■

Beweis:

Durch Einsetzen der Zustandsmodelle (4.100) und (4.102) in $\dot{\underline{e}}(t)$ erhält man

$$\dot{\underline{e}}(t) = \big[\underline{f}[\hat{\underline{x}}(t);\underline{u}(t)] - \underline{K}\,\underline{h}[\hat{\underline{x}}(t);\underline{u}(t)]\big] - \big[\underline{f}[\underline{x}(t);\underline{u}(t)] - \underline{K}\,\underline{h}[\underline{x}(t);\underline{u}(t)]\big].$$

Die Entwicklung der rechten Seite im Arbeitspunkt $(\underline{x}_A, \underline{u}_A)$ führt auf die Fehlerdifferentialgleichung

$$\dot{\underline{e}}(t) = \left[\underline{A} - \underline{K}\ \underline{C}\right]\underline{e}(t) + \left[\tilde{\underline{f}}[\Delta\hat{\underline{x}}(t);\Delta\underline{u}(t)] - \underline{K}\ \tilde{\underline{h}}[\Delta\hat{\underline{x}}(t);\Delta\underline{u}(t)]\right] - \left[\tilde{\underline{f}}[\Delta\underline{x}(t);\Delta\underline{u}(t)] - \underline{K}\ \tilde{\underline{h}}[\Delta\underline{x}(t);\Delta\underline{u}(t)]\right]$$

und auf den Ausdruck

$$r_i[\Delta\underline{x}(t);\Delta\underline{u}(t)] := \left[\tilde{f}_i[\Delta\underline{x}(t);\Delta\underline{u}(t)] - \underline{k}_i'\ \tilde{\underline{h}}[\Delta\underline{x}(t);\Delta\underline{u}(t)]\right]$$

$i = 1,\dots,n$, wobei $\underline{k}_i'$ ein Zeilenvektor von $\underline{K}$ ist. Da $\underline{r}[\underline{0};\underline{0}] = \underline{0}$ und die Lipschitzbedingung (4.2) gelten, gibt es eine obere Schranke für die Differenz der Funktionen $r_i[\cdot;\cdot]$, d.h.

$$|r_i[\Delta\hat{\underline{x}}(t);\Delta\underline{u}(t)] - r_i[\Delta\underline{x}(t);\Delta\underline{u}(t)]| < R[\underline{e}(t)] \quad \text{für alle } t \geq t_0 \quad .$$

Aus der vorausgesetzten lokalen Beobachtbarkeit in dem Arbeitspunkt folgt, daß das Paar $(\underline{A};\underline{C})$ (bei unterschiedlichen Arbeitspunkten sind die Paare $(\underline{A},\underline{C})$ verschieden) vollständig beobachtbar ist. Damit gibt es eine Verstärkungsmatrix $\underline{K}$, so daß die Matrix $\underline{A}_B := [\underline{A} - \underline{K}\ \underline{C}]$ nur Eigenwerte mit negativem Realteil besitzt, vergleiche HARTMANN [4.9]. Es läßt sich also für die linearisierte Fehlergleichung eine quadratische Ljapunovfunktion $V[\underline{e}] = \underline{e}'\underline{Q}\ \underline{e}$ angeben, so daß mit den beiden positiv definiten Matrizen $(\underline{Q},\underline{P})$ die Beziehung $[\underline{A}_B'\underline{Q} + \underline{Q}\ \underline{A}_B] = -\underline{P}$ gilt, vergleiche Satz (4.63). Die nichtlineare Fehlergleichung (4.103) hat nun eine asymptotisch stabile Ruhelage $\underline{e}_R = \underline{0}$ mit einem Stabilitätsbereich M_B, wenn die Bedingungen des Satzes (4.87)

$$M_B = \left\{\underline{e} \mid \sqrt{n}\ R[\underline{e}(t)] < l[\underline{e}]\frac{\underline{e}'\underline{P}\ \underline{e}}{||\underline{Q}\ \underline{e}||} \ ; \quad 0 < l[\underline{e}] \leq 0{,}5\right\}$$

für alle $t \geq t_0$ erfüllt sind. Das Stabilitätsgebiet wird also durch die Elemente der Matrizen $\underline{K}$, $\underline{Q}$ und $\underline{P}$ festgelegt. ■

(4.104) **Bemerkung (Mehrere Arbeitspunkte und Grenzfälle):**

Um für mehrere Arbeitspunkte nur eine Verstärkungsmatrix $\underline{K}$ im Zustandsbeobachter zu bestimmen, lassen sich die Verfahren für den Multi-Modellentwurf bei Mehrgrößenregelkreisen verwenden, wie z.B. in dem Buch von HARTMANN, LANGE, POLTMANN [4.10]. Außer den zu erfüllenden Bedingungen des Satzes (4.101) ist die Matrix $\underline{K}$ dann derart zu bestimmen, daß die Matrizen $[\underline{A}_i - \underline{K}\ \underline{C}_i]$ $i = 1\dots m$ nur Eigenwerte mit einem negativen Realteil haben. Besitzen jeweils mindestens zwei Stabilitätsbereiche M_{Bi}

einen nichtleeren Durchschnitt, so ist eine Zustandsbeobachtung nach Gleichung (4.102) für alle diese Arbeitspunkte mit einer konstanten Verstärkungsmatrix $\underline{K}$ möglich.

Ein Grenzfall liegt vor, wenn die Zustandsbeobachtung ohne Eingangsgröße betrachtet wird. In diesem Fall folgt aus der Definition (1.12), daß die Arbeitspunkte mit den Ruhelagen des Systems zusammenfallen. Der Leser prüft ohne Schwierigkeiten nach, daß die Aussagen des Satzes (4.101) auch für $\underline{f}[\underline{x}_A;\underline{0}] \neq \underline{0}$ und $\underline{h}[\underline{x}_A;\underline{0}] \neq \underline{0}$ erfüllt sind. ■

(4.105) Beispiel: Nichtlinearer Zustandsbeobachter

In der Arbeit von ZEITZ [4.25] ist ein modifiziertes Beispiel eines isothermen Batch-Reaktors angegeben, in dem eine Folgereaktion

$$A \xrightarrow{p_1} B \xrightarrow{p_2} C$$

abläuft. Es handelt sich dabei um einen sogenannten diskontinuierlichen Prozeß mit der getrennten Fahrweise: Füllung des Reaktors, Ablauf der Reaktion und Entnahme des neuen Produkts (Charge).

Von den beiden Geschwindigkeitskonstanten sei p_2 bekannt und p_1 werde als Zustandsgröße $x_3(t)$ eingeführt. Die Konzentrationen $x_1(t)$ und $x_2(t)$ der Stoffe A und B gehen in die Leitfähigkeitsmeßgleichung linear ein.

$$y(t) = c_1 x_1(t) + c_2 x_2(t) .$$

Unter der Annahme, daß die beiden Reaktionsschritte von erster Ordnung sind, ergibt sich das Zustandsmodell

$$\begin{aligned} \dot{x}_1(t) &= -x_1(t)x_3(t) & x_1(t) &\geq 0 \\ \dot{x}_2(t) &= x_1(t)x_3(t) - p_2 x_2(t) & x_2(t) &\geq 0 \\ \dot{x}_3(t) &= 0 & x_3(t) &> 0 \end{aligned}$$

$$y(t) = [c_1 \ , \ c_2 \ , \ 0] \ \underline{x}(t) = \underline{C} \ \underline{x}(t) \qquad .$$

In diesem Beispiel liegt der in der Bemerkung (4.104) erwähnte Grenzfall vor (keine Eingangsgrößen). Daher entwickeln wir die rechte Seite des Zustandsmodells zuerst einmal in einem beliebigen Punkt
$\underline{x}_A' = [x_{1A}, x_{2A}, p_1]$, jedoch sollen alle Komponenten von $\underline{x}_A$ positive Werte haben. Es gilt dann

$$f_1[\underline{x}] = -x_{1A}p_1 + [-p_1, 0, -x_{1A}]\Delta\underline{x} + \tilde{f}_1[\Delta\underline{x}]$$

$$f_2[\underline{x}] = [x_{1A}p_1 - p_2x_{2A}] + [p_1, -p_2, x_{1A}]\Delta\underline{x} + \tilde{f}_2[\Delta\underline{x}]$$

$$f_3[\underline{x}] = 0$$

und

$$\tilde{f}_1[\Delta\underline{x}] = -\tilde{f}_2[\Delta\underline{x}] = -(\Delta x_1)(\Delta x_3) = -x_1x_3 + p_1x_1 + x_{1A}x_3 - x_{1A}p_1 .$$

Es ist nun zu prüfen, für welche Zustände $\underline{x}_A$ das Matrixpaar

$$\underline{A} = \begin{bmatrix} -p_1 & 0 & -x_{1A} \\ p_1 & -p_2 & x_{1A} \\ 0 & 0 & 0 \end{bmatrix} \qquad \underline{C} = [c_1 , c_2 , 0]$$

vollständig beobachtbar ist. Die Ranguntersuchung der Beobachtbarkeitsmatrix

$$\begin{bmatrix} c_1 & , p_1[c_2-c_1] & , & p_1[p_1c_1-c_2[p_1+p_2]] \\ c_2 & , - c_2p_2 & , & p_2^2 c_2 \\ 0 & , x_{1A}[c_2-c_1], & & x_{1A}p_1[c_1-c_2]-x_{1A}p_2c_2 \end{bmatrix}$$

zeigt, daß nur für $x_{1A} = 0$ im vorgegebenen Arbeitsbereich die vollständige Beobachtbarkeit verletzt ist. Daraus folgt, daß für $x_{1A} > 0$ die Eigenwerte der Matrix $\underline{A}_B = [\underline{A} - \underline{k}'\underline{C}]$ beliebig vorgegeben werden können, um dann $\underline{k}$ zu bestimmen. Es gibt also für den linearen Anteil in der Fehlergleichung (4.103) positiv definite Matrizen $(\underline{Q},\underline{P})$ der Ljapunovbeziehung, wobei die Eigenwerte von $\underline{Q}$ über die Verstärkungsmatrix $\underline{k}$ noch beeinflußt werden können. Für eine Matrix $\underline{A}_B$, die nur verschiedene negativ reelle Eigenwerte besitzt, läßt sich aus der Ljapunovbeziehung des Satzes (4.63)

$$-\underline{e}'\ \underline{P}\ \underline{e} = [\underline{A}_B\underline{e}]'\ \underline{Q}\ \underline{e} + [\underline{Q}\ \underline{e}]'\ \underline{A}_B\underline{e}$$

die folgende Abschätzung ableiten, wenn $\underline{e}$ nach den Eigenvektoren von $\underline{A}_B$ entwickelt wird und $\lambda_{max}[\underline{A}_B] < 0$ der größte Eigenwert von $\underline{A}_B$ ist:

$$|\underline{e}'\ \underline{P}\ \underline{e}| \geq 2|\lambda_{max}[\underline{A}_B]|\underline{e}'\ \underline{Q}\ \underline{e} .$$

Mit $\lambda_{min}[\underline{P}]$ als kleinstem Eigenwert von $\underline{P}$ sowie $\lambda_{max}[\underline{Q}]$ als größtem Eigenwert von $\underline{Q}$ gilt

$$2|\lambda_{max}[\underline{A}_B]| \leq \frac{\lambda_{min}[\underline{P}]}{\lambda_{max}[\underline{Q}]} \leq \frac{\underline{e}'\underline{P}\ \underline{e}}{\underline{e}'\underline{Q}\ \underline{e}} .$$

Die Abschätzung des Stabilitätsgebietes M_B gestaltet sich in diesem Beispiel einfach, wenn man sich auf den für die Anwendung interessanten Bereich $|e_i| \leq 2$ $(i = 1,2,3)$ und $x_{1A} = 1$ beschränkt, d.h. es ist $|\Delta x_i| \leq 1$ bzw. $|\Delta \hat{x}_i| \leq 1$. Daraus ergibt sich für die Funktionen $r_i[\cdot]$ in der Fehlergleichung (4.103) die Abschätzung

$$|r_i[\Delta \hat{\underline{x}}] - r_i[\Delta \underline{x}]| = |-\hat{x}_1 \hat{x}_3 + x_1 x_3 + p_1 e_1 + x_{1A} e_3| < \alpha ||\underline{e}||, \alpha > 0 \; .$$

Die Ungleichung im Beweis des Satzes (4.101), die das Stabilitätsgebiet M_B bestimmt, lautet nun

$$\sqrt{3}\,\alpha ||\underline{e}|| \leq \frac{1}{2} \frac{\underline{e}' \underline{P}\, \underline{e}}{||\underline{Q}\, \underline{e}||}$$

und mit der oben angegebenen Abschätzung

$$\sqrt{3}\; \alpha \leq |\lambda_{max}[\underline{A}_B]| \qquad \text{für } |e_i| \leq 2 \quad ,$$

die aufgrund der vollständigen Beobachtbarkeit des Paares $(\underline{A},\underline{C})$ immer erfüllbar ist. Der Arbeitsbereich des Zustandsbeobachters liegt also in dem Gebiet

$$0 \leq \hat{x}_1(t) \leq 2 \quad ; \quad 0 \leq \hat{x}_2(t) \quad ; \quad 0 \leq \hat{x}_3(t) \leq 2 \quad .$$

In diesem Gebiet verschwindet jeder Fehler $\underline{e}(t)$ für $t \to \infty$, wenn die normierten Zustandsgrößen $\underline{x}(t)$ des Prozesses ebenfalls in diesem Gebiet liegen. ■

Der Satz (4.101) läßt sich ohne Schwierigkeiten auf zeitdiskrete Zustandsmodelle übertragen. Das nichtlineare zeitdiskrete System

$$\begin{aligned} \underline{x}(\nu+1) &= \underline{f}[\underline{x}(\nu);\underline{u}(\nu)] \\ \underline{y}(\nu) &= \underline{h}[\underline{x}(\nu);\underline{u}(\nu)] \end{aligned} \tag{4.106}$$

sei in den Arbeitspunkten $(\underline{x}_A,\underline{u}_A)$ lokal beobachtbar und habe die Entwicklungen (4.26)

$$\underline{f}[\underline{x};\underline{u}] = \underline{f}[\underline{x}_A;\underline{u}_A] + \underline{\Phi}\, \Delta\underline{x} + \underline{H}\, \Delta\underline{u} + \tilde{\underline{f}}[\Delta\underline{x};\Delta\underline{u}]$$

$$\underline{h}[\underline{x};\underline{u}] = \underline{h}[\underline{x}_A;\underline{u}_A] + \underline{C}\, \Delta\underline{x} + \underline{D}\, \Delta\underline{u} + \tilde{\underline{h}}[\Delta\underline{x};\Delta\underline{u}]$$

mit $\Delta\underline{x}(\nu) = [\underline{x}(\nu) - \underline{x}_A]$ und $\Delta\underline{u}(\nu) = [\underline{u}(\nu) - \underline{u}_A]$. Dann ist

$$\hat{\underline{x}}(\nu+1) = \underline{f}[\hat{\underline{x}}(\nu);\underline{u}(\nu)] + \underline{K}\big[\underline{y}(\nu) - \underline{h}[\hat{\underline{x}}(\nu);\underline{u}(\nu)]\big] \tag{4.107}$$

ein dynamischer Zustandsbeobachter in $M_B \subset \mathbb{R}^n$, wenn die Fehlerdifferenzengleichung

$$\underline{e}(\nu+1) = [\underline{\Phi} - \underline{K}\ \underline{C}]\underline{e}(\nu) + \big[\underline{r}[\Delta\hat{\underline{x}}(\nu);\Delta\underline{u}(\nu)] - \underline{r}[\Delta\underline{x}(\nu);\Delta\underline{u}(\nu)]\big] \tag{4.108}$$

mit $\underline{x}_A \in M_B$ eine asymptotisch stabile Ruhelage $\underline{e}_R = \underline{0}$ mit dem Stabilitätsgebiet M_B besitzt. Die Erklärung der Funktionen $\underline{r}[\cdot;\cdot]$ ist dem Beweis des Satzes (4.101) zu entnehmen. Die Bestimmung von M_B erfolgt unter Verwendung des Satzes (4.97) und den Optimierungsbedingungen (4.98).

Der nichtlineare Zustandsbeobachter (4.102) bzw. (4.107) berücksichtigt auftretende Störgrößen im Prozeß nur in dem Umfange wie der nichtlineare Anteil $r[\Delta\underline{x},\Delta\underline{u}]$ in der Fehlergleichung, der diese Störgrößen dann enthält, noch die geforderten Bedingungen des Satzes (4.101) erfüllt. Außerdem geht der Zustandsbeobachter von einer deterministischen Beschreibung des Prozesses aus.

In vielen Anwendungsfällen sind die Meßgleichung und die Zustandsbeschreibung durch ein stochastisches Zustandsmodell darzustellen.

In diesem Buch beschränken wir uns auf Störungen, die erwartungswertfreie, weiße, normalverteilte Zufallsprozesse sind (siehe Definition (A5.67)). Die Zustandsgrößen und Ausgangsgrößen einer Strecke sind dann auch Zufallsprozesse, wenn derartige Störungen in der Zustandsbeschreibung und Meßgleichung auftreten. Im nichtlinearen Fall sind $\underline{x}(t)$ und $\underline{y}(t)$ jedoch im allgemeinen keine normalverteilten Zufallsprozesse, so daß bei der Schätzung des Zustandes die Beschreibung durch den Erwartungswert und die Autokovarianzmatrix nicht ausreicht. Dabei soll die Beziehung für die Autokovarianzmatrix die Fehlergleichung des Zustandsbeobachters (4.102) bzw. (4.107) ersetzen. Wir nehmen jedoch an, daß eine Linearisierung des Zustandsmodells an der Stelle des gerade ermittelten Schätzwertes eine näherungsweise Beschreibung des Zustands-Zufallsprozesses durch den bedingten Erwartungswert und die zugehörige bedingte Autokovarianzmatrix zuläßt (siehe Definition (A5.30)). Das zu einer zeitkontinuierlichen Regelstrecke gehörige zeitdiskrete Zustandsmodell (vergleiche Bild 4.1) werde durch

$$\begin{aligned} \underline{X}(\nu+1) &= \underline{F}[\underline{X}(\nu);\underline{u}(\nu)] + \underline{g}[\underline{X}(\nu)]\ \underline{W}(\nu), \qquad \underline{X}(0) = \underline{X}_0 \\ \underline{Y}(\nu) &= \underline{h}[\underline{X}(\nu);\underline{u}(\nu)] + \underline{V}(\nu) \end{aligned} \tag{4.109}$$

mit der deterministischen Beziehung

$$\underline{F}[\underline{x}(\nu);\underline{u}(\nu)] \; := \; \underline{x}(\nu) + \int_{t_\nu}^{t_{\nu+1}} \underline{f}[\underline{x}(\tau);\underline{u}(\nu)]d\tau$$

beschrieben, wobei die folgenden Annahmen gelten mögen:

- Die Störungen in der Strecke und der Meßgleichung seien weiße, normalverteilte Zufallsprozesse und gegenseitig unabhängig (einschließlich des Anfangszustandes) mit

$$E[\underline{W}(\nu)] = \underline{O} \quad ; \quad E[\underline{W}(\nu)\underline{W}'(\mu)] = \delta_{\nu-\mu}\,\underline{Q}_\nu$$

(4.110) und

$$E[\underline{V}(\nu)] = \underline{O} \quad ; \quad E[\underline{V}(\nu)\underline{V}'(\mu)] = \delta_{\nu-\mu}\,\underline{R}_\nu \quad .$$

- Die Anfangszustände seien normalverteilte Zufallsvariablen, d.h. $\underline{X}_o$ wird durch den Erwartungswert $\hat{\underline{x}}(0)$ und der Autokovarianzmatrix $\underline{P}_o$ beschrieben.

Bei der Schätzung des Zustandes zum Zeitpunkt (νT) (T Abtastzeit) wird die Kenntnis der Messungen $\underline{Y}_\nu := \{\underline{y}(0),\underline{y}(1),\ldots,\underline{y}(\nu)\}$ und $\underline{u}(\nu)$ ausgewertet, so daß aufgrund dieser a priori Information der <u>bedingte Erwartungswert</u> $\hat{\underline{x}}(\nu|\underline{Y}_\nu)$ mit der zugehörigen bedingten Autokovarianzmatrix (genannt Fehlerkovarianzmatrix)

$$\underline{\Sigma}(\nu|\underline{Y}_\nu) \; := \; E\big[[\underline{X}(\nu)-\hat{\underline{x}}(\nu|\underline{Y}_\nu)][\underline{X}(\nu)-\hat{\underline{x}}(\nu|\underline{Y}_\nu)]'\big]$$

mindestens näherungsweise durch rekursive Beziehungen ermittelt werden sollte. Um die Näherungen von den bedingten Erwartungswerten zu unterscheiden, schreiben wir im weiteren $\bar{\underline{x}}(\nu|\nu)$ und $\underline{\Sigma}(\nu|\nu)$.

Ähnlich den Überlegungen zum Satz (4.101) oder zum zeitdiskreten Modell (4.106) (jedoch ohne festen Arbeitspunkt) ist das stochastische Zustandsmodell im geschätzten Zustand $\bar{\underline{x}}(\nu|\nu)$ bzw. $\bar{\underline{x}}(\nu|\nu-1)$ zu entwickeln. Es gilt dann

$$\underline{F}[\underline{x}(\nu);\underline{u}(\nu)] = \underline{F}[\bar{\underline{x}}(\nu|\nu);\underline{u}(\nu)] + \underline{\Phi}(\nu)\Delta\underline{x}(\nu|\nu) + \tilde{\underline{F}}[\Delta\underline{x}(\nu|\nu);\underline{u}(\nu)]$$

$$\underline{g}[\underline{x}(\nu)] = \underline{g}[\bar{\underline{x}}(\nu|\nu)] + \tilde{\underline{g}}[\Delta\underline{x}(\nu|\nu)]$$

$$\underline{h}[\underline{x}(\nu);\underline{u}(\nu)] = \underline{h}[\bar{\underline{x}}(\nu|\nu-1);\underline{u}(\nu)] + \underline{C}(\nu)\Delta\underline{x}(\nu|\nu-1) + \tilde{\underline{h}}[\Delta\underline{x}(\nu|\nu-1);\underline{u}(\nu)]$$

(4.111)

mit
$$\Delta\underline{x}(\nu|\nu) := [\underline{x}(\nu) - \bar{\underline{x}}(\nu|\nu)] \quad ,$$

$$\tilde{\underline{F}}[\underline{0};\underline{u}(\nu)] = \underline{0} \;;\quad \tilde{\underline{g}}[\underline{0}] = \underline{0} \quad;\quad \tilde{\underline{h}}[\underline{0};\underline{u}(\nu)] = \underline{0}$$

und

$$\underline{\Phi}(\nu) = \left[\frac{\partial F_j[\cdot;\cdot]}{\partial x_i}\right]_{(\hat{\underline{x}}(\nu|\nu),\underline{u}(\nu))}$$

$$\underline{C}(\nu) = \left[\frac{\partial h_j[\cdot;\cdot]}{\partial x_i}\right]_{(\hat{\underline{x}}(\nu|\nu-1),\underline{u}(\nu))} \quad .$$

Wird die Entwicklung (4.111) unter Vernachlässigung der Terme höherer Ordnung (d.h. $\tilde{\underline{F}}[\cdot]$, $\tilde{\underline{g}}[\cdot]$ und $\tilde{\underline{h}}[\cdot]$) in das nichtlineare Zustandsmodell (4.109) eingesetzt, so bekommt man das linearisierte stochastische Zustandsmodell an der Stelle $\bar{\underline{x}}(\nu|\nu)$ bzw. $\bar{\underline{x}}(\nu|\nu-1)$

(4.112)
$$\underline{X}_L(\nu+1|\nu) = \underline{\Phi}(\nu)\underline{X}_L(\nu|\nu) + \underline{g}[\bar{\underline{x}}(\nu|\nu)]\underline{W}(\nu)$$
$$\underline{Y}_L(\nu|\nu-1) = \underline{C}(\nu)\underline{X}_L(\nu|\nu-1) + \underline{V}(\nu) \quad ,$$

wenn die Zufallsvektoren

$$\underline{X}_L(\nu+1|\nu) := \left[\underline{X}(\nu+1) - \underline{F}[\bar{\underline{x}}(\nu|\nu);\underline{u}(\nu)]\right] \;,$$

$$\underline{X}_L(\nu|\nu) := \left[\underline{X}(\nu) - \bar{\underline{x}}(\nu|\nu)\right]$$

und

$$\underline{Y}_L(\nu|\nu-1) := \left[\underline{Y}(\nu) - \underline{h}[\bar{\underline{x}}(\nu|\nu-1);\underline{u}(\nu)]\right]$$

eingeführt werden. Aus der linearen Schätztheorie ist bekannt, daß die Zustände $\underline{X}_L$ im Modell (4.112) unter den Annahmen (4.110) von einem linearen Kalmanfilter

(4.113) $$\hat{\underline{x}}(\nu|\underline{Y}_\nu) = \hat{\underline{x}}(\nu|\underline{Y}_{\nu-1}) + \underline{K}(\nu)\left[\underline{y}_L(\nu) - \underline{C}(\nu)\hat{\underline{x}}(\nu|\underline{Y}_{\nu-1})\right] \;,$$

$\hat{\underline{x}}(0|-1) = \bar{\underline{x}}(0)$, im Sinne eines mittleren quadratischen Fehlers

$$\underline{\Sigma}(\nu|\underline{Y}_{\nu-1}) = E\left[[\underline{X}_L(\nu) - \hat{\underline{x}}(\nu|\underline{Y}_{\nu-1})][\underline{X}_L(\nu) - \hat{\underline{x}}(\nu|\underline{Y}_{\nu-1})]'\,|\underline{Y}_{\nu-1}\right]$$

optimal mit den folgenden Eigenschaften rekursiv geschätzt werden (der Leser entnehme weitergehende Betrachtungen dem Buch von ANDERSON/MOORE [4.3]):

- Die Kalman-Verstärkung $\underline{K}(\nu)$ wird durch die rekursiven Beziehungen

(4.114) $$\underline{K}(\nu) = \underline{\Sigma}(\nu|\underline{Y}_{\nu-1})\underline{C}'(\nu)\left[\underline{C}(\nu)\,\underline{\Sigma}(\nu|\underline{Y}_{\nu-1})\underline{C}'(\nu) + \underline{R}_\nu\right]^{-1}$$

mit $$\underline{\Sigma}(0|-1) = \underline{P}_0 ,$$

$$\underline{\Sigma}(\nu|\underline{Y}_\nu) = \left[\underline{E} - \underline{K}(\nu)\underline{C}(\nu)\right]\underline{\Sigma}(\nu|\underline{Y}_{\nu-1})$$

(4.115) $$\underline{\Sigma}(\nu+1|\underline{Y}_\nu) = \underline{\Phi}(\nu)\,\underline{\Sigma}(\nu|\underline{Y}_\nu)\underline{\Phi}'(\nu) + \underline{g}_\nu\underline{Q}_\nu\underline{g}_\nu'$$

bestimmt.

- Die Fehlerkovarianzmatrix $\underline{\Sigma}(\nu|\underline{Y}_{\nu-1})$ und damit auch $\underline{K}(\nu)$ hängen nicht von den Messungen $\underline{Y}_{\nu-1}$ ab, so daß beide Matrizen schon vor diesen Messungen für die Schätzung (4.113) berechnet werden können, d.h. auch, daß $\underline{K}(\nu)$ nicht von den geschätzten Zuständen abhängt.
- Die Innovation $[\underline{y}_L(\nu) - \underline{C}(\nu)\hat{\underline{x}}(\nu|\underline{Y}_{\nu-1})]$ ist ein weißer normalverteilter Prozeß.

Weitere Betrachtungen zur rekursiven Schätzung findet der Leser im Anhang A6.1.3.

Ein nichtlinearer Zustandsschätzer, der in Anlehnung an das lineare Kalmanfilter entwickelt wird, besitzt die letzten beiden oben genannten Eigenschaften nicht. In Anlehnung an den linearen Zustandsschätzer (4.113) wählen wir für die nichtlineare Schätzung zum Zustandsmodell (4.109) den rekursiven Ansatz (Bild 4.17)

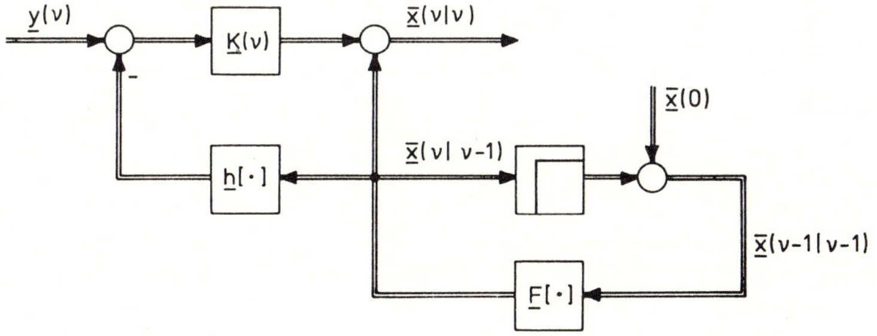

Bild 4.17: Nichtlinearer Zustandsschätzer (4.116) für $\underline{u}(\nu) \equiv \underline{0}$

$$\underline{\bar{x}}(\nu|\nu) = \underline{\bar{x}}(\nu|\nu-1) + \underline{K}(\nu)\left[\underline{y}(\nu) - \underline{h}[\underline{\bar{x}}(\nu|\nu-1);\underline{u}(\nu)]\right]$$

(4.116)

$$\underline{\bar{x}}(\nu|\nu-1) = \underline{F}[\underline{\bar{x}}(\nu-1|\nu-1);\underline{u}(\nu)] \quad .$$

Bei der Berechnung der Verstärkung $\underline{K}(\nu)$ geht man von dem linearisierten Zustandsmodell (4.112) in den geschätzten Zuständen $\underline{\bar{x}}(\nu|\nu)$ und $\underline{\bar{x}}(\nu|\nu-1)$ aus, so daß die Beziehungen (4.114) und (4.115) zusammen mit dem nichtlinearen Schätzer (4.116) das erweiterte Kalmanfilter bilden.

Der Leser vergleiche die Beziehung (4.116) mit dem dynamischen Zustandsbeobachter (4.107) und mache sich die Unterschiede in den Aussagen klar.

(4.117) Bemerkung (Erweitertes Kalmanfilter):

Über das Stabilitäts- bzw. Konvergenzverhalten der Fehlerkovarianzfolge $\{\underline{\Sigma}(\nu|\nu)\}$ der Differenzengleichung (4.115) läßt sich wegen der Zeitabhängigkeit der Matrizen $\underline{K}(\nu)$, $\underline{\Phi}(\nu)$, $\underline{C}(\nu)$ und $\underline{g}_\nu$ keine allgemeine Aussage wie bei der Fehlerdifferenzengleichung (4.108) machen. Eine Divergenz der Fehlerkovarianzmatrix $\underline{\Sigma}(\nu|\nu-1)$ bedeutet eine unbrauchbare Schätzung, d.h. der Zustandsschätzer (4.116) wäre in einem solchen Fall ungeeignet. Die Schwierigkeiten in der Untersuchung des erweiterten Kalmanfilters liegen vor allem in der Abhängigkeit der Verstärkung $\underline{K}(\nu)$ von den geschätzten Zuständen $\underline{\bar{x}}(\nu|\nu)$ und $\underline{\bar{x}}(\nu|\nu-1)$.

Gibt es für $\underline{x}(\nu)$ eine hinreichend große Umgebung, auf der die Differenzen

$$||\underline{F}[\underline{x}(\nu);\nu] - \underline{F}[(\underline{x}(\nu) + \Delta\underline{x});\nu]||_{\mathbb{R}^n}$$

und

$$||\underline{h}[\underline{x}(\nu);\nu] - \underline{h}[(\underline{x}(\nu) + \Delta\underline{x});\nu]||_{\mathbb{R}^n}$$

eine von $\underline{x}(\nu)$ unabhängige obere Schranke besitzen, dann ist auch die Verstärkung $\underline{K}(\nu)$ von $\underline{x}(\nu)$ unabhängig. In diesem Fall lassen sich obere Schranken für die Fehlerkovarianzmatrix angeben.

Bei der Anwendung des erweiterten Kalmanfilters ist also eine gründliche Voruntersuchung erforderlich, die nur in Abhängigkeit von dem jeweiligen Zustandsmodell geführt werden kann.

In der technischen Diagnose ist die Innovation

$$\left[\underline{y}(\nu) - \underline{h}[\underline{\bar{x}}(\nu|\nu-1);\underline{u}(\nu)]\right]$$

für den Fall einer Konvergenz der Fehlerkovarianzmatrix anwendbar. Aus der Änderung der statistischen Eigenschaften der Innovation lassen sich Aussagen über das Vorhandensein einiger Systemeigenschaften machen. ■

4.4.2 Parameterschätzung

Die Aufgabe in einem linearen Zustandsmodell, die Zustände und die unbekannten Parameter zu schätzen, führt auf ein nichtlineares Schätzproblem. Häufig wird der Zustand $\underline{x}$ um die unbekannten Parameter $\underline{\theta} \in \mathbb{R}^1$ erweitert, wobei im zeitdiskreten Fall die zusätzlichen Zustandsbeziehungen lauten

$$\underline{\theta}(\nu+1) = \underline{\phi}\,\underline{\theta}(\nu) + \underline{w}_\theta(\nu) \quad .$$

Die stochastische Störung wird als weißer normalverteilter Prozeß angenommen und von der Systemmatrix $\underline{\phi}$ ist zu fordern, daß diese keine Eigenwerte außerhalb des Einheitskreises besitzt. Für den Zustand $\underline{\chi}' := [\underline{x}, \underline{\theta}]$ erhält man ein nichtlineares Zustandsmodell. Unter Beachtung der Bemerkung (4.117) ist dann eine nichtlineare Schätzung $\bar{\underline{\chi}}(\nu|\nu)$ nach (4.116), (4.114) und (4.115) möglich.

In den weiteren Betrachtungen dieses Abschnittes wollen wir uns jedoch nur auf Verfahren beziehen, die die Schätzung der Parameter eines nichtlinearen Eingangs-Ausgangsverhalten erlauben (der Leser vergleiche hierzu das Buch von HSIA [4.11]).

Es seien $\{u(\mu)\}$ die Eingangsgröße, $\underline{\varphi}_u'(\nu) = [u(\nu), u(\nu-1), \ldots, \underline{u}(\nu-m)]$ der Eingangsmeßdatenvektor, $\{y(\mu)\}$ die Ausgangsgröße und $\underline{\varphi}_Y'(\nu) = [y(\nu-1), \ldots, y(\nu-n)]$ der Ausgangsmeßdatenvektor eines nichtlinearen Übertragungssystems, das sich in der Form

$$y(\nu) = -\sum_{\mu=1}^{n} a_\mu y(\nu-\mu) - \sum_{\mu=1}^{n_1} a_{1\mu} f_\mu[\underline{\varphi}_Y(\nu)] + \sum_{\mu=o}^{m} b_\mu u(\nu-\mu) + \sum_{\mu=o}^{m_1} b_{1\mu} g_\mu[\underline{\varphi}_u(\nu)]$$

(4.118)

ohne Störung hinreichend gut darstellen läßt. Zum Zeitpunkt (νT) sind also die Funktionswerte $f_\mu[\underline{\varphi}_Y(\nu)]$ und $g_\mu[\underline{\varphi}_u(\nu)]$ $(\mu = 0,1,\ldots)$ bekannt, so daß die Beziehung (4.118) in einem Parameter- und einen Datenvektor zerlegbar ist. Es gelte für den Parametervektor

$$\underline{\theta}' = \left[a_1, \ldots, a_n, a_{11}, \ldots, a_{1n_1}, b_o, \ldots, b_m, b_{1o}, \ldots, b_{1m_1}\right]$$

und für den Datenvektor

$$\underline{h}'(\nu) = \left[-y(\nu-1),\ldots,-y(\nu-n),-f_1[\underline{\varphi}_Y(\nu)]\ldots,u(\nu),\ldots,g_0[\underline{\varphi}_u(\nu)]\ldots\right] ,$$

dann geht die Eingangs-Ausgangsbeziehung (4.118) unter Berücksichtigung einer additiven Störung über in

(4.119) $$y(\nu) = \underline{h}'(\nu)\,\underline{\theta} + v(\nu) .$$

Ist die Annahme erlaubt, daß die Störung $\{v(\nu)\}$ nicht mit der Eingangsgröße korreliert und eine weiße Zufallsfolge darstellt (der Leser vergleiche A5.67), dann lassen sich die rekursiven Schätzgleichungen aus dem Anhang (A6.1.3) zur Bestimmung von $\hat{\underline{\theta}}(\nu)$ in (4.119) anwenden. Die Schätzbeziehungen (A6.20) konvergieren hier nur dann gegen den wahren Parametervektor $\underline{\theta}$, wenn das Modell (4.118) bzw. (4.119) allein von der Eingangsfolge abhängt (nichtrekursives System).

4.5 Pulsbreitenmodulierte Regelungssysteme

Im Abschnitt 4.1 wurde das Zustandsmodell eines PBM-Regelungssystems (4.10) abgeleitet und im Bild 4.2 dargestellt. Es handelt sich hier um eine spezielle Klasse nichtlinearer zeitdiskreter Regelkreise, die sehr robust ausgelegt und einfach implementiert werden können. Als Beispiel sei die Lageregelung von Raumfahrzeugen genannt, bei der die Signale zur Ansteuerung der Antriebsstaurohre pulsbreitenmoduliert sind ($e(\nu)$ im Bild 4.2 bestimmt die Dauer der geöffneten Ventile). Weitere Anwendungen findet man bei der Regelung von elektrolytischen Metallveredelungsprozessen, elektrischen Schmelzöfen und beim Einsatz von hydraulischen Systemen.

Gegenstand dieses Abschnittes sind die Ableitungen von Entwurfsbedingungen für PBM-Regelungssysteme, die ein Zustandsmodell der Form (4.10) besitzen. Es lautet unter Beachtung der Bedingung (4.9)

(4.120) $$\underline{x}(\nu+1) = \underline{\Phi}(T)\underline{x}(\nu) - M\,\mathrm{sgn}[\underline{c}'\underline{x}(\nu)] \int_0^{\tau(\nu)} \underline{\Phi}(T-\varkappa)\underline{b}\,d\varkappa ,$$

indem die Führungsgröße $r(t)$ identisch null gesetzt ist. Diese Annahme stellt innerhalb des Gültigkeitsbereiches des linearen Teil-Zustandsmodells keine Einschränkung dar.

Die Aufgabe besteht nun darin, das Stabilitätsverhalten der Ruhelage $\underline{x}_R = \underline{0}$ bei gegebenen Parametern der Matrizen $\underline{\Phi}(T)$, $\underline{b}$ und $\underline{c}$ zu untersuchen und bei asymptotischer Stabilität der Ruhelage eine möglichst große Annäherung an den Einzugsbereich nachzuweisen. Eine Erweiterung des linearen Anteils im Zustandsmodell (4.120) wird zugelassen.

Die Untersuchungen beruhen auf den Aussagen und Verfahren der Abschnitte 4.2.2 (periodische Folgen auf dem Rand des Einzugsbereiches) und 4.3.4 (Stabilitätskriterien). Die Wirkungsweise der Pulsbreitenmodulation ist aus dem Bild 4.18 zu erkennen. Im wesentlichen läßt sich das Regelkreisverhalten durch den Modulationsfaktor ß beeinflußen, wenn das lineare Teilsystem vorgegeben ist.

Das Zustandsmodell (4.120) geht mit

$$\underline{H}[\tau(\nu)] \quad := \quad \int_0^{\tau(\nu)} \underline{\Phi}(T-\varkappa)\underline{b}\; d\varkappa$$

in

(4.121) $$\underline{x}(\nu+1) = \underline{\Phi}(T)\underline{x}(\nu) - M\,\mathrm{sgn}[\underline{c}'\underline{x}(\nu)]\;\underline{H}[\tau(\nu)] = \underline{f}_0[\underline{x}(\nu)]$$

über, wobei im gesättigten Bereich

$$|e(\nu)| = |\underline{c}'\underline{x}(\nu)| \geq \frac{T}{ß}$$

$\underline{H}(T)$ unabhängig von $\underline{x}(\nu)$ gilt. Der Nachweis von periodischen Lösungen $\{\underline{x}(\nu)\}_1^p$ erfolgte im Abschnitt 4.2.2 unter Anwendung des Algorithmus

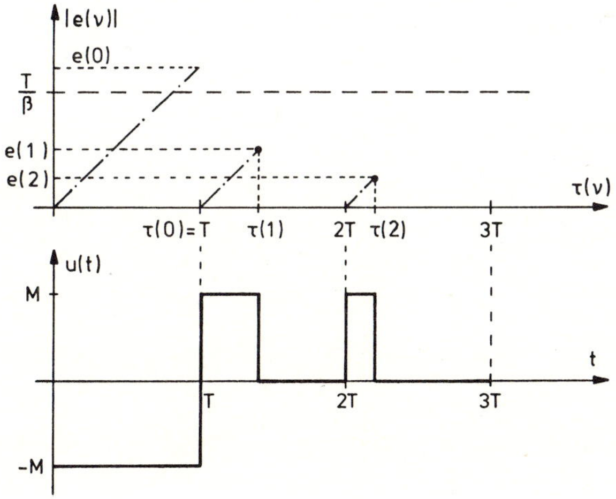

Bild 4.18: Pulsbreitenmodulierte Eingangsgröße u(t)

(4.37), der dann die Lösung (4.33) liefern muß. Das Stabilitätsverhalten der periodischen Lösungen bestimmt in der ersten Näherung die Matrix (4.35)

$$\underline{P}[\underline{x}(\nu)] = \prod_{\mu=1}^{p} \underline{L}[\nu+p-\mu]$$

mit den Jakobi-Matrizen

$$\underline{L}[\nu] = \left[\frac{\partial \underline{f}_o[\underline{x}]}{\partial \underline{x}} \right]_{\underline{x}=\underline{x}(\nu)}$$

Bezogen auf den PBM-Regelkreis erhält man aus der Beziehung (4.121) die Jakobi-Matrizen

(4.122) $$\underline{L}(\nu) = \underline{\Phi}(T) \qquad \text{für} \quad |\underline{c}'\underline{x}(\nu)| > \frac{T}{ß}$$

und

(4.123) $$\underline{L}(\nu) = \left[\underline{\Phi}(T) - Mß\ \underline{\Phi}[T-\tau(\nu)]\underline{b}\ \underline{c}'\right] \quad \text{für } \tau(\nu) = ß|\underline{c}'\underline{x}(\nu)| \ ,$$

wenn $\underline{x}(\nu) \in \{\underline{x}(\mu)\}_1^p$ ein Element der periodischen Folge und $ß|\underline{c}'\underline{x}(\nu)| < T$ sind. Im Punkte $ß|\underline{c}'\underline{x}(\nu)| = T$ ist (4.121) nach $\underline{x}$ nicht differenzierbar. Eine Untersuchung der periodischen Lösungen in dem PBM-Regelkreis hat jedoch nur dann einen Sinn, wenn die Ruhelage $\underline{x}_R = \underline{0}$ der Regelkreisgleichung (4.121) asymptotisch stabil ist. Nach Satz (4.27) darf die Stabilitätsmatrix der Ruhelage (in erster Näherung) nur Eigenwerte im Einheitskreis besitzen. Für den PBM-Regelkreis erhalten wir für $\tau(\nu) = 0$, d.h. $\underline{x} = \underline{0}$, die Stabilitätsmatrix $\underline{\psi}$ aus der Beziehung (4.123). Es ist von der Matrix

(4.124) $$\underline{\psi} := \underline{\Phi}(T)\ [\underline{E} - Mß\ \underline{b}\ \underline{c}']$$

zu fordern, daß diese nur Eigenwerte im Einheitskreis hat. Andernfalls muß durch eine geeignete Rückführung mit einem zweiten linearen Teilsystem die Forderung erzwungen werden, sofern das System $(\underline{A},\underline{b},\underline{c})$ stabilisierbar ist.

Es sind nun unter Verwendung der Stabilitätsmatrizen $\underline{L}(\nu)$ für periodische Lösungen Bedingungen zu entwickeln, die ein hinreichend großes Stabilitätsgebiet der Ruhelage $\underline{x}_R = \underline{0}$ gewährleisten.

Zuerst stellen wir fest, daß periodische Lösungen für $\tau(\nu) < T$ nicht auftreten dürfen, wenn der Regelkreis für jedes $\tau(\nu)$ im ganzen Abtastintervall T asymptotisch stabiles Verhalten haben soll. Für die periodischen Lösungen der Periode p = 1 und p = 2 nimmt das Zustandsmodell (4.121) die Formen

$$\underline{x}(1) \quad = \quad M\left[\underline{\Phi}(T) - \underline{E}\right]^{-1} \underline{H}[\tau(1)] \operatorname{sgn}[\underline{c}'\underline{x}(1)]$$

und unter Beachtung von Symmetrieeigenschaften für p = 2

$$\underline{x}(1) \quad = \quad M\left[\underline{\Phi}(T) + \underline{E}\right]^{-1} \underline{H}[\tau(1)] \operatorname{sgn}[\underline{c}'\underline{x}(1)]$$

an. Werden die Vektoren $\underline{x}_p(\mp)$ durch

(4.125) $$\underline{x}_p(\mp) \quad := \quad \left[\underline{\Phi}(T) \mp \underline{E}\right]^{-1} \underline{H}[\tau(1)]$$

festgelegt, so ergibt sich nach Einsetzen von $\underline{x}_p$ in die vorangegangene Zustandsbeziehung

$$\underline{x}(1) \quad = \quad M\ \underline{x}_p(-) \operatorname{sgn}[\underline{c}'\underline{x}(1)] \qquad \text{für } p = 1$$

und

$$\underline{x}(1) \quad = \quad M\ \underline{x}_p(+) \operatorname{sgn}[\underline{c}'\underline{x}(1)] \qquad \text{für } p = 2 \quad .$$

Nach Multiplikationen beider Beziehungen mit $\underline{c}'$ folgt, daß nur dann eine periodische Lösung mit p = 1 oder p = 2 auftreten kann, wenn gilt:

a) Die Matrix $\underline{\Phi}(T)$ besitzt keine Eigenwerte bei ∓ 1, da sonst die Inversen der Matrizen $[\underline{\Phi}(T) \mp \underline{E}]$ nicht existieren. Der Leser prüft leicht nach, daß diese Bedingung für jedes $p \geq 1$ erfüllt sein muß.

b) Das Innere Produkt $\underline{c}'\underline{x}_p(\mp)$ genügt der Bedingung

$$\underline{c}'\underline{x}_p(\mp) > 0 \quad .$$

Diese Aussage ergibt sich aus der Gleichung

(4.126) $$\frac{\underline{c}'\underline{x}(1)}{\operatorname{sgn}[\underline{c}'\underline{x}(1)]} \quad = \quad M\ \underline{c}'\underline{x}_p(\mp) \quad = \quad \frac{\tau(1)}{ß}$$

c) Für $0 < \tau(1)$ gilt

$$[Mß] \quad = \quad \frac{\tau(1)}{\underline{c}'\underline{x}_p(\mp)}$$

oder für $\tau(1) = T$

$$[Mß] \quad \geq \quad \frac{T}{\underline{c}'\underline{x}_p(\mp)} \qquad ,$$

wobei diese Aussagen aus der Gleichung in b) folgen.

Zum Nachprüfen der Bedingungen (b) und (c) sind die Vektoren $\underline{x}_p(\mp)$ nach Gleichung (4.125) schrittweise für jedes $\tau(1)$ aus dem Intervall $[0,T]$, zu ermitteln.

Bei geeigneter Wahl der Parameter [MB] treten also keine periodischen Lösungen der Periode p = 1 und p = 2 im PBM-Regelkreis auf. Mit diesen Parametern [MB] prüft man nach, ob der Algorithmus (4.37) periodische Lösungen für p > 2 liefert. Gibt es Werte [MB], für die keine periodischen Lösungen auftreten, dann ist die Ruhelage $\underline{x}_R = \underline{0}$ asymptotisch stabil im Großen.

Liegen periodische Lösungen im PBM-Regelkreis vor, dann sind für die $\{\underline{x}(\mu)\}_1^p$ die Matrizen $\underline{L}(\mu)$ aus der Gleichung (4.122) bzw. (4.123) zu berechnen und die Stabilitätsmatrix $\underline{P}[\underline{x}(\nu)]$ zu bilden. Mit dem Satz (4.41) kann dann nachgeprüft werden, ob es periodische Lösungen gibt, die asymptotisch stabil auf dem Rand sind. Das Stabilitätsgebiet der Ruhelage wird nach Satz (4.97) und mit den Optimierungsbedingungen (4.98) bestimmt.

(4.127) Beispiel: Vermeidung periodischer Lösungen in PBM-Regelkreisen

Das lineare Teilsystem in dem PBM-Regelkreis nach Bild 4.2 sei durch die kontinuierliche Übertragungsfunktion

$$G(s) = \frac{3s^3 + 8s^2 + 12s + 6{,}5}{[s^2+2s+5][s^2+2s+1{,}5]}$$

gegeben. Es sind die Grenzwerte für die Parameter [MB] bei der Abtastzeit T = 1 zu ermitteln, bei denen keine periodische Lösungen auftreten.

Zuerst bestimmt man die Matrizen $\underline{\Phi}(T)$ und $\underline{H}(\tau)$, um daraus $\underline{x}_p(\mp)$ nach der Gleichung (4.125) zu berechnen. Die Beziehungen in den Bedingungen (4.126) sind nun für p = 1 im Bild 4.19 und für p = 2 im Bild 4.20 graphisch dargestellt. Aus den Bildern 4.19 und 4.20 folgt, daß keine periodische Lösungen auftreten, wenn

$$[MB] < 3{,}79 \qquad \text{für } p = 1$$

und

$$[MB] < 0{,}71 \qquad \text{für } p = 2$$

sind. Da der Algorithmus (4.37) für [MB] < 0,71 keine periodischen Lösungen liefert, ist die Ruhelage $\underline{x}_R = \underline{0}$ in diesem Beispiel asymptotisch stabil im Großen für [MB] < 0,71 .

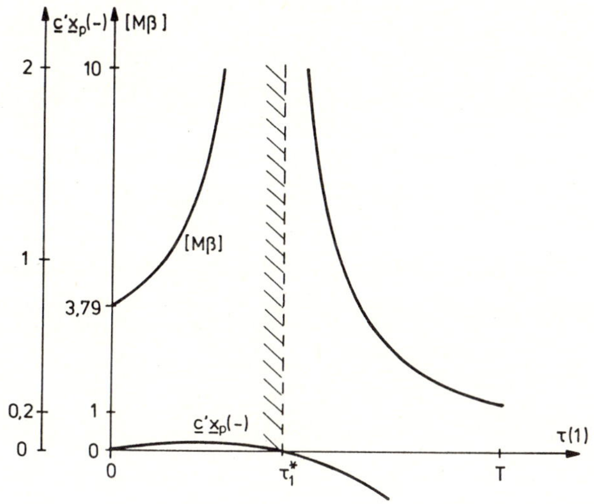

Bild 4.19: $\underline{c}'\underline{x}_p(-)$ und [Mß] in Abhängigkeit von τ(1) für p = 1 nach (4.126)

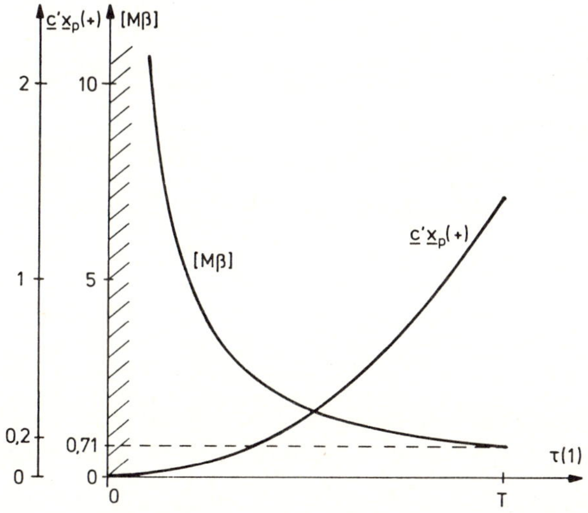

Bild 4.20: $\underline{c}'\underline{x}_p(+)$ und [Mß] in Abhängigkeit von τ(1) für p = 2 nach (4.126) ■

Das dynamische Verhalten eines PBM-Regelkreises kann in der Umgebung der Ruhelage $\underline{x}_R = \underline{0}$ mit der Matrix $\underline{\psi}$ (Gleichung (4.124)) festgelegt werden, wobei sich durch ein zusätzliches lineares Teilsystem (Zustandsbeobachter und Zustandsregler) die hierfür geeigneten freien Parameter ergeben.

4.6 Entwurf nichtlinearer Regelkreise

In diesem Abschnitt gehen wir von der zeitkontinuierlichen Regelstrecke

(4.128)
$$\dot{\underline{x}}(t) = \underline{f}[\underline{x}(t);\underline{u}(t)] \qquad \underline{u}(t) \in \mathbb{R}^r \qquad r \geq 1$$
$$\underline{y}(t) = \underline{h}[\underline{x}(t)] \qquad y(t) \in \mathbb{R}^p \qquad p \geq 1$$

aus und entwickeln hierzu Verfahren zum Entwurf eines Reglers

(4.129)
$$\dot{\underline{v}}(t) = \underline{g}[\underline{v}(t);\underline{x}(t)] \qquad \underline{v}(t) \in \mathbb{R}^m$$
$$\underline{u}(t) = \underline{k}[\underline{v}(t);\underline{x}(t)] \quad .$$

Der allgemeine Regelkreis ist dem Bild 4.21 zu entnehmen. Der dynamische Zustandsbeobachter nach Satz (4.101) wird hier nicht weiter behandelt. Wir nehmen an, daß die Voraussetzungen für den Entwurf eines Zustandsbeobachters in einem hinreichend großen Stabilitätsgebiet gegeben sind. Daher wurde auch in den Reglergleichungen (4.129) $\underline{x}(t)$ (eigentlich $\hat{\underline{x}}(t)$) eingesetzt.

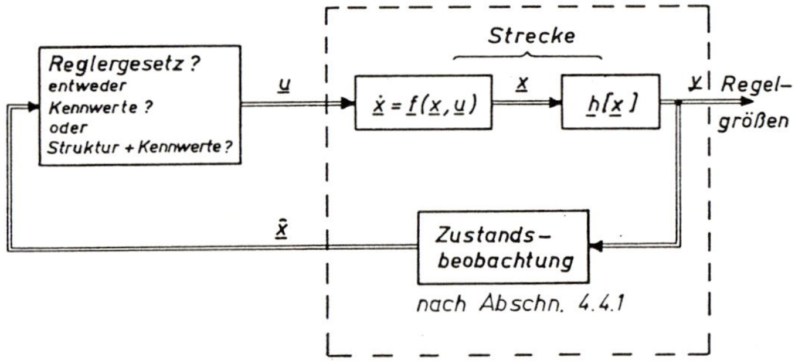

Bild 4.21: Allgemeiner nichtlinearer Regelkreis

Der folgende Unterabschnitt orientiert sich zuerst nur an linearen zeitinvarianten Systemen, um einen Teil der Vorgehensweise einfach zu erläutern.

4.6.1 Einführende Betrachtungen

In den weiteren Ausführungen erweist sich die Kenntnis einer oberen und unteren Schranke der quadratischen Ljapunovfunktion $V[\underline{x}] = \underline{x}'\underline{Q}\;\underline{x}$ als sehr nützlich.

Die positiv definite Matrix $\underline{Q}$ besitzt nur positiv reelle Eigenwerte, so daß es einen kleinsten Eigenwert $\lambda_{min}[\underline{Q}] > 0$ und einen größten Eigenwert $\lambda_{max}[\underline{Q}] > 0$ gibt. Sind alle Eigenwerte von $\underline{Q} = \underline{Q}'$ verschieden, dann bilden die zugehörigen Eigenvektoren $\underline{\varphi}_\nu$ eine orthogonale Basis im $\mathbb{R}^n$. Die Zustände $\underline{x}$ lassen sich dann nach diesen Eigenvektoren entwickeln, d.h.

$$\underline{x} = \sum_{\nu=1}^{n} \alpha_\nu \underline{\varphi}_\nu \qquad \alpha_\nu \in \mathbb{R}$$

und

$$\underline{Q}\,\underline{x} = \sum_{\nu=1}^{n} \alpha_\nu \underline{Q}\,\underline{\varphi}_\nu = \sum_{\nu=1}^{n} \alpha_\nu \lambda_\nu \underline{\varphi}_\nu \quad .$$

Die positiv definite quadratische Form besitzt daher die folgende obere und untere Schranke

$$\underline{x}'\underline{Q}\,\underline{x} = \sum_{\nu}\sum_{\mu} \alpha_\nu \alpha_\mu \lambda_\nu \underline{\varphi}_\mu' \underline{\varphi}_\nu$$

$$= \sum_{\nu=1}^{n} \alpha_\nu^2 \lambda_\nu \underline{\varphi}_\nu' \underline{\varphi}_\nu \begin{cases} \leq \lambda_{max}[\underline{Q}]\; \underline{x}'\underline{x} \\ \geq \lambda_{min}[\underline{Q}]\; \underline{x}'\underline{x} \end{cases} ,$$

wobei die letzte Gleichung aus der Orthogonalität der Eigenvektoren folgt. Somit gelten die Abschätzungen

$$\lambda_{min}[\underline{Q}] \leq \frac{\underline{x}'\underline{Q}\,\underline{x}}{\underline{x}'\underline{x}} \leq \lambda_{max}[\underline{Q}]$$

(4.130)

$$\lambda_{min}[\underline{Q}]\; ||\underline{x}||^2_{\mathbb{R}^n} \leq V[\underline{x}] \leq \lambda_{max}[\underline{Q}]\; ||\underline{x}||^2_{\mathbb{R}^n} ,$$

die im Bild 4.22 in zwei verschiedenen Ebenen anschaulich dargestellt sind.

Die quadratische Form $V[\underline{x}] = \underline{x}'\underline{Q}\,\underline{x} = k$ ergibt in der Zustandsebene eine Ellipse (Bild 4.22). Der kleinste Kreis, der die Ellipse von innen berührt, hat den Radius $\sqrt{k\,\lambda_{max}^{-1}}$ und der Kreis mit dem größten Radius $\sqrt{k\,\lambda_{min}^{-1}}$ berührt die Ellipse von außen. Aus dem Bild 4.22 und den Ungleichungen (4.130) entnimmt man, daß eine Abschätzung um so günstiger wird, desto kleiner die Differenz $[\lambda_{max} - \lambda_{min}]$ ist.

Um das dynamische Verhalten einer Ljapunovfunktion $V[\underline{x}]$ beurteilen zu können, entwickeln wir für $V[\underline{x}]$ eine Differentialungleichung.

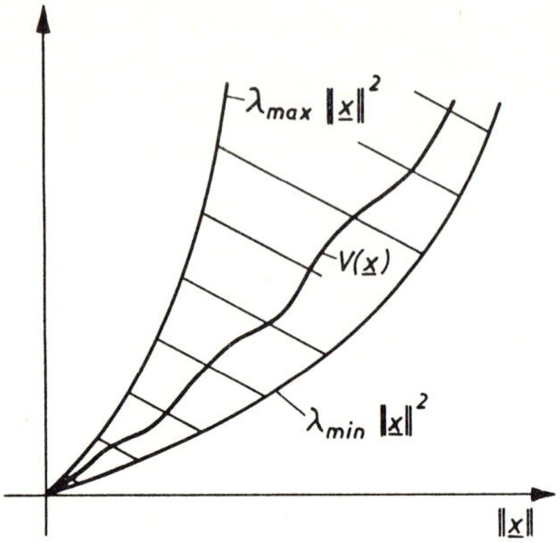

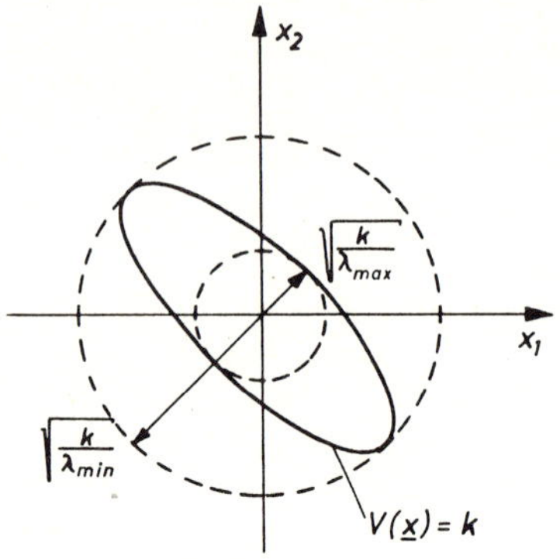

Bild 4.22: Darstellungen der Abschätzungen (4.130) für n = 2

Besitzt ein lineares zeitinvariantes System $\dot{x}(t) = \underline{A}\ \underline{x}(t)$ eine asymptotisch stabile Ruhelage, dann existiert zu $V[\underline{x}]$ eine negativ definite zeitliche Ableitung

$$\dot{V}[\underline{x}] = -\underline{x}'\underline{P}\ \underline{x} \qquad \underline{P} \text{ positiv definit}$$

mit

$$-\underline{P} = \underline{A}'\underline{Q} + \underline{Q}\ \underline{A} \ .$$

Es sei nun $\varkappa_{min}[\underline{P}]$ der kleinste Eigenwert von $\underline{P}$, dann erhält man die folgende Abschätzung:

$$\textbf{(4.131)} \qquad \frac{\dot{V}[\underline{x}]}{V[\underline{x}]} = \frac{-\dfrac{\underline{x}'\underline{P}\ \underline{x}}{\underline{x}'\underline{x}}}{\dfrac{\underline{x}'\underline{Q}\ \underline{x}}{\underline{x}'\underline{x}}} \leq \frac{-\varkappa_{min}[\underline{P}]}{\lambda_{max}[\underline{Q}]} = -\frac{1}{T_2} \ .$$

Die Differentialungleichung

$$\frac{\dot{V}[\underline{x}]}{V[\underline{x}]} \leq -\frac{1}{T_2}$$

besitzt die Lösung

$$\textbf{(4.132)} \qquad V[\underline{x}(t)] \leq V[\underline{x}_o]\ e^{-\frac{t}{T_2}} \ ,$$

die im Bild 4.23 graphisch dargestellt ist.

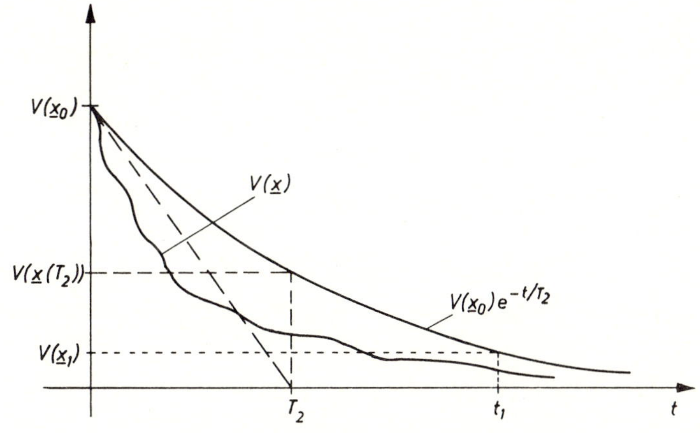

Bild 4.23: Zur Abschätzung des Verlaufs von $V[\underline{x}(t)]$

Eine Abschätzung des dynamischen Verlaufs der Trajektorie $\underline{x}(t)$, die Lösung des linearen zeitinvarianten Systems $\dot{\underline{x}}(t) = \underline{A}\ \underline{x}(t)$ ist und damit der Ungleichung (4.132) genügt, wurde für $n = 2$ im Bild 4.24 veranschaulicht. Der verallgemeinerte Abstand $V[\underline{x}]$ und damit auch $\underline{x}(t)$ nehmen exponentiell mit der Zeitkonstanten T_2 (Gleichung (4.132)) ab. Alle Trajektorien $\underline{x}(t)$, die auf der geschlossenen Fläche (Kurve) $V[\underline{x}_o] = k_o$ beginnen, liegen mindestens nach der Zeit T_2 innerhalb der abgeschlossenen Zustandsmenge, die durch die Ellipse $0{,}37\ V[\underline{x}_o]$ begrenzt ist (Bild 4.24). Die Zeit t_1, die ein System benötigt, um von einem Anfangszustand $\underline{x}_o$ in einen Umgebungszustand $\underline{x}_1$ der asymptotisch stabilen Ruhelage $\underline{x}_R = \underline{0}$ zu kommen, läßt sich unter Verwendung der Ungleichung (4.132) nach oben abschätzen. Es gilt nach Umformung von (4.132)

$$t_1 \leq T_2 \ln \left[\frac{V[\underline{x}_o]}{V[\underline{x}_1]} \right] \quad . \tag{4.133}$$

Allgemein läßt sich bei linearen Systemen die Bestimmung von t_1 in den folgenden Schritten durchführen:

1) Aus der Beziehung $-\underline{P} = \underline{A}'\underline{Q} + \underline{Q}\ \underline{A}$ folgt bei einer vorgegebenen positiv definiten Matrix $\underline{P}$ die Matrix $\underline{Q}$ und daraus $V[\underline{x}_o] = \underline{x}_o'\underline{Q}\ \underline{x}_o$.
2) Nach Bild 4.22 wird die Fläche (Kurve für $n = 2$) $V[\underline{x}_1] = k_1$ von einer Kugel (Kreis) vom Radius r_1 eingeschlossen, so daß gilt

$$V[\underline{x}_1] = k_1 = r_1^2\ \lambda_{min}[\underline{Q}] \quad .$$

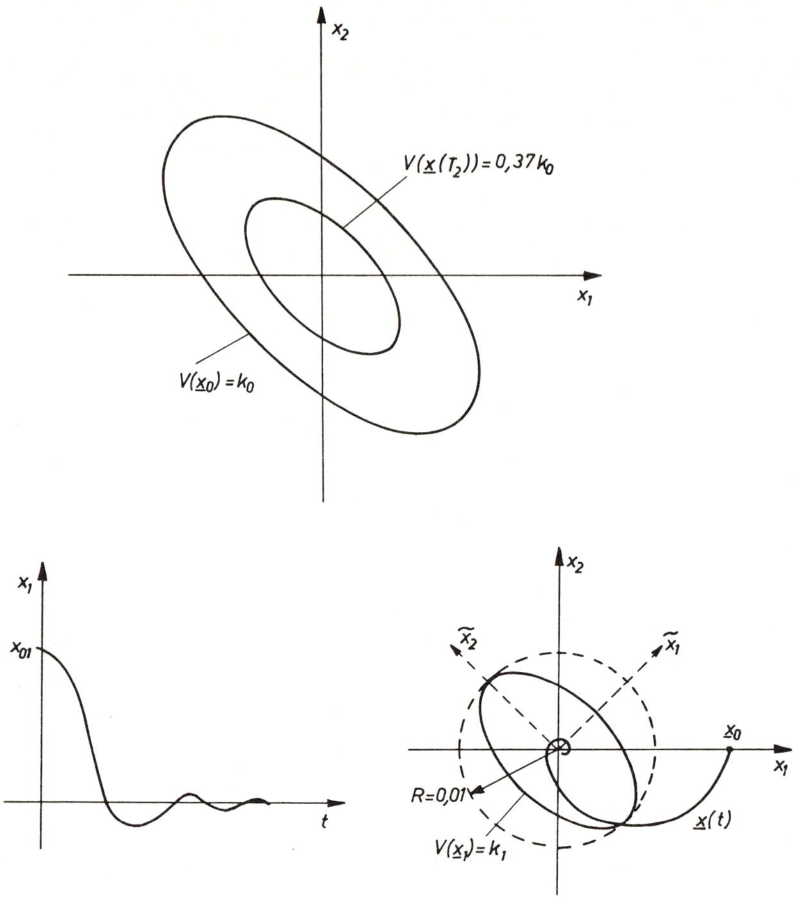

Bild 4.24: Veranschaulichung der Ungleichung (4.132) und der zugehörige Trajektorienverlauf für n = 2

3) Die Zeitkonstante wird nach der Formel

$$T_2 = \frac{\lambda_{max}[\underline{Q}]}{\varkappa_{min}[\underline{P}]}$$

und die obere Schranke für t_1 wird aufgrund der Ungleichung (4.133) berechnet.

Die Bestimmung der kleinsten oberen Schranke im Schritt 3) führt auf ein Optimierungsproblem.

In den bisherigen Ausführungen ist die Zeit t_1 des autonomen linearen Systems ermittelt worden. Es sei nun die Regelstrecke

$$\dot{\underline{x}}(t) = \underline{A}\ \underline{x}(t) + \underline{B}\ \underline{u}(t)$$

mit $Re[\lambda_\nu(\underline{A})] < 0$ $(\nu = 1,\ldots,n)$ und der Stellgrößenbeschränkung $||\underline{u}(t)|| \leq m$ für alle t gegeben. Verwendet man für diese Strecke die gleiche positiv definite Form $V[\underline{x}] = \underline{x}'\underline{Q}\ \underline{x}$ wie für das autonome System, so ergibt sich die totale zeitliche Ableitung

$$\dot{V}_u[\underline{x}(t)] = \underline{x}'\underline{Q}\ \dot{\underline{x}} + \dot{\underline{x}}'\underline{Q}\ \underline{x} = -\ \underline{x}'\underline{P}\ \underline{x} + 2\ \underline{x}'\underline{Q}\ \underline{B}\ \underline{u} \quad . \tag{4.134}$$

Um $\dot{V}_u[\underline{x}]$ gegenüber $\dot{V}[\underline{x}]$ des autonomen Systems negativer zu machen, wählen wir unter Beachtung der Stellgrößenbeschränkung das Reglergesetz

$$\underline{u}(\underline{x}) = -\ m\ \frac{\underline{B}'\underline{Q}\ \underline{x}(t)}{||\underline{B}'\underline{Q}\ \underline{x}(t)||} \quad . \tag{4.135}$$

$\underline{u}(\underline{x})$ in die Beziehung (4.134) eingesetzt, ergibt

$$\dot{V}_u[\underline{x}(t)] = -\ \underline{x}'\underline{P}\ \underline{x} - m\ ||\underline{B}'\underline{Q}\ \underline{x}(t)|| \leq -\ \underline{x}'\underline{P}\ \underline{x} \quad .$$

Zur Beurteilung des dynamischen Verhaltens des Regelkreises mit Stellgrößenbeschränkung werde der Ausdruck (4.131) für das autonome System nach unten abgeschätzt. Es gilt

$$\frac{\dot{V}[\underline{x}]}{V[\underline{x}]} \geq -\ \frac{\varkappa_{max}[\underline{P}]}{\lambda_{min}[\underline{Q}]} = -\ \frac{1}{T_1} \quad . \tag{4.136}$$

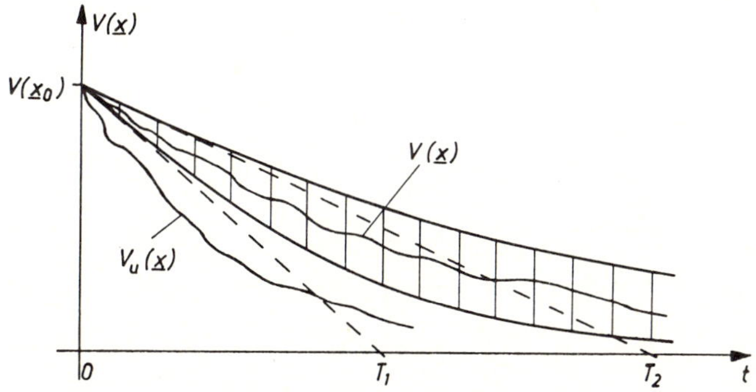

Bild 4.25: Verbesserung des dynamischen Verhaltens des Regelkreises

Die Regelgüte des Regelkreises wird dann verbessert, wenn die Ungleichung

$$\frac{\dot{V}_u[\underline{x}]}{V_u[\underline{x}]} = \frac{-\underline{x}'\underline{P}\ \underline{x} - m||\underline{B}'\underline{Q}\ \underline{x}||}{\underline{x}'\underline{Q}\ \underline{x}} \leq -\ \frac{1}{T_1} \leq \frac{\dot{V}[\underline{x}]}{V[\underline{x}]}$$

für alle $\underline{x} \in M \subset \mathbb{R}^n$ erfüllt ist. Hieraus folgt unter Beachtung der Ungleichungen (4.131) und (4.136) die Bedingung

$$\left[-\frac{1}{T_2} - m\,\frac{||\underline{B}'\underline{Q}\,\underline{x}||}{\underline{x}'\underline{Q}\,\underline{x}}\right] \le -\frac{1}{T_1} \qquad \text{für alle } \underline{x} \in M$$

oder

$$m\,||\underline{B}'\underline{Q}\,\underline{x}|| \ge \lambda_{max}[\underline{Q}]\left[\frac{1}{T_1} - \frac{1}{T_2}\right]||\underline{x}||^2 \qquad . \tag{4.137}$$

Der Leser erkennt, daß diese Bedingung nicht allgemein erfüllbar ist, da die Eingangsmatrix $\underline{B}$ in den meisten Fällen nicht regulär ist. Daher ist hierzu eine zusätzliche Untersuchung erforderlich. Genügt das Reglergesetz (4.135) innerhalb einer festgelegten Zustandsmenge M mit $\underline{0} \in M$ der Bedingung (4.137), dann geht aus dem Bild 4.25 auch die Verbesserung des dynamischen Verhaltens gegenüber dem autonomen System hervor. Schranken für auftretende Störungen in dem Regelkreis können auch in der Bedingung (4.137) berücksichtigt werden.

Die Stellgrößenbeschränkung in einem Regelkreis kann sehr unterschiedlich sein. Im Bild 4.26 sind in der u-Ebene für r = 2 die Beschränkungen

$$||\underline{u}(t)||_{\mathbb{R}^2} \le m \qquad \text{und} \qquad |u_i(t)| \le \alpha_i \quad \text{mit } ||\underline{\alpha}||_{\mathbb{R}^2} = m$$

dargestellt. Diese verschiedenartigen Beschränkungen führen auch zu unterschiedlichen Ergebnissen bei der Erfüllung der Bedingung (4.137).

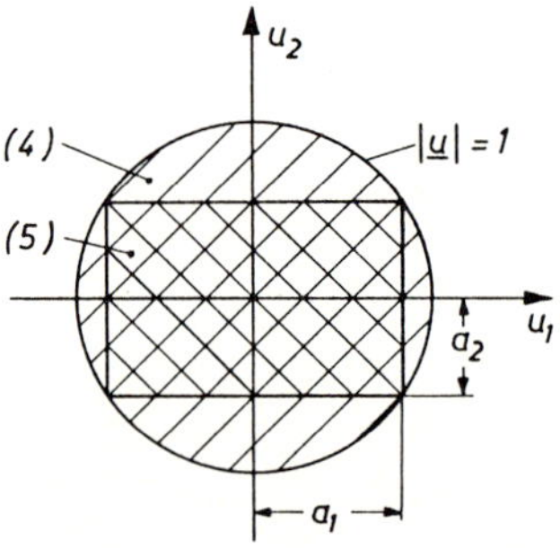

Bild 4.26: Unterschiedliche Beschränkungen der Stellgrößen

In der Literatur gibt es eine Reihe von Entwurfsverfahren, bei denen die vorliegende nichtlineare Regelstrecke zuerst mit einer nichtlinearen Transformation auf eine geeignete nichtlineare Normalform gebracht werden muß (Entkopplungsverfahren), z.B. in der Arbeit von SOMMER [4.22]. Dieser

Weg wird hier nicht eingeschlagen, da bei diesen Verfahren Untersuchungen zur Stör- und Parameterempfindlichkeit des Regelkreises analytisch zu Schwierigkeiten führen und der Aufwand gegenüber einer Synthese mit der erweiterten Ljapunovmethode ohne Gewinn erheblich größer ist. Hinzu kommt, daß die Frage nach der Stabilität, eventuell auch Stabilitätsgüte, bei der erweiterten Ljapunovmethode direkt beantwortet wird.

4.6.2 Entwurf mit der erweiterten Ljapunovmethode

Aus den Ausführungen des letzten Unterabschnittes und den Aussagen des Satzes (4.87) geht deutlich hervor, daß sich zum Entwurf eines nichtlinearen Regelkreises eine optimierte Ljapunovfunktion $V[\underline{x}]$ und deren totale zeitliche Ableitung $\dot{V}[\underline{x}]$ eignet, wenn gleichzeitig die Bedingungen im Satz (4.87) oder die Forderung (4.137) eingehalten werden. Bei diesem Entwurf lassen sich

- eine Modellunsicherheit oder Parametervariationen,
- von außen auftretende Störungen

und

- ein verbessertes dynamisches Verhalten

im Rahmen der angegebenen Bedingungen berücksichtigen.

Wir formulieren die einzelnen Verfahren in Form von Sätzen, aus denen sich dann die Reglergesetze ergeben.

(4.138) Satz (Reglerentwurf mit integralem Gütekriterium):

Das Zustandsmodell der Regelstrecke $\dot{\underline{x}}(t) = \underline{f}[\underline{x}(t);\underline{u}(t)]$ mit $\underline{f}[\underline{0};\underline{0}] = \underline{0}$ und das Gütekriterium

(4.139) $$\int_0^\infty L[\underline{x}(t);\underline{u}(t)]dt$$

mit positiv definiter Funktion $L[\cdot;\cdot]$ seien gegeben. Existieren Funktionen $V[\underline{x}]$ und $\underline{u}[\underline{x}]$, so daß

(1) $V[\underline{x}]$ eine Ljapunovfunktion des Zustandsmodells auf einer hinreichend großen Zustandsmenge $\Gamma(\alpha)$ mit einer asymptotisch stabilen Ruhelage ist,

(2) für die totale zeitliche Ableitung mit $\underline{u} = \underline{u}^*[\underline{x}]$

$$\left.\frac{dV[\underline{x}]}{dt}\right|_{\underline{u}^*[\underline{x}]} = - L\big[\underline{x};\underline{u}^*[\underline{x}]\big]$$

gilt und

(3) die Funktion

$$H[\underline{x};\underline{u}] = \left.\frac{dV[\underline{x}]}{dt}\right|_{\underline{u}} + L[\underline{x};\underline{u}]$$

ein Minimum in jedem Zustand $\underline{x} \in \Gamma(\alpha)$ für $\underline{u}^*[\underline{x}]$ besitzt,

dann ist $\underline{u}^*[\underline{x}]$ ein optimales Reglergesetz in dem Sinne, daß das Gütekriterium (4.139) ein Minimum annimmt. ■

Der Beweis des Satzes ist dem Leser überlassen, da dieser sich unmittelbar aus den Bedingungen (2) und (3) des Satzes ergibt.

Der Satz fordert für eine Ljapunovfunktion $V[\underline{x}]$ des Zustandsmodells die Extremalbedingung

$$\min_{\underline{u}} \left[\frac{dV[\underline{x}]}{dt} + L[\underline{x};\underline{u}] \right] \overset{!}{=} 0 \quad .$$

Daraus leitet sich das Gleichungssystem

$$\left[\sum_{i=1}^{n} \frac{\partial V[\underline{x}]}{\partial x_i} f_i[\underline{x};\underline{u}] \right] + L[\underline{x};\underline{u}] = 0$$

(4.140)

$$\left[\sum_{i=1}^{n} \frac{\partial V[\underline{x}]}{\partial x_i} \frac{\partial f_i[\underline{x};\underline{u}]}{\partial u_j} \right] + \frac{\partial L[\underline{x};\underline{u}]}{\partial u_j} = 0 \ , \qquad j = 1,\ldots,r$$

ab, das die Lösungen (das Reglergesetz) $u_1[\underline{x}]$ ... $u_r[\underline{x}]$ liefert, sofern diese existieren.

(4.141) Satz (Zeitoptimales Reglergesetz):

Gegeben sei das Zustandsmodell der Regelstrecke $\dot{\underline{x}}(t) = \underline{f}[\underline{x}(t);\underline{u}(t)]$ mit $\underline{f}[\underline{0};\underline{0}] = \underline{0}$. $\underline{f}[\underline{x};\underline{u}]$ genüge der Lipschitzbedingung und $\underline{u}[\underline{x}]$ gehöre zur Menge U der zulässigen Funktionen.

Es existiere eine Ljapunovfunktion $V[\underline{x}]$ des Zustandsmodells, die die folgenden Bedingungen erfüllt:

(1) $\lim\limits_{||\underline{x}||\to\infty} V[\underline{x}] = \infty$.

(2) $\min\limits_{\underline{u}\varepsilon U} \left[\text{grad}_{\underline{x}} V[\underline{x}]\right]' \underline{f}\left[\underline{x};\underline{u}[\underline{x}]\right] = -h\left[V[\underline{x}]\right] = \dot{V}^*\left[\underline{x};\underline{u}^*[\underline{x}]\right]$.

(3) $h\left[V[\underline{x}]\right]$ ist eine stetige positiv definite Funktion.

Dann ist $\underline{u} = \underline{u}^*[\underline{x}]$ ein zeitoptimales Reglergesetz. ■

Beweis:

Die Lösung $\tilde{V}(t) := V[\underline{x}(t)]$ der Differentialgleichung

$$\dot{V}[\underline{x}(t)] = -h\left[V[\underline{x}(t)]\right]$$

mit der Anfangsbedingung $V[\underline{x}(0)]$ ist im Bild 4.27 graphisch dargestellt. Aus dem Bild 4.5, den Voraussetzungen des Satzes und der Beziehung (4.50) folgt, daß die Lösung $V[\underline{x}(t)]$ monoton abnehmend ist. Die t-Achse muß dann von $\tilde{V}(t)$ zu einem endlichen Zeitpunkt $T^*[\underline{x}(0)]$ geschnitten werden (der Leser vergleiche (4.50) und Bild 4.5). Wir nehmen nun an, daß es ein Reglergesetz $\underline{u} = \underline{u}[\underline{x}] \varepsilon U$ gibt, so daß der Regelkreis vom Zustand $\underline{x}(0)$ in der Zeit $T[\underline{x}(0)] < T^*[\underline{x}(0)]$ in den $\underline{0}$-Zustand gebracht wird.

Aus der Bedingung (2) des Satzes folgt jedoch

$$\dot{V}^*[\underline{x};\underline{u}^*[\underline{x}]] \leq \dot{V}[\underline{x};\underline{u}[\underline{x}]] \qquad \text{für alle } \underline{x} \in \mathbb{R}^n$$

und nach Integration über dem Zeitintervall [0,t]

$$\tilde{V}^*(t) - V^*[\underline{x}(0)] \leq \tilde{V}(t) - V[\underline{x}(0)] \quad .$$

Da $V^*[\underline{x}(0)] = V[\underline{x}(0)]$ und $T[\underline{x}(0)] \leq T^*[\underline{x}(0)]$ mit $V[\underline{x}(T);\underline{u}[\underline{x}(T)]] = 0$

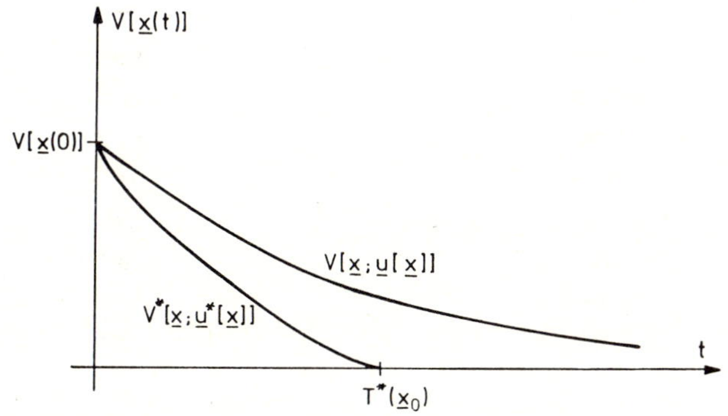

Bild 4.27: Erläuterung zum Beweis

gelten soll, steht die letzte Ungleichung im Widerspruch zur Annahme, d.h. $u^*[\underline{x}]$ muß ein zeitoptimales Reglergesetz sein. ■

(4.142) Beispiel: Zeitoptimale Regelung norminvarianter Strecken

Gegeben sei das Zustandsmodell der Regelstrecke

$$\dot{\underline{x}}(t) = \underline{f}[\underline{x}(t)] + \underline{B}\,\underline{u}(t)$$

mit den Eigenschaften

(1) $\underline{f}'[\underline{x}]\underline{x} = -k\left[||\underline{x}||\right]$

mit $k[\cdot]$ positiv definit (der Leser vergleiche Abschnitt 4.3.2, Gleichung (4.74))

(2) $\underline{B}'\underline{B} = \underline{E}$, d.h. $\underline{B}$ ist eine orthogonale Matrix,

(3) $||\underline{u}(t)||_{\mathbb{R}^n} \leq m < \infty$.

Es ist das zeitoptimale Reglergesetz für die vorgegebene Strecke zu ermitteln. Wir wählen die Ljapunovfunktion

$$V[\underline{x}] = \frac{1}{2}\,\underline{x}'\underline{x} = \frac{1}{2}\,||\underline{x}||^2$$

und wenden den Satz (4.141) an. Es gilt

$$\begin{aligned}\dot{V}[\underline{x}] &= \underline{x}'\dot{\underline{x}}\\ &= \underline{x}'\underline{f}[\underline{x}] + \underline{x}'\underline{B}\,\underline{u}\\ &= -k\left[||\underline{x}||\right] + \underline{x}'\underline{B}\,\underline{u} \;.\end{aligned}$$

Die rechte Seite von $\dot{V}[\underline{x}]$ muß nun in der Form $-h[V]$ darstellbar sein. Es sei

(4.143)
$$\underline{u}^*[\underline{x}] = -m\,\frac{\underline{B}'\underline{x}}{||\underline{B}'\underline{x}||} = -m\,\frac{\underline{B}'\underline{x}}{||\underline{x}||} \;,$$

dann erhalten wir nach Einsetzen von $\underline{u}^*[\underline{x}]$ in $\dot{V}[\underline{x}]$ den Ausdruck

$$\dot{V}[\underline{x}] = -k\left[||\underline{x}||\right] - m\,\frac{\underline{x}'\underline{B}\;\underline{B}'\underline{x}}{||\underline{x}||} = -k\left[||\underline{x}||\right] - m||\underline{x}|| \;.$$

Unter Beachtung von $\sqrt{2V} = ||\underline{x}||$ geht die letzte Gleichung in

(4.144)
$$\dot{V}[\underline{x}] = -k\left[\sqrt{2V}\right] - m\sqrt{2V} \overset{!}{=} -h[V]$$

über. Der Leser erkennt, daß die negative Definitheit von $\dot{V}[\underline{x}]$ selbst dann gesichert ist, wenn die Funktion k(•) im Unterschied zur Forderung (1) nur die schwächere Bedingung $k\left[||\underline{x}||\right] > -m||\underline{x}||$ erfüllt. Das Reglergesetz (4.143) ist also zeitoptimal, da alle Bedingungen des Satzes (4.141) erfüllt sind.

Um die Zeit $T^*[\underline{x}(0)]$ explizit auszurechen, nehmen wir an, daß $k\left[||\underline{x}||\right] = -c||\underline{x}||^2$ gilt, d.h. $c||\underline{x}||^2 = 2cV$. Die Differentialgleichung (4.144) lautet nun

$$\frac{dV}{dt} = 2cV - m\sqrt{2V} \quad ,$$

und daraus folgt die Lösung

$$\sqrt{V[\underline{x}]} = \sqrt{V[\underline{x}(0)]}\, e^{ct} + \frac{1}{\sqrt{2}} \frac{m}{c}\left[1 - e^{ct}\right]$$

oder unter Berücksichtigung von $\sqrt{2V} = ||\underline{x}||$

$$||\underline{x}(t)|| = ||\underline{x}(0)||e^{ct} + \frac{m}{c}\left[1 - e^{ct}\right] \quad .$$

Aus der letzten Beziehung berechnet man für $\underline{x}(T^*) = \underline{0}$ die minimale Übergangszeit vom Zustand $\underline{x}(0)$ in den Zustand $\underline{0}$. Es gilt

$$T^*[\underline{x}(0)] = \frac{1}{|c|} \ln\left[1 + \frac{|c|}{m}||\underline{x}(0)||\right] \qquad \text{für } c < 0$$

und

$$T^*[\underline{x}(0)] = \frac{||\underline{x}(0)||}{m} \qquad \text{für } c = 0 \quad .$$

Das Bild 4.28 zeigt das zeitoptimale Verhalten des Regelkreises mit der norminvarianten Regelstrecke

$$\dot{\underline{x}}(t) = \begin{bmatrix} k & \alpha & \alpha \\ -\alpha & k & \alpha \\ -\alpha & \alpha & k \end{bmatrix} \underline{x}(t) + \underline{u}(t) \quad , \quad ||\underline{u}(t)|| \leq m$$

und dem Reglergesetz (4.143)

$$\underline{u}(t) = -m\frac{\underline{x}(t)}{||\underline{x}(t)||} \quad .$$

Insbesondere wird der Einfluß der Parameter m und k auf das Regelkreisverhalten deutlich.

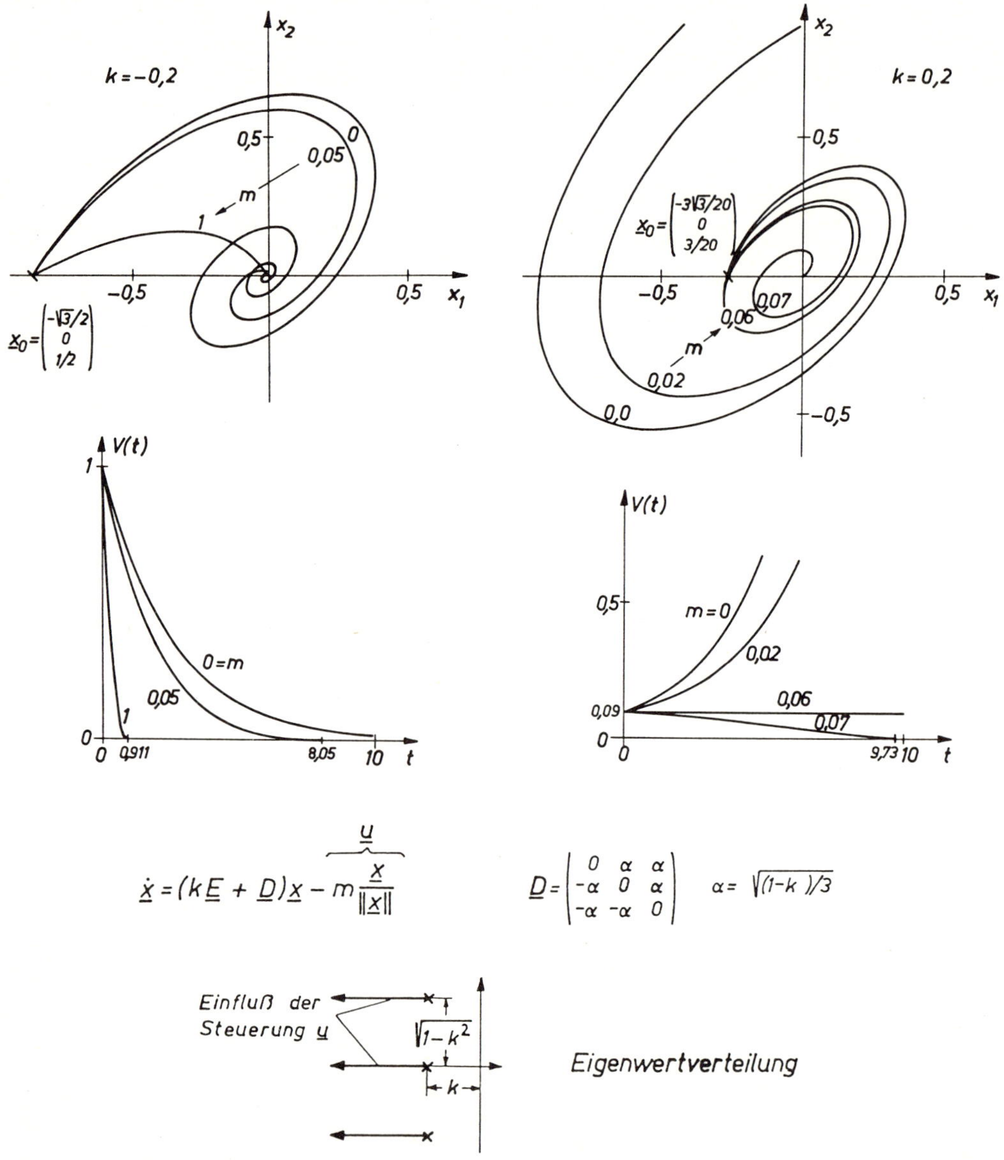

Bild 4.28: Zeitoptimale Regelung einer norminvarianten Regelstrecke ■

(4.145) Beispiel: Subzeitoptimale Regelung

Gegeben sei das Zustandsmodell

$$\dot{\underline{x}}(t) = \underline{A}\,\underline{x}(t) + \underline{B}\,\underline{u}(t)$$

mit den Eigenschaften

(1) $\mathrm{Re}[\lambda_j(\underline{A})] < 0$ für alle $j = 1...n$,

(2) $\underline{B}$ ist eine reguläre Matrix ,

(3) $||\underline{u}|| \leq m$.

Gesucht ist ein sogenanntes subzeitoptimales Reglergesetz. Es ist jetzt für die zeitliche Ableitung einer Ljapunovfunktion eine obere negative Schrankenfunktion zu ermitteln.

Wir gehen von einer positiv definiten quadratischen Form

$$V[\underline{x}] = \underline{x}'\underline{Q}\,\underline{x}$$

aus. Für die zeitliche Ableitung findet man unter Berücksichtigung des Zustandsmodells der Strecke

$$\dot{V}[\underline{x};\underline{u}] = \dot{\underline{x}}'\underline{Q}\,\underline{x} + \underline{x}'\underline{Q}\,\dot{\underline{x}} = -\underline{x}'\underline{P}\,\underline{x} + 2\,\underline{x}'\underline{Q}\,\underline{B}\,\underline{u} .$$

Die Matrix $\underline{Q}$ muß so gewählt werden, daß die Matrix

$$-\underline{P} = \underline{A}'\underline{Q} + \underline{Q}\,\underline{A}$$

negativ definit ist. Aufgrund der Bedingung (1) existiert immer eine derartige positiv definite Matrix $\underline{Q}$. Durch Bildung des Minimums von $\dot{V}[\underline{x}]$ bezüglich $\underline{u}$ erhalten wir

(4.146) $$\min_{\underline{u}\in U} \dot{V}[\underline{x};\underline{u}] = -\underline{x}'\underline{P}\,\underline{x} - 2m||\underline{B}'\underline{Q}\,\underline{x}||$$

und das Reglergesetz

(4.147) $$\underline{u}[\underline{x}] = -m\,\frac{\underline{B}'\underline{Q}\,\underline{x}}{||\underline{B}'\underline{Q}\,\underline{x}||} .$$

Werden zwei positive Konstanten k_1 und k_2 so bestimmt, daß die Matrizen

$$\left[\underline{P} - k_1\underline{Q}\right] , \quad \left[\underline{Q}\,\underline{B}\,\underline{B}'\underline{Q} - k_2^2\underline{Q}\right]$$

positiv semidefinit sind, dann gelten die folgenden Ungleichungen:

$$\underline{x}'[\underline{P} - k_1\underline{Q}]\underline{x} \geq 0 \quad ,$$

$$-\underline{x}'\underline{P}\,\underline{x} \leq -k_1\,\underline{x}'\underline{Q}\,\underline{x}$$

und (hier geht die Forderung der Regularität von $\underline{B}$ ein)

$$-\sqrt{[\underline{x}'\underline{Q}\,\underline{B}\,\underline{B}'\underline{Q}\,\underline{x}]} = -\|\underline{B}'\underline{Q}\,\underline{x}\| \leq -k_2\sqrt{[\underline{x}'\underline{Q}\,\underline{x}]} \quad .$$

Die Beziehung (4.146) geht unter Berücksichtigung der letzten beiden Ungleichungen über in

$$\min_{\underline{u}\in U} \frac{dV[\underline{x}]}{dt} \leq \left[-k_1\,V[\underline{x}] - 2mk_2\sqrt{V[\underline{x}]}\right] = -h[V] \quad .$$

Da $h\left[V[\underline{x}]\right]$ für jedes $V \neq 0$ positiv ist, sind für eine Funktion $W[\underline{x}]$ die Bedingungen des Satzes (4.141) erfüllt, wenn $W[\underline{x}]$ Lösung der Differentialgleichung

$$\frac{dW}{dt} = \left[-k_1W - 2mk_2\sqrt{W}\right]$$

ist, wobei hierzu ein anderes System gehört, das jedoch nicht von Interesse ist. Die zu $W[\underline{x}]$ gehörige Übergangszeit $T^*[\underline{x}(0)]$ ist eine obere Schranke für die Übergangszeit der vorliegenden Regelstrecke. Als Lösung der Differentialgleichung erhält man

$$\sqrt{W[\underline{x}]} = \sqrt{W[\underline{x}(0)]}\,e^{-0,5k_1t} - 2m\frac{k_2}{k_1}\left[1 - e^{-0,5k_1t}\right] \quad .$$

Da $W[\underline{x}]$ positiv definit ist, kann $T^*[\underline{x}(0)]$ nach Einsetzen von $W[\underline{x}(T^*)] = W[\underline{0}] = 0$ aus der letzten Beziehung berechnet werden. Hieraus ergibt sich

$$T^*[\underline{x}(0)] = \frac{2}{k_1}\ln\left[1 + \frac{k_1}{2mk_2}\sqrt{\underline{x}'(0)\,\underline{Q}\,\underline{x}(0)}\right] \quad .$$

Damit geht jeder Anfangszustand der Regelstrecke mit dem Reglergesetz (4.147) mindestens nach der Zeit $T^*[\underline{x}(0)]$ in den $\underline{0}$-Zustand über, d.h. es gilt

$$T[\underline{x}(0)] \leq T^*[\underline{x}(0)] \quad .$$

In diese Berechnung von T^* geht die gewählte Matrix $\underline{Q}$ der Ljapunovfunktion ein. Durch eine andere Wahl von $\underline{Q}$ kann sich unter Umständen ein kleineres T^* ergeben. ■

(4.148) Beispiel: Regelung eines Gleichstrommotors

Gegeben sei das Zustandsmodell des Gleichstrommotors

$$\begin{aligned}\dot{x}_1(t) &= -a_1x_1(t) + b_2u_2(t)\\ \dot{x}_2(t) &= -a_{21}x_2(t) - a_{22}x_1(t)x_3(t) + b_1u_1(t)\\ \dot{x}_3(t) &= a_3x_1(t)x_2(t) \quad ,\end{aligned}$$

in dem $x_1(t)$ der Feldstrom, $x_2(t)$ der Ankerstrom, $x_3(t)$ die Winkelgeschwindigkeit, $u_1(t)$ die Ankerspannung und $u_2(t)$ die Feldspannung sind. Die Koeffizienten a_i, a_{ij} und b_i sind alle positiv und die Beziehung zwischen magnetischem Fluß und Feldstrom x_1 wird linear angesetzt.

Es lassen sich nun verschiedene Reglergesetze zu der vorgegebenen Regelstrecke unter bestimmten Annahmen entwickeln. Davon wird hier ein Ansatz verfolgt. Wenn im folgenden nicht die Ruhelage $\underline{x}_R = \underline{0}$ betrachtet wird, dann ist zu beachten, daß der Zustand $\underline{x} = \underline{0}$ nur im Stillstand auftritt. Insbesondere gibt es für den Feldstrom $x_1(t)$ vom Betrag her eine untere Schranke $x_{1min} \neq 0$.

Das auf den Arbeitspunkt $(\underline{x}_A, \underline{u}_A)$ bezogene Zustandsmodell leitet sich der Leser unter Beachtung der Vorgehensweise im Abschnitt 1.4 ohne Schwierigkeit ab. Werden für die Abweichungen vom Arbeitspunkt die Größen

$$\underline{v}(t) := \left[\underline{x}(t) - \underline{x}_A\right] \quad \text{und} \quad \Delta\underline{u}(t) = \left[\underline{u}(t) - \underline{u}_A\right]$$

eingeführt, dann lautet das auf den Arbeitspunkt bezogene Modell

$$\begin{aligned}\dot{v}_1(t) &= -a_1v_1(t) + b_2\Delta u_2(t)\\ \dot{v}_2(t) &= -a_{21}v_2(t) - a_{22}\left[x_{3A}v_1(t) + x_{1A}v_3(t) + v_1(t)v_3(t)\right] + b_1\Delta u_1(t)\\ \dot{v}_3(t) &= a_3\left[x_{1A}v_2(t) + x_{2A}v_1(t) + v_1(t)v_2(t)\right] \quad .\end{aligned}$$

(4.149)

Hierbei ist noch zu beachten, daß in der letzten Gleichung für die Winkelgeschwindigkeit (Drehzahl) das Lastmoment hinzukommt. Es findet bei der Abschätzung von $\dot{V}[\underline{v}]$ Berücksichtigung.

Ausgehend von der positiv definiten Form

$$V[\underline{v}] = \frac{1}{2}\left[q_1v_1^2(t) + q_2v_2^2(t) + q_3v_3^2(t)\right] \quad , \quad q_i > 0 \quad i = 1,2,3$$

erhält man die totale zeitliche Ableitung

$$\begin{aligned}\dot{V}[\underline{v}] &= q_1 v_1(t)\Big[-a_1 v_1(t) + b_2 \Delta u_2(t)\Big] \\ &+ q_2 v_2(t)\Big[-a_{21} v_2(t) - a_{22} x_{3A} v_1(t) - a_{22} x_{1A} v_3(t)\Big] \\ &- q_2 a_{22} v_2(t) v_1(t) v_3(t) + q_2 b_1 v_2(t) \Delta u_1(t) \\ &+ q_3 v_3(t)\Big[x_{1A} v_2(t) + x_{2A} v_1(t) + v_1(t) v_2(t)\Big] a_3\end{aligned}$$

und nach einer Umordnung

(4.150)
$$\begin{aligned}\dot{V}[\underline{v}] &= -a_1 q_1 v_1^2(t) - a_{21} q_2 v_2^2(t) + x_{1A}\Big[a_3 q_3 - q_2 a_{22}\Big] v_2(t) v_3(t) \\ &+ \Big[a_3 q_3 - q_2 a_{22}\Big] v_1(t) v_2(t) v_3(t) + q_2 v_2(t)\Big[b_1 \Delta u_1(t) - x_{3A} a_{22} v_1(t)\Big] \\ &+ v_1(t)\Big[b_2 q_1 \Delta u_2(t) + q_3 a_3 x_{2A} v_3(t)\Big] .\end{aligned}$$

$V[\underline{v}]$ ist eine Ljapunovfunktion, wenn durch geeignete Wahl der Parameter $q_i > 0$ und der Reglerfunktionen (unter Beachtung der Stellgrößenbeschränkungen) sich $\dot{V}[\underline{v}] < 0$ für eine möglichst große Zustandsmenge erreichen läßt. Man erkennt in der Beziehung (4.150), daß die Mischglieder verschwinden, wenn die Koeffizienten q_2 und q_3 die Bedingung

(4.151) $$q_3 a_3 = q_2 a_{22}$$

erfüllen. Auch die Reglergesetze werden aus der Gleichung (4.150) abgeleitet. Diese sollten nicht nur die indefiniten Terme in (4.150) zum Verschwinden bringen, sondern auch ein minimales $\dot{V}[\underline{v}]$ erreichen (der Leser vergleiche hierzu Gleichung (4.137)). Wir wählen daher die Reglerfunktionen

(4.152)
$$\Delta u_1(t) = \frac{x_{3A} a_{22}}{b_1} v_1(t) - \begin{cases} k_1 \dfrac{v_2(t)}{|v_2(t)|} & \text{für} \quad |v_2(t)| \geq c_2 \\[2ex] \dfrac{k_1}{c_2} v_2(t) & \text{für} \quad |v_2(t)| < c_2 \end{cases}$$

$$\Delta u_2(t) = -\frac{q_3 a_3 x_{2A}}{b_2 q_1} v_3(t) - \begin{cases} k_2 \dfrac{v_3(t)}{v_1(t)} \operatorname{sgn}[v_3(t)] & \text{für} \quad |v_1(t)| \geq c_1 \\[2ex] \dfrac{k_2}{c_1^2} v_1(t) v_3(t) \operatorname{sgn}[v_3(t)] & \text{für} \quad |v_1(t)| < c_1 , \end{cases}$$

bei denen die Umschaltung an den Stellen c_i stetig erfolgt und sichergestellt ist, daß in $\dot{V}[\underline{v}]$ ein von $v_3(t)$ abhängiger negativer Term auftritt. Die Konstanten k_i und c_i sind positiv, wobei die Abhängigkeit der Reglerfunktionen von den Schwellwerten c_i bei der Implementierung von Bedeutung ist. Die totale zeitliche Ableitung (4.150) ist bei der Wahl der Reglergesetze (4.152) und der Bedingung (4.151) negativ definit im ganzen Zustandsraum. Für den Fall $|v_i(t)| > c_i$ erhält man

$$\dot{V}[\underline{v}] = -a_1q_1v_1^2(t) - q_2\Big[a_{21}v_2^2(t) + b_1k_1|v_2(t)|\Big] - k_2b_2q_1v_3(t)\mathrm{sgn}[v_3(t)].$$

Tritt ein Lastmoment $m_L(t)$ auf, dann ist in $\dot{V}[\underline{v}]$ der positive Term $[q_3v_3(t)m_L(t)]$ zu berücksichtigen und zu prüfen, ob $\dot{V}_{m_L}[\underline{v}]$ noch negativ definit ist. Es muß gelten

$$v_3(t)\Big[k_2b_2q_1\ \mathrm{sgn}[v_3(t)] - q_3\ m_L(t)\Big] > 0 \quad ,$$

d.h. k_2 und q_3 sind unter Beachtung der Stellgrößenbeschränkung geeignet zu wählen. ■

(4.153) Beispiel: Regelung eines Handhabungssystems

Im ersten Kapitel wurde im Beispiel (1.6) das Zustandsmodell eines Handhabungssystems mit 2 Freiheitsgraden hergeleitet. In diesem Beispiel wird ein Regler zu diesem Zustandsmodell (1.8) entworfen.

Ausgehend von der einfachsten quadratischen Form

$$V[\underline{x}] = \frac{1}{2}\,\underline{x}'\underline{x}$$

ermitteln wir zuerst die totale zeitliche Ableitung von $V[\underline{x}]$, wobei die $\dot{x}_i(t)$ aus dem Zustandsmodell (1.8) einzusetzen sind.

$$\begin{aligned}\dot{V}[\underline{x}] &= \underline{x}(t)\dot{\underline{x}}(t)\\ &= x_1(t)x_2(t) + x_2(t)\Big[x_1(t)x_4^2(t) - a_{24}x_4^2(t) + b_2\ u_1(t)\Big]\\ &\quad + x_3(t)x_4(t) + x_4(t)\left[\frac{[a_{42}-a_{41}x_1(t)]}{g[x_1(t)]}\,x_2(t)x_4(t) + \frac{1}{g[x_1(t)]}\,u_2(t)\right].\end{aligned}$$

Hierbei sind

$$a_{24} := \frac{ml}{[m+m_L]}\ ;\quad b_2 := \frac{1}{[m+m_L]}\ ;\quad a_{42} := ml\ ;\quad a_{41} := 2[m+m_L]$$

$$g[x_1(t)] \quad := \quad \theta + m[x_1(t)-1]^2 + m_L x_1^2(t) \quad > 0 \quad .$$

Damit $\dot{V}[\underline{x}]$ mit geeigneten Reglerfunktionen $u_i(t)$ negativ definit wird, sind die folgenden Bedingungen zu erfüllen:

$$\left[x_1(t)x_2(t)x_4^2(t)-a_{24}x_4^2(t)x_2(t)+b_2x_2(t)u_1(t)+x_1(t)x_2(t)\right] = -\lambda_2 x_2^2(t)$$

und

$$\left[\frac{a_{42}}{g[x_1(t)]}\,x_2(t)x_4^2(t) - \frac{a_{41}}{g[x_1(t)]}\,x_1(t)x_2(t)x_4^2(t) + \frac{1}{g[x_1(t)]}\,u_2(t)x_4(t) + x_3(t)x_4(t)\right] = -\lambda_4 x_4^2(t) \quad .$$

Hieraus ergeben sich für λ_2, $\lambda_4 > 0$ die Reglergesetze

$$u_1(t) = \frac{1}{b_2}\left[a_{24}x_4^2(t)-x_1(t)x_4^2(t)-x_1(t)-\lambda_2 x_2(t)\right]$$

$$u_2(t) = \left[a_{41}x_1(t)x_2(t)x_4(t)-a_{42}x_2(t)x_4(t)-g[x_1(t)]x_3(t)-\lambda_4 g[x_1(t)]x_4(t)\right]$$

(4.154)

mit

$$\dot{V}[\underline{x}] = -\lambda_2 x_2^2(t) - \lambda_4 x_4^2(t) \quad ,$$

die hier nur negativ semidefinit ist. Der Leser erkennt jedoch, daß die Ruhelage $\underline{x}_R = \underline{0}$ des Regelkreises asymptotisch stabil ist, da $x_2(t) = x_4(t) = 0$ keine Lösung der autonomen Differentialgleichung des Regelkreises ist. Diese lautet

(4.155)

$$\begin{aligned}
\dot{x}_1(t) &= x_2(t)\\
\dot{x}_2(t) &= -\,x_1(t) - \lambda_2 x_2(t)\\
\dot{x}_3(t) &= x_4(t)\\
\dot{x}_4(t) &= -\,x_3(t) - \lambda_4 x_4(t) \; .
\end{aligned}$$

Der Leser überlege sich, in welcher Weise Störungen und Parametervariationen in diesem Beispiel mituntersucht werden können. Das dynamische Verhalten des autonomen nichtlinearen Regelkreises wird durch das lineare Zustandsmodell (4.155) bestimmt. ■

5 Adaptive Systeme

5.1 Einführung

Wenn eine hinreichend genaue mathematische Beschreibung eines zu regelnden Systems vorliegt und gewisse Forderungen an den geschlossenen Regelkreis gegeben sind, kann ein Regler in vielen Fällen mit "klassischen" Reglerentwurfsmethoden bestimmt werden. Dies ist meistens dann möglich, wenn die Regelstrecke linear und zeitinvariant ist und ein lineares Reglergesetz gesucht ist. Die Forderungen an den Regelkreis können beispielsweise durch ein quadratisches Gütekriterium oder durch Vorgaben an das Führungs- oder Störverhalten festgelegt sein.

In vielen praktischen Anwendungsfällen sind die Parameter einer Regelstrecke jedoch nicht genau bekannt oder variieren in nicht vorhersehbarer Weise innerhalb gewisser Grenzen. Einer theoretischen Behandlung vergleichsweise einfach zugänglich sind hierbei quasi-zeitinvariante Regelstrecken sowie Regelstrecken, deren Parameter sich plötzlich ändern und dann für längere Zeit konstant bleiben. Von einem quasi-zeitinvarianten System spricht man, wenn die Systemparameter im Vergleich zu den Eigenbewegungen des Systems sehr langsam zeitvariabel sind. In diesem Fall brauchen die zeitlichen Differentiale der Parameter bei analytischen Berechnungen nicht berücksichtigt zu werden. Sehr langsame Parameteränderungen können beispielsweise durch Alterung entstehen. Ein plötzlicher Übergang von einer näherungsweise zeitinvarianten Systembeschreibung zu einer anderen tritt zum Beispiel bei Fahrzeugen auf, deren Zuladung sich ändert.

Wenn die Parameter der Regelstrecke unbekannt oder zeitveränderlich sind, bieten sich zur Lösung eines Regelproblems zwei Möglichkeiten an:

a) Entwurf eines robusten Reglers
b) Entwurf eines adaptiven Reglers

Unter einem robusten Regler versteht man einen Regler, der für eine Klasse von Regelstrecken (oder auch für eine Klasse einwirkender Störgrößen) Stabilität und den Anforderungen entsprechendes dynamisches Verhalten des geschlossenen Regelkreises garantiert. Beim Entwurf eines robusten Reglers muß von einer Regelstrecke ein eingegrenzter Bereich des Parameterraumes bekannt sein, in dem die Regelstreckenparameter mit Sicherheit liegen bzw. verbleiben. Als robuste Regler werden meistens lineare Regler eingesetzt, da diese unter Zuhilfenahme der bekannten regelungstechnischen Entwurfsverfahren ermittelt werden können (zur robusten Regelung siehe ACKERMANN [5.1], HOROWITZ, SIDI [5.16]).

Unter einem adaptiven Regler versteht man einen Regler, dessen Parameter nach einer speziellen Strategie in Abhängigkeit von den meßbaren Systemgrößen verstellt (adaptiert) werden, so daß sich (asymptotisch) das gewünschte Regelkreisverhalten einstellt. Ein adaptiver Regelkreis ist somit ein nichtlinearer Regelkreis mit zwei geschlossenen verschachtelten Schleifen (siehe Bild 5.1 und 5.2). Die erste Schleife entsteht durch die gewohnte Rückführung der Regelgröße (Grundregelkreis). Die zweite entsteht durch die Adaption der Reglerparameter in Abhängigkeit von den Systemgrößen. Adaptive Regler basieren in den meisten Fällen auf linearen Reglern, deren Koeffizienten sich automatisch einstellen.

Bei der Wahl zwischen einem robusten und einem adaptiven Regler ist zu beachten, daß ein robuster Regler meistens erheblich einfacher als ein adaptiver Regler zu realisieren ist. Andererseits wird man mit einem adaptiven Regler in vielen Fällen ein besseres dynamisches Regelverhalten erreichen können.

In Abhängigkeit von der Art und Weise, wie die Reglerparameter verändert werden, unterscheidet man im wesentlichen drei adaptive Regelungsverfahren, und zwar das Self-Tuning-Verfahren, das Modell-Referenz-Verfahren und das sogenannte Gain-Scheduling (siehe ÅSTRÖM [5.9]).

1. Self-Tuning-Verfahren (STR = Self Tuning Regulator)

Beim expliziten (indirekten) Self-Tuning-Verfahren werden die Regelstrecken-Parameter mit Hilfe eines Identifikationsverfahrens explizit geschätzt und anschließend die Reglerparameter in Abhängigkeit von den Schätzparametern nach einem vorgegebenen Entwurfsalgorithmus berechnet (siehe Bild 5.1). Der Entwurfsalgorithmus wird durch das gewünschte Regelkreisverhalten festgelegt.

Beim impliziten (direkten) Self-Tuning-Verfahren werden direkt die gesuchten Reglerparameter mit Hilfe eines Schätzverfahrens ermittelt. Dies kann durch geeignete Zusammenfassung der Blöcke "Identifikations-Algorithmus" und "Reglerentwurfs-Algorithmus" aus Bild 5.1 geschehen.

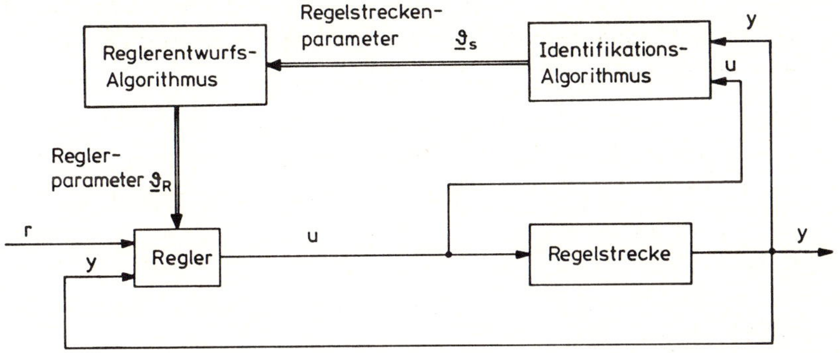

Bild 5.1: Adaptive Regelkreisstruktur nach dem (expliziten) Self-Tuning-Verfahren (STR)

2. Modell-Referenz-Verfahren (MRAS = Model Reference Adaptive System)

Beim Modell-Referenz-Verfahren wird das gewünschte Verhalten des geschlossenen Regelkreises in Form eines Referenzmodells vorgegeben. Je

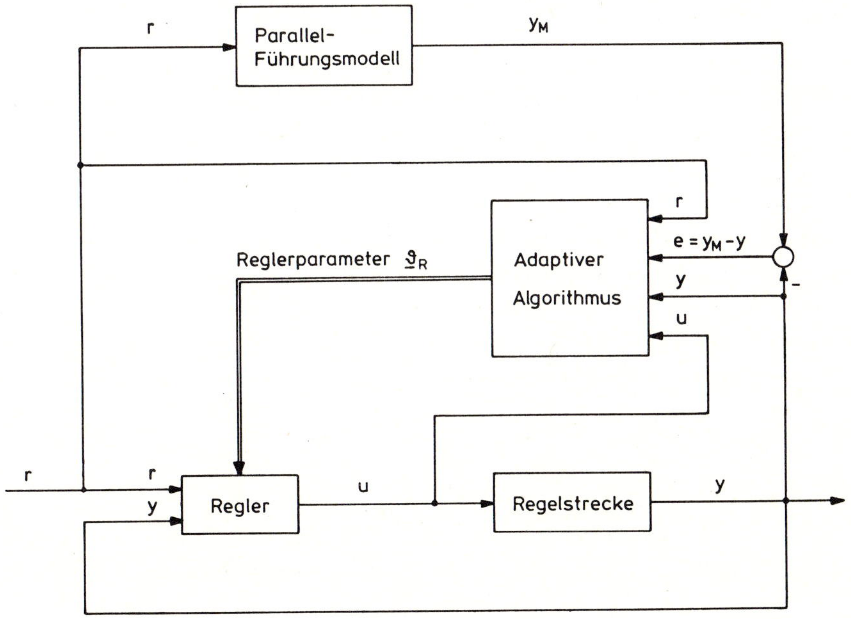

Bild 5.2: Adaptive Regelkreisstruktur nach dem Modell-Referenz-Verfahren (MRAS) mit Parallel-Führungsmodell

nach Realisierung des adaptiven Reglers wird das Referenzmodell hardwaremäßig aufgebaut oder auf einem Prozeßrechner implementiert. In Abhängigkeit von dem Fehler zwischen der Modell-Ausgangsgröße und der wahren Regelstrecken-Ausgangsgröße werden die Reglerparameter mit Hilfe eines geeigneten adaptiven Algorithmus solange geändert, bis der Fehler im Idealfall verschwindet.

Wir betrachten im Rahmen dieses Kapitels den gebräuchlichen Fall eines Modell-Referenz-Verfahrens mit einem Parallel-Führungsmodell, welches das gewünschte Führungsverhalten des geschlossenen Regelkreises vorgibt (siehe Bild 5.2).

3. Gain-Scheduling

Man spricht von Gain-Scheduling, wenn Reglerparameter anhand einer Parameterliste in Abhängigkeit von Hilfsgrößen des zu regelnden Prozesses verstellt werden, wobei die Hilfsgrößen Informationen über Änderungen der Prozeß-Dynamik enthalten (siehe Bild 5.3). Derartige Regelungen wurden ursprünglich auf die Anpassung von Verstärkungsfaktoren (gains) angewendet. Daher erklärt sich der Name "Gain-Scheduling", der heute in allgemeinerem Zusammenhang verwendet wird.

Eine adaptive Regelung nach dem Prinzip des Gain-Scheduling liegt beispielsweise vor, wenn bei einem Flugzeug die Parameter eines Reglers zur Stabilisierung der Fluglage umgeschaltet werden, je nachdem ob das Flugzeug im Unterschall- oder Überschallbereich fliegt. Durch Messung des Staudrucks kann festgestellt werden, welcher Geschwindigkeitsbereich vorliegt. Die Umschaltung ist zweckmäßig, da sich das dynamische Verhalten eines Flugzeugs beim Überschreiten der "Schallgrenze" stark ändert und zwei, auf die jeweilige Flugphase exakt abgestimmte Regler eine bessere Dynamik erwarten lassen als ein einziger Regler für beide Flugphasen.

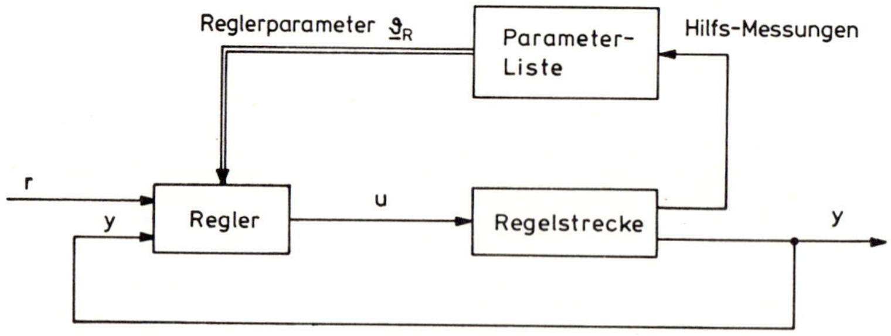

Bild 5.3: Regelkreisstruktur mit Gain-Scheduling

Neben diesen drei Grundtypen adaptiver Regler sind Mischformen möglich, in denen unterschiedliche Elemente der drei Grundtypen gemeinsam auftreten. Weiterhin können Adaptionsverfahren zur Zustandsschätzung und zur Systemidentifikation eingesetzt werden (siehe auch Abschnitt 5.5).

Zwischen dem Self-Tuning-Verfahren und dem Modell-Referenz-Verfahren bestehen - trotz augenfälliger Unterschiede - wesentliche Gemeinsamkeiten: Wenn ein Self-Tuning-Regelkreis mit dem Ziel entworfen wurde, ein gewünschtes Führungsverhalten des geschlossenen Regelkreises zu erhalten, dann ist das Parallel-Führungsmodell des Modell-Referenz-Verfahrens beim Self-Tuning-Verfahren implizit in dem Block mit der Bezeichnung "Reglerentwurfsalgorithmus" enthalten. Andererseits werden beim Modell-Referenz-Verfahren implizit die Regelstreckenparameter geschätzt, denn wenn nach Beendigung der Adaption das dynamische Verhalten des Grundregelkreises gleich dem dynamischen Verhalten des Parallel-Führungsmodells ist, können die Regelstreckenparameter aus den adaptierten Reglerparametern berechnet werden.

Wir behandeln in diesem Kapitel ausschließlich adaptive Systeme mit einer linearen zeitinvarianten oder quasi-zeitinvarianten Regelstrecke, von der die Ordnung und gegebenenfalls weitere Einzelheiten wie der Polstellenüberschuß oder das Vorzeichen spezieller Parameter bekannt sein müssen.

Anhand eines einfachen Einführungsbeispiels werden eine mögliche Vorgehensweise und die Schwierigkeiten beim Entwurf eines adaptiven Reglers nach dem Modell-Referenz-Verfahren (MRAS) mit Parallel-Führungsmodell ausführlich erläutert und diskutiert.

(5.1) Einführungsbeispiel: Entwurf eines adaptiven Reglers für eine Regelstrecke 1. Ordnung

Die lineare zeitinvariante Regelstrecke 1. Ordnung

(5.2) $$\dot{y}(t) = a\, y(t) + b\, u(t) \qquad (b \neq 0) \quad ,$$

deren Parameter (a,b) bis auf das Vorzeichen von b unbekannt seien, soll mit Hilfe eines zeitvarianten (adaptiven) P-Reglers mit Vorfilter der Form

(5.3) $$u(t) = \rho(t)r(t) - k(t)y(t)$$

so geregelt werden, daß sich das Führungsverhalten des Regelkreises asymptotisch dem vorgegebenen gewünschten Modellverhalten

(5.4) $$\dot{y}_M(t) = a_M y_M(t) + b_M r(t) \qquad (a_M < 0)$$

in dem Sinne nähert, daß

$$\lim_{t\to\infty} e(t) = \lim_{t\to\infty} (y_M(t) - y(t)) \overset{!}{=} 0 \quad . \tag{5.5}$$

Zur Lösung des Problems wird zunächst die Reglergleichung in die Gleichung der Regelstrecke eingesetzt:

$$\begin{aligned} \dot{y}(t) &= a\, y(t) + b\, u(t) \\ &= a\, y(t) + b[\rho(t)r(t) - k(t)y(t)] \\ &= [a - b\, k(t)]y(t) + b\, \rho(t)r(t) \\ &= a_R(t)y(t) + b_R(t)r(t) \quad . \end{aligned} \tag{5.6}$$

Hierbei gelten die Abkürzungen

$$a_R(t) := a - b\, k(t) \quad ,$$

$$b_R(t) := b\, \rho(t) \quad .$$

Im Falle perfekter Regelkreisanpassung an das Parallel-Führungsmodell lauten die (optimalen) Reglerparameter

$$k^o = \frac{a-a_M}{b} \quad ; \quad \rho^o = \frac{b_M}{b} \quad . \tag{5.7}$$

Da die Regelstreckenparameter unbekannt sind, werden Adaptionsgesetze für die Reglerparameter $\rho(t)$ und $k(t)$ aus der Forderung

$$\lim_{t\to\infty} e(t) = 0 \quad .$$

hergeleitet. Hierzu wird eine Differentialgleichung für den Fehler $e(t) = y_M(t) - y(t)$ aufgestellt. Wir erhalten

$$\begin{aligned} \dot{e}(t) &= \dot{y}_M(t) - \dot{y}(t) \\ &= a_M y_M(t) + b_M r(t) - a_R(t)y(t) - b_R(t)r(t) \\ &= a_M y_M(t) - a_M y(t) + a_M y(t) - a_R(t)y(t) + [b_M - b_R(t)]r(t) \\ &= a_M e(t) + [a_M - a_R(t)]y(t) + [b_M - b_R(t)]r(t) \quad . \end{aligned} \tag{5.8}$$

Im weiteren werden die Abkürzungen

$$\begin{aligned} \Delta a(t) &:= a_M - a_R(t) \quad , \\ \Delta b(t) &:= b_M - b_R(t) \end{aligned} \tag{5.9}$$

eingeführt. Die Fehlergleichung lautet dann

$$\dot{e}(t) = a_M e(t) + \Delta a(t) y(t) + \Delta b(t) r(t) \quad . \tag{5.10}$$

Die Differentialgleichungen für die Reglerparameter sollen aus einer Ljapunov-Funktion ermittelt werden. Als Ljapunov-Funktion wird die quadratische Form

$$V[e(t),\Delta a(t),\Delta b(t)] = \frac{1}{2}\,[q_1 e^2(t) + q_2 \Delta a^2(t) + q_3 \Delta b^2(t)] \tag{5.11}$$

mit beliebigen positiven Konstanten q_1, q_2, q_3 angesetzt. Durch Differentiation von (5.11) folgt unter Berücksichtigung der Differentialgleichung (5.10)

$$\begin{aligned} \dot{V}[e(t),\Delta a(t),\Delta b(t)] &= q_1\; e(t)[a_M e(t) + \Delta a(t) y(t) + \Delta b(t) r(t)] \\ &\quad + q_2\; \Delta a(t)\; \Delta\dot{a}(t) + q_3\; \Delta b(t)\; \Delta\dot{b}(t) \\ &= q_1\; a_M\; e^2(t) \\ &\quad + \Delta a(t)[q_2\; \Delta\dot{a}(t) + q_1\; e(t) y(t)] \\ &\quad + \Delta b(t)[q_3\; \Delta\dot{b}(t) + q_1\; e(t) r(t)] \ . \end{aligned} \tag{5.12}$$

Die Differentialgleichungen für die Reglerparameter $\rho(t)$ und $k(t)$ werden durch die Forderungen

$$\begin{aligned} q_2 \Delta\dot{a}(t) + q_1 e(t) y(t) &= 0 \quad , \\ q_3 \Delta\dot{b}(t) + q_1 e(t) r(t) &= 0 \end{aligned} \tag{5.13}$$

festgelegt. Dann gilt gerade

$$\dot{V}[e(t),\Delta a(t),\Delta b(t)] = q_1 a_M e^2(t) < 0 \ , \tag{5.14}$$

da der Eigenwert a_M des Parallel-Führungsmodells voraussetzungsgemäß kleiner als null ist. Die Beziehung (5.14) stellt somit sicher, daß der Fehler e(t) asymptotisch verschwindet. Über die Konvergenz der Parameter

$$a_R(t) \to a_M \quad , \qquad b_R(t) \to b_M$$

ist hierbei allerdings nichts ausgesagt.

Aus den Gleichungen (5.13) folgt

$$\begin{aligned} \Delta\dot{a}(t) &= -\frac{q_1}{q_2}\; e(t) y(t) \quad , \\ \Delta\dot{b}(t) &= -\frac{q_1}{q_3}\; e(t) r(t) \quad . \end{aligned} \tag{5.15}$$

Andererseits ist

$$\Delta\dot{a}(t) = \frac{d}{dt}[a_M - a_R(t)] = -\dot{a}_R(t) = -\frac{d}{dt}[a - b\,k(t)] = b\,\dot{k}(t) \ ,$$

$$\Delta\dot{b}(t) = \frac{d}{dt}[b_M - b_R(t)] = -\dot{b}_R(t) = -b\,\dot{\rho}(t) \quad .$$

(5.16)

Somit lauten die Adaptionsgleichungen

$$\dot{k}(t) = -\frac{q_1}{q_2 b} e(t)y(t) \quad ,$$

(5.17)

$$\dot{\rho}(t) = \frac{q_1}{q_3 b} e(t)r(t) \quad .$$

Da das Vorzeichen des Streckenparameters b bekannt sein soll und q_1, q_2, q_3 beliebige positive Zahlen sind, können die Adaptionsgleichungen in der Form

$$\dot{k}(t) = -\alpha_1\, e(t)y(t) \quad ,$$

(5.18)

$$\dot{\rho}(t) = \alpha_2\, e(t)r(t)$$

dargestellt werden. Hierbei sind α_1 und α_2 bis auf die Nebenbedingung

$$\mathrm{sgn}(\alpha_1) = \mathrm{sgn}(\alpha_2) = \mathrm{sgn}(b)$$

beliebige Zahlen (Adaptionskonstanten), die die Adaptionsgeschwindigkeit beeinflussen. Die Struktur des adaptiven Regelungssystems ist in Bild 5.4 dargestellt.

Den Bildern 5.5 können einige charakteristische Simulationsergebnisse entnommen werden. Für alle Simulationen gilt $y(0) = y_M(0) = \rho(0) = k(0) = 0$. Die Parameter der Regelstrecke sind $a = -0{,}5$; $b = 1$, während für das Parallel-Führungsmodell $a_M = -3$ und $b_M = 3$ gewählt wurde. Der Regelkreis wird durch eine rechteckförmige Führungsgröße der Amplitude A angeregt. Die Adaptionskonstanten sind $\alpha_1 = \alpha_2 = \alpha$. Aus Bild 5.5 wird ersichtlich, daß die Adaptionsgeschwindigkeit größer ist, wenn die Adaptionskonstante α größer gewählt wird. Andererseits nimmt die Adaptionsgeschwindigkeit mit der Amplitude A der Führungsgröße zu, da das Quadrat der Amplitude in ähnlicher Weise auf den Regelkreis wirkt wie die Adaptionskonstante α_2 (siehe Bild 5.4). Aufgrund der quadratischen Abhängigkeit ist diese Zunahme besonders stark. Die Werte der Reglerparameter im angepaßten Zustand sind nach (5.7) $k^o = 2{,}5$ und $\rho^o = 3$. Anhand von Bild 5.5 e,f wird deutlich ersichtlich, daß im Fall einer konstanten Führungsgröße der Fehler e(t) asymptotisch verschwinden würde, obwohl die Reglerparameter nicht gleich den angepaßten Werten nach (5.7) sind. In diesem Falle stellen sich die Reglerparameter so ein, daß der Verstärkungsfaktor des Regelkreises gleich dem Verstärkungsfaktor des Parallel-Führungsmodells ist. Welche Endwerte ρ und k im einzelnen annehmen, hängt dann unter anderem von den Anfangswerten ab.

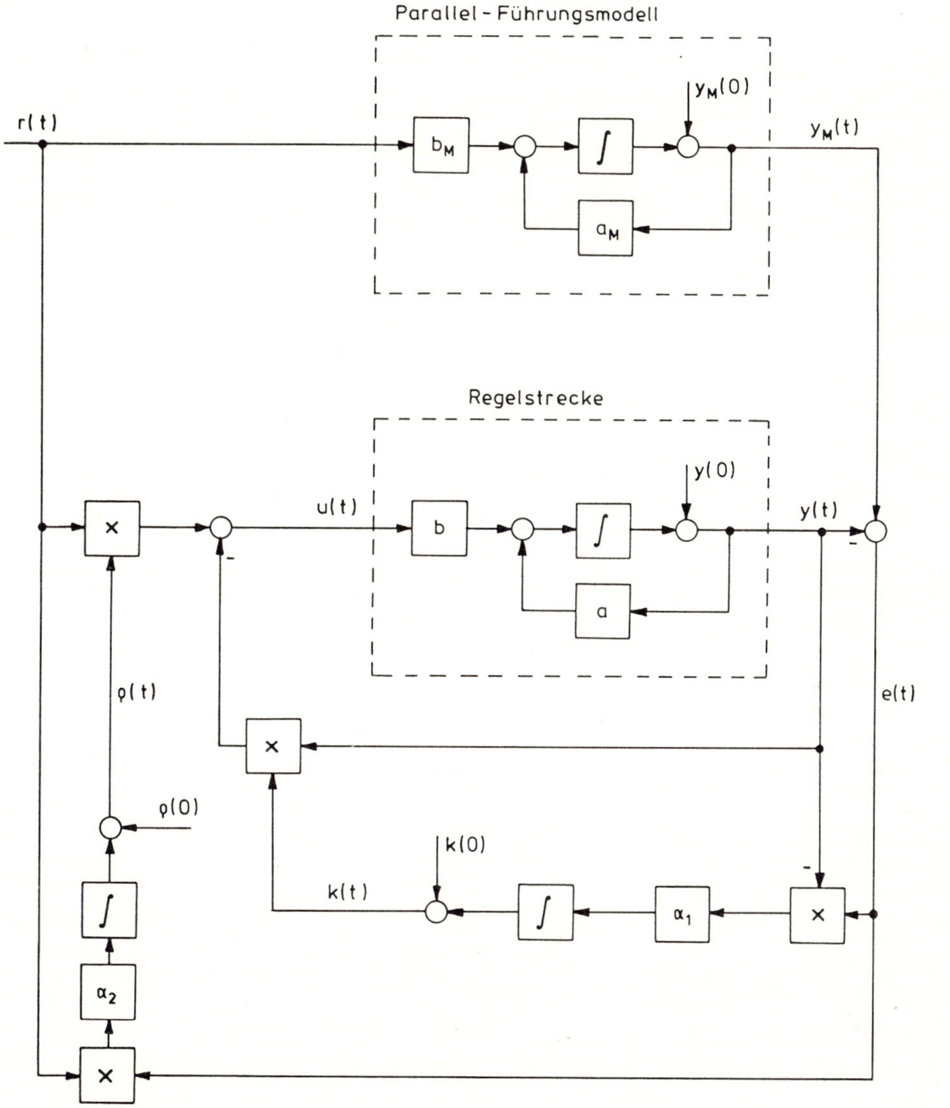

Bild 5.4: Struktur des adaptiven Regelkreises aus Beispiel (5.1)

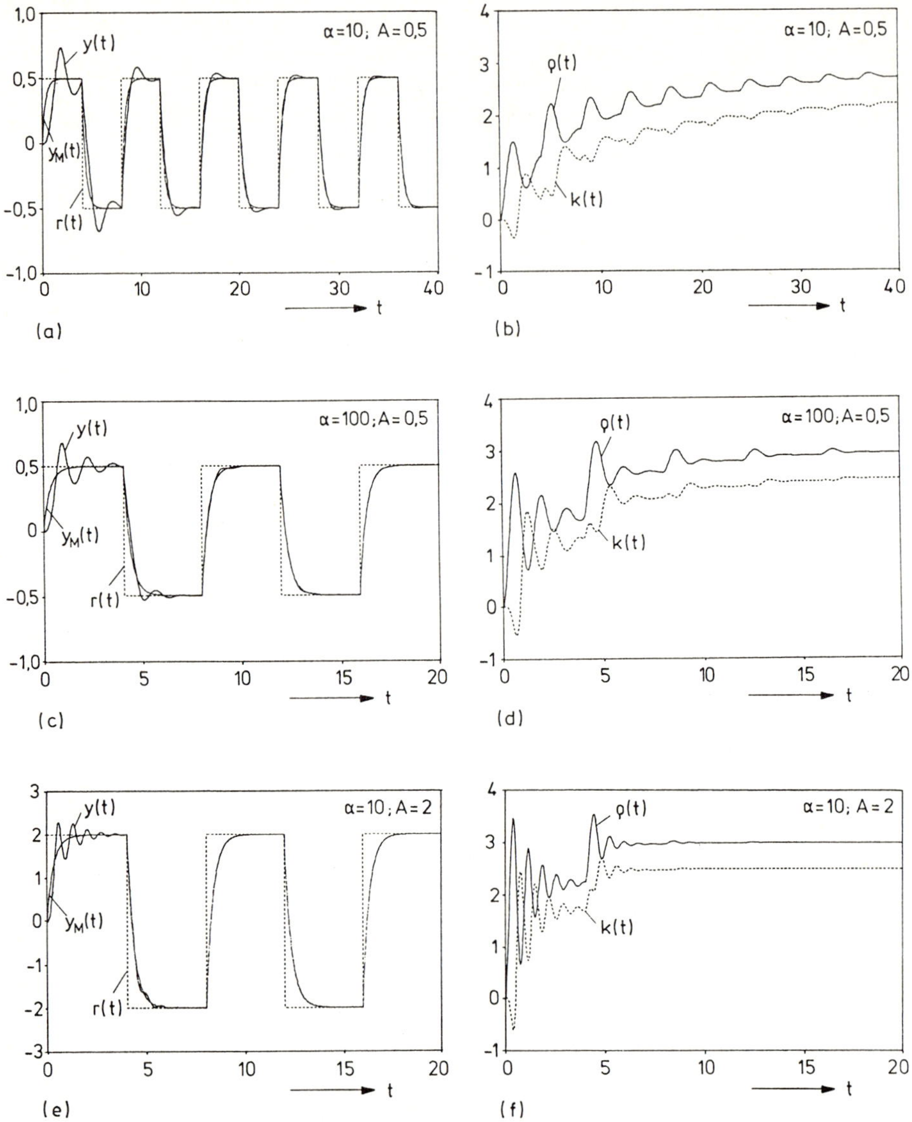

Bild 5.5: Simulationsergebnisse zu Beispiel (5.1) ■

(5.19) **Bemerkungen**:

a) Da die Adaptionsgleichungen mit Hilfe einer Ljapunov-Funktion gefunden wurden, ist die globale asymptotische Stabilität des Regelkreises i.S.v. Ljapunov sichergestellt. Beim Entwurf wurden jedoch keine Störungen berücksichtigt. Da das Gesamtsystem nichtlinear ist, ist es denkbar, daß sich das Stabilitätsverhalten durch einwirkende Störungen ändert. Ebenso kann sich das Stabilitätsverhalten des Regelkreises ändern, wenn die Regelstrecke zusätzliche, beim Reglerentwurf nicht berücksichtigte, dynamische Effekte ("unmodelled dynamics") enthält, was bei praktischen Anwendungen fast immer zutrifft. In diesem Fall treten Instabilitäten häufig dann auf, wenn die Adaptionskonstanten zu groß sind oder die Amplitude des Führungssignals eine gewisse Grenze überschreitet (siehe Beispiel (5.352)).

b) Da in den Adaptionsgleichungen der unbekannte Streckenparameter b im Produkt mit frei wählbaren (positiven) Konstanten auftrat, konnte dieser eliminiert werden. Eine so einfache Vorgehensweise ist i.a. nicht möglich.

c) Wenn das Führungssignal $r(\cdot)$ alle Eigenbewegungen der Regelstrecke "gut anregt" ($r(\cdot)$ heißt dann in der angelsächsischen Literatur "persistently exciting" oder "sufficiently rich"), ist sichergestellt, daß auch die Regelkreisparameter gegen die Parameter des Parallel-Führungsmodells konvergieren. Ist $r(\cdot)$ dagegen beispielsweise eine konstante Führungsgröße, so stimmen nur die Verhältnisse b_M/a_M und b_R/a_R (Verstärkungsfaktoren) überein, es sei denn, es liegen spezielle Anfangswerte vor.

d) Wenn anhand der Gleichung (5.12) zur Herleitung von Adaptionsgesetzen der Ansatz

$$\text{(5.20)} \quad \begin{aligned} q_2\Delta\dot{a}(t) + q_1 e(t)y(t) &= -\Delta a(t) \quad , \\ q_3\Delta\dot{b}(t) + q_1 e(t)r(t) &= -\Delta b(t) \end{aligned}$$

gewählt wird, könnte es scheinen, als ob dann unabhängig vom Führungssignal $r(\cdot)$ auch die Parameterkonvergenz ($a_R \to a_M$: $b_R \to b_M$) gesichert ist, da dann

$$\dot{V}[e(t),\Delta a(t),\Delta b(t)] = q_1 a_M e^2(t) - \Delta a^2(t) - \Delta b^2(t) \ .$$

Dies ist jedoch ein Trugschluß, da aus (5.20) keine von den unbekannten Streckenparametern a und b unabhängigen Adaptionsgesetze für k und ρ abgeleitet werden können. ■

Die Ergebnisse des Einführungsbeispiels (5.1) lassen sich auf die adaptive Drehzahl-Regelung einer konstant erregten Gleichstrommaschine anwenden, wenn das Übertragungsverhalten zwischen der Anker-Spannung und der Maschinen-Drehzahl näherungsweise durch ein VZ_1-Glied beschreibbar

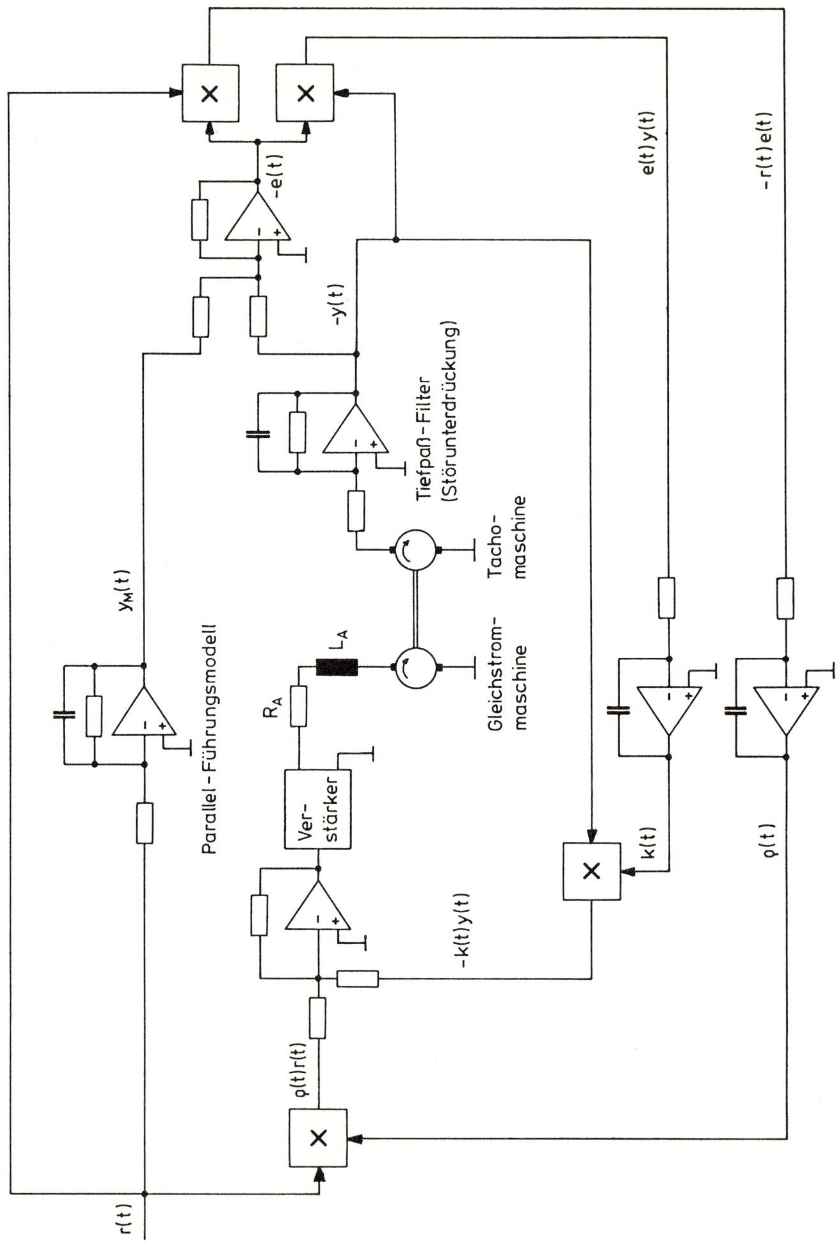

Bild 5.6: Adaptive Drehzahlregelung einer Gleichstrommaschine nach Beispiel (5.1) in analoger Schaltungstechnik

ist. In Bild 5.6 ist eine analoge Schaltung mit 4 Multiplizierern zur Realisierung des adaptiven Reglers nach (5.18) angegeben. Die Messung der Drehzahl erfolgt mit Hilfe einer Tacho-Maschine, deren Ausgangsgröße tiefpaßgefiltert wird, um Meß-Störungen zu unterdrücken. Die Grenzfrequenz des Stör-Filters muß wesentlich größer sein als die Eigenfrequenzen der Regelstrecke und des Parallel-Führungsmodells, da sonst die Voraussetzungen für den Entwurf des adaptiven Reglers nicht mehr in guter Näherung erfüllt sind.

Zum Abschluß dieses Abschnitts befassen wir uns mit den Nullstellen von Übertragungsfunktionen im Laplace- bzw. Z-Bereich. Wir werden nämlich im Verlauf dieses Kapitels Reglerentwurfsmethoden behandeln, bei denen alle Nullstellen der Regelstrecke gekürzt werden. Damit derartige Regler realisierbar sind, müssen sämtliche Nullstellen der Regelstrecke "stabil" sein. Für den Entwurf zeitkontinuierlicher Regler bedeutet dies keine große Einschränkung, da nur wenige reale technische Systeme existieren , die (Laplace-Bereichs-) Übertragungsfunktionen mit "instabilen Nullstellen" besitzen. Diese Tatsache überträgt sich bei Abtastung jedoch i.a. <u>nicht</u> auf die Z-Übertragungsfunktionen, so daß "instabile Nullstellen" zeitdiskreter Systeme keine ungewöhnliche Erscheinung sind. Während die Polstellen einer Z-Übertragungsfunktion G(z) auf einfache Weise nach der Gleichung

$$z_i = e^{\lambda_i T_a} \qquad (T_a \text{ Abtastzeit})$$

berechnet werden können, wobei λ_i die Polstellen der entsprechenden Übertragungsfunktion $\tilde{G}(s)$ im Laplace-Bereich sind, existiert kein einfacher Zusammenhang zur Berechnung der Nullstellen einer Z-Übertragungsfunktion. Dennoch können einige ihrer Eigenschaften angegeben werden:

(5.21) **Eigenschaften der Nullstellen von G(z)**:

Wir setzen voraus, daß die Übertragungsfunktion $\tilde{G}(s)$ gebrochen rational ist und keinen Durchgriff besitzt. Dann gilt:

a) Der Polstellenüberschuß von G(z) ist (abgesehen von einigen Ausnahmen) immer gleich eins, unabhängig vom Polstellenüberschuß d in der Übertragungsfunktion $\tilde{G}(s)$. Durch die Abtastung entstehen im Z-Bereich somit d-1 zusätzliche Nullstellen. Dies ist unmittelbar einsichtig, wenn man bedenkt, daß die Sprungantwort eines Systems ohne Totzeit nach beliebig kurzer Zeit einen von null verschiedenen Wert besitzt, und zwar unabhängig vom Polstellenüberschuß der Übertragungsfunktion

$\tilde{G}(s)$. Die zeitdiskrete Sprungantwort des abgetasteten Systems beginnt somit um eine Abtastzeit verzögert, womit der Polstellenüberschuß in der Übertragungsfunktion G(z) nicht größer als eins sein kann. Ausnahmen liegen dann vor, wenn die Sprungantwort des zeitkontinuierlichen Systems im ersten Abtastzeitpunkt (bzw. in den ersten beiden Abtastzeitpunkten usw.) durch null läuft.

Zur Reglersynthese kann es manchmal zweckmäßig sein, näherungsweise mit einem größeren Polstellenüberschuß in G(z) zu rechnen.

b) Besitzt $\tilde{G}(s)$ einen Polstellenüberschuß, der größer als zwei ist, so liegen Nullstellen von G(z) mit Sicherheit außerhalb des Einheitskreises der z-Ebene, wenn die <u>Abtastzeit</u> T_a <u>hinreichend klein</u> ist. Diese Aussage gilt unabhängig von der Lage der Nullstellen von $\tilde{G}(s)$.

c) Wenn alle Polstellen von $\tilde{G}(s)$ negativen Realteil besitzen und $\tilde{G}(0) \neq 0$ ist, dann laufen alle Nullstellen der Z-Übertragungsfunktion G(z) gegen null, wenn die <u>Abtastzeit</u> T_a <u>gegen unendlich</u> geht.

d) Alle Nullstellen von G(z) sind "stabil", wenn $\tilde{G}(s)$ die folgenden drei <u>hinreichenden</u> Bedingungen erfüllt:

(1) Alle Polstellen von $\tilde{G}(s)$ besitzen negativen Realteil.

(2) $\tilde{G}(0) \neq 0$.

(3) $-\pi < \arg[\tilde{G}(j\omega)] < 0 \quad \text{für} \quad 0 < \omega < \infty$. ■

Die Beweise dieser Aussagen und ausführliche Beispiele findet der Leser in ÅSTRÖM, HAGANDER, STERNBY [5.10]. Die in (5.21d) an $\tilde{G}(s)$ gestellten Forderungen zur Vermeidung "instabiler Nullstellen" von G(z) sind recht streng. Eine notwendige Bedingung zur Erfüllung dieser Forderungen ist, daß der Polstellenüberschuß in $\tilde{G}(s)$ nicht größer als zwei ist.

5.2 Allgemeine Beziehungen zur Berechnung der Reglerparameter bei bekannter Regelstrecke und vorgegebenem Regelkreisverhalten

In einem Regelkreis, dessen Parameter adaptiv einzustellen sind, müssen die Zusammenhänge zwischen den Strecken- und Reglerparametern bekannt sein, wenn ein gewünschtes Führungs- oder Störverhalten des geschlossenen Regelkreises vorgegeben wird. Wir berechnen derartige Zusammenhänge, indem wir von linearen Reglergesetzen (deren Parameter später adaptiert werden) und linearen zeitinvarianten oder quasi-zeitinvarianten Regelstrecken ausgehen. Weiterhin wird die vollständige Steuerbarkeit und Beobachtbarkeit der Regelstrecken vorausgesetzt. Andernfalls müßte man aufgrund der Kürzungen in den Streckenübertragungsfunktionen von den reduzierten Übertragungsfunktionen ausgehen.

5.2.1 Vorgabe des Führungsverhaltens (Pol- und Nullstellenvorgabe)

Im folgenden leiten wir Reglerentwurfsgleichungen unter der Annahme her, daß ein gewünschtes Führungsverhalten des geschlossenen Regelkreises gegeben ist. Wir werden sehen, daß das Störverhalten der gewählten Regelkreisstruktur im wesentlichen festliegt, in gewissen Grenzen jedoch durch freie Parameter beeinflußt werden kann.

Der Reglerentwurf erfolgt anhand von Übertragungsfunktionen im Laplace- bzw. Z-Bereich, wobei zeitkontinuierliche und zeitdiskrete Regelkreise gemeinsam betrachtet werden, da sich die algebraischen Reglerentwurfsgleichungen nur in der Hinsicht unterscheiden, daß im zeitkontinuierlichen Fall die Koeffizienten von Übertragungsfunktionen im Laplace-Bereich ermittelt werden, im zeitdiskreten Fall dagegen die Koeffizienten von Z-Übertragungsfunktionen.

Als Argument der auftretenden Polynome und Übertragungsfunktionen wird die Variable p gewählt, wobei p im zeitkontinuierlichen Fall der Variablen s entspricht (Laplace-Bereich), im zeitdiskreten Fall dagegen der Variablen z (Z-Bereich).

Es ist selbstverständlich, daß die Beurteilung von Polstellenkonfigurationen im zeitkontinuierlichen und zeitdiskreten Fall unterschiedlich ist und daß beispielsweise eine sinnvolle Führungs-Übertragungsfunktion im zeitkontinuierlichen Fall so vorgegeben werden muß, daß alle Polstellen in der linken s-Halbebene liegen, im zeitdiskreten Fall dagegen so, daß alle Polstellen innerhalb des Einheitskreises der z-Ebene liegen.

Dem Reglerentwurf liegt eine Regelkreisstruktur nach Bild 5.7 zugrunde. Die Reglerstruktur ist gleich der Struktur eines in den Laplace- bzw. Z-Bereich übertragenen dynamischen Zustandsreglers mit eventuellem zusätzlichem Vorfilter (siehe Anhang A4.2). Die Festlegung der Reglerparameter erfolgt jedoch in etwas allgemeinerer Weise als in Anhang A4.2. Der Regler nach Bild 5.7 kann entweder durch unmittelbare Übertragung der Struktur in den Zeitbereich oder in der Struktur eines dynamischen Zustandsreglers realisiert werden. Es sei an dieser Stelle darauf hingewiesen, daß wir immer dann von einem dynamischen Zustandsregler sprechen, wenn eine Reglerstruktur nach Bild A4.2 bzw. Bild A4.3 vorliegt, unabhängig davon, wie die Systemmatrizen des Reglers berechnet werden, obwohl bei einem allgemeinen Entwurf die Deutung des dynamischen Zustandsreglers als Kombination von (reduziertem) Beobachter und Zustandsregler verlorengehen kann. Da der "gewöhnliche" dynamische Zustandsregler in der folgenden allgemeinen Entwurfstechnik als Spezialfall enthalten ist, verwenden wir für das charakteristische Polynom der Systemmatrix des dynamischen Zustandsreglers weiterhin die Bezeichnung "Beobachterpolynom".

Es ist zweckmäßig, die Nennerpolynome von Übertragungsfunktionen, gekennzeichnet durch das Symbol Δ, immer so zu normieren, daß ihr höchster Koeffizient gleich eins ist. Derartige Polynome werden monisch (englisch: "monic") genannt.

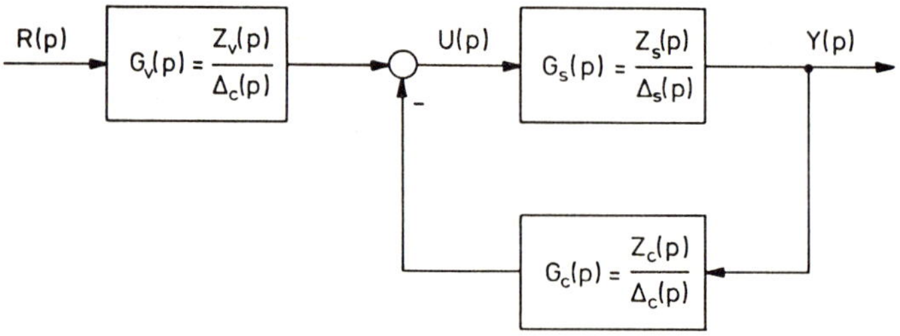

Bild 5.7: Regelkreisstruktur

Das Verhalten der linearen zeitinvarianten Regelstrecke (Ordnung n_S) wird durch die Eingangs-Ausgangs-Beziehung

(5.22) $$\Delta_S(p)Y(p) = Z_S(p)U(p)$$

beschrieben. Das Reglergesetz lautet nach Bild 5.7

(5.23) $$\Delta_C(p)U(p) = Z_V(p)R(p) - Z_C(p)Y(p) \quad .$$

Die Reglerpolynome $Z_V(p)$, $Z_C(p)$ und $\Delta_C(p)$ sollen so bestimmt werden, daß der geschlossene Regelkreis möglichst dasselbe Führungsverhalten wie das als Spezifikation vorgegebene Parallel-Führungsmodell

(5.24) $$\Delta_M(p)Y_M(p) = Z_M(p)R(p)$$

(Ordnung n_M) besitzt, so daß $Y_M(p)$ und $Y(p)$ bezüglich des Führungsverhaltens gleich sind. Da bei Einsatz eines kausalen, d.h. realisierbaren

Reglers der Polstellenüberschuß des geschlossenen Regelkreises nie geringer sein kann als der der Regelstrecke, muß das Parallel-Führungsmodell so vorgegeben werden, daß die Differenz seines Nenner- und Zählergrades nicht kleiner ist als bei der Regelstrecke. Im Unterschied zum Entwurf eines dynamischen Zustandsreglers nach Anhang A4.2 werden hier nicht nur die Polstellen des gewünschten Führungsmodells vorgegeben, sondern - soweit möglich - auch die Nullstellen. Außerdem kann das Parallel-Führungsmodell mit anderer Ordnung vorgegeben werden als die Regelstrecke.

Wir setzen das Reglergesetz (5.23) in die Eingangs-Ausgangs-Beziehung (5.22) der Regelstrecke ein und erhalten

(5.25) $$(\Delta_S(p)\Delta_C(p) + Z_S(p)Z_C(p))Y(p) = Z_S(p)Z_V(p)R(p) \quad .$$

Ein Vergleich der Beziehungen (5.24) und (5.25) liefert die Gleichung

(5.26) $$\frac{Z_S(p)Z_V(p)}{\Delta_S(p)\Delta_C(p) + Z_S(p)Z_C(p)} = \frac{Z_M(p)}{\Delta_M(p)} \quad .$$

Diese Gleichung kann nur erfüllt werden, wenn die Nullstellen der Regelstrecke durch den Nenner der linken Seite von (5.26) gekürzt werden, was aus Stabilitätsgründen bei der Realisierung jedoch nur für Nullstellen möglich ist, die im zeitkontinuierlichen Fall in der linken offenen s-Halbebene und im zeitdiskreten Fall innerhalb des Einheitskreises der z-Ebene liegen.

Im allgemeinen wird man Streckennullstellen auch dann nicht kürzen, wenn diese im zeitkontinuierlichen Fall zwar in der linken s-Halbebene, aber dicht an der imaginären Achse und im zeitdiskreten Fall zwar innerhalb des Einheitskreises der z-Ebene, aber dicht am Einheitskreis liegen. Innerhalb welcher Bereiche noch Kürzungen vorgenommen werden, hängt vom konkreten Anwendungsfall ab. Das Zählerpolynom $Z_S(p)$ der Regelstrecke wird in der Form

(5.27) $$Z_S(p) = Z_S^+(p)Z_S^-(p)$$

aufgespalten, wobei das Polynom $Z_S^+(p)$ die zu kürzenden Streckennullstellen enthält und das Polynom $Z_S^-(p)$ die Streckennullstellen enthält, die nicht gekürzt werden sollen bzw. dürfen. Der Koeffizient der höchsten Potenz von $Z_S^+(p)$ sei auf eins normiert, damit im folgenden nur monische Nennerpolynome auftreten.

Da das Polynom $Z_S^-(p)$ nicht gekürzt werden darf, muß dieses in $Z_M(p)$ enthalten sein. Wir können $Z_M(p)$ somit in der Form

(5.28) $$Z_M(p) = Z_S^-(p)Z_M^+(p)$$

darstellen, wobei das Polynom $Z_M^+(p)$ die verbleibenden, frei vorgebbaren Nullstellen des geschlossenen Regelkreises enthält. Entgegen der ursprünglichen Annahme können nicht alle Nullstellen der Führungsübertragungsfunktion vorgegeben werden, wenn nicht sämtliche Streckennullstellen gekürzt werden.

Der Nenner der linken Seite von (5.26) muß somit die Gleichung

(5.29) $$\Delta_S(p)\Delta_C(p) + Z_S(p)Z_C(p) = Z_S^+(p)\Delta_M(p)\tilde{\Delta}_B(p)$$

erfüllen, wobei $\tilde{\Delta}_B(p)$ ein frei vorgebbares Polynom ist, mit dem die Gradunterschiede der linken und rechten Seite von (5.26) ausgeglichen werden. Setzen wir (5.29) in (5.26) ein und berücksichtigen (5.28), so folgt

(5.30) $$\frac{Z_S^-(p)Z_S^+(p)Z_V(p)}{Z_S^+(p)\Delta_M(p)\tilde{\Delta}_B(p)} = \frac{Z_S^-(p)Z_M^+(p)}{\Delta_M(p)} ,$$

woraus wir für $Z_V(p)$ unmittelbar die Bestimmungsgleichung

(5.31) $$Z_V(p) = \tilde{\Delta}_B(p)Z_M^+(p)$$

erhalten. Das vorgebbare Polynom $\tilde{\Delta}_B(p)$ kürzt sich auf diese Weise wieder heraus. Aufgrund der Kürzung muß das Polynom $\tilde{\Delta}_B(p)$ so vorgegeben werden, daß alle seine Nullstellen in der linken offenen s-Halbebene bzw. innerhalb des Einheitskreises der z-Ebene liegen. Wie wir an späterer Stelle sehen werden, ist $\tilde{\Delta}_B(p)$ ein frei vorgebbares Teilpolynom des Beobachterpolynoms beim dynamischen Zustandsregler.

Da $Z_S^+(p)$ als Faktor in der rechten Seite von Gleichung (5.29) auftritt, muß $Z_S^+(p)$ auch auf der linken Seite von (5.29) als Faktor auftreten. Dies ist nur möglich, wenn $Z_S^+(p)$ in $\Delta_C(p)$ enthalten ist. Wir schreiben $\Delta_C(p)$ in der Form

(5.32) $$\Delta_C(p) = Z_S^+(p)\Delta_{C1}(p)$$

und erhalten aus (5.29) durch Kürzung von $Z_S^+(p)$

(5.33) $$\Delta_M(p)\tilde{\Delta}_B(p) = \Delta_S(p)\Delta_{C1}(p) + Z_S^-(p)Z_C(p) .$$

Aus dieser sogenannten Diophantischen Gleichung lassen sich die unbekannten Koeffizienten der Reglerpolynome $\Delta_{C1}(p)$ und $Z_C(p)$ in Abhängigkeit von $\Delta_M(p)$ und $\tilde{\Delta}_B(p)$ sowie den Polynomen $\Delta_S(p)$ und $Z_S^-(p)$ der Regelstrecke durch Koeffizientenvergleich bezüglich aller Potenzen von p ermitteln. Der Koeffizientenvergleich führt auf ein lineares Gleichungssystem, welches nachweisbar immer lösbar ist, wenn die Reglerpolynome mit so hohem Grad angesetzt werden, daß genügend Reglerparameter vorhanden sind, um alle Koeffizientenbedingungen zu erfüllen, und keine gemeinsamen Nullstellen in $Z_s^-(p)$ und $\Delta_s(p)$ auftreten. Letzteres ist bei einer vollständig steuerbaren und beobachtbaren Regelstrecke sichergestellt.

Zusammengefaßt lauten die <u>Gleichungen für den Reglerentwurf</u>

(5.34) $$\Delta_M(p)\tilde{\Delta}_B(p) = \Delta_s(p)\Delta_{c1}(p) + Z_s^-(p)Z_c(p) \quad ,$$

(5.35) $$Z_v(p) = \tilde{\Delta}_B(p)Z_M^+(p) \quad ,$$

(5.36) $$\Delta_c(p) = Z_s^+(p)\Delta_{c1}(p) \quad .$$

Das <u>Reglergesetz</u> ist

(5.37) $$Z_s^+(p)\Delta_{c1}(p)U(p) = \tilde{\Delta}_B(p)Z_M^+(p)R(p) - Z_c(p)Y(p) \quad .$$

Wir untersuchen abschließend, wie der Grad n_B des Polynoms $\tilde{\Delta}_B(p)$ gewählt werden muß, damit die Gleichung (5.34) bei vorgegebenem, festem Polynom $\tilde{\Delta}_B(p)$ <u>eindeutig</u> lösbar ist. Sei

(5.38) $$\begin{aligned} \mathrm{Grad}[Z_s^+(p)] &= m_s^+ \quad , \\ \mathrm{Grad}[Z_M^+(p)] &= m_M^+ \leq m_s^+ + n_M - n_s \quad , \\ \mathrm{Grad}[\tilde{\Delta}_B(p)] &= n_B \quad . \end{aligned}$$

Dann folgen aus (5.34), (5.35) und (5.36) unmittelbar die Grade

(5.39) $$\begin{aligned} \mathrm{Grad}[\Delta_{c1}(p)] &= n_B + n_M - n_s \quad , \\ \mathrm{Grad}[Z_v(p)] &= n_B + m_M^+ \quad , \\ \mathrm{Grad}[\Delta_c(p)] &= n_B + m_s^+ + n_M - n_s \quad . \end{aligned}$$

Wir betrachten zuerst den Fall, daß in der Reglerübertragungsfunktion $G_c(p)$ der Zählergrad gleich dem Nennergrad angesetzt wird, d.h. $\mathrm{Grad}[Z_c(p)] = \mathrm{Grad}[\Delta_c(p)]$, und daß in der Regelstrecke der Zählergrad kleiner als der Nennergrad ist (Regelstrecke ohne Durchgriff). Das Polynom $Z_c(p)$ besitzt dann $n_B + m_s^+ + n_M - n_s + 1$ unbekannte Parameter und das Polynom $\Delta_{c1}(p)$ $n_B + n_M - n_s$ unbekannte Parameter. Zur Berechnung der unbekannten Reglerparameter aufgrund eines Koeffizientenvergleichs in (5.34) stehen andererseits genau $n_B + n_M$ Gleichungen zur Verfügung, da der Koeffizient der höchsten Potenz auf beiden Seiten der Gleichung (5.34) immer gleich eins ist, wenn die Regelstrecke keinen Durchgriff besitzt. Gilt

$$n_M + n_B = n_B + n_M - n_s + n_B + m_s^+ + n_M - n_s + 1 \quad , \tag{5.40}$$

so ist die Anzahl der Gleichungen gleich der Anzahl der unbekannten Parameter und die Reglerparameter sind eindeutig festgelegt. Aus (5.40) folgt durch Auflösen

$$n_B = 2\, n_s - n_M - m_s^+ - 1 \quad . \tag{5.41}$$

Gleichzeitig muß aber die Nebenbedingung $n_B \geq 0$ erfüllt sein. Setzt man in der Übertragungsfunktion $G_c(p)$ den Zählergrad um d_c kleiner als den Nennergrad an, so ist die Gleichung (5.34) (auch bei Regelstrecken mit Durchgriff) eindeutig lösbar für

$$n_B = 2\, n_s - n_M - m_s^+ - 1 + d_c \quad , \tag{5.42}$$

wenn gleichzeitig $n_B \geq 0$ gilt.

Wählt man n_B größer, so gibt es mehrere Lösungen, wählt man n_B kleiner, so gibt es nur in Sonderfällen eine Lösung.

Aufgrund des Reglergesetzes (5.37) erhalten wir die Regelkreisstruktur nach Bild 5.8, in der zusätzlich Streckeneingangs- und Streckenausgangsstörungen eingezeichnet sind.

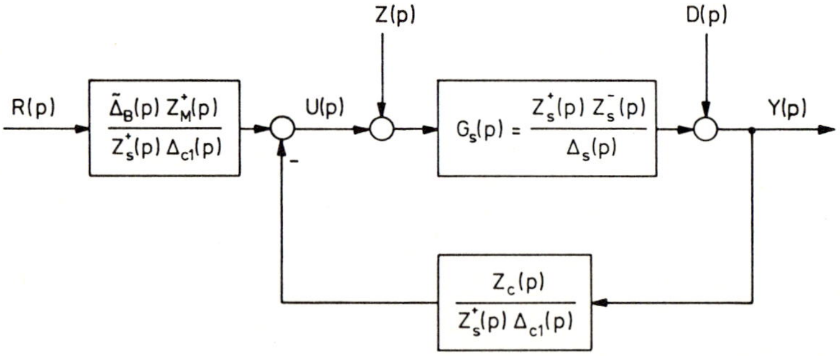

Bild 5.8: Struktur des Regelkreises bei Vorgabe des Führungsverhaltens

Die Störübertragungsfunktionen ergeben sich anhand von Bild 5.8 zu

$$T_Z(p) = \frac{Z_s(p)\Delta_{c1}(p)}{\Delta_M(p)\tilde{\Delta}_B(p)} \quad , \tag{5.43}$$

$$(5.44) \qquad T_D(p) = \frac{\Delta_s(p)\Delta_{c1}(p)}{\Delta_M(p)\tilde{\Delta}_B(p)} \quad .$$

Hierbei wurde Gleichung (5.34) berücksichtigt. Wählt man n_B größer als in Gleichung (5.41) bzw. (5.42) angegeben, erhält man entsprechend viele freie Reglerparameter, mit denen das Störverhalten beeinflußt werden kann. Ebenso kann das Störverhalten durch die Wahl der Eigenwerte von $\tilde{\Delta}_B(p)$ verändert werden.

(5.45) Beispiel: Reglerentwurf für eine Regelstrecke 2. Ordnung

Betrachtet sei eine zeitkontinuierliche Regelstrecke mit der Übertragungsfunktion

$$(5.46) \qquad G_s(s) = \frac{Z_s(s)}{\Delta_s(s)} = \frac{10(s+3)}{s^2 + 3s + 2} \quad , \qquad (n_s = 2) \quad .$$

Als Verhalten des geschlossenen Regelkreises (Führungsmodell) geben wir

$$(5.47) \qquad G_M(s) = \frac{Z_M(s)}{\Delta_M(s)} = \frac{20(s+1)}{s^2 + 7s + 12} \quad , \qquad (n_M = 2)$$

vor. In diesem Fall ist entsprechend der Zerlegung von $Z_s(s)$ nach (5.27)

$$(5.48) \qquad \begin{aligned} Z_s^-(s) &= 10 \quad , \\ Z_s^+(s) &= s + 3 \quad , \qquad (m_s^+ = 1) \quad . \end{aligned}$$

Aus der Darstellung von $Z_M(s)$ nach (5.28) folgt

$$(5.49) \qquad Z_M^+(s) = \frac{Z_M(s)}{Z_s^-(s)} = 2(s+1) \quad .$$

Für den Reglerentwurf setzen wir

$$\mathrm{Grad}[\Delta_c(s)] = \mathrm{Grad}[Z_c(s)]$$

an. Um eindeutige Reglerparameter zu erhalten, wählen wir den Grad von $\tilde{\Delta}_B(s)$ entsprechend (5.41):

$$\mathrm{Grad}[\tilde{\Delta}_B(s)] = n_B = 0 \quad .$$

Dann ergibt sich aus (5.39)

$$\mathrm{Grad}[Z_c(s)] = 1 \quad , \quad \mathrm{Grad}[\Delta_{c1}(s)] = 0 \quad .$$

Die unbekannten Polynome $\tilde{\Delta}_B$, Δ_{c1} und Z_c haben somit die Form

$$\tilde{\Delta}_B(s) = 1 \quad ,$$

(5.50) $$\Delta_{c1}(s) = 1 \quad ,$$

$$Z_c(s) = a\,s + b \quad .$$

Die Koeffizienten a und b werden anhand von Gleichung (5.34) berechnet:

$$s^2 + 7s + 12 = s^2 + 3s + 2 + 10(a\,s + b)$$

$$= s^2 + (3 + 10a)s + (2 + 10\,b) \quad .$$

Durch Koeffizientenvergleich folgt

(5.51)
$$a = 0,4 \quad ; \quad b = 1 \quad ,$$

$$Z_c(s) = 0,4s + 1 = 0,4(s + 2,5) \quad .$$

Nach (5.35) und (5.36) erhalten wir

(5.52) $$Z_v(s) = 2(s+1) \quad ; \quad \Delta_c(s) = s + 3 \quad .$$

Das Reglergesetz lautet somit nach (5.37)

(5.53) $$U(s) = 2\,\frac{s+1}{s+3}\,R(s) - 0,4\,\frac{s+2,5}{s+3}\,Y(s) \quad .$$ ■

Es gibt unterschiedliche Gründe, die dafür sprechen, den Regelkreis nach Bild 5.8 nicht direkt in dieser Struktur, d.h. durch einen Regler im Rückführzweig und ein separates Vorfilter zu realisieren. Zum einen wäre bei einem zeitkontinuierlichen Regler der Realisierungsaufwand recht groß, da sowohl das Vorfilter als auch der Regler eine Ordnung besitzen, die gleich dem Grad des Nennerpolynoms $\Delta_c(p)$ ist. Zweitens sind wir bezüglich des Führungsverhaltens des Regelkreises davon ausgegangen, daß sich die Nennerpolynome des Reglers und des Vorfilters gegenseitig kürzen. Wenn der Regler im Rückführzweig und das Vorfilter getrennt realisiert werden, kann diese Kürzung aufgrund von Parametervariationen so ungenau sein, daß spürbare Fehler im Führungsverhalten die Folge sind. Drittens ist bei der Lösung der Reglerentwurfsgleichung (5.34) nicht sichergestellt, daß alle Nullstellen der Polynome $\Delta_{c1}(p)$ und $Z_c(p)$ "stabil" sind. Wenn $\Delta_{c1}(p)$ "instabile Nullstellen" besitzt, ist eine unmittelbare Realisierung nach Bild 5.7 bzw. 5.8 aufgrund der Instabilität des Vorfilters nicht möglich. Eine andere Realisierungsmöglichkeit besteht darin, den Regler in den Vorwärtszweig zu schieben. Als Nennerpolynom des Vorfilters tritt dann jedoch das Polynom

$Z_c(p)$ auf (siehe auch Bild A4.7). Bei den folgenden Realisierungsvorschlägen werden die geschilderten Probleme umgangen.

In Bild 5.9 ist eine geeignete Zustandsdarstellung des Reglers angegeben. Für diese wählt man zweckmäßigerweise die Beobachtbarkeitsnormalform. Dann ist der Reglerausgangsvektor der Einheitsvektor $\underline{e}_1^T = [1,0,\ldots,0]$ und die Reglersystemmatrix besitzt die Form

$$\underline{R} = \begin{bmatrix} -r_{l-1} & 1 & 0 & \cdot & \cdot & 0 \\ \cdot & 0 & \ddots & & & \vdots \\ \cdot & \vdots & & \ddots & & 0 \\ \cdot & \vdots & & & \ddots & 1 \\ -r_o & 0 & \cdot & \cdot & \cdot & 0 \end{bmatrix} ,$$

wobei in der ersten Spalte von $\underline{R}$ die negativen Werte der Koeffizienten des Polynoms

$$\Delta_c(p) = p^l + r_{l-1}p^{l-1} + \ldots + r_1 p + r_o$$

stehen. Die Festlegung der Eingangsvektoren $\underline{b}_r$ und $\underline{b}_y$ sowie der Größen ρ und k_y erfolgt anhand der Gleichungen (siehe auch Bild 5.8)

$$\underline{e}_1^T \operatorname{adj}[p\underline{E}-\underline{R}]\, \underline{b}_y + k_y\Delta_c(p) = Z_c(p) ,$$

$$\underline{e}_1^T \operatorname{adj}[p\underline{E}-\underline{R}]\, \underline{b}_r + \rho\Delta_c(p) = Z_v(p) = \tilde{\Delta}_B(p)Z_M^+(p) .$$

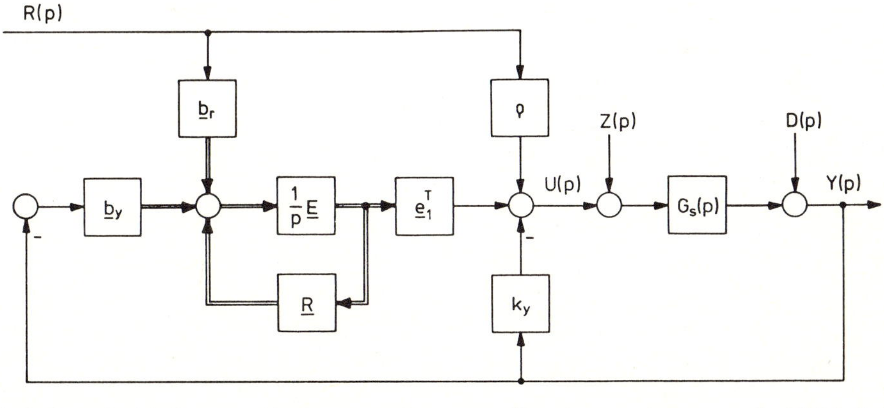

Bild 5.9: Mögliche Realisierung der Regelkreisstruktur nach Bild 5.8

Im Falle eines zeitdiskreten Regelkreises kann das Reglergesetz (5.37) auch durch unmittelbare Implementierung der zugehörigen Differenzengleichung realisiert werden.

Als weitere Möglichkeit läßt sich der Regler in Form eines dynamischen Zustandsreglers aufbauen, wenn das Parallel-Führungsmodell denselben Polstellenüberschuß wie die Regelstrecke besitzt (siehe auch Bild A4.6). In diesem Fall kann mit Hilfe der Polynome

$$\text{(5.54)}\qquad \begin{aligned} \rho\Delta_B(p) &:= \tilde{\Delta}_B(p)Z_M^+(p) \ , \\ \Delta_c(p) &= Z_s^+(p)\Delta_{c1}(p) \end{aligned}$$

und $Z_c(p)$ zur Berechnung der Systemmatrizen des dynamischen Zustandsreglers unmittelbar das Entwurfsschema (A4.22), beginnend bei Punkt 3, angewendet werden. Bei einem größeren Polstellenüberschuß in der Führungsübertragungsfunktion müßte ein zusätzliches Tiefpaßfilter am Eingang verwendet werden. Die in dem charakteristischen Polynom (Beobachterpolynom) $\Delta_B(p)$ des dynamischen Zustandsreglers enthaltenen, neu vorgegebenen Nullstellen der Führungsübertragungsfunktion müssen im Gegensatz zu den Nullstellen von $\tilde{\Delta}_B(p)$ nicht "stabil" sein, obwohl man diese aus praktischen Erwägungen im allgemeinen "stabil" vorgeben wird.

Wir zeigen abschließend durch Umformung des Reglergesetzes (5.23) bzw. (5.37), daß sich die Regelkreisstruktur nach Bild 5.7 bzw. 5.8 in eine Regelkreisstruktur mit Referenzmodell überführen läßt. Die Regelung sorgt dann dafür, daß die Regelgröße der Modellausgangsgröße folgt. Man nennt dies in der angelsächsischen Literatur auch "Model Following Control". Die Überführung der Regelkreisstruktur wird so vorgenommen, daß sich die Führungsübertragungsfunktion und die Störübertragungsfunktionen $T_D(p)$ und $T_Z(p)$ nicht ändern. Um Schreibarbeit zu sparen, wird bei den Umformungen das Argument p weggelassen. Wir erweitern (5.23) mit

$$\text{(5.55)}\qquad 0 = Y_M - \frac{Z_M}{\Delta_M} R$$

und erhalten

$$\begin{aligned} \Delta_c U &= Z_v R - Z_c Y + Z_c(Y_M - \frac{Z_M}{\Delta_M} R) \\ &= (Z_v - Z_c \frac{Z_M}{\Delta_M}) R - Z_c(Y - Y_M) \ , \\ U &= \frac{Z_v\Delta_M - Z_c Z_M}{\Delta_M\Delta_c} R - \frac{Z_c}{\Delta_c}(Y - Y_M) \ . \end{aligned}$$

Nach (5.35), (5.28) und (5.34) gilt

$$Z_v\Delta_M - Z_c Z_M = Z_M^+[\tilde{\Delta}_B\Delta_M - Z_c Z_s^-] = Z_M^+\Delta_s\Delta_{c1} \ .$$

Damit lautet das Reglergesetz

$$(5.56) \qquad U = \frac{Z_M^+ \Delta_s \Delta_{c1}}{\Delta_M \Delta_{c1} Z_s^+} R - \frac{Z_c}{\Delta_c} (Y - Y_M) \quad .$$

Durch Kürzung des gemeinsamen Faktors Δ_{c1} folgt endgültig

$$(5.57) \qquad U(p) = \frac{Z_M^+(p) \Delta_s(p)}{Z_s^+(p) \Delta_M(p)} R(p) - \frac{Z_c(p)}{\Delta_c(p)} (Y(p) - Y_M(p))$$

bzw. durch Erweitern mit $Z_s^-(p)$

$$(5.58) \qquad U(p) = \frac{Z_M(p) \Delta_s(p)}{Z_s(p) \Delta_M(p)} R(p) - \frac{Z_c(p)}{\Delta_c(p)} (Y(p) - Y_M(p)) \quad .$$

Für eine praktische Realisierung des Reglergesetzes müßte man (5.57) verwenden, da dort $Z_s^-(p)$ gekürzt ist. Die Regelkreisstruktur ist in Bild 5.10 dargestellt. Der Faktor vor R(p) in den Reglergesetzen (5.57) und (5.58) ist das Verhältnis der Führungsübertragungsfunktion zur Übertragungsfunktion der Regelstrecke. Bezüglich des Führungsverhaltens, d.h. bei verschwindenden Störgrößen und verschwindenden Anfangswerten der Zustandsgrößen, ist der Fehler $E(p) = Y(p) - Y_M(p)$ identisch null. Aus Bild 5.10 ist unmittelbar ablesbar, daß sich die Führungsübertragungsfunktion und die Störübertragungsfunktionen $T_D(p)$ und $T_Z(p)$ durch die Umformung nicht geändert haben.

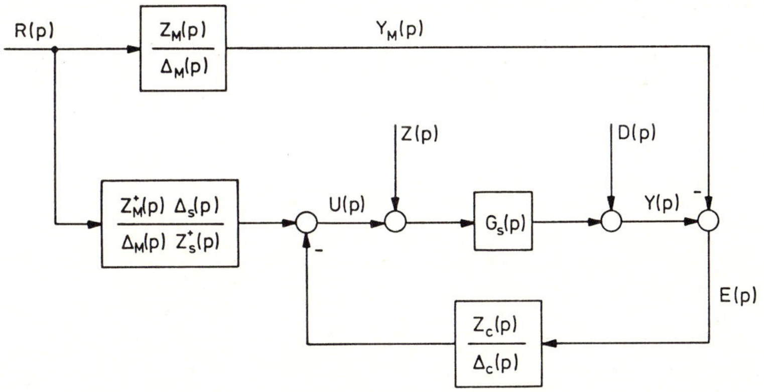

Bild 5.10: Darstellung der Regelkreisstruktur nach Bild 5.8 als Struktur mit Referenzmodell (Parallel-Führungsmodell)

5.2.2 Vorgabe eines Störverhaltens (Minimum-Varianz-Regler)

Wir betrachten in diesem Abschnitt eine mögliche Vorgabe des Störverhaltens von Regelkreisen, wobei wir uns auf zeitdiskrete Regelkreise mit konstanter Führungsgröße (Festwertregelungen) beschränken. Wir nehmen an, daß eine stochastische Störgröße auf den Ausgang einer linearen zeitinvarianten Regelstrecke einwirkt. Gesucht ist ein (lineares) Reglergesetz, daß diese Störung in dem Sinne optimal unterdrückt, daß die Varianz der Regelgröße minimal wird. Die Varianz einer Größe ist ein Maß für die Abweichungen dieser Größe von ihrem Mittelwert (siehe (A5.44)). Den gesuchten Regler nennt man Minimum-Varianz-Regler oder kurz MV-Regler.

Die gestörte Regelstrecke sei beschrieben durch die Differenzengleichung

$$\begin{aligned} & y(k) + a_1 y(k-1) + \dots + a_n y(k-n) = \\ (5.59) \qquad & = b_0 u(k-d) + \dots + b_m u(k-d-m) \\ & + e(k) + c_1 e(k-1) + \dots + c_n e(k-n) \quad , \end{aligned}$$

wobei $\{e(k)\}$ ein stochastischer Störprozeß ist. $d := n-m$ bezeichnet den Polstellenüberschuß der Regelstrecke, der eine Regelstreckentotzeit zur Folge hat. Wir nehmen an, daß d größer als null ist, betrachten also Regelstrecken ohne Durchgriff. Weiterhin sei $b_0 \neq 0$. Andernfalls müßte man eine größere Regelstreckentotzeit ansetzen. $\{e(k)\}$ wird als im weiteren Sinne stationäre (abgekürzt: i.w.S. stationäre) Folge mit der Eigenschaft

$$(5.60) \qquad E[e(k)] = 0 \quad , \qquad E[e(k)e(j)] = \begin{cases} \sigma^2 & \text{für } k = j \\ 0 & \text{sonst} \end{cases}$$

vorausgesetzt. σ^2 ist die Varianz von $\{e(k)\}$. Stochastische Folgen, die (5.60) genügen, nennt man weiße Zufallsfolgen oder diskrete weiße Zufallsprozesse (siehe (A5.67), (A5.68)). Das Symbol "E" in (5.60) bezeichnet eine Erwartungswertbildung (siehe (A5.27)). Durch Z-Transformation von (5.59) erhalten wir die Darstellung

$$(5.61) \qquad Y(z) = \frac{Z_s(z)}{\Delta_s(z)} U(z) + \frac{C(z)}{\Delta_s(z)} E(z)$$

mit den Polynomen

$$\Delta_s(z) = z^n + a_1 z^{n-1} + \dots + a_{n-1} z + a_n \quad ,$$

(5.62) $$Z_s(z) = b_0 z^m + b_1 z^{m-1} + \dots + b_{m-1} + b_m \quad ,$$

$$C(z) = z^n + c_1 z^{n-1} + \dots + c_{n-1} z + c_n \quad .$$

Die auf die Regelstrecke einwirkende Störgröße ist nach (5.61) ein Zufallsprozeß, der durch Filterung eines weißen Zufallsprozesses entsteht. Die Z-Übertragungsfunktion des Filters ist $C(z)/\Delta_s(z)$. Bei gegebener Regelstrecke ist durch das Polynom C(z) das Spektrum des Störprozesses festgelegt. Die Darstellung oder Annäherung von Zufallsprozessen durch gefilterte weiße Zufallsprozesse ist sehr vorteilhaft bei der Berechnung von Optimalfiltern (z.B. Kalman-Filter) und optimalen Reglern. Durch Erweiterung der rechten Seite von (5.61) in Zähler und Nenner mit z^{-n} können wir (5.61) in die äquivalente Form

(5.63) $$Y(z) = \frac{Z_s^*(z^{-1})}{\Delta_s^*(z^{-1})} z^{-d} U(z) + \frac{C^*(z^{-1})}{\Delta_s^*(z^{-1})} E(z)$$

mit den Polynomen

$$\Delta_s^*(z^{-1}) = 1 + a_1 z^{-1} + \dots + a_n z^{-n} = z^{-n} \Delta_s(z) \quad ,$$

(5.64) $$Z_s^*(z^{-1}) = b_0 + b_1 z^{-1} + \dots + b_m z^{-m} = z^{-m} Z_s(z) \quad ,$$

$$C^*(z^{-1}) = 1 + c_1 z^{-1} + \dots + c_n z^{-n} = z^{-n} C(z)$$

überführen. Beide Darstellungen werden je nach Bedarf verwendet. Um den Reglerentwurf im Folgenbereich (Zeitbereich) vornehmen und deuten zu können, führen wir einen sogenannten Verschiebeoperator q ein, mit dessen Hilfe ein beliebiger Folgenwert x(k) gemäß der Operation

(5.65) $$q^{\nu} x(k) = x(k+\nu)$$

vorwärts verschoben wird. Entsprechend sei

(5.66) $$q^{-\nu} x(k) = x(k-\nu) \quad .$$

Wir wenden den Verschiebeoperator unter Berücksichtigung des Distributivgesetzes auf die Differenzengleichung (5.59) an und erhalten

$$(1 + a_1 q^{-1} + \dots + a_n q^{-n})\, y(k) = (b_0 + b_1 q^{-1} + \dots + b_m q^{-m})\, q^{-d} u(k)$$

(5.67) $$+ (1 + c_1 q^{-1} + \dots + c_n q^{-n})\, e(k) \quad .$$

Zur Auflösung nach y(k) müssen wir diese Gleichung linksseitig mit dem inversen Operator von $(1 + a_1 q^{-1} + \ldots + a_n q^{-n})$ multiplizieren. Wir schreiben den inversen Operator formal als Quotienten des Operators und erhalten dann die Zeitbereichsdarstellung

$$(5.68) \qquad y(k) = \frac{Z_s(q)}{\Delta_s(q)} u(k) + \frac{C(q)}{\Delta_s(q)} e(k)$$

oder in anderer Schreibweise

$$(5.69) \qquad y(k) = \frac{Z_s^*(q^{-1})}{\Delta_s^*(q^{-1})} q^{-d} u(k) + \frac{C^*(q^{-1})}{\Delta_s^*(q^{-1})} e(k) \quad .$$

Die Operatorpolynome $\Delta_s(q)$, $Z_s(q)$ und $C(q)$ bzw. $\Delta_s^*(q^{-1})$, $Z_s^*(q^{-1})$ und $C^*(q^{-1})$ erhalten wir, indem wir in (5.62) bzw. (5.64) die komplexe Variable z formal durch den Verschiebeoperator q ersetzen.

Gesucht ist nun ein linearer Regler, der die Varianz der Regelgröße {y(k)} bei konstanter Führungsgröße minimiert (Minimum-Varianz-Regler). Zur Herleitung des Reglers wird die Führungsgröße gleich null gesetzt:

$$(5.70) \qquad r(k) = 0 \qquad \text{für alle } k \in \mathbb{Z} \quad .$$

Dies stellt jedoch keine Einschränkung dar. Ein unter der Annahme r(k) = 0 hergeleiteter MV-Regler stellt auch für nichtverschwindende, konstante Führungsgrößen eine minimale Varianz der Ausgangsgröße {y(k)} sicher. Da der Erwartungswert der Störfolge {e(k)} gleich null ist und r(k) = 0 angenommen wird, verschwindet auch der Erwartungswert der Regelgröße {y(k)}, so daß wir die Forderung

$$(5.71) \qquad \mathrm{Var}[y(k)] = E[y^2(k)] \rightarrow \min$$

erhalten. Die Struktur des betrachteten Regelkreises ist in Bild 5.11 dargestellt.

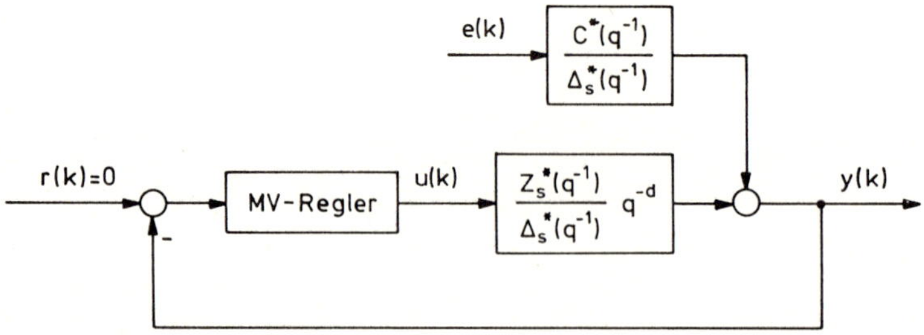

Bild 5.11: Regelkreisstruktur mit Minimum-Varianz-Regler

Zur Lösung der Aufgabenstellung multiplizieren wir (5.69) mit q^d und bekommen

$$(5.72) \qquad y(k+d) = \frac{C^*(q^{-1})}{\Delta_s^*(q^{-1})} e(k+d) + \frac{Z_s^*(q^{-1})}{\Delta_s^*(q^{-1})} u(k) \quad .$$

Um zu veranschaulichen, welche Eigenschaften der inverse Operator $1/\Delta_s^*(q^{-1})$ besitzt, entwickeln wir diesen formal in Potenzen von q. Da $\Delta_s^*(\tilde{z})$ nach (5.64) keine Nullstelle bei $\tilde{z} = 0$ besitzt, treten in einer Reihenentwicklung für $1/\Delta_s^*(\tilde{z})$ keine Potenzen von $\tilde{z}$ mit negativem Exponenten auf. Durch die formale Setzung $\tilde{z} = q^{-1}$ erhalten wir für $1/\Delta_s^*(q^{-1})$ eine Reihendarstellung

$$(5.73) \qquad \frac{1}{\Delta_s^*(q^{-1})} = 1 + \alpha_1 q^{-1} + \ldots + \alpha_j q^{-j} + \ldots$$

mit entsprechenden Koeffizienten $\alpha_1, \alpha_2, \ldots$.

Damit erkennen wir, daß auf der rechten Seite von (5.72) ausschließlich Operatoren stehen, in denen nur Potenzen von q mit Exponenten auftreten, die kleiner gleich null sind. Diese Operatoren bewirken keine Vorwärts-Verschiebung ihrer Argumente. Gleichung (5.72) entnehmen wir somit, daß sich eine "gegenwärtige" Stellgröße u(k) aufgrund der Regelstreckentotzeit d erst in dem "zukünftigen" Regelgrößenwert y(k+d) bemerkbar macht. Andererseits wirken auf den Wert y(k+d) aber die "zukünftigen" Störgrößenwerte e(k+1),...,e(k+d) ein. Deren Wirkung auf die Varianz von y(k+d) kann mit Hilfe eines kausalen Reglergesetzes nicht vermindert werden, da ein kausaler Regler nur die bis zum Zeitpunkt k verfügbaren Größen verarbeiten kann und da die Störgrößenwerte e(k+1) ... e(k+d) wegen (5.60) nicht mit den vergangenen Werten korreliert und damit nicht vorhersagbar (prädizierbar) sind. Um den Einfluß der "zukünftigen" Störgrößenwerte auf y(k+d) zu separieren, spalten wir den ersten Term der rechten Seite von (5.72) in einen Anteil auf, der die "zukünftigen" Störgrößenwerte enthält, und einen Anteil, der die restlichen Störgrößenwerte e(k), e(k-1),... enthält. Wir bewerkstelligen diese Aufspaltung durch den Ansatz

$$(5.74) \qquad \frac{C^*(q^{-1})}{\Delta_s^*(q^{-1})} = F^*(q^{-1}) + q^{-d} \frac{G^*(q^{-1})}{\Delta_s^*(q^{-1})}$$

mit den Operatorpolynomen

$$F^*(q^{-1}) = 1 + f_1 q^{-1} + \ldots + f_{d-1} q^{-d+1} =: q^{-d+1} F(q) \quad ,$$

(5.75)

$$G^*(q^{-1}) = g_0 + g_1 q^{-1} + \ldots + g_{n-1} q^{-n+1} =: q^{-n+1} G(q) \quad .$$

Für eine Berechnung der unbekannten Polynome $F^*(q^{-1})$ und $G^*(q^{-1})$ multipliziert man (5.74) mit $\Delta_s^*(q^{-1})$ und erhält

(5.76)
$$C^*(q^{-1}) = F^*(q^{-1})\Delta_s^*(q^{-1}) + q^{-d}\, G^*(q^{-1})$$

oder in anderer Schreibweise

(5.77)
$$q^{d-1}\, C(q) = F(q)\Delta_s(q) + G(q) \quad .$$

Die Gleichung (5.76) wurde erstmalig von ÅSTRÖM [5.2] angegeben und ist stets eindeutig durch Koeffizientenvergleich nach den unbekannten Polynomen $F^*(q^{-1})$, $G^*(q^{-1})$ auflösbar. Wir setzen (5.74) in (5.72) ein und erhalten

(5.78)
$$y(k+d) = F^*(q^{-1})e(k+d) + \frac{G^*(q^{-1})}{\Delta_s^*(q^{-1})}\, e(k) + \frac{Z_s^*(q^{-1})}{\Delta_s^*(q^{-1})}\, u(k) \quad .$$

Der Term $F^*(q^{-1})e(k+d)$ berücksichtigt die "zukünftigen" Störgrößenwerte. Aus (5.78) könnten wir schnell das "Steuergesetz"

$$u(k) = -\frac{G^*(q^{-1})}{Z_s^*(q^{-1})}\, e(k)$$

herleiten, welches die Varianz von $y(k+d)$ minimiert. Wir wünschen jedoch ein Reglergesetz, in dem $u(k)$ als Funktion von $y(k), y(k-1), \ldots$ und $u(k-1), u(k-2), \ldots$ berechnet wird. Hierzu setzen wir in den zweiten Term der rechten Seite von (5.78) die aus (5.69) folgende Beziehung

(5.79)
$$e(k) = \frac{\Delta_s^*(q^{-1})}{C^*(q^{-1})}\, y(k) - \frac{Z_s^*(q^{-1})}{C^*(q^{-1})}\, q^{-d}\, u(k)$$

ein, welche $e(k)$ als Funktion der bis zum Zeitpunkt k vorliegenden Größen $y(k)$, $y(k-1), \ldots$ und $u(k-d)$, $u(k-d-1), \ldots$ ausdrückt. Es folgt

$$y(k+d) = F^*(q^{-1})e(k+d) + \frac{G^*(q^{-1})}{C^*(q^{-1})}\, y(k) - \frac{G^*(q^{-1})Z_s^*(q^{-1})}{\Delta_s^*(q^{-1})C^*(q^{-1})}\, q^{-d}\, u(k)$$

(5.80)
$$+ \frac{Z_s^*(q^{-1})}{\Delta_s^*(q^{-1})}\, u(k) \quad .$$

Wir fassen die beiden Terme mit $u(k)$ zusammen und erhalten unter erneuter Anwendung von (5.76) und Kürzung von $\Delta_s^*(q^{-1})$

(5.81) $$y(k+d) = F^*(q^{-1})e(k+d) + \frac{G^*(q^{-1})}{C^*(q^{-1})}\,y(k) + \frac{Z_s^*(q^{-1})F^*(q^{-1})}{C^*(q^{-1})}\,u(k)$$

In dieser Gleichung stehen auf der rechten Seite nur noch die "zukünftigen" Störgrößenwerte, aber keine "vergangenen" und "gegenwärtigen" Störgrößenwerte mehr. u(k) sei nun aufgrund eines kausalen Reglergesetzes eine Funktion der bis zum Zeitpunkt k verfügbaren Größen y(k),y(k-1),... und u(k-1),u(k-2),..., welche von den "zukünftigen" Störgrößenwerten e(k+1),...,e(k+d) stochastisch unabhängig sind, da die Störfolge {e(k)} nach Voraussetzung ein diskreter weißer Zufallsprozeß ist. Bildet man den Ausdruck $E[y^2(k+d)]$, so folgt aus (5.81)

(5.82) $$E[y^2(k+d)] = E\left\{[F^*(q^{-1})e(k+d)]^2\right\} + E\left\{\left[\frac{G^*(q^{-1})}{C^*(q^{-1})}\,y(k) + \frac{Z_s^*(q^{-1})F^*(q^{-1})}{C^*(q^{-1})}\,u(k)\right]^2\right\},$$

wobei die gemischten Terme bei der Erwartungswertbildung aufgrund der stochastischen Unabhängigkeit von {e(k+d),..., e(k+1)} und {y(k),y(k-1),... ; u(k),u(k-1),... } verschwinden. Die beiden Ausdrücke auf der rechten Seite von (5.82) sind nicht negativ, wobei der erste Ausdruck durch die Wahl eines Reglergesetzes nicht beeinflußbar ist. Die Varianz der Regelgröße wird genau dann minimal, wenn das Reglergesetz so gewählt wird, daß der zweite Ausdruck der rechten Seite von (5.82) verschwindet. Dies ist gerade der Fall, wenn

(5.83) $$u(k) = -\frac{G^*(q^{-1})\ C^*(q^{-1})}{Z_s^*(q^{-1})F^*(q^{-1})C^*(q^{-1})}\,y(k) = -\frac{G^*(q^{-1})}{Z_s^*(q^{-1})F^*(q^{-1})}\,y(k),$$

womit der Minimum-Varianz-Regler festgelegt ist. Im Z-Bereich lautet die <u>Übertragungsfunktion des Minimum-Varianz-Reglers</u>

(5.84) $$G_{MV}(z) = \frac{G^*(z^{-1})}{Z_s^*(z^{-1})F^*(z^{-1})} = \frac{G(z)}{Z_s(z)F(z)}$$

mit $F(z) = z^{d-1} + f_1 z^{d-2} + \ldots + f_{d-1} = z^{d-1}F^*(z^{-1})$

und $G(z) = g_0 z^{n-1} + g_1 z^{n-2} + \ldots + g_{n-1} = z^{n-1}G^*(z^{-1})$.

Anhand der Ordnungen der Polynome G(z), $Z_s(z)$ und F(z) überzeugt man sich leicht, daß in der Übertragungsfunktion des Minimum-Varianz-Reglers der Zählergrad gleich dem Nennergrad ist. Die Varianz der Regelgröße ist wegen (5.75) und der stochastischen Unabhängigkeit der Größen e(k+1),...,e(k+d) gegeben durch

$$
\begin{aligned}
E[y^2(k+d)] &= E\{[F^*(q^{-1})e(k+d)]^2\} \\
&= E\{[1 + f_1 e(k+d-1) + \ldots + f_{d-1} e(k+1)]^2\} \qquad (5.85) \\
&= \sigma^2(1 + f_1^2 + \ldots + f_{d-1}^2) \quad .
\end{aligned}
$$

Auf den ersten Blick mag es verwunderlich erscheinen, daß die Varianz der Regelgröße größer gleich der Varianz σ^2 der Störgröße {e(k)} ist. Zu beachten ist jedoch, daß sich der Regelgröße {y(k)} im ungeregelten Fall die stochastische Größe

$$\frac{C^*(q^{-1})}{\Delta_s^*(q^{-1})}\, e(k)$$

additiv überlagert. Deren Varianz ist jedoch größer als die im geregelten Fall durch (5.85) gegebene Varianz. Der Regelkreis mit MV-Regler ist in Bild 5.12 dargestellt.

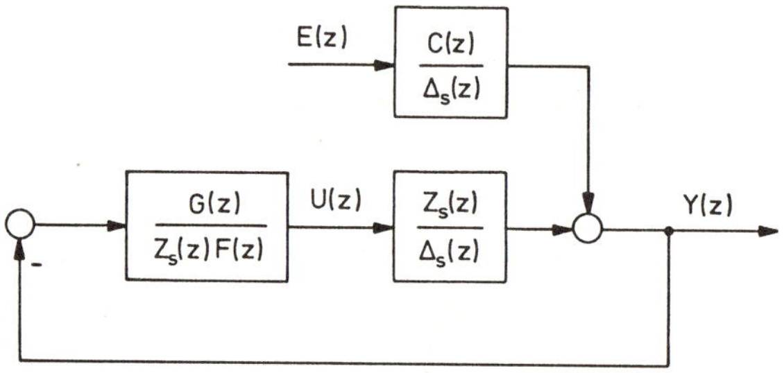

Bild 5.12: Regelkreis mit Minimum-Varianz-Regler im Z-Bereich

(5.86) Folgerungen:

Da durch den Minimum-Varianz-Regler das Zählerpolynom $Z_s(z)$ der Regelstrecke herausgekürzt wird, muß für eine Realisierung des Reglers gefordert werden, daß alle Nullstellen des Zählerpolynoms innerhalb des Einheitskreises der z-Ebene liegen. Aus (5.83) folgt außerdem, daß bei der Berechnung des Reglergesetzes das Polynom $C^*(q^{-1})$ gekürzt wird. Damit die Stellgröße {u(k)} beschränkt bleibt, darf auch das Polynom C(z) nur Nullstellen innerhalb des Einheitskreises der z-Ebene besitzen. Letztlich müssen auch alle Nullstellen des Nennerpolynoms $\Delta_s(z)$ der Regelstrecke innerhalb des Einheitskreises liegen, da in der Störübertragungsfunktion des Regelkreises eine Kürzung des Polynoms $\Delta_s(z)$ auftritt. Diese Kürzung tritt auch beim Übergang von (5.80) zu (5.81) in Erscheinung. Sowohl die Regelstrecke $G_s(z) = Z_s(z)/\Delta_s(z)$ als auch das Störmodell $C(z)/\Delta_s(z)$ müssen somit Minimalphasensysteme sein. ■

Setzen wir das MV-Reglergesetz in (5.81) ein, so heben sich die beiden letzten Terme der rechten Seite auf, was die minimale Varianz der Ausgangsgröße sichert. Es folgt

(5.87) $$y(k) = F^*(q^{-1})e(k) \quad .$$

Als Störübertragungsfunktion des Regelkreises erhalten wir

(5.88) $$\frac{Y(z)}{E(z)} = F^*(z^{-1}) = z^{1-d}\,F(z) = \frac{z^{d-1} + f_1 z^{d-2} + \ldots + f_{d-1}}{z^{d-1}} \quad .$$

(5.89) Anmerkungen:

Das Minimum-Varianz-Reglergesetz hat den Nachteil, daß das Regelkreisverhalten häufig sehr empfindlich bezüglich Parameteränderungen der Regelstrecke ist und daß der Stellgrößenaufwand sehr groß sein kann. Zur Vermeidung dieser Schwierigkeiten ist es möglich, suboptimale Reglergesetze zu verwenden. Diese können auch dann eingesetzt werden, wenn das Zählerpolynom $Z_s(z)$ der Regelstrecke Nullstellen außerhalb des Einheitskreises besitzt.

Weiterhin ist es möglich, Minimum-Varianz-Regler herzuleiten, bei denen neben der Varianz der Regelgröße auch der Stellgrößenaufwand bewertet wird. Außerdem kann eine beliebige zeitveränderliche Führungsgröße berücksichtigt werden.

Auf alle diese Modifikationen wird hier nicht eingegangen und auf die Literatur verwiesen (siehe z.B. ÅSTRÖM [5.2], Seite 182-187 und UNBEHAUEN [5.8], Seite 150-170). ■

(5.90) Beispiel: MV-Regler für eine Regelstrecke 2. Ordnung

Für die stochastisch gestörte Regelstrecke

(5.91) $$Y(z) = \frac{0,6}{z^2-0,8z}\,U(z) + \frac{z^2+0,5z}{z^2-0,8z}\,E(z)$$

soll ein Minimum-Varianz-Regler entworfen werden. Die Varianz des i.w.S. stationären weißen Störprozesses $\{e(k)\}$ sei

(5.92) $$\mathrm{Var}[e(k)] = E[e^2(k)] = \sigma^2 \quad .$$

Die Zähler- und Nennerpolynome der Übertragungsfunktionen der Regelstrecke und des Störmodells besitzen nur Nullstellen innerhalb des Einheitskreises, so daß die in (5.86) geforderten Minimalphaseneigenschaften erfüllt sind. Die interessierenden Polynome sind

$$\begin{aligned} Z_S(z) &= 0{,}6 \quad ; & Z_S^*(z^{-1}) &= 0{,}6 \quad ; \\ \Delta_S(z) &= z^2-0{,}8z \quad ; & \Delta_S^*(z^{-1}) &= 1-0{,}8z^{-1} \quad ; \\ C(z) &= z^2+0{,}5z \quad ; & C^*(z^{-1}) &= 1+0{,}5z^{-1} \quad . \end{aligned}$$

Die Grade sind $n = 2$, $m = 0$, $d = 2$. Die unbekannten Polynome $F^*(z^{-1})$ und $G^*(z^{-1})$ werden gemäß (5.75) angesetzt ($q \to z$):

$$F^*(z^{-1}) = 1 + f_1z^{-1} \quad ; \quad G^*(z^{-1}) = g_o + g_1z^{-1} \quad .$$

Zu ihrer Berechnung wird (5.76) verwendet ($q \to z$):

$$\begin{aligned} 1+0{,}5z^{-1} &= (1+f_1z^{-1})(1-0{,}8z^{-1}) + z^{-2}(g_o+g_1z^{-1}) \\ &= 1 + (f_1-0{,}8)z^{-1} + (g_o-0{,}8f_1)z^{-2} + g_1z^{-3} \quad . \end{aligned}$$

Durch Koeffizientenvergleich erhalten wir die Lösung

(5.93) $$f_1 = 1{,}3 \quad , \quad g_o = 1{,}04 \quad , \quad g_1 = 0 \quad .$$

Die Übertragungsfunktion des Minimum-Varianz-Reglers lautet somit

(5.94) $$G_{MV}(z) = \frac{1{,}04}{0{,}6(1+1{,}3z^{-1})} = \frac{1{,}73}{1+1{,}3z^{-1}} = \frac{1{,}73z}{z+1{,}3} \quad .$$

Die Varianz der Regelgröße $\{y(k)\}$ ist im eingeschwungenen Zustand (bei verschwindender oder konstanter Führungsgröße)

(5.95) $$\mathrm{Var}[y(k)] = (1 + f_1^2)\sigma^2 = 2{,}69\sigma^2 \quad .$$

Abschließend wollen wir berechnen, wie groß die Varianz von $\{y(k)\}$ im ungeregelten Fall für $u(k) \equiv 0$ ist. In diesem Fall gilt

$$Y(z) = \frac{z^2+0{,}5z}{z^2-0{,}8z} E(z) = \frac{1+0{,}5z^{-1}}{1-0{,}8z^{-1}} E(z) \quad .$$

Im Zeitbereich erhalten wir die Differenzengleichung

(5.96) $$y(k) = 0,8\, y(k-1) + e(k) + 0,5\, e(k-1) \quad .$$

Die Varianz der Ausgangsgröße ist

(5.97) $$E[y^2(k)] = E\left[0,8^2 y^2(k-1)+e^2(k)+0,5^2 e^2(k-1)+2\cdot 0,5\cdot 0,8 y(k-1)e(k-1)\right].$$

Hierbei wurde ausgenutzt, daß {e(k)} ein weißer Zufallsprozeß ist, so daß e(k) und e(k-1) sowie e(k) und y(k-1) unkorreliert sind, womit bei der Erwartungswertbildung die entsprechenden Produktterme verschwinden. Da {e(k)} ein im weiteren Sinne stationärer Zufallsprozeß ist, gilt dasselbe auch für {y(k)}. Somit ist

$$E[y^2(k)] = E[y^2(k-1)] \quad ,$$

da die ersten beiden Momente eines im weiteren Sinne stationären Zufallsprozesses gegenüber Zeitverschiebungen invariant sind. Weiterhin gilt wegen (5.96) und der Tatsache, daß {e(k)} weiß ist,

$$E[y(k-1)e(k-1)] = E[e^2(k-1)] = \sigma^2 \quad .$$

Aus (5.97) erhalten wir

$$E[y^2(k)] = 0,64\, E[y^2(k)] + (1+0,25+0,8)\sigma^2 \;,$$

$$E[y^2(k)](1-0,64) = 2,05\sigma^2 \;,$$

(5.98) $$E[y^2(k)] = 5,694\sigma^2 \quad .$$

Mit dem Minimum-Varianz-Regler erreichen wir in diesem Beispiel eine Absenkung der Varianz der Regelgröße auf ca. 47% des ursprünglichen Wertes. ■

5.3 Self-Tuning-Regler

5.3.1 Einführung

In Abschnitt 5.2 wurden unter der Voraussetzung bekannter Regelstreckenparameter Reglerentwurfsgleichungen hergeleitet, die ein vorgegebenes dynamisches Verhalten des geschlossenen Regelkreises sicherstellen.

Wenn die Regelstreckenparameter unbekannt oder nur ungenau bekannt sind, können Self-Tuning-Regler eingesetzt werden. Diese arbeiten gemeinhin nach dem sogenannten "Gewißheitsprinzip" ("certainty equivalence principle"): Mit Hilfe eines Identifikationsverfahrens werden Schätzwerte für die Regelstreckenparameter ermittelt und diese dann in die Reglerentwurfsgleichungen eingesetzt, so als wären sie gleich den wahren Parametern. Bei impliziten (direkten) Self-Tuning-Reglern sind beide Schritte zu einem zusammengefaßt. Zur Parameteridentifikation wird häufig die im Anhang A6.1 behandelte rekursive Methode der kleinsten Quadrate verwendet, aber auch andere Verfahren sind möglich. Aufgrund der numerischen Berechnungen werden Self-Tuning-Regler auf Prozeßrechnern implementiert, so daß zeitdiskrete Regelkreise vorliegen.

Es gibt unterschiedliche Möglichkeiten in der Art und Weise, wie der zeitliche Ablauf der Adaption der Reglerparameter vor sich gehen kann:

a) Die Regelstreckenparameter werden einmalig während einer Adaptionsphase identifiziert. Anschließend werden die Reglerparameter einmalig eingestellt. Der Regelkreis arbeitet dann als gewöhnlicher linearer zeitinvarianter Regelkreis. Derartige Adaptionsphasen können gegebenenfalls in großen Abständen wiederholt werden.

   Man wird diese Vorgehensweise wählen, wenn die Zeitpunkte der Parameteränderungen aufgrund physikalischer Vorinformationen bekannt sind (wie beispielsweise bei Fahrzeugen mit veränderlicher Zuladung) oder aber bekannt ist, daß die Regelstreckenparameter nicht oder nur langsam zeitveränderlich sind.

b) Die Regelstreckenparameter werden laufend geschätzt und die Parameter des Reglers in kurzen Zeitabständen nachgestellt. Diese Vorgehensweise wird gewählt, wenn die Regelstreckenparameter zeitveränderlich sind. Die Verstellung der Reglerparameter kann in jedem Abtastschritt oder jeweils nach einer gewissen Anzahl von Abtastschritten erfolgen.

Wenn keinerlei a-priori-Informationen über die Parameter einer Regelstrecke vorhanden sind, muß dem Beginn der Arbeitsweise eines adaptiven Reglers besondere Aufmerksamkeit geschenkt werden, da geeignete Startwerte für die Reglerparameter bekannt sein müssen, um anfängliche Instabilitäten des Regelkreises zu vermeiden. Wenn die Regelstrecke stabil ist, kann zur Bestimmung der Startparameter mit einer Identifikation an der ungeregelten Strecke begonnen werden. Andererseits besteht bei einer stabilen Regelstrecke die Möglichkeit, mit beliebigen

Reglerstartparametern zu beginnen und die Stellgröße der Regelstrecke in der Anfangsphase zu beschränken, um Instabilitäten des Regelkreises zu vermeiden. Ist die ungeregelte Strecke instabil, so muß irgend ein Regler bekannt sein, mit dem die Strecke stabilisiert werden kann. An der so stabilisierten Strecke kann dann die erste Identifikation vorgenommen werden.

Obwohl Konvergenzeigenschaften von Self-Tuning-Regelkreisen unabhängig von speziellen Konvergenzeigenschaften der Schätzparameter und damit ohne spezielle Anforderungen an die anregenden Systemgrößen gezeigt werden können (siehe Abschnitt 5.4), ist man in praktischen Anwendungen gezwungen, die Schätzparameter innerhalb eines Parameterbereichs zu halten, für den zumindest die Stabilität des Regelkreises dauerhaft garantiert ist. Damit ein derartiger Parameterbereich möglichst groß ist, muß ein adaptiver Regler entsprechend robust sein. Um andererseits die Schätzparameter innerhalb dieses Bereichs zu halten, muß der Regelkreis gut angeregt sein, was häufig erst durch eine der Stellgröße überlagerte, geeignete Anregungsgröße erreicht wird. Da diese jedoch zwangsläufig die Regelgüte verschlechtert, ist ein Kompromiß zwischen dem gewünschten dynamischen Regelverhalten und dem Adaptionsverhalten zu schließen. Ein derartiger Kompromiß kann beispielsweise darin bestehen, die Anregungsgröße nur in gewissen Zwischenphasen aufzuschalten.

Bei dem Einsatz von Identifikationsverfahren im Zusammenhang mit der adaptiven Regelung ist zu beachten, daß sich die unbekannte Regelstrecke innerhalb eines geschlossenen Regelkreises befindet (Identifikation im geschlossenen Regelkreis). Hierdurch können über den Regler unerwünschte Korrelationen zwischen der Regelstreckeneingangsgröße und eventuellen Störgrößen am Regelstreckenausgang auftreten. Weiterhin ist es möglich, daß aufgrund des geschlossenen Regelkreises die Regelstreckenparameter nicht eindeutig identifizierbar sind (siehe beispielsweise ÅSTRÖM, WITTENMARK [5.12], Seite 187). Dieses Problem läßt sich vermeiden, wenn die zeitdiskrete Kreisübertragungsfunktion mindestens einen Polstellenüberschuß von eins besitzt und der Regler von genügend hoher Ordnung ist. Eine ausführliche Darstellung der Bedingungen, die die Identifizierbarkeit der Regelstreckenparameter im geschlossenen Regelkreis sicherstellen, findet der Leser in SÖDERSTRÖM, GUSTAVSSON, LJUNG [5.22] und in GUSTAVSSON, LJUNG, SÖDERSTRÖM [5.14].

Zur Schätzung der unbekannten Regelstreckenparameter im geschlossenen Regelkreis bieten sich prinzipiell zwei Möglichkeiten an:

a) Direkte Identifikation

b) Indirekte Identifikation

Bei der direkten Identifikation werden die unbekannten Regelstreckenparameter in gewohnter Weise anhand von Eingangs-Ausgangs-Messungen an der Regelstrecke direkt geschätzt. Die Tatsache, daß die Eingangsgröße über den Regler von der Ausgangsgröße abhängt, tritt hierbei nicht explizit in Erscheinung, wenn die oben genannten Bedingungen an den Regelkreis erfüllt sind. Deshalb darf der Regler durchaus nichtlinear oder zeitvariabel sein.

Bei der indirekten Identifikation werden anhand von Messungen der Führungsgröße (oder einer Anregungsgröße) und der Ausgangsgröße des Regelkreises die Koeffizienten der Übertragungsfunktion des geschlossenen Regelkreises geschätzt. Diese Koeffizienten hängen über bekannte Gleichungen von den ebenfalls bekannten Reglerparametern und den unbekannten Regelstreckenparametern ab. Durch Rückrechnung dieser Gleichungen erhält man Schätzwerte für die Regelstreckenparameter. Im Zusammenhang mit der adaptiven Regelung ist die indirekte Identifikation wenig geeignet, da einerseits der Rechenaufwand gegenüber der direkten Identifikation größer ist und andererseits der geschlossene Regelkreis zeitvariabel ist, wenn die Reglerparameter während der Identifikation verändert werden.

5.3.2 Übergang von einem expliziten zu einem impliziten Self-Tuning-Regler bei Vorgabe des Führungsverhaltens

Bei einem impliziten Self-Tuning-Regler werden die gewünschten Reglerparameter direkt durch Eingangs-Ausgangs-Messungen an der Regelstrecke identifiziert, was häufig den Rechenaufwand vermindert. Hierzu ist es notwendig, die Regelstrecke neu zu parametrisieren, und zwar so, daß als unbekannte Regelstreckenparameter die gesuchten Reglerparameter auftreten. Dies ist jedoch nur in manchen Fällen durchführbar.

Auf den ersten Blick scheint sich eine weitere Möglichkeit zur Herleitung eines impliziten Self-Tuning-Algorithmus anzubieten: Da sich die Regelstrecke im geschlossenen Regelkreis befindet, ist die Regelstreckenausgangsgröße die Eingangsgröße des Reglers und die Regelstreckeneingangsgröße ist über die Führungsgröße des Regelkreises direkt mit der Reglerausgangsgröße verknüpft. Deshalb läge es nahe, zur Identifikation direkt die Eingangs-Ausgangs-Beziehung des Reglers zu verwenden. In diesem Fall würden jedoch die gerade eingestellten Reglerparameter (in der Startphase sind dies die Regler-Startparameter) geschätzt, nicht jedoch die aufgrund der Regelstreckeneigenschaften gesuchten Reglerparameter. Deshalb muß der Identifikation immer eine umparametrisierte Regelstreckengleichung zugrunde liegen. Wenn gleichzeitig die Identifizierbarkeit der Regelstreckenparameter im geschlossenen Regelkreis sichergestellt ist, werden auf diese Weise wirklich die Regelstreckenparameter und nicht die eingestellten Reglerparameter geschätzt.

Wir erläutern die Umparametrisierung der Regelstrecke anhand des Reglerentwurfs nach Abschnitt 5.2.1 (siehe auch ÅSTRÖM, [5.9], Seite 475).

Hierzu multiplizieren wir die Regelstreckengleichung (5.22) zunächst mit dem gesuchten Teil-Nennerpolynom des Reglers $\Delta_{c1}(p)$ und erhalten

$$\Delta_{c1}(p)\Delta_s(p)Y(p) = \Delta_{c1}(p)Z_s(p)U(p) \quad . \tag{5.99}$$

Durch Anwendung der Entwurfsgleichung (5.34) und Berücksichtigung von (5.36) folgt

$$\Delta_M(p)\tilde{\Delta}_B(p)Y(p) = \Delta_{c1}(p)Z_s(p)U(p) + Z_s^-(p)Z_c(p)Y(p) \quad ,$$

$$\Delta_M(p)\tilde{\Delta}_B(p)Y(p) = Z_s^-(p)[\Delta_c(p)U(p) + Z_c(p)Y(p)] \quad . \tag{5.100}$$

Die letzte Gleichung kann als eine neue Eingangs-Ausgangs-Beziehung der Regelstrecke aufgefaßt werden, in der als unbekannte Parameter die Koeffizienten der Polynome $Z_s^-(p)$, $\Delta_c(p)$ und $Z_c(p)$ auftreten. Die Polynome $\Delta_M(p)$ und $\tilde{\Delta}_B(p)$ sind vorgegeben und damit bekannt. Aufgrund des Produkts der unbekannten Polynome ist das entstandene Schätzproblem nichtlinear. Außerdem können in (5.100) mehr unbekannte Parameter als in der ursprünglichen Regelstreckengleichung (5.22) enthalten sein. Da den meisten bekannten Identifikationsverfahren Schätzgleichungen zugrunde liegen, die linear in den unbekannten Parametern sind, ist es zweckmäßig, die rechte Seite von (5.100) mit Hilfe der Polynome

$$\begin{aligned} \tilde{\Delta}_c(p) &:= Z_s^-(p)\Delta_c(p) \quad , \\ \tilde{Z}_c(p) &:= Z_s^-(p)Z_c(p) \end{aligned} \tag{5.101}$$

neu zu parametrisieren, so daß als Grundlage eines Schätzverfahrens die Beziehung

$$\Delta_M(p)\tilde{\Delta}_B(p)Y(p) = \tilde{\Delta}_c(p)U(p) + \tilde{Z}_c(p)Y(p) \tag{5.102}$$

dient, welche für einen zeitdiskreten Regelkreis im Zeitbereich eine Differenzengleichung darstellt. Bei Messungen von $\{u(k)\}$ und $\{y(k)\}$ kann zur Schätzung der Koeffizienten von $\tilde{\Delta}_C(p)$ und $\tilde{Z}_C(p)$ ein Identifikationsverfahren wie die rekursive Methode der kleinsten Quadrate angewendet werden, wenn von der Regelstrecke die Ordnung n_S, der Polstellenüberschuß $n_S - m_S$ und die Anzahl m_S^+ der zu kürzenden Nullstellen bekannt sind und die Polynome $\tilde{\Delta}_B(p)$, $\tilde{\Delta}_C(p)$, $\tilde{Z}_C(p)$ mit entsprechenden Graden angesetzt werden. Aus Schätzwerten für $\tilde{\Delta}_C(p)$ und $\tilde{Z}_C(p)$ lassen sich nach (5.101) Schätzwerte für $\Delta_C(p)$ und $Z_C(p)$ durch Kürzung (näherungsweise) gemeinsamer Nullstellen ermitteln, sofern solche auftreten.

Nun führt aber jede mögliche Zerlegung von $Z_S(p)$ in zu kürzende und nicht zu kürzende Streckennullstellen bei fester Anzahl m_S^+ auf dasselbe Schätzproblem, weshalb die Bestimmung der Polynome $\tilde{\Delta}_C(p)$ und $\tilde{Z}_C(p)$ nicht eindeutig möglich ist, es sei denn, man wählt $m_S^+ = 0$ (keine Kürzung von Streckennullstellen) oder $m_S^+ = m_S$ (Kürzung sämtlicher Streckennullstellen). Andernfalls kann sich bei der Schätzung eine der möglichen Zerlegungen von $Z_S(p)$ einstellen, was dazu führen kann, daß "instabile" Streckennullstellen gekürzt werden.

5.3.3 Ein Self-Tuning-Algorithmus für den Minimum-Varianz-Regler

Zum Entwurf eines Minimum-Varianz-Reglers muß einerseits die Regelstrecke und andererseits das Polynom $C(z)$ bekannt sein, welches durch das Frequenzspektrum des Störsignals festgelegt ist (siehe (5.61)). Da in vielen Fällen das Störsignal-Frequenzspektrum unbekannt sein wird, selbst wenn die Regelstrecke relativ genau bekannt ist, liegt es nahe, adaptive Minimum-Varianz-Regler einzusetzen. Ein derartiger adaptiver Algorithmus wurde erstmalig von ÅSTRÖM, WITTENMARK [5.12] angegeben und auf Konvergenz untersucht. Wir stellen diesen Algorithmus vor, ohne jedoch die Konvergenzeigenschaften zu zeigen. Die Ordnung n und der Polstellenüberschuß d der Regelstrecke werden als bekannt angenommen. Weiterhin setzen wir voraus, daß der Koeffizient b_o der höchsten Potenz des Zählers in der Übertragungsfunktion der Regelstrecke bekannt ist. Diese Annahme ist notwendig, um Schwierigkeiten bei der Identifikation im geschlossenen Regelkreis zu vermeiden. Die Regelstrecke und das Störmodell müssen entsprechend den Folgerungen (5.86) Minimalphasensysteme sein.

Wenn ein adaptiver Minimum-Varianz-Regler als expliziter Self-Tuning-Regler realisiert wird, ist es nicht ausreichend, die gewöhnliche rekursive Methode der kleinsten Quadrate zu verwenden, da diese bei Eingangs-Ausgangs-Messungen an der Regelstrecke nur für die Polynome $Z_s(z)$ und $\Delta_s(z)$ Schätzwerte liefert. Um ebenfalls Schätzwerte für das Polynom C(z) zu bekommen, müßte die erweiterte rekursive Methode der kleinsten Quadrate bei korreliertem Störprozeß angewendet werden (siehe Anhang A6.1.6). Die Schätzung von C(z) und die Auswertung der Reglerentwurfsgleichung (5.76) können durch einen impliziten Self-Tuning-Algorithmus umgangen werden. Zu dessen Herleitung betrachten wir das Minimum-Varianz-Reglergesetz

(5.103) $$Z_s^*(q^{-1})F^*(q^{-1})u(k) = -G^*(q^{-1})y(k)$$

mit den Operatoren

(5.104) $$\begin{aligned} Z_s^*(q^{-1}) &= b_o + b_1q^{-1} + \ldots + b_mq^{-m} && (b_o \neq 0)\ , \\ F^*(q^{-1}) &= 1 + f_1q^{-1} + \ldots + f_{d-1}q^{-d+1} && (d = n-m > 0)\ , \\ G^*(q^{-1}) &= g_o + g_1q^{-1} + \ldots + g_{n-1}q^{-n+1} \end{aligned}$$

(siehe (5.83), (5.84) und (5.76)). Zur Vereinfachung der Schreibweise führen wir die Abkürzung

(5.105) $$H^*(q^{-1}) := Z_s^*(q^{-1})F^*(q^{-1}) = h_o + h_1q^{-1} + \ldots + h_{n-1}q^{-n+1}$$

ein, wobei $h_o = b_o$ gilt. Das Minimum-Varianz-Reglergesetz lautet dann

(5.106) $$H^*(q^{-1})u(k) = -G^*(q^{-1})y(k)$$

oder in anderer Darstellung

(5.107) $$\begin{aligned} u(k) = -\frac{1}{b_o}\,[&h_1u(k-1) + \ldots + h_{n-1}u(k-n+1) + \\ &+ g_oy(k) + g_1y(k-1) + \ldots + g_{n-1}y(k-n+1)]\ . \end{aligned}$$

Um die Regleroperatoren $H^*(q^{-1})$ und $G^*(q^{-1})$ direkt identifizieren zu können, müssen wir eine geeignete Darstellung für die Regelstrecke finden. Wir betrachten zunächst den Fall, daß $C^*(q^{-1}) = 1$ ist. Dann erhalten wir aus (5.81) durch rückwärtige Verschiebung um d Schritte und Berücksichtigung der Abkürzung (5.105) die Regelstreckengleichung

(5.108) $$y(k) = G^*(q^{-1})y(k-d) + H^*(q^{-1})u(k-d) + F^*(q^{-1})e(k)\ ,$$

in welcher die gesuchten Regleroperatoren explizit auftreten. Durch Anwendung der rekursiven Methode der kleinsten Quadrate nach Anhang A6.1.3

auf diese Gleichung können die unbekannten Koeffizienten in den Operatoren $G^*(q^{-1})$ und $H^*(q^{-1})$ geschätzt werden, wenn $\{y(k)\}$ und $\{u(k)\}$ gemessen werden. Zu beachten ist, daß in (5.108) der Störprozeß $F^*(q^{-1})e(k)$ nicht mit den Eingangsgrößen $u(k-d)\ldots u(k-d-n+1)$ korreliert ist, was eine notwendige Bedingung für die Biasfreiheit der Methode der kleinsten Quadrate ist (siehe Anhang A6.1.2). Um Schwierigkeiten bei der Parameterschätzung im geschlossenen Regelkreis zu umgehen, wird angenommen, daß der Koeffizient b_o (oder wenigstens eine obere Schranke für diesen Koeffizienten) bekannt ist. Mit dieser Annahme erhalten wir den folgenden adaptiven Algorithmus:

(5.109) Impliziter Self-Tuning-Algorithmus für den Minimum-Varianz-Regler:

Parametervektor: $\underline{\hat{\vartheta}}_k^T = [\hat{g}_o(k),\hat{g}_1(k),\ldots,\hat{g}_{n-1}(k),\hat{h}_1(k),\ldots,\hat{h}_{n-1}(k)]$

Datenvektor: $\underline{h}_k^T = [y(k-d),y(k-d-1),\ldots,y(k-d-n+1)\ ,$

$u(k-d-1),u(k-d-2),\ldots,u(k-d-n+1)]\ .$

Schätzalgorithmus nach der rekursiven Methode der kleinsten Quadrate:

$$\underline{\hat{\vartheta}}_k = \underline{\hat{\vartheta}}_{k-1} + \underline{k}_k\,[y(k) - b_o u(k-d) - \underline{h}_k^T\,\underline{\hat{\vartheta}}_{k-1}]\ ,$$

$$\text{(5.110)} \qquad \underline{k}_k = \frac{\underline{P}_{k-1}\,\underline{h}_k}{1 + \underline{h}_k^T\,\underline{P}_{k-1}\underline{h}_k}\ ,$$

$$\underline{P}_k = [\underline{E} - \underline{k}_k\,\underline{h}_k^T]\,\underline{P}_{k-1}\ .$$

Der Parameter b_o wird als bekannt vorausgesetzt.

Reglergesetz:

$$u(k) = -\frac{1}{b_o}\,[\hat{h}_1(k)u(k-1) + \ldots + \hat{h}_{n-1}(k)u(k-n+1)$$

$$\text{(5.111)} \qquad + \hat{g}_o(k)y(k) + \hat{g}_1(k)y(k-1)+\ldots+\hat{g}_{n-1}(k)y(k-n+1)]\ .$$

■

In ÅSTRÖM, WITTENMARK [5.12], Seite 190, 191, ist gezeigt, daß der Self-Tuning-Algorithmus (5.109) unverändert angewendet werden darf, wenn $C^*(q^{-1}) \neq 1$ gilt.

5.3.4 Ein selbsteinstellender zeitdiskreter PID-Regler nach dem Verfahren von Ziegler-Nichols

Der in industriellen Anwendungen am häufigsten eingesetzte Reglertyp ist der PID-Regler. Bei Einsatz eines idealen zeitkontinuierlichen PID-Reglers berechnet sich die Stellgröße u(t) aus dem Regelfehler e(t) gemäß der Gleichung

$$u(t) = K_R[e(t) + \frac{1}{T_N}\int_0^t e(\tau)d\tau + T_V \frac{d}{dt} e(t)] \quad . \tag{5.112}$$

Hierbei nennt man K_R den Übertragungsbeiwert, T_N die Nachstellzeit und T_V die Vorhaltzeit des PID-Reglers (siehe FÖLLINGER [5.4], Seite 180). Die zugehörige Übertragungsfunktion des idealen PID-Reglers lautet

$$\tilde{G}_{PID}(s) = K_R(1 + \frac{1}{T_N s} + T_V s) \ . \tag{5.113}$$

Ausgehend von (5.112) übertragen wir zunächst das Reglergesetz für den Fall einer im Verhältnis zu den Regelkreiszeitkonstanten kleinen Abtastzeit T_a näherungsweise in den Z-Bereich. Hierzu schreiben wir (5.112) in der Form

$$u(t) = u_P(t) + u_I(t) + u_D(t) \tag{5.114}$$

mit

$$u_P(t) = K_R\, e(t) \qquad \text{(Proportionaler Anteil)} \ ,$$

$$u_I(t) = \frac{K_R}{T_N}\int_0^t e(\tau)d\tau \qquad \text{(Integraler Anteil)} \ , \tag{5.115}$$

$$u_D(t) = K_R T_V \frac{d}{dt} e(t) \qquad \text{(Differentieller Anteil)} \ .$$

Für den Proportionalanteil folgt aus

$$u_P(kT_a) = K_R\, e(kT_a) \tag{5.116}$$

durch Z-Transformation

$$U_P(z) = K_R\, E(z) \quad . \tag{5.117}$$

Den Integralanteil nähern wir durch die Beziehung (Trapezregel)

$$u_I(kT_a) = u_I((k-1)T_a) + \frac{K_R}{T_N}\frac{T_a}{2}[e(kT_a) + e((k-1)T_a)] \tag{5.118}$$

an und erhalten im Z-Bereich

(5.119) $U_I(z) = \dfrac{K_R T_a}{2 T_N} \dfrac{1+z^{-1}}{1-z^{-1}} E(z) = \dfrac{K_R T_a}{2 T_N} \dfrac{z+1}{z-1} E(z)$.

In dem differentiellen Anteil wird die zeitliche Ableitung durch den Differenzenquotienten

(5.120) $u_D(kT_a) = \dfrac{K_R T_V}{T_a} [e(kT_a) - e((k-1)T_a)]$

ersetzt, woraus durch Z-Transformation

(5.121) $U_D(z) = \dfrac{K_R T_V}{T_a} (1-z^{-1}) = \dfrac{K_R T_V}{T_a} \dfrac{z-1}{z}$

folgt. Nach Zusammenfassung der einzelnen Terme ergibt sich

(5.122)

$$U(z) = U_P(z) + U_I(z) + U_D(z)$$

$$= K_R \left[1 + \dfrac{T_a}{2T_N} \dfrac{z+1}{z-1} + \dfrac{T_V}{T_a} \dfrac{z-1}{z} \right] E(z)$$

und damit die Z-Übertragungsfunktion

(5.123) $G_{PID}(z) = K_R \dfrac{z^2(1 + \dfrac{T_a}{2T_N} + \dfrac{T_V}{T_a}) + z(\dfrac{T_a}{2T_N} - 1 - \dfrac{2T_V}{T_a}) + \dfrac{T_V}{T_a}}{z(z-1)}$.

Als zeitdiskretes PID-Reglergesetz erhalten wir

(5.124)

$$u(k) = u(k-1) + K_R(1 + \dfrac{T_a}{2T_N} + \dfrac{T_V}{T_a}) e(k)$$

$$+ K_R(\dfrac{T_a}{2T_N} - 1 - \dfrac{2T_V}{T_a}) e(k-1) + K_R \dfrac{T_V}{T_a} e(k-2)$$.

Zur Festlegung der Parameter eines PID-Reglers beim Einsatz an einfachen stabilen Regelstrecken mit Verzögerungsverhalten und eventueller Totzeit existieren unterschiedliche Verfahren, die Einstellregeln bereitstellen. Eines davon ist das Verfahren nach Ziegler-Nichols (siehe ZIEGLER, NICHOLS [5.25]), welches darauf beruht, anhand eines Versuches an der Regelstrecke den Schnittpunkt der Regelstrecken-Ortskurve $\tilde{G}_s(j\omega)$ mit der negativen reellen Achse zu ermitteln. Dieser ist durch die Gleichung

(5.125) $\tilde{G}_s(j\omega_{krit}) = -\dfrac{1}{K_{krit}}$

festgelegt. Die Größe K_{krit} nennt man kritische Verstärkung und

(5.126) $$T_{krit} := \frac{2\pi}{\omega_{krit}}$$

kritische Periodendauer. Zur Ermittlung dieser Werte wird die Regelstrecke über einen P-Regler betrieben, dessen Verstärkung so lange erhöht wird, bis die Regelgröße sich näherungsweise im harmonischen Schwingungszustand befindet (Stabilitätsgrenze). Der eingestellte Verstärkungsfaktor des P-Reglers ist dann gerade gleich K_{krit}, und die Periodendauer der Regelgröße ist gleich T_{krit}. Anhand dieser Werte werden die Reglerparameter nach den folgenden Einstellregeln berechnet:

(5.127) **Einstellregeln nach Ziegler-Nichols:**

P - Regler : $K_R = 0{,}5\ K_{krit}$.

PI- Regler : $K_R = 0{,}45\ K_{krit}$; $T_N = 0{,}85\ T_{krit}$.

PID-Regler : $K_R = 0{,}6\ K_{krit}$; $T_N = 0{,}5\ T_{krit}$; $T_V = 0{,}125\ T_{krit}$.

■

Im folgenden wird ein Verfahren vorgestellt, mit dessen Hilfe das Einstellverfahren für die Reglerparameter automatisiert werden kann (siehe ÅSTRÖM, HÄGGLUND [5.11]), wenn zur Regelung ein Prozeßrechner verwendet wird, dessen Abtastzeit so klein ist, daß der Abtastvorgang auf die Regelgüte keinen wesentlichen Einfluß hat. Die weiteren Überlegungen und der Reglerentwurf können dann zeitkontinuierlich durchgeführt und unmittelbar auf den zeitdiskreten Fall übertragen werden. Das automatische Einstellverfahren verläuft folgendermaßen:

Über eine vom Prozeßrechner erzeugte Stellgröße wird die (stabile) Regelstrecke zunächst ungeregelt in die Nähe des vorgesehenen Arbeitspunktes gefahren. Anschließend wird die Regelstrecke mit Hilfe eines Zweipunktgliedes (das denkbar einfach programmierbar ist) geregelt. Hierdurch stellt sich eine näherungsweise harmonische Grenzschwingung des Regelfehlers ein, die nach Tabelle (2.133) stabil ist, wenn die Regelstrecke bis auf einen einfachen integralen Anteil BIBO-stabil ist und deren Ortskurve die negative reelle Achse nur einmal schneidet. Durch Anwendung der Methode der Harmonischen Balance folgt unmittelbar, daß die Frequenz dieser Grenzschwingung näherungsweise gleich ω_{krit} ist. Zwischen der Schwingungsamplitude A des Regelfehlers und der kritischen Verstärkung K_{krit} besteht nach (2.75) und (2.98) der Zusammenhang

(5.128) $$N_I(A) = -\frac{\pi A}{4K} = \tilde{G}_s(j\omega_{krit}) = -\frac{1}{K_{krit}} .$$

Hierbei ist K die Ausgangsamplitude des Zweipunktgliedes. Es folgt

(5.129) $$K_{krit} = \frac{4K}{\pi A} .$$

Die Periodendauer T_{krit} der Schwingung kann innerhalb des Prozeßrechners leicht durch Bestimmung der Zeitdauer zwischen den Nulldurchgängen des Regelfehlers ermittelt werden. Zur Bestimmung der Amplitude A können die maximalen und minimalen Werte des Regelfehlers gemessen werden. Mit K_{krit} nach (5.129) werden die Parameter des P-, PI- oder PID-Reglers berechnet, womit der Regler einsatzfähig ist.

Die Bestimmung von K_{krit} und T_{krit} anhand der Grenzschwingungen der zweipunktgeregelten Strecke hat gegenüber der ursprünglichen Bestimmung mit einem P-Regler mehrere Vorteile. Zum einen kann es recht mühsam und langwierig sein, mit Hilfe des P-Reglers die Stabilitätsgrenze aufzufinden und das System im Schwingungszustand zu halten. Diese Einstellung entfällt beim Einsatz des Zweipunktgliedes. Zum anderen kann mit Hilfe des Zweipunktgliedes die Amplitude der Grenzschwingung eingestellt werden, was sehr vorteilhaft ist, da in technischen Systemen immer eine maximal zulässige Amplitude vorgegeben sein wird. Die Amplitude der Grenzschwingung hängt gemäß (5.129) proportional von der Ausgangsamplitude K des Zweipunktgliedes ab. Diese kann gegebenenfalls nachadaptiert werden.

Nach ÅSTRÖM, HÄGGLUND [5.11] erwies sich der selbsteinstellende PID-Regler bei praktischen Anwendungen als sehr robust und einfach handhabbar. Es zeigte sich, daß bei Verwendung eines Zweipunktgliedes mit kleiner Hysterese anstelle eines reinen Zweipunktgliedes Meßfehler unterdrückt werden, die auf Meßrauschen zurückzuführen sind.

5.4 Konvergenzbetrachtungen bei Self-Tuning-Regelkreisen

5.4.1 Vorbemerkungen

Da bei Self-Tuning-Regelkreisen Identifikationsverfahren innerhalb geschlossener Regelkreise eingesetzt werden, deren Reglerparameter in Abhängigkeit von den Schätzwerten der Identifikationsverfahren verstellt werden, sind aufgrund der Nichtlinearität der Gesamtsysteme allgemeine Untersuchungen über das Regelgrößenverhalten gemeinhin sehr schwierig. Aus diesem Grunde beschränkt man sich meistens auf Untersuchungen über das asymptotische Regelkreisverhalten. Diese nennen wir Konvergenzuntersuchungen.

In theoretischer Hinsicht einfach zu überblicken ist der Fall eines über die Führungsgröße oder eine Störgröße hinreichend gut angeregten Self-Tuning-Regelkreises, bei dem die Parameter eines (von der Struktur her linearen) Reglers in großen Zeitabständen neu eingestellt werden, ansonsten jedoch fest sind. In diesem Fall liegt zwischenzeitlich jeweils ein linearer zeitinvarianter Regelkreis vor, wodurch sichergestellt ist, daß die anregenden Frequenzen des Führungs- oder Störsignals auch in der Stellgröße der Regelstrecke enthalten sind. Ist die Stabilität des Regelkreises gewährleistet und wartet man mit einer Verstellung der Reglerparameter jeweils solange, bis die Schätzparameter eingeschwungen sind, so hat man die Konvergenzeigenschaften des adaptiven Regelkreises aufgrund der zeitlichen Entkopplung von Identifikation und Reglerentwurf auf die Konvergenzeigenschaften des Identifikationsverfahrens zurückgeführt. Wenn für das Identifikationsverfahren die Konsistenz gezeigt werden kann, so ist die Konvergenz der Reglerparameter gegen die gesuchten Reglerparameter sichergestellt.

Wir betrachten in diesem Abschnitt zwei unterschiedliche, im Hinblick auf das Führungsverhalten entworfene, zeitdiskrete Self-Tuning-Regelalgorithmen, bei denen sämtliche Parameter der Regelstrecke mit Hilfe der Methode der kleinsten Quadrate (siehe Anhang A6.1.3) rekursiv geschätzt und in jedem Abtastschritt die Reglerparameter neu berechnet und eingestellt werden. An die Führungsgrößen der Regelkreise werden hierbei, abgesehen von der Beschränktheit, keine weiteren Voraussetzungen gestellt. Wir nehmen allerdings an, daß <u>keinerlei Störgrößen</u> im Regelkreis auftreten. Für beide Self-Tuning-Algorithmen wird die Konvergenz in dem Sinne formuliert, daß die Ausgangsgröße des Regelkreises asymptotisch gegen ein gewünschtes Verhalten strebt und daß alle Systemgrößen im Regelkreis beschränkt bleiben. Über die Konvergenzgeschwindigkeit werden jedoch keine Aussagen gemacht. Ebensowenig werden Schranken für die Systemgrößen angegeben, womit anfängliche Instabilitäten des Regelkreises nicht ausgeschlossen sind. Diesbezüglich existieren in der Literatur bisher kaum Ergebnisse. Die Beweistechnik erfolgt in Anlehnung an GOODWIN, SIN [5.5] und GOODWIN, HILL, PALANISWAMI [5.13]. In diesen Literaturstellen sind die Konvergenzaussagen und Beweise jedoch so formuliert, daß gleichzeitig unterschiedliche Identifikationsverfahren erfaßt werden. Aus Gründen der Einfachheit wird hier nur die rekursive Methode der kleinsten Quadrate betrachtet. GOODWIN, SIN [5.5] kann entnommen werden, wie sich auch im Fall stochastischer Störgrößen Konvergenz von Self-Tuning-Regelkreisen zeigen läßt.

Die Ausführungen dieses Abschnitts verfolgen zwei Ziele. Einerseits sollen dem an der Anwendung interessierten Leser zwei adaptive Regelalgorithmen bereitgestellt werden, für die unter störungsfreien Verhältnissen Konvergenz gezeigt werden kann, so daß der Anwendung eine theoretische Basis zugrunde liegt. Andererseits soll ein Einblick in auftretende Schwierigkeiten bei der Konvergenzuntersuchung von Self-Tuning-Regelkreisen vermittelt und dem Leser die Möglichkeit gegeben werden, eventuell selbständig Konvergenzuntersuchungen durchzuführen.

In Abschnitt 5.4.2 wird zunächst ein Self-Tuning-Regelkreis betrachtet, bei dem das gewünschte Führungsverhalten in Form eines Referenzmodells (Vorgabe der Pol- und Nullstellen) spezifiziert ist. Hierbei werden sämtliche Nullstellen der Regelstrecke durch den Regler herausgekürzt, wodurch sich bezüglich der Anwendbarkeit gewisse Einschränkungen ergeben (siehe (5.21) in Abschnitt 5.1). Für diesen Reglerentwurf wird die Konvergenz gezeigt, wobei alle Beweisschritte ausführlich erläutert werden.

In Abschnitt 5.4.3 wird dann ein Self-Tuning-Algorithmus angegeben, dem eine Vorgabe der Polstellen des geschlossenen Regelkreises zugrunde liegt. Hierbei werden die Nullstellen der Regelstrecke nicht gekürzt, so daß diesbezügliche Einschränkungen in der Anwendbarkeit entfallen. Da die Konvergenzuntersuchung dieses Self-Tuning-Reglers beweistechnisch etwas umfangreicher ist, werden die Konvergenzeigenschaften nur formuliert, jedoch nicht bewiesen.

Bei beiden Reglerentwürfen gehen wir von einer linearen (quasi-)zeitinvarianten zeitdiskreten Regelstrecke aus, deren Parameter unbekannt sind. Wir setzen voraus, daß die Regelstreckenordnung n und bei der Vorgabe eines Referenzmodells nach Abschnitt 5.4.2 zusätzlich der Polstellenüberschuß d der Regelstrecke (Regelstreckentotzeit) bekannt ist.

Da die Reglerparameter eines adaptiven Regelkreises zeitveränderlich sind, kann das Regelkreisverhalten nicht mehr anhand von Übertragungsfunktionen im Z-Bereich charakterisiert werden. Wir führen deshalb den aus der Herleitung des Minimum-Varianz-Reglers (Abschnitt 5.2.2) bekannten Verschiebeoperator q bzw. q^{-1} ein und stellen das Verhalten der einzelnen Regelkreiskomponenten jeweils im Zeitbereich dar.

5.4.2 Self-Tuning-Regler bei Vorgabe eines Referenzmodells

Die lineare (quasi-)zeitinvariante Regelstrecke sei beschrieben durch die Eingangs-Ausgangs-Beziehung

(5.130) $$\Delta_s(q)y(k) = Z_s(q)u(k)$$

oder in anderer Darstellung

(5.131) $$\Delta_s^*(q^{-1})y(k) = q^{-d}Z_s^*(q^{-1})u(k) \quad .$$

Hierbei sind

(5.132)
$$\begin{aligned}
\Delta_s(q) &= q^n + a_1q^{n-1} + \dots + a_{n-1}q + a_n \ ,\\
Z_s(q) &= b_0q^m + b_1q^{m-1} + \dots + b_{m-1}q + b_m \ ,\\
\Delta_s^*(q^{-1}) &= 1 + a_1q^{-1} + \dots + a_nq^{-n} = q^{-n}\,\Delta_s(q) \ ,\\
Z_s^*(q^{-1}) &= b_0 + b_1q^{-1} + \dots + b_mq^{-m} = q^{-m}\,Z_s(q) \quad .
\end{aligned}$$

Das Polynom $Z_s(q)$ sei so beschaffen, daß alle Nullstellen von $Z_s(z)$ innerhalb des Einheitskreises der z-Ebene liegen, so daß $Z_s(q)$ durch einen Regler kompensiert werden darf. Die Ordnung n und der Polstellenüberschuß $d = n-m$ der Regelstrecke seien bekannt. Das gewünschte Führungsverhalten des zu entwerfenden Regelkreises geben wir anhand des stabilen Parallel-Führungsmodells

(5.133) $$\Delta_M(q)y_M(k) = Z_M(q)r(k)$$

oder in anderer Darstellung

(5.134) $$\Delta_M^*(q^{-1})y_M(k) = Z_M^*(q^{-1})q^{-d}\ r(k)$$

vor. Hierbei werden dieselbe Totzeit und dieselbe Ordnung wie bei der Regelstrecke angesetzt. r(k) ist die Führungsgröße des Regelkreises. Wir müssen an dieser Stelle voraussetzen, daß in (5.132) $b_0 \neq 0$ gilt. Ansonsten wäre die Regelstreckentotzeit größer als angenommen und somit größer als die des vorgegebenen Parallel-Führungsmodells, was auf ein nichtkausales (und somit nicht realisierbares) Reglergesetz führen würde.

Wir gehen zunächst von der Annahme bekannter Regelstreckenparameter aus. Im Falle bekannter Regelstreckenparameter kann unmittelbar der Reglerentwurf nach Abschnitt 5.2.1 angewendet werden, indem die komplexe

Variable p formal durch den Verschiebeoperator q ersetzt wird, um auf eine Darstellung im Zeitbereich überzugehen. Nach (5.23) lautet das Reglergesetz

$$\Delta_c(q)u(k) = Z_V(q)r(k) - Z_c(q)y(k) \quad . \tag{5.135}$$

Da nach Voraussetzung sämtliche Regelstreckennullstellen kürzbar sind, wählen wir in (5.27)

$$Z_S^-(q) = 1 \quad ,$$

so daß gilt

$$Z_S(q) = Z_S^+(q) \quad ; \quad Z_M(q) = Z_M^+(q) \quad . \tag{5.136}$$

Durch diese Wahl sind - im Unterschied zu Abschnitt 5.2.1 - die Polynome $Z_S^+(q)$ und $\Delta_c(q)$ im allgemeinen nicht monisch, d.h. ihre höchsten Koeffizienten sind ungleich eins. Hierdurch entstehen keinerlei Schwierigkeiten; andererseits wird Schreibarbeit gespart, da der Koeffizient b_o nicht gesondert berücksichtigt zu werden braucht. Nach (5.37) und (5.34) lautet das Reglergesetz

$$Z_S(q)\Delta_{c1}(q)u(k) = \tilde{\Delta}_B(q)Z_M(q)r(k) - Z_c(q)y(k) \tag{5.137}$$

und die Reglerentwurfsgleichung

$$\Delta_M(q)\tilde{\Delta}_B(q) = \Delta_S(q)\Delta_{c1}(q) + Z_c(q) \quad . \tag{5.138}$$

Da das Parallelführungsmodell mit demselben Grad wie die Regelstrecke angesetzt wurde, ist die Entwurfsgleichung (5.138) genau dann eindeutig lösbar, wenn Grad$[\tilde{\Delta}_B(q)]$ = d-1 gewählt wird (siehe (5.41)) und im Regler der Zählergrad gleich dem Nennergrad angesetzt wird. Die zu (5.137) und (5.138) äquivalenten Darstellungen mit Operatorpolynomen in q^{-1} lauten dann

$$Z_S^*(q^{-1})\Delta_{c1}^*(q^{-1})u(k) = \tilde{\Delta}_B^*(q^{-1})Z_M^*(q^{-1})r(k) - Z_c^*(q^{-1})y(k) \tag{5.139}$$

und

$$\Delta_M^*(q^{-1})\tilde{\Delta}_B^*(q^{-1}) = \Delta_S^*(q^{-1})\Delta_{c1}^*(q^{-1}) + q^{-d}\, Z_c^*(q^{-1}) \quad , \tag{5.140}$$

wobei

$$\begin{aligned} \tilde{\Delta}_B^*(q^{-1}) &= 1 + \beta_1 q^{-1} + \dots + \beta_{d-1}q^{-d+1} \quad , \\ \Delta_{c1}^*(q^{-1}) &= 1 + \alpha_1 q^{-1} + \dots + \alpha_{d-1}q^{-d+1} \quad , \\ Z_c^*(q^{-1}) &= c_o + c_1 q^{-1} + \dots + c_{n-1}q^{-n+1} \quad . \end{aligned} \tag{5.141}$$

Wir kehren nun zu der ursprünglichen Annahme zurück, daß die Regelstreckenparameter unbekannt sind. Wir gelangen von dem Reglergesetz (5.139) zu einem adaptiven Reglergesetz, indem wir das "Gewißheitsprinzip" ("Certainty Equivalence Principle") anwenden. In (5.139) und (5.140) werden die wahren Regelstreckenparameter durch Schätzwerte ersetzt. Diese werden hier nach der Methode der kleinsten Quadrate berechnet. In jedem Abtastschritt wird anhand der neuen Schätzwerte für die Regelstreckenparameter die Reglerentwurfsgleichung (5.140) gelöst und ein neuer Satz Reglerparameter berechnet. Die zeitinvarianten Operatoren $Z_s^*(q^{-1})$, $\Delta_s^*(q^{-1})$, $Z_c^*(q^{-1})$ und $\Delta_{c1}^*(q^{-1})$ gehen beim adaptiven Reglergesetz in die zeitvariablen Operatoren

(5.142)
$$\begin{aligned}
\hat{Z}_s^*(k,q^{-1}) &= \hat{b}_o(k) + \hat{b}_1(k)q^{-1} + \ldots + \hat{b}_m(k)q^{-m} \;, \\
\hat{\Delta}_s^*(k,q^{-1}) &= 1 + \hat{a}_1(k)q^{-1} + \ldots + \hat{a}_n(k)q^{-n} \;, \\
\hat{Z}_c^*(k,q^{-1}) &= \hat{c}_o(k) + \hat{c}_1(k)q^{-1} + \ldots + \hat{c}_{n-1}(k)q^{-n+1} \;, \\
\hat{\Delta}_{c1}^*(k,q^{-1}) &= 1 + \hat{\alpha}_1(k)q^{-1} + \ldots + \hat{\alpha}_{d-1}(k)q^{-d+1}
\end{aligned}$$

über. Setzen wir diese Operatoren in (5.139) und (5.140) ein, so treten Produkte von zeitvariablen Operatoren auf. Wir müssen zunächst klären, wie wir die Produktbildung auffassen wollen. Hierzu definieren wir am Beispiel der Operatoren $\hat{Z}_s^*(k,q^{-1})$ und $\hat{Z}_c^*(k,q^{-1})$ zwei unterschiedliche Produkte:

(5.143) <u>Definition (Produkte zeitvarianter Verschiebungsoperatoren)</u>:

(5.144)
$$\hat{Z}_s^*(k,q^{-1})\cdot\hat{Z}_c^*(l,q^{-1}) := \sum_{i=o}^{m}\sum_{j=o}^{n-1} \hat{b}_i(k)\hat{c}_j(l-i)q^{-i-j} \;,$$

(5.145)
$$\hat{Z}_s^*(k,q^{-1})\hat{Z}_c^*(l,q^{-1}) := \sum_{i=o}^{m}\sum_{j=o}^{n-1} \hat{b}_i(k)\hat{c}_j(l)q^{-i-j} \;. \qquad \blacksquare$$

(5.146) **Anmerkungen**:

Die Produktoperation (5.144) entsteht durch gewöhnliche Anwendung des zeitvariablen Operators $\hat{Z}_s^*(k,q^{-1})$ auf den zeitvariablen Operator $\hat{Z}_c^*(l,q^{-1})$. Hierbei müssen die Verschiebeoperatoren in $\hat{Z}_s^*(k,q^{-1})$ auf die zeitvariablen Koeffizienten von $\hat{Z}_c^*(l,q^{-1})$ angewendet werden, wodurch Umformungen der Gestalt

(5.147) $$\hat{b}_i(k)q^{-i}\hat{c}_j(1)q^{-j} = \hat{b}_i(k)\hat{c}_j(1-i)q^{-i-j}$$

auftreten. Die Produktoperation (5.144) ist nicht kommutativ, d.h.

(5.148) $$\hat{Z}_s^*(k,q^{-1})\cdot\hat{Z}_c^*(1,q^{-1}) \neq \hat{Z}_c^*(1,q^{-1})\cdot\hat{Z}_s^*(k,q^{-1}) \quad .$$

Im Gegensatz hierzu werden bei der Produktoperation (5.145) die Verschiebeoperatoren nicht auf die zeitvariablen Operatorkoeffizienten angewendet. Deshalb ist die Produktoperation (5.145) kommutativ:

(5.149) $$\hat{Z}_s^*(k,q^{-1})\hat{Z}_c^*(1,q^{-1}) = \hat{Z}_c^*(1,q^{-1})\hat{Z}_s^*(k,q^{-1}) \quad .$$

Nur bei Anwendung der Produktoperation (5.144) gilt für gemischte Produkte zwischen Operatoren und Folgen ein assoziatives Gesetz der Art

$$[\hat{Z}_s^*(k,q^{-1})\cdot\hat{Z}_c^*(1,q^{-1})]x(\nu) = \hat{Z}_s^*(k,q^{-1})[\hat{Z}_c^*(1,q^{-1})x(\nu)] \quad .$$

Im Falle zeitinvarianter Operatoren sind die beiden Produktoperationen (5.144) und (5.145) identisch. ■

Bei der Überführung zeitinvarianter Reglergesetze in zeitvariante (adaptive) Reglergleichungen bestehen unterschiedliche Möglichkeiten, die zeitliche Anpassung der Reglerparameter zu realisieren. Zwei dieser Möglichkeiten können durch die oben definierten Produkte von Verschiebeoperatoren erzeugt werden. Wir gehen von den Reglergleichungen (5.139) und (5.140) durch Anwendung der Produktbildung (5.145) zu adaptiven Reglergleichungen über:

Reglergesetz:

(5.150) $$\hat{Z}_s^*(k,q^{-1})\hat{\Delta}_{c1}^*(k,q^{-1})u(k) = \tilde{\Delta}_B^*(q^{-1})Z_M^*(q^{-1})r(k) - \hat{Z}_c^*(k,q^{-1})y(k) \quad .$$

Reglerentwurfsgleichung:

(5.151) $$\Delta_M^*(q^{-1})\tilde{\Delta}_B^*(q^{-1}) = \hat{\Delta}_s^*(k,q^{-1})\hat{\Delta}_{c1}^*(k,q^{-1}) + q^{-d}\hat{Z}_c^*(k,q^{-1}) \quad .$$

Auf diese Weise treten in den Gleichungen (5.150) und (5.151) nur Reglerparameter und geschätzte Regelstreckenparameter jeweils desselben Zeitpunktes k auf.

Die geschätzten Regelstreckenparameter $\hat{b}_o(k),\ldots,\hat{b}_m(k)$, $\hat{a}_1(k),\ldots,\hat{a}_n(k)$ in (5.150) und (5.151) werden dem Schätzparametervektor

(5.152) $$\underline{\hat{\theta}}_k = [\hat{a}_1(k),\ldots,\hat{a}_n(k),\ \hat{b}_o(k),\ldots,\hat{b}_m(k)]^T$$

aus der rekursiven Methode der kleinsten Quadrate entnommen. $\hat{\underline{\vartheta}}_k$ berechnet sich nach der Rekursionsgleichung

$$\hat{\underline{\vartheta}}_k = \hat{\underline{\vartheta}}_{k-1} + \underline{k}_k[y(k) - \underline{h}_k^T \hat{\underline{\vartheta}}_{k-1}] ,$$

(5.153)
$$\underline{k}_k = \frac{\underline{P}_{k-1}\underline{h}_k}{1 + \underline{h}_k^T \underline{P}_{k-1}\underline{h}_k} ,$$

$$\underline{P}_k = [\underline{E} - \underline{k}_k \underline{h}_k^T] \underline{P}_{k-1}$$

mit dem Datenvektor

(5.154)
$$\underline{h}_k^T = [-y(k-1),...,-y(k-n), u(k-d),...,u(k-d-m)]$$

und den Startwerten $\hat{\underline{\vartheta}}_o$ und $\underline{P}_o$ (siehe Anhang A6.1.3). In jedem Abtastschritt werden die Reglerparameter anhand der aktualisierten Schätzwerte für die Regelstreckenparameter neu berechnet. Damit das Reglergesetz (5.150) nach u(k) auflösbar ist, muß sichergestellt sein, daß in (5.142) $\hat{b}_o(k) \neq 0$ gilt, was wir im folgenden annehmen. Wäre $\hat{b}_o(k)$ gleich null, müßte in (5.142) $\hat{b}_o(k)$ gleich einem festen, von null verschiedenen Wert $\hat{b}_{omin}$ gesetzt werden. Derartige Modifikationen werden bei der Konvergenzuntersuchung allerdings nicht berücksichtigt. Bevor wir die Konvergenzeigenschaften des Self-Tuning-Reglers untersuchen, werden eine Definition und zwei Sätze vorangestellt, auf die wir an späterer Stelle zurückgreifen.

(5.155) **Definition (Prädiktionsfehler):**

Die Größe

(5.156)
$$e(k) := y(k) - \underline{h}_k^T \hat{\underline{\vartheta}}_{k-1}$$

nennt man Prädiktionsfehler (zum Zeitschritt k). e(k) ist die Differenz zwischen dem Meßwert y(k) und dem aufgrund der Meßwerte bis zum Zeitschritt k-1 und des Schätzparametervektors $\hat{\underline{\vartheta}}_{k-1}$ vorhergesagten Meßwert (Prädiktionswert) $\hat{y}(k) = \underline{h}_k^T \hat{\underline{\vartheta}}_{k-1}$. ■

(5.157) **Satz (Konvergenzeigenschaften der rekursiven Methode der kleinsten Quadrate):**

Die rekursive Methode der kleinsten Quadrate nach (5.153) besitzt, unabhängig von der anregenden Eingangsgröße, folgende Konvergenzeigenschaften, die allerdings nur für den Fall verschwindender Störgrößen gültig sind:

a) $\hat{\underline{\vartheta}}_k$ ist beschränkt für alle $k \in \mathbb{N}_0$.

b) $\lim\limits_{k\to\infty} \| \hat{\underline{\vartheta}}_{k+N} - \hat{\underline{\vartheta}}_k \|_{\mathbb{R}^{n+m+1}} = 0$ für alle $N \in \mathbb{N}_0$.

c) $$\lim_{k\to\infty} \frac{e^2(k)}{1 + \varkappa\, \underline{h}_k^T \underline{h}_k} = 0 \quad .$$

Hierbei ist $\varkappa > 0$ der maximale Eigenwert der (positiv definiten) Startmatrix $\underline{P}_o$. ■

Der Beweis dieses Satzes kann GOODWIN, SIN [5.5], Seite 60, 61 entnommen werden. Wenn die Norm des Datenvektors $\underline{h}_k$ für alle k beschränkt bleibt, folgt aus c), daß der Prädiktionsfehler e(k) gegen null konvergiert. Der Satz (5.157) gilt jedoch unabhängig von einer derartigen Annahme. Dies ist für uns auch wichtig, denn beim Einsatz des Identifikationsverfahrens innerhalb eines Self-Tuning-Reglers lassen sich zunächst keine Aussagen über die Beschränktheit der Systemgrößen machen.

Mit Hilfe des nachfolgenden allgemeinen Satzes kann ohne Annahme der Beschränktheit von $\underline{h}_k^T \underline{h}_k$ gezeigt werden, daß der Prädiktionsfehler gegen null konvergiert, wenn die Norm des Datenvektors $\underline{h}_k$ linear über den Prädiktionsfehler abschätzbar ist. Dies ist jedoch erst im geschlossenen Regelkreis möglich, da bei der Identifikation an einer offenen Regelstrecke die in $\underline{h}_k$ enthaltenen Werte der Stellgröße und der Ausgangsgröße nicht vom Prädiktionsfehler abhängen.

(5.158) Satz (Key Technical Lemma):

Gegeben seien drei reelle skalare Folgen $\{s(k)\}, \{b_1(k)\}, \{b_2(k)\}$ und eine reelle (px1)-Vektorfolge $\{\underline{\sigma}(k)\}$ mit den nachstehenden Eigenschaften:

a) $$\lim_{k\to\infty} \frac{s^2(k)}{b_1(k) + b_2(k)\underline{\sigma}^T(k)\underline{\sigma}(k)} = 0 \quad .$$

b) Alle Elemente der Folgen $\{b_1(k)\}$ und $\{b_2(k)\}$ sind positiv und beschränkt mit der endlichen Schranke $M > 0$, d.h.

$$\left.\begin{aligned} 0 < b_1(k) < M \\ 0 < b_2(k) < M \end{aligned}\right\} \quad \text{für alle } k \in \mathbb{N} \;.$$

c) Es existieren zwei positive Konstanten C_1 und C_2, so daß

$$||\underline{\sigma}(k)||_{\mathbb{R}^p} \leq C_1 + C_2 \max_{0 \leq j \leq k} |s(j)| \qquad \text{für alle } k \in \mathbb{N} .$$

Dann folgen die Aussagen

1) $\lim_{k\to\infty} s(k) = 0$,

2) Die Folge $\{||\underline{\sigma}(\kappa)||_{\mathbb{R}^p}\}$ ist beschränkt. ■

Den Beweis dieses Satzes findet der Leser in GOODWIN, SIN [5.5], Seite 181, 182. Die Folge $\{s(k)\}$ wird bei der Anwendung des Satzes gleich der Folge der Prädiktionsfehler $\{e(k)\}$ gewählt. Wir formulieren nun einen Satz über die Konvergenzeigenschaften des Self-Tuning-Reglers:

(5.159) Satz (Konvergenzeigenschaften des Self-Tuning-Reglers):

Der durch (5.150), (5.151) gegebene Regelalgorithmus im Zusammenhang mit der rekursiven Methode der kleinsten Quadrate (5.153) ist unter der Voraussetzung einer beschränkten Führungsgröße (und $\hat{b}_o(k) \neq 0$ für $k \in \mathbb{N}_o$) konvergent in dem Sinne, daß

a) $u(k), y(k)$ beschränkt sind für alle $k \in \mathbb{N}$,

b) $\lim_{k\to\infty}[y_M(k) - y(k)] = 0$. ■

Beweis:

Um Schreibarbeit zu sparen, werden wir im weiteren die Argumente der Operatoren weglassen und Abkürzungen der Form

$$\text{(5.160)} \qquad \begin{aligned} \hat{Z}_S^* &= \hat{Z}_S^*(k,q^{-1}) \quad , \\ \overset{\circ}{Z}{}_S^* &= \hat{Z}_S^*(k-1,q^{-1}) \quad , \\ \bar{Z}_S^* &= \hat{Z}_S^*(k+d-1,q^{-1}) \end{aligned}$$

einführen. Entsprechendes gilt für die übrigen Operatoren. Bevor wir mit den eigentlichen Umformungen beginnen, setzen wir in das Reglergesetz (5.150) die Identität

$$\text{(5.161)} \qquad \tilde{\Delta}_B^* \, Z_M^* \, r(k) = \tilde{\Delta}_B^* \, \Delta_M^* \, y_M(k+d)$$

ein, die unmittelbar aus (5.134) folgt, und erhalten als äquivalente Darstellung des Reglergesetzes

$$(5.162)\qquad \hat{Z}_s^*\hat{\Delta}_{c1}^*u(k) = \tilde{\Delta}_B^*\Delta_M^*\, y_M(k+d) - \hat{Z}_c^*y(k) \quad .$$

Um mit Hilfe des "Key Technical Lemmas" an späterer Stelle zeigen zu können, daß der Prädiktionsfehler

$$(5.163)\qquad e(k) = y(k) - \underline{h}_k^T\,\underline{\hat{\vartheta}}_{k-1} = \mathring{\Delta}_s^*\, y(k) - \mathring{Z}_s^*\, u(k-d)$$

gegen null konvergiert, müssen wir die Voraussetzung c) des "Key Technical Lemmas" sicherstellen, d.h. wir müssen zeigen, daß die Norm des Datenvektors $\underline{h}_k$ mit Hilfe des Prädiktionsfehlers abschätzbar ist. Aus diesem Grunde formen wir die Systemgleichungen so nun, daß wir die Regelgröße y(k) und die Stellgröße u(k) in geeigneter Darstellung als Funktionen des Prädiktionsfehlers e(k) erhalten. Aus (5.163) folgt durch Vorwärtsverschiebung um d Schritte

$$(5.164)\qquad e(k+d) = \bar{\Delta}_s^*\, y(k+d) - \bar{Z}_s^*\, u(k) \quad .$$

Linksseitige Multiplikation mit $\hat{\Delta}_{c1}^*$ und Erweitern liefert

$$(5.165)\qquad \begin{aligned} \hat{\Delta}_{c1}^*e(k+d) &= \hat{\Delta}_{c1}^*\cdot\bar{\Delta}_s^*y(k+d) - \hat{\Delta}_{c1}^*\cdot\bar{Z}_s^*u(k) \\ &= \hat{\Delta}_{c1}^*\hat{\Delta}_s^*y(k+d) + [\hat{\Delta}_{c1}^*\cdot\bar{\Delta}_s^* - \hat{\Delta}_{c1}^*\hat{\Delta}_s^*]y(k+d) \\ &\quad - \hat{\Delta}_{c1}^*\hat{Z}_s^*u(k) - [\hat{\Delta}_{c1}^*\cdot\bar{Z}_s^* - \hat{\Delta}_{c1}^*\hat{Z}_s^*]u(k) \quad . \end{aligned}$$

Aus der Reglerentwurfsgleichung (5.151) folgt

$$\hat{\Delta}_{c1}^*\hat{\Delta}_s^*y(k+d) = \Delta_M^*\tilde{\Delta}_B^*y(k+d) - \hat{Z}_c^*y(k) \quad ,$$

so daß wir nach Umstellung von (5.165) erhalten

$$(5.166)\qquad \begin{aligned} &\Delta_M^*\tilde{\Delta}_B^*y(k+d) + [\hat{\Delta}_{c1}^*\cdot\bar{\Delta}_s^* - \hat{\Delta}_{c1}^*\hat{\Delta}_s^*]\, y(k+d) - [\hat{\Delta}_{c1}^*\cdot\bar{Z}_s^* - \hat{\Delta}_{c1}^*\hat{Z}_s^*]\, u(k) \\ &= \hat{\Delta}_{c1}^*\, e(k+d) + [\hat{Z}_c^*y(k) + \hat{\Delta}_{c1}^*\hat{Z}_s^*u(k)] \quad . \end{aligned}$$

Der letzte Ausdruck kann nach (5.162) umgeformt werden:

$$\hat{Z}_c^*y(k) + \hat{\Delta}_{c1}^*\hat{Z}_s^*u(k) = \Delta_M^*\tilde{\Delta}_B^*y_M(k+d) \quad .$$

Wir erhalten somit für (5.166)

$$\begin{aligned}(5.167)\qquad &\Delta_M^*\tilde{\Delta}_B^* y(k+d) + [\hat{\Delta}_{c1}^*\cdot\bar{\Delta}_s^* - \hat{\Delta}_{c1}^*\hat{\Delta}_s^*]\; y(k+d) - [\hat{\Delta}_{c1}^*\cdot\bar{Z}_s^* - \hat{\Delta}_{c1}^*\hat{Z}_s^*]\; u(k) \\ &= \Delta_M^*\tilde{\Delta}_B^* y_M(k+d) + \hat{\Delta}_{c1}^*\; e(k+d) \quad .\end{aligned}$$

Dies ist eine Gleichung, in der die Regelgröße und die Stellgröße in Abhängigkeit vom Prädiktionsfehler und der gewünschten Ausgangsgröße dargestellt sind. Um eine zweite Gleichung zu erhalten, multiplizieren wir (5.167) linksseitig mit dem zeitinvarianten Operator Δ_s^* und beachten die Identität

$$\Delta_M^*\tilde{\Delta}_B^*\Delta_s^*\; y(k+d) = \Delta_M^*\tilde{\Delta}_B^* Z_s^*\; u(k) \quad .$$

Dann folgt

$$\begin{aligned}&\Delta_M^*\tilde{\Delta}_B^* Z_s^* u(k) + \Delta_s^*\cdot[\hat{\Delta}_{c1}^*\cdot\bar{\Delta}_s^* - \hat{\Delta}_{c1}^*\hat{\Delta}_s^*]\; y(k+d) - \Delta_s^*\cdot[\hat{\Delta}_{c1}^*\cdot\bar{Z}_s^* - \hat{\Delta}_{c1}^*\hat{Z}_s^*]\; u(k) \\ (5.168)\qquad &= \Delta_M^*\tilde{\Delta}_B^*\Delta_s^* y_M(k+d) + \Delta_s^*\cdot\hat{\Delta}_{c1}^*\; e(k+d) \quad .\end{aligned}$$

Aus Gründen der Übersichtlichkeit fassen wir (5.167) und (5.168) in Matrizenschreibweise zusammen:

$$\begin{aligned}&\begin{bmatrix} \Delta_M^*\tilde{\Delta}_B^* + [\hat{\Delta}_{c1}^*\cdot\bar{\Delta}_s^* - \hat{\Delta}_{c1}^*\hat{\Delta}_s^*] \;; & -[\hat{\Delta}_{c1}^*\cdot\bar{Z}_s^* - \hat{\Delta}_{c1}^*\hat{Z}_s^*] \\ \Delta_s^*\cdot[\hat{\Delta}_{c1}^*\cdot\bar{\Delta}_s^* - \hat{\Delta}_{c1}^*\hat{\Delta}_s^*] \;; & \Delta_M^*\tilde{\Delta}_B^* Z_s^* - \Delta_s^*\cdot[\hat{\Delta}_{c1}^*\cdot\bar{Z}_s^* - \hat{\Delta}_{c1}^*\hat{Z}_s^*] \end{bmatrix} \begin{bmatrix} y(k+d) \\ u(k) \end{bmatrix} \\ (5.169)\qquad &= \begin{bmatrix} \Delta_M^*\tilde{\Delta}_B^* \;; & \hat{\Delta}_{c1}^* \\ \Delta_M^*\tilde{\Delta}_B^*\Delta_s^* \;; & \Delta_s^*\cdot\hat{\Delta}_{c1}^* \end{bmatrix} \begin{bmatrix} y_M(k+d) \\ e(k+d) \end{bmatrix}\end{aligned}$$

Gleichung (5.169) kann als Eingangs-Ausgangs-Beziehung eines linearen zeitvariablen Systems aufgefaßt werden, welches die Eingangsgrößen $\{y_M(k+d)\}$, $\{e(k+d)\}$ und die Ausgangsgrößen $\{y(k+d)\}$, $\{u(k)\}$ besitzt. Der Prädiktionsfehler $e(k+d)$ hat seine Ursache in einer Abweichung des geschätzten Regelstreckenmodells von der wahren Regelstrecke. Die Klammerausdrücke in (5.169), wie beispielsweise $[\hat{\Delta}_{c1}^*\cdot\bar{\Delta}_s^*-\hat{\Delta}_{c1}^*\hat{\Delta}_s^*]$, sind i.a. solange von null verschieden, wie die Schätzwerte für die Regelstreckenparameter zeitveränderlich sind.

Da der Parametervektor $\hat{\underline{\vartheta}}_k$ nach der rekursiven Methode der kleinsten Quadrate für alle $k \in \mathbb{N}_o$ beschränkt ist (siehe (5.157)), sind die

Operatoren $\hat{Z}_s^*$ und $\hat{\Delta}_s^*$ für alle k beschränkt in dem Sinne, daß ihre Koeffizienten für alle k beschränkt sind. Da außerdem die Reglerentwurfsgleichung (5.151) für beliebige $\hat{\Delta}_s^*$ lösbar ist, sind somit auch die Operatoren $\hat{\Delta}_{c1}^*$ und $\hat{Z}_s^*$ beschränkt, womit für endliche k sichergestellt ist, daß y(k) und u(k) beschränkt bleiben. Die zweite Eigenschaft im Satz (5.157) gewährleistet, daß die Schätzparametervektoren $\hat{\underline{\vartheta}}_k$ asymptotisch gegen einen konstanten Endwert streben. Damit ist sichergestellt, daß das Modell (5.169) asymptotisch gegen das zeitinvariante Modell

(5.170) $$\begin{bmatrix} \Delta_M^* \tilde{\Delta}_B^* & ; & 0 \\ 0 & ; & \Delta_M^* \tilde{\Delta}_B^* Z_s^* \end{bmatrix} \begin{bmatrix} y(k+d) \\ u(k) \end{bmatrix} = \begin{bmatrix} \Delta_M^* \tilde{\Delta}_B^* & ; & \hat{\Delta}_{c1}^* \\ \Delta_M^* \tilde{\Delta}_B^* \Delta_s^* & ; & \Delta_s^* \cdot \hat{\Delta}_{c1}^* \end{bmatrix} \begin{bmatrix} y_M(k+d) \\ e(k+d) \end{bmatrix}$$

strebt. Dieses Modell ist stabil, da die Nullstellen der Polynome $\Delta_M(z)$, $\tilde{\Delta}_B(z)$ und $Z_s(z)$ voraussetzungsgemäß innerhalb des Einheitskreises liegen. Somit sind die Regelgröße {y(k+d)} und die Stellgröße {u(k)} und damit auch der Meßdatenvektor $\{\underline{h}_k\}$ asymptotisch in linearer Weise durch den Prädiktionsfehler {e(k+d)} beschränkt (was genau genommen noch streng mathematisch gezeigt werden müßte), womit alle Voraussetzungen zur Anwendung des Satzes (5.158) erfüllt sind, wenn wir

(5.171) $$b_1(k) = 1 \quad , \quad b_2(k) = \varkappa \; , \qquad s(k) = e(k) \quad , \quad \underline{\sigma}(k) = \underline{h}_k$$

setzen. Aus Satz (5.158) folgt dann, daß der Prädiktionsfehler e(k+d) gegen null konvergiert und daß die Größe $||\underline{h}_k||_{\mathbb{R}^{n+m+1}}$ für alle k beschränkt ist. Damit sind auch u(k) und y(k) für alle k beschränkt. Aus (5.170) folgt wegen $e(k+d) \to 0$

(5.172) $$\lim_{k\to\infty} [y(k+d) - y_M(k+d)] = 0 \; ,$$

womit der Beweis abgeschlossen ist. ■

(5.173) **Anmerkungen**:

Im Rahmen dieses Beweises konnten keine Aussagen über die Konvergenzgeschwindigkeit und die Größe der Schranken für die Systemgrößen hergeleitet werden. Außerdem wurde angenommen, daß keine Störungen im Regelkreis auftreten. Die Voraussetzungen und die Ergebnisse der Konvergenzuntersuchung ähneln somit denen, die bei einer Behandlung von MRAS-Strukturen mit Hilfe der Hyperstabilitätstheorie auftreten bzw. gezeigt werden können (siehe Abschnitte 5.5 und 5.6).

Wenn in den adaptiven Reglergleichungen für die praktische Anwendung notwendige Modifikationen vorgenommen werden, wie beispielsweise Beschränkungen der Stellgröße, so kann die Konvergenz des adaptiven Regelkreises häufig nicht mehr gezeigt werden, was allerdings nicht bedeutet, daß der Regler in der Praxis nicht gut funktioniert.

Aufgrund der Zeitvariabilität des adaptiven Reglergesetzes (5.150) besitzt ein dynamischer Zustandsregler, dessen Parameter nach dem Entwurfsschema (A4.22) aus den zeitvariablen Reglerparametern berechnet werden, ein anderes Eingangs-Ausgangs-Verhalten als das durch (5.150) gegebene. Eine Überführung der Struktur eines dynamischen Zustandsreglers in die Standardregelkreisstruktur gemäß Anhang A4 ist nämlich nur bei zeitinvarianten Parametern durchführbar. Dieselben Überlegungen gelten für die Zustandsdarstellung gemäß Bild 5.9 (vgl. auch Anmerkung (5.286)). ■

5.4.3 Self-Tuning-Regler bei Vorgabe der Polstellen des geschlossenen Regelkreises

Um die Kürzung der Regelstreckennullstellen beim Reglerentwurf nach Abschnitt 5.4.2 zu vermeiden, betrachten wir nun einen Reglerentwurf, bei dem nur die Polstellen des geschlossenen Regelkreises vorgegeben werden. Die lineare (quasi)zeitinvariante Regelstrecke sei beschrieben durch die Eingangs-Ausgangs-Beziehung

(5.174) $$\Delta_s^*(q^{-1})y(k) = Z_s^*(q^{-1})u(k)$$

mit den Operatoren

(5.175) $$\Delta_s^*(q^{-1}) = 1 + a_1q^{-1} + \dots + a_nq^{-n} ,$$
$$Z_s^*(q^{-1}) = b_1q^{-1} + \dots + b_nq^{-n} ,$$

wobei es nicht erforderlich ist, daß die höchsten Koeffizienten in den Operatoren $\Delta_s^*(q^{-1})$ und $Z_s^*(q^{-1})$ von null verschieden sind. Wir nehmen an, daß die Regelstreckenordnung n bekannt sei. Weiterhin setzen wir voraus, daß die Polynome $\Delta_s(z)$ und $Z_s(z)$ keine gemeinsamen Nullstellen besitzen. Da die Regelstreckentotzeit bei dem folgenden Reglerentwurf keine besondere Bedeutung besitzt und nicht bekannt zu sein braucht, wird diese nicht explizit berücksichtigt, sondern sei implizit in $Z_s^*(q^{-1})$ enthalten. Aus diesem Grunde dürfen die Koeffizienten $b_1,\ldots,b_{d-1}$ in $Z_s^*(q^{-1})$ gleich null sein.

Wir gehen von einem Reglergesetz der Form

$$\Delta_c^*(q^{-1})u(k) = Z_c^*(q^{-1})[\rho r(k) - y(k)] \tag{5.176}$$

mit den Operatoren

$$\begin{aligned} \Delta_c^*(q^{-1}) &= 1 + c_1 q^{-1} + \ldots + c_{n-1}q^{-n+1} , \\ Z_c^*(q^{-1}) &= d_0 + d_1 q^{-1} + \ldots + d_{n-1}q^{-n+1} \end{aligned} \tag{5.177}$$

aus, in dem allerdings kein dynamisches Vorfilter enthalten ist, sondern nur ein stationärer Vorfaktor ρ, mit dem beispielsweise das stationäre Führungsverhalten festlegbar ist. Mit diesem Regler können unter den angegebenen Voraussetzungen im Falle bekannter Regelstreckenparameter sämtliche 2n-1 Polstellen des geschlossenen Regelkreises vorgegeben werden, wenn die Koeffizienten der Operatoren $\Delta_c^*(q^{-1})$ und $Z_c^*(q^{-1})$ nach der Reglerentwurfsgleichung

$$\Delta_s^*(q^{-1})\Delta_c^*(q^{-1}) + Z_s^*(q^{-1})Z_c^*(q^{-1}) = \Delta_R^*(q^{-1}) \tag{5.178}$$

durch Koeffizientenvergleich in Potenzen von q^{-1} berechnet werden, wobei $\Delta_R(z)$ die vorgegebenen 2n-1 Polstellen enthält (zum Vergleich siehe Reglerentwurfsgleichung (5.34)). Die Lösung von (5.178) ist eindeutig, was aus ähnlichen Überlegungen wie in Abschnitt 5.2.1 folgt. Das Übertragungsverhalten des geschlossenen Regelkreises ist gegeben durch

$$\Delta_R^*(q^{-1})y(k) = Z_s^*(q^{-1})Z_c^*(q^{-1})\rho r(k) \quad . \tag{5.179}$$

Wir setzen voraus, daß alle Nullstellen von $\Delta_R(z)$ innerhalb des Einheitskreises der z-Ebene liegen, so daß der geschlossene Regelkreis stabil ist.

Im Falle unbekannter Regelstreckenparameter erweitern wir den Regler zu einem adaptiven Regler, indem die Regelstreckenparameter nach der rekursiven Methode der kleinsten Quadrate geschätzt werden und in die Reglerentwurfsgleichung (5.178) die Schätzparameter anstelle der wahren Regelstreckenparameter eingesetzt werden. Wir erhalten somit den folgenden adaptiven Algorithmus:

(5.180) **Expliziter Self-Tuning-Algorithmus für den Polvorgabe-Regler:**

Parametervektor: $\hat{\underline{\vartheta}}_k^T = [\hat{a}_1(k),\dots,\hat{a}_n(k),\hat{b}_1(k),\dots,\hat{b}_n(k)]$.

Datenvektor : $\underline{h}_k^T = [-y(k-1),\dots,-y(k-n),u(k-1),\dots,u(k-n)]$.

Schätzalgorithmus nach der rekursiven Methode der kleinsten Quadrate:

$$\hat{\underline{\vartheta}}_k = \hat{\underline{\vartheta}}_{k-1} + \underline{k}_k[y(k) - \underline{h}_k^T\,\hat{\underline{\vartheta}}_{k-1}] ,$$

(5.181)
$$\underline{k}_k = \frac{\underline{P}_{k-1}\underline{h}_k}{1 + \underline{h}_k^T\,\underline{P}_{k-1}\,\underline{h}_k} ,$$

$$\underline{P}_k = [\underline{E} - \underline{k}_k\,\underline{h}_k^T]\,\underline{P}_{k-1} .$$

Reglerentwurfsgleichung:

(5.182)
$$\hat{\Delta}_s^*(k,q^{-1})\hat{\Delta}_c^*(k,q^{-1}) + \hat{Z}_s^*(k,q^{-1})\hat{Z}_c^*(k,q^{-1}) = \Delta_R^*(q^{-1}) .$$

Die zeitvariablen Operatoren sind:

(5.183)
$$\begin{aligned}\hat{\Delta}_s^*(k,q^{-1}) &= 1 + \hat{a}_1(k)q^{-1} + \dots + \hat{a}_n(k)q^{-n} ,\\ \hat{Z}_s^*(k,q^{-1}) &= \hat{b}_1(k)q^{-1} + \dots + \hat{b}_n(k)q^{-n} ,\\ \hat{\Delta}_c^*(k,q^{-1}) &= 1 + \hat{c}_1(k)q^{-1} + \dots + \hat{c}_{n-1}(k)q^{-n+1} ,\\ \hat{Z}_c^*(k,q^{-1}) &= \hat{d}_0(k) + \hat{d}_1(k)q^{-1} + \dots + \hat{d}_{n-1}(k)q^{-n+1} .\end{aligned}$$

Reglergesetz:

(5.184)
$$\hat{\Delta}_c^*(k,q^{-1})u(k) = \hat{Z}_c^*(k,q^{-1})[\hat{\rho}(k)r(k) - y(k)] .$$

Der Vorfaktor $\hat{\rho}(k)$ kann wegen (5.179) beispielsweise durch

(5.185)
$$\hat{\rho}(k) = \frac{\Delta_R^*(1)}{\hat{Z}_s^*(k,1)\hat{Z}_c^*(k,1)}$$

festgelegt werden, sofern $\hat{Z}_s^*(k,1)\hat{Z}_c^*(k,1)$ nicht gleich null ist. ■

Beim Einsatz des adaptiven Polvorgabe-Reglers treten Schwierigkeiten auf, wenn der Schätzalgorithmus solche Parameter liefert, daß die Polynome $\hat{\Delta}_s(k,z)$ und $\hat{Z}_s(k,z)$ exakt oder näherungsweise gemeinsame Nullstellen besitzen. Im Falle exakt gleicher Nullstellen ist die

Reglerentwurfsgleichung (5.182) nicht lösbar, es sei denn, dieselben Nullstellen werden auch in $\Delta_R(z)$ vorgegeben. Im Falle näherungsweise gleicher Nullstellen treten sehr große Werte der Koeffizienten in $\hat{\Delta}_c^*(k,q^{-1})$ und $\hat{Z}_c^*(k,q^{-1})$ auf, was schon aus numerischen Gründen bei einer praktischen Realisierung unzulässig ist. Die Schätzung näherungsweise oder exakt gleicher Nullstellen in $\hat{\Delta}_c(k,z)$ und $\hat{Z}_s(k,z)$ kann beispielsweise dadurch ausgeschlossen werden, daß die Startwerte der Schätzparameter in einer genügend kleinen Umgebung der wahren Regelstreckenparameter vorgegeben werden. Dies setzt allerdings eine gute a-priori-Information über die Regelstrecke voraus.

Zu beachten ist, daß gemeinsame Nullstellen in $\hat{\Delta}_s(k,z)$ und $\hat{Z}_s(k,z)$ beim Reglerentwurf nach Abschnitt 5.4.2 keine Probleme verursachen. Da dort sämtliche Regelstreckennullstellen durch den Regler gekürzt werden, tritt nur noch $\hat{\Delta}_s^*(k,q^{-1})$, nicht jedoch $\hat{Z}_s^*(k,q^{-1})$ in der Reglerentwurfsgleichung (5.151) auf.

Wir formulieren nun einen Satz über die Konvergenzeigenschaften des adaptiven Polvorgabe-Reglers:

(5.186) <u>Satz (Konvergenzeigenschaften des adaptiven Polvorgabe-Reglers):</u>

Es sei vorausgesetzt, daß die als Lösung der Reglerentwurfsgleichung (5.182) berechneten Koeffizienten der Operatoren $\hat{\Delta}_c^*(k,q^{-1})$ und $\hat{Z}_c^*(k,q^{-1})$ für beliebige k unterhalb einer endlichen Schranke verbleiben (Beschränktheit). Dies ist aufgrund der vorausgegangenen Bemerkungen sichergestellt, wenn die Koeffizienten der Operatoren $\hat{\Delta}_s^*(k,q^{-1})$ und $\hat{Z}_s^*(k,q^{-1})$ beschränkt sind und die Polynome $\hat{\Delta}_s(k,z)$ und $\hat{Z}_s(k,z)$ für beliebige k keine exakt oder näherungsweise gemeinsamen Nullstellen besitzen. Wenn $\lambda_i(k)$ die Nullstellen von $\hat{\Delta}_s(k,z)$ und $\mu_j(k)$ die Nullstellen von $\hat{Z}_s(k,z)$ sind, so muß für beliebige k und alle (i,j) eine Konstante $\eta > 0$ existieren, so daß

(5.187) $$|\lambda_i(k) - \mu_j(k)| > \eta \quad .$$

Unter diesen Voraussetzungen und unter der Annahme, daß im Regelkreis keinerlei Störungen auftreten, besitzt der adaptive Polvorgabe-Regelalgorithmus (5.180) die folgenden Konvergenzeigenschaften, und zwar unabhängig davon, auf welche Weise der Vorfaktor $\hat{\rho}(k)$ berechnet wird:

a) $u(k)$ und $y(k)$ sind für alle $k \in \mathbb{N}$ beschränkt.

b) $$\lim_{k\to\infty}[\Delta_R^*(q^{-1})y(k) - \hat{Z}_s^*(k-1,q^{-1})\hat{Z}_c^*(k-1,q^{-1})\hat{\rho}(k)r(k)] = 0 \quad .$$

(5.188) ■

Der Beweis dieses Satzes kann GOODWIN, SIN [5.5], Seite 212, 213 entnommen werden. Zum Verständnis der Konvergenzaussage b) vergleiche man die Beziehung (5.179).

(5.189) **Anmerkung**:

Wenn gewünscht wird, daß der Self-Tuning-Regler zur Vermeidung eines stationären Regelfehlers einen integralen Anteil enthält, so kann dies folgendermaßen berücksichtigt werden: Im Regler wird ein integraler Anteil fest vorgegeben. Die verbleibenden, mit $\hat{\Delta}_c^*(k,q^{-1})$ und $\hat{Z}_c^*(k,q^{-1})$ bezeichneten Komponenten des Reglers werden nach der Reglerentwurfsgleichung (5.182) ermittelt, wobei der Integralanteil formal der Regelstrecke hinzugeschlagen wird. Hierdurch erhöht sich deren Ordnung um eins. Die Operatoren $\hat{\Delta}_c^*(k,q^{-1})$ und $\hat{Z}_c^*(k,q^{-1})$ müssen dann mit der Ordnung n angesetzt werden, so daß der Regler insgesamt die Ordnung n+1 und der geschlossene Regelkreis die Ordnung 2n+1 besitzt. ■

5.5 Zeitkontinuierliche MRAS-Strukturen

5.5.1 Einleitende Bemerkungen

Wir betrachten in diesem Abschnitt adaptive Systemstrukturen mit einem stabilen linearen (quasi)zeitinvarianten Parallel-Führungsmodell und einem abgleichbaren System, dessen Parameter mit Hilfe eines adaptiven Algorithmus so verändert werden sollen, daß der Fehler $\underline{e}$ beschränkt bleibt und asymptotisch verschwindet. In Bild 5.13 ist ein derartiges adaptives Modell-Referenz-System (MRAS = Model Reference Adaptive System) dargestellt. Wir nehmen hierbei an, daß keinerlei Störgrößen auftreten. An die Führungsgröße $\underline{r}$ des adaptiven Systems werden, abgesehen von der Beschränktheit, keine Forderungen gestellt. Die Voraussetzungen gleichen somit denen bei den Konvergenzbetrachtungen von Self-Tuning-Regelkreisen in Abschnitt 5.4. Die Untersuchungen werden zunächst für den Fall zeitkontinuierlicher Systeme durchgeführt. In Abschnitt 5.6 werden dann zeitdiskrete MRAS-Strukturen behandelt. Das Ziel der Abschnitte 5.5 und 5.6 besteht darin, dem Leser zu zeigen, wie anhand von Stabilitätsmethoden Adaptionsgesetze hergeleitet werden können. Dabei wird im wesentlichen die Hyperstabilitätstheorie benutzt.

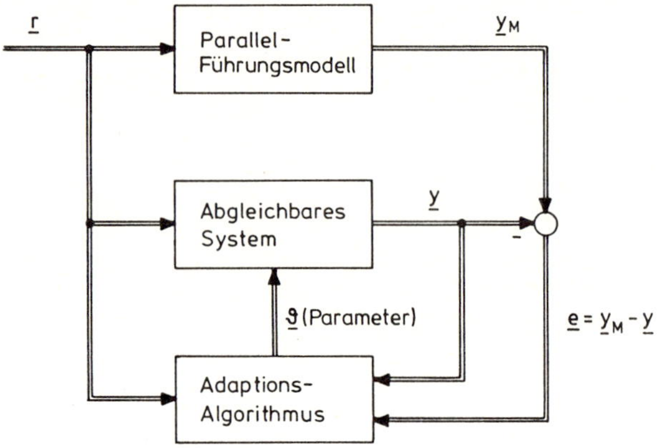

Bild 5.13: Allgemeine MRAS-Struktur mit Parallel-Führungsmodell

Die Anwendung eines adaptiven Systems nach Bild 5.13 ist im Zusammenhang mit den folgenden Problemstellungen möglich:

a) Identifikation der Parameter einer Regelstrecke

b) Adaptive Zustandsbeobachtung

c) Adaptive Regelung

Je nach Problemstellung entsprechen die Blöcke in Bild 5.13 unterschiedlichen technischen Systemen:

Wenn eine Struktur nach Bild 5.13 zur Identifikation der Parameter einer Regelstrecke angewendet wird, entspricht die Regelstrecke dem Parallel-Führungsmodell. Das abgleichbare System ist ein (beispielsweise auf einem Digitalrechner simuliertes) System, dessen Parameter mit Hilfe eines adaptiven Algorithmus so lange verändert werden, bis sein Verhalten dem Regelstreckenverhalten gleich ist. Nach Beendigung der Adaption sind die am abgleichbaren System eingestellten Parameter Schätzwerte für die Parameter des Parallel-Führungsmodells, d.h. die Parameter der Regelstrecke. Wenn das Eingangssignal $\underline{r}$ die Regelstrecke gut anregt und die gewünschten Parameter identifizierbar sind, konvergieren die Parameter des abgleichbaren Systems unter gewissen Voraussetzungen gegen die wahren Regelstreckenparameter.

Bei der adaptiven Zustandsbeobachtung entspricht dem Parallel-Führungsmodell wiederum die Regelstrecke, deren Zustandsgrößen in diesem Fall zu beobachten sind. Das abgleichbare System ist der hardwaremäßig aufgebaute oder auf einem Digitalrechner simulierte Zustandsbeobachter, dessen Zustandsgrößen Schätzwerte für die Zustandsgrößen der Regelstrecke sind. In dem Zustandsbeobachter werden gewisse Parameter durch Adaption so lange verändert, bis die Ausgangsgrößen des Beobachters und der Regelstrecke gleich sind.

Einen adaptiven Zustandsbeobachter wird man dann einsetzen, wenn einige (oder im Grenzfall alle) Parameter der Regelstrecke ungenau bekannt sind oder sich teilweise langsam ändern. Gewöhnliche lineare Zustandsbeobachter liefern in diesen Fällen fehlerbehaftete Schätzwerte, da bei linearen Beobachtern der Zustands-Schätzfehler im störungsfreien Fall - abgesehen von Ausnahmen - nur dann asymptotisch verschwindet, wenn die Parameter des Beobachters exakt gleich den Parametern der Regelstrecke sind. Anhand der adaptierten Beobachterparameter können gleichzeitig Schätzwerte für die unbekannten Regelstreckenparameter berechnet werden, wobei dann eine kombinierte Parameter- und Zustandsschätzung vorliegt.

Im Falle einer <u>adaptiven Regelung</u> ist das abgleichbare System der Grundregelkreis, bestehend aus der Regelstrecke und dem Regler, dessen Parameter adaptiert werden. Das Parallel-Führungsmodell ist ein System, welches das gewünschte Führungsverhalten des Grundregelkreises festlegt (siehe auch Bild 5.2).

Allgemeine Reglerentwürfe nach dem Modell-Referenz-Verfahren (mit fest vorgegebenem Referenzmodell) besitzen den Nachteil, daß stets alle Nullstellen der Regelstrecke gekürzt werden müssen. Der Grund ist unmittelbar einsichtig: Da die Regelstrecke bei allgemeinen adaptiven Reglerentwürfen als unbekannt angenommen wird, sind die Nullstellen im voraus nicht bekannt und können somit nicht bei der Vorgabe des Referenzmodells berücksichtigt werden. Um eine Anpassung des geschlossenen Regelkreises an ein beliebig vorgegebenes Parallel-Führungsmodell zu ermöglichen, müssen nach Abschnitt 5.2.1 aber sämtliche Streckennullstellen gekürzt werden. Dies ist jedoch nicht möglich, wenn "instabile Streckennullstellen" auftreten. Verzichtet man auf eine perfekte Anpaßbarkeit an das vorgegebene Referenzmodell, so ist ein Reglerentwurf mit Hilfe der Hyperstabilitätstheorie, die gemeinhin bei Modell-Referenz-Verfahren angewendet wird, nicht möglich.

Um die Kürzung von Streckennullstellen zu vermeiden, ist es möglich, ein Modell-Referenz-Verfahren in Kombination mit einem Identifikationsverfahren einzusetzen. Dann können in Abhängigkeit von den identifizierten Nullstellen der Regelstrecke die Nullstellen des Parallel-Führungsmodells verändert werden. Ein derartiges Verfahren wurde von SCHÜTZE [5.21] angegeben.

Im Unterschied zu zeitdiskreten Regelkreisen stellt die Kürzung der Regelstreckennullstellen bei zeitkontinuierlichen Regelkreisen keine große Einschränkung in der Anwendbarkeit eines Reglers dar. Ein allgemeiner adaptiver Reglerentwurf für den zeitkontinuierlichen Fall liefert jedoch sehr komplexe Strukturen, die in der Praxis wegen des Realisierungsaufwandes kaum Anwendung finden.

Aus den genannten Gründen verzichten wir darauf, einen allgemeinen Reglerentwurf nach dem Modell-Referenz-Verfahren (mit festem Referenzmodell) durchzuführen und verweisen hierzu auf UNBEHAUEN [5.8], Seite 231-248.

5.5.2 Das Fehlermodell für den Zustandsfehler

Wir werden in den folgenden Abschnitten zunächst Adaptionsgesetze anhand von Zustandsdarstellungen des Parallel-Führungsmodells und des abgleichbaren Systems herleiten. Wir gehen dabei davon aus, daß sämtliche Zustandsgrößen meßbar sind. Das Verhalten des Parallel-Führungsmodells sei beschrieben durch das lineare zeitinvariante (bzw. quasizeitinvariante) Zustandsmodell

$$\begin{aligned} \dot{\underline{x}}_M(t) &= \underline{A}_M \underline{x}_M(t) + \underline{B}_M \underline{r}(t) \quad , \quad \underline{x}_M(t) \in \mathbb{R}^n \ , \\ \underline{y}_M(t) &= \underline{x}_M(t) \end{aligned} \tag{5.190}$$

und das Verhalten des abgleichbaren Systems durch das zeitvariable Zustandsmodell

$$\begin{aligned} \dot{\underline{x}}(t) &= \underline{A}(t)\underline{x}(t) + \underline{B}(t)\underline{r}(t) \ , \quad \underline{x}(t) \in \mathbb{R}^n \ , \\ \underline{y}(t) &= \underline{x}(t) \ . \end{aligned} \tag{5.191}$$

Beide Systemordnungen werden als gleich angenommen. Bei der Herleitung von Adaptionsgleichungen legen wir uns zunächst nicht fest, ob ein Identifikationsproblem oder eine adaptive Regelaufgabe vorliegt und betrachten ein allgemeines abgleichbares System. Die Zeitabhängigkeit der Matrizen $\underline{A}(t)$ und $\underline{B}(t)$ des abgleichbaren Systems soll zum Ausdruck bringen, daß diese über noch zu entwickelnde Adaptionsgleichungen von dem Fehler $\underline{e}$, von der Ausgangsgröße $\underline{y} = \underline{x}$ und von der Führungsgröße $\underline{r}$ abhängen können. Nun werden in den Matrizen $\underline{A}(t)$ und $\underline{B}(t)$ i.a. nicht sämtliche Elemente zeitveränderlich sein. Im Falle einer Identifikationsaufgabe sind meistens einige Systemparameter bereits bekannt, so daß diese im abgleichbaren System fest vorgegeben werden können. Andererseits stehen im Falle einer adaptiven Regelung i.a. nicht genügend adaptierbare Reglerparameter zur Verfügung, um sämtliche Matrizenelemente unabhängig voneinander zu variieren. Um das ablgeichbare System dem Parallelmodell angleichen zu können, müssen die nicht veränderlichen Elemente in $\underline{A}(t)$ und $\underline{B}(t)$ den entsprechenden Elementen in $\underline{A}_M$ und $\underline{B}_M$ gleich sein, was im weiteren vorausgesetzt wird. Dies läßt sich dann leicht erfüllen, wenn das Parallelmodell und das abgleichbare System in der gleichen Standardform angesetzt werden bzw. vorliegen. Tritt eine skalare Eingangsgröße $r(t)$ auf und liegen Parallelmodell und abgleichbares System in der Steuerbarkeits-Normalform vor, so erhalten wir beispielsweise

$$\underline{A}_M = \begin{bmatrix} 0 & 1 & 0 & \dots & 0 \\ \vdots & & \ddots & \ddots & \vdots \\ \vdots & & & \ddots & 0 \\ 0 & \dots & & 0 & 1 \\ -a_{M,o} & \dots & & \dots & -a_{M,n-1} \end{bmatrix}, \quad \underline{b}_M = \begin{bmatrix} 0 \\ \vdots \\ 0 \\ b_{M,n} \end{bmatrix},$$

(5.192)

$$\underline{A}(t) = \begin{bmatrix} 0 & 1 & 0 & \dots & 0 \\ \vdots & & \ddots & \ddots & \vdots \\ \vdots & & & \ddots & 0 \\ 0 & \dots & & 0 & 1 \\ -a_o(t) & \dots & & \dots & -a_{n-1}(t) \end{bmatrix}, \quad \underline{b}(t) = \begin{bmatrix} 0 \\ \vdots \\ 0 \\ b_n(t) \end{bmatrix},$$

so daß sich die Systemmatrizen $\underline{A}_M$ und $\underline{A}(t)$ nur in der letzten Zeile und die Eingangsvektoren $\underline{b}_M$ und $\underline{b}(t)$ nur im letzten Element unterscheiden, während die übrigen Elemente automatisch gleich sind.

Um die Stabilität des Parallel-Führungsmodells sicherzustellen, nehmen wir an, daß alle Eigenwerte der Systemmatrix $\underline{A}_M$ negativen Realteil besitzen. $\underline{r}(t) \in \mathbb{R}^m$ ist bei einer Regelaufgabe die Führungsgröße und bei einer Identifikationsaufgabe die Eingangsgröße des adaptiven Systems. Wir setzen voraus, daß $\underline{r}(t)$ beschränkt ist.

Zur Herleitung von Adaptionsgleichungen ist es zweckmäßig, ein mathematisches Modell für den Zustandsfehler

$$\underline{e}(t) = \underline{x}_M(t) - \underline{x}(t) \tag{5.193}$$

aufzustellen (Fehlermodell). Wir erhalten durch Einsetzen der Differentialgleichungen und Erweitern mit $\underline{A}_M\underline{x}(t)$

$$\dot{\underline{e}}(t) = \dot{\underline{x}}_M(t) - \dot{\underline{x}}(t) ,$$

$$\begin{aligned} \dot{\underline{e}}(t) &= \underline{A}_M\underline{x}_M(t) + \underline{B}_M\underline{r}(t) - \underline{A}(t)\underline{x}(t) - \underline{B}(t)\underline{r}(t) \\ &= \underline{A}_M\left[\underline{x}_M(t)-\underline{x}(t)\right] + \left[\underline{A}_M-\underline{A}(t)\right]\underline{x}(t) + \left[\underline{B}_M-\underline{B}(t)\right]\underline{r}(t) \end{aligned} \tag{5.194}$$

In Analogie zur Vorgehensweise in Beispiel (5.1) werden zur Abkürzung die Fehlermatrizen

$$\begin{aligned} \Delta\underline{A}(t) &:= \underline{A}_M - \underline{A}(t) , \\ \Delta\underline{B}(t) &:= \underline{B}_M - \underline{B}(t) \end{aligned} \tag{5.195}$$

eingeführt. Das Fehlermodell lautet dann endgültig

$$\dot{\underline{e}}(t) = \underline{A}_M\underline{e}(t) + \Delta\underline{A}(t)\underline{x}(t) + \Delta\underline{B}(t)\underline{r}(t) . \tag{5.196}$$

Aufgrund der Vorbemerkungen werden in $\Delta\underline{A}(t)$ und $\Delta\underline{B}(t)$ nicht sämtliche Elemente Δa_{ij} und Δb_{ij} zeitveränderlich sein. Die nicht zeitveränderlichen Elemente sind identisch null, da die entsprechenden Elemente in $\underline{A}_M$ und $\underline{A}(t)$ bzw. $\underline{B}_M$ und $\underline{B}(t)$ voraussetzungsgemäß gleich sind. Mit

$$\begin{aligned} I_A &= \{(i,j)\,|\,\Delta a_{ij}(t) \not\equiv 0\} , \\ I_B &= \{(i,j)\,|\,\Delta b_{ij}(t) \not\equiv 0\} \end{aligned} \tag{5.197}$$

werden die Indexmengen zu den zeitveränderlichen, nicht identisch verschwindenden Elementen von $\Delta\underline{A}(t)$ und $\Delta\underline{B}(t)$ bezeichnet.

5.5.3 Anwendung der direkten Methode von Ljapunov zur Herleitung von Adaptionsgleichungen

Die erste aus der Literatur bekannte Adaptionsvorschrift bei einem Modell-Referenz-System ist die von WHITAKER, OSBURN, KEZER [5.22] vorgeschlagene, sogenannte "MIT-rule" (MIT = Massachusetts Institute of Technology) . Diese Adaptionsvorschrift wurde durch Anwendung eines Gradientenverfahrens zur Minimierung eines Gütefunktionals gewonnen, wobei als Gütefunktional das Integral über das Quadrat des Regelgrössenfehlers gewählt wurde. Die Nachteile eines derartigen Entwurfs bestehen allerdings darin, daß die (globale) Stabilität des adaptiven Systems nicht gesichert ist. So ist es beispielsweise möglich, daß das adaptive System instabil wird, wenn die Amplitude der Führungsgröße einen gewissen Wert überschreitet (siehe LANDAU [5.6], Seite 77).

Wendet man zur Herleitung von Adaptionsgesetzen ähnlich der Vorgehensweise in Beispiel (5.1) die direkte Methode von Ljapunov an, so kann sichergestellt werden, daß in der MRAS-Struktur nach Bild 5.13 der Fehler $\underline{e}$ beschränkt bleibt und asymptotisch verschwindet, und zwar unabhängig von der Führungsgröße $\underline{r}$ (globale asymptotische Stabilität des adaptiven Systems). Zur Durchführung dieser Entwurfstechnik wird die Ljapunov-Funktion

$$\tilde{V}(t) := V(\underline{e}(t), \Delta\underline{A}(t), \Delta\underline{B}(t))$$

$$= \underline{e}^T(t)\underline{P}\,\underline{e}(t) + \sum_{(i,j)\varepsilon I_A}\sum \alpha_{ij}\Delta a_{ij}^2(t) + \sum_{(i,j)\varepsilon I_B}\sum ß_{ij}\Delta b_{ij}^2(t) \tag{5.198}$$

angesetzt, wobei die frei wählbaren Koeffizienten α_{ij} und $ß_{ij}$ positiv sein müssen und $\underline{P}$ eine symmetrische, positiv definite Matrix mit der Eigenschaft

$$\underline{A}_M^T\,\underline{P} + \underline{P}\,\underline{A}_M = -\underline{Q} \tag{5.199}$$

sein muß, wobei $\underline{Q}$ ebenfalls eine symmetrische, positiv definite Matrix ist. Eine derartige Matrix $\underline{P}$ existiert genau dann, wenn $\underline{A}_M$ eine Hurwitz-Matrix ist, d.h. eine Matrix. die nur Eigenwerte mit negativem Realteil besitzt. Dies ist aber nach Voraussetzung erfüllt.

Die Adaptionsgleichungen müssen so gewählt werden, daß $\dot{\tilde{V}}(t)$ negativ ist, solange der Zustandsfehler $\underline{e}(t)$ nicht null ist. Aus (5.198) folgt durch Differentiation

$$\dot{\tilde{V}}(t) = \dot{\underline{e}}^T(t)\underline{P}\,\underline{e}(t) + \underline{e}^T(t)\underline{P}\,\dot{\underline{e}}(t) + 2\sum_{(i,j)\varepsilon I_A}\sum \alpha_{ij}\Delta a_{ij}(t)\Delta\dot{a}_{ij}(t)$$

$$+ 2\sum_{(i,j)\varepsilon I_B}\sum ß_{ij}\Delta b_{ij}(t)\Delta\dot{b}_{ij}(t) . \tag{5.200}$$

Unter Berücksichtigung der Fehlerdifferentialgleichung (5.196), der Matrizengleichung (5.199) und der Abkürzung

(5.201) $$[h_1(t),\ldots,h_n(t)] := \underline{e}^T(t)\,\underline{P}$$

lassen sich die ersten beiden Terme in $\dot{\tilde{V}}(t)$ geeignet umformen:

$$\dot{\underline{e}}^T(t)\underline{P}\,\underline{e}(t) + \underline{e}^T(t)\underline{P}\,\dot{\underline{e}}(t)$$

$$= \left[\underline{e}^T(t)\underline{A}_M^T + \underline{x}^T(t)\Delta\underline{A}^T(t) + \underline{r}^T(t)\Delta\underline{B}^T(t)\right]\underline{P}\,\underline{e}(t)$$
$$+ \underline{e}^T(t)\underline{P}\left[\underline{A}_M\underline{e}(t) + \Delta\underline{A}(t)\underline{x}(t) + \Delta\underline{B}(t)\underline{r}(t)\right]$$

$$= \underline{e}^T(t)\left[\underline{A}_M^T\,\underline{P} + \underline{P}\,\underline{A}_M\right]\underline{e}(t)$$
$$+ 2\,\underline{e}^T(t)\underline{P}\,\Delta\underline{A}(t)\underline{x}(t) + 2\,\underline{e}^T(t)\underline{P}\,\Delta\underline{B}(t)\underline{r}(t)$$

(5.202)
$$= -\,\underline{e}^T(t)\underline{Q}\,\underline{e}(t) + 2\sum_{(i,j)\in I_A}\sum h_i(t)x_j(t)\Delta a_{ij}(t)$$
$$+ 2\sum_{(i,j)\in I_B}\sum h_i(t)r_j(t)\Delta b_{ij}(t) \quad .$$

Die zeitliche Änderung $\dot{\tilde{V}}(t)$ der Ljapunov-Funktion $\tilde{V}(t)$ ist somit nach Zusammenfassung der entsprechenden Summenterme gegeben durch

$$\dot{\tilde{V}}(t) = \dot{V}(\underline{e}(t),\Delta\underline{A}(t),\Delta\underline{B}(t))$$

(5.203)
$$= -\,\underline{e}^T(t)\underline{Q}\,\underline{e}(t) + 2\sum_{(i,j)\in I_A}\sum \Delta a_{ij}(t)\left[h_i(t)x_j(t) + \alpha_{ij}\Delta\dot{a}_{ij}(t)\right]$$
$$+ 2\sum_{(i,j)\in I_B}\sum \Delta b_{ij}(t)\left[h_i(t)r_j(t) + ß_{ij}\Delta\dot{b}_{ij}(t)\right] .$$

Wählt man als Adaptionsgesetze

(5.204)
$$\Delta\dot{a}_{ij}(t) = -\frac{1}{\alpha_{ij}}\,h_i(t)x_j(t) \quad , \quad (i,j)\in I_A \; ,$$
$$\Delta\dot{b}_{ij}(t) = -\frac{1}{ß_{ij}}\,h_i(t)r_j(t) \quad , \quad (i,j)\in I_B \; ,$$

so verschwinden in $\dot{\tilde{V}}(t)$ sämtliche Summenterme und es verbleibt

(5.205) $$\dot{\tilde{V}}(t) = -\underline{e}^T(t)\,\underline{Q}\,\underline{e}(t) < 0 \quad \text{für } \underline{e}(t) \neq \underline{0} .$$

Somit ist sichergestellt, daß der Zustandsfehler $\underline{e}(t)$ asymptotisch verschwindet; es ist jedoch keine Aussage möglich, ob die Matrizen $\underline{A}(t)$ und $\underline{B}(t)$ gegen die Matrizen $\underline{A}_M$ und $\underline{B}_M$ konvergieren. Dies hängt davon ab, wie die Eingangsfunktion $\underline{r}(t)$ das Gesamtsystem anregt. Berücksichtigt man in den Adaptionsgesetzen (5.204), daß $\Delta\underline{A}(t) = \underline{A}_M - \underline{A}(t)$ und $\Delta\underline{B}(t) = \underline{B}_M - \underline{B}(t)$, so folgen die Adaptionsgleichungen

(5.206)
$$\dot{a}_{ij}(t) = \frac{1}{\alpha_{ij}} h_i(t)x_j(t), \qquad (i,j) \in I_A ,$$
$$\dot{b}_{ij}(t) = \frac{1}{\beta_{ij}} h_i(t)r_j(t), \qquad (i,j) \in I_B ,$$

wobei $$[h_1(t),\dots,h_n(t)]^T = \underline{P}\,\underline{e}(t) = \underline{P}[\underline{x}_M(t) - \underline{x}(t)] .$$

In integraler Form erhält man

(5.207)
$$a_{ij}(t) = \frac{1}{\alpha_{ij}} \int_{t_o}^{t} h_i(\tau)x_j(\tau)d\tau + a_{ij}(t_o), \qquad (i,j) \in I_A$$
$$b_{ij}(t) = \frac{1}{\beta_{ij}} \int_{t_o}^{t} h_i(\tau)r_j(\tau)d\tau + b_{ij}(t_o), \qquad (i,j) \in I_B .$$

Durch geeignete Wahl der Matrix $\underline{P}$ und der positiven Konstanten α_{ij} und β_{ij} kann ein gewünschtes Adaptionsverhalten festgelegt werden.

(5.208) Anmerkungen:

Wenn die Adaptionsgleichungen (5.207) im Zusammenhang mit einer Identifikationsaufgabe angewendet werden, entspricht die zu identifizierende Regelstrecke dem Parallelmodell mit den Systemmatrizen $\underline{A}_M$ und $\underline{B}_M$. In diesem Fall muß eine gewisse Vorinformation über die Regelstrecke zur Verfügung stehen, um die für die Adaption notwendige Matrix $\underline{P}$ so wählen zu können, daß die Matrixgleichung (5.199) mit Sicherheit erfüllt ist.

Im Falle einer adaptiven Regelungsaufgabe entspricht das abgleichbare System dem adaptiven Regler zusammen mit der unbekannten Regelstrecke, während das Parallelmodell vorgegeben und damit bekannt ist. Die Parameter $a_{ij}(t)$ und $b_{ij}(t)$ des abgleichbaren Systems sind somit Funktionen der zu adaptierenden Reglerparameter, die wir durch den Index R kennzeichnen, und der Regelstreckenparameter, die wir in dem Vektor $\underline{\vartheta}_S$ zusammenfassen. Damit sich aus den Adaptionsgesetzen (5.207) verwertbare Adaptionsgesetze für die Reglerparameter ableiten lassen, müssen die Parameter $a_{ij}(t)$ und $b_{ij}(t)$ dergestalt von den Regler- und Streckenparametern abhängen, daß in den Adaptionsgesetzen für die Reglerparameter keine unbekannten Regelstreckenparameter auftreten. Setzen sich die Parameter $a_{ij}(t)$ und $b_{ij}(t)$ beispielsweise in der Form

(5.209)
$$a_{ij}(t) = f_{1ij}(\underline{\vartheta}_s)a_{Rij}(t) + f_{2ij}(\underline{\vartheta}_s) \;,\quad (i,j) \in I_A \;,$$
$$b_{ij}(t) = g_{1ij}(\underline{\vartheta}_s)b_{Rij}(t) + g_{2ij}(\underline{\vartheta}_s) \;,\quad (i,j) \in I_B$$

aus Reglerparametern und Funktionen der Streckenparameter $\underline{\vartheta}_s$ zusammen, so können die unbekannten Funktionswerte $f_{2ij}(\underline{\vartheta}_s)$ und $g_{2ij}(\underline{\vartheta}_s)$ in den Adaptionsgleichungen (5.207) den frei wählbaren Anfangswerten $a_{ij}(t_o)$ und $b_{ij}(t_o)$ hinzugerechnet werden. Dividiert man anschließend durch die unbekannten Werte $f_{1ij}(\underline{\vartheta}_s)$ und $g_{1ij}(\underline{\vartheta}_s)$, so treten diese im Produkt mit den frei wählbaren Konstanten α_{ij} und β_{ij} auf. Dann können über die Beziehungen

(5.210)
$$\tilde{\alpha}_{ij} = \alpha_{ij}\, f_{1ij}(\underline{\vartheta}_s) \;,$$
$$\tilde{\beta}_{ij} = \beta_{ij}\, g_{1ij}(\underline{\vartheta}_s)$$

neue, frei wählbare Konstanten $\tilde{\alpha}_{ij}$ und $\tilde{\beta}_{ij}$ definiert werden, so daß die Adaptionsgleichungen (5.207) unmittelbar in Adaptionsgleichungen für die Reglerparameter übergehen. Allerdings müssen die Vorzeichen der Funktionswerte $f_{1ij}(\underline{\vartheta}_s)$ und $g_{1ij}(\underline{\vartheta}_s)$ bekannt sein, um die Vorzeichen der Konstanten $\tilde{\alpha}_{ij}$ und $\tilde{\beta}_{ij}$ so festlegen zu können, daß die Konstanten α_{ij} und β_{ij} gemäß den vorangegangenen Überlegungen positiv sind. ■

5.5.4 Anwendung der Hyperstabilitätstheorie zur Herleitung von Adaptionsgleichungen

Zur Gegenüberstellung mit der direkten Methode von Ljapunov wird nun die Hyperstabilitätstheorie zur Herleitung von Adaptionsgleichungen angewendet, wobei dieselben Voraussetzungen wie bei der direkten Methode von Ljapunov gelten sollen. So wird wiederum angenommen, daß sämtliche Zustandsgrößen meßbar sind. Um die Hyperstabilitätstheorie anwenden zu können, muß die Fehlerdifferentialgleichung

(5.211)
$$\dot{\underline{e}}(t) = \underline{A}_M\underline{e}(t) + \Delta\underline{A}(t)\underline{x}(t) + \Delta\underline{B}(t)\underline{r}(t)$$

in eine Struktur gemäß Bild 5.14 gebracht werden, bei der sich im Vorwärtszweig ein lineares zeitinvariantes System befindet und im Rückwärtszweig ein nichtlineares zeitvariables System auftreten darf. $\underline{v}(t)$ und $\underline{w}(t)$ müssen dieselbe Dimension besitzen.

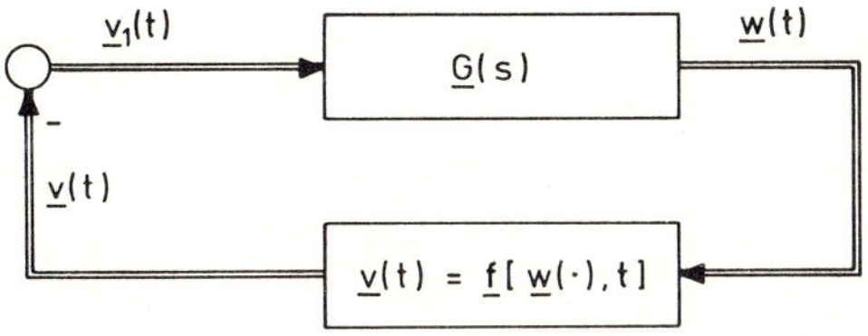

Bild 5.14: Regelkreisstruktur, auf die die Hyperstabilitätstheorie anwendbar ist

Die Hyperstabilitätstheorie nach Anhang A8 liefert dann die Aussage, daß die Zustandsgrößen des linearen Teilsystems beschränkt sind und asymptotisch verschwinden, wenn das lineare Teilsystem nur Eigenwerte mit negativem Realteil besitzt und dessen Übertragungsmatrix $\underline{G}(s)$ (bzw. Übertragungsfunktion $G(s)$) streng positiv reell ist (siehe Definition (A7.20)) und das nichtlineare zeitvariable System für beliebige Funktionen $\underline{w}(\cdot)$ die sogenannte Popov-(Integral)Ungleichung

(5.212) $$\int_{t_0}^{t} \underline{v}^T(\tau)\underline{w}(\tau)d\tau \geq -\gamma_0^2 \qquad \text{für alle } t \geq t_0$$

erfüllt, wobei $\gamma_0 \geq 0$ eine beliebige, aber für alle Funktionen $\underline{w}(\cdot)$ feste Konstante ist. t_0 bezeichnet den Anfangszeitpunkt. Wir schreiben die Fehlerdifferentialgleichung (5.211) in der Gestalt

(5.213) $$\begin{aligned} \dot{\underline{e}}(t) &= \underline{A}_M\, \underline{e}(t) + \underline{v}_1(t) \\ \underline{w}(t) &= \underline{D}\, \underline{e}(t) \\ -\underline{v}_1(t) = \underline{v}(t) &= -\Delta\underline{A}(\underline{w}(\cdot),t)\underline{x}(t) - \Delta\underline{B}(\underline{w}(\cdot),t)\underline{r}(t) \quad , \end{aligned}$$

wobei berücksichtigt ist, daß die Matrizen $\Delta\underline{A}$ und $\Delta\underline{B}$ über noch festzulegende Adaptionsgesetze unter anderem von der Fehlerfunktion $\underline{w}(\cdot) = \underline{D}\,\underline{e}(\cdot)$ abhängen mögen. Die quadratische Matrix $\underline{D}$ wird im weiteren Verlauf geeignet festgelegt. Die Struktur der Gleichungen (5.213) ist in Bild 5.15 dargestellt. Ein Vergleich mit Bild 5.14 zeigt, daß die gewünschte Form vorliegt. Der Zustandsvektor des linearen Teilsystems im Vorwärtszweig ist der Zustandsfehler $\underline{e}(t)$.

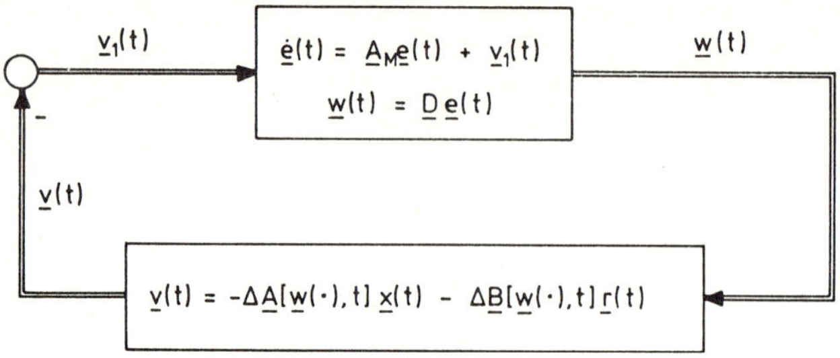

Bild 5.15: Umgeformtes Fehlermodell

(5.214) Anmerkung:

Würde man die in den Adaptionsgesetzen auftretende Größe $\underline{w}(t)$ in der Form

$$\underline{w}(t) = \underline{D}\,\underline{e}(t) + \underline{F}\,\underline{v}_1(t)$$

ansetzen, was einen Durchgriff in dem linearen Teilsystem nach Bild 5.15 zur Folge hätte, so würde $\underline{w}(t)$ algebraisch von der "Hilfsgröße" $\underline{v}_1(t)$ abhängen. Die Größe $\underline{v}_1(t)$ ist jedoch eine Funktion der unbekannten Parameter des adaptiven Systems und somit am realen System nicht zugänglich, so daß dieser Ansatz auf nicht realisierbare Adaptionsgesetze führen würde. ■

Um die asymptotische Hyperstabilität des Fehlersystems zu gewährleisten, muß die Matrix $\underline{D}$ so gewählt werden, daß die Übertragungsmatrix

(5.215) $$\underline{G}(s) = \underline{D}[s\underline{E} - \underline{A}_M]^{-1}$$

streng positiv reell ist (siehe Definition (A7.20)). Die funktionalen Zusammenhänge $\Delta\underline{A}(\underline{w}(\cdot),t)$ und $\Delta\underline{B}(\underline{w}(\cdot),t)$ (Adaptionsgleichungen) müssen so festgelegt werden, daß der nichtlineare Block im Rückwärtszweig in Bild 5.15 die Popov-Ungleichung (5.212) für alle Funktionen $\underline{w}(\cdot)$ erfüllt. Zur Lösung der Aufgabe wird $\underline{v}(t)$ nach (5.213) in die Popov-Ungleichung eingesetzt:

(5.216) $$\int_{t_o}^{t} \underline{v}^T(\tau)\underline{w}(\tau)d\tau = \int_{t_o}^{t} \underline{w}^T(\tau)\underline{v}(\tau)d\tau =$$

$$= \int_{t_o}^{t} \underline{w}^T(\tau)\Big[-\Delta\underline{A}\big[\underline{w}(\cdot),\tau\big]\underline{x}(\tau) - \Delta\underline{B}\big[\underline{w}(\cdot),\tau\big]\underline{r}(\tau)\Big]d\tau \quad .$$

Wir berücksichtigen entsprechend den Vorbemerkungen in Abschnitt 5.5.2, daß in $\Delta\underline{A}$ und $\Delta\underline{B}$ i.a. nur einige Elemente zeitveränderlich und die restlichen identisch null sind. Die Indexmengen zu den zeitveränderlichen (zu adaptierenden) Elementen in $\Delta\underline{A}$ und $\Delta\underline{B}$ werden wiederum mit I_A und I_B bezeichnet. Wir schreiben Gleichung (5.216) in der Form

(5.217)
$$\int_{t_o}^{t} \underline{v}^T(\tau)\underline{w}(\tau)d\tau = \sum\sum_{(i,j)\varepsilon I_A} \left\{-\int_{t_o}^{t} w_i(\tau)\Delta a_{ij}\left[\underline{w}(\cdot),\tau\right]x_j(\tau)d\tau\right\} + \sum\sum_{(i,j)\varepsilon I_B} \left\{-\int_{t_o}^{t} w_i(\tau)\Delta b_{ij}\left[\underline{w}(\cdot),\tau\right]r_j(\tau)d\tau\right\} ,$$

wobei die Vertauschbarkeit der Summationen mit der Integration berücksichtigt wird. Zur Erfüllung der Popov-Ungleichung ist es hinreichend, wenn jeder Summand der rechten Seite von (5.217) größer als eine endliche negative Konstante ist. Aus diesem Grunde betrachten wir zunächst eine Bedingung der Gestalt

(5.218)
$$-\int_{t_o}^{t} w(\tau)a\left[w(\cdot),\tau\right]x(\tau)d\tau \geq -\gamma_o^2 ,$$

die für beliebige $t \geq t_o$ und beliebige Funktionen $x(\cdot)$ sowie beliebige $w(\cdot)$ zu erfüllen ist. Unabhängig von dieser Bedingung kann man sich überlegen, daß ein geeignetes Adaptionsgesetz in jedem Fall einen integralen Anteil enthalten muß, damit der eingestellte Parameterwert gehalten wird, wenn der Fehler $\underline{e}(t)$ und damit die Größe $w(t)$ abgeklungen ist. Wir wählen somit für $a\left[w(\cdot),t\right]$ den allgemeinen Ansatz

(5.219)
$$a(t) = \int_{t_o}^{t} f_1\left[w(\lambda),\lambda\right]d\lambda + f_2\left[w(t),t\right] + a(t_o) .$$

Hierbei soll die Funktion $f_2\left[w(t),t\right]$ die Adaptionsdynamik verbessern. Für die asymptotische Stabilität des adaptiven Gesamtsystems ist es notwendig, daß gilt

(5.220)
$$f_1(0,t) \equiv 0 .$$

Wäre $f_1(0,t)$ beispielsweise konstant, so würde $a(t)$ unbeschränkt wachsen, wenn die fehlerabhängige Größe $w(t)$ abgeklungen ist. Demgegenüber darf die Funktion f_2 für $w(t) = 0$ einen konstanten Wert annehmen, da $f_2(0,t)$ dem Anfangswert $a(t_o)$ hinzugerechnet werden kann.

Die Ungleichung (5.218) ist erfüllt, wenn für a(t) der konkrete Ansatz

(5.221) $$a(t) = -\alpha_1 \int_{t_o}^{t} w(\lambda)x(\lambda)d\lambda - \alpha_2 w(t)x(t) + a(t_o)$$

gewählt wird, wobei α_1 und α_2 bis auf die Forderungen

(5.222) $$\alpha_1 > 0 \quad , \qquad \alpha_2 \geq 0$$

frei wählbare Faktoren sind. Zur Überprüfung dieser Aussage wird (5.221) in die Ungleichung (5.218) eingesetzt:

(5.223) $$\begin{aligned} &-\int_{t_o}^{t} w(\tau)a(w(\cdot),\tau)x(\tau)d\tau \\ &= \int_{t_o}^{t} w(\tau)x(\tau)\left[\alpha_1 \int_{t_o}^{\tau} w(\lambda)x(\lambda)d\lambda + \alpha_2 w(\tau)x(\tau) - a(t_o)\right]d\tau \\ &= I_1 + I_2 \end{aligned}$$

mit

(5.224) $$\begin{aligned} I_1 &:= \alpha_1 \int_{t_o}^{t} w(\tau)x(\tau)\left[\int_{t_o}^{\tau} w(\lambda)x(\lambda)d\lambda - \frac{a(t_o)}{\alpha_1}\right]d\tau \quad , \\ I_2 &:= \alpha_2 \int_{t_o}^{t} w^2(\tau)x^2(\tau)d\tau \quad . \end{aligned}$$

Der Term I_2 ist nicht negativ. Für den Term I_1 gilt mit der Abkürzung

(5.225) $$g(\tau) := \int_{t_o}^{\tau} w(\lambda)x(\lambda)d\lambda - \frac{a(t_o)}{\alpha_1}$$

die Abschätzung

(5.226) $$\begin{aligned} I_1 &= \alpha_1 \int_{t_o}^{t} g'(\tau)g(\tau)d\tau = \frac{\alpha_1}{2}[g^2(t) - g^2(t_o)] \\ &\geq -\frac{\alpha_1}{2} g^2(t_o) = -\frac{a^2(t_o)}{2\alpha_1} =: -\gamma_o^2 \quad , \end{aligned}$$

was zu beweisen war. Die Konstante γ_o hängt einerseits von dem Faktor α_1, andererseits von dem Anfangswert $a(t_o)$ ab. Für die Parameterfehler $\Delta a_{ij}(t)$ erhalten wir entsprechend (5.221) die Adaptionsgesetze

(5.227) $$\Delta a_{ij}(t) = -\alpha_{1ij} \int_{t_o}^{t} w_i(\lambda)x_j(\lambda)d\lambda - \alpha_{2ij}w_i(t)x_j(t) + \Delta a_{ij}(t_o) \quad .$$

Entsprechendes gilt für $\Delta b_{ij}(t)$. Unter Berücksichtigung von $\Delta a_{ij}(t) = a_{M,ij} - a_{ij}(t)$ und $\Delta b_{ij}(t) = b_{M,ij} - b_{ij}(t)$ lauten die Adaptionsgesetze für die Parameter des abgleichbaren Systems zusammengefaßt

(5.228)
$$a_{ij}(t) = \alpha_{1ij} \int_{t_o}^{t} w_i(\lambda)x_j(\lambda)d\lambda + \alpha_{2ij}w_i(t)x_j(t) + a_{ij}(t_o) \ ,$$

$$\alpha_{1ij} > 0 \ , \quad \alpha_{2ij} \geq 0 \ , \quad (i,j) \in I_A \quad ;$$

$$b_{ij}(t) = \beta_{1ij} \int_{t_o}^{t} w_i(\lambda)r_j(\lambda)d\lambda + \beta_{2ij}w_i(t)r_j(t) + b_{ij}(t_o) \ ,$$

$$\beta_{1ij} > 0 \ , \quad \beta_{2ij} \geq 0 \ , \quad (i,j) \in I_B \quad ,$$

wobei $\underline{w}(t) = \underline{D}\ \underline{e}(t) = \underline{D}[\underline{x}_M(t) - \underline{x}(t)]$.

Die Matrix $\underline{D}$ muß so gewählt werden, daß die Übertragungsmatrix

$$\underline{G}(s) = \underline{D}[s\underline{E} - \underline{A}_M]^{-1}$$

streng positiv reell ist. Die Matrix $\underline{D}$ und die Konstanten α_{1ij}, α_{2ij}, β_{1ij}, β_{2ij} legen die Adaptionsdynamik fest.

(5.229) Anmerkungen:

Vergleicht man die Adaptionsgleichungen (5.228) mit den Adaptionsgleichungen (5.207) aus der direkten Methode von Ljapunov, so erkennt man große Ähnlichkeiten. Im Unterschied zu (5.207) sind jetzt jedoch auch proportionale Anteile in den Adaptionsgleichungen zugelassen. Den Größen $w_i(t)$ in (5.228) entsprechen die Größen $h_i(t)$ in (5.207), die jedoch unterschiedliche Bedeutung haben. Die Unterschiede in den Adaptionsgleichungen sind darauf zurückzuführen, daß von unterschiedlichen Stabilitätsbegriffen ausgegangen wird.

Wenn die Adaptionsgleichungen (5.228) im Zusammenhang mit einer Identifikationsaufgabe verwendet werden, sind - ebenso wie bei der Anwendung der Adaptionsgleichungen (5.207) - Vorinformationen über die Regelstrecke erforderlich (siehe Anmerkungen (5.208)). An dieser Stelle werden Vorinformationen dazu benötigt, um die Matrix $\underline{D}$ so wählen zu können, daß $\underline{G}(s)$ streng positiv reell ist.

Im Falle einer adaptiven Regelaufgabe gelten die gleichen Überlegungen wie unter den Anmerkungen (5.208). ■

(5.230) **Beispiel: Verstärkungsfaktoranpassung bei einer Regelstrecke 2. Ordnung**

Betrachtet sei eine stabile Regelstrecke der Form

$$\ddot{y}(t) + a_1\dot{y}(t) + a_o y(t) = b_s u(t) \tag{5.231}$$

mit $b_s \neq 0$. Die Koeffizienten $a_o > 0$ und $a_1 > 0$ der Regelstrecke seien bekannt, jedoch sei der Faktor b_s bis auf das Vorzeichen unbekannt und eventuell langsam zeitveränderlich. Durch einen adaptiven Vorfaktor der Form

$$u(t) = b_R(t)r(t) \tag{5.232}$$

soll das Verhalten der Regelstrecke dem gewünschten Modellverhalten (Parallel-Führungsmodell)

$$\ddot{y}_M(t) + a_1\dot{y}_M(t) + a_o y_M(t) = b_M r(t) \tag{5.233}$$

angepaßt werden, wobei zur Adaption die Regelstrecken-Zustandsgrößen $y(t) =: x_1(t)$ und $\dot{y}(t) =: x_2(t)$ als Meßgrößen zur Verfügung stehen.

Die Differentialgleichung des abgleichbaren Systems erhalten wir durch Einsetzen von (5.232) in (5.231) zu

$$\ddot{y}(t) + a_1\dot{y}(t) + a_o y(t) = b(t)r(t) \quad , \tag{5.234}$$

wobei $b(t) := b_s b_R(t)$.

Durch Subtraktion dieser Gleichung von der Differentialgleichung des Parallel-Führungsmodells ergibt sich die Fehlerdifferentialgleichung

$$\ddot{e}(t) + a_1\dot{e}(t) + a_o e(t) = \Delta b(t)r(t) \quad , \tag{5.235}$$

wobei $e(t) := y_M(t)-y(t)$ und $\Delta b(t) := b_M-b(t)$.

In Zustandsdarstellung lautet das Fehlermodell mit den Zustandsgrößen

$$e_1(t) := e(t) \ , \ e_2(t) := \dot{e}(t)$$

(5.236) $$\dot{\underline{e}}(t) = \underline{A}_M \underline{e}(t) + \underline{n}_2 \Delta b(t) r(t)$$

mit $$\underline{A}_M = \begin{bmatrix} 0 & 1 \\ -a_o & -a_1 \end{bmatrix}, \quad \underline{n}_2 = \begin{bmatrix} 0 \\ 1 \end{bmatrix} .$$

In Bild 5.16 ist das Fehlermodell als rückgekoppelte Systemstruktur dargestellt, wobei im Unterschied zu Bild 5.15 der hier auftretende Einheitsvektor $\underline{n}_2$ dem linearen Teilsystem hinzugerechnet ist.

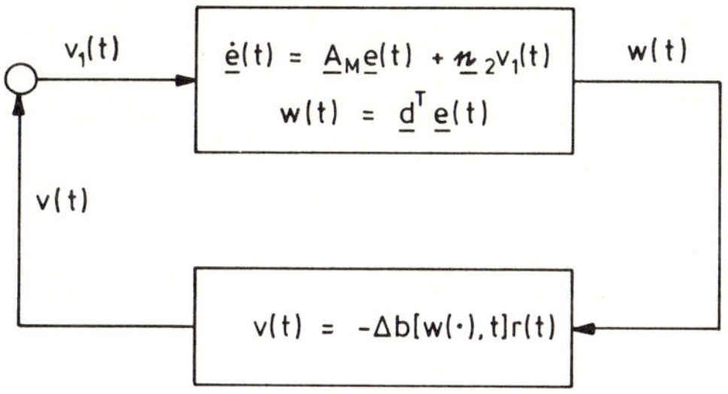

Bild 5.16: Fehlermodell zur Verstärkungsfaktoranpassung

Entsprechend (5.228) erhält man die - asymptotische Hyperstabilität des Gesamtsystems garantierende - Adaptionsgleichung

(5.237) $$b(t) = \beta_1 \int_{t_o}^{t} w(\lambda) r(\lambda) d\lambda + \beta_2 w(t) r(t) + b(t_o)$$

mit den bis auf die Nebenbedingungen $\beta_1 > 0$, $\beta_2 \geq 0$ frei wählbaren Konstanten β_1 und β_2. $w(t)$ berechnet sich aus der Gleichung

(5.238) $$\begin{aligned} w(t) &= \underline{d}^T \underline{e}(t) = d_o e_1(t) + d_1 e_2(t) \\ &= d_o e(t) + d_1 \dot{e}(t) \quad , \end{aligned}$$

wobei $\underline{d}^T$ so festgelegt werden muß, daß die Übertragungsfunktion

(5.239) $$G(s) = \underline{d}^T [s\underline{E} - \underline{A}_M]^{-1} \underline{n}_2 = \frac{d_1 s + d_o}{s^2 + a_1 s + a_o}$$

streng positiv reell ist, d.h. $\mathrm{Re}[G(j\omega)] > 0$ für $0 \leq \omega < \infty$. Hieraus erhalten wir die Forderung

$$\text{Re}\left[(d_o + d_1 j\omega)(a_o - \omega^2 - a_1 j\omega)\right]$$

$$= d_o a_o + \omega^2(a_1 d_1 - d_o) > 0 \qquad \text{für} \quad 0 \le \omega < \infty \quad ,$$

woraus für d_1 und d_2 die Bedingungen

(5.240) $$d_o > 0 \quad , \quad d_1 \ge \frac{d_o}{a_1}$$

folgen. Berücksichtigen wir, daß $b(t) = b_s b_R(t)$, und führen wir die wählbaren Konstanten $\tilde{ß}_1 := ß_1/b_s$ und $\tilde{ß}_2 := ß_2/b_s$ ein, so lautet die Adaptionsgleichung für den Vorfaktor

(5.241) $$b_R(t) = \tilde{ß}_1 \int_{t_o}^{t} w(\lambda)r(\lambda)d\lambda + \tilde{ß}_2 w(t)r(t) + b_R(t_o)$$

mit $\tilde{ß}_1 b_s > 0$; $\tilde{ß}_2 b_s \ge 0$.

Hiermit ist die zu Beginn des Beispiels formulierte Aufgabenstellung gelöst. Ein Strukturbild der adaptiven Verstärkungsfaktoranpassung ist in Bild 5.17 dargestellt.

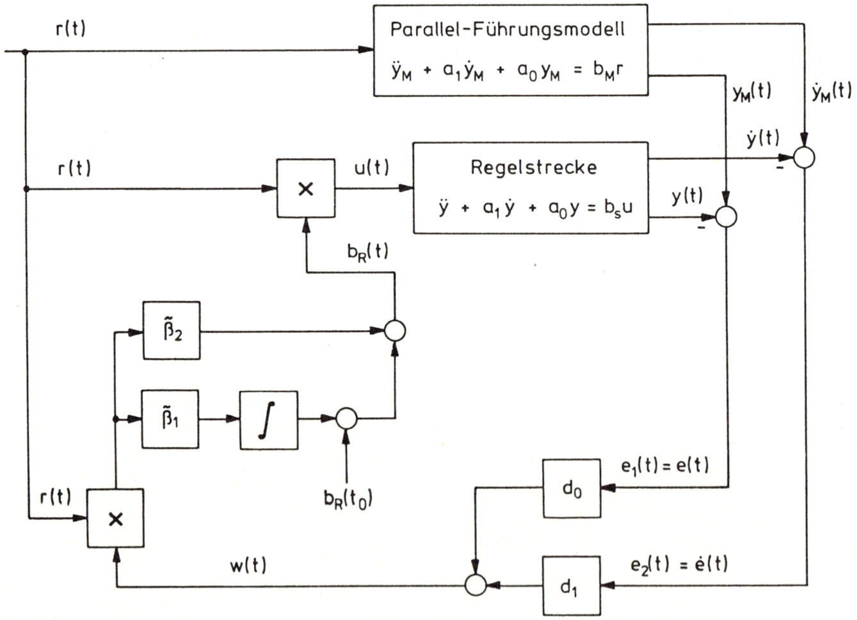

Bild 5.17: Strukturbild zur Verstärkungsfaktoranpassung ■

5.5.5 Adaptiver Zustandsregler

Die Ergebnisse aus Abschnitt 5.5.4 werden im folgenden auf den Entwurf eines adaptiven Zustandsreglers für eine lineare zeitinvariante oder quasizeitinvariante Regelstrecke bekannter Ordnung angewendet. Wir nehmen an, daß sämtliche Zustandsgrößen der Regelstrecke meßbar sind. Das Führungsverhalten des geschlossenen Regelkreises soll sich asymptotisch dem Verhalten des stabilen Parallel-Führungsmodells

(5.242) $$\dot{\underline{x}}_M(t) = \underline{A}_M \underline{x}_M(t) + \underline{b}_M r(t) \quad , \qquad (\underline{x}_M(t) \in \mathbb{R}^n)$$

angleichen. Die Regelstrecke sei beschrieben durch die Differentialgleichung

(5.243) $$\dot{\underline{x}}(t) = \underline{A}_S \underline{x}(t) + \underline{b}_S u(t) \quad , \qquad (\underline{x}(t) \in \mathbb{R}^n) \quad .$$

Für den adaptiven Zustandsregler wählen wir den Ansatz

(5.244) $$u(t) = -\underline{k}^T(t)\underline{x}(t) + \rho(t) r(t) \quad ,$$

wobei die Größen $\underline{k}^T(t)$ und $\rho(t)$ über geeignet zu wählende Adaptionsgesetze festgelegt werden müssen. Die Struktur des Systems ist in Bild 5.18 dargestellt. Wir setzen die Reglergleichung in die Differentialgleichung der Regelstrecke ein und erhalten das abgleichbare System

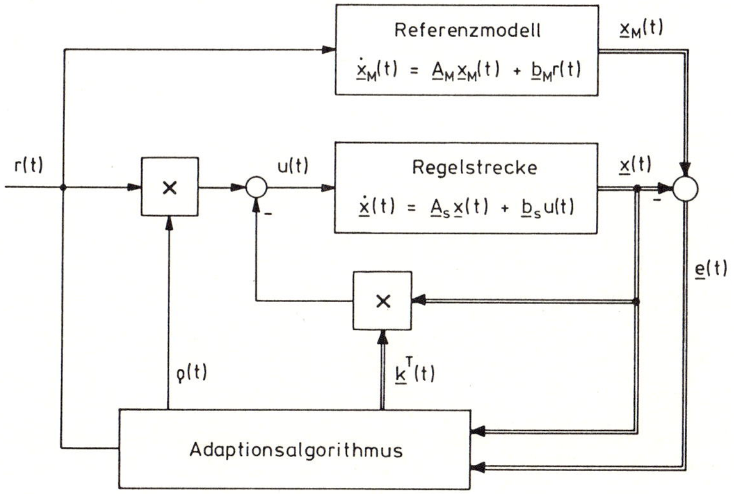

Bild 5.18: Systemstruktur zum adaptiven Zustandsregler

(5.245)
$$\dot{\underline{x}}(t) = \left[\underline{A}_S - \underline{b}_S\underline{k}^T(t)\right]\underline{x}(t) + \underline{b}_S\rho(t)r(t)$$
$$=: \underline{A}(t)\underline{x}(t) + \underline{b}(t)r(t) \quad .$$

Damit eine perfekte Anpassung dieses Regelungssystems an das Parallel-Führungsmodell überhaupt möglich ist, müssen Werte $\underline{k}^T_{opt}$ und ρ_{opt} existieren, so daß

(5.246)
$$\underline{b}_M = \underline{b}_S\rho_{opt} \quad ,$$
$$\underline{A}_M = \underline{A}_S - \underline{b}_S\underline{k}^T_{opt} \quad .$$

Derartige Werte existieren genau dann, wenn der Vektor $\underline{b}_M$ von dem Vektor $\underline{b}_S$ linear abhängig ist, d.h.

(5.247) $$\mathrm{rg}[\underline{b}_S] = \mathrm{rg}[\underline{b}_S, \underline{b}_M] = 1$$

und wenn gilt

(5.248) $$\mathrm{rg}[\underline{b}_S] = \mathrm{rg}[\underline{b}_S, (\underline{A}_M - \underline{A}_S)] = 1 \quad .$$

Hierbei haben wir den singulären Fall $\underline{b}_S = \underline{0}$ ausgeschlossen. Als notwendige und hinreichende Bedingung für eine mögliche perfekte Modellanpassung erhalten wir somit zusammengefaßt

(5.249) $$\mathrm{rg}[\underline{b}_S] = \mathrm{rg}[\underline{b}_S, \underline{b}_M] = \mathrm{rg}[\underline{b}_S, (\underline{A}_M - \underline{A}_S)] = 1 \quad .$$

Diese Bedingung läßt sich unmittelbar auf Mehrgrößensysteme erweitern (siehe LANDAU [5.6], Seite 209). Wenn die Regelstrecke und das Parallel-Führungsmodell beispielsweise in der Steuerbarkeitsnormalform vorliegen (siehe (5.192), so ist diese Bedingung mit Sicherheit erfüllt. Das Fehlermodell für den Zustandsfehler $\underline{e}(t) = \underline{x}_M(t) - \underline{x}(t)$ lautet nach (5.196)

(5.250) $$\dot{\underline{e}}(t) = \underline{A}_M\underline{e}(t) + \Delta\underline{A}(t)\underline{x}(t) + \Delta\underline{b}(t)r(t)$$

mit

(5.251)
$$\Delta\underline{A}(t) = \underline{A}_M - \underline{A}(t) = \underline{A}_M - \underline{A}_S + \underline{b}_S\underline{k}^T(t) \quad ,$$
$$\Delta\underline{b}(t) = \underline{b}_M - \underline{b}(t) = \underline{b}_M - \underline{b}_S\rho(t) \quad .$$

Um die Herleitung der Adaptionsgesetze zu vereinfachen, stellen wir die Reglerparameter $\underline{k}(t)$ und $\rho(t)$ formal in der Form

$$\underline{k}(t) = \underline{k}_{opt} + \Delta\underline{k}(t) \quad,$$

(5.252)

$$\rho(t) = \rho_{opt} + \Delta\rho(t)$$

dar, wobei $\underline{k}_{opt}$ und ρ_{opt} die unbekannten Werte sind, die nach (5.246) perfekte Modellanpassung garantieren. Dann folgt

$$\Delta\underline{A}(t) = \underline{b}_s \, \Delta\underline{k}^T(t) \quad,$$

(5.253)

$$\Delta\underline{b}(t) = -\underline{b}_s \, \Delta\rho(t)$$

und wir erhalten das Fehlermodell

(5.254) $$\dot{\underline{e}}(t) = \underline{A}_M\underline{e}(t) + \underline{b}_s[\Delta\underline{k}^T(t)\underline{x}(t) - \Delta\rho(t)r(t)] \quad.$$

Dieses können wir als rückgekoppelte Struktur in der Form

$$\dot{\underline{e}}(t) = \underline{A}_M\underline{e}(t) + \underline{b}_s v_1(t)$$

(5.255) $$w(t) = \underline{d}^T\underline{e}(t)$$

$$v_1(t) = -v(t) = -\left[\Delta\rho\big[w(\cdot),t\big]r(t) - \Delta\underline{k}^T\big[w(\cdot),t\big]\underline{x}(t)\right]$$

schreiben (siehe Bild 5.19), wobei wir einfließen lassen, daß $\Delta\rho$ und $\Delta\underline{k}^T$ über Adaptionsgesetze unter anderem von der Größe $w(\cdot) = \underline{d}^T\underline{e}(\cdot)$ abhängen mögen.

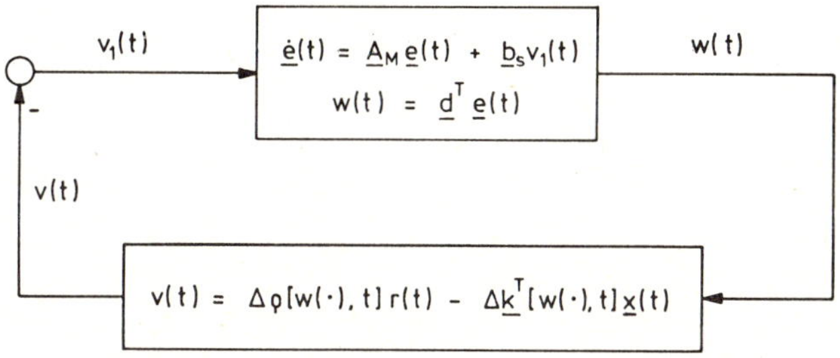

Bild 5.19: Umgeformtes Fehlermodell beim adaptiven Zustandsregler

Der Vektor $\underline{d}$ muß so gewählt werden, daß die Übertragungsfunktion

(5.256) $$G(s) = \underline{d}^T[s\underline{E} - \underline{A}_M]^{-1} \underline{b}_s$$

streng positiv reell ist. Aufgrund der vorausgesetzten linearen Abhängigkeit der Vektoren $\underline{b}_M$ und $\underline{b}_s$ existiert ein (unbekanntes) ρ_{opt}, so daß

$\underline{b}_M = \rho_{opt}\underline{b}_s$. Unter Ausschluß des singulären Falls $\rho_{opt} = 0$ folgt $\underline{b}_s = \underline{b}_M / \rho_{opt}$ und wir erhalten aus (5.256)

$$G(s) = \frac{1}{\rho_{opt}} \underline{d}^T [s\underline{E} - \underline{A}_M] \underline{b}_M \quad . \tag{5.257}$$

Um den Vektor $\underline{d}^T$ bestimmen zu können, muß das Vorzeichen von ρ_{opt} bekannt sein. Hierzu reicht es aus, das Vorzeichen eines von null verschiedenen Elementes in $\underline{b}_s$ zu kennen. Aus der Forderung, daß der Rückführblock in Bild 5.19 zur Sicherung der asymptotischen Hyperstabilität die Popov-Ungleichung erfüllen muß, erhalten wir für $\Delta\rho(t)$ und $\Delta\underline{k}(t) = [\Delta k_1(t),\dots,\Delta k_n(t)]^T$ analog zu (5.228) die <u>Adaptionsgesetze</u>

$$\begin{aligned} \Delta\rho(t) &= \alpha_1 \int_{t_o}^{t} w(\tau)r(\tau)d\tau + \alpha_2 w(t)r(t) + \Delta\rho(t_o) \ , \\ &\qquad \alpha_1 > 0 \ , \quad \alpha_2 \geq 0 \ , \\ \Delta k_i(t) &= -\text{ß}_{1i} \int_{t_o}^{t} w(\tau)x_i(\tau)d\tau - \text{ß}_{2i} w(t)x_i(t) + \Delta k_i(t_o) \ , \\ &\qquad \text{ß}_{1i} > 0 \ , \quad \text{ß}_{2i} \geq 0 \ , \quad i = 1\dots n \ . \end{aligned} \tag{5.258}$$

Um zu Adaptionsgesetzen für die ursprünglichen Reglerparameter $\rho(t)$ und $\underline{k}(t)$ zu gelangen, müssen wir (5.252) in (5.258) einsetzen. Die unbekannten Parameter ρ_{opt} und $\underline{k}_{opt}$ treten dann in einer Summe mit den frei wählbaren Anfangswerten $\rho(t_o)$ und $\underline{k}(t_o)$ auf, so daß wir diese zu neuen Anfangswerten zusammenfassen können. Die <u>Adaptionsgesetze</u> für $\rho(t)$ und $k(t)$ lauten dann

$$\begin{aligned} \rho(t) &= \alpha_1 \int_{t_o}^{t} w(\tau)r(\tau)d\tau + \alpha_2 w(t)r(t) + \rho(t_o) \ , \\ &\qquad \alpha_1 > 0 \ , \quad \alpha_2 \geq 0 \ , \\ k_i(t) &= -\text{ß}_{1i} \int_{t_o}^{t} w(\tau)x_i(\tau)d\tau - \text{ß}_{2i} w(t)x_i(t) + k_i(t_o) \ , \\ &\qquad \text{ß}_{1i} > 0 \ , \quad \text{ß}_{2i} \geq 0, \quad i = 1\dots n \ . \end{aligned} \tag{5.259}$$

Bei einer Implementierung des adaptiven Zustandsreglers können für die Reglerparameter $\rho(t)$ und $\underline{k}(t)$ feste Voreinstellungen ρ_F und $\underline{k}_F$ vorgenommen werden, die beispielsweise anhand bekannter Nennwerte der Regelstrecke berechnet werden. Die Adaption hat dann die Aufgabe, die Reglerparameter so nachzuführen, daß Abweichungen der Regelstreckenparameter von den Nennwerten kompensiert werden. Das Reglergesetz lautet in diesem Fall

$$u(t) = -(\underline{k}_F^T + \Delta\underline{k}^T(t)\underline{x}(t) + (\rho_F + \Delta\rho(t))r(t)$$

(5.260)

$$= -\underline{k}_F^T\,\underline{x}(t) + \rho_F\, r(t) + u_A(t)$$

mit dem Adaptionssignal

(5.261) $$u_A(t) = -\Delta\underline{k}^T(t)\underline{x}(t) + \Delta\rho(t)r(t) \quad .$$

Die Adaptionsgesetze für $\Delta\underline{k}(t)$ und $\Delta\rho(t)$ sind wiederum durch (5.258) gegeben. Die Struktur des Gesamtsystems ist in Bild 5.20 dargestellt. Diese Struktur ist der nach Bild 5.18 äquivalent.

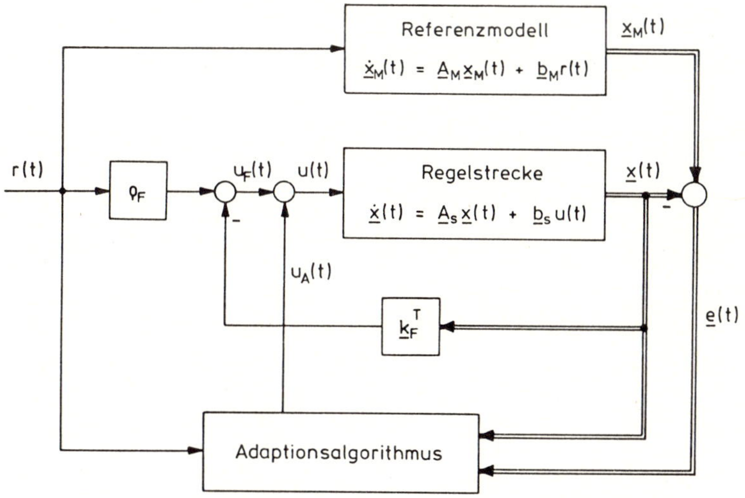

Bild 5.20: Systemstruktur zum adaptiven Zustandsregler mit Parametervoreinstellung

Wir behandeln abschließend eine Erweiterung des adaptiven Zustandsreglers. Hierzu betrachten wir den Fall bekannter Regelstreckenparameter und perfekter Modellanpassung, d.h.

(5.262) $$\underline{k}(t) = \underline{k}_{opt} \quad ; \quad \rho(t) = \rho_{opt} \quad .$$

In diesem Fall lautet die Fehlergleichung (5.250)

(5.263) $$\dot{\underline{e}}(t) = \underline{A}_M\underline{e}(t) \quad .$$

Diese beschreibt unter anderem das Verhalten, mit dem Zustandsfehler $\underline{e}(t_o) = \underline{x}_M(t_o) - \underline{x}(t_o)$ abklingen. Nun kann es wünschenswert sein, die Eigenwerte des Fehlermodells unabhängig von den Eigenwerten des Parallel-Führungsmodells vorzugeben und festzulegen. Hierzu wählen wir für den adaptiven Zustandsregler alternativ zu (5.244) den Ansatz

$$u(t) = -\underline{k}^T(t)\underline{x}(t) + \rho(t)r(t) + \underline{k}_M^T\,\underline{x}_M(t) \quad . \tag{5.264}$$

Das Fehlermodell lautet dann

$$\begin{aligned}\dot{\underline{e}}(t) = {} & (\underline{A}_M-\underline{b}_s\underline{k}_M^T)\underline{e}(t) + [\underline{A}_M-\underline{A}_s+\underline{b}_s(\underline{k}^T(t)-\underline{k}_M^T)]\underline{x}(t) \\ & + [\underline{b}_M-\underline{b}_s\rho(t)]r(t) \quad .\end{aligned} \tag{5.265}$$

Im Falle einer perfekten Anpassung des Regelungssystems an das Referenzmodell müssen die optimalen Werte $\underline{k}_{opt}^T$ und ρ_{opt} für die Reglerparameter $\underline{k}^T(t)$ und $\rho(t)$ den Gleichungen

$$\begin{aligned}\underline{b}_M &= \underline{b}_s\rho_{opt} \\ \underline{A}_M &= \underline{A}_s - \underline{b}_s(\underline{k}_{opt}^T - \underline{k}_M^T)\end{aligned} \tag{5.266}$$

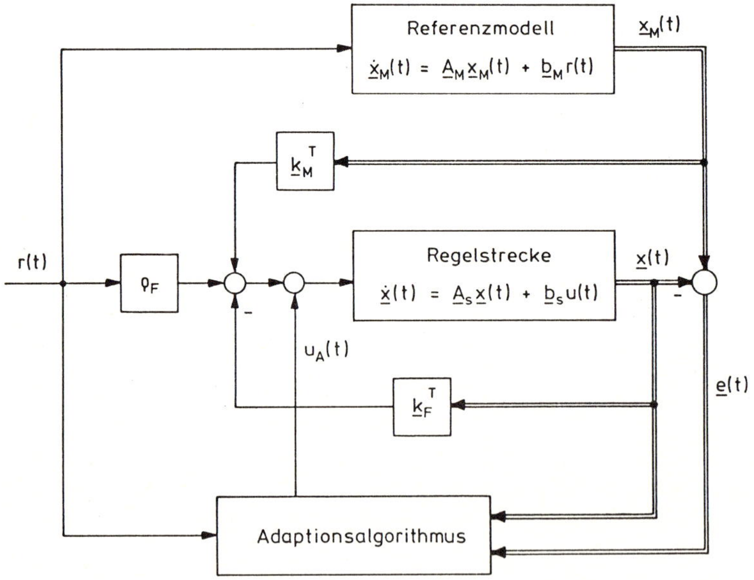

Bild 5.21: Systemstruktur zum erweiterten adaptiven Zustandsregler mit Parametervoreinstellung

genügen. Damit derartige Werte existieren, muß als notwendige und hinreichende Bedingung wiederum die Gleichung (5.249) erfüllt sein. Das Fehlermodell lautet bei perfekter Modellanpassung

$$(5.267) \qquad \dot{\underline{e}}(t) = (\underline{A}_M - \underline{b}_s\underline{k}_M^T)\underline{e}(t) = (\underline{A}_M - \frac{1}{\rho_{opt}}\underline{b}_M\underline{k}_M^T)\underline{e}(t) \quad .$$

Mit Hilfe des fest einzustellenden Vektors $\underline{k}_M^T$ können die Eigenwerte der Fehlerdifferentialgleichung (5.267) unabhängig von $\underline{A}_M$ beliebig vorgegeben werden, wenn das Referenzmodell vollständig steuerbar ist. Zur Festlegung von $\underline{k}_M^T$ ist allerdings eine Kenntnis über das Vorzeichen und die ungefähre Größe von ρ_{opt} erforderlich. Die Adaptionsgesetze für die Reglerparameter $\rho(t)$ und $\underline{k}(t)$ in (5.264) sind wiederum durch die Gleichungen (5.259) gegeben. Die Systemstruktur eines erweiterten adaptiven Zustandsreglers mit zusätzlicher Parametervoreinstellung ist in Bild 5.21 dargestellt.

5.5.6 Anwendung von Hilfsfiltern zur Vermeidung zeitlicher Ableitungen in den Adaptionsgesetzen

Die in den Abschnitten 5.5.3 und 5.5.4 hergeleiteten Adaptionsalgorithmen haben den Nachteil, daß sie nur dann angewendet werden können, wenn sämtliche Zustandsgrößen des abzugleichenden Systems und des Parallelmodells meßbar sind. Andernfalls müßte man versuchen, die nicht meßbaren Zustandsgrößen durch näherungsweise differenzierende Filter aus den Ausgangsgrößen zu erzeugen. Hierbei kann jedoch die Stabilität der adaptiven Systeme verlorengehen.

Wir zeigen an dieser Stelle für eine Identifikationsaufgabe, wie durch Hilfsfilter mit Tiefpaßcharakter Adaptionsgesetze gewonnen werden können, in denen keine zeitlichen Ableitungen der Ausgangsgröße des Referenzmodells auftreten. Hierbei ist es zweckmäßig, als Systembeschreibungen Eingangs-Ausgangs-Darstellungen zu verwenden, die aufgrund der Nichtlinearität der Adaptionsgleichungen im Zeitbereich formuliert werden. Unsere Betrachtungen erfolgen für zeitkontinuierliche Systeme. Deshalb führen wir, ähnlich dem Verschiebeoperator q bei zeitdiskreten Systemen, zur Abkürzung den Differentialoperator

$$(5.268) \qquad \partial := \frac{d}{dt}$$

ein. Das (stabile) Parallel-Führungsmodell, welches gleich der zu identifizierenden Regelstrecke ist, sei beschrieben durch die Eingangs-Ausgangs-Darstellung

$$(\partial^n + a_{M,n-1}\partial^{n-1} + \ldots + a_{M,o})y_M(t) = (b_{M,m}\partial^m + \ldots + b_{M,o})r(t) \quad , \tag{5.269}$$

die wir abgekürzt in der Form

$$\Delta_M(\partial)y_M(t) = Z_M(\partial)r(t) \tag{5.270}$$

mit den zeitinvarianten Operatoren

$$\begin{aligned} \Delta_M(\partial) &:= \partial^n + a_{M,n-1}\partial^{n-1} + \ldots + a_{M,o} \quad , \\ Z_M(\partial) &:= b_{M,m}\partial^m + \ldots + b_{M,o} \end{aligned} \tag{5.271}$$

schreiben. Wir nehmen an, daß die Ordnung n und der Polstellenüberschuß $d = n-m$ des Parallel-Führungsmodells bekannt sind, während sämtliche Koeffizienten unbekannt sind. Genau genommen reichte es aus, für den Polstellenüberschuß eine untere Schranke d_u zu kennen. In dem abgleichbaren System, mit dem die Identifikation bewerkstelligt wird, müßte dann der "Zählergrad" $m = n-d_u$ angesetzt werden. Aus Gründen der Übersichtlichkeit und Einfachheit wird dieser Fall jedoch nicht betrachtet. Für das abgleichbare System gehen wir von der Eingangs-Ausgangs-Darstellung

$$(\partial^n + a_{n-1}(t)\partial^{n-1} + \ldots + a_o(t))y(t) = (b_m(t)\partial^m + \ldots + b_o(t))r(t) \tag{5.272}$$

aus. In abgekürzter Schreibweise erhalten wir

$$\Delta(\partial,t)y(t) = Z(\partial,t)r(t) \tag{5.273}$$

mit den zeitvariablen Operatoren

$$\begin{aligned} \Delta(\partial,t) &:= \partial^n + a_{n-1}(t)\partial^{n-1} + \ldots + a_o(t) \quad , \\ Z(\partial,t) &:= b_m(t)\partial^m + \ldots + b_o(t) \quad . \end{aligned} \tag{5.274}$$

Um in den später auftretenden Adaptionsgleichungen Differentialquotienten der Ausgangsgröße $y_M(t)$ des Parallel-Führungsmodells und der Eingangsgröße $r(t)$ zu vermeiden, wird ein stabiles lineares zeitinvariantes Tiefpaßfilter der Ordnung n-1

(5.275) $$G_F(\partial) = \frac{K}{\partial^{n-1} + f_{n-2}\partial^{n-2} + \ldots + f_1\partial + f_o}$$

eingeführt, mit dem wir die Ausgangsgröße des Parallel-Führungsmodells und die Eingangsgröße des abgleichbaren Systems filtern. Hierbei ist der Nenner in (5.275) eine formale Schreibweise für den inversen Operator. Die gefilterten Größen bezeichnen wir mit $y_{MF}(t)$ und $r_F(t)$. In unseren Adaptionsgesetzen werden die gefilterten Größen und ihre Differentialquotienten auftreten. Wie am Beispiel der Eingangsgröße in Bild 5.22 gezeigt ist, können von der gefilterten Größe $r_F(t)$ die zeitlichen Ableitungen bis zur Ordnung n-1 problemlos innerhalb des Tiefpaßfilters abgegriffen werden, ohne daß man Differenzierer benötigt. Hierzu ist es zweckmäßig, $G_F(\partial)$ in der Standardform nach Bild 5.22 zu realisieren.

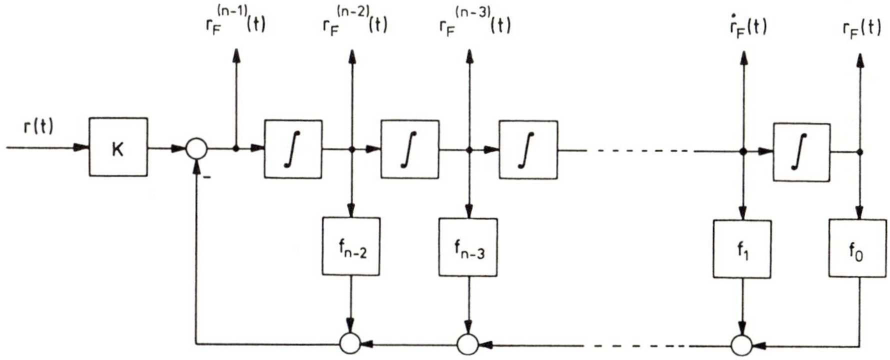

Bild 5.22: Filterung des Eingangssignals r(t) durch einen Tiefpaß $G_F(\partial)$ der Ordnung n-1

Wir wenden $G_F(\partial)$ auf die Ausgangsgröße $y_M(t)$ an und erhalten

(5.276) $$y_{MF}(t) = G_F(\partial)y_M(t) = G_F(\partial)\frac{Z_M(\partial)}{\Delta_M(\partial)}r(t) = \frac{Z_M(\partial)}{\Delta_M(\partial)}G_F(\partial)r(t) = \frac{Z_M(\partial)}{\Delta_M(\partial)}r_F(t) \quad .$$

Hierbei wurde die Kommutativität der linearen zeitinvarianten Operatoren $G_F(\partial)$ und $Z_M(\partial)/\Delta_M(\partial)$ berücksichtigt. Wir multiplizieren mit $\Delta_M(\partial)$ und erhalten

(5.277) $$\Delta_M(\partial)y_{MF}(t) = Z_M(\partial)r_F(t) \quad .$$

Das abgleichbare System regen wir mit der gefilterten Eingangsgröße $r_F(t)$ an und erhalten die Systembeschreibung

$$\Delta(\partial,t)\tilde{y}_F(t) = Z(\partial,t)r_F(t) \quad . \tag{5.278}$$

Die so entstehende Ausgangsgröße des abgleichbaren Systems ist mit $\tilde{y}_F(t)$ bezeichnet. Aufgrund der Zeitvariabilität der Operatoren $Z(\partial,t)$ und $\Delta(\partial,t)$ ist $\tilde{y}_F(t)$ nicht gleich der Größe $G_F(\partial)y(t)$, welche hier nicht auftritt. Zur Herleitung der Adaptionsgesetze stellen wir ein Fehlermodell für den Fehler

$$e_F(t) := y_{MF}(t) - \tilde{y}_F(t)$$

auf. Hierzu subtrahieren wir Gleichung (5.278) von Gleichung (5.277):

$$\Delta_M(\partial)y_{MF}(t) - \Delta(\partial,t)\tilde{y}_F(t) = \left[Z_M(\partial) - Z(\partial,t)\right]r_F(t) \ . \tag{5.279}$$

Durch Erweitern mit $\Delta_M(\partial)\tilde{y}_F(t)$ folgt das Fehlermodell

$$\Delta_M(\partial)e_F(t) = -\left[\Delta_M(\partial) - \Delta(\partial,t)\right]\tilde{y}_F(t) + \left[Z_M(\partial) - Z(\partial,t)\right]r_F(t), \tag{5.280}$$

das wir in Anlehnung an die Vorgehensweise in Abschnitt 5.5.4 als rückgekoppeltes System darstellen:

$$\begin{aligned} \Delta_M(\partial)e_F(t) &= v_1(t) \\ w(t) &= Z_d(\partial)e_F(t) \\ v_1(t) = -\,v(t) &= -\Big[[\Delta_M(\partial) - \Delta(\partial,w(\cdot),t)]\tilde{y}_F(t) \\ &\qquad - [Z_M(\partial) - Z(\partial,w(\cdot),t)]r_F(t)\Big] \quad . \end{aligned} \tag{5.281}$$

Für die Koeffizienten $a_o(t),\ldots,a_{n-1}(t)$ und $b_o(t),\ldots,b_m(t)$ der Operatoren $\Delta(\partial,t)$ und $Z(\partial,t)$ des abgleichbaren Systems erhalten wir analog zu den Gleichungen (5.228) aus Abschnitt 5.5.4 die Adaptionsgesetze

$$a_i(t) = -\alpha_{1i}\int_{t_o}^{t} w(\tau)\left[\frac{d}{d\tau}\right]^i\tilde{y}_F(\tau)\,d\tau - \alpha_{2i}w(t)\left[\frac{d}{dt}\right]^i\tilde{y}_F(t) + a_i(t_o) \quad ,$$

$$\alpha_{1i} > 0 \quad , \qquad \alpha_{2i} \geq 0 \quad , \qquad i = 0\ldots n-1 \tag{5.282}$$

und

$$b_i(t) = ß_{1i} \int_{t_o}^{t} w(\tau)\left[\frac{d}{d\tau}\right]^i r_F(\tau)\, d\tau + ß_{2i} w(t)\left[\frac{d}{dt}\right]^i r_F(t) + b_i(t_o) \quad ,$$

(5.283) $ß_{1i} > 0 \quad , \qquad ß_{2i} \geq 0 \quad , \qquad i = 0 \ldots m \quad .$

Das Polynom

(5.284) $Z_d(\partial) := d_{n-1}\partial^{n-1} + d_{n-2}\partial^{n-2} + \ldots + d_o$

muß so bestimmt werden, daß die Übertragungsfunktion

(5.285) $G_{Md}(s) := \dfrac{W(s)}{V_1(s)} = \dfrac{Z_d(s)}{\Delta_M(s)}$

streng positiv reell ist. Hierzu sind Vorinformationen über die Regelstrecke erforderlich.

Die Struktur des Identifikationsverfahrens ist in Bild 5.23 für eine Regelstrecke 3. Ordnung (Referenzmodell) dargestellt. Aufgrund der Zeitvariabilität ist der Zustandsdarstellung des abgleichbaren Systems besondere Beachtung zu schenken. Diese muß so gewählt werden, daß in der Eingangs-Ausgangs-Darstellung des abgleichbaren Systems gemäß (5.278) keine zeitlichen Ableitungen der Koeffizienten $a_i(t)$ und $b_i(t)$ auftreten.

(5.286) <u>**Anmerkung**</u>:

Setzt man ein abgleichbares System beispielsweise in der Steuerbarkeitsnormalform gemäß Bild 5.24 an, so liegt nicht das Eingangs-Ausgangs-Verhalten nach (5.273) vor. Unter Verwendung der Operatoren $\Delta(\partial,t)$ und $Z(\partial,t)$ nach (5.274) folgen nämlich die Beziehungen

$$y(t) = Z(\partial,t)x_n(t)$$

und $\Delta(\partial,t)x_n(t) = r(t) \quad .$

Hieraus erhalten wir die Eingangs-Ausgangs-Beziehung

(5.287) $y(t) = Z(\partial,t)\Delta^{-1}(\partial,t)r(t) \quad ,$

wobei wir die Existenz des inversen Operators $\Delta^{-1}(\partial,t)$ voraussetzen, während aus (5.273) die Beziehung

$$y(t) = \Delta^{-1}(\partial,t)Z(\partial,t)r(t)$$

folgt. Aufgrund der Nichtkommutativität zeitvarianter Operatoren sind die beiden Beziehungen im allgemeinen verschieden. ■

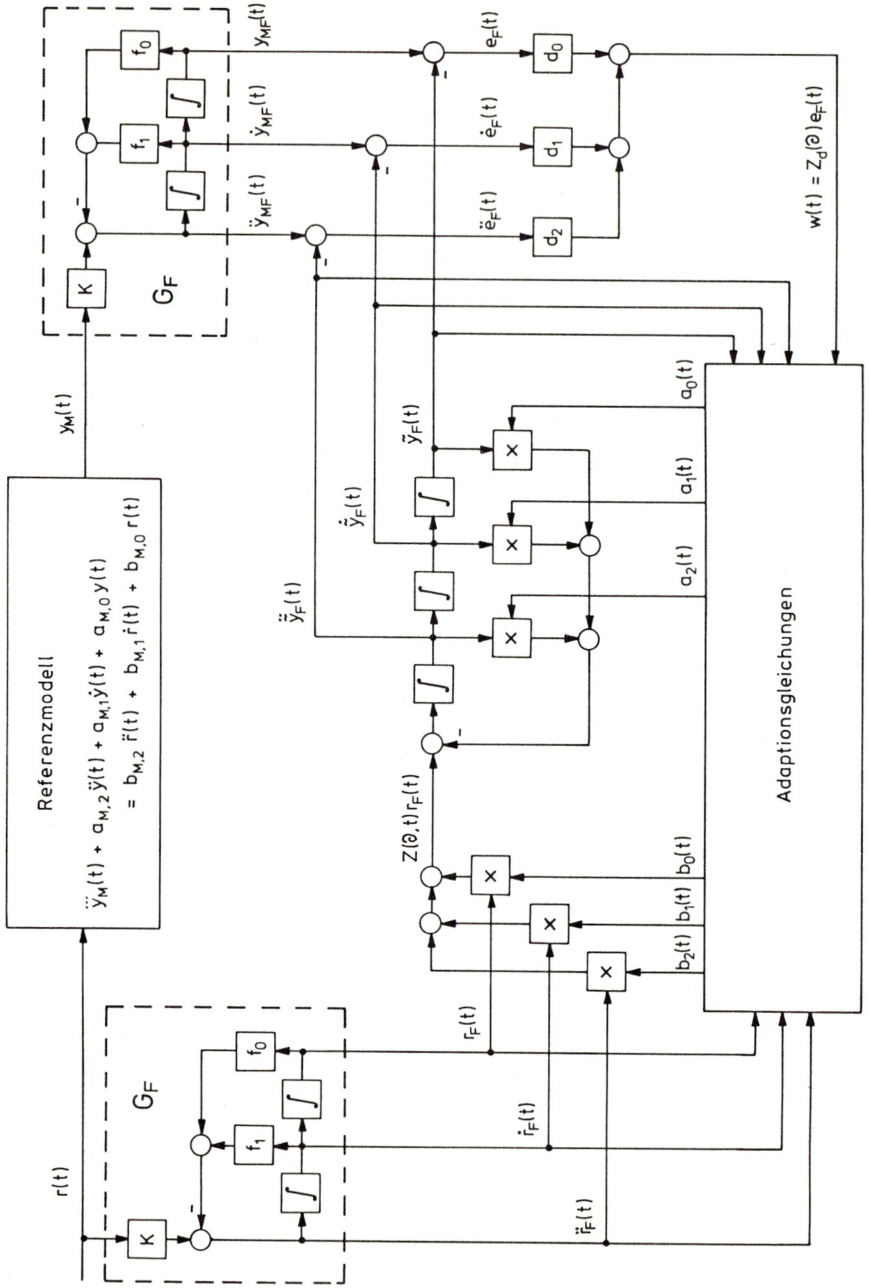

Bild 5.23: Struktur zur Identifikation der Parameter einer Regelstrecke dritter Ordnung nach dem MRAS-Prinzip

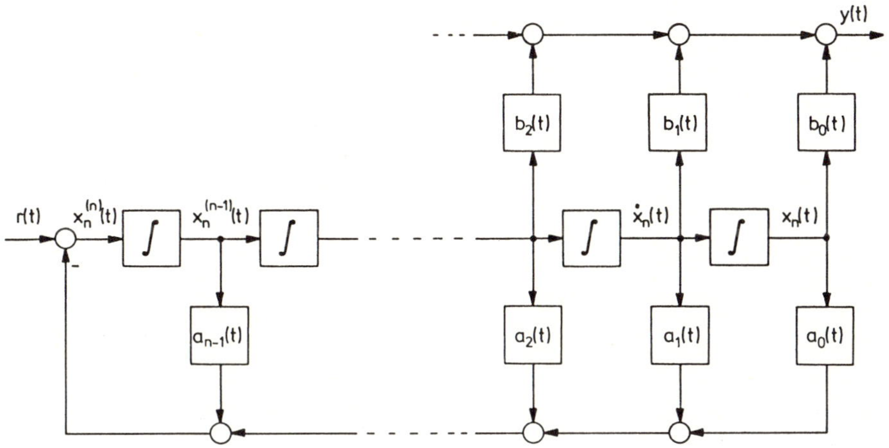

Bild 5.24: Zeitvariables lineares System in Steuerbarkeitsnormalform

Die Anwendung von Hilfsfiltern zur Vermeidung unerwünschter Ableitungen in den Adaptionsgleichungen kann ebenfalls bei adaptiven Regelproblemen vorgenommen werden. Hierbei ergeben sich jedoch einige Modifikationen. Da das abgleichbare System die Regelstrecke implizit enthält, sind im Unterschied zur Identifikationsaufgabe die Zustandsgrößen des abgleichbaren Systems nicht meßbar, während die Messung der Zustandsgrößen des Referenzmodells keine Schwierigkeiten bereitet. Weiterhin ist es wünschenswert, daß der adaptive Regelkreis durch die (ungefilterte) Führungsgröße r(t) angeregt wird. Die Hilfsfilter müssen sich deshalb am Ausgang des abgleichbaren Systems und des Referenzmodells befinden. Die gefilterte Führungsgröße darf nur auf den Adaptionsalgorithmus, nicht jedoch auf das abgleichbare System wirken.

Wir verzichten an dieser Stelle auf eine allgemeine Darstellung (siehe beispielsweise LANDAU [5.6], Seite 119-130) und greifen zur Veranschaulichung die Verstärkungsfaktoranpassung nach Beispiel (5.230) auf:

(5.288) Beispiel: Verstärkungsfaktoranpassung bei einer Regelstrecke 2. Ordnung

Wir gehen erneut von der BIBO-stabilen Regelstrecke

$$\ddot{y}(t) + a_1\dot{y}(t) + a_0 y(t) = b_s u(t) \qquad \textbf{(5.289)}$$

aus, deren Koeffizient $b_s \neq 0$ bis auf das Vorzeichen unbekannt und eventuell langsam zeitveränderlich sei. Die Koeffizienten $a_0 > 0$ und

$a_1 > 0$ werden als bekannt angenommen. Durch den adaptiven Vorfaktor

(5.290) $$u(t) = b_R(t)r(t) + u_b(t)$$

soll das Verhalten der Regelstrecke dem gewünschten Modellverhalten

(5.291) $$\ddot{y}_M(t) + a_1\dot{y}_M(t) + a_0 y_M(t) = b_M r(t)$$

angeglichen werden. $u_b(t)$ ist ein Hilfs-Eingangssignal, das im Verlauf des Entwurfs bestimmt wird. Wir nehmen an, daß zur Adaption nur die Größen $r(t)$, $y_M(t)$ und $y(t)$ zur Verfügung stehen. Für das abgleichbare System (Regelstrecke und Vorfaktor) erhalten wir die Gleichung

(5.292) $$\ddot{y}(t) + a_1\dot{y}(t) + a_0 y(t) = b_s b_R(t)r(t) + b_s u_b(t) \quad .$$

Das Fehlermodell für den Fehler $e(t) := y_M(t) - y(t)$ lautet somit

(5.293) $$\ddot{e}(t) + a_1\dot{e}(t) + a_0 e(t) = [b_M - b_s b_R(t)]r(t) - b_s u_b(t) \quad .$$

Um Differentiale von $y(t)$ im Adaptionsalgorithmus zu vermeiden, werden der Fehler $e(t)$ und die Führungsgröße $r(t)$ mit Hilfe des stabilen Tiefpaßfilters 1. Ordnung

(5.294) $$G_F(\partial) = \frac{K}{\partial + f_0} \qquad (f_0 > 0)$$

gefiltert. Wir erhalten

(5.295) $$e_F(t) = G_F(\partial)e(t) \quad ,$$
$$r_F(t) = G_F(\partial)r(t) \quad .$$

Der Adaptionsalgorithmus wird anhand eines Fehlermodells für den gefilterten Fehler $e_F(t)$ abgeleitet. Dieses erhalten wir durch Anwendung von $G_F(\partial)$ auf die Fehlergleichung (5.293), wobei wir berücksichtigen, daß

(5.296) $$G_F(\partial)\dot{e}(t) = \dot{e}_F(t) \quad , \quad G_F(\partial)\ddot{e}(t) = \ddot{e}_F(t) \quad .$$

Es folgt

$$\ddot{e}_F(t) + a_1\dot{e}_F(t) + a_0 e_F(t) = b_M r_F(t) - b_s G_F(\partial)[b_R(t)r(t) + u_b(t)] \quad .$$
(5.297)

Die Hilfs-Eingangsgröße $u_b(t)$ bestimmen wir nun so, daß

(5.298) $$G_F(\partial)[b_R(t)r(t) + u_b(t)] = b_R(t)r_F(t) \quad .$$

Dann lautet das Fehlermodell für den gefilterten Fehler

$$\begin{aligned} \ddot{e}_F(t) + a_1\dot{e}_F(t) + a_0 e_F(t) &= [b_M - b_s b_R(t)]r_F(t) \\ &=: \Delta b(t) r_F(t) \quad . \end{aligned} \tag{5.299}$$

Ein Vergleich mit der Fehlergleichung (5.235) aus Beispiel (5.230) zeigt, daß sich die beiden Fehlermodelle nur in der Hinsicht unterscheiden, daß jetzt anstelle der Größen e(t) und r(t) die gefilterten Größen $e_F(t)$ und $r_F(t)$ auftreten. Wir können somit die Adaptionsgleichung (5.241) anwenden, indem wir e(t) durch $e_F(t)$ und r(t) durch $r_F(t)$ ersetzen, und erhalten

$$b_R(t) = \tilde{\beta}_1 \int_{t_o}^{t} w(\lambda) r_F(\lambda) d\lambda + \tilde{\beta}_2 w(t) r_F(t) + b_R(t_o) \tag{5.300}$$

mit $\quad w(t) = d_o\, e_F(t) + d_1 \dot{e}_F(t) \quad ,$

wobei $\quad \tilde{\beta}_1\, b_s > 0 \quad , \quad \tilde{\beta}_2\, b_s \geq 0 \quad ,$

$$d_o > 0 \quad , \quad d_1 \geq \frac{d_o}{a_1} \quad .$$

Zur Berechnung der Hilfs-Eingangsgröße $u_b(t)$ multiplizieren wir (5.298) mit $G_F(\partial)^{-1} = (\partial + f_o)/K$ und erhalten

$$\begin{aligned} b_R(t) r(t) + u_b(t) &= \frac{1}{K}(\partial + f_o) b_R(t) r_F(t) \\ &= \frac{1}{K}\dot{b}_R(t) r_F(t) + b_R(t)\frac{\partial + f_o}{K} r_F(t) \\ &= \frac{1}{K}\dot{b}_R(t) r_F(t) + b_R(t) r(t) \quad . \end{aligned}$$

Die Hilfs-Eingangsgröße berechnet sich somit zu

$$u_b(t) = \frac{1}{K}\dot{b}_R(t) r_F(t) \quad . \tag{5.301}$$

Damit bei der Berechnung von $\dot{b}_R(t)$ kein zeitliches Differential von w(t) und damit keine zweifache Ableitung von $e_F(t)$ auftritt, setzen wir in (5.300) $\tilde{\beta}_2 = 0$ und erhalten

$$u_b(t) = \frac{1}{K}\dot{b}_R(t) r_F(t) = \frac{1}{K}\tilde{\beta}_1 w(t) r_F^2(t) \quad . \tag{5.302}$$

Das Hilfssignal $u_b(t)$ tritt nur während der Adaption auf und ist ansonsten gleich null. Die Struktur des gesamten adaptiven Systems ist in Bild 5.25 dargestellt.

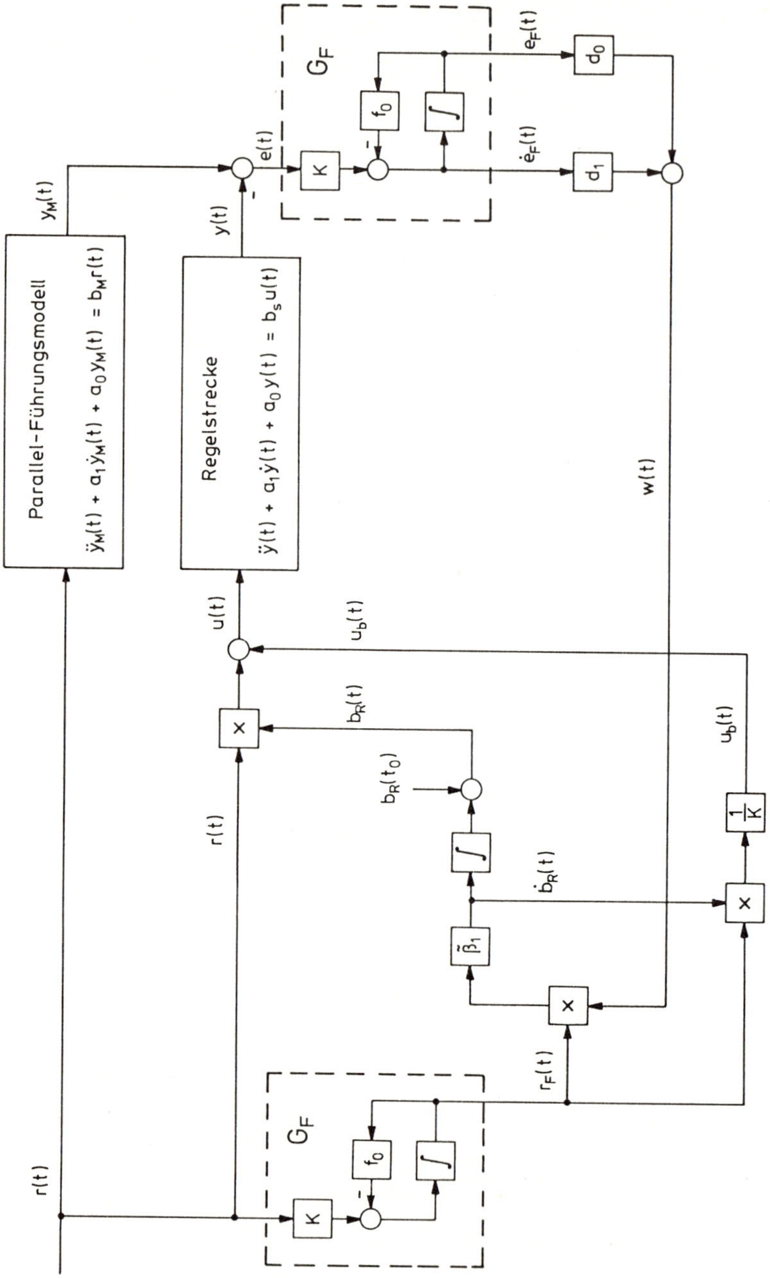

Bild 5.25: Strukturbild zur Verstärkungsfaktoranpassung (Anwendung des Hilfsfilters $G_F(s) = K/(s+f_o)$) ■

5.6 Zeitdiskrete MRAS-Strukturen

5.6.1 Vorbemerkungen

Grundlage dieses Hauptabschnitts ist wiederum eine MRAS-Struktur nach Bild 5.13, nur daß jetzt zeitdiskrete Systeme behandelt werden. Die Ausführungen in Abschnitt 5.5.1 über die Anwendbarkeit dieser Struktur auf unterschiedliche Problemstellungen übertragen sich völlig analog auf zeitdiskrete Systeme.

5.6.2 Das Fehlermodell

Es ist zweckmäßig, im zeitdiskreten Fall von Eingangs-Ausgangs-Darstellungen auszugehen. Wir nehmen an, daß das Parallel-Führungsmodell stabil ist und durch die Differenzengleichung

(5.303) $$y_M(k) = -\sum_{i=1}^{n} a_{M,i} y_M(k-i) + \sum_{i=o}^{m} b_{M,i} r(k-i-d)$$

beschrieben sei. Zur Abkürzung verwenden wir auch die Schreibweise

(5.304) $$\Delta_M^*(q^{-1}) y_M(k) = Z_M^*(q^{-1}) q^{-d} r(k)$$

mit den Operatoren

(5.305) $$\Delta_M^*(q^{-1}) = 1 + a_{M,1} q^{-1} + \ldots + a_{M,n} q^{-n} \quad ,$$
$$Z_M^*(q^{-1}) = b_{M,o} + \ldots + b_{M,m} q^{-m} \quad ,$$

wobei q^{-1} der Verschiebeoperator ist. Wir nehmen der Einfachheit halber an, daß das abgleichbare System dieselbe Ordnung n und denselben Polstellenüberschuß $d = n-m$ wie das Parallel-Führungsmodell besitzt. Für das abgleichbare System gehen wir von der Differenzengleichung

(5.306) $$y(k) = -\sum_{i=1}^{n} a_i(k) y(k-i) + \sum_{i=o}^{m} b_i(k) r(k-i-d)$$

aus, die wir abgekürzt schreiben als

(5.307) $$\Delta^*(q^{-1},k) y(k) = Z^*(q^{-1},k) q^{-d} r(k)$$

mit den Operatoren

$$\Delta^*(q^{-1},k) = 1 + a_1(k)q^{-1} + \ldots + a_n(k)q^{-n} \quad ,$$

(5.308)

$$Z^*(q^{-1},k) = b_o(k) + \ldots + b_m(k)q^{-m} \quad .$$

In der Differenzengleichung des abgleichbaren Systems treten bereits die (unbekannten) Koeffizienten des Zeitpunktes k auf. Dies ist notwendig, um die Koeffizienten an späterer Stelle durch Auswertung der Popov-Ungleichung über Adaptionsgesetze festlegen zu können. Andererseits werden die Adaptionsgesetze von dem Fehler

(5.309) $$e(k) = y_M(k) - y(k)$$

abhängen, der seinerseits eine Funktion der Koeffizienten des Zeitpunktes k ist. Diese implizite Abhängigkeit wird an späterer Stelle aufgelöst. Die Größe y(k) nennt man a-posteriori-Ausgangsgröße des abgleichbaren Systems. Entsprechend heißt e(k) a-posteriori-Fehler. Im Gegensatz hierzu nennt man

(5.310) $$y^o(k) = -\sum_{i=1}^{n} a_i(k-1)y(k-i) + \sum_{i=o}^{m} b_i(k-1)r(k-i-d)$$

die a-priori-Ausgangsgröße des abgleichbaren Systems und entsprechend

(5.311) $$e^o(k) = y_M(k) - y^o(k)$$

den a-priori-Fehler. Diese Größen, die zum Zeitpunkt k unmittelbar berechnet werden können, werden wir zur expliziten Auflösung der Adaptionsgleichungen benötigen.

Durch Subtraktion der Differenzengleichung des abgleichbaren Systems von der des Parallel-Führungsmodells erhalten wir ähnlich der Gleichung (5.280) in Abschnitt 5.5.6 die Fehlerdifferenzengleichung

(5.312)

$$\Delta_M^*(q^{-1})e(k) = -[\Delta_M^*(q^{-1}) - \Delta^*(q^{-1},k)]y(k) + [Z_M^*(q^{-1}) - Z^*(q^{-1},k)]q^{-d}r(k) \quad .$$

5.6.3 Anwendung der Hyperstabilitätstheorie zur Herleitung von Adaptionsgleichungen

Um die Hyperstabilitätstheorie zur Herleitung von Adaptionsgleichungen anwenden zu können, schreiben wir die Fehlergleichung (5.312) als rückgekoppelte Systemstruktur in der Form

$$\Delta_M^*(q^{-1})e(k) = v_1(k)$$

(5.313)

$$w(k) = Z_d^*(q^{-1})e(k) := e(k) + \sum_{i=1}^{\lambda} d_i e(k-i)$$

(5.314)

$$v_1(k) = -v(k) = -\Big[[\Delta_M^*(q^{-1}) - \Delta^*(q^{-1},\{w(k)\},k)]y(k) - [Z_M^*(q^{-1}) - Z^*(q^{-1},\{w(k)\},k)]q^{-d}r(k)\Big] .$$

Die Koeffizienten $d_1,\ldots,d_\lambda$ müssen einschließlich der Ordnung λ so festgelegt werden, daß die Übertragungsfunktion

(5.315)

$$G_{Md}(z) := \frac{Z_d^*(z^{-1})}{\Delta_M^*(z^{-1})} = \frac{1 + d_1 z^{-1} + \ldots + d_\lambda z^{-\lambda}}{1 + a_{M,1} z^{-1} + \ldots + a_{M,n} z^{-n}}$$

<u>streng positiv reell</u> ist. Die Adaptionsgesetze für die Koeffizienten $a_1(k),\ldots,a_n(k)$ und $b_0(k),\ldots,b_m(k)$ müssen so gewählt werden, daß die sogenannte <u>Popov-(Summen)Ungleichung</u>

(5.316)

$$\sum_{l=k_0}^{k} v(l)w(l) \geq -\gamma_0^2 \qquad \text{für alle } k \geq k_0$$

und beliebige Folgen $\{w(k)\}$ gültig ist, wobei $\gamma_0 \geq 0$ eine beliebige, jedoch von $\{w(k)\}$ unabhängige Konstante ist. Durch Einsetzen von $v(l)$ nach (5.314) in die linke Seite von (5.316) folgt

(5.317)

$$\sum_{l=k_0}^{k} v(l)w(l) =$$

$$= \sum_{l=k_0}^{k} w(l)\Big[[\Delta_M^*(q^{-1})-\Delta^*(q^{-1},l)]\,y(l) - [Z_M^*(q^{-1}) - Z^*(q^{-1},l)]\,q^{-d}r(l)\Big]$$

$$= \sum_{i=1}^{n}\left[\sum_{l=k_0}^{k} w(l)[a_{M,i}-a_i(l)]y(l-i)\right] - \sum_{i=0}^{m}\left[\sum_{l=k_0}^{k} w(l)[b_{m,i}-b_i(l)]r(l-i-d)\right].$$

Hierbei ist zur Vereinfachung der Schreibweise das Argument $\{w(k)\}$ in den zeitvariablen Operatoren und Koeffizienten weggelassen. Zur Erfüllung der Popov-Ungleichung ist es hinreichend, daß jeder einzelne Summand in (5.317) größer als eine endliche negative Konstante ist. Wir betrachten deshalb analog zur Vorgehensweise in Abschnitt 5.5.4 die Ungleichung

$$(5.318)\qquad \sum_{l=k_o}^{k} w(l)\left[a_{M,i} - a_i(l)\right] y(l-i) \geq -\gamma_{oi}^2 \quad ,$$

die für beliebige $k \geq k_o$ und beliebige Folgen $\{w(k)\}$ und $\{y(k-i)\}$ zu erfüllen ist. Entsprechend dem zeitkontinuierlichen Fall liegt es nahe, $a_i(l)$ über einen proportionalen und einen integralen (summierenden) Anteil zu berechnen:

$$(5.319)\qquad \begin{aligned} a_i(k) &= a_i^I(k) + f_{2i}(w(k),k) \quad , \\ a_i^I(k) &= a_i^I(k-1) + f_{1i}(w(k),k) = \sum_{j=k_o}^{k} f_{1i}(w(j),j) + a_i(k_o-1) . \end{aligned}$$

Zusammengefaßt lauten diese Gleichungen

$$(5.320)\qquad a_i(k) = \sum_{j=k_o}^{k} f_{1i}(w(j),j) + f_{2i}(w(k),k) + a_i(k_o-1) .$$

Wählt man

$$(5.321)\qquad \begin{aligned} f_{1i}(w(k),k) &= -\alpha_{1i} w(k)y(k-i) \quad , \quad \alpha_{1i} > 0 \quad , \\ f_{2i}(w(k),k) &= -\alpha_{2i} w(k)y(k-i) \quad , \quad \alpha_{2i} \geq 0 \quad , \end{aligned}$$

so ist die Ungleichung (5.318) erfüllt. Um dies zu zeigen, setzen wir zunächst (5.321) in (5.320) ein. Es folgt

$$(5.322)\qquad a_i(k) = -\alpha_{1i} \sum_{j=k_o}^{k} w(j)y(j-i) - \alpha_{2i} w(k)y(k-i) + a_i(k_o-1) .$$

Die linke Seite der Ungleichung (5.318) lautet damit

$$(5.323)\qquad \sum_{l=k_o}^{k} w(l)\left[a_{M,i} - a_i(l)\right] y(l-i)$$

$$= \sum_{l=k_o}^{k} w(l)y(l-i)\left[\alpha_{1i}\sum_{j=k_o}^{l} w(j)y(j-i) + \alpha_{2i} w(l)y(l-i) - \left[a_i(k_o-1) - a_{M,i}\right]\right]$$

$$= J_1 + J_2$$

mit

$$J_1 := \alpha_{1i} \sum_{l=k_o}^{k} w(l)y(l-i) \left[\sum_{j=k_o}^{l} w(j)y(j-i) - \frac{a_i(k_o-1)-a_{M,i}}{\alpha_{1i}} \right] ,$$

(5.324)

$$J_2 := \alpha_{2i} \sum_{l=k_o}^{k} w^2(l)y^2(l-i) .$$

Der Term J_2 ist nicht negativ. Zur Untersuchung des Terms J_1 betrachten wir die für beliebige Folgen $\{x(k)\}$ gültige Beziehung (siehe LANDAU [5.6], Seite 158)

$$\sum_{l=k_o}^{k} x(l) \left[\sum_{j=k_o}^{l} x(j) + c \right] = \frac{1}{2} \left[\sum_{l=k_o}^{k} x(l) + c \right]^2 + \frac{1}{2} \sum_{l=k_o}^{k} x^2(l) - \frac{c^2}{2} \geq - \frac{c^2}{2} ,$$

(5.325)

die mit $x(l) := w(l)y(l-i)$ unmittelbar auf J_1 angewendet werden kann. Es folgt somit

(5.326) $$J_1 \geq - \frac{[a_i(k_o-1) - a_{M,i}]^2}{2\alpha_{1i}} =: - \gamma_{oi}^2 ,$$

was zu beweisen war. Die <u>Adaptionsgesetze</u> für die Koeffizienten $a_i(k)$ und $b_i(k)$ lauten <u>zusammengefaßt</u>

(5.327)
$$a_i(k) = a_i^I(k) - \alpha_{2i}w(k)y(k-i) ,$$
$$a_i^I(k) = a_i^I(k-1) - \alpha_{1i}w(k)y(k-i) ,$$
$$\alpha_{1i} > 0 , \quad \alpha_{2i} \geq 0 , \quad i = 1...n ;$$

(5.328)
$$b_i(k) = b_i^I(k) + \beta_{2i}w(k)r(k-i-d) ,$$
$$b_i^I(k) = b_i^I(k-1) + \beta_{1i}w(k)r(k-i-d) ,$$
$$\beta_{1i} > 0 , \quad \beta_{2i} \geq 0 , \quad i = o...m .$$

In diesen Adaptionsgesetzen tritt allerdings die Größe $w(k)$ auf, die über die Gleichung

(5.329) $$w(k) = e(k) + \sum_{i=1}^{\lambda} d_i e(k-i)$$

vom bisher unbekannten a-posteriori-Fehler e(k) abhängt. Aus diesem Grunde wird w(k) durch den zum Zeitpunkt k zur Verfügung stehenden a-priori-Wert

(5.330) $$w^o(k) = e^o(k) + \sum_{i=1}^{\lambda} d_i e(k-i)$$

ausgedrückt. Es gilt

(5.331) $$\begin{aligned} w^o(k) - w(k) &= e^o(k) - e(k) = y(k) - y^o(k) \\ &= -\sum_{i=1}^{n} [a_i(k)-a_i(k-1)]y(k-i) + \sum_{i=o}^{m} [b_i(k)-b_i(k-1)]r(k-i-d) \quad . \end{aligned}$$

Unter Berücksichtigung des Adaptionsgesetzes (5.327) bzw. (5.328) folgt

(5.332) $$\begin{aligned} a_i(k)-a_i(k-1) &= -\alpha_{1i}w(k)y(k-i)-\alpha_{2i}w(k)y(k-i)+\alpha_{2i}w(k-1)y(k-1-i) \\ &= -(\alpha_{1i}+\alpha_{2i})w(k)y(k-i)+\alpha_{2i}w(k-1)y(k-1-i) \quad . \end{aligned}$$

Entsprechend erhalten wir

(5.333) $$b_i(k)-b_i(k-1) = (\beta_{1i}+\beta_{2i})w(k)r(k-i-d)-\beta_{2i}w(k-1)r(k-1-i-d) \quad .$$

Wir setzen die letzten beiden Beziehungen in (5.331) ein und bekommen

(5.334) $$\begin{aligned} w^o(k) = &- \sum_{i=1}^{n} \Big[-(\alpha_{1i}+\alpha_{2i})w(k)y(k-i)+\alpha_{2i}w(k-1)y(k-1-i)\Big] y(k-i) \\ &+ \sum_{i=o}^{m} \Big[(\beta_{1i}+\beta_{2i})w(k)r(k-i-d)-\beta_{2i}w(k-1)r(k-1-i-d)\Big] r(k-i-d) + w(k) \quad . \end{aligned}$$

Durch Zusammenfassung aller Terme, in denen w(k) auftritt, und Umstellung folgt endgültig

(5.335) $$w(k) = \frac{w^o(k)+\sum_{i=1}^{n}\alpha_{2i}w(k-1)y(k-1-i)y(k-i)+\sum_{i=o}^{m}\beta_{2i}w(k-1)r(k-1-i-d)r(k-i-d)}{1+\sum_{i=1}^{n}(\alpha_{1i}+\alpha_{2i})y^2(k-i)+\sum_{i=o}^{m}(\beta_{1i}+\beta_{2i})r^2(k-i-d)} \quad .$$

Auf der rechten Seite dieser Gleichung stehen ausschließlich Größen, die zum Zeitpunkt k bekannt sind. Bei jedem Adaptionsschritt wird zuerst die

Größe w(k) nach (5.335) bestimmt. Anschließend können die neuen Parameterwerte $a_i(k)$ und $b_i(k)$ nach (5.327) und (5.328) berechnet werden.

(5.336) Anmerkungen:

Entsprechend den Ausführungen in Abschnitt 5.5.6 tritt bei zeitkontinuierlichen Systemen das Problem auf, daß zur Realisierung der Adaptionsgesetze zeitliche Ableitungen der Ausgangsgrößen und der Führungsgröße benötigt werden. Zur Beseitigung dieses Nachteils wurden deshalb in Abschnitt 5.5.6 Hilfsfilter eingeführt. Wie die Adaptionsgleichungen (5.327), (5.328) und (5.335) zeigen, treten derartige Probleme bei zeitdiskreten Systemen nicht in Erscheinung. Zur Realisierung des Adaptionsgesetzes werden lediglich die vergangenen Werte der Ausgangsgrößen, des Fehlers und der Führungsgröße benötigt, welche auf einem Digitalrechner problemlos abspeicherbar sind.

Mit Hilfe der Adaptionsgleichungen (5.327), (5.328) und (5.335) können beispielsweise die Parameter eines zeitdiskreten Systems identifiziert werden. Hierbei übernimmt die zu identifizierende Regelstrecke, analog zu Abschnitt 5.5.6, die Rolle des Parallel-Führungsmodells.

Im Unterschied zu den Adaptionsgleichungen bei zeitkontinuierlichen Systemen muß bei zeitdiskreten Systemen in jedem Adaptionsschritt zunächst ein a-posteriori-Fehler anhand der a-priori bekannten Größen ermittelt werden.

Die Adaptionsgesetze (5.327) und (5.328) sind in der Hinsicht erweiterbar, daß die konstanten Faktoren α_{1i}, α_{2i} und β_{1i}, β_{2i} durch zeitvariable Faktoren ersetzt werden (siehe LANDAU [5.6], Seite 164-190). Wenn in dem adaptiven System Störungen auftreten, müssen zur Sicherung der Parameterkonvergenz Faktoren eingesetzt werden, die mit wachsender Zeit gegen null streben. Zum Vergleich betrachte man die rekursiven Schätzgleichungen zur Methode der kleinsten Quadrate (A6.20), bei denen der Korrekturvektor $\underline{k}_N$ gegen null strebt. Die Konvergenz der Parameter gegen feste Endwerte ist allerdings nur dann sinnvoll, wenn das Referenzmodell (bzw. bei einer adaptiven Regelung die Regelstrecke) zeitinvariant ist. Im Falle eines zeitveränderlichen Referenzmodells dürfen die Faktoren α_{1i}, α_{2i} und β_{1i}, β_{2i} nicht gegen null streben, damit sich die Adaptionsparameter laufend dem Referenzmodell anpassen können. Entsprechendes erreicht man bei der rekursiven Methode der kleinsten Quadrate durch eine exponentielle Wichtung der Meßdaten, wodurch ein vollständiges Abklingen des Korrekturvektors $\underline{k}_N$ verhindert wird (siehe Anhang A6.1.5). ■

5.7 Schätzung der Drehzahl einer konstant erregten Gleichstrommaschine mit einer MRAS-Struktur bei Messung von Ankerstrom und Ankerspannung

Im Rahmen dieses Abschnitts wird ein Modell-Referenz-Verfahren auf ein praktisches Beispiel angewendet. Es wird gezeigt, wie sich mit Hilfe einer MRAS-Struktur die Drehzahl und das Lastmoment einer konstant erregten Gleichstrommaschine bei Messung des Ankerstroms und der Ankerspannung schätzen lassen. Auf diese Weise könnte bei Drehzahlregelungen von kleinen Gleichstrommotoren die Tachomaschine eingespart werden.

Den Überlegungen liegt das folgende mathematische Modell eines Gleichstrommotors zugrunde:

$$\frac{d}{dt}\, i(t) = \frac{1}{L}\,[-\,R\, i(t) - c\Phi\omega(t) + u(t)] \quad , \tag{5.337}$$

$$\frac{d}{dt}\, \omega(t) = \frac{1}{J}\,[c\Phi\; i(t) - m(t)] \quad . \tag{5.338}$$

Das Moment $m(t)$ enthält ein drehzahlproportionales Reibungsmoment $c_\mu\omega(t)$ und ein von außen angreifendes Lastmoment $m_L(t)$, in dem ein Haftreibungsmoment enthalten sei. $\omega(t)$ ist die Winkelgeschwindigkeit des Gleichstrommotors, welche im folgenden "Drehzahl" genannt wird.

Die Schätzung der Drehzahl beruht auf folgenden Annahmen:

a) Gemessen werden der Ankerstrom $i(t)$ und die Ankerspannung $u(t)$.

b) Die Systemgrößen $c\Phi$ (Fluß-Konstante), L (Ankerinduktivität) und R (Ankerwiderstand) sind bekannt. Bei Schätzung des Lastmoments $m_L(t)$ werden zusätzlich das Trägheitsmoment J und die Reibungskonstante c_μ als bekannt vorausgesetzt. Die Änderungsgeschwindigkeiten der Drehzahl $\omega(t)$ sind gegenüber der reziproken elektrischen Zeitkonstanten des Motors und den Einschwingvorgängen des Schätzalgorithmus vernachlässigbar, so daß bei Herleitungen $\omega(t) = \omega = \text{const}$ angenommen werden darf.

5.7.1 Drehzahlschätzung bei bekanntem konstantem Ankerwiderstand

Die Anwendung des MRAS-Prinzips auf die vorliegende Aufgabenstellung besteht in der Nachbildung des elektrischen Teils der Gleichstrommaschine in Form eines Parallelmodells, das mit Hilfe der gemessenen Ankerspannung u(t) gespeist wird und die geschätzte Drehzahl $\hat{\omega}(t)$ als abgleichbaren Modellparameter enthält:

$$\frac{d}{dt}\,\hat{i}(t) = \frac{1}{L}\,[-R\,\hat{i}(t) - c\Phi\hat{\omega}(t) + u(t)] \quad . \tag{5.339}$$

Die Zustandsgröße des Parallelmodells ist ein geschätzter Strom $\hat{i}(t)$. Das Abgleichgesetz für die geschätzte Drehzahl $\hat{\omega}(t)$ muß so gewählt werden, daß $\hat{\omega}(t)$ gegen die wahre Drehzahl konvergiert. Hierzu wird die Differentialgleichung des "Stromfehlers" $e(t) := \hat{i}(t) - i(t)$ betrachtet (Fehlermodell), die man durch Subtraktion der Gleichung (5.337) von Gleichung (5.339) erhält:

$$\frac{d}{dt}\,e(t) = -\frac{R}{L}\,e(t) - \frac{c\Phi}{L}\,(\hat{\omega}(t) - \omega) \ . \tag{5.340}$$

Der Fehler ist hier im Unterschied zu den vorhergehenden Abschnitten mit anderem Vorzeichen eingeführt. Sorgt man dafür, daß nach einer hinreichend kurzen Einschwingzeit des Parallelmodells

$$\lim_{t\to\infty} e(t) = 0 \tag{5.341}$$

gilt, so folgt aus (5.340) auch

$$\lim_{t\to\infty} \hat{\omega}(t) = \omega \quad , \tag{5.342}$$

d.h. die Drehzahl im Modell stimmt mit der Drehzahl in der Gleichstrommaschine überein. Zur Erfüllung der Bedingung (5.341) wenden wir die Hyperstabilitätstheorie an. Hierzu schreiben wir das Fehlermodell (5.340) als rückgekoppeltes System in der Form

$$\begin{aligned} \frac{d}{dt}\,e(t) &= -\frac{R}{L}\,e(t) + \frac{c\Phi}{L}\,v_1(t) \quad , \\ -v_1(t) &= v(t) = \hat{\omega}(t) - \omega \quad . \end{aligned} \tag{5.343}$$

Diese Gleichungen entsprechen der in Bild 5.26 dargestellten Struktur. Diese ist asymptotisch hyperstabil, wenn die Übertragungsfunktion G(s) streng positiv reell ist, was hier zutrifft, und der Rückführblock die Popov-Ungleichung

$$\int_{t_o}^{t} v(\tau)e(\tau)d\tau \geq -\gamma_o^2 \qquad \text{für alle} \quad t \geq t_o \tag{5.344}$$

erfüllt, wobei $\gamma_0 \geq 0$ eine beliebige feste Konstante ist.

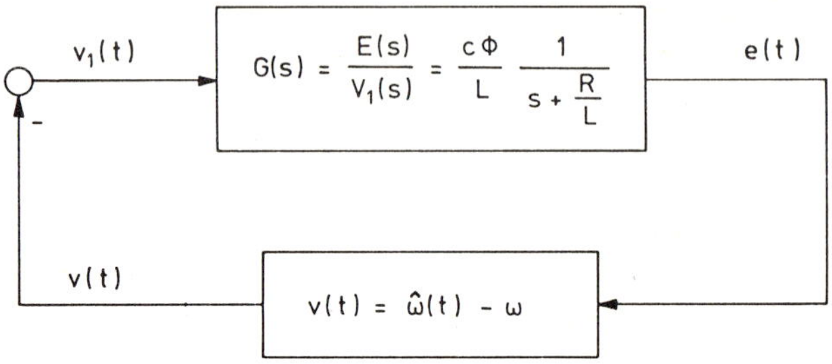

Bild 5.26: Fehlermodell für den "Stromfehler" e(t)

Wählt man als Adaptionsgesetz zur Drehzahlschätzung

$$(5.345) \qquad \hat{\omega}(t) = k_1 \int_{t_0}^{t} e(\tau)d\tau + \hat{\omega}_0 + k_2 e(t)$$

mit freien Konstanten $k_1 > 0$ und $k_2 \geq 0$, so ist nach (5.221) auch die Popov-Ungleichung erfüllt.

Die Struktur des adaptiven Algorithmus zur Drehzahlschätzung ist in Bild 5.27 dargestellt. Hierbei ist der Parameter R im Parallelmodell durch einen festen Schätzwert $\hat{R}$ ersetzt, da im folgenden die Genauigkeit des adaptiven Verfahrens bei Variation von $\hat{R}$ betrachtet wird. Man erkennt, daß der adaptive Algorithmus linear und der Struktur eines Zustandsbeobachters ähnlich ist. Aufgrund der Linearität könnte in diesem einfachen Fall zur Stabilitätsuntersuchung auch eines der bekannten Stabilitätskriterien für lineare zeitinvariante Systeme angewendet werden.

Anhand der Differentialgleichung (5.337) ist erkennbar, daß die Drehzahl $\omega(t)$ nach Abklingen der elektrischen Ausgleichsvorgänge $(L \cdot di(t)/dt \approx 0)$ durch die Parameter R und $c\Phi$ festgelegt wird, wenn u(t) und i(t) gegeben sind. Hieraus kann geschlossen werden, daß die Genauigkeit der Drehzahlschätzung von einer genauen Kenntnis der Parameter R und $c\Phi$ abhängig ist, während die Empfindlichkeit des Schätzverfahrens bezüglich fehlerhafter Vorgaben von L im Parallelmodell gering ist, was sich durch Rechnersimulationen sowie Versuche an einem Scheibenläufermotor bestätigt.

In Bild 5.28 sind Verläufe der geschätzten und wahren Drehzahl eines Scheibenläufermotors für sprungförmige Änderungen der Ankerspannung u(t) und des Lastmoments $m_L(t)$ bei festen Schätzwerten $\hat{R}$ im Parallelmodell dargestellt. Die Einstellung $\hat{R} \approx R$ wurde in einer Vorphase durch Vergleich der geschätzten und wahren Drehzahl bei rechteckförmiger Ankerspannung erreicht. Fehler in $\hat{R}$ wirken sich einerseits auf die Endwerte der geschätzten Drehzahl aus, was in den Teilbildern 5.28 e,f gut

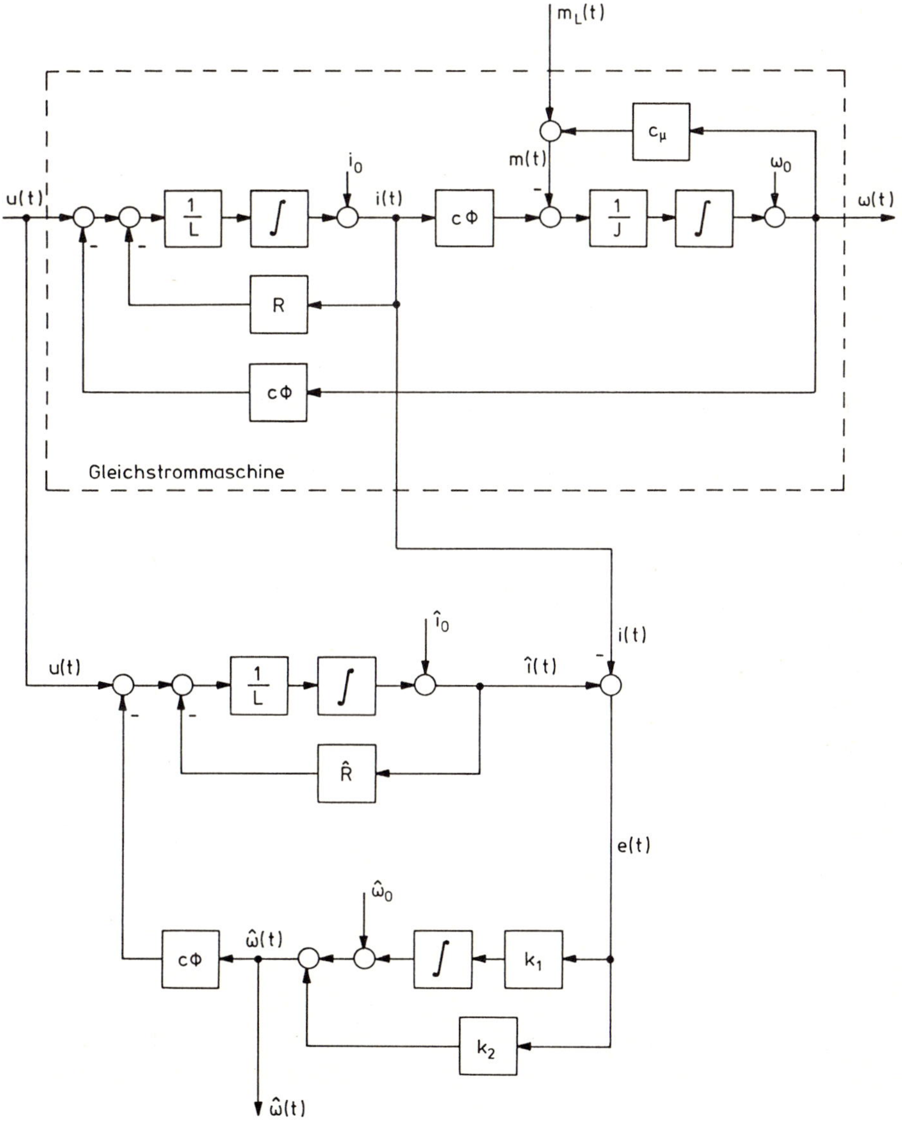

Bild 5.27: MRAS-Struktur zur Drehzahlschätzung (fester Schätzwert $\hat{R}$ im Parallelmodell)

zu erkennen ist. Bei einer Anregung der Gleichstrommaschine über die Ankerspannung treten für $\hat{R} \neq R$ zusätzliche dynamische Schätzfehler auf (siehe Teilbilder 5.28 b,c).

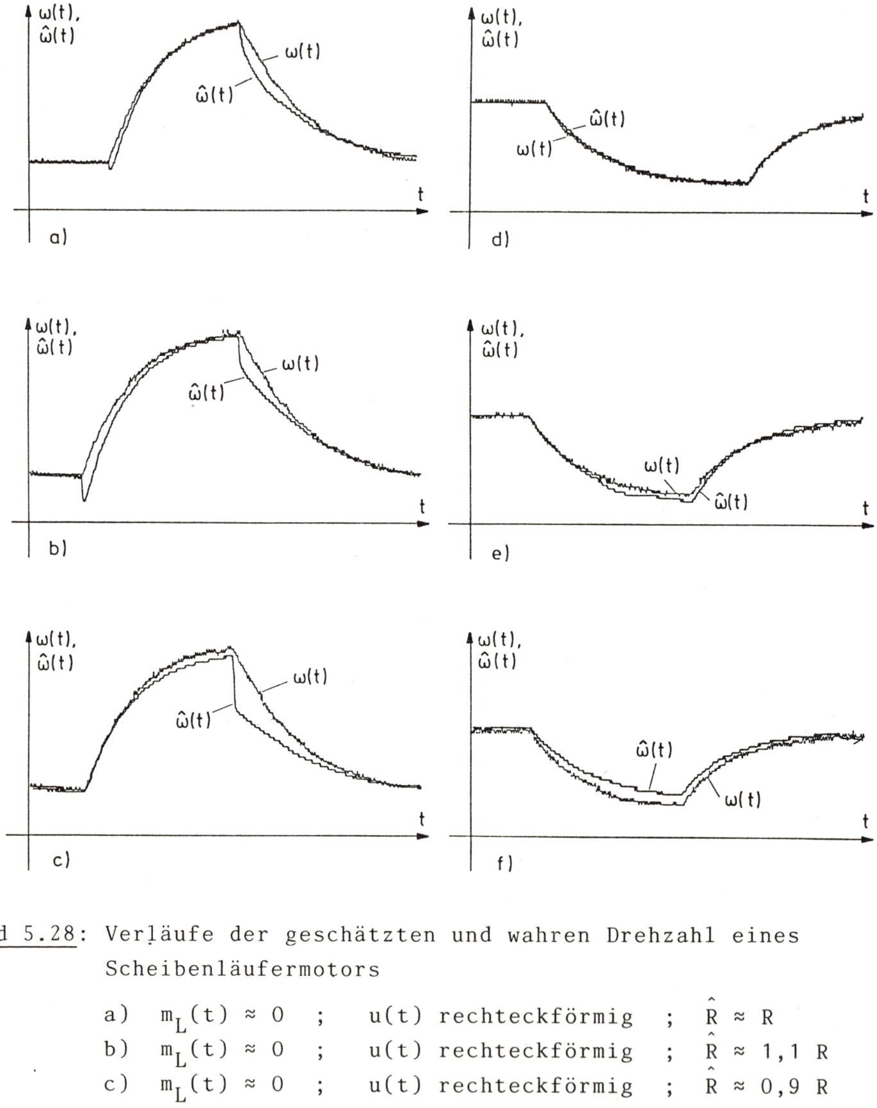

Bild 5.28: Verläufe der geschätzten und wahren Drehzahl eines Scheibenläufermotors

a) $m_L(t) \approx 0$; u(t) rechteckförmig ; $\hat{R} \approx R$
b) $m_L(t) \approx 0$; u(t) rechteckförmig ; $\hat{R} \approx 1{,}1\ R$
c) $m_L(t) \approx 0$; u(t) rechteckförmig ; $\hat{R} \approx 0{,}9\ R$

d) $m_L(t)$ rechteckförmig ; $u(t) = u_o$; $\hat{R} \approx R$
e) $m_L(t)$ rechteckförmig ; $u(t) = u_o$; $\hat{R} \approx 1{,}1\ R$
f) $m_L(t)$ rechteckförmig ; $u(t) = u_o$; $\hat{R} \approx 0{,}9\ R$

5.7.2 Drehzahl- und Lastmomentschätzung bei bekanntem konstantem Ankerwiderstand

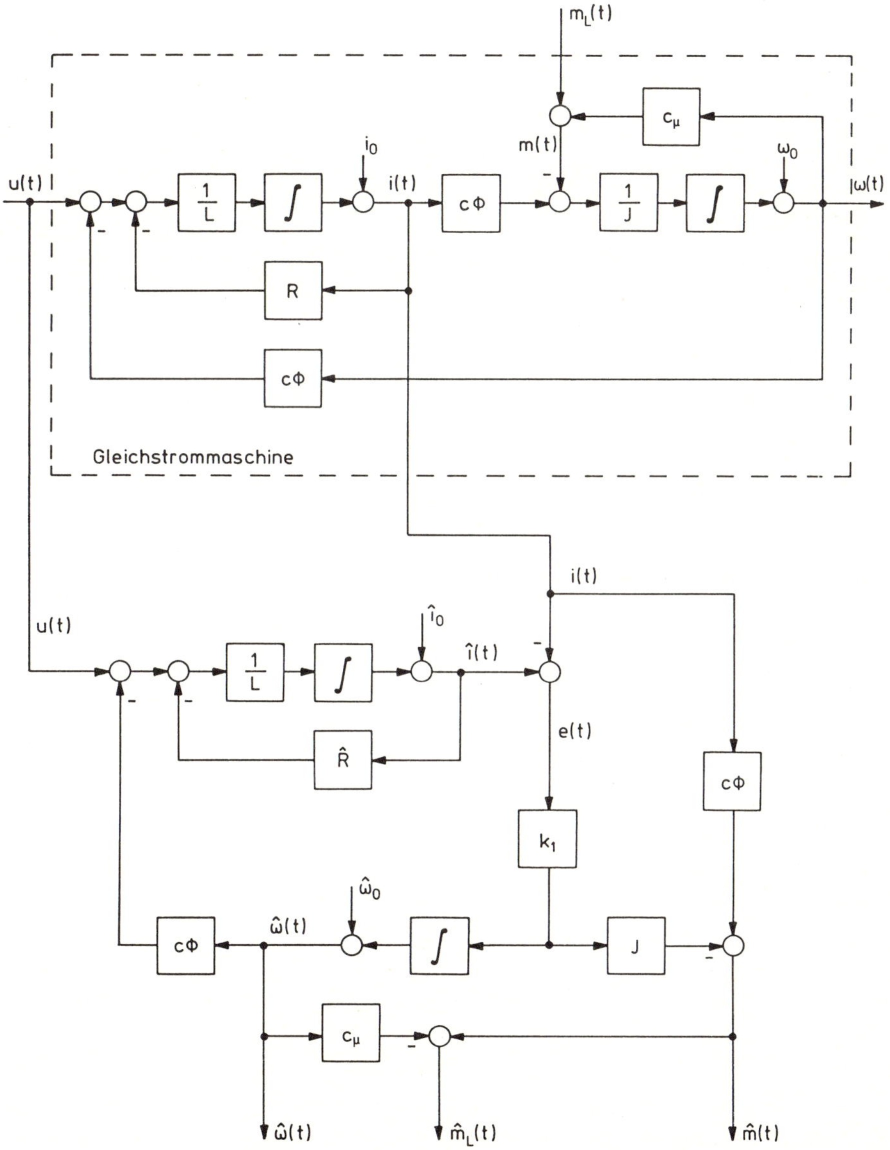

Bild 5.29: MRAS-Struktur zur Drehzahl- und Lastmomentschätzung (fester Schätzwert $\hat{R}$ im Parallelmodell)

Soll zusätzlich das Lastmoment $m_L(t)$ ermittelt werden, so wird auch der mechanische Teil der Gleichstrommaschine nachgebildet (siehe (5.338)):

$$\hat{m}(t) = c\Phi\, i(t) - J \frac{d}{dt}\hat{\omega}(t) \quad . \tag{5.346}$$

Aus $\hat{m}(t)$ erhalten wir einen Schätzwert $\hat{m}_L(t)$ für das Lastmoment durch Subtraktion des geschätzten Reibungsmoments $c_\mu\hat{\omega}(t)$:

$$\hat{m}_L(t) = c\Phi\, i(t) - J \frac{d}{dt}\hat{\omega}(t) - c_\mu\hat{\omega}(t) \quad . \tag{5.347}$$

Um Differentiationen des Fehlers e(t) zu vermeiden, wird $k_2 = 0$ gesetzt. Die Struktur der kombinierten Drehzahl- und Lastmomentschätzung ist in Bild 5.29 dargestellt.

5.7.3 Drehzahlschätzung bei gleichzeitiger Schätzung des Ankerwiderstandes durch Adaption

Um Verschlechterungen der Schätzgenauigkeit aufgrund von thermischen Änderungen des Ankerwiderstandes R zu verhindern, kann dieser durch Adaption mitgeschätzt werden. Die Differentialgleichung des abzugleichenden Parallelmodells lautet dann

$$\frac{d}{dt}\hat{i}(t) = \frac{1}{L}[-\hat{R}(t)\hat{i}(t) - c\Phi\hat{\omega}(t) + u(t)] \quad . \tag{5.348}$$

Hieraus folgt für den "Stromfehler" $e(t) = \hat{i}(t) - i(t)$ das Fehlermodell

$$\frac{d}{dt}e(t) = -\frac{R}{L}e(t) - \frac{1}{L}\left[\hat{R}(t)-R\right]\hat{i}(t) - \frac{c\Phi}{L}\left[\hat{\omega}(t) - \omega\right] \quad , \tag{5.349}$$

das auch in der Form

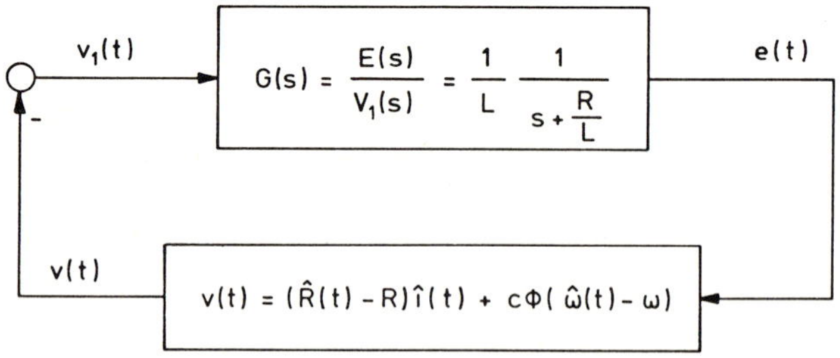

Bild 5.30: Fehlermodell für den "Stromfehler" e(t)

(5.350)
$$\frac{d}{dt}\,e(t) = -\frac{R}{L}\,e(t) + \frac{1}{L}\,v_1(t)$$
$$-v_1(t) = v(t) = \left[\hat{R}(t)-R\right]\hat{i}(t) + c\Phi\left[\hat{\omega}(t) - \omega\right]$$

geschrieben werden kann (siehe Bild 5.30).

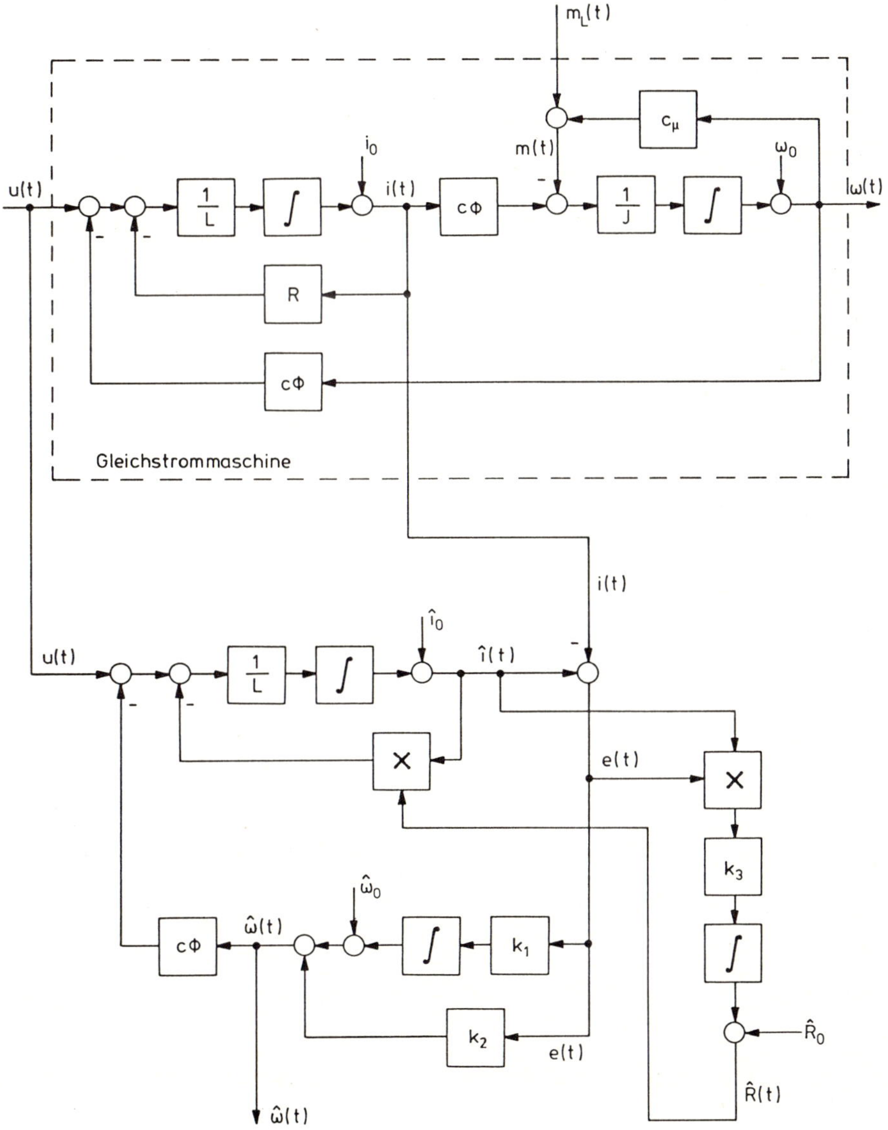

Bild 5.31: MRAS-Struktur zur Drehzahlschätzung
(gleichzeitige Schätzung des Ankerwiderstandes)

Die Übertragungsfunktion G(s) ist streng positiv reell. Die asymptotische Hyperstabilität des Systems ist aufgrund der vorhergehenden Überlegungen gesichert, wenn die Adaptionsgleichungen

(5.351)
$$\hat{\omega}(t) = k_1 \int_{t_o}^{t} e(\tau)d\tau + \hat{\omega}_o + k_2 e(t) \quad ,$$
$$\hat{R}(t) = k_3 \int_{t_o}^{t} e(\tau)\hat{i}(\tau)d\tau + \hat{R}_o + k_4 e(t)\hat{i}(t)$$

mit $k_1, k_3 > 0 \quad ; \quad k_2, k_4 \geq 0$

gewählt werden. Um schnelle Änderungen von $\hat{R}(t)$ zu vermeiden, sollte man $k_4 = 0$ wählen und k_3 einen kleinen Wert geben. Der Anfangswert $\hat{R}_o$ sollte möglichst gut mit dem wahren Ankerwiderstand übereinstimmen. Außerdem ist eine ausreichende Anregung der Gleichstrommaschine sicherzustellen. Die Struktur des Gesamtsystems ist in Bild 5.31 dargestellt.

5.8 Abschließende Bemerkungen

Bei der Herleitung und Untersuchung von adaptiven Algorithmen wurde stets angenommen, daß das Verhalten der Regelstrecke exakt durch ein lineares System bekannter Ordnung beschreibbar ist. Nun liegen aber der mathematischen Modellbildung bei einem realen System immer gewisse Vereinfachungen zugrunde. Einerseits werden nichtlineare Effekte vernachlässigt, andererseits werden häufig lineare dynamische Anteile vernachlässigt, die oberhalb bzw. außerhalb des technisch interessierenden Frequenzbereichs liegen. Man nennt solche Anteile in der angelsächsischen Literatur "unmodelled (high frequency) dynamics".

Ein am realen technischen System einsetzbarer Regler, der aufgrund einer gewissen Modellvorstellung entworfen wurde, muß so robust sein, daß das Regelkreisverhalten unempfindlich ist bezüglich nicht modellierter Anteile. Diese Überlegungen sollten schon an der Stelle einfließen, wo unter der Annahme bekannter Regelstreckenparameter aufgrund eines gewünschten Regelkreisverhaltens ein linearer Regler (zum Beispiel anhand der Entwurfsgleichungen von Abschnitt 5.2) bestimmt wird. Unter Umständen ist das vorgegebene Regelkreisverhalten entsprechend abzuändern, wenn dadurch ein robusterer Reglerentwurf sichergestellt ist.

Anhand des adaptiven Reglerentwurfs nach Beispiel (5.1) zeigen wir, daß ein adaptiver Regelkreis aufgrund eines nicht modellierten linearen dynamischen Anteils der Regelstrecke instabil werden kann.

(5.352) **Beispiel: Instabilität eines adaptiven Regelkreises aufgrund von "unmodelled high frequency dynamics"**

Wir betrachten die Regelstrecke nach Gleichung (5.2), von der wir vereinfachend annehmen, daß der Eigenwert a gleich dem Eigenwert a_M des Parallel-Führungsmodells

(5.353) $$\dot{y}_M(t) = a_M y_M(t) + b_M r(t)$$

ist. Am Eingang der Regelstrecke soll sich nun zusätzlich ein sehr schnelles "parasitäres" VZ_1-Glied befinden, so daß die Regelstrecke durch die Gleichungen

(5.354) $$\begin{aligned} \dot{y}(t) &= a_M y(t) + b\, z(t) \quad , \\ \dot{z}(t) &= \mu\,(z(t) - u(t)) \quad , \quad \mu < 0 \quad , \quad |\mu| >> |a_M| \quad , \end{aligned}$$

beschrieben wird. Aufgrund der Gleichheit der Eigenwerte der Regelstrecke und des Parallel-Führungsmodells erhalten wir aus den Gleichungen (5.3) und (5.17) das vereinfachte Reglergesetz

(5.355) $$\begin{aligned} u(t) &= \rho(t) r(t) \quad , \\ \dot{\rho}(t) &= \alpha_2 e(t) r(t) = \alpha_2 r(t)(y_M(t) - y(t)) \end{aligned}$$

mit $\mathrm{sgn}(\alpha_2) = \mathrm{sgn}(b)$. Zur Stabilitätsuntersuchung der Gleichungen (5.354) und (5.355) betrachten wir den Sonderfall einer konstanten Führungsgröße $r(t) \equiv r_o$. Die Systemgleichungen sind in diesem Fall linear und lauten in Matrizenschreibweise zusammengefaßt

(5.356) $$\begin{bmatrix} \dot{y}(t) \\ \dot{z}(t) \\ \dot{\rho}(t) \end{bmatrix} = \begin{bmatrix} a_M & b & 0 \\ 0 & \mu & -\mu r_o \\ -\alpha_2 r_o & 0 & 0 \end{bmatrix} \begin{bmatrix} y(t) \\ z(t) \\ \rho(t) \end{bmatrix} + \begin{bmatrix} 0 \\ 0 \\ \alpha_2 r_o \end{bmatrix} y_M(t) \quad .$$

Das charakteristische Polynom der Systemmatrix ist

$$\Delta(s) = \det \begin{bmatrix} s-a_M & -b & 0 \\ 0 & s-\mu & \mu r_o \\ \alpha_2 r_o & 0 & s \end{bmatrix} ,$$

$$\Delta(s) = (s-a_M)(s-\mu)s - b\mu\alpha_2 r_o^2$$

(5.357)
$$= s^3 - (a_M+\mu)s^2 + a_M\mu\, s - b\mu\alpha_2 r_o^2 \quad .$$

Aufgrund der negativen Vorzeichen von a_M und μ sind sämtliche Koeffizienten von $\Delta(s)$ positiv, was eine notwendige Bedingung für die Stabilität des Systems (5.356) ist. Durch Anwendung des Routh-Schemas erhält man als zusätzliche, für Stabilität notwendige und hinreichende Bedingung

(5.358) $$(a_M + \mu)a_M > b\alpha_2\, r_o^2 \quad .$$

Für

(5.359) $$|\alpha_2| r_o^2 \geq \frac{1}{|b|}\, a_M(a_M + \mu)$$

ist das adaptive System somit instabil. Wir erkennen, daß die Stabilität einerseits vom Produkt der Adaptionskonstante mit dem Quadrat der Führungsgröße und andererseits von der Größe des "parasitären" Eigenwertes μ abhängt (siehe auch Bemerkungen (5.19)). Die globale Stabilität des in Beispiel (5.1) entwickelten adaptiven Regelkreises kann somit aufgrund von nicht modellierten dynamischen Effekten verlorengehen. ■

Eine ausführliche Darstellung weiterer Ursachen der Instabilität adaptiver Regelkreise sowie Möglichkeiten zur Verbesserung des Stabilitätsverhaltens findet der Leser in IOANNU, KOKOTOVIC [5.17].

Anhang

A1 Mathematische Grundlagen gewöhnlicher Differentialgleichungen

Im Rahmen dieses Anhangs werden dem Leser Sätze bereitgestellt, die Aussagen über das Verhalten möglicher Lösungen $\underline{\Phi}(\cdot)$ einer nichtlinearen gewöhnlichen Differentialgleichung (DGL) der Form

$$\frac{d}{dt}\,\underline{x}(t) = \underline{f}[\underline{x}(t),t]$$

erlauben, ohne die Lösungen explizit zu kennen. Die Aussagen betreffen die Existenz und Eindeutigkeit, aber auch betragsmäßige Abschätzungen und die Parameter- und Anfangswertabhängigkeit der Lösungen.

Die Anwendung der Sätze dieses Kapitels auf die Differentialgleichungen eines dynamischen Systems kann beispielsweise Hinweise auf eine korrekte oder unkorrekte Modellbildung liefern. Wenn nämlich die Lösung eines ein reales technisches System beschreibenden DGL-Systems mathematisch nicht existiert, so ist die Modellbildung häufig falsch oder bedarf einer besonderen Diskussion.

A1.1 Bezeichnungen

k, M, a, T seien im folgenden positive reelle Konstanten.

$$I = \{\, t \mid t_0 < t < t_0 + T \;; \quad t_0, T \text{ fest} \,\}$$

sei ein offenes Intervall auf der reellen Achse.

Mit D wird eine offene zusammenhängende Menge im $\mathbb{R}^{n+1}$ bezeichnet. Die Elemente des $\mathbb{R}^{n+1}$ werden durch $(\underline{x},t)$ bzw. $(x_1,x_2,\ldots,x_n,t)$ dargestellt.

$\underline{f}(\cdot,\cdot)$ bzw. $\underline{f}$ sei eine auf D definierte reellwertige Vektorfunktion, d.h. $\underline{f} : D \to \mathbb{R}^n$. Mit $\underline{f}(\underline{x},t)$ wird der Wert der Funktion $\underline{f}$ an einer festen Stelle $(\underline{x},t)$ bezeichnet.

Unter $||\underline{f}(\underline{x},t)||_{\mathbb{R}^n}$ wird die euklidische Vektornorm des Funktionswertes $\underline{f}(\underline{x},t)$ im $\mathbb{R}^n$ verstanden.

A1.2 Problemstellung und Definitionen

(A1.1) Definition (Lösung einer Differentialgleichung):

Wenn über einem Intervall I eine differenzierbare Funktion $\underline{\Phi}(\cdot) : I \to \mathbb{R}^n$ existiert, so daß

$$(\underline{\Phi}(t),t) \in D \qquad \text{für alle } t \in I$$

und

$$\frac{d}{dt}\,\underline{\Phi}(t) = \underline{f}[\underline{\Phi}(t),t] \qquad \text{für alle } t \in I \tag{A1.2}$$

gilt, so heißt $\underline{\Phi}(\cdot)$ Lösung der DGL (A1.2). ■

(A1.3) Definition (Anfangswertproblem):

Ist eine Lösung $\underline{\Phi}(\cdot)$ der DGL (A1.2) mit der Eigenschaft

$$\underline{\Phi}(t_0) = \underline{x}_0 \; ; \quad (\underline{x}_0,t_0) \in D$$

gesucht, so spricht man von einem Anfangswertproblem. ■

Im Zusammenhang mit der Lösung gewöhnlicher Differentialgleichungen treten unter anderem folgende Fragestellungen auf:

a) Wann existiert eine Lösung $\underline{\Phi}(\cdot)$ in einer Umgebung von t_0 mit $\underline{\Phi}(t_0) = \underline{x}_0$ (lokale Existenz)?

b) Gesucht ist das größte Intervall I, auf dem eine Lösung $\underline{\Phi}(\cdot)$ existiert (Existenz im Großen).

c) Wann ist die Lösung $\underline{\Phi}(\cdot)$ eines Anfangswertproblems eindeutig?

(A1.4) Bemerkungen:

Hängt die rechte Seite der DGL (A1.2) explizit von der Zeit t ab, heißt die DGL nichtautonom, andernfalls autonom.

Für die Lösung $\underline{\Phi}(\cdot)$ eines Anfangswertproblems werden auch die Symbole $\underline{\Phi}(\cdot,\underline{x}_0,t_0)$ (bei nichtautonomer DGL) bzw. $\underline{\Phi}(\cdot,\underline{x}_0)$ (bei autonomer DGL) verwendet.

Stellt man den Verlauf von $\underline{\Phi}(\cdot)$ im Zustandsraum $\mathbb{R}^n$ mit der Zeit t als Kurvenparameter dar, so spricht man von einer Trajektorie. $\underline{x}_o$ wird der Anfangszustand und $\underline{x}(t)$ der Zustand (zum Zeitpunkt t) eines DGL-Systems genannt. ■

(A1.5) **Definition (Gleichmäßige Stetigkeit):**

Eine auf einem Bereich $D \subset \mathbb{R}^{n+1}$ definierte Funktion $\underline{f}: D \to \mathbb{R}^n$ heißt auf D gleichmäßig stetig, wenn es zu jedem $\varepsilon > 0$ ein $\delta > 0$ gibt, so daß für beliebige $(\underline{x},t)$, $(\tilde{\underline{x}},\tilde{t}) \in D$ aus

$$||\underline{x} - \tilde{\underline{x}}||_{\mathbb{R}^n} < \delta \qquad \text{und} \qquad |t - \tilde{t}| < \delta$$

die Bedingung

$$||\underline{f}(\underline{x},t) - \underline{f}(\tilde{\underline{x}},\tilde{t})||_{\mathbb{R}^n} < \varepsilon$$

folgt. ■

(A1.6) **Definition (Lipschitzbedingung bezüglich $\underline{x}$):**

Eine auf einem Bereich $D \subset \mathbb{R}^{n+1}$ definierte Funktion $\underline{f}: D \to \mathbb{R}^n$ genügt auf D einer Lipschitzbedingung bezüglich $\underline{x}$, wenn eine Konstante $K \geq 0$ existiert, so daß

$$||\underline{f}(\underline{x},t) - \underline{f}(\tilde{\underline{x}},t)||_{\mathbb{R}^n} \leq K||(\underline{x}-\tilde{\underline{x}})||_{\mathbb{R}^n}$$

für alle $(\underline{x},t) \in D$ und $(\tilde{\underline{x}},t) \in D$ gilt. K heißt Lipschitzkonstante. ■

(A1.7) **Definition (Beschränktheit):**

Eine auf einem Bereich $D \subset \mathbb{R}^{n+1}$ definierte Funktion $\underline{f}: D \to \mathbb{R}^n$ heißt auf D beschränkt mit der Schranke M, wenn

$$||\underline{f}(\underline{x},t)||_{\mathbb{R}^n} \leq M \qquad \text{für alle } (\underline{x},t) \in D\,.$$ ■

A1.3 Existenz und Eindeutigkeit von Lösungen

Den Beweis der lokalen Existenz einer Lösung der DGL (A1.2) führt man in zwei Stufen durch. Zuerst wird eine Näherungslösung konstruiert

(Satz (A1.9)). Dann wird gezeigt, daß eine Folge von Näherungslösungen existiert, die gegen eine Lösung der DGL (A1.2) strebt.

(A1.8) Definition (ε-Lösung):

Eine auf einem Intervall I definierte Funktion $\underline{\Phi}(\cdot)$: $I \to \mathbb{R}^n$, heißt ε-Lösung der DGL (A1.2), wenn die folgenden Bedingungen erfüllt sind:

(a) $(\underline{\Phi}(t),t) \in D$ für $t \in I$.

(b) $\underline{\Phi}(\cdot)$ hat eine stetige erste Ableitung auf dem Intervall I bis auf eine abzählbare Anzahl von Punkten von I.

(c) In den Punkten, in denen die Ableitung von $\underline{\Phi}$ existiert und stetig ist, gilt

$$\left|\left|\frac{d\underline{\Phi}(t)}{dt} - \underline{f}[\underline{\Phi}(t),t]\right|\right|_{\mathbb{R}^n} \leq \varepsilon \quad .$$

■

(A1.9) Satz (Existenz einer ε-Lösung):

Die Funktion $\underline{f}$: $G \to \mathbb{R}^n$ sei auf dem Bereich

$$G = \{(\underline{x},t) \mid t \in [t_0,t_0+T] \; ; \; ||\underline{x}-\underline{x}_0||_{\mathbb{R}^n} \leq a\}$$

stetig und beschränkt mit der Schranke M. Dann existiert auf dem Intervall

$$[t_0,t_0+\tau] \qquad \text{mit} \qquad \tau = \min\,[T, \tfrac{a}{M}]$$

für jedes $\varepsilon > 0$ eine ε-Lösung $\underline{\Phi}(\cdot)$ der DGL (A1.2), die durch den Punkt $(\underline{x}_0,t_0)$ verläuft. ■

Beweis: (siehe z.B. HALANY [A1.2], Seite 3 oder CODDINGTON [A1.1], Seite 3-5):

Existiert eine Lösung $\underline{\Phi}(\cdot)$ der DGL (A1.2) mit $\underline{\Phi}(t_0) = \underline{x}_0$, so ist aufgrund der Beschränktheit von $\underline{f}$ sichergestellt, daß die Lösung innerhalb des schraffierten Bereichs von Bild A1.1 verläuft. Die ansteigende Gerade des schraffierten Bereichs hat die Steigung M. Nur bis zum Zeitpunkt $t = \tau$ kann gesichert werden, daß $\underline{\Phi}(\cdot)$ nicht den Definitionsbereich von $\underline{f}$ verläßt.

Die Existenz einer ε-Lösung wird durch Konstruktion einer speziellen ε-Lösung gezeigt, die innerhalb des schraffierten Bereichs von Bild A1.1 verläuft.

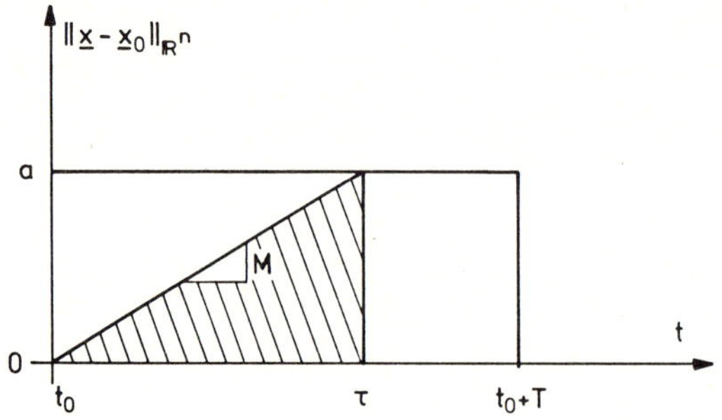

Bild A1.1: Bereich, innerhalb dessen jede Lösung $\underline{\Phi}(\cdot)$ der DGL (A1.2) verläuft, wenn $\underline{f}$ beschränkt ist (Schranke M)

Die Funktion $\underline{f}$ ist auf dem Bereich G voraussetzungsgemäß stetig. Da G kompakt ist, ist $\underline{f}$ dort sogar gleichmäßig stetig. Somit existiert zu jedem $\varepsilon > 0$ ein $\delta(\varepsilon) > 0$, so daß

$$||\underline{f}(\underline{x},t) - \underline{f}(\tilde{\underline{x}},\tilde{t})||_{\mathbb{R}^n} < \varepsilon$$

für alle $(\underline{x},t) \in G$, $(\tilde{\underline{x}},\tilde{t}) \in G$

mit $$||\underline{x} - \tilde{\underline{x}}||_{\mathbb{R}^n} < \delta \qquad \text{und} \qquad |t - \tilde{t}| < \delta \; .$$

Wir betrachten nun eine Aufteilung des Intervalls $[t_0,t_0+\tau]$ in Teilintervalle mit den Randpunkten

$$t_0 < t_1 < \ldots < t_n = t_0 + \tau \quad ,$$

so daß

$$\max_{\nu\varepsilon[1,n]} |t_\nu - t_{\nu-1}| \leq \min\,[\delta, \frac{\delta}{M}] \; .$$

Auf den Teilintervallen wird abschnittsweise eine Funktion $\underline{\Phi}(\cdot)$ durch die Gleichungen

$$\underline{\Phi}(t_0) := \underline{x}_0$$
$$\underline{\Phi}(t) := \underline{\Phi}(t_{\nu-1}) + \underline{f}[\underline{\Phi}(t_{\nu-1}),t_{\nu-1}][t-t_{\nu-1}] \quad \text{für} \quad t_{\nu-1} \leq t \leq t_\nu$$

definiert. Die Funktion $\underline{\Phi}(\cdot)$ ist stetig und innerhalb der Teilintervalle $[t_{\nu-1},t_\nu]$ differenzierbar. Weiterhin gilt

$$||\underline{\Phi}(t) - \underline{\Phi}(\tilde{t})||_{\mathbb{R}^n} \leq M|t - \tilde{t}| \; .$$

Für $t \in [t_{\nu-1},t_\nu]$ folgt $|t - t_{\nu-1}| < \delta(\varepsilon)$ und $||\underline{\Phi}(t) - \underline{\Phi}(t_{\nu-1})||_{\mathbb{R}^n}<\delta(\varepsilon)$.

Somit gilt aufgrund der Stetigkeit von $\underline{f}$ für $t \in [t_{\nu-1}, t_\nu]$

$$\left|\left|\frac{d\Phi}{dt} - \underline{f}(\Phi(t),t)\right|\right|_{\mathbb{R}^n} = \left|\left|\underline{f}[\underline{\Phi}(t_{\nu-1}),t_{\nu-1}] - \underline{f}[\underline{\Phi}(t),t]\right|\right|_{\mathbb{R}^n} < \varepsilon \quad .$$

Damit ist aber $\underline{\Phi}(\cdot)$ nach Definition (A1.8) eine ε-Lösung. ■

(A1.10) Satz (Existenzsatz von Cauchy, Peano):

Die Funktion $\underline{f} : G \to \mathbb{R}^n$ sei auf dem Bereich

$$G = \{(\underline{x},t) \mid t \in [t_0, t_0+T] \; ; \; ||\underline{x}-\underline{x}_0||_{\mathbb{R}^n} \leq a\}$$

stetig und beschränkt mit der Schranke M. Dann existiert auf dem Intervall

$$[t_0, t_0+\tau] \qquad \text{mit} \qquad \tau = \min[T, \frac{a}{M}]$$

eine Lösung $\underline{\Phi}(\cdot)$ der DGL(A1.2) mit

$$\underline{\Phi}(t_0) = \underline{x}_0$$

(Beweis siehe z.B. HALANY [A1.2], Seite 4). ■

Im Beweis des Satzes wird gezeigt, daß eine Folge von ε_μ-Lösungen $\{\underline{\Phi}_\mu(\cdot)\}$ gegen eine Lösung $\underline{\Phi}(\cdot)$ der DGL strebt.

(A1.11) Satz (Eindeutigkeitssatz):

Die Funktion $\underline{f} : G \to \mathbb{R}^n$ sei auf dem Bereich

$$G = \{(\underline{x},t) \mid t \in [t_0, t_0+T] \; ; \; ||\underline{x}-\underline{x}_0||_{\mathbb{R}^n} \leq a\}$$

stetig, beschränkt mit der Schranke M und genüge auf G einer Lipschitzbedingung bezüglich $\underline{x}$. Dann existiert auf dem Intervall

$$[t_0, t_0+\tau] \qquad \text{mit} \qquad \tau = \min[T, \frac{a}{M}]$$

eine eindeutige Lösung $\underline{\Phi}(\cdot)$ der DGL (A1.2) mit

$$\underline{\Phi}(t_0) = \underline{x}_0$$

(Beweis siehe z.B. CODDINGTON [A1.1] , Seite 10). ■

In dem Beweis geht man, wie im Beweis zu Satz (A1.10), von einer Folge von ε_μ-Lösungen $\{\underline{\Phi}_\mu(\cdot)\}$ aus, die gegen eine Lösung $\underline{\Phi}(\cdot)$ der DGL (A1.2) strebt. Die Eindeutigkeit der Lösung wird dann unter Verwendung der Lipschitzbedingung gezeigt.

(A1.12) Anmerkung:

Sind die in den Sätzen (A1.10) und (A1.11) geforderten Voraussetzungen an die Funktion $\underline{f}$ nicht erfüllt, so ist die entsprechende Lösungs-Aussage nicht möglich. Lösungen können trotzdem existieren und eindeutig sein. ■

Picard und Lindelöf haben den Beweis der Eindeutigkeit einer Lösung mit Hilfe der Methode der sukzessiven Approximation durchgeführt. Diese Methode ist gleichzeitig dazu geeignet, die explizite Lösung der DGL (A1.2) iterativ zu berechnen.

(A1.13) Satz (Picard, Lindelöf):

Die Funktion $\underline{f} : G \to \mathbb{R}^n$ sei auf dem Bereich

$$G = \{(\underline{x},t) \mid t \in [t_0, t_0+T] \; ; \; ||\underline{x}-\underline{x}_0||_{\mathbb{R}^n} \leq a\}$$

stetig, beschränkt mit der Schranke M und genüge auf G einer Lipschitzbedingung bezüglich $\underline{x}$ mit der Lipschitzkonstanten K. Dann konvergieren die durch die Beziehungen

$$\underline{\Phi}_0(t) = \underline{x}_0$$

$$\underline{\Phi}_{\mu+1}(t) = (F\underline{\Phi}_\mu)(t) := \underline{x}_0 + \int_{t_0}^{t} \underline{f}[\underline{\Phi}_\mu(\alpha),\alpha]d\alpha \qquad \mu = 0,1,\ldots$$

festgelegten Funktionen $\underline{\Phi}_\mu(\cdot)$ auf dem Intervall

$$t \in [t_0, t_0+\tau] \quad \text{mit} \quad \tau = \min\,[T, \tfrac{a}{M}]$$

gleichmäßig gegen die (eindeutige) Lösung $\underline{\Phi}(\cdot)$ der DGL (A1.2). ■

Beweis (siehe CODDINGTON [A1.1], Seite 12):

Da die Funktion $\underline{f}$ auf dem Bereich G stetig und beschränkt ist und die Funktion $\underline{\Phi}_0(\cdot) \equiv \underline{x}_0$ existiert, existieren alle Funktionen $\underline{\Phi}_\mu(\cdot)$ über dem Intervall $[t_0, t_0+\tau]$ (siehe Bild A1.1) und es gilt für alle $t \in [t_0, t_0+\tau]$ und beliebiges $\mu \in N_0$

$$||\underline{\Phi}_{\mu+1}(t) - \underline{x}_0||_{\mathbb{R}^n} = ||\int_{t_0}^{t} \underline{f}[\underline{\Phi}_\mu(\alpha),\alpha]d\alpha||_{\mathbb{R}^n} \leq \int_{t_0}^{t} ||\underline{f}[\underline{\Phi}_\mu(\alpha),\alpha]||_{\mathbb{R}^n}\, d\alpha \, .$$

Damit folgt die Abschätzung

(A1.14) $$||\underline{\Phi}_{\mu+1}(t) - \underline{x}_0||_{\mathbb{R}^n} = ||\underline{\Phi}_{\mu+1}(t) - \underline{\Phi}_0(t)||_{\mathbb{R}^n} \leq M(t-t_0) \quad .$$

Zum Beweis der Konvergenz der Funktionenfolge $\{\underline{\Phi}_\mu(\cdot)\}$ berücksichtigen wir, daß $\underline{f}$ einer Lipschitzbedingung mit der Lipschitzkonstanten K genügt:

$$\begin{aligned}
\|\underline{\Phi}_{\mu+1}(t) - \underline{\Phi}_\mu(t)\|_{\mathbb{R}^n} &= \|(F\underline{\Phi}_\mu)(t) - (F\underline{\Phi}_{\mu-1})(t)\|_{\mathbb{R}^n} \\
&= \left\| \int_{t_o}^{t} [\underline{f}[\underline{\Phi}_\mu(\alpha),\alpha] - \underline{f}\,[\underline{\Phi}_{\mu-1}(\alpha),\alpha]]d\alpha \right\|_{\mathbb{R}^n} \\
&\leq \int_{t_o}^{t} \|\underline{f}[\underline{\Phi}_\mu(\alpha),\alpha] - \underline{f}[\underline{\Phi}_{\mu-1}(\alpha),\alpha]\|_{\mathbb{R}^n}\, d\alpha \qquad \text{(A1.15)} \\
&\leq K \int_{t_o}^{t} \|\underline{\Phi}_\mu(\alpha) - \underline{\Phi}_{\mu-1}(\alpha)\|_{\mathbb{R}^n}\, d\alpha \quad .
\end{aligned}$$

Andererseits folgt aus (A1.14) für $\mu = 0$

$$\|\underline{\Phi}_1(t) - \underline{\Phi}_o(t)\|_{\mathbb{R}^n} \leq M(t-t_o) \quad .$$

Dies, in die rechte Seite von (A1.14) eingesetzt, ergibt nach weiterer sukzessiver Anwendung von (A1.14)

$$\|\underline{\Phi}_{\mu+1}(t) - \underline{\Phi}_\mu(t)\|_{\mathbb{R}^n} \leq \frac{M}{K} \frac{K^{\mu+1}(t-t_o)^{\mu+1}}{(\mu+1)!} \quad , \quad t \in [t_o, t_o+\tau] \quad .$$

Hieraus folgt

$$\begin{aligned}
\|\underline{\Phi}_{\mu+m}(t) - \underline{\Phi}_\mu(t)\|_{\mathbb{R}^n} &\leq \|\underline{\Phi}_{\mu+m}(t) - \underline{\Phi}_{\mu+m-1}(t)\|_{\mathbb{R}^n} + \ldots \\
&\quad + \ldots \|\underline{\Phi}_{\mu+1}(t) - \underline{\Phi}_\mu(t)\|_{\mathbb{R}^n} \\
&\leq \frac{M}{K} \sum_{l=\mu+1}^{\mu+m} \frac{K^l (t-t_o)^l}{l!} \\
&\leq \frac{M}{K} \sum_{l=\mu+1}^{\infty} \frac{K^l (t-t_o)^l}{l!} = \frac{M}{K}\left[e^{K(t-t_o)} - \sum_{l=o}^{\mu} \frac{K^l (t-t_o)^l}{l!} \right] \quad .
\end{aligned}$$

Somit gilt für alle $m \in \mathbb{N}$ und alle $t \in [t_o, t_o+\tau]$

$$\lim_{\mu\to\infty} \|\underline{\Phi}_{\mu+m}(t) - \underline{\Phi}_\mu(t)\|_{\mathbb{R}^n} = 0 \quad ,$$

so daß die Funktionenfolge $\{\underline{\Phi}_\mu(\cdot)\}$ konvergiert. Die Grenzfunktion $\underline{\Phi}(\cdot)$ der Funktionenfolge $\{\underline{\Phi}_\mu(\cdot)\}$ genügt für alle $t \in [t_o, t_o+\tau]$ der Ungleichung

$$\begin{aligned} ||\underline{\Phi}(t) - (F\underline{\Phi})(t)||_{\mathbb{R}^n} &= ||\underline{\Phi}(t) - \underline{\Phi}_\mu(t) + \underline{\Phi}_\mu(t) - (F\underline{\Phi})(t)||_{\mathbb{R}^n} \\ &\leq ||\underline{\Phi}(t) - \underline{\Phi}_\mu(t)||_{\mathbb{R}^n} + ||(F\underline{\Phi}_{\mu-1})(t) - (F\underline{\Phi})(t)||_{\mathbb{R}^n} \\ &\leq ||\underline{\Phi} - \underline{\Phi}_\mu(t)||_{\mathbb{R}^n} + K \int_{t_o}^{t} ||\underline{\Phi}_{\mu-1}(\alpha) - \underline{\Phi}(\alpha)||_{\mathbb{R}^n}\, d\alpha \quad . \end{aligned}$$

Da $\underline{\Phi}(\cdot)$ Grenzfunktion der Folge $\{\underline{\Phi}_\mu(\cdot)\}$ ist, kann durch entsprechende Wahl von μ die rechte Seite der Ungleichung beliebig klein gemacht werden, d.h. es ist

$$\underline{\Phi}(\cdot) = (F\underline{\Phi})(\cdot) \quad .$$

Man bezeichnet $\underline{\Phi}$ als Fixpunkt des Operators F. Die Grenzfunktion $\underline{\Phi}(\cdot)$ genügt somit der Integralgleichung

$$\underline{\Phi}(t) = \underline{x}_o + \int_{t_o}^{t} \underline{f}[\underline{\Phi}(\alpha),\alpha]d\alpha \ , \qquad t \in [t_o, t_o+\tau] \ .$$

Es ist $\underline{\Phi}(t_o) = \underline{x}_o$. Da die rechte Seite der Integralgleichung differenzierbar ist, gilt dies auch für die linke Seite. Also folgt

$$\frac{d\underline{\Phi}(t)}{dt} = \underline{f}[\underline{\Phi}(\alpha),\alpha] \quad .$$

Somit ist $\underline{\Phi}(\cdot)$ Lösung der DGL (A1.2). Nach Satz (A1.11) ist die Lösung $\underline{\Phi}(\cdot)$ eindeutig. ∎

Der Beweis des Satzes ist dem Beweis des Banachschen Fixpunktsatzes sehr ähnlich, man vergleiche (A3.12).

(A1.16) Anmerkung:

Anstatt für den Bereich

$$G = \{(\underline{x},t) \mid t \in [t_o, t_o+T] \ ; \ ||\underline{x}-\underline{x}_o||_{\mathbb{R}^n} \leq a\}$$

können die vorangegangenen und die folgenden Sätze auch für Bereiche der Form

$$G_1 = \{(\underline{x},t) \mid t \in [t_o-T, t_o] \ ; \ ||\underline{x}-\underline{x}_o||_{\mathbb{R}^n} \leq a\}$$

$$G_2 = \{(\underline{x},t) \mid t \in [t_0-T, t_0+T] \ ; \ ||\underline{x}-\underline{x}_0||_{\mathbb{R}^n} \leq a\}$$

$$G_3 = \{(\underline{x},t) \mid t \in [t_0-T_1, t_0+T_2] \ ; \ ||\underline{x}-\underline{x}_0||_{\mathbb{R}^n} \leq a\}$$

formuliert werden. Die Aussagen der Existenz- und Eindeutigkeitssätze beziehen sich dann auf die entsprechenden Zeitintervalle. ■

A1.4 Gronwall-Ungleichung

(A1.17) Satz (Gronwall-Ungleichung):

Die Funktionen $x(\cdot)$ und $y(\cdot)$ seien auf dem Intervall $[t_0, t_0+T]$ definiert und dort nichtnegativ, stetig und skalar. Wenn eine Konstante $c > 0$ existiert, so daß

$$x(t) \leq c + \int_{t_0}^{t} x(\tau)y(\tau)d\tau \qquad \text{für alle} \quad t \in [t_0, t_0+T] \quad ,$$

dann gilt

$$x(t) \leq c \cdot e^{\int_{t_0}^{t} y(\tau)d\tau} \qquad \text{für alle} \quad t \in [t_0, t_0+T] \quad .$$ ■

Beweis:

Sei $$V(t) := c + \int_{t_0}^{t} x(\tau)y(\tau)d\tau \quad ;$$

dann gilt $x(t) \leq V(t)$ und $V(t) \geq c > 0$. Daraus folgt

$$\frac{dV(t)}{dt} = x(t)y(t) \leq y(t)V(t) \ .$$

Mit $V(t) > 0$ gilt aber

$$\frac{1}{V(t)} \frac{dV(t)}{dt} \leq y(t) \text{ und } V(t_0) = c \ ,$$

so daß die Behauptung des Satzes folgt:

$$x(t) \leq V(t) \leq c \ e^{\int_{t_0}^{t} y(\tau)d\tau} \quad .$$ ■

A1.5 Stetigkeit und Differenzierbarkeit einer Lösung bezüglich der Anfangswerte und eventueller Parameter

(A1.18) Satz (Stetigkeit der Lösung bezüglich $\underline{x}_o$):

Die Funktion $\underline{f} : G \to \mathbb{R}^n$ sei auf dem Bereich

$$G = \{(\underline{x},t) \mid t \in [t_o, t_o+T] \; ; \; ||\underline{x}-\underline{x}_o||_{\mathbb{R}^n} \leq a\}$$

stetig und genüge auf G einer Lipschitzbedingung mit der Lipschitzkonstanten K.

Sei $(\underline{x}_\mu, t_o) \in G$ für beliebiges μ und $\underline{\Phi}(\cdot,\underline{x}_\mu,t_o)$ eine Lösung der DGL (A1.2) mit dem Anfangszustand $\underline{x}_\mu$, d.h.

$$\underline{\Phi}(t_o,\underline{x}_\mu,t_o) = \underline{x}_\mu \; .$$

Dann gilt

$$\lim_{\underline{x}_\mu \to \underline{x}_o} \underline{\Phi}(\cdot,\underline{x}_\mu,t_o) = \underline{\Phi}(\cdot,\underline{x}_o,t_o) \; . \qquad \blacksquare$$

Beweis:

Für die Lösung mit dem Anfangszustand $\underline{x}_o$ gilt

$$\underline{\Phi}(t,\underline{x}_o,t_o) = \underline{x}_o + \int_{t_o}^{t} f[\underline{\Phi}(\alpha,\underline{x}_o,t_o),\alpha]d\alpha \; .$$

Mithin gilt die folgende Abschätzung

$$||\underline{\Phi}(t,\underline{x}_o,t_o) - \underline{\Phi}(t,\underline{x}_\mu,t_o)||_{\mathbb{R}^n} \leq$$

$$\leq ||\underline{x}_o-\underline{x}_\mu||_{\mathbb{R}^n} + \int_{t_o}^{t} ||\underline{f}[\underline{\Phi}(\alpha,\underline{x}_o,t_o),\alpha] - \underline{f}[\underline{\Phi}(\alpha,\underline{x}_\mu,t_o),\alpha]||_{\mathbb{R}^n} \, d\alpha \; .$$

Die Anwendung der Lipschitzbedingung ergibt

$$||\underline{\Phi}(t,\underline{x}_o,t_o) - \underline{\Phi}(t,\underline{x}_\mu,t_o)||_{\mathbb{R}^n} \leq$$

$$\leq ||\underline{x}_o-\underline{x}_\mu||_{\mathbb{R}^n} + K\int_{t_o}^{t} ||\underline{\Phi}(\alpha,\underline{x}_o,t_o) - \underline{\Phi}(\alpha,\underline{x}_\mu,t_o)||_{\mathbb{R}^n} \, d\alpha \; .$$

Auf diese Ungleichung können wir den Satz (A1.15) (Gronwall-Ungleichung) mit $y(\cdot) \equiv K$ anwenden und erhalten

$$||\underline{\Phi}(t,\underline{x}_o,t_o) - \underline{\Phi}(t,\underline{x}_\mu,t_o)||_{\mathbb{R}^n} \leq ||\underline{x}_o-\underline{x}_\mu||_{\mathbb{R}^n} \; e^{K(t-t_o)} \quad .$$

Hieraus folgt direkt die Behauptung des Satzes. ■

(A1.19) Satz (Differenzierbarkeit der Lösung bezüglich $\underline{x}_o$):

Wenn die Funktion $\underline{f} : G \to \mathbb{R}^n$ (G siehe Satz (A1.18)) auf dem Bereich G differenzierbar ist und

$$(\underline{\Phi}(t,\underline{x}_o,t_o),t) \in G \qquad \text{für alle } t \in [t_o,t_o+T] \; ,$$

dann ist $\underline{\Phi}(\cdot,\underline{x}_o,t_o)$ bezüglich $\underline{x}_o$ differenzierbar. Die Matrixfunktion

$$\underline{\psi}(\cdot) \;:=\; \frac{\partial\underline{\Phi}}{\partial\underline{x}_o}(\cdot,\underline{x}_o,t_o) \;:=\; \left[\frac{\partial\underline{\Phi}}{\partial x_{o1}}, \;\ldots, \;\frac{\partial\underline{\Phi}}{\partial x_{on}}\right]$$

ist Lösung des DGL-Systems

(A1.20)
$$\dot{\underline{\psi}}(t) \;=\; \frac{\partial\underline{f}}{\partial\underline{\Phi}}(\underline{\Phi}(t,\underline{x}_o,t_o),t) \cdot \underline{\psi}(t)$$

$$\dot{\underline{\Phi}}(t) \;=\; \underline{f}(\underline{\Phi}(t,\underline{x}_o,t_o),t)$$

mit den Anfangswerten

$$\underline{\psi}(0) \;=\; \underline{E} \quad (\underline{E} \text{ Einheitsmatrix})$$

$$\underline{\Phi}(0) \;=\; \underline{x}_o \quad .$$

Das DGL-System (A1.20) nennt man Variationssystem zur Lösung $\underline{\Phi}(\cdot,\underline{x}_o,t_o)$ bezüglich des Anfangszustandes $\underline{x}_o$.

(Beweis siehe z.B. HALANY [A1.2], Seite 11). ■

(A1.21) Anmerkung:

Um die Änderung der Lösung $\underline{\Phi}(\cdot,\underline{x}_o,t)$ zu einem Zeitpunkt $t_1 \in [t_o,t_o+T]$ bezüglich des Anfangszustandes $\underline{x}_o$ zu erhalten, muß das Variationssystem (A1.20) bis zum Zeitpunkt $t = t_1$ integriert werden. ■

(A1.22) Anmerkung:

Liegt eine von konstanten Parametern $\underline{u} \in \mathbb{R}^m$ abhängige DGL der Form

$$\dot{\underline{x}}(t) \;=\; \underline{f}[\underline{x}(t),t,\underline{u}]$$

vor ($\underline{u}$ kann beispielsweise eine konstante Eingangsgröße eines dynamischen Systems sein), so können die Sätze (A1.18) und (A1.19) analog auf die stetige Abhängigkeit und Differenzierbarkeit der Lösung bezüglich der Parameter $\underline{u}$ übertragen werden.

Das Variationssystem zur Lösung $\underline{\Phi}(\cdot,\underline{x}_o,t_o,\underline{u})$ bezüglich des Parametervektors $\underline{u}$ lautet beispielsweise

$$\dot{\underline{\psi}}(t) = \frac{\partial \underline{f}}{\partial \underline{\Phi}} [\underline{\Phi}(t,\underline{x}_o,t_o,\underline{u}),t,\underline{u}] \cdot \underline{\psi}(t) \qquad \text{mit } \underline{\psi}(0) = \underline{0} ,$$

wobei

$$\underline{\psi}(\cdot) := \frac{\partial \underline{\Phi}}{\partial \underline{u}} (\cdot,\underline{x}_o,t_o,\underline{u}) := \left[\frac{\partial \underline{\Phi}}{\partial u_1} , \ldots , \frac{\partial \underline{\Phi}}{\partial u_m} \right] . \qquad ■$$

A2 Funktionaltransformationen

Ohne auf Hintergründe einzugehen, werden kurz die Laplace- und Fouriertransformation sowie die Z- und die diskrete Fouriertransformation ("Fourierreihen") dargestellt. Es sei auf die ausführliche Literatur verwiesen.

A2.1 Fourier- und Laplace-Transformation

(A2.1) **Fourier-Transformation**

Zu einer Funktion f(t) wird durch

(A2.2) $$\hat{F}(\omega) = (\mathcal{F} f)(\omega) := \int_{-\infty}^{\infty} f(t)e^{-j\omega t}\, dt \; ; \quad \omega \in \mathbb{R}$$

die Fourier-Transformierte $\hat{F}(\omega)$ gebildet. Durch die Rücktransformation

(A2.3) $$f(t) = (\mathcal{F}^{-1}\hat{F})(t) = \frac{1}{2\pi} \int_{-\infty}^{\infty} \hat{F}(\omega)e^{j\omega t}\, d\omega$$

erhält man zu der Fourier-Transformierten $\hat{F}(\omega)$ wieder die zugehörige Zeitfunktion f(t).

Die Fouriertransformation wird gewöhnlich für absolut integrable Funktionen f(t) erklärt, doch wird diese Voraussetzung sehr schnell zumindest dahingehend aufgeweicht, daß unter den Integralen (A2.2), (A2.3) der Cauchysche Hauptwert verstanden werden soll, wenn diese nicht im eigentlichen Sinne konvergieren. Weitere Verallgemeinerungen sind möglich; so können auch die in (A3.22) erklärten Funktionen aus den Räumen L_p (die Funktionen sind in der p-ten Potenz integrierbar) der Fouriertransformation unterworfen werden (siehe YOSIDA [A2.6], Kapitel IV, insbesondere IV.2, Beispiel 3). Gern arbeitet man mit den quadratisch integrierbaren Funktionen aus L_2 (siehe Satz (A2.16)). Die umfassendste

Erweiterung der Fourier-Transformation ist die Anwendung auf Distributionen (genauer: Distributionen aus dem Raum $\mathfrak{S}'$, siehe z.B. WALTER [A2.5], § 11, YOSIDA [A2.6], Kapitel IV.2), wobei die wichtige Diracsche δ-Funktion und ihre Ableitungen eingeschlossen sind. Bei diesen Erweiterungen lassen sich die Fourier-Transformation und die Rücktransformation im allgemeinen nicht mehr durch eine Integration im Riemannschen oder Lebesgueschen Sinne ausführen, sondern es werden allgemeinere Begriffe herangezogen. Für die praktische Arbeit, die meistens mit Korrespondenztabellen bewältigt wird, ist dies ohne Bedeutung. ■

(A2.4) **Laplace-Transformation**

Zu der Zeitfunktion f(t) wird durch

(A2.5) $$F(s) = (\mathcal{L} f)(s) := \int_{-\infty}^{\infty} f(t)e^{-st}dt , \qquad s \in \mathbb{C}$$

die Laplace-Transformierte erklärt. Wir schreiben diese hier als zweiseitige Transformation mit den Integrationsgrenzen $-\infty$, ∞. Üblicherweise werden nur Funktionen f(t) der Laplace-Transformation unterworfen, für die

(A2.6) $$f(t) = 0 \quad \text{für} \quad t < t_o$$

gilt. Diese heißen linksseitig finit. Speziell für $t_o = 0$ kann man dann statt (A2.5) auch

(A2.7) $$F(s) := \int_{0}^{\infty} f(t)e^{-st}dt , \qquad s \in \mathbb{C}$$

schreiben. Dies ist die übliche Darstellung der Laplace-Transformation; doch es besteht keine Notwendigkeit, von vornherein hiervon auszugehen.

Das Laplace-Integral (A2.5) konvergiert im Sinne absoluter Integrabilität im allgemeinen nicht für alle komplexen Zahlen $s \in \mathbb{C}$, sondern nur in einem Streifen der komplexen Ebene $c_1 < \mathrm{Re}(s) < c_2$. Für linksseitig finite Funktionen ist $c_2 = \infty$; das Konvergenzgebiet ist dann eine rechte offene Halbebene $\mathrm{Re}(s) > c_1$ (siehe Bild A2.1).

Innerhalb ihres Konvergenzgebietes ist F(s) eine analytische Funktion, was die Anwendung funktionentheoretischer Methoden erlaubt.

Für die Rücktransformation gilt

(A2.8) $$f(t) = (\mathcal{L}^{-1}F)(t) = \frac{1}{2\pi j} \int_{c-j\infty}^{c+j\infty} F(s)e^{st}ds .$$

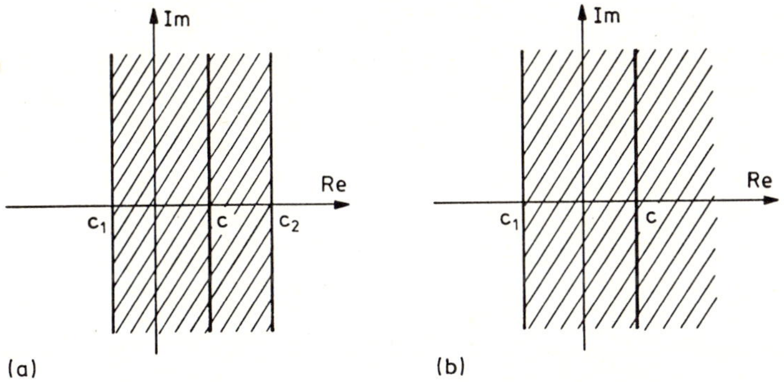

Bild A2.1: (a) Konvergenzstreifen der Laplace-Transformation
(b) Konvergenzhalbebene der Laplace-Transformation für eine linksseitig finite Funktion

Hierbei ist der Integrationsweg $s = c + j\omega$ so zu wählen, daß dieser im Konvergenzbereich der Laplace-Transformation liegt: $c_1 < c < c_2$ (siehe Bild A2.1). Beachtet man dies nicht, erhält man unter Umständen zwar eine Zeitfunktion f(t) durch (A2.8), die aber nicht die gewünschte Rücktransformierte darstellt (man vergleiche die Korrespondenzen Nr.11 und 12 in Tabelle (A2.22)).

Wie die Fourier-Transformation läßt sich auch die Anwendung der Laplace-Transformation auf Distributionen verallgemeinern, siehe z.B. DOETSCH [A2.1], § 12. ■

(A2.9) Zusammenhang zwischen Laplace- und Fourier-Transformation

Setzt man in der Laplace-Transformation (A2.5) $s = j\omega$, so entsteht formal die Fourier-Transformation (A2.2). Liegt die imaginäre Achse im Konvergenzgebiet der Laplace-Transformation, also $c_1 < 0 < c_2$, so existiert auch die Fouriertransformierte $\hat{F}$, die wir durch

(A2.10) $$\hat{F}(\omega) = F(j\omega)$$

aus der Laplace-Transformierten F erhalten. Umgekehrt läßt sich in diesem Fall aus der Fourier-Transformierten durch analytische Fortsetzung von der imaginären Achse in einen Streifen der komplexen Ebene die Laplace-Transformierte gewinnen:

(A2.11) $$F(s) = \hat{F}(\frac{s}{j})$$

Für diesen Fall gibt es keine wesentlichen Unterschiede zwischen Laplace- und Fourier-Transformation.

Die Beziehungen (A2.10), (A2.11) dürfen jedoch nicht mehr angewendet werden, wenn die imaginäre Achse den Rand des Konvergenzstreifens der Laplace-Transformation bildet (z.B. $c_1 = 0$) oder die imaginäre Achse gar außerhalb des Konvergenzstreifens liegt. So ist von der Sprungfunktion $\sigma(t)$ die Fourier-Transformierte $1/j\omega + \delta(\omega)$, die Laplace-Transformierte ist $1/s$ mit der Konvergenzhalbebene $Re(s) > 0$. Die Anwendung von (A2.10) führt auf die falsche Fourier-Transformierte $1/j\omega$, zu der vielmehr die Zeitfunktion $sgn(t)/2$ gehört.

Die Anwendungsgebiete von Fourier- und Laplace-Transformation liegen etwas verschieden: So bevorzugt man für die Behandlung von Einschaltvorgängen (Anfangswertproblemen) die Laplace-Transformation. Die Laplace-Transformierten der hierbei auftretenden linksseitig finiten Zeitfunktionen konvergieren stets in Halbebenen $Re(s) > c_1$. Auch wenn $c_1 > 0$ sein sollte, läßt sich ohne Einschränkung mit der Laplace-Transformation operieren, während die Fourier-Transformierte gar nicht existiert. Außerdem lassen sich wegen der Analytizität der Laplace-Transformierten die Hilfsmittel der Funktionentheorie anwenden: Man beschreibt die nun auch außerhalb ihres eigentlichen Konvergenzgebietes analytisch fortgesetzte Funktion durch ihre Residuen (Polstellen), welche in einer linken Halbebene $Re(s) \leq c_1$ liegen.

Andererseits zeigt die Fourier-Transformation ihre vollen Stärken, wenn die Laplace-Transformierten nicht mehr existieren. Dies ist z.B. bei stationären Prozessen der Fall: Die Laplace-Transformation ist für $\sin \omega_0 t$ (<u>nicht</u> für $t < 0$ abgeschnitten) nicht erklärt, wohl aber existiert die Fourier-Transformation (siehe Tabelle (A2.22), Nr.14). ■

(A2.12) **Satz (Faltung von Zeitfunktionen im Bereich der Fourier- und Laplace-Transformation):**

Die Faltung zweier Funktionen

(A2.13) $$(f*g)(t) = \int_{-\infty}^{\infty} f(\tau)g(t-\tau)d\tau = \int_{-\infty}^{\infty} f(t-\tau)g(\tau)d\tau$$

geht im Bereich der Fourier- oder Laplace-Transformation in eine Multiplikation der Bildfunktionen über:

(A2.14) $$\mathcal{F}(f*g)(\omega) = \hat{F}(\omega)\hat{G}(\omega)$$

(A2.15) $$\mathcal{L}(f*g)(\omega) = F(s)G(s)$$ ■

Die Gleichungen sind unter der Voraussetzung zu lesen, daß das Faltungsprodukt und dessen Transformierte existieren, worüber der Satz (A3.60) Auskunft geben kann. Bei der Laplace-Transformation ist der Gültigkeitsbereich des Produktes F(s)G(s) die Schnittmenge der Konvergenzbereiche der beiden Transformierten F(s) und G(s). Nur in diesem Bereich darf die Formel (A2.8) der Rücktransformation angewendet werden.

Für linksseitig finite Zeitfunktionen sind die Konvergenzgebiete der Laplace-Transformierten Halbebenen $Re(s) > c_1$. Daher ist auch die Schnittmenge zweier Konvergenzgebiete wieder eine Halbebene.

(A2.16) <u>Satz (Parsevalsche Gleichung der Fourier-Transformation)</u>:

Seien f, g quadratisch integrierbar, d.h. $f, g \in L_2(\mathbb{R})$, so sind auch die Fourier-Transformierten $\hat{F}$, $\hat{G}$ quadratisch integrierbar, $\hat{F}, \hat{G} \in L_2(\mathbb{R})$, und es gilt

$$\text{(A2.17)} \qquad \int_{-\infty}^{\infty} f(t)\bar{g}(t)dt = \frac{1}{2\pi} \int_{-\infty}^{\infty} \hat{F}(\omega)\bar{\hat{G}}(\omega)d\omega \quad ,$$

wobei der Querstrich den konjugiert komplexen Wert angibt. Diese Gleichung heißt Parsevalsche Gleichung. Der Spezialfall f = g läßt sich mit Hilfe der Norm in $L_2(\mathbb{R})$ nach (A3.23) auch in der Form

$$\text{(A2.18)} \qquad ||f||_2^2 = \frac{1}{2\pi} ||\hat{F}||_2^2$$

schreiben. ■

<u>Beweis</u>:

Wir untersuchen die Fourier-Transformierte des Produkts $f(t)\bar{g}(t)$ und greifen auf die Rechenregeln Nr.2 und Nr.11 aus Tabelle (A2.19) vor:

$$2\pi \, \mathcal{F}(f\bar{g}) = \hat{F}(\omega) * \bar{\hat{G}}(-\omega)$$

$$2\pi \int_{-\infty}^{\infty} f(t)\bar{g}(t)e^{-j\omega t}dt = \int_{-\infty}^{\infty} \hat{F}(\hat{\omega})\bar{\hat{G}}(-(\omega-\hat{\omega}))d\hat{\omega}$$

Setzen wir $\omega = 0$, erhalten wir die Parsevalsche Gleichung. Die Aussage, daß $\hat{F} \in L_2$, wenn $f \in L_2$, folgt unmittelbar durch die Setzung g = f. Entsprechendes gilt für g. ■

Ohne weitere Herleitung sind in der Tabelle (A2.19) einige Rechenregeln der Fourier- und Laplace-Transformation zusammengestellt. Die Regeln beziehen sich stets auf die zweiseitige Laplace-Transformation (A2.5), was das einfachere Aussehen der Verschiebungsregel Nr.4 erklärt. Unter den Differentiationen verstehen wir immer die verallgemeinerte Ableitung, also z.B. $\dot{\sigma}(t) = \delta(t)$.

(A2.19) Tabelle: Rechenregeln der Fourier- und Laplace-Transformation

Nr.	Operation der Zeitfunktionen	$f(t)$	$\hat{F}(\omega)$	$F(s)$
1	Superposition	$c_1f_1(t)+c_2f_2(t);c_1c_2\in\mathbb{C}$	$c_1\hat{F}_1(\omega)+c_2\hat{F}_2(\omega)$	$c_1F_1(s)+c_2F_2(s)$
2	kompl.Konjug.	$\bar{f}(t)$	$\bar{\hat{F}}(-\omega)$	$\bar{F}(\bar{s})$
3	Umnormierung	$f(at);\quad a\in\mathbb{R}-\{0\}$	$\frac{1}{\lvert a\rvert}\hat{F}(\frac{\omega}{a})$	$\frac{1}{\lvert a\rvert}F(\frac{s}{a})$
4	Verschiebung	$f(t-t_o);\ t_o\in\mathbb{R}$	$e^{-j\omega t_o}\hat{F}(\omega)$	$e^{-st_o}F(s)$
5	Modulation	$e^{j\omega_o t}f(t);\ \omega_o\in\mathbb{R}$	$\hat{F}(\omega-\omega_o)$	$F(s-j\omega_o)$
6	Dämpfung	$e^{s_o t}f(t)\ ;\ s_o\in\mathbb{C}$	-	$F(s-s_o)$
7	Differentiat.	$f^{(n)}(t)\quad;\ n\in\mathbb{N}$	$(j\omega)^n\hat{F}(\omega)$	$s^nF(s)$
8	Multipl.m.t^n	$t^nf(t)$	$j^n\hat{F}^{(n)}(\omega)$	$(-1)^nF^{(n)}(s)$
9	Integration	$\int_{-\infty}^{t}f(\tau)d\tau$	$\frac{\hat{F}(\omega)}{j\omega}+\pi\hat{F}(0)\delta(\omega)$	$\frac{F(s)}{s}$
10	Faltung	$f_1*f_2(t)$	$\hat{F}_1(\omega)\hat{F}_2(\omega)$	$F_1(s)F_2(s)$
11	Multiplikation	$f_1(t)f_2(t)$	$\frac{1}{2\pi}\hat{F}_1*\hat{F}_2(\omega)$	$\frac{1}{2\pi j}\int_{c-j\infty}^{c+j\infty}F_1(s-\sigma)F_2(\sigma)d\sigma$

Um Unterschiede und Gemeinsamkeiten der Fourier- und Laplace-Transformation heraustreten zu lassen, ist in Tabelle (A2.22) eine Auswahl von Korrespondenzen der beiden Transformationen gegenübergestellt worden. Für die Laplace-Transformation ist stets der Konvergenzstreifen bzw.

die Konvergenzhalbebene $c_1 < \mathrm{Re}(s) < c_2$ angegeben. Weitere Korrespondenzen können den Tabellen von DOETSCH [A2.1],[A2.2], FÖLLINGER [A2.3], S.105 f, 210 ff und ZEMANIAN [A2.7] entnommen werden. Siehe auch Tabelle (A2.83).

Für "linksseitig abgeschnittene" Funktionen verwenden wir die Kurzbezeichnung

(A2.20) $$f_+(t) := f(t)\sigma(t) .$$

Bei Anwendung der Differentiationsregel Nr.7 aus (A2.19) auf derartige abgeschnittene Funktionen beachte man die korrekte Verwendung der Produktregel im Zeitbereich:

(A2.21) $$\dot{f}_+(t) = \frac{d}{dt}(f(t)\sigma(t)) = \dot{f}(t)\sigma(t) + f(t)\delta(t)$$
$$\dot{f}_+(t) = (\dot{f}(t))_+ + f(0)\delta(t) .$$

(A2.22) **Tabelle: Korrespondenzen der Fourier- und Laplace-Transformation**

Wenn nicht anders angegeben, gilt $n \in \mathbb{N}$; $a, \omega_0, T \in \mathbb{R}$.

Nr.	f(t)	$\hat{F}(\omega)$	F(s)	c_1, c_2
1	1	$2\pi\delta(\omega)$	-	-
2	$1_+ = \sigma(t)$	$\frac{1}{j\omega} + \pi\delta(\omega)$	$\frac{1}{s}$	$0, \infty$
3	$\mathrm{sgn}(t)$	$\frac{2}{j\omega}$	-	-
4	t^n	$2\pi\, j^n\, \delta^{(n)}(\omega)$	-	-
5	t_+^n	$\frac{n!}{(j\omega)^{n+1}} + \pi j^n \delta^{(n)}(\omega)$	$\frac{n!}{s^{n+1}}$	$0, \infty$
6	$\delta(t)$	1	1	$-\infty, \infty$
7	$\delta^{(n)}(t)$	$(j\omega)^n$	s^n	$-\infty, \infty$
8	$e^{j\omega_0 t}$	$2\pi\delta(\omega-\omega_0)$	-	-
9	$e_+^{j\omega_0 t}$	$\frac{1}{j(\omega-\omega_0)} + \pi\delta(\omega-\omega_0)$	$\frac{1}{s-j\omega_o}$	$0, \infty$

Nr.	f(t)	$\hat{F}(\omega)$	F(s)	c_1, c_2
10	e_+^{at} ; $a \in \mathbb{C}$	-	$\frac{1}{s-a}$	Re(a), ∞
11	$e^{-a\|t\|}$, $a \in \mathbb{R}^+$	$\frac{a}{\omega^2+a^2}$	$-\frac{a}{s^2-a^2}$	-a, a
12	$\sinh_+ at$	-	$\frac{a}{s^2-a^2}$	a, ∞
13	$\cosh_+ at$	-	$\frac{s}{s^2-a^2}$	a, ∞
14	$\sin\omega_0 t$	$j\pi\left[\delta(\omega+\omega_0)-\delta(\omega-\omega_0)\right]$	-	-
15	$\sin_+\omega_0 t$	$\frac{\omega_0}{\omega_0^2-\omega^2}+\frac{j\pi}{2}\left[\delta(\omega+\omega_0)-\delta(\omega-\omega_0)\right]$	$\frac{\omega_0}{s^2+\omega_0^2}$	0, ∞
16	$\cos\omega_0 t$	$\pi\left[\delta(\omega+\omega_0)+\delta(\omega-\omega_0)\right]$	-	-
17	$\cos_+\omega_0 t$	$\frac{j\omega}{\omega_0^2-\omega^2}+\frac{\pi}{2}\left[\delta(\omega+\omega_0)+\delta(\omega-\omega_0)\right]$	$\frac{s}{s^2+\omega_0^2}$	0, ∞
18	$\frac{\sin at}{t}$	$\pi\sigma(a-\|\omega\|)$	-	-
19	$\frac{\sin_+ at}{t}$	$\frac{\pi}{2}\sigma(a-\|\omega\|)-\frac{j}{2}\ln\frac{\omega+a}{\omega-a}$	$\arctan\frac{a}{s}=\frac{1}{2j}\ln\frac{s+ja}{s-ja}$	0, ∞
20	$\sigma(T-\|t\|)$, $T \in \mathbb{R}^+$	$2\,\frac{\sin\omega T}{\omega}$	$\frac{e^{sT}-e^{-sT}}{s}$	$-\infty$, ∞
21	$\exp(-\frac{a^2t^2}{2})$, $a \in \mathbb{R}^+$	$\frac{\sqrt{2\pi}}{a}\exp(-\frac{\omega^2}{2a^2})$	$\frac{\sqrt{2\pi}}{a}\exp(\frac{s^2}{2a^2})$	$-\infty$, ∞
22	$\sum_{k=-\infty}^{\infty}\delta(t-kT)$	$\omega_0\sum_{k=-\infty}^{\infty}\delta(\omega-k\omega_0)$; $\omega_0 := \frac{2\pi}{T}$	-	-

A2.2 Diskrete Fourier-Transformation, Fourier-Reihen und Z-Transformation

(A2.23) Diskrete Fourier-Transformation und Fourier-Reihen

Zu der Folge oder zeitdiskreten Funktion f(k), $k \in \mathbb{Z}$ erklären wir durch

$$\hat{F}(\varphi) = (\mathcal{D} f)(\varphi) := \sum_{k=-\infty}^{\infty} f(k)e^{-jk\varphi}; \quad \varphi \in [-\pi,\pi] \tag{A2.24}$$

die diskrete Fourier-Transformation. Durch diese Transformation wird einer Folge eine kontinuierliche Funktion zugeordnet. Die Rücktransformation wird durch

$$f(k) = (\mathcal{D}^{-1}\hat{F})(k) = \frac{1}{2\pi}\int_{-\pi}^{\pi} \hat{F}(\varphi)e^{jk\varphi}d\varphi \tag{A2.25}$$

gegeben. Betrachtet man nicht f(k), sondern die Funktion $\hat{F}(\varphi)$ als Ausgangspunkt, so erkennt man in der Darstellung (A2.24) die Fourier-Reihenentwicklung der Funktion $\hat{F}(\varphi)$, die man sich auch periodisch fortgesetzt denken darf. Die Fourierkoeffizienten sind f(k) und werden durch (A2.25) berechnet (bei Literaturvergleichen beachte man Vertauschungen von j mit -j in (A2.24),(A2.25)).

Zieht man für reellwertige Funktionen $\hat{F}(\varphi)$ die Schreibweise mit Sinus- und Kosinusfunktionen

$$\hat{F}(\varphi) = \frac{a_o}{2} + \sum_{k=1}^{\infty} (a_k \cos k\varphi + b_k \sin k\varphi) \tag{A2.26}$$

und den Fourier-Koeffizienten

$$\begin{aligned} a_k &= \frac{1}{\pi}\int_{-\pi}^{\pi} \hat{F}(\varphi)\cos k\varphi \, d\varphi , \qquad k \geq 0 , \\ b_k &= \frac{1}{\pi}\int_{-\pi}^{\pi} \hat{F}(\varphi)\sin k\varphi \, d\varphi , \qquad k \geq 1 , \end{aligned} \tag{A2.27}$$

vor, kann zwischen a_k, b_k und f(k) der Zusammenhang

$$\begin{aligned} f(0) &= \frac{1}{2} a_o \\ f(\pm k) &= \frac{1}{2} (a_k \pm j\, b_k) , \qquad k \geq 1 \end{aligned} \tag{A2.28}$$

bzw.

(A2.29)
$$a_k = f(k) + f(-k) \quad , \qquad k \geq 0$$
$$b_k = -j\,(f(k) - f(-k)) \quad , \qquad k \geq 1$$

angegeben werden.

Als hinreichende Bedingung für die Anwendbarkeit der Transformation (A2.24) kann die absolute Konvergenz der Reihe f(k) gefordert werden (d.h. $f \in L_1(\mathbb{Z})$, siehe (A3.22)). Ähnlich wie bei der zeitkontinuierlichen Fouriertransformation (A2.1) lassen sich auch hier die Voraussetzungen lockern, so daß f nur noch die wesentlich schwächere Bedingung

(A2.30)
$$|f(k)| \leq c\;|k|^{\alpha}$$

mit Konstanten $c, \alpha > 0$ zu erfüllen braucht. Die dadurch entstehenden diskreten Fourier-Transformierten sind im allgemeinen Distributionen. So wird auch für die Formel (A2.25) der Rücktransformation die scharfe Voraussetzung der absoluten Integrierbarkeit von $\hat{F}$, $\hat{F} \in L_1(-\pi,\pi)$, entsprechend abgeschwächt (siehe hierzu z.B. WALTER [A2.5], § 10). Auch ohne sich in diese Erweiterungen näher einzuarbeiten, dürfen die hieraus gewonnenen Ergebnisse mit Hilfe von Korrespondenztabellen angewendet werden.

Wenn die Folge oder zeitdiskrete Funktion f(k) aus einer zeitkontinuierlichen Funktion f(t) durch Abtastung mit einer konstanten Abtastzeit T entstanden ist, kann im Fourier-Bereich der Übergang von der unabhängigen Variablen φ auf die Frequenz $\omega := \varphi/T$ sinnvoll sein. Dann erhalten die Formeln (A2.24), (A2.25) das veränderte Aussehen

(A2.31)
$$\hat{F}(\omega) = \sum_{k=-\infty}^{\infty} f(k)\, e^{\frac{-jk\omega}{T}} \quad ,$$

(A2.32)
$$f(k) = \frac{T}{2\pi} \int_{-\pi}^{\pi} \hat{F}(\omega)\, e^{\frac{jk\omega}{T}}\, d\omega \quad ,$$

wobei der Funktionsname $\hat{F}$ auch für die Abhängigkeit von der neuen unabhängigen Variablen ω beibehalten wurde. ■

(A2.33) Z-Transformation

Für die Folge oder zeitdiskrete Funktion f(k), $k \in \mathbb{Z}$, wird durch die Laurent-Reihe

(A2.34)
$$F(z) = (\mathcal{Z} f)(z) := \sum_{k=-\infty}^{\infty} f(k) z^{-k} \quad , \qquad z \in \mathbb{C}$$

die Z-Transformation erklärt. Die Transformation erhält ihren Namen durch die üblicherweise im Bildbereich verwendete unabhängige Variable z. Doetsch schlägt auch die Bezeichnung Laurent-Transformation vor.
Die Reihe (A2.34) wird in zwei Teilsummen aufgespalten, wobei die Potenzreihe

$$\text{(A2.35)} \qquad \sum_{k=o}^{\infty} f(k)z^{-k} = \sum_{k=o}^{\infty} f(k)w^{k} \quad , \quad w := \frac{1}{z} \quad ,$$

das Konvergenzgebiet $|w| < a \Longleftrightarrow |z| > r_1 := 1/a$ habe. Die zweite Teilsumme

$$\text{(A2.36)} \qquad \sum_{k=-\infty}^{-1} f(k)z^{-k} = \sum_{k=1}^{\infty} f(-k)z^{k}$$

konvergiere im Kreis $|z| < r_2$. Dann konvergiert die gesamte Summe (A2.34) im Kreisringgebiet $r_1 < |z| < r_2$, siehe Bild A2.2. Wenn $r_1 > r_2$, gibt es kein Konvergenzgebiet, so daß die Transformation nicht angewendet werden kann.

Ist die Folge linksseitig finit, d.h.

$$\text{(A2.37)} \qquad f(k) = 0 \quad \text{für} \quad k < k_o \quad ,$$

ist die Reihe (A2.36) endlich und hat den Konvergenzradius $r_2 = \infty$. Dann ist das Konvergenzgebiet der Z-Transformation die gesamte komplexe Ebene mit Ausnahme eines Kreises mit Radius r_1, siehe Bild A2.2b. Im Konvergenzgebiet ist F(z) eine analytische Funktion.

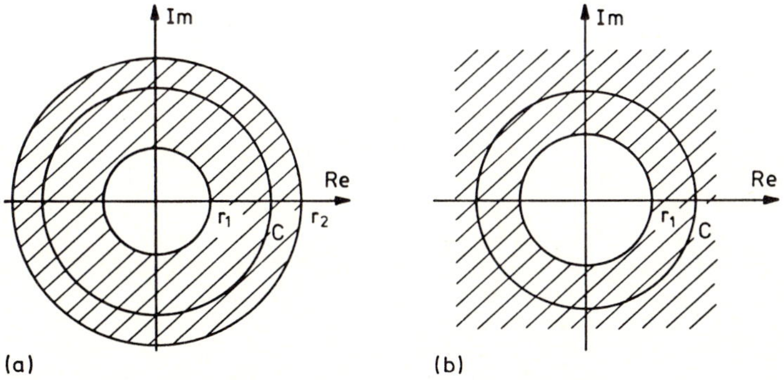

Bild A2.2: Konvergenzgebiet der Z-Transformation
(a) allgemein und (b) für eine linksseitig finite Folge

Die Umkehrtransformation wird durch

$$\text{(A2.38)} \qquad f(k) = (\mathcal{Z}^{-1}F)(k) = \frac{1}{2\pi j} \oint_C F(z) z^{k-1} dz$$

angegeben, wobei der geschlossene Integrationsweg C, der den Punkt 0 umschließt, innerhalb des Konvergenzgebietes verlaufen muß (siehe Bild A2.2).

Ist der äußere Konvergenzradius $r_2 = \infty$ und ist F(z) im Punkt $z = \infty$ analytisch, d.h. $F(\frac{1}{w})$ ist im Punkt $w = 0$ analytisch, läßt sich eine andere Form für die Umkehrtransformation angeben:

$$\text{(A2.39)} \qquad f(k) = (\mathcal{Z}^{-1})(k) = \frac{1}{k!} \frac{d^k F(\frac{1}{w})}{dw^k} \quad (w = 0) \quad .$$

■

(A2.40) Zusammenhang zwischen diskreter Fourier-Transformation und Z-Transformation

Liegt der Einheitskreis $|z| = 1$ im Konvergenzgebiet der Z-Transformation, also $r_1 < 1 < r_2$, erhält man durch die Setzung

$$\text{(A2.41)} \qquad z = e^{j\varphi} \quad ; \quad \varphi = -j \ln z$$

aus der Z-Transformation (A2.34) die diskrete Fouriertransformation (A2.24). Es gilt

$$\text{(A2.42)} \qquad \hat{F}(\varphi) = F(e^{j\varphi}) \quad .$$

Ebenso kann man unter der Voraussetzung $r_1 < 1 < r_2$ die Z-Transformierte durch analytische Fortsetzung aus der diskreten Fourier-Transformation erhalten:

$$\text{(A2.43)} \qquad F(z) = \hat{F}(-j \ln z) \quad .$$

Ist der Einheitskreis jedoch Rand des Konvergenzgebietes der Z-Transformation, dürfen (A2.42), (A2.43) nicht angewendet werden.

■

(A2.44) Satz (Faltung von zeitdiskreten Funktionen im Bereich der diskreten Fourier- und Z-Transformation)

Die Faltung zweier Folgen oder zeitdiskreter Funktionen

$$\text{(A2.45)} \qquad (f*g)(k) = \sum_{i=-\infty}^{\infty} f(i)g(k-i) = \sum_{i=-\infty}^{\infty} f(k-i)g(i)$$

geht im Bereich der diskreten Fourier- oder Z-Transformation in eine

Multiplikation der Bildfunktionen über:

(A2.46) $$\mathcal{D}(f*g)(\varphi) = \hat{F}(\varphi)\hat{G}(\varphi)$$

(A2.47) $$\mathcal{Z}(f*g)(z) = F(z)G(z) \quad .$$

Die Existenz des Faltungsproduktes (siehe hierzu Satz (A3.60)) und seiner Transformierten wird vorausgesetzt. In (A2.47) ist der Konvergenzbereich von F(z)G(z) gleich der Schnittmenge der einzelnen Konvergenzbereiche von F(z) und G(z). ■

(A2.48) Satz (Parsevalsche Gleichung der diskreten Fourier-Transformation)

Seien f,g quadratisch summierbar, d.h. $f,g \in L_2(\mathbb{Z})$, so sind die diskreten Fouriertransformierten $\hat{F},\hat{G}$ quadratisch integrierbar, $\hat{F},\hat{G} \in L_2(-\pi,\pi)$, und es gilt

(A2.49) $$\sum_{k=-\infty}^{\infty} f(k)\bar{g}(k) = \frac{1}{2\pi}\int_{-\pi}^{\pi}\hat{F}(\varphi)\bar{\hat{G}}(\varphi)d\varphi \quad ,$$

wobei der Querstrich den konjugiert komplexen Wert angibt. Diese Gleichung heißt Parsevalsche Gleichung. Der Spezialfall f = g läßt sich mit Hilfe der Norm im $L_2(\mathbb{Z})$ bzw. $L_2(-\pi,\pi)$ nach (A3.25) bzw. (A3.23) auch in der Form

(A2.50) $$||f||_2^2 = \frac{1}{2\pi}||\hat{F}||_2^2$$

schreiben.

Der Beweis nimmt als Ausgangspunkt die Multiplikation zweier Folgen im Fourier-Bereich (siehe Nr.11 in Tabelle (A2.51)) und wird genauso wie der Beweis des Satzes (A2.16) geführt. ■

Ohne weitere Herleitung gibt Tabelle (A2.51) eine Zusammenstellung von Rechenregeln der diskreten Fourier- und Z-Transformation. Man vergleiche die Rechenregeln (A2.19) der Fourier- und Laplace-Transformation!

(A2.51) **Tabelle: Rechenregeln der diskreten Fourier- und Z-Transformation**

Nr.	Operation d.Folgen	$f(k)$	$\hat{F}(\varphi)$	$F(z)$
1	Superposition	$c_1 f_1(k)+c_2 f_2(k); c_1, c_2 \in \mathbb{C}$	$c_1\hat{F}_1(\varphi)+c_2\hat{F}_2(\varphi)$	$c_1F(z)+c_2F(z)$
2	kompl.Konjugation	$\bar{f}(k)$	$\bar{\hat{F}}(-\varphi)$	$\bar{F}(\bar{z})$
3	Umkehrung	$f(-k)$	$\hat{F}(-\varphi)$	$F(\frac{1}{z})$
4	Verschiebung	$f(k-k_0), k_0 \in \mathbb{Z}$	$e^{-jk_0\varphi}\hat{F}(\varphi)$	$z^{-k_0}F(z)$
5	Modulation	$e^{j\varphi_0 k} f(k), \varphi_0 \in \mathbb{R}$	$\hat{F}(\varphi-\varphi_0)$	$F(z\, e^{-j\varphi_0})$
6	Dämpfung	$z_0^k\, f(k); z_0 \in \mathbb{C}$	-	$F(\frac{z}{z_0})$
7	Differenz	$f(k)-f(k-k_0); k_0 \in \mathbb{Z}$	$(1-e^{-jk_0\varphi})\hat{F}(\varphi)$	$(1-z^{-k_0})F(z)$
8a	Multipl.mit k	$k\, f(k)$	$j\, \hat{F}'(\varphi)$	$-z\, F'(z)$
8b	Multipl.mit k^n	$k^n f(k)$	$j^n\hat{F}^{(n)}(\varphi)$	$(-z)^n F^{(n)}(z) \pm$ .....nach 8a
9	Summe	$\sum_{i=-\infty}^{k} f(i)$	$\frac{e^{j\varphi}}{e^{j\varphi}-1}\hat{F}(\varphi)+\pi\hat{F}(0)\delta(\varphi)$	$\frac{z}{z-1}F(z)$
10	Faltung	$f_1 * f_2(k)$	$\hat{F}_1(\varphi)\hat{F}_2(\varphi)$	$F_1(z)F_2(z)$
11	Multiplikation	$f_1(k)f_2(k)$	$\frac{1}{2\pi}\int_{-\pi}^{\pi}\hat{F}(\varphi-\psi)\hat{G}(\psi)d\psi$	$\frac{1}{2\pi j}\oint_C F(\zeta)G(\frac{z}{\zeta})\frac{d\zeta}{z}$

In der Tabelle (A2.53) sind einige Korrespondenzen der diskreten Fourier- und Z-Transformation aufgeführt. Für die Z-Transformierten ist das Konvergenzgebiet $r_1 < |z| < r_2$ mit angegeben. Auch dort verwenden wir die Abkürzung

$$f_+(k) := \begin{cases} f(k) & \text{für } k \geq 0 \\ 0 & \text{für } k < 0 \end{cases} \quad , \tag{A2.52}$$

um linksseitig abgeschnittene Folgen zu kennzeichnen. Weitere Korrespondenzen der Z-Transformation sind Tabelle (A2.83) zu entnehmen. Für die diskrete Fourier-Transformation können auch Tabellen von Fourier-Reihenentwicklungen herangezogen werden, indem man die Beziehungen (A2.28), (A2.29) verwendet.

(A2.53) **Tabelle: Korrespondenzen der diskreten Fourier- und Z-Transformation**

Nr.	f(k)	$\hat{F}(\varphi)$	F(z)	r_1, r_2
1	1	$2\pi\delta(\varphi)$	-	-
2	$1_+ = \begin{cases} 1 & \text{für } k \geq 0 \\ 0 & \text{für } k < 0 \end{cases}$	$\frac{\exp(j\varphi)}{\exp(j\varphi)-1} + \pi\delta(\varphi)$	$\frac{z}{z-1}$	1,∞
3	$\begin{matrix} 1 & \text{für } k = 0 \\ 0 & \text{für } k \neq 0 \end{matrix}$	1	1	0,∞
4	k^n	$2\pi j^n \delta^{(n)}(\varphi)$	-	-
5	k_+	$j\,\frac{\exp(j\varphi)}{(\exp(j\varphi)-1)^2} + j\pi\delta'(\varphi)$	$\frac{z}{(z-1)^2}$	1,∞

A2.3 Zusammenhänge zwischen zeitkontinuierlichen und zeitdiskreten Funktionen

A2.3.1 Zeitkontinuierliche und abgetastete Funktionen im Fourier-Bereich

Ein Abtast-Halte-Glied 0. Ordnung tastet von einer stetigen zeitkontinuierlichen Funktion f(t) zu diskreten Zeitpunkten kT, $k \in \mathbb{Z}$, die Werte f(kT) ab und hält sie bis zum nächsten Abtastzeitpunkt:

(A2.54) $$f_{AH}(t) = f(kT) \qquad \text{für } kT \leq t < (k+1)T \quad .$$

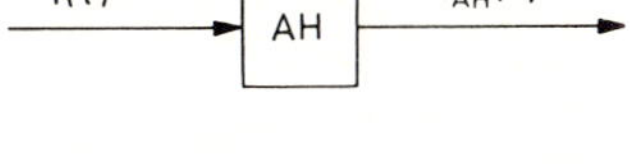

Bild A2.3: Abtast-Halte-Glied

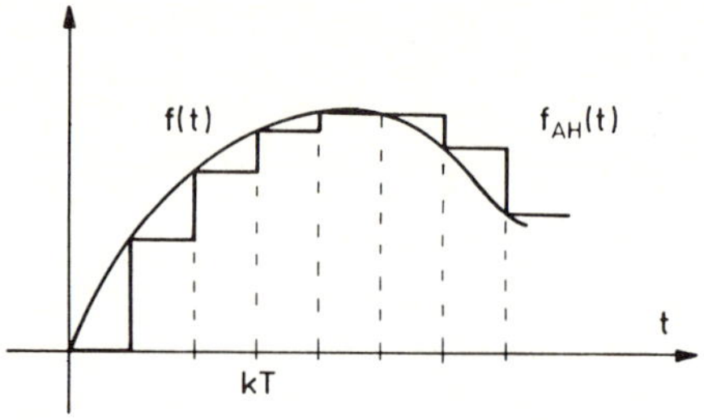

Bild A2.4: Ursprüngliche und abgetastete Zeitfunktion

Diese Zusammenhänge werden im Fourier-Bereich untersucht. Dazu schreibt man die Funktion $f_{AH}(t)$ mit Hilfe der Sprungfunktion $\sigma(t)$ als Summe

(A2.55) $$f_{AH}(t) = \sum_{k=-\infty}^{\infty} f(kT)[\sigma(kT) - \sigma((k+1)T)] \quad ,$$

so daß sich mit der Verschiebungsregel Nr.4 aus der Tabelle (A2.19) und der Korrespondenz Nr.2 aus (A2.22) die Fourier-Transformierte bestimmen läßt:

$$\hat{F}_{AH}(\omega) = \left[\frac{1}{j\omega} + \pi\delta(\omega)\right] \sum_{k=-\infty}^{\infty} f(kT)\left[e^{-jk\omega T} - e^{-j(k+1)\omega T}\right]$$

$$= \left[\frac{1}{j\omega} + \pi\delta(\omega)\right] (1-e^{j\omega T}) \sum_{k=-\infty}^{\infty} f(kT)e^{-jk\omega T} \quad .$$

Da $\delta(\omega) = 0$ für $\omega \neq 0$ und $1-\exp(-j\omega T) = 0$ für $\omega = 0$, gibt das Produkt beider Funktionen keinen Beitrag und es folgt

(A2.56) $$\hat{F}_{AH}(\omega) = \frac{1-e^{-j\omega T}}{j\omega} \sum_{k=-\infty}^{\infty} f(kT)e^{-jk\omega T} \quad .$$

Der strenge mathematische Nachweis dieser Umformung wird mit Hilfe der Distributionentheorie geführt.

Für die Funktion $f_{AH}(t)$ läßt sich noch eine weitere interessante Darstellung angeben, die durch Umformung von (A2.55) oder durch Rücktransformation der Fouriertransformierten $\hat{F}_{AH}(\omega)$ zu gewinnen ist:

Wir nennen

(A2.57) $$\hat{H}(\omega) := \frac{1-e^{-j\omega T}}{j\omega}$$

und

(A2.58) $$\hat{F}_A(\omega) := \sum_{k=-\infty}^{\infty} f(kT)e^{-jk\omega T} \quad .$$

Unter Verwendung der Korrespondenztabellen (A2.19), (A2.22) ergibt sich mit diesen Bezeichnungen aus (A2.56)

(A2.59) $$f_{AH}(t) = h(t) * f_A(t)$$

mit

(A2.60) $$h(t) = \sigma(t) - \sigma(t-T)$$

und

(A2.61) $$f_A(t) = \sum_{k=-\infty}^{\infty} f(kT)\delta(t-kT) \quad .$$

Die Funktion $f_A(t)$ kann weiter zu

(A2.62) $$f_A(t) = \sum_{k=-\infty}^{\infty} f(t)\delta(t-kT)$$
$$f_A(t) = f(t) \sum_{-\infty}^{\infty} \delta(t-kT)$$

umgeformt werden, da in Produkten mit δ-Funktionen nur die Funktionswerte an den Stellen von Bedeutung sind, für die das Argument der δ-Funktion verschwindet. Die in $f_A(t)$ auftretende Summe von δ-Funktionen

(A2.63) $$a(t) := \sum_{k=-\infty}^{\infty} \delta(t-kT)$$

hat auch den Namen "δ-Kamm".

Durch diese Darstellung haben wir die Möglichkeit, den technischen Abtast-Halte-Vorgang auch formal in die beiden Operationen

(A2.64) $$f_A(t) = a(t)f(t) \quad \text{(Abtasten)}$$

und

(A2.65) $$f_{AH}(t) = h(t) * f_A(t) \quad \text{(Halten)}$$

zu zerlegen, was in dem Strukturbild A2.5 dargestellt ist.

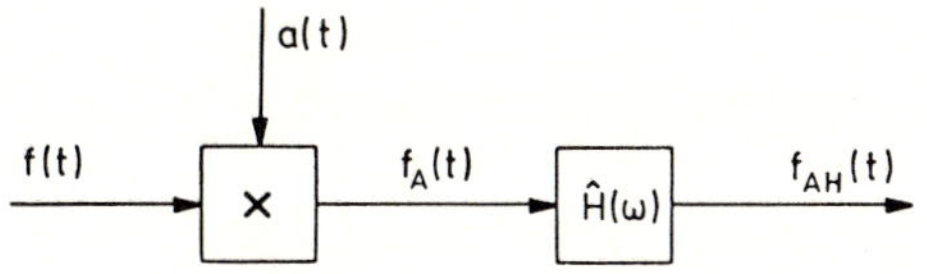

Bild A2.5: Aufspaltung des Abtast-Halte-Gliedes

Für die Fouriertransformierte $\hat{F}_A(\omega)$ läßt sich noch eine andere Darstellung finden, wenn man hierzu von (A2.64) ausgeht:

$$F_A(\omega) = \frac{1}{2\pi} \hat{A}(\omega) * \hat{F}(\omega) \quad .$$

Nach der Korrespondenz Nr.22 aus (A2.22) geht der "δ-Kamm" a(t) auch im Fourier-Bereich wieder in einen "δ-Kamm" über:

(A2.66)
$$\hat{F}_A(\omega) = \frac{\omega_o}{2\pi} \int_{-\infty}^{\infty} \sum_{k=-\infty}^{\infty} \hat{F}(\xi)\delta(\omega-k\omega_o-\xi)d\xi$$

$$\hat{F}_A(\omega) = \frac{\omega_o}{2\pi} \sum_{k=-\infty}^{\infty} \hat{F}(\omega-k\omega_o) \quad .$$

Hierin ist $\omega_o := 2\pi/T$ die Abkürzung für die Abtastkreisfrequenz. $\hat{F}_A(\omega)$ ist also periodisch in ω und entsteht durch fortgesetzte Verschiebung und Überlagerung von F(ω) (siehe Bild A2.6).

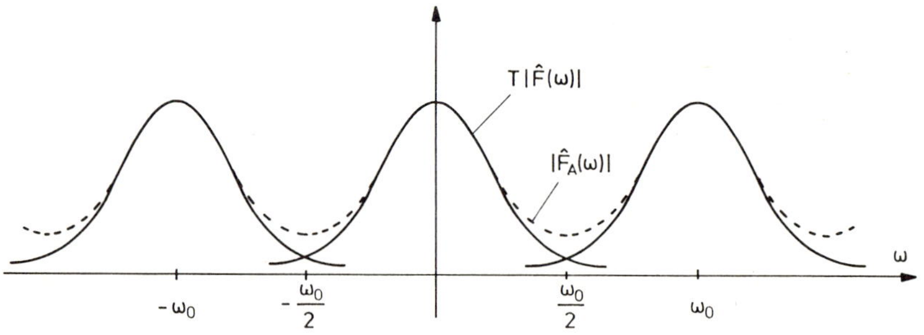

Bild A2.6: Spektrum der ursprünglichen und der abgetasteten Funktion

Nur für bandbegrenzte "Spektren" $\hat{F}(\omega)$ ($\hat{F}$ finit),

(A2.67)
$$\hat{F}(\omega) = 0 \quad \text{für } |\omega| \leq \omega_B \leq \frac{\omega_o}{2} \quad ,$$

ist es möglich, aus $\hat{F}_A(\omega)$ wieder die ursprüngliche Funktion $\hat{F}(\omega)$ zu rekonstruieren: Dann ist

(A2.68)
$$\hat{F}(\omega) = \begin{cases} \frac{2\pi}{\omega_o} \hat{F}_A(\omega) & \text{für } |\omega| \leq \frac{\omega_o}{2} \\ 0 & \text{sonst} \end{cases}$$

$$= \frac{2\pi}{\omega_o} \sigma\left[\frac{\omega_o}{2} - |\omega|\right] \hat{F}_A(\omega) \quad .$$

Wird diese Beziehung mit der Korrespondenz Nr.18 aus (A2.22) wieder in den Zeitbereich übertragen und $f_A(t)$ nach (A2.61) verwendet, entsteht das bekannte Abtasttheorem nach Shannon:

$$f(t) = \frac{\sin \frac{\omega_o t}{2}}{\frac{\omega_o t}{2}} * \sum_{k=-\infty}^{\infty} f(kT)\delta(t-kT)$$

(A2.69)
$$f(t) = \sum_{k=-\infty}^{\infty} f(kT) \frac{\sin \frac{\omega_o}{2}(t-kT)}{\frac{\omega_o}{2}(t-kT)} \quad .$$

Eine bandbegrenzte Funktion kann durch die Werte zu einzelnen Abtastzeitpunkten vollständig rekonstruiert werden. Die Abtastbedingung folgt aus der Voraussetzung (A2.67):

(A2.70)
$$\omega_o = \frac{2\pi}{T} \geq 2\omega_B \quad .$$

A2.3.2 Zusammenhänge zwischen Fourier- und diskreter Fouriertransformation sowie zwischen Laplace- und Z-Transformation

Sei f(t) eine zeitkontinuierliche Funktion, $f_D(k)$ die Folge der Abtastwerte

(A2.71)
$$f_D(k) := f(kT) \quad , \quad k \in \mathbb{Z}$$

und $f_A(t)$ die zeitkontinuierliche "abgetastete" Funktion, die als Reihe mit δ-Funktionen dargestellt wird (siehe (A2.61)):

(A2.72)
$$f_A(t) = \sum_{k=-\infty}^{\infty} f_D(k)\delta(t-kT) \quad .$$

Die Fourier-Transformierte von $f_A(t)$ ist nach (A2.58)

(A2.73)
$$\hat{F}_A(\omega) = \sum_{k=-\infty}^{\infty} f_D(k)e^{-j\omega kT} \quad .$$

Dies vergleichen wir mit der Z-Transformierten der Folge $f_D(k)$:

(A2.74)
$$\hat{F}_D(\varphi) = \sum_{k=-\infty}^{\infty} f_D(k)e^{-jk\varphi} \quad .$$

Offensichtlich entsteht durch die Setzung

(A2.75)
$$\varphi = \omega T$$

aus der Fourier-Transformierten der abgetasteten Funktion $f_A(t)$ die diskrete Fourier-Transformierte der Folge $f_D(k)$:

(A2.76) $$\hat{F}_D(\omega T) = \hat{F}_A(\omega) .$$

Mit (A2.66) läßt sich auch ein Zusammenhang zu der Fourier-Transformierten $\hat{F}(\omega)$ der ursprünglichen Zeitfunktion f(t) herstellen:

(A2.77) $$\hat{F}_D(\omega T) = \frac{1}{T} \sum_{k=-\infty}^{\infty} \hat{F}(\omega - \frac{2\pi k}{T})$$

Existiert die Laplace-Transformierte von $f_A(t)$

(A2.78) $$F_A(s) = \sum_{k=-\infty}^{\infty} f_A(k) e^{-skT}$$

und die Z-Transformierte von $f_D(k)$

(A2.79) $$F_D(z) = \sum_{k=-\infty}^{\infty} f_D(k) z^{-k} ,$$

so besteht zwischen ihnen mit der Setzung

(A2.80) $$z = e^{sT}$$
$$s = \frac{1}{T} \ln z$$

der Zusammenhang

(A2.81) $$F_A(s) = F_D(e^{sT})$$

bzw.

(A2.82) $$F_D(z) = F_A(\frac{1}{T} \ln z) .$$

Durch (A2.80) wird der Halbstreifen der s-Ebene $|\mathrm{Im}(s)| \leq \frac{\pi}{T}$, $\mathrm{Re}(s) < 0$ eindeutig auf das Innere des Einheitskreises der z-Ebene $|z| < 1$ abgebildet.

Tabelle (A2.83) stellt einen Zusammenhang zwischen den Laplace-Transformierten zeitkontinuierlicher Funktionen und den Z-Transformierten der zugehörigen Abtastfolgen dar.

(A2.83) Tabelle: Korrespondenzen der Laplace- und Z-Transformation

Abkürzungen: $\alpha := e^{-aT}$, $\beta := e^{-bT}$, $\varphi_o := \omega_o T$,

$a, b \in \mathbb{C}$; ω_o, $T \in \mathbb{R}$

Nr.	F(s)	f(t)	$f_D(k) = f(kT)$	$F_D(z)$
1	$\frac{1}{s}$	$\sigma(t) = 1_+$	1_+	$\frac{z}{z-1}$
2	$\frac{1}{s^2}$	t_+	kT_+	$\frac{Tz}{(z-1)^2}$
3	$\frac{1}{s^3}$	$\frac{1}{2} t_+^2$	$\frac{1}{2} (kT)_+^2$	$\frac{T^2 z(z+1)}{2(z-1)^3}$
4	$\frac{1}{s+a}$	e_+^{-at}	α_+^k	$\frac{z}{z-\alpha}$
5	$\frac{1}{(s+a)^2}$	te_+^{-at}	$kT\,\alpha_+^k$	$\frac{Tz\alpha}{(z-\alpha)^2}$
6	$\frac{\omega_o}{s^2+\omega_o^2}$	$\sin_+\omega_o t$	$\sin_+ k\varphi_o$	$\frac{z \sin\varphi_o}{z^2-2z\cos\varphi_o+1}$
7	$\frac{s}{s^2+\omega_o^2}$	$\cos_+\omega_o t$	$\cos_+ k\varphi_o$	$\frac{z(z-\cos\varphi_o)}{z^2-2z\cos\varphi_o+1}$
8	$\frac{\omega_o}{(s+a)^2+\omega_o^2}$	$e^{-at}\sin_+\omega_o t$	$\alpha^k \sin_+ k\varphi_o$	$\frac{z\alpha \sin\varphi_o}{z^2-2\alpha z\cos\varphi_o+\alpha^2}$
9	$\frac{s+a}{(s+a)^2+\omega_o^2}$	$e^{-at}\cos_+\omega_o t$	$\alpha^k \cos_+ k\varphi_o$	$\frac{z^2- \alpha z\cos\varphi_o}{z^2-2\alpha z\cos\varphi_o+\alpha^2}$
10	$\frac{b-a}{(s+a)(s+b)}$	$e_+^{-at}-e_+^{-bt}$	$\alpha_+^k - \beta_+^k$	$\frac{z(\alpha-\beta)}{(z-\alpha)(z-\beta)}$

A3 Hilfsmittel der Funktionalanalysis

A3.1 Einige Begriffe aus der Funktionalanalysis

Es werden hier nur sehr knapp einige Elemente der Funktionalanalysis dargestellt. Zum ausführlichen Studium seien z.B. LJUSTERNIK, SOBOLEW [A3.3], YOSIDA [A3.5], BRONSTEIN, SEMENDJAJEW [A3.1] genannt, die im folgenden nicht mehr explizit zitiert werden.

(A3.1) Definition (Metrischer Raum):

Eine Menge X wird zum metrischen Raum, wenn zwischen den Elementen ein reellwertiges Abstandsmaß ρ (Metrik) erklärt wird, das die folgenden Eigenschaften besitzt:

Für alle $x,y,z \in X$ gilt

(A3.2)
$$\rho(x,y) \geq 0 \quad \text{und} \quad \rho(x,y) = 0 \Leftrightarrow x = y \qquad \text{(Definitheit)},$$
$$\rho(x,y) = \rho(y,x) \qquad \text{(Symmetrie)} \; ,$$
$$\rho(x,z) \leq \rho(x,y) + \rho(y,z) \qquad \text{(Dreiecksungleichung)}.$$

■

(A3.3) Definition (Linearer Raum):

Eine Menge X heißt linearer Raum, wenn eine Addition und eine Skalarmultiplikation definiert sind. Bezüglich der Addition von Elementen aus X muß X eine Abelsche Gruppe sein: Kommutativität, Assoziativität, Existenz des Nullelementes, Existenz des inversen (negativen) Elementes zu jedem Element aus X. Für die Skalarmultiplikation zwischen reellen oder komplexen Zahlen α,β und Elementen x,y aus X muß gelten:

(A3.4)
$$\left.\begin{aligned} \alpha(x+y) &= \alpha x + \alpha y \\ (\alpha+\beta)x &= \alpha x + \beta x \end{aligned}\right\} \quad \text{(Distributivität)} \; ,$$
$$(\alpha\beta)x = \alpha(\beta x) \qquad \text{(Assoziativität der Multiplikation)} \; ,$$
$$1x = x \; .$$

Ist die Skalarmultiplikation mit den obigen Eigenschaften nur für $\alpha, \beta \in \mathbb{R}$ erklärt, sprechen wir auch genauer von einem reellen linearen Raum, bei $\alpha, \beta \in \mathbb{C}$ von einem komplexen linearen Raum. ∎

(A3.5) **Definition (Normierter linearer Raum):**

Ein linearer Raum X heißt normiert, wenn eine reellwertige Norm $||\cdot||$ definiert ist, mit der für jedes $x \in X$ gilt:

$$||x|| \geq 0 \quad \text{und} \quad ||x|| = 0 \Longleftrightarrow x = 0 \qquad \text{(Definitheit)},$$

(A3.6) $$||x+y|| \leq ||x|| + ||y|| \qquad \text{(Dreiecksungleichung)},$$

$$||\alpha x|| = |\alpha| \; ||x|| \qquad \text{(Homogenität)}. \quad ∎$$

Ein normierter Raum ist offensichtlich mit

$$\rho(x,y) := ||x-y||$$

auch ein metrischer Raum.

(A3.7) **Definition (Vollständigkeit):**

Ein metrischer Raum X heißt vollständig, wenn es zu jeder Cauchy-Folge $\{x_i\}$ einen Grenzwert x in X gibt, d.h.

$$\lim_{i,j\to\infty} \rho(x_i,x_j) = 0 \implies \lim_{i\to\infty} \rho(x,x_i) = 0 \quad .$$

X enthält alle seine Häufungspunkte. ∎

(A3.8) **Definition (Banachraum):**

Ein vollständiger normierter linearer Raum heißt Banachraum. ∎

(A3.9) **Bemerkung (Vervollständigung normierter Räume):**

Jeder normierte lineare Raum X kann zu einem Banachraum $\bar{X}$ vervollständigt werden, indem man X um seine Häufungspunkte erweitert. ∎

(A3.10) **Definition (Lipschitz-Stetigkeit, Kontraktivität):**

X sei ein metrischer Raum. Erfüllt ein Operator T auf X, T: X → X, die Bedingung

(A3.11) $$\rho(Tx,Ty) \leq \alpha\rho(x,y) \qquad \text{für alle } x,y \in X$$

mit einer Konstanten $\alpha > 0$ (Lipschitz-Konstante), so nennen wir T

Lipschitz-stetig auf X. Ist die kleinstmögliche Schranke $\alpha < 1$, heißt T zusätzlich kontraktiv. ■

(A3.12) Satz (Banachscher Fixpunktsatz):

Sei T ein kontraktiver Operator auf einem vollständigen metrischen Raum X. Dann hat die Gleichung

$$Tx = x \tag{A3.13}$$

genau eine Lösung ξ in X. Die Lösung ξ heißt Fixpunkt des Operators T. Die Rekursion

$$x_{n+1} := Tx_n \tag{A3.14}$$

konvergiert mit einem beliebigen Startwert $x_0 \in X$ gegen diese Lösung ξ. Dabei gilt die Fehlerabschätzung

$$\rho(x_n, \xi) \leq \frac{\alpha^n}{1-\alpha} \rho(x_0, x_1) \quad . \tag{A3.15}$$

■

Beweis:

Da T kontraktiv ist, gilt

$$\rho(x_n, x_{n+1}) = \rho(Tx_{n-1}, Tx_n) \leq \alpha\rho(x_{n-1}, x_n)$$

mit $\alpha < 1$. Durch Einsetzen der Rekursion (A3.14) gelangt man zu

$$\rho(x_n, x_{n+1}) \leq \alpha^n \rho(x_0, x_1) \quad .$$

Weiter gilt mit $m > n$ aufgrund der "Dreiecksungleichung":

$$\rho(x_n, x_m) \leq \sum_{k=n}^{m-1} \rho(x_k, x_{k+1}) \leq \rho(x_0, x_1) \sum_{k=n}^{m-1} \alpha^k$$

$$= \rho(x_0, x_1) \left[\sum_{k=0}^{m-1} \alpha^k - \sum_{k=0}^{n-1} \alpha^k \right] = \rho(x_0, x_1) \frac{\alpha^n - \alpha^m}{1-\alpha}$$

$$\Longrightarrow \rho(x_n, x_m) \leq \frac{\alpha^n}{1-\alpha} \rho(x_0, x_1) \quad .$$

Da $\alpha < 1$ ist, strebt $\rho(x_n, x_m)$ gegen 0 für $n \to \infty$. Damit ist $\{x_n\}$ Cauchy-Folge und konvergent. Weil der Raum X vollständig ist, liegt der Grenzwert in X:

$$\xi := \lim_{n\to\infty} x_n \, , \quad \xi \in X \quad .$$

Aus der letzten Abschätzung folgt mit

$$\rho(x_n,\xi) \leq \rho(x_n,x_m) + \rho(x_m,\xi)$$

und Grenzübergang $m\to\infty$ die Fehlerabschätzung (A3.15):

$$\rho(x_n,\xi) \leq \rho(x_o,x_1) \frac{\alpha^n}{1-\alpha} \quad .$$

Zu zeigen ist noch, daß ξ Lösung von (A3.13) ist:

$$\rho(\xi,T\xi) \leq \rho(x_n,\xi) + \rho(x_n,T\xi) = \rho(x_n,\xi) + \rho(Tx_{n-1},T\xi)$$

$$\Longrightarrow \rho(\xi,T\xi) \leq \rho(x_n,\xi) + \alpha\rho(x_{n-1},\xi) \quad .$$

Die beiden Terme der rechten Seite werden wegen (A3.15) beliebig klein, daher kann die letzte Ungleichung nur gelten, wenn

$$\rho(\xi,T\xi) = 0 \Longleftrightarrow \xi = T\xi \quad .$$

Die Lösung ξ ist die einzige Lösung von (A3.13). Nehmen wir an, es gäbe zwei Lösungen $\xi_1 \neq \xi_2$, so führt

$$0 < \rho(\xi_1,\xi_2) = \rho(T\xi_1,T\xi_2) \leq \alpha\rho(\xi_1,\xi_2) < \rho(\xi_1,\xi_2)$$

sofort zum Widerspruch. ■

(A3.16) Definition (Linearer Operator):

Ein Operator T auf einem reellen bzw. komplexen linearen Raum X heißt linear, wenn für beliebige Elemente $x,y \in X$ und beliebige reelle bzw. komplexe Zahlen α,β gilt:

(A3.17) $$T(\alpha x + \beta y) = \alpha Tx + \beta Ty \quad .$$ ■

(A3.18) Definition (Beschränkte Operatoren, Operatornorm):

Ein Operator T auf einem normierten Raum X heißt beschränkt, wenn eine Schranke $C \in \mathbb{R}$ existiert, so daß für alle $x \in X$ gilt

(A3.19) $$||Tx|| \leq C \, ||x|| \quad .$$

Die kleinste derartige Schranke heißt Operatornorm und wird mit $||T||$ bezeichnet:

(A3.20) $$||Tx|| \leq ||T|| \, ||x|| \quad .$$

Die Norm läßt sich durch

$$\text{(A3.21)} \qquad ||T|| = \sup_{\substack{x \in X \\ x \neq 0}} \frac{||Tx||}{||x||}$$

bestimmen, wenn TO = 0 ist. ■

Wir beachten, daß die so definierte Operatornorm gemäß der Definition (A3.5) die Dreiecksungleichung erfüllt und definit und homogen ist. In der Literatur wird die Operatornorm nur für lineare Operatoren eingeführt. Hier soll von dem Begriff auch für nichtlineare Operatoren Gebrauch gemacht werden.

Ein beschränkter linearer Operator ist auch Lipschitz-stetig (siehe Definition (A3.10)).

A3.2 Spezielle Funktionenräume

(A3.22) <u>Die Funktionenräume L_p</u>

Mit $L_p(G)$ bezeichnen wir den Raum der in der p-ten Potenz ($1 \leq p < \infty$) über dem Gebiet G absolut (Lebesgue-) integrierbaren Funktionen f. Mit reellwertigen Funktionen f haben wir einen reellen linearen Raum, mit komplexwertigen einen komplexen linearen Raum. Durch

$$\text{(A3.23)} \qquad ||f||_p := \left[\int_G |f(t)|^p \, dt \right]^{\frac{1}{p}}$$

wird der Raum $L_p(G)$ normiert.

$L_\infty(G)$ ist der Raum der überall in G beschränkten Funktionen. Die Norm wird durch

$$\text{(A3.24)} \qquad ||f||_\infty := \sup_{t \in G} |f(t)|$$

angegeben.

Die Folgen $\{f_i\}$, $i \in I$ (I Indexmenge), welche in der p-ten Potenz absolut summierbar sind (die Reihe konvergiert absolut), bilden den Raum $L_p(I)$. Wir können uns Folgen auch als Funktionen denken, die nur an diskreten Stellen definiert sind: f(i), $i \in I$. Die Norm im Raum $L_p(I)$ ($1 \leq p < \infty$) wird durch

(A3.25) $$||f||_p := \left[\sum_{i \in I} |f(i)|^p \right]^{\frac{1}{p}}$$

definiert. Entsprechend ist $L_\infty(I)$ der Raum der beschränkten Folgen mit der Norm

(A3.26) $$||f||_\infty := \sup_{i \in I} |f(i)| \quad .$$

Wegen der sehr ähnlichen Beziehungen in den Räumen $L_p(G)$ und $L_p(I)$ ist für beide Typen die gleiche Bezeichnungsweise gewählt worden. Wird die Angabe des Gebiets G oder der Indexmenge I fortgelassen, meinen wir ein mit G ein rechtsseitig unbeschränktes Intervall $[t_o, \infty)$, z.B. $\mathbb{R}^+$, mit I eine Menge von ganzen Zahlen $\{i \mid i \geq i_o\}$, z.B. $\mathbb{N}$.

Mit Hilfe des Lebesgue-Stieltjes-Integrals können (A3.23) und (A3.25) auch gemeinsam als

(A3.27) $$||f||_p = \int_{-\infty}^{\infty} |f(t)| d\mu(t)$$

geschrieben werden. Dann ist für den Fall $L_p(G)$ das Maß $d\mu(t) = dt$ für $t \in G$, sonst null. Für $L_p(I)$ ist $\mu(t)$ eine Treppenfunktion mit Sprüngen um 1 an den Stellen $t = i \in I$.

Die Räume L_p sind vollständig, also Banachräume. ■

Die Diracsche δ-Funktion gehört nicht zum Raum $L_1(G)$, obwohl man sie gewöhnlich durch die folgenden Eigenschaften charakterisiert:

(A3.28)
$$\delta(t) = 0 \quad \text{für} \quad t \neq 0 \quad ,$$
$$\int_{-\infty}^{\infty} \delta(t) dt = 1 \quad .$$

Es gibt jedoch keine (gewöhnliche) Funktion, die diese Eigenschaften besitzt (auch nicht im Sinne der Lebesgue-Integrierbarkeit des Raumes L_1).

Das Integral in (A3.28) kann nur im Sinne verallgemeinerter Funktionen (Distributionen) interpretiert werden. Es macht jedoch keine Mühe, den Raum $L_1(G)$ um die wichtigen δ-"Funktionen" zu erweitern:

(A3.29) Der Funktionenraum $\bar{L}_1(G)$

Funktionen der Art

$$f(t) = f_o(t) + \sum_k D_k \delta(t - T_k) \quad ,$$

wobei $f_o \in L_1(G)$ und $T_k \in G$ ist sowie die Reihe der D_k absolut konvergiert, bilden den Raum $\bar{L}_1(G)$. Er wird durch

$$\text{(A3.30)} \qquad ||f||_1 := ||f_o||_1 + \sum_k |D_k|$$

normiert, wobei alle T_k als verschieden vorausgesetzt werden. Machen wir von einem verallgemeinerten Integralbegriff Gebrauch, dürfen wir auch direkt

$$\text{(A3.31)} \qquad ||f||_1 = \int_G |f(t)|dt$$

schreiben. Ist h eine Stammfunktion von f, also $h' = f$ (wobei bei der Ableitung an Sprungstellen von h entsprechend der Regel $\sigma' = \delta$ (σ Sprungfunktion) verfahren wird), läßt sich die Norm (A3.31) umschreiben:

$$\int_G |f(t)|dt = \sum_k \left| \int_{t_k}^{t_{k+1}} f(t)\, dt \right| = \sum_k |h(t_{k+1}) - h(t_k)| \quad .$$

Hierbei sind die $t_k \in G$ die Stellen, an denen f(t) das Vorzeichen wechselt. Die rechts entstandene Summe heißt Totalvariation von h auf G und wird mit V(h) bezeichnet:

$$\text{(A3.32)} \qquad ||f||_1 = V(h) \quad .$$

Funktionen des $\bar{L}_1(G)$ und damit auch Funktionen des $L_1(G)$ haben Stammfunktionen beschränkter Totalvariation. ■

(A3.33) <u>Die Funktionenräume L_p^n</u>

Die Räume L_p^n werden durch n-dimensionale Vektorfunktionen

$$\underline{f} = [f_1, f_2, \ldots, f_n]^T$$

gebildet, wobei die Elemente f_i Funktionen aus L_p sind. Es gibt unterschiedliche Möglichkeiten, hier eine Norm einzuführen. Wir wählen für $1 \leq p < \infty$

$$\text{(A3.34)} \qquad ||\underline{f}||_p := \left[\sum_{i=1}^{n} ||f_i||_p^p \right]^{\frac{1}{p}} \quad .$$

Für $p = \infty$ gilt entsprechend

$$\text{(A3.35)} \qquad ||\underline{f}||_\infty := \max_{i=1,\ldots,n} ||f_i||_\infty \quad .$$

Hier läßt sich aber mit Vorteil auch die veränderte Normierung

(A3.36) $$||\underline{f}||'_\infty := \sum_{i=1}^{n} ||f_i||_\infty$$

verwenden. ■

(A3.37) **Die Funktionenräume L^n_{pe}**

Die Räume L^n_{pe} sind Erweiterungen der Räume L^n_p $(1 \leq p \leq \infty)$, welche auf folgende Weise entstehen (die Räume L_p, L_{pe} sind mit n = 1 eingeschlossen):

Wir definieren zu jeder Funktion $\underline{f}$ eine abgeschnittene Funktion $\underline{f}_t$:

(A3.38) $$\underline{f}_t(\tau) := \begin{cases} \underline{f}(\tau) & \text{für } \tau \leq t \\ 0 & \text{für } \tau > t \end{cases} .$$

Eine Funktion $\underline{f}$ gehört genau dann zum Raum L^n_{pe}, wenn die abgeschnittenen Funktionen $\underline{f}_t$ für alle t Elemente von L^n_p sind. Dabei muß der Grenzwert von $||\underline{f}_t||_p$ für $t \to \infty$ nicht unbedingt existieren. Dementsprechend ist L^n_{pe} kein normierter Raum. Gilt aber für ein $\underline{f} \in L^n_{pe}$

(A3.39) $$||\underline{f}_t||_p < C \quad \text{für alle } t ,$$

so folgt $\underline{f} \in L^n_p$ mit

(A3.40) $$||\underline{f}||_p < C .$$ ■

Unter der "Potenz" $\underline{f}^r$ einer Vektorfunktion $\underline{f} = [f_1, f_2, \ldots, f_n]^T$ verstehen wir hier den Ausdruck

(A3.41) $$\underline{f}^r := [|f_1|^r, |f_2|^r \ldots, |f_n|^r] .$$

Mit $\underline{f}^2$ meinen wir hier also ausnahmsweise nicht das Skalarprodukt $\underline{f}^T\underline{f}$. Damit können wir einen Zusammenhang der Normen verschiedener L^n_p-Räume darstellen:

(A3.42) $$||\underline{f}||^r_{p\cdot r} = ||\underline{f}^r||_p , \qquad 1 \leq p \leq \infty,\ 0 < r < \infty .$$

Speziell für p = 2 gilt auch

(A3.43) $$||\underline{f}||^2_2 = ||\underline{f}^*\underline{f}||_1 .$$

Der Stern bedeutet die Transposition und gleichzeitige komplexe Konjugation.

(A3.44) **Satz (Höldersche Ungleichung):**

Sei $\underline{f} \in L_p^n$, $\underline{g} \in L_q^n$ mit $1 \leq p,q \leq \infty$ und $1/p + 1/q = 1$. Dann ist die Funktion $\underline{f}^T\underline{g}$ aus L_1 und es gilt die Abschätzung

(A3.45) $$||\underline{f}^T \underline{g}||_1 \leq ||\underline{f}||_p ||\underline{g}||_q \quad .$$

Als Spezialfall ergibt sich mit $p = q = 2$ die sogenannte Cauchy-Schwarzsche Ungleichung. ■

Diese Aussage läßt sich in einer gewissen Weise umkehren:

(A3.46) **Satz (Umkehrung der Hölderschen Aussage):**

$\underline{f}$ sei eine n-dimensionale Funktion, die so beschaffen ist, daß mit $1 \leq q \leq \infty$ für alle $\underline{g} \in L_p^n$ gilt $\underline{f}^T\underline{g} \in L_1$, und daß die Ungleichung

(A3.47) $$||\underline{f}^T \underline{g}||_1 \leq F||\underline{g}||_q$$

mit einer Konstanten $F \geq 0$ für alle $\underline{g} \in L_q^n$ erfüllt ist. Dann ist $\underline{f}$ Element aus L_p^n mit $1/p + 1/q = 1$ und es gilt

(A3.48) $$||\underline{f}||_p \leq F \quad .$$ ■

Dieser Satz besagt, daß die Höldersche Ungleichung (A3.45) bei fest gewähltem $\underline{f}$ und beliebigem $\underline{g}$ die kleinstmögliche Abschätzung ist: Nehmen wir an, es gäbe eine bessere Abschätzung als (A3.45) in der Form der Abschätzung (A3.47) mit einem $F < ||\underline{f}||_p$, so führt (A3.48) sofort zum Widerspruch.

Beweis von Satz (A3.44):

Der Fall $p = \infty$, $q = 1$ (und umgekehrt) wird zunächst ausgenommen. Die Funktion

$$H(x,y) := \frac{x^p}{p} + \frac{y^q}{q} - xy \quad \text{mit} \quad \frac{1}{p} + \frac{1}{q} = 1; \quad x,y > 0 \;;$$

ist null für

$$y = x^{p-1} \Longleftrightarrow x = y^{q-1} \qquad ,$$

wie man durch Einsetzen nachweist. Wir prüfen das Vorzeichen von H für beliebige Werte $x,y > 0$. Dazu schreiben wir H als Integral seiner Ableitung:

$$H(x,y) = H(x,x^{p-1}) + \int_{x^{p-1}}^{y} \frac{\partial}{\partial\eta} H(x,\eta)d\eta$$

$$= 0 + \int_{x^{p-1}}^{y} (\eta^{q-1} - x)d\eta \quad .$$

Ist $y > x^{p-1}$, also $y^{q-1} > x$, so ist auch $\eta^{q-1} \geq x$; für $y < x^{p-1}$ muß $\eta^{q-1} \leq x$ gelten. Das Integral ist in beiden Fällen positiv und damit auch $H(x,y)$. Setzen wir nun

$$x = \frac{|f_i(t)|}{||\underline{f}||_p} , \qquad y = \frac{|g_i(t)|}{||\underline{g}||_q}$$

und verwenden die Nicht-Negativität von $H(x,y)$, ergibt sich

$$\frac{|f_i(t)|^p}{p||\underline{f}||_p^p} + \frac{|g_i(t)|^q}{q||\underline{g}||_q^q} \geq \frac{|f_i(t)|}{||\underline{f}||_p} \frac{|g_i(t)|}{||\underline{g}||_q} \quad .$$

Die Summation über den Index i der Vektorkomponenten und die Summation über den Folgenindex t im Falle zeitdiskreter Funktionen bzw. Integration über t im Falle zeitkontinuierlicher Funktionen läßt in den Zählern der Brüche der linken Ungleichungsseite die Terme $||\underline{f}||_p^p$ und $||\underline{g}||_q^p$ entstehen, die sich dann wegkürzen. Rechts ergibt sich die L_1-Norm von $\underline{f}^T\underline{g}$:

$$\frac{1}{p} + \frac{1}{q} = 1 \geq \frac{||\underline{f}^T\underline{g}||_1}{||\underline{f}||_p||\underline{g}||_q} \quad .$$

Damit ist Satz (A3.44) für $1 < p, q < \infty$ bewiesen. Der Beweis für $p = \infty$, $q = 1$ geht sehr schnell: Da

$$|f_i(t)g_i(t)| \leq ||\underline{f}||_\infty \; |g_i(t)|$$

folgt sofort nach (A3.6) mit $\alpha := ||\underline{f}||_\infty$

$$||\underline{f}^T\underline{g}||_1 = \sum_{i=1}^{n} ||f_i g_i||_1 \leq \sum_{i=1}^{n} ||\alpha g_i||_1$$

$$= \alpha \sum_{i=1}^{\infty} ||g_i||_1 = ||\underline{f}||_\infty \; ||\underline{g}||_1 \quad .$$

■

Beweis von Satz (A3.46):

Wir führen einen Widerspruchsbeweis, indem wir annehmen, daß $\underline{f}$ die Voraussetzung (A3.47) mit einer Konstanten F erfüllt, aber entgegen der Aussage des Satzes nicht zu L_p^n gehört, oder daß gilt $||\underline{f}||_p > F$. Dann muß es eine Konstante K geben, so daß für die "abgeschnittene" Funktion $\underline{f}_K \in L_p^n$, die wir durch

$$f_{Ki}(t) \quad := \quad \begin{cases} f_i(t), \text{ wenn } |t| < K \ \underline{\text{und}}\ |f_i(t)| < K \\ 0 \qquad \text{sonst} \end{cases}$$

komponentenweise definieren, gilt $||\underline{f}_K||_p > F$. Von dieser Stelle an müssen wir den Fall $p = \infty$, $q = 1$ zunächst ausnehmen. Setzen wir

$$g_{Ki}(t) \quad := \quad |f_{Ki}(t)|^{p-1}\, e^{-j\arg[f_{Ki}(t)]}$$

ist sichergestellt, daß $\underline{g}_K$ Element von L_q^n ist, weshalb nach Voraussetzung

$$||\underline{f}_K^T\, \underline{g}_K||_1 \quad = \quad ||\underline{f}^T\, \underline{g}_K||_1 \leq F\, ||\underline{g}_K||_q$$

ist. Die rechte Gleichung folgt aus der Eigenschaft

$$f_{Ki}(t)g_{Ki}(t) \quad = \quad f_i(t)g_{Ki}(t) \quad .$$

Wir setzen $\underline{g}_K$ ein und erhalten unter Verwendung der Schreibweise nach (A3.41)

$$||\underline{f}_K^p||_1 \leq F\, ||\underline{f}_K^{p-1}||_1 \quad .$$

Mit (A3.42) wird daraus

$$||\underline{f}_K||_p^p \leq F\, ||\underline{f}_K||_{q(p-1)}^{p-1} \quad = \quad F||\underline{f}_K||_p^{p-1} \qquad ,$$

wobei $1 = 1/p + 1/q$ berücksichtigt wurde. Nach Division durch $||\underline{f}_K||_p^{p-1} \neq 0$ folgt

$$||\underline{f}_K||_p \leq F$$

als Widerspruch zu der Annahme $||\underline{f}_K||_p > F$. Damit muß $\underline{f} \in L_p^n$ sein und $||\underline{f}||_p \leq F$ gelten $(1 \leq p < \infty)$.

Im Fall $p = \infty$, $q = 1$ setzen wir

$$g_{Ki}(t) \quad := \quad \begin{cases} e^{-j\arg[f_{Ki}(t)]} \qquad \text{wenn } |f_{Ki}(t)| > F \\ 0 \qquad \text{sonst} \end{cases} \qquad ,$$

so daß $\underline{g}_K \in L_1$ und $\underline{g}_K \neq \underline{0}$ sichergestellt ist, da für $p = \infty$ $K > F$ ist. Für $g_{Ki}(t) \neq 0$ gilt nach obiger Definition von $g_{Ki}(t)$

$$F|g_{Ki}(t)| < f_{Ki}(t)g_{Ki}(t) = f_i(t)g_{Ki}(t) \quad ;$$

daher folgt zusammen mit der Voraussetzung (A3.47)

$$F||\underline{g}_K||_1 < ||\underline{f}^T\underline{g}_K||_1 \leq F\ ||\underline{g}_K||_1 \quad .$$

Daraus ergibt sich der Widerspruch $F < F$; folglich ist $\underline{f} \in L_\infty^n$ und $||\underline{f}||_\infty \leq F$. ■

A3.3 Faltungsoperatoren

(A3.49) Definition (Translations- oder Zeitinvarianz)

Ein Operator $\underline{S}$ auf L_p^n heißt translationsinvariant oder zeitinvariant, wenn mit dem Verschiebungsoperator q_τ

(A3.50) $$(q_\tau\underline{f})(t) := \underline{f}(t-\tau)$$

aus

$$\underline{y} = \underline{S}\ \underline{u}$$

für alle τ folgt

(A3.51) $$q_\tau\underline{y} = \underline{S}(q_\tau\underline{u}) \quad .$$ ■

Eine um τ verschobene Eingangsfunktion darf nur eine um τ verschobene Ausgangsfunktion verursachen.

(A3.52) Definition (Kausalität):

Ein Operator $\underline{S}$ auf L_p^n heißt kausal, wenn mit der in (A3.38) eingeführten "Abschneideoperation" $(\cdot)_t$ gilt:

(A3.53) $$[\underline{S}\ \underline{f}]_t = [\underline{S}(\underline{f}_t)]_t \qquad \text{für alle } \underline{f} \in L_p^n \text{ und alle } t \; .$$ ■

Bei einem kausalen System darf also der momentane Wert am Ausgang nur vom momentanen Wert am Eingang und von dessen Vorgeschichte abhängen, nicht jedoch vom zukünftigen Verlauf der Eingangsgröße. Dies ist bei technischen Systemen immer gewährleistet. Es ist aber möglich, im Digitalrechner auch nichtkausale Systeme (Filter) zu realisieren, wenn alle Daten bereits vorliegen.

(A3.54) Faltung

Die durch einen linearen zeitinvarianten Operator S auf L_p vermittelte Abbildung kann als Faltung mit einer Gewichtsfunktion bzw. -folge s geschrieben werden:

(A3.55) $$y = S\,u = s*u$$

oder ausführlich

(A3.56) $$(s*u)(t) = \int_{-\infty}^{\infty} s(t-\tau)u(\tau)d\tau$$

bzw.

(A3.57) $$(s*u)(k) = \sum_{i=-\infty}^{\infty} s(k-i)u(k) \quad .$$

Zu einem linearen zeitinvarianten Operator $\underline{S}$ auf L_p^n gehört eine nxn Gewichtsfunktionsmatrix $\underline{s}$. Damit kann komponentenweise

(A3.58) $$y_i = s_{ij} * u_j$$

geschrieben werden.

Ist der Operator $\underline{S}$ kausal, gilt für seine Gewichtsfunktion bzw. -folge

(A3.59) $$\underline{s}(t) = \underline{0} \quad \text{für} \quad t < 0 \quad .$$ ■

Es soll nicht diskutiert werden, welche Struktur die Gewichtsfunktion besitzt (zu welchem Funktionenraum sie gehört), wenn S ein Operator auf L_p ist. Über die umgekehrte Fragestellung gibt der folgende Satz Auskunft, den wir ohne Beweis aus SCHWARTZ [A3.4], S. 151, zitieren:

(A3.60) Satz (Abschätzung von Faltungsprodukten):

Sei $f \in L_p$, $g \in L_q$ mit $1/p + 1/q = 1 + 1/r$, $1 \leq p, q, r \leq \infty$. Dann existiert das Faltungsprodukt zwischen f und g (siehe (A2.13) bzw. (A2.45)) im Raum L_r und es gilt die Abschätzung

(A3.61) $$||f*g||_r \leq ||f||_p ||g||_q \quad .$$

Im Fall $p = 1$, $r = q$ gilt die Aussage auch für $f \in \bar{L}_1(\mathbb{R})$. Im Fall $r = \infty$, $1/p + 1/q = 1$ ist (A3.61) für ein festes f und beliebiges g die kleinstmögliche Abschätzung. ■

Beweis für r = ∞:

Der Spezialfall $r = \infty$, $1/p + 1/q = 1$ läßt sich aus dem Satz (A3.44) über die Höldersche Ungleichung ableiten:

$$|(f*g)(t)| = \left| \int_{-\infty}^{\infty} f(t-\tau)g(\tau)d\tau \right| \leq \int_{-\infty}^{\infty} |f(t-\tau)g(\tau)|d\tau$$

$$= ||f(t-\tau)g(\tau)||_1 \leq ||f(t-\tau)||_p ||g(\tau)||_q = ||f||_p ||g||_q \; .$$

Die Ungleichung gilt für alle t. Daher folgt

$$||f*g||_\infty \leq ||f||_p ||g||_q \quad .$$

Für zeitdiskrete Funktionen steht oben statt des Integrals eine Summe. ■

(A3.62) Bemerkung:

Mit dem Satz (A3.60) gelangt man zu folgender Aussage: Der durch eine Gewichtsfunktion $s \in L_1$ definierte Operator S,

(A3.63) $$Su := s*u \quad ,$$

besitzt als Schranke seiner Operatornorm die Abschätzung

(A3.64) $$||S||_r \leq ||s||_1$$

in jedem Raum L_r, $1 \leq r \leq \infty$. Nur im Raum L_∞ gilt die Gleichheit

(A3.65) $$||S||_\infty = ||s||_1 \quad .$$

Die Abschätzung (A3.64) erhalten wir aus (A3.61), indem wir $f = s$, $g = u$ und $q = r$ setzen. Dann ist $p = 1$ und wir erhalten nach Division durch $||u||_r$ die Ungleichung

$$\frac{||s*u||_r}{||u||_r} \leq ||s||_1 \quad ,$$

welche für beliebige s und u gültig ist. Da andererseits

$$||S||_r = \sup_u \frac{||s*u||_r}{||u||_r}$$

gilt, folgt die Abschätzung (A3.64). ■

A3.4 Matrixnormen

Als Literatur zu diesem Abschnitt ist insbesondere ZURMÜHL [A3.6] zu nennen.

(A3.66) **Normen im Vektorraum $\mathbb{C}^n$**

Der Raum $\mathbb{C}^n$ besteht aus n-dimensionalen komplexen Vektoren

(A3.67) $$\underline{x} = [x_1, x_2, \ldots, x_n]^T \quad , \qquad x_i \in \mathbb{C} \quad .$$

Der Vektorraum $\mathbb{C}^n$ kann auf unterschiedliche Weise normiert werden; z.B. kann auch hier eine Höldersche Norm

(A3.68) $$||\underline{x}||_p := \left[\sum_{i=1}^{n} |x_i|^p \right]^{\frac{1}{p}} \quad , \qquad p \leq 1 < \infty$$

bzw.

(A3.69) $$||\underline{x}||_\infty := \max_i |x_i|$$

eingeführt werden. Für p = 2 entsteht die bekannte Euklidische Vektornorm, die in anderen Kapiteln auch mit dem Zeichen $||\cdot||_{\mathbb{R}^n}$ benannt wurde. Bei Verwechselungsgefahr mit den Normen der Funktionenräume L_p wollen wir bei der häufiger auftretenden Euklidischen Vektornorm von der Bezeichnungsweise

(A3.70) $$E(\underline{x}) := ||\underline{x}||_2 = \sqrt{\underline{x}^* \underline{x}} = \sqrt{|x_1|^2 + \ldots + |x_n|^2}$$

Gebrauch machen. ■

Die Operation $(\cdot)^*$ bedeutet gleichzeitige Transposition und komplexe Konjugation der Elemente eines Vektors oder einer Matrix.

(A3.71) **Eigenwerte einer Matrix**

Die Lösungen $\lambda = \lambda_i$ der charakteristischen Gleichung

(A3.72) $$\det[\lambda \underline{E} - \underline{A}] = 0$$

der quadratischen komplexen Matrix $\underline{A}$ heißen Eigenwerte von $\underline{A}$. $\underline{E}$ ist die Einheitsmatrix. Die Menge der Eigenwerte

(A3.73) $$\Sigma(\underline{A}) := \{\lambda_i\}$$

heißt Spektrum von $\underline{A}$. Der betragsmäßig größte Eigenwert gibt den spektralen Radius

(A3.74) $$\rho_\Sigma(\underline{A}) := \max_i |\lambda_i|$$

an. ■

(A3.75) Numerischer Bereich einer Matrix

Die Menge

(A3.76) $$R(\underline{A}) := \left\{ \frac{\underline{x}^* \underline{A}\, \underline{x}}{\underline{x}\, \underline{x}} \;\middle|\; \underline{x} \in \mathbb{C}^n \right\}$$

heißt numerischer Bereich oder Wertebereich der Matrix $\underline{A}$. Der Quotient in (A3.76) hat den Namen Rayleigh-Quotient. Die Schranke

(A3.77) $$\rho_R(\underline{A}) := \max\{|w| \,|\, w \in R(\underline{A})\}$$

der Menge $R(\underline{A})$ heißt numerischer Radius. ■

(A3.78) Normen einer Matrix

Quadratische Matrizen aus $\mathbb{C}^{n\times n}$ bilden ähnlich wie Vektoren einen n^2-dimensionalen Raum. Auch hier können Höldersche Normen der Art

(A3.79) $$||\underline{A}||_p := \left[\sum_{i,j} |A_{ij}|^p \right]^{\frac{1}{p}} , \qquad p \leq 1 < \infty$$

bzw.

(A3.80) $$||\underline{A}||_\infty := \max_i |A_{ij}|$$

eingeführt werden. Mit p = 2 entsteht die Euklidische Matrixnorm, die wir auch mit

(A3.81) $$E(\underline{A}) := ||\underline{A}||_2 = \sqrt{A_{11}^2 + A_{12}^2 + \dots + A_{21}^2 + \dots + A_{nn}^2}$$

bezeichnen. ■

(A3.82) Operatornormen auf $\mathbb{C}^n$

Quadratische Matrizen sind nicht nur Anordnung von n^2 Elementen, sondern sie vermitteln auch lineare Abbildungen von Vektoren aus $\mathbb{C}^n$ in $\mathbb{C}^n$,

(A3.83) $$\underline{y} = \underline{A}\,\underline{x} \;.$$

Dementsprechend kann für $\underline{A}$ die Operatornorm untersucht werden (siehe (A3.18)), die sich aus der für $\underline{x}$ gewählten Vektornorm durch

(A3.84) $$||\underline{A}|| = \sup_{\underline{x}} \frac{||\underline{A}\ \underline{x}||}{||\underline{x}||}$$

ergibt. Man bezeichnet diese Matrixnormen im Sinne der Norm eines Operators auch als lub-Normen (least upper bound). ■

(A3.85) Hilbert-Matrixnorm

Die zur Euklidischen Vektornorm $E(\underline{x}) = ||\underline{x}||_2$ gehörende Operatornorm ist nicht die Euklidische Matrixnorm. Vielmehr ergibt sich aus (A3.84)

$$||\underline{A}||^2 = \sup_{\underline{x}} \frac{E^2(\underline{A}\ \underline{x})}{E^2(\underline{x})} = \sup_{\underline{x}} \frac{\underline{x}^*\underline{A}^*\underline{A}\ \underline{x}}{\underline{x}^*\underline{x}} = \rho_R(\underline{A}^*\underline{A}) \ .$$

Die zur Euklidischen Vektornorm gehörende Operatornorm von $\underline{A}$ ergibt sich also aus dem numerischen Radius der Matrix $\underline{A}^*\underline{A}$ und trägt den Namen Spektral- oder Hilbertnorm:

(A3.86) $$H^2(\underline{A}) := \rho_R(\underline{A}^*\underline{A}) \ .$$

Zur Euklidischen Matrixnorm besteht der Zusammenhang

(A3.87) $$\frac{1}{\sqrt{n}} E(\underline{A}) \leq H(\underline{A}) \leq E(\underline{A}) \ ,$$

der somit als Abschätzung der Hilbertnorm verwendet werden kann. ■

(A3.88) Zeilen-Matrixnorm

Die zur Vektornorm $||\underline{x}||_\infty$ gehörende Operatornorm von $\underline{A}$ ist die Zeilennorm

$$Z(\underline{A}) := \max_i \sum_j |A_{ij}| \ .$$ ■

(A3.89) Spalten-Matrixnorm

Zur Vektornorm $||\underline{x}||_1$ gehört als Operatornorm

$$S(\underline{A}) := \max_j \sum_i |A_{ij}| \ .$$ ■

(A3.90) Zusammenhang zwischen Eigenwerten, numerischem Bereich und Norm einer Matrix

Für eine beliebige quadratische Matrix $\underline{A}$ gilt

(A3.91) $\Sigma(\underline{A}) \subset R(\underline{A})$

und

(A3.92) $\rho_\Sigma(\underline{A}) \leq \rho_R(\underline{A}) \leq H(\underline{A}) \leq E(\underline{A})$.

Für eine normale Matrix $\underline{A}$ gilt

(A3.93) $\Sigma(\underline{A}^*\underline{A}) = \{|\lambda|^2 \mid \lambda \in \Sigma(\underline{A})\}$

und

(A3.94) $\rho_\Sigma(\underline{A}) = \rho_R(\underline{A}) = H(\underline{A})$. ■

Normale Matrizen sind Matrizen, die der Gleichung $\underline{A}^*\underline{A} = \underline{A}\,\underline{A}^*$ genügen.

(A3.95) Satz von Gerschgorin (Abschätzung der Eigenwerte einer Matrix):

Die Eigenwerte λ_k der Matrix $\underline{A} = (A_{ij})$ liegen im Gebiet G der komplexen Ebene, welches aus Kreisen $K(A_{ii}, r_i)$ mit Mittelpunkten A_{ii} und Radien

$$r_i = \sum_{\substack{j=1\\ j\neq i}}^{n} |A_{ij}|$$

gebildet wird, die gleich den Zeilensummen der Beträge der Nichtdiagonalelemente sind:

$$\lambda_k \in G := \bigcup_{i=1}^{n} K(A_{ii}, r_i) \quad .$$

Die gleiche Aussage gilt für das Gebiet G', welches aus Kreisen $K(A_{ii}, r_i')$ mit den Radien

$$r_i' = \sum_{\substack{j=1\\ j\neq i}}^{n} |A_{ji}|$$

entsteht, die gleich den Spaltensummen der Beträge der Nichtdiagonalelemente sind:

$$\lambda_k \in G' := \bigcup_{i=1}^{n} K(A_{ii}, r_i') \quad .$$

Offensichtlich kann man die Lage der Eigenwerte durch den Schnitt der Mengen G, G' weiter eingrenzen:

$$\lambda_k \in G \cap G' \quad .$$

Bilden m Kreise $K(A_{ii}, r_i)$ bzw. $K(A_{ii}, r_i')$ ein zusammenhängendes Gebiet H, welches disjunkt zu allen anderen Kreisen ist, liegen genau m Eigenwerte in H. ■

Auf den Beweis dieses Satzes wird aus Platzgründen verzichtet.

(A3.96) Satz (Abschätzung der Hilbertnorm einer Matrix):

Erfüllen die Elemente einer quadratischen Matrix $\underline{A}$ die Bedingung

$$\sum_{j=1}^{n} \max\left[|A_{ij}|,\ |A_{ji}|\right] \leq a$$

für alle i mit einer Konstanten $a \geq 0$, so gilt für die Hilbertnorm

$$H(\underline{A}) \leq a \quad .$$ ■

Beweis:

Wir bilden mit den Elementen A_{ij} der Matrix $\underline{A}$ eine symmetrische, reelle Matrix $\underline{B}$ mit

$$B_{ij} := \max\left[|A_{ij}|,\ |A_{ji}|\right] \quad ,$$

so daß für jedes Element gilt

$$|A_{ij}| \leq B_{ij} \quad .$$

Daraus folgt sofort

$$||\underline{A}\ \underline{x}||_2 \leq ||\underline{B}\ \underline{x}||_2$$

und damit

$$H(\underline{A}) = \sup_{\underline{x}} \frac{||\underline{A}\ \underline{x}||_2}{||\underline{x}||_2} \leq \sup_{\underline{x}} \frac{||\underline{B}\ \underline{x}||_2}{||\underline{x}||_2} = H(\underline{B}) \quad .$$

Die Zeilen- oder Spaltensummen der Beträge der Elemente B_{ij} sind aufgrund der Voraussetzung des Satzes kleiner als a, weshalb mit dem Gerschgorin-Theorem (A3.95) für die Eigenwerte β_i von $\underline{B}$

$$|\beta_i| \leq a$$

folgt. Da $\underline{B}$ auch eine normale Matrix $\underline{B}^*\underline{B} = \underline{B}\ \underline{B}^*$ ist, ergibt sich mit (A3.94)

$$H(\underline{A}) \leq H(\underline{B}) = \rho_\Sigma(\underline{B}) \leq a \quad .$$ ■

Den folgenden Satz zitieren wir aus COOK [A3.2]:

(A3.97) Satz (Abschätzung der Hilbertnorm einer inversen Matrix):

Erfüllen die Elemente einer quadratischen Matrix $\underline{A}$ die Bedingungen

$$|A_{ii}| - \frac{1}{2} \sum_{j \neq i} \frac{\eta_i}{\eta_j} \left[|A_{ij}| + |A_{ji}| \right] > a$$

für alle i mit $a>0$ und beliebigen Konstanten $\eta_i>0$, so ist die Matrix $\underline{A}$ invertierbar und es gilt für die Hilbertnorm der inversen Matrix

$$H(\underline{A}^{-1}) < \frac{1}{a} \quad .$$ ■

Beweis (siehe COOK [A3.2]):

Mit der Diagonalmatrix

$$\underline{\Phi} := \operatorname{diag} \frac{A_{ii}}{|A_{ii}|}$$

definieren wir die hermitesche Matrix

$$\underline{B} := \frac{1}{2} (\underline{\Phi}^* \underline{A} + \underline{A}^* \underline{\Phi})$$

und mit

$$\underline{Y} := \operatorname{diag}(\eta_i)$$

die Matrix

$$\underline{C} := \underline{Y}^{-1} \underline{B}\, \underline{Y} \quad .$$

Mit diesen Beziehungen erhalten wir nach einiger Nebenrechnung aufgrund der Voraussetzung des Satzes für die Elemente von $\underline{C}$ die Bedingungen

$$C_{ii} - \sum_{j \neq i} |C_{ij}| > a \qquad \text{für } i = 1 \ldots n \quad .$$

Die Diagonalelemente C_{ii} sind reell und positiv; daher kann dort das Betragszeichen entfallen. Da $\underline{C}$ eine hermitesche Matrix ist, sind alle Eigenwerte reell, die nach dem Gerschgorin-Theorem außerdem alle größer als a sein müssen. Da sich die Eigenwerte bei einer Ähnlichkeitstransformation nicht ändern, gilt das Gleiche für die Eigenwerte von $\underline{B}$. Bei hermiteschen Matrizen wird der reelle Wertebereich durch den größten und kleinsten Eigenwert begrenzt. Daher gilt

$$\frac{\underline{v}^* \underline{B}\, \underline{v}}{\underline{v}^* \underline{v}} > a \qquad \text{für alle } \underline{v} \in \mathbb{C}^n \quad .$$

Weiterhin folgt durch Anwendung der Schwarzschen Ungleichung

$$\underline{v}^* \underline{B}\, \underline{v} = \mathrm{Re}(\underline{v}^* \underline{\Phi}^* \underline{A}\, \underline{v})$$

$$\leq |\underline{v}^* \underline{\Phi}^* \underline{A}\, \underline{v}| \leq ||\underline{\Phi}\, \underline{v}||_2 ||\underline{A}\, \underline{v}||_2$$

$$= ||\underline{v}||_2 ||\underline{A}\, \underline{v}||_2 \quad .$$

Wir erhalten somit

$$\frac{||\underline{A}\, \underline{v}||_2}{||\underline{v}||_2} > a \qquad \text{für alle } \underline{v} \in \mathbb{C}^n \quad .$$

$\underline{A}$ kann also nicht singulär sein; daher gilt für die inverse Matrix mit $\underline{w} = \underline{A}\, \underline{v}$

$$H(\underline{A}^{-1}) = \sup_{\underline{w}} \frac{||\underline{A}^{-1}\underline{w}||_2}{||\underline{w}||_2} = \sup_{\underline{v}} \frac{||\underline{v}||_2}{||\underline{A}\, \underline{v}||_2} < \frac{1}{a} \quad ,$$

womit der Satz bewiesen ist. ■

A4 Zustandsregler-Beobachter-Entwurf bei linearen Regelstrecken

Wir stellen in kurzer Form einige Ergebnisse des Zustandsregler-Beobachterentwurfs bei linearen Regelstrecken mit einer Eingangs- und einer Ausgangsgröße zusammen. Da die Struktur der algebraischen Entwurfsgleichungen für zeitkontinuierliche und zeitdiskrete Regelkreise gleich ist, werden beide Fälle gemeinsam untersucht. Hierzu ist es zweckmäßig, die Systemmatrizen im zeitkontinuierlichen und im zeitdiskreten Fall durch dieselben Symbole zu kennzeichnen.

Die Herleitung der Reglerentwurfsgleichungen erfolgt über den Laplace- bzw. Z-Bereich. Als Argument der Übertragungsfunktionen, Polynome etc. im Laplace- bzw. Z-Bereich wird die Variable p gewählt, wobei p im zeitkontinuierlichen Fall der Variablen s entspricht (Laplace-Bereich), im zeitdiskreten Fall dagegen der Variablen z (Z-Bereich).

Ausführliche Darstellungen der Zustandsraummethoden bei linearen Regelkreisen findet der Leser in LUDYK [A4.3], HARTMANN [A4.1] und HARTMANN, LANDGRAF [A4.2].

Betrachtet sei das Zustandsmodell einer linearen zeitinvarianten Regelstrecke n-ter Ordnung der Form

(A4.1)

$$\dot{\underline{x}}(t) = \underline{A}\,\underline{x}(t) + \underline{b}\,u(t)\;; \qquad \underline{x}(t) \in \mathbb{R}^n$$

$$y(t) = \underline{c}^T\,\underline{x}(t) \qquad \text{(zeitkontinuierlich)}$$

bzw.

(A4.2)

$$\underline{x}(k+1) = \underline{A}\,\underline{x}(k) + \underline{b}\,u(k)\;; \quad \underline{x}(k) \in \mathbb{R}^n$$

$$y(k) = \underline{c}^T\,\underline{x}(k) \qquad \text{(zeitdiskret)} \quad .$$

Durch Laplace- bzw. Z-Transformation des Zustandsmodells (A4.1) bzw. (A4.2) erhält man die zugehörige Übertragungsfunktion

(A4.3) $$G_s(p) = \frac{Y(p)}{U(p)} = \underline{c}^T[p\underline{E} - \underline{A}]^{-1}\,\underline{b} = \frac{Z_s(p)}{\Delta_s(p)} = \frac{\underline{c}^T \mathrm{adj}[p\underline{E}-\underline{A}]\,\underline{b}}{\det[p\underline{E}-\underline{A}]} .$$

A4.1 Der Zustandsregler

Wenn die Regelstrecke (A4.1) bzw. (A4.2) vollständig steuerbar ist, d.h.

(A4.4) $$\mathrm{rg}[\underline{W}] := \mathrm{rg}[\underline{b},\underline{A}\,\underline{b},\ldots,\underline{A}^{n-1}\underline{b}] = n ,$$

dann können mit Hilfe eines Zustandsreglers der Form

(A4.5) $$u(t) = -\underline{k}^T\underline{x}(t) + \rho\, r(t) \quad \text{bzw.}$$
$$u(k) = -\underline{k}^T\underline{x}(k) + \rho\, r(k)$$

alle Polstellen des geschlossenen Regelkreises beliebig vorgegeben werden (siehe HARTMANN, LANDGRAF [A4.2], Seite 342). Ist $\Delta_R(p)$ ein vorgegebenes Nennerpolynom des geschlossenen Regelkreises, dann lassen sich die unbekannten Zustandsreglerparameter k_i ($\underline{k}^T = [k_1,\ldots,k_n]$) durch Koeffizientenvergleich aus der Beziehung

(A4.6) $$\Delta_R(p) = \det[p\underline{E} - \underline{A} + \underline{b}\,\underline{k}^T]$$

berechnen. Die Führungsübertragungsfunktion des geschlossenen Regelkreises lautet

(A4.7) $$T(p) = \frac{Y(p)}{R(p)} = \rho\,\frac{Z_s(p)}{\Delta_R(p)} .$$

Die Nullstellen der Streckenübertragungsfunktion $G_s(p)$ sind gleichzeitig die Nullstellen der Führungsübertragungsfunktion $T(p)$. Mit Hilfe des Vorfaktors ρ kann das stationäre Führungsverhalten festgelegt werden. Soll der stationäre Lagefehler verschwinden, so muß gelten

(A4.8) $$T(p_o) = \rho\,\frac{Z_s(p_o)}{\Delta_R(p_o)} \overset{!}{=} 1$$

mit $p_o = 0$ im zeitkontinuierlichen Fall und $p_o = 1$ im zeitdiskreten Fall. Hieraus kann ρ bestimmt werden, wenn $Z_s(p)$ und $\Delta_R(p)$ keine Nullstellen bei $p = p_o$ besitzen.

Der Stellgrößenaufwand ist gegeben durch

$$\text{(A4.9)} \qquad \frac{U(p)}{R(p)} = \frac{T(p)}{G_s(p)} = \rho \frac{\Delta_s(p)}{\Delta_R(p)} \quad .$$

Die Störübertragungsfunktion bezüglich einer Störung Z(p) am Streckeneingang lautet

$$\text{(A4.10)} \qquad T_Z(p) = \frac{Y(p)}{Z(p)} = \frac{Z_s(p)}{\Delta_R(p)} = \frac{1}{\rho} T(p) \quad .$$

Da beim Zustandsregler die Zustandsgrößen rückgekoppelt werden, nicht jedoch die Ausgangsgröße, gilt für die Störübertragungsfunktion bezüglich einer Störung D(p) am Streckenausgang

$$\text{(A4.11)} \qquad T_D(p) \equiv 1 \quad .$$

A4.2 Der dynamische Zustandsregler

Wenn nicht sämtliche Zustandsgrößen der Regelstrecke meßbar sind, wird ein Zustandsregler meistens in Verbindung mit einem (Zustands-)Beobachter eingesetzt.

Für die folgenden Betrachtungen wird vorausgesetzt, daß nur die (skalare) Ausgangsgröße y(t) bzw. y(k) der Regelstrecke (s.(A4.1) bzw. (A4.2)) gemessen und zur Regelung verwendet wird. Die Regelstrecke muß vollständig steuerbar sein, d.h.

$$\text{(A4.12)} \qquad \mathrm{rg}[\underline{W}] := \mathrm{rg}[\underline{b}, \underline{A}\,\underline{b}, \ldots, \underline{A}^{n-1}\underline{b}] = n \quad ,$$

und vollständig beobachtbar sein, d.h.

$$\text{(A4.13)} \qquad \mathrm{rg}[\underline{M}] := \mathrm{rg}[\underline{c}, \underline{A}^T\underline{c}, \ldots, (\underline{A}^T)^{n-1}\underline{c}] = n \quad .$$

Der dynamische Zustandsregler ist ein allgemeines Zustandsregler-Beobachter-System. Die Struktur ist in den Bildern A4.1 und A4.2 für den zeitkontinuierlichen Fall und in Bild A4.3 für den zeitdiskreten Fall dargestellt. Die Bilder A4.1 und A4.2 unterscheiden sich nur in der Hinsicht, daß der Eingriff der Führungsgröße r(t) anders gezeichnet wurde. Im Bild A4.1 entspricht die Darstellung mehr der gewohnten Regelkreisstruktur, während für die folgenden Betrachtungen im Bild A4.2 eine übersichtlichere Darstellung angegeben ist.

Die Reglergleichungen lauten

(A4.14)
$$\dot{\underline{v}}(t) = \underline{F}\,\underline{v}(t) + \underline{S}_u u(t) + \underline{S}_y y(t)\ ; \quad \underline{v}(t) \in \mathbb{R}^m$$
$$u(t) = -\,\underline{k}_m^T\,\underline{v}(t) - k_y y(t) + \rho\, r(t)$$
(zeitkontinuierlich)

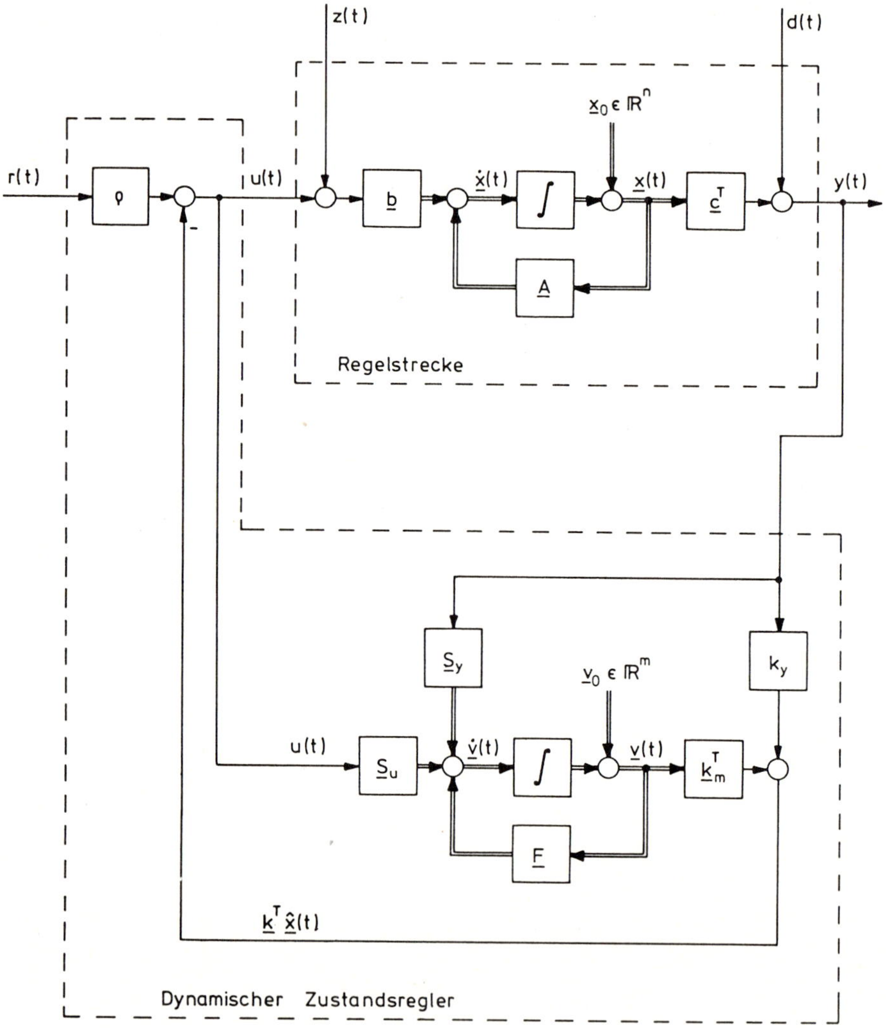

Bild A4.1: Strukturbild einer zeitkontinuierlichen Regelstrecke mit dynamischem Zustandsregler (im Zeitbereich)

bzw.

$$\underline{v}(k+1) = \underline{F}\,\underline{v}(k) + \underline{S}_u u(k) + \underline{S}_y y(k) \;;\quad \underline{v}(k) \in \mathbb{R}^m$$

(A4.15)

$$u(k) = -\,\underline{k}_m^T\,\underline{v}(k) - k_y y(k) + \rho\, r(k)$$

(zeitdiskret) .

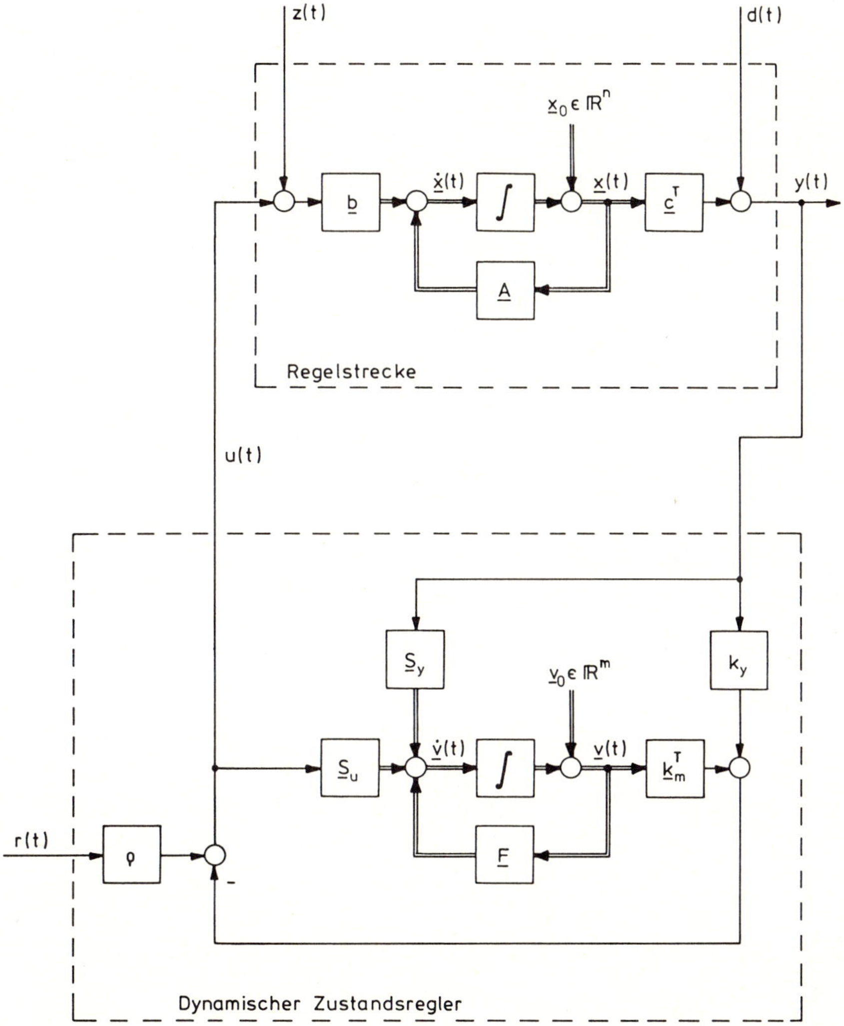

Bild A4.2: Strukturbild einer zeitkontinuierlichen Regelstrecke mit dynamischem Zustandsregler (im Zeitbereich)

Die unbekannten Reglerparameter $\underline{F}$, $\underline{S}_u$, $\underline{S}_y$, $\underline{k}_m^T$, k_y und ρ sollen anhand der Übertragungsfunktionen im Laplace- bzw. Z-Bereich ermittelt werden. Dies ist besonders einfach, allerdings tritt hierbei die Deutung des dynamischen Zustandsreglers als Zustandsregler-Beobachter-System in den Hintergrund. Eine Ermittlung der Reglerparameter im Zustandsraum kann HARTMANN, LANDGRAF [A4.2], Seite 391-399 entnommen werden.

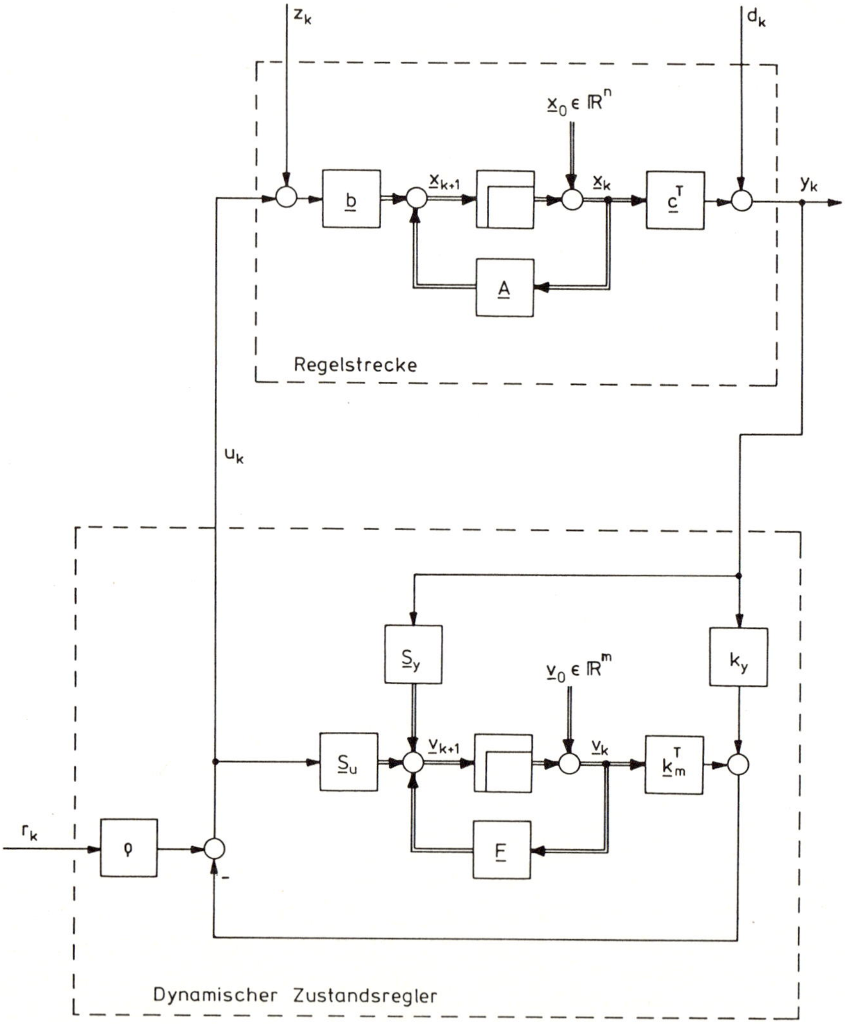

Bild A4.3: Strukturbild einer zeitdiskreten Regelstrecke mit dynamischem Zustandsregler (im Zeitbereich)

Aus Bild A4.2 bzw. Bild A4.3 erhält man nach Laplace- bzw. Z-Transformation mit den Übertragungsfunktionen

$$G_s(p) = \frac{Z_s(p)}{\Delta_s(p)} = \frac{\underline{c}^T \mathrm{adj}[p\underline{E} - \underline{A}]\ \underline{b}}{\det[p\underline{E} - \underline{A}]} ,$$

(A4.16)
$$G_{By}(p) := \frac{Z_y(p)}{\Delta_B(p)} = \frac{\underline{k}_m^T \mathrm{adj}[p\underline{E} - \underline{F}]\ \underline{S}_y}{\det[p\underline{E} - \underline{F}]} ,$$

$$G_{Bu}(p) := \frac{Z_u(p)}{\Delta_B(p)} = \frac{\underline{k}_m^T \mathrm{adj}[p\underline{E} - \underline{F}]\ \underline{S}_u}{\det[p\underline{E} - \underline{F}]} ,$$

die in Bild A4.4 dargestellte Struktur. $\Delta_B(p)$ ist das charakteristische Polynom des Beobachters. Die Nullstellen von $\Delta_B(p)$ sind die Beobachtereigenwerte.

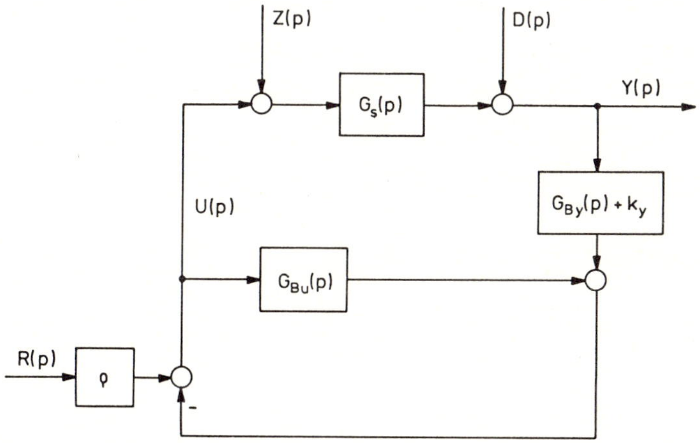

Bild A4.4: Struktur des dynamischen Zustandsreglers im Laplace- bzw. Z-Bereich (Schritt 1)

Durch Auflösen der einen Regelkreisschleife in Bild A4.4 erhält man Bild A4.5. Setzt man für die Übertragungsfunktionen die Ausdrücke (A4.16) ein, so gelangt man zu Bild A4.6, das eine dem dynamischen Zustandsregler äquivalente, klassische Regelkreisstruktur darstellt. Eine direkte Realisierung in dieser Form mit getrenntem Vorfilter und Regler ist jedoch nur möglich, wenn das Polynom $\Delta_c(p)$ keine "instabilen Nullstellen" besitzt, d.h. keine Nullstellen in der rechten s-Halbebene bzw. außerhalb des Einheitskreises der z-Ebene.

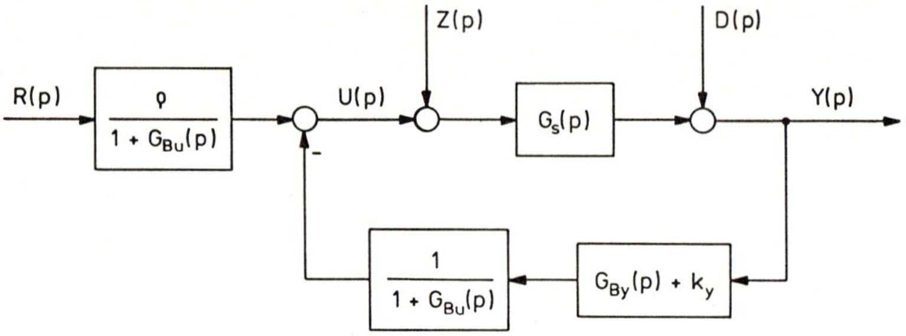

Bild A4.5: Struktur des dynamischen Zustandsreglers im Laplace- bzw. Z-Bereich (Schritt 2)

In Bild A4.7 ist der Reglerblock im Rückführzweig über den Summationspunkt in den Vorwärtszweig geschoben worden. Diese Struktur entspricht der gewohnten Regelkreisdarstellung, führt jedoch bei einer direkten Realisierung in dieser Form auf Stabilitätsprobleme, wenn das Polynom $Z_c(p) := Z_y(p) + k_y\Delta_B(p)$ "instabile Nullstellen" besitzt.

Nach Bild A4.7 erhält man die Führungsübertragungsfunktion

$$\text{(A4.17)} \qquad T(p) = \frac{Y(p)}{R(p)} = \frac{\rho\, \Delta_B(p) Z_s(p)}{\Delta_s(p)\Delta_c(p) + Z_s(p)Z_c(p)}$$

mit den Abkürzungen

$$\text{(A4.18)} \qquad \begin{aligned} Z_c(p) &:= Z_y(p) + k_y\Delta_B(p) \quad , \\ \Delta_c(p) &:= Z_u(p) + \Delta_B(p) \quad . \end{aligned}$$

Damit die Führungsübertragungsfunktion die Form

$$\text{(A4.19)} \qquad T(p) = \rho\, \frac{Z_s(p)}{\Delta_R(p)}$$

besitzt, wobei $\Delta_R(p)$ ein vorgegebenes Nennerpolynom n-ten Grades ist (vgl.(A4.7)), muß gelten

$$\text{(A4.20)} \qquad \Delta_s(p)\Delta_c(p) + Z_s(p)Z_c(p) = \Delta_R(p)\Delta_B(p) \; .$$

Aus dieser Gleichung können die unbekannten Koeffizienten der Reglerpolynome $Z_c(p)$ und $\Delta_c(p)$ durch Koeffizientenvergleich bestimmt werden, wenn $\Delta_R(p)$ und $\Delta_B(p)$ vorgegeben sind.

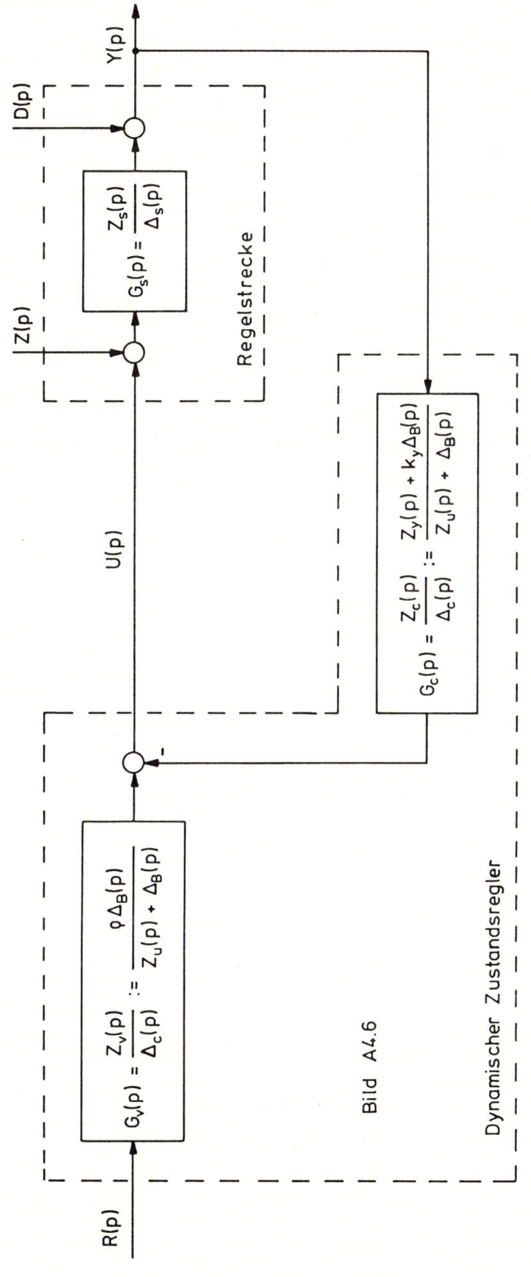

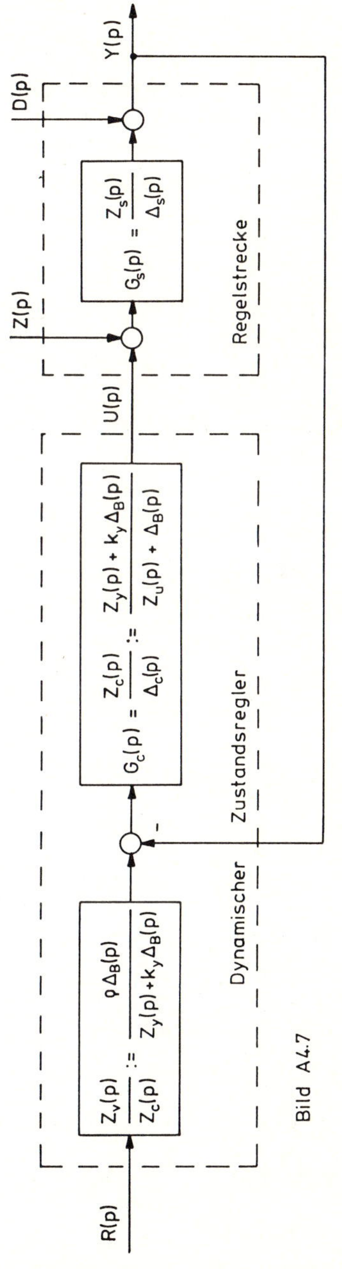

<u>Bild A4.6 und Bild A4.7</u>: Einschleifiger Einfachregelkreis mit dynamischem Zustandsregler im Laplace-Bereich (p=s) bzw. Z-Bereich (p=z)

Die Bestimmung von $\Delta_c(p)$ und $Z_c(p)$ ist eindeutig möglich, wenn

$$m := \mathrm{Grad}[\Delta_B(p)] = n-1 \quad .$$

In diesem Fall sind 2n-1 unbekannte Parameter zu bestimmen (n-1 Parameter von $\Delta_c(p)$ und n Parameter von $Z_c(p)$), andererseits ist der Grad von $\Delta_R(p)\Delta_B(p)$ gleich 2n-1, so daß genau 2n-1 Gleichungen für 2n-1 Parameter zur Verfügung stehen.

Wenn $m = \mathrm{Grad}[\Delta_B(p)] \geq n$, erhält man m-n+1 frei wählbare Parameter, mit denen das Störverhalten des Regelkreises beeinflußt werden kann, da das Polynom $\Delta_c(p)$ im Zähler der Störübertragungsfunktionen $T_z(p)$ und $T_d(p)$ auftritt (siehe Gleichungen (A4.21)).

Der Stellgrößenaufwand und die Störübertragungsfunktionen ergeben sich anhand von Bild A4.6 bzw. Bild A4.7 zu

$$\frac{U(p)}{R(p)} = \rho \, \frac{\Delta_s(p)}{\Delta_R(p)} \quad ,$$

(A4.21)
$$T_Z(p) = \frac{Y(p)}{Z(p)} = \frac{Z_s(p)\Delta_c(p)}{\Delta_R(p)\Delta_B(p)} \quad ,$$

$$T_D(p) = \frac{Y(p)}{D(p)} = \frac{\Delta_s(p)\Delta_c(p)}{\Delta_R(p)\Delta_B(p)} \quad ,$$

wobei (A4.20) berücksichtigt wurde.

(A4.22) <u>**Schema zum Entwurf eines dynamischen Zustandsreglers:**</u>

1) Die Polstellen der Führungsübertragungsfunktion und die Beobachtereigenwerte werden vorgegeben, wobei diese "stabil" sein müssen. Somit sind die Polynome $\Delta_R(p)$ und $\Delta_B(p)$ festgelegt ($\mathrm{Grad}[\Delta_B(p)] \geq n-1$).

2) Aus der Gleichung

$$\Delta_s(p)\Delta_c(p) + Z_s(p)Z_c(p) = \Delta_R(p)\Delta_B(p)$$

werden die unbekannten Koeffizienten der Reglerpolynome $Z_c(p)$ und $\Delta_c(p)$ durch Koeffizientenvergleich bestimmt. (Freie Parameter im Fall $\mathrm{Grad}[\Delta_B(p)] > n-1$ werden durch Forderungen an das Störverhalten festgelegt).

3) Aus den Gleichungen

$$Z_c(p) = Z_y(p) + k_y \Delta_B(p)$$

$$\Delta_c(p) = Z_u(p) + \Delta_B(p)$$

werden k_y und die Koeffizienten der Polynome $Z_y(p)$ und $Z_u(p)$ durch Koeffizientenvergleich bestimmt.

4) Das Zustandsmodell des Beobachters (die Matrizen $\underline{F}$, $\underline{S}_y$, $\underline{S}_u$, $\underline{k}_m^T$) wird so angesetzt, daß

$$\underline{k}_m^T[p\underline{E} - \underline{F}]^{-1} \underline{S}_y = \frac{Z_y(p)}{\Delta_B(p)} ,$$

$$\underline{k}_m^T[p\underline{E} - \underline{F}]^{-1} \underline{S}_u = \frac{Z_u(p)}{\Delta_B(p)} \qquad \text{(siehe (A4.16)).}$$

Für das Zustandsmodell des Beobachters wählt man zweckmäßigerweise eine Standardform. Diese muß so beschaffen sein, daß die Zählerkoeffizienten der Übertragungsfunktionen $G_{By}(p)$ und $G_{Bu}(p)$ durch die "Eingangsvektoren" $\underline{S}_y$ und $\underline{S}_u$ festgelegt werden, da der "Ausgangsvektor" $\underline{k}_m^T$ in beiden Übertragungsfunktionen gemeinsam auftritt. Aus diesem Grund bietet sich als Standardform die Beobachtbarkeitsnormalform an.

5) Mit dem Vorfaktor ρ wird das stationäre Führungsverhalten festgelegt. ρ kann beispielsweise nach Gleichung (A4.8) berechnet werden. ■

(A4.23) **Anmerkung:**

In Sonderfällen kann die Reglerentwurfsgleichung

$$\Delta_s(p)\Delta_c(p) + Z_s(p)Z_c(p) = \Delta_R(p)\Delta_B(p)$$

auch für $\text{Grad}[\Delta_B(p)] < n-1$ lösbar sein, dies muß jedoch überprüft werden.

■

A4.3 Kürzung von Nullstellen der Regelstrecke

Wenn die Reglerpolynome $\Delta_c(p)$ und $Z_c(p)$ des dynamischen Zustandsreglers nach Gleichung (A4.20) berechnet werden, dann sind, ebenso wie beim Zustandsregler, die Nullstellen der Führungsübertragungsfunktion gleich

den Nullstellen der Regelstrecke. Wenn andere Nullstellen der Führungsübertragungsfunktion vorgegeben werden sollen, so kann dies beim dynamischen Zustandsregler einerseits durch eine modifizierte Entwurfstechnik nach Abschnitt 5.2.1 geschehen. Andererseits können mit Hilfe
eines zusätzlichen Vorfilters $\tilde{G}_V(p)$ die entsprechenden Regelstreckennullstellen gekürzt und neue Nullstellen der Führungsübertragungsfunktion vorgegeben werden. Eine Kürzung von Streckennullstellen p_i, für die
im zeitkontinuierlichen Fall $Re[p_i] \geq 0$ bzw. im zeitdiskreten Fall
$|p_i| \geq 1$ gilt, ist jedoch aus Stabilitätsgründen bei der Realisierung
nicht möglich. Wir spalten das Zählerpolynom $Z_s(p)$ der Regelstrecke in
der Form

(A4.24) $Z_s(p) \;=\; Z_s^+(p) Z_s^-(p)$,

auf, wobei das Polynom $Z_s^+(p)$ die zu kürzenden und das Polynom $Z_s^-(p)$ die
restlichen Streckennullstellen enthält. Als zusätzliches Vorfilter $\tilde{G}_V(p)$
kann

(A4.25) $\tilde{G}_V(p) \;=\; \dfrac{Z_R^+(p)}{Z_s^+(p)}$

angesetzt werden, wobei die Nullstellen des Polynoms $Z_R^+(p)$ die vorgebbaren Nullstellen der Führungsübertragungsfunktion $T(p)$ sind. Sowohl
beim Zustandsregler als auch beim dynamischen Zustandsregler lautet
dann die Führungsübertragungsfunktion

(A4.26) $T(p) \;=\; \rho \; \dfrac{Z_s^-(p) Z_R^+(p)}{\Delta_R(p)}$.

Das Vorfilter $\tilde{G}_V(p)$ träte in den Bildern A4.1 bis A4.7 als zusätzlicher
Block auf.

A5 Grundlagen der Stochastik

Im Rahmen dieses Kapitels werden wichtige Begriffe aus der Stochastik zusammengestellt. Hierbei wird nur auf kontinuierlich verteilte Zufallsgrößen explizit eingegangen. Für ein vertieftes Studium der Stochastik sei auf PAPOULIS [A5.3] verwiesen.

A5.1 Grundbegriffe

(A5.1) **Definition (Ergebnismenge Ω):**

Die Menge aller möglichen Ergebnisse eines Zufallsexperiments wird die Ergebnismenge Ω (zu dem Zufallsexperiment) oder das sichere Ereignis genannt. ■

(A5.2) **Definition (Ereignis):**

Teilmengen A_i der Ergebnismenge Ω nennt man Ereignisse. ■

(A5.3) **Beispiel (Würfelexperiment):**

Das Zufallsexperiment sei der einmalige Wurf eines Würfels. Dann ist $\Omega = \{1,2,3,4,5,6\}$. Mögliche Ereignisse sind $A_1 = \{1,2\}$, $A_2 = \{1,5,6\}$, $A_3 = \{4\}$ usw. ■

(A5.4) **Definition (Zufallsgröße):**

Eine Zufallsgröße ist eine Größe mit reellem Wertebereich, deren Wert vom Ausgang eines Zufallsexperiments abhängt. Zufallsgrößen werden mit großen Buchstaben bezeichnet (z.B.: X, Y), die Realisierungen von Zufallsgrößen, d.h. die bei Experimenten eingetretenen (Zufalls-)Werte mit kleinen Buchstaben (z.B.: x, y). ■

(A5.5) **Definition (Zufallsvektor, Zufallsmatrix)**:

Ein Zufallsvektor ist ein Vektor, dessen Komponenten Zufallsgrößen sind. Entsprechendes gilt für eine Zufallsmatrix. ■

(A5.6) **Definition (Zufallsprozeß)**:

Ein Zufallsprozeß ist eine Familie von Zufallsgrößen, der ein Lauf-Parameter (im folgenden die Zeit t) zugeordnet ist, welcher einer Indexmenge I angehört.

Je nach Indexmenge unterscheidet man zwei Fälle:

1. Zufallsprozesse mit kontinuierlicher Zeit
   (kontinuierliche Zufallsprozesse)
2. Zufallsprozesse mit diskreter Zeit
   (diskrete Zufallsprozesse = Zufallsfolgen). ■

Bei kontinuierlichen Zufallsprozessen sind die Indexmengen Intervalle auf der Zeitachse; bei diskreten Zufallsprozessen sind die Indexmengen abzählbare Mengen, die einzelne Zeitpunkte enthalten.

A5.2 Die Wahrscheinlichkeit von Ereignissen

Zur Beschreibung der Häufigkeit des Auftretens eines Ereignisses A wird eine reelle Maßzahl, die sogenannte Wahrscheinlichkeit P(A) eingeführt.

In der klassischen Wahrscheinlichkeitsrechnung wurde versucht, den Begriff der Wahrscheinlichkeit mit Hilfe relativer Häufigkeiten zu definieren.

(A5.7) **Definition (Relative Häufigkeit)**:

Wenn ein Zufallsexperiment n-mal durchgeführt wird und ein Ereignis A dabei n_A-mal eintritt, so nennt man den Quotienten

(A5.8) $$H_n(A) := \frac{n_A}{n}$$

relative Häufigkeit des Ereignisses A in n Versuchen. ■

Da aufgrund von Erfahrungstatsachen die relativen Häufigkeiten $H_n(A)$ immer weniger schwanken, je größer n gewählt wird (Gesetz der großen

Zahlen), versuchte man, die Wahrscheinlichkeit P(A) durch den Grenzübergang

$$H_n(A) \xrightarrow{n \to \infty} P(A)$$

zu definieren. In der modernen Wahrscheinlichkeitstheorie wird die Wahrscheinlichkeit aus mathematisch-theoretischen Gründen durch drei Bedingungen, die im Übereinklang mit Erfahrungstatsachen bei relativen Häufigkeiten stehen, axiomatisch festgelegt:

(A5.9) Axiome von Kolmogorow:

1. Jedem Ereignis A ist eine reelle Zahl P(A) mit

$$0 \leq P(A) \leq 1$$

zugeordnet, die man die Wahrscheinlichkeit von A nennt.

2. Es ist $P(\Omega) = 1$.

3. (Additionsaxiom): Sind $A_1, A_2, \ldots, A_i, \ldots$ Ereignisse, die paarweise unvereinbar sind, d.h.

$$A_i \cap A_j = \emptyset \qquad \text{für } i \neq j \quad ,$$

so gilt

$$P(\bigcup_i A_i) = \sum_i P(A_i) \quad .$$ ■

(A5.10) Definition (Stochastische Unabhängigkeit von Ereignissen):

Zwei Ereignisse A und B heißen stochastisch unabhängig, wenn

(A5.11) $$P(A \cap B) = P(A) \cdot P(B) \quad .$$ ■

(A5.12) Definition (Bedingte Wahrscheinlichkeit):

Mit P(A/B) bezeichnet man die Wahrscheinlichkeit des Ereignisses A unter der Bedingung, daß das Ereignis B bereits eingetreten ist. P(A/B) heißt bedingte Wahrscheinlichkeit und berechnet sich für $P(B) \neq 0$ nach der Gleichung

(A5.13) $$P(A/B) = \frac{P(A \cap B)}{P(B)} \quad .$$ ■

A5.3 Die Verteilungsfunktion und Verteilungsdichte

(A5.14) **Definition (Verteilungsfunktion einer Zufallsgröße):**

X sei eine Zufallsgröße. Die Funktion

(A5.15) $$F_X(x) = P(X < x) \quad ; \quad x \in \mathbb{R}$$

heißt Verteilungsfunktion der Zufallsgröße X. ■

Durch ihre Verteilungsfunktion ist eine Zufallsgröße in ihrem statistischen Verhalten vollständig beschrieben.

(A5.16) **Eigenschaften von Verteilungsfunktionen:**

1. Jede Verteilungsfunktion $F_X(\cdot)$ ist eine monoton wachsende Funktion.

2. $$\lim_{x\to-\infty} F_X(x) = 0 \quad , \quad \lim_{x\to\infty} F_X(x) = 1 \, .$$ ■

In Bild A5.1 ist ein typischer Verlauf der Verteilungsfunktion einer stetigen Zufallsgröße dargestellt.

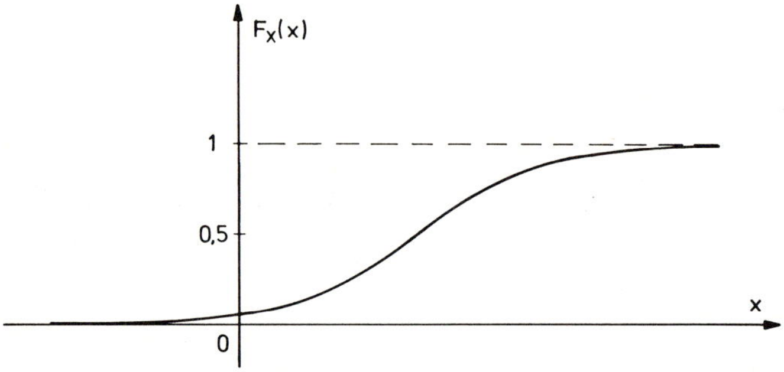

Bild A5.1: Möglicher Verlauf der Verteilungsfunktion $F_X(\cdot)$ einer stetigen Zufallsgröße X

(A5.17) **Definition (Stetige Zufallsgröße, Verteilungsdichte):**

Man spricht von einer stetigen Zufallsgröße X, wenn eine nichtnegative, integrierbare Funktion $p_X(\cdot)$ existiert, so daß

(A5.18) $$F_X(x) = \int_{-\infty}^{x} p_X(u)du \qquad \text{für alle } x \in \mathbb{R} \, .$$

$p_X(\cdot)$ heißt Verteilungsdichte der Zufallsgröße X . ■

Bei einer differenzierbaren Verteilungsfunktion $F_X(\cdot)$ kann die Verteilungsdichte durch

(A5.19) $$p_X(x) = \frac{dF_X(x)}{dx}$$

berechnet werden.

(A5.20) **Eigenschaften von Verteilungsdichten**:

1. $p_X(x) \geq 0$ für alle $x \in \mathbb{R}$.

2. $$\int_{-\infty}^{\infty} p_X(x)dx = 1 \quad .$$ ■

(A5.21) **Definition (Diskrete Zufallsgröße)**:

Eine Zufallsgröße X heißt diskrete Zufallsgröße, wenn X nur diskrete Werte annehmen kann (Beispiel: Augenzahl eines Würfels). ■

Die Verteilungsfunktion einer diskreten Zufallsgröße ist eine monoton wachsende Treppenfunktion. Die Verteilungsdichte einer diskreten Zufallsgröße existiert nur im Sinne der Distributionentheorie.

(A5.22) **Beispiel (Normalverteilung)**:

Eine wichtige, häufig auftretende Verteilung ist die Normalverteilung (Gauß-Verteilung). Die Verteilungsdichte einer normalverteilten Zufallsgröße X hat die Gestalt

$$p_X(x) = \frac{1}{\sqrt{2\pi\sigma^2}} e^{-\frac{(x-m)^2}{2\sigma^2}} \quad .$$

m ist der Erwartungswert und σ^2 die Varianz der Verteilung. ■

(A5.23) **Definition (Verbund-Verteilungsdichte)**:

X und Y seien stetige Zufallsgrößen. Die Funktion $p_{XY}(\cdot,\cdot)$ heißt Verbund-Verteilungsdichte der Zufallsgrößen X und Y, wenn die Gleichung

$$P(x_1 \leq X < x_2,\ y_1 \leq Y < y_2) = \int_{x_1}^{x_2} \int_{y_1}^{y_2} p_{XY}(x,y)dy\,dx$$

für beliebige Intervalle (x_1,x_2), (y_1,y_2) gültig ist. ■

(A5.24) **Definition (Bedingte Verteilungsdichte):**

X und Y seien stetige Zufallsgrößen. Die Funktion $p_{X/Y}(\cdot/\cdot)$ heißt die bedingte Verteilungsdichte von X unter der Hypothese Y, wenn die Beziehung

$$P(x_1 \leq X < x_2/\ Y = y) = \int_{x_1}^{x_2} p_{X/Y}(x/y)dx$$

für alle (x_1,x_2) und alle y erfüllt ist. ■

Zwischen der Verbund-Verteilungsdichte $p_{XY}(\cdot,\cdot)$ und der bedingten Verteilungsdichte $p_{X/Y}(\cdot/\cdot)$ besteht der Zusammenhang

(A5.25) $$p_{XY}(x,y) = p_{X/Y}(x/y)\ p_Y(y)$$

(vergleiche auch die Beziehung (A5.13)).

Die Definitionen (A5.23) und (A5.24) lassen sich unmittelbar auf Zufallsvektoren verallgemeinern.

A5.4 Der Erwartungswert

Eine außerordentliche Bedeutung bei der Untersuchung von Zufallsgrößen besitzt der Erwartungswert; dieser wird im folgenden nur für stetige Zufallsgrößen behandelt. Im Falle diskreter Zufallsgrößen sind Integrale durch entsprechende Summen zu ersetzen.

(A5.26) **Definition (Erwartungswert einer Zufallsgröße):**

Der Erwartungswert einer (stetigen) Zufallsgröße X ist definiert durch

(A5.27) $$E(X) := \int_{-\infty}^{\infty} xp_X(x)dx \ .$$ ■

(A5.28) **Rechenregeln für den Erwartungswert:**

Seien X,Y Zufallsgrößen, a,b beliebige Konstanten und f eine beliebige Funktion. Dann gilt

1. $E(aX+bY) = aE(X) + bE(Y)$ (Linearität),

2. $E(X+a) = E(X) + a$,

3. $$E(f(X)) = \int_{-\infty}^{\infty} f(x)p_X(x)dx \ .$$ ■

Der Erwartungswert E(X) einer Zufallsgröße X ist der Wert, der im Mittel von der Zufallsgröße angenommen wird.

(A5.29) Definition (Erwartungswert von Zufallsvektoren und Zufallsmatrizen):

Der Erwartungswert von Zufallsvektoren und Zufallsmatrizen wird gebildet durch elementweise Ausführung der Erwartungswertoperation. ■

(A5.30) Definition (Bedingter Erwartungswert):

X und Y seien stetige Zufallsgrößen. Der bedingte Erwartungswert von X unter der Hypothese Y = y ist definiert durch

$$E(X/Y = y) \quad := \int_{-\infty}^{\infty} x p_{X/Y}(x/y) dx \ .$$

■

(A5.31) Eigenschaften des bedingten Erwartungswertes:

1. $$E(X) = \int_{-\infty}^{\infty} E(X/Y = y) p_Y(y) dy$$

2. Für beliebige Funktionen g und h gilt

$$E(g(X)h(Y)/Y = y) = h(y)E(g(X)/Y = y) \ .$$

■

A5.5 Die Momente einer Verteilung

Eine besondere Bedeutung bei der Untersuchung von Zufallsgrößen spielen die Momente der Verteilungen, die mit Hilfe der Erwartungswertoperation definiert werden.

(A5.32) Definition (k-tes Moment):

X sei eine stetige Zufallsgröße. Den Ausdruck

$$m_k := E[X^k] = \int_{-\infty}^{\infty} x^k p_X(x) dx \qquad (k \in \mathbb{N})$$

nennt man das k-te Moment der Verteilung von X. ■

(A5.33) **Definition (k-tes zentrales Moment):**

X sei eine stetige Zufallsgröße. Den Ausdruck

$$v_k \quad := \quad E[(X-m_1)^k] \quad = \int_{-\infty}^{\infty}(x - E(X))^k p_X(x)dx \qquad (k \in \mathbb{N})$$

nennt man das k-te zentrale Moment der Verteilung von X. ■

(A5.34) **Definition (gemischte k-te Momente):**

X und Y seien Zufallsgrößen. Ausdrücke der Form

$$m_{jl} \quad := \quad E[X^j Y^l] \qquad \text{mit} \quad j+l = k$$

(j, l, k ε ℕ) heißen gemischte k-te Momente der Zufallsgrößen X und Y (des Zufallvektors [X,Y]). ■

(A5.35) **Definition (gemischte k-te zentrale Momente):**

X und Y seien Zufallsgrößen. Ausdrücke der Form

$$v_{jl} \quad := \quad E[\{x-E(X)\}^j \; \{y-E(Y)\}^l] \qquad \text{mit } j+l = k$$

(j, l, k ε ℕ) heißen gemischte k-te zentrale Momente der Zufallsgrößen X und Y (des Zufallvektors [X,Y]). ■

Auf entsprechende Weise lassen sich die gemischten Momente von mehr als zwei Zufallsgrößen und bedingte Momente definieren.

Die Momente von Verteilungen können im Unterschied zu den Verteilungsfunktionen und Verteilungsdichten relativ einfach experimentell durch Mittelwertbildung bestimmt werden. In Anwendungen wird fast immer mit den ersten und zweiten Momenten gearbeitet.

A5.6 Zufallsgrößen

(A5.36) **Definition (Stochastische Unabhängigkeit von Zufallsgrößen):**

Zwei Zufallsgrößen X und Y heißen stochastisch unabhängig, wenn die Bedingung

(A5.37)
$$P(x_1 < X < x_2 \; ; \; y_1 < Y < y_2) = P(x_1 < X < x_2) \, P(y_1 < Y < y_2)$$

für beliebige Intervalle (x_1,x_2) , (y_1,y_2) Gültigkeit hat. ■

Bei stetigen Zufallsgrößen X,Y ist dies gleichbedeutend damit, daß die Verbund-Verteilungsdichte $p_{XY}(\cdot,\cdot)$ für beliebige $(x,y) \in \mathbb{R}^2$ der Bedingung

(A5.38) $$p_{XY}(x,y) = p_X(x)p_Y(y)$$

genügt.

Die stochastische Unabhängigkeit von Zufallsgrößen ist im allgemeinen schwer überprüfbar. Mit Hilfe des gemischten 2. zentralen Moments, der Kovarianz zweier Zufallsgrößen, kann eine schwächere (aber einfacher zu untersuchende) Eigenschaft als die stochastische Unabhängigkeit, und zwar die Unkorreliertheit definiert werden.

(A5.39) Definition (Kovarianz):

X und Y seien Zufallsgrößen. Die Größe

$$\begin{aligned} Cov(X,Y) &:= E[(X-E(X))(Y-E(Y))] \\ &= \int_{-\infty}^{\infty}\int_{-\infty}^{\infty}(x-E(X))(y-E(Y))p_{XY}(x,y)dx\,dy \end{aligned}$$

(gemischtes 2. zentrales Moment) heißt Kovarianz der Zufallsgrößen X und Y. ■

(A5.40) Rechenregeln für die Kovarianz:

X, Y, Z seien Zufallsgrößen und a, b feste Zahlen. Dann gilt

$$\begin{aligned} Cov(X,Y) &= Cov(Y,X) ,\\ Cov(X,Y) &= E(XY) - E(X)E(Y) ,\\ Cov(X+Y,Z) &= Cov(X,Z) + Cov(Y,Z) ,\\ Cov(aX,bY) &= ab\,Cov(X,Y) ,\\ Cov(X+a,Y+b) &= Cov(X,Y) . \end{aligned}$$ ■

(A5.41) Definition (Unkorreliertheit von zwei Zufallsgrößen):

Zwei Zufallsgrößen X und Y heißen unkorreliert, wenn

$$Cov(X,Y) = 0 \Longleftrightarrow E(XY) = E(X)E(Y) .$$ ■

(A5.42) Definition (Orthogonalität von zwei Zufallsgrößen):

Zwei Zufallsgrößen X und Y heißen orthogonal, wenn

$$E(XY) = 0 \quad .$$ ■

(A5.43) **Anmerkung**:

Aus der stochastischen Unabhängigkeit von 2 Zufallsgrößen folgt ihre Unkorreliertheit. Die Umkehrung gilt nur bei normalverteilten Zufallsgrößen. ■

Ein Maß für die Streuung einer Zufallsgröße X um ihren Erwartungswert ist das 2. zentrale Moment, die sogenannte Varianz.

(A5.44) **Definition (Varianz, Streuung)**:

Die Größe

$$\sigma^2 = Var(X) := E[(X-E(X))^2] = \int_{-\infty}^{\infty} (x-E(X))^2 p_X(x)dx$$

wird Varianz der Zufallsgröße X genannt. Die Größe σ heißt Streuung oder Standardabweichung. ■

(A5.45) **Rechenregeln für die Varianz**:

$$Var(X) = Cov(X,X)$$

$$Var(X) = E(X^2) - [E(X)]^2$$

$$Var(aX) = a^2 \, Var(X)$$

$$Var(X+b) = Var(X)$$

$$Var(X) = 0 \Longleftrightarrow X = E(X) \text{ mit Wahrscheinlichkeit } 1$$

$$Var(X+Y) = Var(X) + 2Cov(X,Y) + Var(Y) \quad .$$

Für zwei unkorrelierte Zufallsgrößen X und Y gilt

$$Var(X+Y) = Var(X) + Var(Y) \quad .$$ ■

Bei kleiner Varianz konzentriert sich die Verteilung einer Zufallsgröße stärker um ihren Erwartungswert als bei größerer Varianz.

(A5.46) **Satz (Schwarzsche Ungleichung)**:

Zwischen der Kovarianz zweier Zufallsgrößen X und Y und deren Varianzen besteht die Ungleichung

$$[Cov(X,Y)]^2 \leq Var(X) \, Var(Y)$$

die Schwarzsche Ungleichung genannt wird. ■

(A5.47) **Anmerkung**:

Wenn von einer Zufallsgröße bekannt ist, daß sie normalverteilt, gleichverteilt oder dreiecksverteilt ist, so ist mit der Kenntnis des Erwartungswertes und der Varianz die Verteilung vollständig festgelegt. Es gibt weitere Beispiele, wo dies zutrifft. ■

A5.7 Zufallsvektoren

Die Definition der stochastischen Unabhängigkeit von Zufallsgrößen X, Y überträgt sich sinngemäß auf Zufallsvektoren $\underline{X}$, $\underline{Y}$, wenn in Definition (A5.36) die Intervallgrenzen x_1, x_2, y_1, y_2 durch $\underline{x}_1$, $\underline{x}_2$, $\underline{y}_1$, $\underline{y}_2$ ersetzt werden usw..

Zur Untersuchung stochastischer Zusammenhänge bei Zufallsvektoren $\underline{X}$, $\underline{Y}$ werden 1. und 2. Momente verwendet:

(A5.48) Definition (Autokorrelationsmatrix):

$$R(\underline{X},\underline{X}) \quad := \quad E(\underline{X}\cdot\underline{X}^T)$$

wird Autokorrelationsmatrix des Zufallsvektors $\underline{X}$ genannt. ■

(A5.49) Definition (Kreuzkorrelationsmatrix):

$$R(\underline{X},\underline{Y}) \quad := \quad E(\underline{X}\cdot\underline{Y}^T)$$

wird Kreuzkorrelationsmatrix der Zufallsvektoren $\underline{X}$ und $\underline{Y}$ genannt. ■

(A5.50) Definition (Autokovarianzmatrix):

$$Cov(\underline{X},\underline{X}) \quad := \quad E[(\underline{X}-E(\underline{X}))(\underline{X}-E(\underline{X}))^T]$$

heißt Autokovarianzmatrix des Zufallsvektors $\underline{X}$. ■

(A5.51) Definition (Kreuzkovarianzmatrix):

$$Cov(\underline{X},\underline{Y}) \quad := \quad E[(\underline{X}-E(\underline{X}))(\underline{Y}-E(\underline{Y}))^T]$$

heißt Kreuzkovarianzmatrix der Zufallsvektoren $\underline{X}$ und $\underline{Y}$. ■

Für Kovarianzmatrizen gelten entsprechende Rechenregeln wie für die Kovarianz zweier Zufallsgrößen (siehe (A5.40)).

(A5.52) Definition (Unkorreliertheit von zwei Zufallsvektoren):

Zwei Zufallsvektoren $\underline{X}$ und $\underline{Y}$ heißen unkorreliert, wenn

$$Cov(\underline{X},\underline{Y}) = \underline{O} .$$

Dies ist gleichbedeutend mit $E(\underline{X}\cdot\underline{Y}^T) = E(\underline{X})E(\underline{Y})^T$. ■

(A5.53) Definition (Orthogonalität von zwei Zufallsvektoren):

Zwei Zufallsvektoren $\underline{X}$ und $\underline{Y}$ heißen orthogonal, wenn

$$E(\underline{X}\cdot\underline{Y}^T) = \underline{O} .$$ ■

A5.8 Zufallsprozesse

Zur Untersuchung der stochastischen Eigenschaften von Zufallsprozessen werden 1. und 2. Momente verwendet, die hier für Zufallsprozesse mit kontinuierlicher Zeit (Indexmenge I) definiert werden. Sämtliche Definitionen und Aussagen übertragen sich analog auf Zufallsfolgen (Zufallsprozesse mit diskreter Zeit), indem Funktionen durch Folgen ersetzt werden.

(A5.54) Definition (Erwartungswertfunktion):

Die Funktion $m_X(t) := E[X(t)] \qquad (t\varepsilon I)$

heißt Erwartungswertfunktion des Zufallsprozesses $X(\cdot)$. ■

(A5.55) Definition (Autokorrelationsfunktion):

Die Funktion $R_{XX}(s,t) := E[X(s)X(t)] \qquad (t,s\varepsilon I)$

heißt Autokorrelationsfunktion des Zufallsprozesses $X(\cdot)$. ■

(A5.56) Definition (Kreuzkorrelationsfunktion):

Die Funktion $R_{XY}(s,t) := E[X(s)Y(t)] \qquad (t,s\varepsilon I)$

heißt Kreuzkorrelationsfunktion der Zufallsprozesse $X(\cdot)$ und $Y(\cdot)$. ■

(A5.57) Definition (Autokovarianzfunktion):

Die Funktion $C_{XX}(s,t) := Cov[X(s),X(t)] \qquad (t,s\varepsilon I)$

heißt Autokovarianzfunktion des Zufallsprozesses $X(\cdot)$. ■

(A5.58) **Definition (Kreuzkovarianzfunktion):**

Die Funktion $C_{XY}(s,t) := Cov[X(s),Y(t)]$ $(t,s \varepsilon I)$

heißt Kreuzkovarianzfunktion der Zufallsprozesse $X(\cdot)$ und $Y(\cdot)$. ■

Zwischen den Kovarianzfunktionen und den Korrelationsfunktionen bestehen die Zusammenhänge

(A5.59) $$C_{XX}(s,t) = R_{XX}(s,t) - m_X(s)m_X(t) \quad ,$$

(A5.60) $$C_{XY}(s,t) = R_{XY}(s,t) - m_X(s)m_Y(t) \quad .$$

(A5.61) **Definition (Unkorreliertheit von zwei Zufallsprozessen):**

Zwei Zufallsprozesse $X(\cdot)$ und $Y(\cdot)$ heißen unkorreliert, wenn für alle $s,t \varepsilon I$ die Bedingung

$$C_{XY}(s,t) = 0$$

erfüllt ist. ■

(A5.62) **Definition (Stationarität im weiteren Sinne):**

Ein Zufallsprozeß $X(\cdot)$ heißt stationär im weiteren Sinne, wenn

$$m_X(t) = m_X = const$$

und die Autokorrelationsfunktion $R_{XX}(s,t)$ für alle $s,t \varepsilon I$ nur von der Zeitdifferenz $\tau := s-t$ abhängt, d.h.

$$R_{XX}(s,t) = R_{XX}(s-t) = R_{XX}(\tau) \quad .$$

Das gleiche gilt dann auch für die Autokovarianzfunktion. ■

Zur Definition im engeren Sinne stationärer Zufallsprozesse siehe LANDGRAF [A5.2], Seite 2.10.

(A5.63) **Eigenschaften der Autokorrelationsfunktion und Autokovarianzfunktion im weiteren Sinne stationärer Zufallsprozesse $X(\cdot)$:**

1. $C_{XX}(\tau) = C_{XX}(-\tau)$
2. $|C_{XX}(\tau)| \leq C_{XX}(0) = Var(X(t))$
3. $R_{XX}(\tau) = R_{XX}(-\tau)$
4. $|R_{XX}(\tau)| \leq R_{XX}(0) = Var(X_t) + m_X^2$ ■

Ein typischer Verlauf einer Autokovarianzfunktion ist in Bild A5.2 dargestellt.

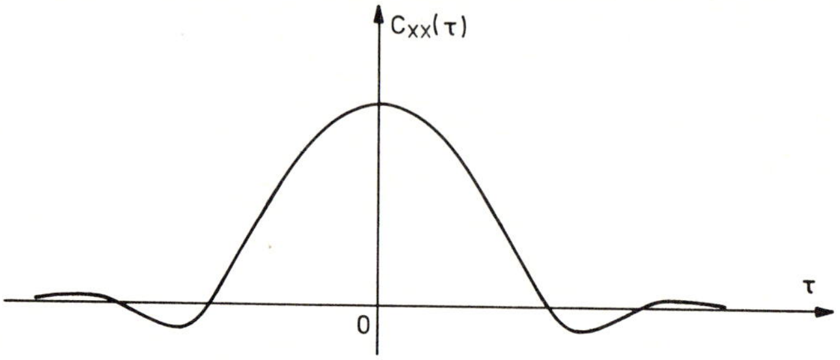

Bild A5.2: Autokovarianzfunktion $C_{XX}(\tau)$ eines im weiteren Sinne stationären Zufallsprozesses $X(\cdot)$

Der Wert der Autokorrelationsfunktion $R_{XX}(\cdot)$ bzw. der Autokovarianzfunktion $C_{XX}(\cdot)$ eines im weiteren Sinne stationären Prozesses $X(\cdot)$ an einer festen Stelle τ ist ein Maß für die statistische Verwandtschaft der Zufallsgröße $X(t)$ (t beliebig) mit der vergangenen Zufallsgröße $X(t-\tau)$ und der zukünftigen Zufallsgröße $X(t+\tau)$. Wenn eine Autokovarianzfunktion schnell nach null abklingt, nimmt die statistische Verwandtschaft benachbarter Werte des Prozesses $X(\cdot)$ schnell ab.

(A5.64) Definition (Spektrale Dichte):

$X(\cdot)$ sei ein im weiteren Sinne stationärer Zufallsprozeß mit der Autokovarianzfunktion $C_{XX}(\cdot)$. Die Fouriertransformierte

$$S_{XX}(\omega) := \int_{-\infty}^{\infty} C_{XX}(\tau)e^{-j\omega\tau}d\tau$$

wird (sofern sie existiert) spektrale Dichte des Prozesses $X(\cdot)$ genannt. ■

(A5.65) Eigenschaften der spektralen Dichte:

1. $S_{XX}(\omega)$ ist reell für alle $\omega \in \mathbb{R}$,
2. $S_{XX}(\omega) \geq 0$ " " " ,
3. $S_{XX}(\omega) = S_{XX}(-\omega)$ " " " ,
4. $C_{XX}(\tau) = \frac{1}{2\pi} \int_{-\infty}^{\infty} S_{XX}(\omega)e^{j\omega\tau}d\omega$. ■

(A5.66) **Anmerkung**:

Da $S_{XX}(\omega)$ für alle ω reell und positiv ist und da aufgrund von Eigenschaft 4

$$\mathrm{Var}(X(t)) = C_{XX}(0) = \frac{1}{2\pi} \int_{-\infty}^{\infty} S_{XX}(\omega)\, d\omega \quad ,$$

hat die Funktion $S_{XX}(\cdot)$ die Eigenschaften einer Dichte. Somit ist der Name "Spektrale Dichte" gerechtfertigt. ■

A5.9 Weiße Zufallsprozesse

(A5.67) **Definition (Weißer Zufallsprozeß)**:

Ein im weiteren Sinne stationärer Zufallsprozeß $X(\cdot)$ heißt weißer Zufallsprozeß, wenn

$$E[X(t)] = 0 \quad ,$$

$$S_{XX}(\omega) = S_o = \text{const} \quad .$$ ■

(A5.68) **Folgerungen**:

Für die Autokovarianzfunktion $C_{XX}(\cdot)$ eines weißen kontinuierlichen Zufallsprozesses $X(\cdot)$ gilt

$$C_{XX}(\tau) = S_o\, \delta(\tau) \quad .$$

Für die Autokovarianzfolge $\{C_{XX}(k)\}$ eines weißen diskreten Zufallsprozesses $\{X(k)\}$ (weiße Zufallsfolge) gilt

$$C_{XX}(k) = \begin{cases} S_o & \text{für } k = 0 \\ 0 & \text{für } k \neq 0 \end{cases} \qquad (k \in \mathbb{Z}) \quad .$$ ■

(A5.69) **Anmerkungen**:

1. Zwei benachbarte Werte eines weißen Zufallsprozesses sind immer unkorreliert (folgt aus den Eigenschaften von $C_{XX}(\cdot)$ bzw. $\{C_{XX}(k)\}$).
2. Kontinuierliche weiße Zufallsprozesse sind nicht realisierbar und bereiten mathematische Schwierigkeiten. Dies erkennt man beispielsweise daran, daß die "Varianz" eines kontinuierlichen weißen

Zufallsprozesses wegen $C_{XX}(\tau) = S_o\delta(\tau)$ unendlich groß ist. Demgegenüber sind diskrete weiße Zufallsprozesse (weiße Zufallsfolgen) mathematisch leicht behandelbar und einfach realisierbar. ■

A5.10 Stochastische Eigenschaften von Parameterschätzverfahren

Parameterschätzverfahren arbeiten (im stochastischen Sinne) nach folgendem Schema:

Mit Hilfe einer Anzahl von Zufallsgrößen $X_1, \ldots, X_N$, die Informationen über einen gesuchten festen Parametervektor $\underline{\vartheta}$ enthalten, wird über eine, dem jeweiligen Anwendungsfall angepaßt zu wählende Funktion $\underline{f}_N$ eine Schätzung

(A5.70) $$\hat{\underline{\theta}}_N = \underline{f}_N(X_1, \ldots, X_N)$$

für den Parametervektor $\underline{\vartheta}$ berechnet. Die Schätzung $\hat{\underline{\theta}}_N$ ist als (Vektor-) Funktion der Zufallsgrößen $X_1, \ldots, X_N$ ein Zufallsvektor. Setzt man in (A5.70) auf der rechten Seite anstelle der Zufallsgrößen $X_1, \ldots, X_N$ konkrete Realisierungen (Meßwerte) $x_1, \ldots, x_N$ ein, so erhält man einen Schätzwert $\hat{\underline{\vartheta}}_N$ für den gesuchten Vektor $\underline{\vartheta}$.

Die Eigenschaften von Parameterschätzverfahren werden anhand der stochastischen Eigenschaften des Zufallsvektors $\hat{\underline{\theta}}_N$ definiert und untersucht.

(A5.71) <u>Definition (Bias)</u>:

Die Größe $\underline{b}_N = E(\hat{\underline{\theta}}_N) - \underline{\vartheta}$ heißt Bias der Schätzung $\hat{\underline{\theta}}_N$. ■

(A5.72) <u>Definition (Biasfreiheit)</u>:

Eine Schätzung $\hat{\underline{\theta}}_N$ heißt biasfrei, wenn $\underline{b}_N = \underline{0}$, d.h. $E(\hat{\underline{\theta}}_N) = \underline{\vartheta}$. ■

(A5.73) <u>Definition (Asymptotische Biasfreiheit)</u>:

Eine Schätzfolge $\hat{\underline{\theta}}_N$ heißt asymptotisch biasfrei, wenn

$$\lim_{N\to\infty} \underline{b}_N = \underline{0} \quad , \quad \text{d.h.} \quad \lim_{N\to\infty} E(\hat{\underline{\theta}}_N) = \underline{\vartheta} \quad .$$ ■

(A5.74) <u>Definition (Konsistenz im quadratischen Mittel)</u>:

Eine Schätzfolge $\hat{\underline{\theta}}_N$ heißt konsistent im quadratischen Mittel, wenn

(A5.75) $$\lim_{N\to\infty} E[(\hat{\underline{\theta}}_N-\underline{\vartheta})(\hat{\underline{\theta}}_N-\underline{\vartheta})^T] = \underline{0} \; .$$ ■

(A5.76) **Definition (Mittleres Fehlerquadrat):**

Die Größe $E[(\hat{\underline{\theta}}_N-\underline{\vartheta})(\hat{\underline{\theta}}_N-\underline{\vartheta})^T]$ heißt mittleres Fehlerquadrat der Schätzung $\hat{\underline{\theta}}_N$. ■

(A5.77) **Anmerkungen:**

Die Gleichung (A5.75) ist gleichbedeutend damit, daß

$$\lim_{N\to\infty} \underline{b}_N = \underline{0}$$

und $$\lim_{N\to\infty} \mathrm{Cov}(\hat{\underline{\theta}}_N, \hat{\underline{\theta}}_N) = \underline{0} \; .$$

Neben der Konsistenz im quadratischen Mittel existieren zwei weitere Konsistenzbegriffe ("Schwache Konsistenz" und "Starke Konsistenz"), auf die hier jedoch nicht weiter eingegangen wird (siehe beispielsweise GOODWIN, SIN [A5.1], Seite 499,500). ■

A6 Parameterschätzverfahren

A6.1 Die Methode der kleinsten Quadrate (MKQ)

A6.1.1 Allgemeine nichtrekursive Schätzgleichung

Die Methode der kleinsten Quadrate ist eine Methode zur Lösung überbestimmter linearer Gleichungssysteme. Hierbei muß der gesuchte Parametervektor $\underline{\vartheta} \in \mathbb{R}^n$ einer Gleichung der Form

(A6.1) $$\underline{y}_N = \underline{H}_N \, \underline{\vartheta} + \underline{\varepsilon}_N$$

genügen, wobei der Vektor $\underline{y}_N \in \mathbb{R}^N$ und die Matrix $\underline{H}_N \in \mathbb{R}^{Nxn}$ $(N \geq n)$ bekannt sind. $\underline{\varepsilon}_N \in \mathbb{R}^N$ ist ein Vektor, der die sogenannten "Gleichungsfehler" ε_i enthält.

Bei der Methode der kleinsten Quadrate wird, ausgehend von der Gleichung

(A6.2) $$\underline{y}_N = \underline{H}_N \, \hat{\underline{\vartheta}}_N + \tilde{\underline{\varepsilon}}_N \quad ,$$

ein Schätzwert $\hat{\underline{\vartheta}}_N$ gerade so bestimmt, daß der Ausdruck (das Gütefunktional)

(A6.3) $$\begin{aligned} J(\hat{\underline{\vartheta}}_N) &= (\underline{y}_N - \underline{H}_N \hat{\underline{\vartheta}}_N)^T \, (\underline{y}_N - \underline{H}_N \hat{\underline{\vartheta}}_N) \\ &= \tilde{\underline{\varepsilon}}_N^T \, \tilde{\underline{\varepsilon}}_N = \sum_{k=1}^{N} \tilde{\varepsilon}^2(k) \end{aligned}$$

minimal wird. Durch Nullsetzen des Gradienten $\text{grad}_{\hat{\underline{\vartheta}}_N}(J(\hat{\underline{\vartheta}}_N))$ ergibt sich

(A6.4) $$\hat{\underline{\vartheta}}_N = (\underline{H}_N^T \, \underline{H}_N)^{-1} \, \underline{H}_N^T \, \underline{y}_N \quad ,$$

vorausgesetzt, die inverse Matrix $(\underline{H}_N^T \, \underline{H}_N)^{-1}$ existiert. Der Schätzwert $\hat{\underline{\vartheta}}_N$ erklärt die Gleichung (A6.1) im Sinne kleinster quadratischer Gleichungsfehler am besten. (A6.4) wird in der Literatur Normalgleichung genannt.

Wenn die Matrix $\underline{H}_N^T \underline{H}_N$ nicht invertierbar ist, ist ihr Rang kleiner als die Parameteranzahl n. In diesem Fall reicht die Anzahl der Gleichungen nicht aus, um einen Schätzwert $\hat{\underline{\vartheta}}_N$ zu berechnen. Abhilfe ist nur durch Hinzunahme weiterer (linear unabhängiger) Gleichungen (d.h. Erhöhung von N) möglich oder man reduziert den Parametervektor $\underline{\vartheta}$ (Verminderung von n).

A6.1.2 Parameteridentifikation bei linearen Systemen

Die Methode der kleinsten Quadrate kann auf die Identifikation von Parametern linearer Systeme angewendet werden, wenn ein bezüglich des zu schätzenden Parametervektors $\underline{\vartheta}$ lineares Gleichungssystem der Form

$$\underline{y}_N = \underline{H}_N \underline{\vartheta} + \underline{\varepsilon}_N$$

vorliegt, in dem $\underline{y}_N$ und $\underline{H}_N$ bekannt sind. N sei die Anzahl der Gleichungen.

So kann beispielsweise durch Anwendung sogenannter MOD-Funktionen (siehe HILLENBRAND [A6.2] oder MALETINSKY [A6.6]) auf die Eingangs-Ausgangs-Messungen eines linearen zeitkontinuierlichen Systems ein Gleichungssystem erzeugt werden, das linear in den Koeffizienten der Übertragungsfunktion $\tilde{G}(s)$ des zeitkontinuierlichen Systems ist. Auf dieses Gleichungssystem kann die Methode der kleinsten Quadrate angewendet werden.

Im Rahmen dieses Anhangs soll jedoch die Identifikation der Koeffizienten von Z-Übertragungsfunktionen zeitdiskreter Systeme im Vordergrund stehen. Die Eingangs-Ausgangs-Beziehung eines zeitdiskreten Systems n-ter Ordnung mit der Z-Übertragungsfunktion

$$G(z) = \frac{Z(z)}{\Delta(z)} = \frac{b_0 z^m + b_1 z^{m-1} + \ldots + b_{m-1} z + b_m}{z^n + a_1 z^{n-1} + \ldots + a_{n-1} z + a_n} \tag{A6.5}$$

lautet im Folgenbereich

$$\begin{aligned} y(k) + a_1\, y(k-1) + \ldots + a_n\, y(k-n) \\ = b_0\, u(k-n+m) + b_1\, u(k-n+m-1) + \ldots + b_m\, u(k-n) \\ = b_0\, u(k-d) + b_1\, u(k-d-1) + \ldots + b_m\, u(k-d-m) \end{aligned} \tag{A6.6}$$

$$k = 1,\ 2,\ \ldots$$

Hierbei ist $d := n-m$ die Differenz zwischen Nenner- und Zählergrad in der Übertragungsfunktion (A6.5), welche eine Totzeit $d \cdot T_a$ (T_a Abtastzeit) zur Folge hat.

Wenn Eingangs- und Ausgangswerte $u(k)$ und $y(k)$ gemessen werden, sind diese aufgrund von (Meß-) Störungen meistens fehlerbehaftet, so daß Gleichungen der Form (A6.6) für beliebige k nicht exakt durch die Meßwerte erfüllbar sind. Deshalb soll in (A6.6) ein Störprozeß $\{\varepsilon(k)\}$ berücksichtigt werden. Aus (A6.6) folgt dann

(A6.7)
$$\begin{aligned} y(k) &= - a_1 \, y(k-1) - \ldots - a_n \, y(k-n) \\ &\quad + b_o \, u(k-n+m) + \ldots + b_m \, u(k-n) + \varepsilon(k) \, , \quad k \geq 1 \, . \end{aligned}$$

Faßt man diese Gleichungen für $k = 1,\ldots,N$ in Matrizenschreibweise zusammen, so erhält man

(A6.8)
$$\underline{y}_N = \underline{H}_N \, \underline{\vartheta} + \underline{\varepsilon}_N$$

mit den Bezeichnungen

$$\underline{y}_N := [y(1), \, y(2), \, \ldots, \, y(N)]^T \, ,$$

$$\underline{\vartheta} := [a_1, \, \ldots, \, a_n \, ; \, b_o, \, \ldots, \, b_m]^T \, ,$$

$$\underline{\varepsilon}_N := [\varepsilon(1), \, \varepsilon(2), \, \ldots, \, \varepsilon(N)]^T$$

und

$$\underline{H}_N := [\underline{h}_1, \, \underline{h}_2, \, \ldots, \, \underline{h}_N]^T \, , \text{ wobei}$$

$$\underline{h}_k^T := [-y(k-1),\ldots,-y(k-n); \, u(k-d),\ldots,u(k-d-m)] \, .$$

Auf (A6.8) kann die Methode der kleinsten Quadrate angewendet werden. Die Lösung des Schätzproblems in nichtrekursiver Form ist durch (A6.4) gegeben, wenn $(\underline{H}_N^T \, \underline{H}_N)^{-1}$ existiert. Um die Invertierbarkeit und eine gute Konditionierung der Matrix $\underline{H}_N^T \, \underline{H}_N$ zu sichern, sollte die Eingangsgröße $\{u(k)\}$ alle Eigenbewegungen des Systems (A6.5) hinreichend gut anregen ("persistently exciting") und keinen zu großen Gleichanteil besitzen.

Wenn die Eingangsgröße $\{u(k)\}$ nicht mit dem Störprozeß $\{\varepsilon(k)\}$ korreliert ist und der Störprozeß $\{\varepsilon(k)\}$ die stochastischen Eigenschaften

(A6.9)
$$\begin{aligned} E[\varepsilon(k)] &= 0 \, , \\ E[\varepsilon(i)\varepsilon(k)] &= \sigma^2 \, \delta_{ik} \end{aligned}$$

besitzt (d.h. $\{\varepsilon(k)\}$ ist eine weiße Zufallsfolge, siehe (A5.67)), dann kann gezeigt werden, daß die Schätzung

$$\hat{\underline{\vartheta}}_N = (\underline{H}_N^T \underline{H}_N)^{-1} \underline{H}_N^T \underline{y}_N$$

biasfrei und unter zusätzlichen Annahmen auch konsistent ist. Durch Anwendung der Z-Transformation auf die Differenzengleichung (A6.7) gelangt man zu dem Strukturbild A6.1.

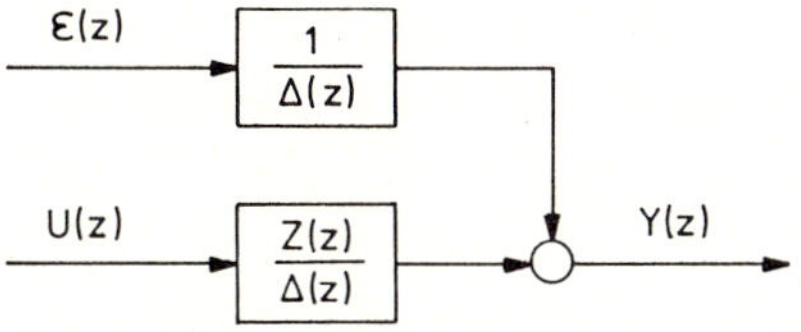

Bild A6.1: Strukturbild im Z-Bereich zur Systemgleichung (A6.7)

Wir erkennen, daß eine weiße Zufallsfolge $\{\varepsilon(k)\}$ "über das Nennerpolynom $\Delta(z)$" auf den Ausgang des Systems $G(z) = Z(z)/\Delta(z)$ wirken muß, damit die Schätzung $\hat{\underline{\vartheta}}_N$ biasfrei ist.

A6.1.3 Rekursive Schätzgleichung

Die Normalgleichung

(A6.10) $$\hat{\underline{\vartheta}}_N = (\underline{H}_N^T \underline{H}_N)^{-1} \underline{H}_N^T \underline{y}_N$$

als Lösung des Schätzproblems (Gleichungssystems)

$$\underline{y}_N = \underline{H}_N \underline{\vartheta} + \underline{\varepsilon}_N$$

nach der Methode der kleinsten Quadrate hat den Nachteil, daß die Berechnung des Schätzwertes $\hat{\underline{\vartheta}}_N$ erst dann erfolgen kann, wenn der gesamte Datensatz $(\underline{y}_N, \underline{H}_N)$ vorliegt. Besonders dann, wenn Meßwerte zeitlich nacheinander eintreffen, ist es wünschenswert, möglichst frühzeitig Schätzwerte $\hat{\underline{\vartheta}}$ für den gesuchten Parametervektor $\underline{\vartheta}$ zu erhalten und diese Schätzwerte mit jedem neu eintreffenden Meßwert zu aktualisieren. Der Lösung dieses Problems dienen die folgenden Umformungen der Normalgleichung.

Sei $\underline{X}_N := \underline{H}_N^T \underline{H}_N$. Dann gilt

(A6.11) $$\underline{X}_N = \underline{X}_{N-1} + \underline{h}_N \underline{h}_N^T .$$

Unter Berücksichtigung von

$$\underline{y}_N = [y(1),...,y(N)]^T$$

folgt aus (A6.10) durch Aufspaltung des letzten Faktors der rechten Seite

$$\hat{\underline{\vartheta}}_N = \underline{X}_N^{-1}[\underline{H}_{N-1}^T \underline{y}_{N-1} + \underline{h}_N y(N)]$$

$$= \underline{X}_N^{-1}[\underline{X}_{N-1} \hat{\underline{\vartheta}}_{N-1} + \underline{h}_N y(N)] \quad .$$

Wegen $\underline{X}_{N-1} = \underline{X}_N - \underline{h}_N\underline{h}_N^T$ folgt hieraus

$$\hat{\underline{\vartheta}}_N = \underline{X}_N^{-1}[\underline{X}_N\hat{\underline{\vartheta}}_{N-1} - \underline{h}_N\underline{h}_N^T \hat{\underline{\vartheta}}_{N-1} + \underline{h}_N y(N)] \quad ,$$

d.h.

(A6.12) $$\hat{\underline{\vartheta}}_N = \hat{\underline{\vartheta}}_{N-1} + \underline{X}_N^{-1} \underline{h}_N[y(N) - \underline{h}_N^T \hat{\underline{\vartheta}}_{N-1}] \quad .$$

Diese Gleichung hat die Gestalt

[Neuer Schätzvektor] = [Alter Schätzvektor] + [Korrekturvektor] .

Der Faktor

(A6.13) $$\underline{k}_N = \underline{X}_N^{-1} \underline{h}_N$$

wird häufig Kalman-Verstärkung genannt. Die Größe

(A6.14) $$\hat{y}(N) := \underline{h}_N^T \hat{\underline{\vartheta}}_{N-1}$$

ist ein Vorhersagewert (Prädiktionswert) für den Meßwert $\hat{y}(N)$ aufgrund des alten Parametersatzes $\hat{\underline{\vartheta}}_{N-1}$ und der Meßgrößen bis zum Zeitpunkt k-1. Dementsprechend ist

(A6.15) $$e(N) := y(N) - \hat{y}(N) = y(N) - \underline{h}_N^T \hat{\underline{\vartheta}}_{N-1}$$

ein <u>Prädiktionsfehler</u>. Der Schätzgleichung (A6.12) liegt somit das Schema

$$\begin{bmatrix}\text{Neuer}\\ \text{Schätzvektor}\end{bmatrix} = \begin{bmatrix}\text{Alter}\\ \text{Schätzvektor}\end{bmatrix} + \begin{bmatrix}\text{Verstärkung}\end{bmatrix} \cdot \begin{bmatrix}\text{Prädiktionsfehler}\end{bmatrix}$$

zugrunde (siehe Bild A6.2) .

Die Berechnung der Verstärkung $\underline{k}_N$ nach (A6.13) ist unpraktisch, da die Matrix $\underline{X}_N$ invertiert werden muß, die alle vergangenen Meßdaten enthält. Aus diesem Grund wird mit Hilfe der folgenden Umformungen eine weitere

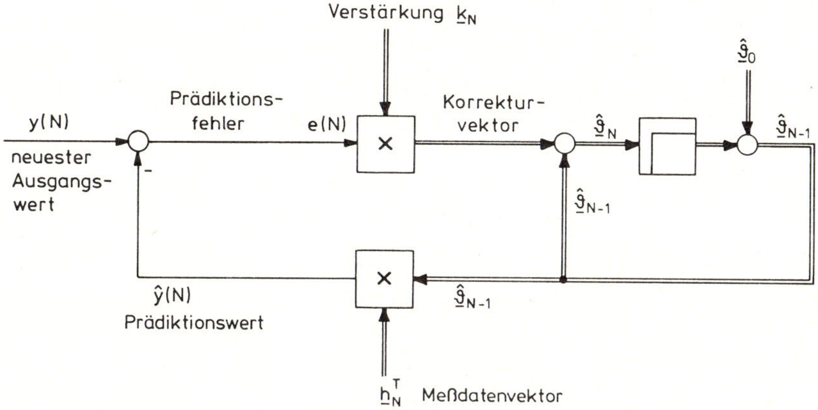

Bild A6.2: Schema der Schätzparameter-Korrektur bei der rekursiven Methode der kleinsten Quadrate

Rekursionsbeziehung hergeleitet, mit deren Hilfe $\underline{k}_N$ effektiver berechnet werden kann. Sei

(A6.16) $$\underline{P}_N := \underline{X}_N^{-1} \quad .$$

Dann folgt aus (A6.11)

(A6.17) $$\underline{P}_N = [\underline{X}_{N-1} + \underline{h}_N\underline{h}_N^T]^{-1} \quad .$$

Aufgrund des Matrizeninversionslemmas (siehe (A6.48)) gilt

(A6.18) $$\begin{aligned}\underline{P}_N &= \underline{X}_{N-1}^{-1} - \underline{X}_{N-1}^{-1}\,\underline{h}_N(\underline{h}_N^T\,\underline{X}_{N-1}^{-1}\,\underline{h}_N + 1)^{-1}\,\underline{h}_N^T\,\underline{X}_{N-1}^{-1} \\ &= \underline{P}_{N-1} - \frac{\underline{P}_{N-1}\underline{h}_N\underline{h}_N^T\,\underline{P}_{N-1}}{1 + \underline{h}_N^T\,\underline{P}_{N-1}\underline{h}_N} \quad .\end{aligned}$$

Für die Verstärkung $\underline{k}_N$ folgt somit aus (A6.13)

$$\underline{k}_N = \underline{P}_N\underline{h}_N = \underline{P}_{N-1}\underline{h}_N - \frac{\underline{P}_{N-1}\underline{h}_N\underline{h}_N^T\,\underline{P}_{N-1}\underline{h}_N}{1 + \underline{h}_N^T\,\underline{P}_{N-1}\underline{h}_N} \quad ,$$

(A6.19) $$\underline{k}_N = \frac{\underline{P}_{N-1}\underline{h}_N}{1 + \underline{h}_N^T\,\underline{P}_{N-1}\underline{h}_N} \quad .$$

Setzt man diese Beziehung in (A6.18) ein, so ergibt sich für $\underline{P}_N$ die Rekursionsbeziehung

$$\underline{P}_N = \underline{P}_{N-1} - \underline{k}_N \underline{h}_N^T \underline{P}_{N-1} = [\underline{E} - \underline{k}_N \underline{h}_N^T] \underline{P}_{N-1} \quad .$$

Die Gleichungen zur Parameterschätzung nach der rekursiven Methode der kleinsten Quadrate lauten somit zusammengefaßt

$$\hat{\underline{\vartheta}}_N = \hat{\underline{\vartheta}}_{N-1} + \underline{k}_N [y(N) - \underline{h}_N^T \hat{\underline{\vartheta}}_{N-1}] \; ,$$

(A6.20)
$$\underline{k}_N = \frac{\underline{P}_{N-1} \underline{h}_N}{1 + \underline{h}_N^T \underline{P}_{N-1} \underline{h}_N} \; ,$$

$$\underline{P}_N = [\underline{E} - \underline{k}_N \underline{h}_N^T] \underline{P}_{N-1} \quad .$$

Um die Rekursionsbeziehungen lösen zu können, müssen Startwerte $\hat{\underline{\vartheta}}_0$ und $\underline{P}_0$ vorgegeben werden. Wenn bereits Vorinformationen über den gesuchten Parametervektor $\underline{\vartheta}$ vorhanden sind, können diese in die Wahl von $\hat{\underline{\vartheta}}_0$ einfließen. Die Startmatrix $\underline{P}_0$ muß positiv definit gewählt werden; dadurch ist sichergestellt, daß der Nenner $1 + \underline{h}_N^T \underline{P}_{N-1} \underline{h}_N$ nicht singulär wird.

A6.1.4 Der Einfluß der Anfangswerte $\hat{\underline{\vartheta}}_0$ und $\underline{P}_0$

Die rekursive und die nichtrekursive Methode der kleinsten Quadrate unterscheiden sich bezüglich der Schätzergebnisse, da im rekursiven Fall Anfangswerte $\hat{\underline{\vartheta}}_0$ und $\underline{P}_0$ vorgegeben werden müssen, was im nichtrekursiven Fall nicht erforderlich ist. Wenn n Parameter zu schätzen sind, können Schätzwerte im nichtrekursiven Fall erst dann berechnet werden, wenn mindestens $N \geq n$ Gleichungen vorliegen, ansonsten ist die Matrix $\underline{H}_N^T \underline{H}_N$ nicht invertierbar. Im rekursiven Fall liegen aufgrund der Startwerte schon nach der ersten Messung Schätzwerte vor. Der Einfluß der Startwerte $\hat{\underline{\vartheta}}_0$ und $\underline{P}_0$ auf die Schätzergebnisse wird im weiteren quantitativ untersucht.

Für $\underline{P}_N^{-1}$ gilt aufgrund von (A6.17) die Rekursionsgleichung

$$\underline{P}_N^{-1} = \underline{P}_{N-1}^{-1} + \underline{h}_N \underline{h}_N^T \quad .$$

Durch wiederholtes Einsetzen erhält man

$$\underline{P}_N^{-1} = \underline{P}_0^{-1} + \sum_{k=1}^{N} \underline{h}_k \underline{h}_k^T = \underline{P}_0^{-1} + \underline{H}_N^T \underline{H}_N \quad .$$

Somit ist

(A6.21)
$$\underline{P}_N = [\underline{P}_0^{-1} + \underline{H}_N^T \underline{H}_N]^{-1} \quad .$$

Weiterhin wird die Parameter-Rekursionsgleichung

$$\hat{\underline{\vartheta}}_N = \hat{\underline{\vartheta}}_{N-1} + \underline{k}_N(y(N) - \underline{h}_N^T \hat{\underline{\vartheta}}_{N-1})$$

mit $\underline{P}_N^{-1}$ multipliziert:

$$\underline{P}_N^{-1} \hat{\underline{\vartheta}}_N = \underline{P}_N^{-1}\hat{\underline{\vartheta}}_{N-1} + \underline{P}_N^{-1} \underline{k}_N(y(N) - \underline{h}_N^T\hat{\underline{\vartheta}}_{N-1})$$

(A6.22)
$$= \underline{P}_N^{-1}(\underline{E} - \underline{k}_N\underline{h}_N^T)\hat{\underline{\vartheta}}_{N-1} + \underline{P}_N^{-1}\underline{k}_N y(N) .$$

Aufgrund von $\underline{k}_N = \underline{P}_N\underline{h}_N$ und

$$(\underline{E} - \underline{k}_N\underline{h}_N^T) = (\underline{E} - \underline{k}_N\underline{h}_N^T)\underline{P}_{N-1}\underline{P}_{N-1}^{-1} = \underline{P}_N\underline{P}_{N-1}^{-1}$$

erhalten wir die Rekursionsbeziehung

(A6.23)
$$\underline{P}_N^{-1} \hat{\underline{\vartheta}}_N = \underline{P}_{N-1}^{-1}\hat{\underline{\vartheta}}_{N-1} + \underline{h}_N y(N) ,$$

die exakt gelöst werden kann:

$$\underline{P}_N^{-1} \hat{\underline{\vartheta}}_N = \underline{P}_o^{-1}\hat{\underline{\vartheta}}_o + \sum_{k=1}^{N} \underline{h}_k y(k) ,$$

$$\hat{\underline{\vartheta}}_N = \underline{P}_N[\underline{P}_o^{-1}\hat{\underline{\vartheta}}_o + \sum_{k=1}^{N} \underline{h}_k y(k)] .$$

Mit (A6.21) folgt hieraus

(A6.24)
$$\hat{\underline{\vartheta}}_N = [\underline{P}_o^{-1} + \underline{H}_N^T \underline{H}_N]^{-1} [\underline{P}_o^{-1}\hat{\underline{\vartheta}}_o + \underline{H}_N^T\underline{y}_N] .$$

Ein Vergleich dieser Beziehung mit der Normalgleichung (A6.10) zeigt, daß jetzt zusätzliche Terme auftreten, die den Einfluß der Startwerte beschreiben. Deren Einfluß klingt mit 1/N ab, wenn die Folge $\{||\underline{h}_k||\}$ beschränkt ist und nicht gegen null strebt. Bei der Identifikation der Systemparameter eines linearen zeitdiskreten Systems ist dies der Fall, wenn die Folgen {u(k)} und {y(k)} beschränkt sind und nicht gegen null streben. Zur Veranschaulichung erweitern wir (A6.24) in Zähler und Nenner mit 1/N und erhalten

(A6.25)
$$\hat{\underline{\vartheta}}_N = \left[\frac{1}{N} \underline{P}_o^{-1} + \frac{1}{N} \underline{H}_N^T\underline{H}_N\right]^{-1} \left[\frac{1}{N} \underline{P}_o^{-1}\underline{\vartheta}_o + \frac{1}{N} \underline{H}_N^T\underline{y}_N\right] .$$

Die Matrizen

$$\frac{1}{N} \underline{H}_N^T\underline{H}_N = \frac{1}{N} \sum_{k=1}^{N} \underline{h}_k\underline{h}_k^T$$

und

$$\frac{1}{N}\,\underline{H}_N^T\underline{y}_N = \frac{1}{N}\sum_{k=1}^{N}\underline{h}_k y(k)$$

streben für $N \to \infty$ gegen konstante Matrizen (Korrelationsmatrizen). Demgegenüber konvergieren sämtliche Elemente in den Termen, die von den Anfangswerten abhängen, mit 1/N gegen null. Die Schätzgleichung (A6.24) und damit die rekursive Schätzung (A6.20) minimieren, wie man schnell nachrechnet, im Unterschied zu (A6.3) das modifizierte Gütefunktional

$$J^o(\hat{\underline{\vartheta}}_N) = (\underline{y}_N-\underline{H}_N\hat{\underline{\vartheta}}_N)^T(\underline{y}_N-\underline{H}_N\hat{\underline{\vartheta}}_N) + (\hat{\underline{\vartheta}}_o-\hat{\underline{\vartheta}}_N)^T\underline{P}_o^{-1}(\hat{\underline{\vartheta}}_o-\hat{\underline{\vartheta}}_N) \;,$$

(A6.26)

$$= \sum_{k=1}^{N}\tilde{\varepsilon}^2(k) + (\hat{\underline{\vartheta}}_o-\hat{\underline{\vartheta}}_N)^T\underline{P}_o^{-1}(\hat{\underline{\vartheta}}_o-\hat{\underline{\vartheta}}_N) \;,$$

in dem ein von den Anfangswerten abhängiger Zusatzterm auftritt.

Wenn keine Informationen über die zu schätzenden wahren Parameter $\underline{\vartheta}$ vorliegen, wählt man häufig $\hat{\underline{\vartheta}}_o = \underline{0}$ und $\underline{P}_o = \alpha\,\underline{E}$ mit $\alpha > 0$. Je größer α gewählt wird, umso geringer ist der Einfluß der Startmatrix $\underline{P}_o$ in der Gleichung (A6.24). Andererseits darf α nicht zu groß sein, um algorithmische Schwierigkeiten aufgrund der endlichen Wortlänge des verwendeten Digitalrechners zu vermeiden. Häufig setzt man $\alpha \approx 10^3 \ldots 10^6$.

A6.1.5 Rekursive Schätzgleichung bei exponentieller Wichtung der Meßdaten

Wenn der zu schätzende Parametervektor $\underline{\vartheta}$ langsam zeitveränderlich ist, so ist es sinnvoll, die jeweils zeitlich zuletzt eingetroffenen Meßwerte stärker zu bewerten als die früheren. Im Unterschied zu dem Gütefunktional

$$J(\hat{\underline{\vartheta}}_N) = \tilde{\underline{\varepsilon}}_N^T\,\tilde{\underline{\varepsilon}}_N = \sum_{k=1}^{N}\tilde{\varepsilon}^2(k)$$

(siehe (A6.3)) wählt man häufig ein Gütefunktional der Form

(A6.27) $$J_\lambda(\hat{\underline{\vartheta}}_N) = \sum_{k=1}^{N}\lambda^{N-k}\,\tilde{\varepsilon}^2(k) \;, \qquad (0 < \lambda < 1) \;,$$

bei dem eine exponentielle Wichtung der Gleichungsfehlerwerte $\tilde{\varepsilon}(k)$ vorgenommen wird. Je nach Größe des Parameters λ ("forgetting factor"), der meistens zwischen 0,95 und 1 gewählt wird, klingt der Einfluß vergangener Werte $\tilde{\varepsilon}(k)$ im Gütefunktional stärker oder schwächer ab. Ausgehend von dem Gütefunktional $J_\lambda(\hat{\underline{\vartheta}}_N)$ gelangt man zu rekursiven Schätzgleichungen der Gestalt

$$\hat{\underline{\vartheta}}_N = \hat{\underline{\vartheta}}_{N-1} + \underline{k}_N [y(N) - \underline{h}_N^T \hat{\underline{\vartheta}}_{N-1}] \quad ,$$

(A6.28)
$$\underline{k}_N = \frac{\underline{P}_{N-1}\underline{h}_N}{\lambda + \underline{h}_N^T \underline{P}_{N-1}\underline{h}_N} \quad ,$$

$$\underline{P}_N = \frac{1}{\lambda} [\underline{E} - \underline{k}_N\underline{h}_N^T] \underline{P}_{N-1}$$

(siehe GOODWIN, SIN [A6.1], S.64). Bei diesen Schätzgleichungen kann jedoch ein unangenehmer Effekt, der sogenannte "Estimator Wind Up" auftreten, der im folgenden kurz erläutert wird: Bei der Schätzung der Koeffizienten der Übertragungsfunktion eines linearen zeitdiskreten Systems stehen in den Vektoren $\underline{h}_k$ Meßwerte $y(k-1),\dots,y(k-n)$ und $u(k-n+m),\dots,u(k-n)$. Wenn das zu identifizierende System eine gewisse Zeit nicht angeregt wird, d.h. $u(k) = 0$ für $L_1 \leq k \leq L_2$, sind nach einiger Zeit bei einem stabilen System auch die Ausgangswerte $y(k)$ näherungsweise null, so daß $\underline{h}_k \approx \underline{0}$ für eine gewisse Menge von k-Werten gilt. Während dieser Zeit lautet die dritte der Rekursionsgleichungen (A6.28)

$$\underline{P}_N = \frac{1}{\lambda} \underline{P}_{N-1} \quad ,$$

die aufgrund von $|\frac{1}{\lambda}| > 1$ zu einem unerwünschten Aufklingen der Matrixfolge $\underline{P}_N$ führt. Abhilfe ist entweder dadurch möglich, daß die Elemente der Matrizen $\underline{P}_N$ in geeigneter Weise beschränkt werden, oder aber mit Hilfe eines variablen Faktors $\lambda(N)$ ("variable forgetting factor"). Dieser kann nach GOODWIN, SIN [A6.1], Seite 227, beispielsweise durch die Beziehung

(A6.29)
$$\lambda(N) = 1 - \eta \frac{e^2(N)}{\overline{e^2}}$$

festgelegt werden, wobei $e(N)$ der Prädiktionsfehler ist und $\overline{e^2}$ der Mittelwert von $e^2(N)$ über eine gewisse Zeitdauer. Der Parameter $\eta > 0$ besitzt einen kleinen konstanten Wert (z.B. 10^{-3}).

A6.1.6 Rekursive Methode der kleinsten Quadrate bei korreliertem Störprozeß

Die Methode der kleinsten Quadrate liefert genau dann biasfreie Schätzwerte, wenn der Störprozeß $\{\varepsilon(k)\}$ weiß ist und sein Erwartungswert verschwindet. Bei korreliertem Störprozeß kann die Methode der kleinsten Quadrate modifiziert werden. Hierzu wird angenommen, daß sich die korrelierte Störung $\varepsilon(k)$ in der Form

$$\varepsilon(k) = v(k) + f_1 v(k-1) + \ldots + f_n v(k-n) \tag{A6.30}$$

darstellen läßt, wobei die Koeffizienten f_ν noch unbekannt sind und der Prozeß $\{v(k)\}$ ein weißer Prozeß sei. Die Eingangs-Ausgangs-Beziehung einer zu identifizierenden linearen zeitdiskreten Regelstrecke lautet dann analog zu (A6.6)

$$\begin{aligned} y(k) = & - a_1 y(k-1) - \ldots - a_n y(k-n) \\ & + b_0 u(k-d) + \ldots + b_m u(k-d-m) \\ & + v(k) + f_1 v(k-1) + \ldots + f_n v(k-n) \qquad (k \geq 1) \end{aligned} \tag{A6.31}$$

bzw. im Z-Bereich

$$\Delta(z) Y(z) = Z(z) U(z) + F(z) V(z)$$

mit

$$\begin{aligned} \Delta(z) &= z^n + a_1 z^{n-1} + \ldots + a_{n-1} z + a_n \quad , \\ Z(z) &= b_0 z^m + b_1 z^{m-1} + \ldots + b_{m-1} z + b_m \quad , \\ F(z) &= z^n + f_1 z^{n-1} + \ldots + f_{n-1} z + f_n \quad . \end{aligned} \tag{A6.32}$$

Schreibt man die Eingangs-Ausgangs-Beziehung (A6.31) vektoriell bzw. für $k = 1 \ldots N$ in Matrixform, so erhält man

$$y(k) = \underline{h}_k^T \underline{\vartheta} + v(k) \tag{A6.33}$$

bzw.

$$\underline{y}_N = \underline{H}_N \underline{\vartheta} + \underline{v}_N \tag{A6.34}$$

mit den Bezeichnungen

$$\begin{aligned} \underline{y}_N &:= [y(1), y(2), \ldots, y(N)]^T \quad , \\ \underline{\vartheta} &:= [a_1, \ldots, a_n;\ b_0, \ldots, b_m;\ f_1, \ldots, f_n]^T \quad , \\ \underline{v}_N &:= [v(1), v(2), \ldots, v(N)]^T \quad , \\ \underline{h}_k^T &:= [-y(k-1), \ldots, -y(k-n);\ u(k-d), \ldots, u(k-d-m);\ v(k-1), \ldots, v(k-n)] \quad , \\ \underline{H}_N &:= [\underline{h}_1, \underline{h}_2, \ldots, \underline{h}_N]^T \ . \end{aligned}$$

Auf (A6.34) kann die Methode der kleinsten Quadrate angewendet werden, nur enthält der (gesuchte) Parametervektor $\underline{\vartheta}$ jetzt zusätzlich die unbekannten Koeffizienten f_1, $f_2, \ldots, f_n$. Außerdem stehen in den Meßvektoren $\underline{h}_k$ die unbekannten Störungswerte $v(k-1), \ldots, v(k-n)$, die separat geschätzt werden müssen. Aus diesem Grunde werden die Meßvektoren $\underline{h}_k^T$ durch

(A6.35) $$\hat{\underline{h}}_k^T := [-y(k-1), \ldots, -y(k-n);\ u(k-d), \ldots, u(k-d-m);\ \hat{v}(k-1), \ldots, \hat{v}(k-n)]$$

ersetzt, wobei die Größen $\hat{v}(k-1), \ldots, \hat{v}(k-n)$ Schätzwerte sind. Aufgrund von (A6.33) erhält man durch

(A6.36) $$\hat{v}(k) = y(k) - \hat{\underline{h}}_k^T \hat{\underline{\vartheta}}$$

derartige Schätzwerte, wenn $\hat{\underline{\vartheta}}$ ein Schätzwert für den gesuchten Parametervektor ist.

Wir erhalten den folgenden <u>erweiterten rekursiven MKQ-Algorithmus</u>:

(A6.37)
$$\begin{aligned}
\hat{\underline{\vartheta}}_N &= \hat{\underline{\vartheta}}_{N-1} + \underline{k}_N \hat{v}(N) \quad ,\\
\hat{v}(N) &= y(N) - \hat{\underline{h}}_N^T \hat{\underline{\vartheta}}_{N-1} \quad ,\\
\underline{k}_N &= \frac{\underline{P}_{N-1}\hat{\underline{h}}_N}{1 + \hat{\underline{h}}_N \underline{P}_{N-1}\hat{\underline{h}}_N} \quad ,\\
\underline{P}_N &= [\underline{E} - \underline{k}_N \hat{\underline{h}}_N^T]\underline{P}_{N-1} \quad .
\end{aligned}$$

Als Startwerte werden wiederum ein Anfangsschätzwert $\hat{\underline{\vartheta}}_0$ für den Parametervektor und eine positiv definite Matrix $\underline{P}_0$ vorgegeben. Weiterhin benötigt man die Startwerte $\hat{v}(0), \ldots, \hat{v}(1-n)$, die gemeinhin gleich null gesetzt werden.

Die Rekursionsgleichungen (A6.37) haben in den bisher untersuchten Anwendungen gute Konvergenzeigenschaften gezeigt. Ein allgemeiner Konvergenzbeweis kann für diese Schätzmethode allerdings nicht geführt werden, da Beispiele existieren, bei denen das Verfahren nicht konvergiert.

A6.1.7 Umformung eines rekursiven MKQ-Algorithmus zur Verminderung des Rechenaufwandes

Bei der Implementierung rekursiver MKQ-Algorithmen auf einem Digitalrechner ist es aus Gründen des Rechenaufwandes nicht zweckmäßig, unmittelbar die Gleichungen (A6.20), (A6.28) oder (A6.37) zu verwenden. Eine erhebliche Verringerung des Rechenzeitaufwandes ergibt sich bereits, wenn die Gleichungen (A6.20) folgendermaßen dargestellt werden (ähnliches gilt für (A6.28) und (A6.37):

(A6.38)
$$\begin{aligned}
\hat{\underline{\vartheta}}_N &= \hat{\underline{\vartheta}}_{N-1} + \underline{k}_N[y(N) - \underline{h}_N^T \hat{\underline{\vartheta}}_{N-1}] \quad ,\\
\underline{v}_N &= \underline{P}_{N-1}\underline{h}_N \quad ,\\
\Delta_N &= 1 + \underline{h}_N^T \underline{v}_N \quad ,\\
\underline{k}_N &= \frac{1}{\Delta_N} \underline{v}_N \quad ,\\
\underline{P}_N &= \frac{1}{\lambda} [\underline{P}_{N-1} - \underline{k}_N \underline{v}_N^T] \quad .
\end{aligned}$$

Da die Matrizen $\underline{P}_N$ symmetrisch sind, reicht es aus, jeweils die oberen oder unteren Dreiecksmatrizen zu berechnen.

Das Schema zur Berechnung von $\underline{k}_N$ ist in Bild A6.3 dargestellt. Das Schema zur Korrektur des Schätzparametervektors $\hat{\underline{\vartheta}}_N$ kann Bild A6.2 entnommen werden.

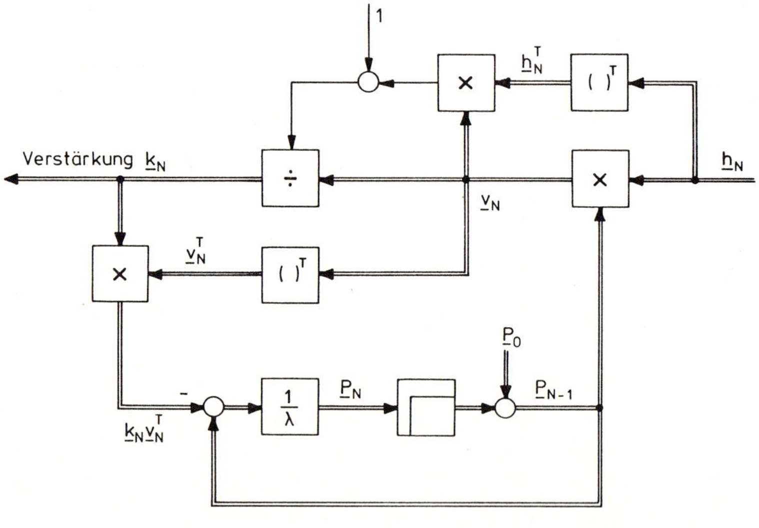

Bild A6.3: Schema zur Berechnung der Verstärkung $\underline{k}_N$

A6.1.8 Schwierigkeiten bei der Schätzung von Parametern linearer zeitdiskreter Systeme

Wenn bei gestörten Messungen die Koeffizienten der Z-Übertragungsfunktion eines linearen zeitdiskreten Übertragungssystems geschätzt werden, so zeigt sich häufig, daß die Schätzgenauigkeit bei den Nennerkoeffizienten erheblich größer ist als bei den Zählerkoeffizienten. Dies ist darauf zurückzuführen, daß die Ausgangsgröße eines linearen Systems in vielen Fällen bezüglich Änderungen der Polstellen, die ja die Eigenbewegungen festlegen, empfindlicher ist als bezüglich Änderungen der Nullstellen. Andererseits wird die Summe der Zählerkoeffizienten einer Z-Übertragungsfunktion meistens relativ genau geschätzt, da diese aufgrund der Beziehung

(A6.39) $$V = G(z)\Big|_{z=1} = \frac{\sum_{i=o}^{m} b_i}{\sum_{i=o}^{n} a_i} \qquad (a_o = 1)$$

direkt in den Verstärkungsfaktor V eingeht, der meistens gut identifizierbar ist.

Um gute Ergebnisse bei der Parameterschätzung zu erhalten, ist allgemein dafür Sorge zu tragen, daß alle Eigenbewegungen des zu identifizierenden Übertragungssystems durch die Eingangsgröße gut angeregt werden.

A6.2 Die Methode der »Instrumentellen Variablen« (IV-Methode)

Die Methode der kleinsten Quadrate liefert bei der Schätzung von Systemparametern linearer Systeme nur dann biasfreie Schätzwerte, wenn in der Gleichung

(A6.40) $$\underline{y}_N = \underline{H}_N \underline{\vartheta} + \underline{\varepsilon}_N \qquad (\underline{\vartheta} \in \mathbb{R}^n)$$

die Elemente des Störprozeßvektors $\underline{\varepsilon}_N$ eine weiße Zufallsfolge bilden, d.h. paarweise unkorreliert sind (siehe (A5.67)). Um bei korrelierten Störwerten ebenfalls biasfreie Schätzwerte zu erhalten, kann die Methode der "Instrumentellen Variablen" (Methode der Hilfsvariablen) angewendet werden, die darin besteht, (A6.40) formal mit der Transponierten einer sog. Hilfsvariablenmatrix $\underline{W}_N$, die die gleiche Dimension wie $\underline{H}_N$ besitzt, linksseitig zu multiplizieren:

(A6.41) $$\underline{W}_N^T \underline{y}_N = \underline{W}_N^T \underline{H}_N \underline{\vartheta} + \underline{W}_N^T \underline{\varepsilon}_N .$$

Eine Matrix $\underline{W}_N^T$ wird genau dann eine Hilfsvariablenmatrix genannt, wenn

(A6.42) $$E[\underline{W}_N^T \underline{\varepsilon}_N] = \underline{0}$$

gilt und die (quadratische) Matrix $E[\underline{W}_N^T \underline{H}_N]$ positiv definit ist (siehe UNBEHAUEN [A6.8], Seite 78). Die Matrix $\underline{W}_N$ muß somit so gewählt werden, daß sie stark mit den Nutzsignalanteilen (ungestörten Meßwertanteilen) in $\underline{H}_N$ korreliert ist, nicht jedoch mit dem Störvektor $\underline{\varepsilon}_N$. Wendet man auf (A6.41) die Methode der kleinsten Quadrate an, indem man den Vektor

(A6.43) $$\underline{v}_N := \underline{W}_N^T \underline{\varepsilon}_N$$

als neuen Störvektor auffaßt und, ausgehend von der Gleichung

(A6.44) $$\underline{W}_N^T \underline{y}_N = \underline{W}_N^T \underline{H}_N \hat{\underline{\vartheta}}_N + \tilde{\underline{v}}_N ,$$

das Gütefunktional

(A6.45) $$J(\hat{\underline{\vartheta}}_N) = \tilde{\underline{v}}_N^T \tilde{\underline{v}}_N = \sum_{k=1}^{n} \tilde{v}^2(k)$$

minimiert, so erhält man bei einer invertierbaren Matrix $\underline{W}_N^T \underline{H}_N$ die Schätzgleichung

(A6.46) $$\hat{\underline{\vartheta}}_N = (\underline{W}_N^T \underline{H}_N)^{-1} \underline{W}_N^T \underline{y}_N ,$$

die, wenn $\underline{W}_N$ die angegebenen Voraussetzungen erfüllt, biasfreie Schätzwerte liefert (siehe UNBEHAUEN [A6.8], Seite 79). Da $\underline{v}_N$ dieselbe Dimension wie $\underline{\vartheta}$ besitzt, nimmt das Gütefunktional $J(\hat{\underline{\vartheta}}_N)$ für $\hat{\underline{\vartheta}}_N$ nach (A6.46) den Wert null an.

Die Schätzgleichung (A6.46) könnte man formal auch dadurch erhalten, daß in der MKQ-Schätzgleichung (A6.10) $\underline{H}_N^T$ durch $\underline{W}_N^T$ ersetzt wird.

Bezüglich der Wahl einer geeigneten Hilfsvariablenmatrix sei auf die einschlägige Literatur verwiesen (z.B. SÖDERSTRÖM, STOICA [A6.7]).

Die Schätzung nach der IV-Methode kann, ebenso wie die MKQ-Schätzung, rekursiv durchgeführt werden.

A6.3 Das Matrizeninversionslemma

Wenn $\underline{A}$, $\underline{C}$ und $(\underline{A}^{-1} + \underline{B}\,\underline{C}^{-1}\,\underline{D})$ nichtsinguläre (quadratische) (nxn)-Matrizen sind, so gilt

(A6.47)
$$[\underline{A}^{-1} + \underline{B}\,\underline{C}^{-1}\underline{D}]^{-1} = \underline{A} - \underline{A}\,\underline{B}(\underline{D}\,\underline{A}\,\underline{B} + \underline{C})^{-1}\underline{D}\,\underline{A}$$

(Beweis siehe ISERMANN [A6.4], Seite 173). Die Dimension der Matrix $\underline{C}$ ist gleich der 1. Dimension der Matrix $\underline{D}$.

Ist $\underline{D}$ beispielsweise eine (1xn)-Matrix, d.h.

$$\underline{D} = \underline{d}^T \quad ,$$

so ist die Matrix $\underline{C}$ ein Skalar c. Ist

$$\underline{D} = \underline{d}^T \; ; \quad \underline{B} = \underline{b} \; ; \quad \underline{C} = 1 \quad ,$$

so lautet das Matrizeninversionslemma in vereinfachter Form

(A6.48)
$$[\underline{A}^{-1} + \underline{b}\,\underline{d}^T]^{-1} = \underline{A} - \underline{A}\,\underline{b}(\underline{d}^T\underline{A}\,\underline{b} + 1)^{-1}\,\underline{d}^T\underline{A} = \underline{A} - \frac{\underline{A}\,\underline{b}\,\underline{d}^T\underline{A}}{1 + \underline{d}^T\underline{A}\,\underline{b}} \quad .$$

A7 Positive dynamische Systeme

Der Begriff der Positivität dynamischer Systeme tritt im Zusammenhang mit unterschiedlichen systemtheoretischen Problemstellungen auf, unter anderem im Zusammenhang mit der Hyperstabilität von Regelkreisstrukturen, die eine mögliche Grundlage zur Herleitung von adaptiven Gesetzen ist.

Obgleich im Zusammenhang mit adaptiven Systemstrukturen nur die Positivität linearer (Teil-) Systeme von Interesse ist, soll der Begriff der Positivität zunächst allgemein formuliert werden. In Abschnitt A7.1 werden die Begriffe für zeitkontinuierliche Systeme eingeführt und erläutert und dann in Abschnitt A7.2 auf zeitdiskrete Systeme übertragen.

A7.1 Zeitkontinuierliche positive Systeme

(A7.1) <u>**Definition (Positivität)**</u>:

Ein nichtlineares dynamisches System der Form

(A7.2)
$$\begin{aligned} \dot{\underline{x}}(t) &= \underline{f}[\underline{x}(t),t,\underline{u}(t)] , \qquad \underline{x}(t_o) = \underline{x}_o , \\ \underline{y}(t) &= \underline{g}[\underline{x}(t),t,\underline{u}(t)] \end{aligned}$$

mit $\underline{x}(t) \in \mathbb{R}^n$, $\underline{u}(t) \in \mathbb{R}^p$, $\underline{y}(t) \in \mathbb{R}^p$, $t \in [t_o,\infty)$

heißt positiv, wenn das Integral des Skalarprodukts der Eingangs- und Ausgangsgröße für beliebige t_1, $\underline{x}_o$ und beliebige Eingangsfunktionen $\underline{u}(\cdot)$ in der Form

(A7.3)
$$\int_{t_o}^{t_1} \underline{y}^T(t)\underline{u}(t)dt = \Big[\phi(\underline{x}(t),t)\Big]_{t_o}^{t_1} + \int_{t_o}^{t_1} h(\underline{x}(t),\underline{u}(t),t)dt$$

darstellbar ist, wobei für die Funktionen h und ϕ die Ungleichungen

(A7.4) $h(\underline{x},\underline{u},t) \geq 0$ für alle $t \geq t_0$, $\underline{x} \in \mathbb{R}^n$, $\underline{u} \in \mathbb{R}^p$,

(A7.5) $\phi(\underline{x},t) \geq 0$ für alle $t \geq t_0$, $\underline{x} \in \mathbb{R}^n$

gültig sind. ■

Der Begriff der Positivität wird in der Literatur oft auch als Dissipativität bezeichnet (siehe WILLEMS [A7.3]). Die Terme in (A7.3) haben aus physikalischer Sicht die folgende Bedeutung:

$\underline{y}^T(t)\underline{u}(t)$: Äußere Leistung (zu- und abgeführte Leistungen)

$\int_{t_0}^{t_1} \underline{y}^T(t)\underline{u}(t)dt$: Im Zeitintervall $[t_0,t_1]$ zugeführte Energie

$\phi(\underline{x}(t),t)$: Momentane Zustandsenergie

$h(\underline{x}(t),\underline{u}(t),t)$: Momentan "verbrauchte" (dissipierte) Leistung (z.B. durch Reibung, Ohmsche Widerstände usw.)

$\int_{t_0}^{t_1} h(\underline{x}(t),\underline{u}(t),t)dt$: Im Zeitintervall $[t_0,t_1]$ dissipierte Energie .

Aus (A7.3) folgt somit, daß die dem System zugeführte Energie sich aufspalten läßt in einen Energieanteil, der in den Zustandsgrößen gespeichert ist, und einen zweiten Energieanteil, der im System durch Reibung, Ohmsche Widerstände usw. "verbraucht" wurde. Ein positives System besitzt somit keine "Energiequellen" oder verhält sich bezüglich der Eingangsgröße $\underline{u}(\cdot)$ und Ausgangsgröße $\underline{y}(\cdot)$ zumindest so, als wenn keine Energiequellen vorhanden wären. Für ein positives System gilt

(A7.6) $$\int_{t_0}^{t_1} \underline{y}^T(t)\underline{u}(t)dt \geq - \phi(\underline{x}(t_0),t_0) \quad ,$$

so daß die von einem positiven System abgebbare Energie (negatives Vorzeichen) niemals größer als die im Anfangszustand $\underline{x}(t_0)$ gespeicherte Energie $\phi(\underline{x}(t_0),t_0)$ sein kann. Welche Energiemenge dem System tatsächlich entnommen werden kann, hängt von der gewählten Eingangsfunktion $\underline{u}(\cdot)$ und von der individuellen Beschaffenheit des Systems ab.

Die Überprüfung der Positivität ist bei allgemeinen nichtlinearen Systemen sehr schwierig, da sie anhand der Beziehung (A7.3) durchgeführt werden muß. Eine hinreichende, aber nicht notwendige Bedingung für die Positivität des Systems (A7.2) ist durch den folgenden Satz gegeben:

(A7.7) Satz (Positivität):

Das dynamische System (A7.2) ist positiv, wenn für jede Lösung
$\underline{x}[\underline{x}(t_o),\underline{u}(\cdot),\cdot]$ und für beliebige t_1 die Gleichung

$$\int_{t_o}^{t_1} \underline{y}^T(t)\underline{u}(t)dt = \frac{1}{2}\underline{x}(t_1)^T\underline{P}(t_1)\underline{x}(t_1) - \frac{1}{2}\underline{x}(t_o)^T\underline{P}(t_o)\underline{x}(t_o)$$

(A7.8)
$$+ \frac{1}{2}\int_{t_o}^{t_1}\left[\underline{x}^T(t)\underline{Q}(t)\underline{x}(t) + 2\,\underline{u}^T(t)\underline{S}^T(t)\underline{x}(t) + \underline{u}^T(t)\underline{R}(t)\underline{u}(t)\right]dt$$

erfüllt ist, wobei die Matrizen $\underline{P}(t)$, $\underline{Q}(t)$, $\underline{S}(t)$ und $\underline{R}(t)$ für alle $t \geq t_o$
den Bedingungen

$$\underline{P}(t) > \underline{0} \qquad\qquad \text{(positiv definit)}$$

(A7.9)
$$\begin{bmatrix} \underline{Q}(t) & \underline{S}(t) \\ \underline{S}^T(t) & \underline{R}(t) \end{bmatrix} \geq \underline{0} \qquad \text{(positiv semidefinit)}$$

genügen.   ■

Beweis:

Unter dem Integral der rechten Seite von Gleichung (A7.8) steht eine positiv semidefinite quadratische Form, da

$$\underline{x}^T(t)\underline{Q}(t)\underline{x}(t) + 2\underline{u}^T(t)\underline{S}^T(t)\underline{x}(t) + \underline{u}^T(t)\underline{R}(t)\underline{u}(t)$$

(A7.10)
$$= [\underline{x}^T(t),\underline{u}^T(t)]\begin{bmatrix} \underline{Q}(t) & \underline{S}(t) \\ \underline{S}^T(t) & \underline{R}(t) \end{bmatrix}\begin{bmatrix} \underline{x}(t) \\ \underline{u}(t) \end{bmatrix} \quad .$$

Mit

(A7.11) $\psi(\underline{x}(t),t) = \underline{x}^T(t)\underline{P}(t)\underline{x}(t)$

und

$$h(\underline{x}(t),\underline{u}(t),t) = \underline{x}^T(t)\underline{Q}(t)\underline{x}(t) + 2\underline{u}^T(t)\underline{S}^T(t)\underline{x}(t) + \underline{u}^T(t)\underline{R}(t)\underline{u}(t)$$

(A7.12)

stellt Gleichung (A7.8) somit nur einen Spezialfall der Definitionsgleichung (A7.3) dar, womit die Aussage des Satzes bewiesen ist. ■

Der folgende Satz stellt hinreichende, aber nicht notwendige Bedingungen für die Positivität eines linearen zeitvariablen Systems bereit:

(A7.13) Satz (Positivität eines linearen zeitvariablen Systems):

Das lineare zeitvariable System

$$\begin{aligned} \dot{\underline{x}}(t) &= \underline{A}(t)\underline{x}(t) + \underline{B}(t)\underline{u}(t) \quad , \\ \underline{y}(t) &= \underline{C}(t)\underline{x}(t) + \underline{D}(t)\underline{u}(t) \end{aligned} \qquad \text{(A7.14)}$$

mit $\underline{x}(t_o) = \underline{x}_o \; , \; \underline{x}(t) \in \mathbb{R}^n \; , \; \underline{u}(t) \in \mathbb{R}^p \; , \; \underline{y}(t) \in \mathbb{R}^p \; , \; t \in [t_o,\infty)$

ist positiv, wenn eine symmetrische, zeitvariable, positiv definite und bezüglich t differenzierbare Matrix $\underline{P}(t)$, symmetrische, zeitvariable, semidefinite Matrizen $\underline{Q}(t)$ und $\underline{R}(t)$ sowie eine Matrix $\underline{S}(t)$ existieren, so daß die Bedingungen

$$\begin{aligned} &\dot{\underline{P}}(t) + \underline{A}^T(t)\underline{P}(t) + \underline{P}(t)\underline{A}(t) = -\underline{Q}(t) \quad , \\ &\underline{B}^T(t)\underline{P}(t) + \underline{S}^T(t) = \underline{C}(t) \quad , \\ &\underline{D}(t) + \underline{D}^T(t) = \underline{R}(t) \quad , \\ &\begin{bmatrix} \underline{Q}(t) & \underline{S}(t) \\ \underline{S}^T(t) & \underline{R}(t) \end{bmatrix} \geq \underline{0} \quad \text{(positiv semidefinit)} \end{aligned} \qquad \text{(A7.15)}$$

für alle $t \geq t_o$ erfüllt sind (siehe LANDAU [A7.1], Seite 371). ■

(A7.16) Anmerkung:

Für lineare zeitinvariante Systeme der Form

$$\begin{aligned} \dot{\underline{x}}(t) &= \underline{A}\,\underline{x}(t) + \underline{B}\,\underline{u}(t) \quad , \\ \underline{y}(t) &= \underline{C}\,\underline{x}(t) + \underline{D}\,\underline{u}(t) \end{aligned} \qquad \text{(A7.17)}$$

mit $\underline{x}(t_o) = \underline{x}_o \; , \; \underline{x}(t) \in \mathbb{R}^n \; , \; \underline{u}(t) \in \mathbb{R}^p \; , \; \underline{y}(t) \in \mathbb{R}^p$

übertragen sich die Sätze (A7.7) und (A7.13) völlig analog, nur sind die

Matrizen $\underline{P}$, $\underline{Q}$, $\underline{R}$ und $\underline{S}$ in diesem Fall zeitunabhängig und es darf $t_o = 0$ gesetzt werden. ■

Bei linearen zeitinvarianten Systemen (A7.17) besteht weiterhin die Möglichkeit, die Positivität eines Systems anhand seiner Übertragungsmatrix (bzw. Übertragungsfunktion)

(A7.18) $$\underline{G}(s) = \underline{C}[s\underline{E} - \underline{A}]^{-1}\underline{B} + \underline{D}$$

zu überprüfen. Diese Vorgehensweise hat große praktische Bedeutung und ist in vielen Fällen sehr einfach. Hierzu benötigen wir einige Definitionen und Erläuterungen. Die Operation * bedeutet gleichzeitige Transposition und komplexe Konjugation der Elemente eines Vektors oder einer Matrix. Die nachfolgenden Definitionen beziehen sich auf Übertragungsmatrizen zeitkontinuierlicher Systeme.

(A7.19) Definition (Positiv reelle Übertragungsmatrix):

Eine (pxp)-Matrix $\underline{G}(s)$, deren Elemente gebrochen rationale Funktionen der komplexen Variablen s sind, heißt positiv reell, wenn folgende Bedingungen erfüllt sind:

1) $\underline{G}(s)$ ist eine reelle Matrix für alle reellen s.
2) Alle Elemente von $\underline{G}(s)$ sind analytisch in der rechten offenen s-Halbebene, d.h. sie besitzen dort keine Polstellen.
3) Für alle s mit der Eigenschaft $Re[s] > 0$ ist die Matrix $\underline{G}(s) + \underline{G}^*(s)$ positiv definit hermitesch. ■

(A7.20) Definition (Streng positiv reelle Übertragungsmatrix):

Eine (pxp)-Matrix $\underline{G}(s)$, deren Elemente gebrochen rationale Funktionen der komplexen Variablen s sind, heißt streng positiv reell, wenn folgende Bedingungen erfüllt sind:

1) $\underline{G}(s)$ ist eine reelle Matrix für alle reellen s.
2) Alle Elemente von $\underline{G}(s)$ sind analytisch in der rechten geschlossenen s-Halbebene, d.h. sie besitzen dort keine Polstellen.
3) Für alle s mit der Eigenschaft $Re[s] \geq 0$ ist die Matrix $\underline{G}(s) + \underline{G}^*(s)$ positiv definit hermitesch. ■

Da die Überprüfung der dritten Eigenschaft in den Definitionen (A7.19) und (A7.20) recht umständlich ist, geben wir zwei zu (A7.19) und (A7.20) äquivalente Definitionen an, die einfacher nachprüfbar sind.

(A7.21) Definition (positiv reelle Übertragungsmatrix):

Eine (pxp)-Matrix $\underline{G}(s)$, deren Elemente gebrochen rationale Funktionen der komplexen Variablen s sind, heißt positiv reell, wenn folgende Bedingungen erfüllt sind:

1) $\underline{G}(s)$ ist eine reelle Matrix für alle reellen s.

2) Alle Elemente von $\underline{G}(s)$ und $\underline{G}^{-1}(s)$ sind analytisch in der rechten offenen s-Halbebene, d.h. sie besitzen dort keine Polstellen.

3) Die eventuellen Pole der Elemente von $\underline{G}(s)$ und $\underline{G}^{-1}(s)$ auf der imaginären Achse $Re[s] = 0$ sind einfach und die zugehörigen Residuenmatrizen sind positiv semidefinit hermitesch.

4) Die Matrix $\underline{G}(j\omega) + \underline{G}^T(-j\omega)$ ist positiv semidefinit hermitesch für alle imaginären Werte $j\omega$ (d.h. alle reellen Werte ω), die nicht Polstellen eines Elementes von $\underline{G}(j\omega)$ sind. ■

(A7.22) Definition (Streng positiv reelle Übertragungsmatrix):

Eine (pxp)-Matrix $\underline{G}(s)$, deren Elemente gebrochen rationale Funktionen der komplexen Variablen s sind, heißt streng positiv reell, wenn folgende Bedingungen erfüllt sind:

1) $\underline{G}(s)$ ist eine reelle Matrix für alle reellen s.

2) Alle Elemente von $\underline{G}(s)$ und $\underline{G}^{-1}(s)$ sind analytisch in der geschlossenen rechten s-Halbebene, d.h. sie besitzen dort keine Polstellen.

3) Die Matrix $\underline{G}(j\omega) + \underline{G}^T(-j\omega)$ ist eine positiv definite, hermitesche Matrix für alle reellen ω. ■

(A7.23) Folgerungen:

Aufgrund von Punkt 2 in den Definitionen (A7.20) und (A7.22) folgt, daß das zu einer streng positiv reellen Übertragungsmatrix $\underline{G}(s)$ (bzw. Übertragungsfunktion G(s)) gehörige Übertragungsglied BIBO-stabil ist, wenn gleichzeitig in keinem Element von $\underline{G}(s)$ der Zählergrad größer als der Nennergrad ist.

Für eine skalare positiv reelle Übertragungsfunktion G(s) folgt aus Punkt 4 von Definition (A7.21)

(A7.24) $$Re[G(j\omega)] \geq 0$$

für alle reellen ω, für die $j\omega$ keine Polstelle von G(s) ist. Für eine skalare streng positiv reelle Übertragungsfunktion G(s) folgt aus Punkt 3 von Definition (A7.22):

(A7.25) $\mathrm{Re}[G(j\omega)] > 0$ für alle $\omega \in \mathbb{R}$. ■

(A7.26) Satz (Inverse einer (streng) positiv reellen Übertragungsmatrix):

Sei $\underline{G}(s)$ eine (streng) positiv reelle Übertragungsmatrix. Dann ist $\underline{G}^{-1}(s)$ ebenfalls eine (streng) positiv reelle Übertragungsmatrix. ■

Beweis:

Zur Vereinfachung der Schreibweise führen wir die Mengen $\Omega^\circ = \{s|\mathrm{Re}[s] > 0\}$ und $\Omega = \{s|\mathrm{Re}[s] \geq 0\}$ ein. Die in Punkt 3 der Definitionen (A7.19) und (A7.20) geforderte Eigenschaft, daß die Matrix $\underline{G}(s) + \underline{G}^*(s)$ für alle $s \in \Omega^\circ (s \in \Omega)$ positiv definit hermitesch sein muß, ist äquivalent zu der Aussage, daß für diese s-Werte und für beliebige Vektoren $\underline{x} \in \mathbb{C}^p$ gilt

(A7.27) $\mathrm{Re}[\underline{x}^* \underline{G}(s)\underline{x}] > 0$.

Damit kann $\underline{G}(s)$ für alle $s \in \Omega^\circ$ $(s \in \Omega)$ keinen Eigenwert bei $\lambda = 0$ besitzen, so daß $\underline{G}^{-1}(s)$ existiert und für alle $s \in \Omega^\circ$ $(s \in \Omega)$ analytisch ist. Weiterhin ist $\underline{G}^{-1}(s)$ eine reelle Matrix für alle reellen s, wenn $\underline{G}(s)$ diese Eigenschaft besitzt. Setzt man in (A7.27) für $\underline{x}$ den Ausdruck $\underline{x} = \underline{G}^{-1}(s)\ \underline{y}$ ein, wobei $\underline{y} \in \mathbb{C}^p$ ein beliebiger komplexer Vektor ist, so folgt

(A7.28) $\mathrm{Re}[\underline{y}^* \{\underline{G}^*(s)\}^{-1}\underline{y}] > 0$.

Diese Ungleichung ändert sich nicht, wenn die skalare Zahl in der eckigen Klammer transponiert und durch ihren konjugiert komplexen Wert ersetzt wird. Wir erhalten somit

(A7.29) $\mathrm{Re}[\underline{y}^* \underline{G}^{-1}(s)\underline{y}] > 0$

für alle $\underline{y} \in \mathbb{C}^p$ und $s \in \Omega^\circ$ $(s \in \Omega)$, womit der Beweis abgeschlossen ist. ■

Für die Überprüfung einer skalaren Übertragungsfunktion $G(s) = Z(s)/\Delta(s)$ eines zeitkontinuierlichen linearen Systems auf positiv reellen bzw. streng positiv reellen Charakter existieren einige (einfache) notwendige, aber nicht hinreichende Bedingungen (siehe auch WOLF [A7.5], Seite 177, 178):

(A7.30) **Notwendige Bedingungen für eine positiv reelle Übertragungsfunktion G(s) = Z(s)/Δ(s):**

a) Alle Koeffizienten der Polynome Z(s) und Δ(s) müssen reell und größer gleich null sein.

b) In beiden Polynomen müssen zwischen dem Glied höchsten und niedrigsten Grades alle Potenzen vorhanden sein, es sei denn, es fehlen in einem Polynom alle geraden oder alle ungeraden Glieder. Ist dies in beiden Polynomen der Fall, so muß eines der Polynome gerade, das andere ungerade sein.

c) Die Nullstellen der Polynome Z(s) und Δ(s) auf der imaginären Achse müssen einfach sein.

d) Der Gradunterschied der Glieder höchster Ordnung und der Gradunterschied der Glieder niedrigster Ordnung der Polynome Z(s) und Δ(s) darf höchstens gleich eins sein. ■

(A7.31) **Notwendige Bedingungen für eine streng positiv reelle Übertragungsfunktion G(s) = Z(s)/Δ(s):**

a) Alle Koeffizienten der Polynome Z(s) und Δ(s) müssen reell und größer null sein.

b) Sämtliche Nullstellen der Polynome Z(s) und Δ(s) müssen in der linken offenen s-Halbebene liegen (Hurwitzpolynome).

c) Der Gradunterschied zwischen Zähler- und Nennerpolynom darf maximal gleich eins sein. ■

Ist eine dieser notwendigen Bedingungen verletzt, so sind weitere Untersuchungen auf positiv reellen bzw. streng positiv reellen Charakter hinfällig.

Der positiv reelle bzw. streng positiv reelle Charakter einer skalaren Übertragungsfunktion G(s) läßt sich aufgrund der Beziehungen (A7.24) und (A7.25) einfach anhand der Ortskurve G(jω) in der Ortskurvenebene überprüfen, wenn die weiteren Bedingungen 1, 2 und 3 in Definition (A7.21) bzw. 1 und 2 in Definition (A7.22) erfüllt sind. Die Ortskurve G(jω) muß in der rechten Halbebene liegen, wenn die Übertragungsfunktion G(s) streng positiv reell ist (siehe Bild A7.1). Hierbei ist es zulässig, daß die Ortskurve für $\omega \to \infty$ in den Ursprung läuft.

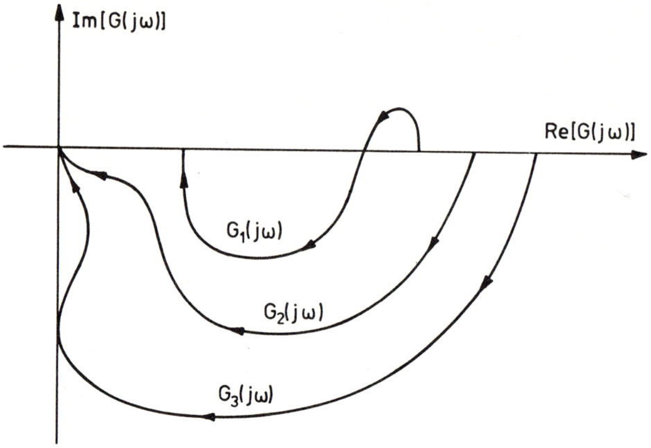

Bild A7.1: Ortskurven von Übertragungsfunktionen
$G_1(s)$, $G_2(s)$: Streng positiv reell
$G_3(s)$: Positiv reell

(A7.32) **Satz (Positivität eines linearen zeitinvarianten Systems):**

Ein vollständig steuerbares, lineares zeitinvariantes System der Form

$$\dot{\underline{x}}(t) = \underline{A}\,\underline{x}(t) + \underline{B}\,\underline{u}(t)$$

(A7.33)

$$\underline{y}(t) = \underline{C}\,\underline{x}(t) + \underline{D}\,\underline{u}(t)$$

ist genau dann positiv, wenn seine Übertragungsmatrix (bzw. Übertragungsfunktion)

(A7.34) $$\underline{G}(s) = \underline{C}[s\underline{E} - \underline{A}]^{-1}\underline{B} + \underline{D}$$

positiv reell ist. ■

A7.2 Zeitdiskrete positive Systeme

Die Positivität zeitdiskreter dynamischer Systeme läßt sich analog zum zeitkontinuierlichen Fall formulieren.

(A7.35) **Definition (Positivität):**

Ein nichtlineares dynamisches System der Form

(A7.36)
$$\underline{x}(k+1) = \underline{f}[\underline{x}(k),k,\underline{u}(k)] \;, \quad \underline{x}(k_o) = \underline{x}_o \;,$$
$$\underline{y}(k) = \underline{g}[\underline{x}(k),k,\underline{u}(k)]$$

mit $\underline{x}(k) \in \mathbb{R}^n$, $\underline{u}(k) \in \mathbb{R}^p$, $\underline{y}(k) \in \mathbb{R}^p$, $k = k_o, k_o+1, \ldots$

heißt positiv, wenn die Summe des Skalarprodukts der Eingangs- und Ausgangsgröße für beliebige k_1, $\underline{x}_o$ und beliebige Eingangsfolgen $\{u(k)\}$ in der Form

(A7.37)
$$\sum_{k=k_o}^{k_1} \underline{y}^T(k)\underline{u}(k) = \Big[\phi(\underline{x}(k),k)\Big]_{k_o}^{k_1+1} + \sum_{k=k_o}^{k_1} h(\underline{x}(k),\underline{u}(k),k)$$

darstellbar ist, wobei für die Funktionen h und ϕ die Ungleichungen

(A7.38)
$$h(\underline{x},\underline{u},k) \geq 0 \quad \text{für alle } k \geq k_o,\ \underline{x} \in \mathbb{R}^n,\ \underline{u} \in \mathbb{R}^p \;,$$

(A7.39)
$$\phi(\underline{x},t) \geq 0 \quad \text{für alle } k \geq k_o,\ \underline{x} \in \mathbb{R}^n$$

gültig sind. ■

Die Deutung der Positivität bei zeitdiskreten Systemen ist der bei zeitkontinuierlichen Systemen identisch. Ähnlich den Sätzen (A7.7) und (A7.13) existieren auch für zeitdiskrete Systeme Sätze, in denen hinreichende Bedingungen zur Sicherung der Positivität formuliert sind. Wir verweisen hierzu auf LANDAU [A7.1], Seite 377-379 und wenden uns Definitionen zu, die den positiv reellen und streng positiv reellen Charakter von Übertragungsfunktionen betreffen, die zu linearen zeitinvarianten zeitdiskreten Systemen gehören.

(A7.40) Definition (Positiv reelle Übertragungsmatrix):

Eine (pxp)-Matrix $\underline{G}(z)$, deren Elemente gebrochen rationale Funktionen der komplexen Variablen z sind, heißt positiv reell, wenn folgende Bedingungen erfüllt sind:

1) $\underline{G}(z)$ ist eine reelle Matrix für alle reellen z.
2) Alle Elemente von $\underline{G}(z)$ sind analytisch im Bereich $|z| > 1$, d.h. außerhalb des Einheitskreises der z-Ebene.
3) Für alle z mit der Eigenschaft $|z| > 1$ ist die Matrix $\underline{G}(z) + \underline{G}^*(z)$ positiv definit hermitesch. ■

(A7.41) Definition (Streng positiv reelle Übertragungsmatrix):

Eine (pxp)-Matrix $\underline{G}(z)$, deren Elemente gebrochen rationale Funktionen der komplexen Variablen z sind, heißt streng positiv reell, wenn folgende Bedingungen erfüllt sind:

1) $\underline{G}(z)$ ist eine reelle Matrix für alle reellen z.

2) Alle Elemente von $\underline{G}(z)$ sind analytisch im Bereich $|z| \geq 1$.

3) Für alle z mit der Eigenschaft $|z| \geq 1$ ist die Matrix $\underline{G}(z) + \underline{G}^*(z)$ positiv definit hermitesch. ■

Analog zum zeitkontinuierlichen Fall geben wir zwei, zu (A7.40) und (A7.41) äquivalente Definitionen an, die einfacher nachprüfbar sind.

(A7.42) Definition (Positiv reelle Übertragungsmatrix):

Eine (pxp)-Matrix $\underline{G}(z)$, deren Elemente gebrochen rationale Funktionen der komplexen Variablen z sind, heißt positiv reell, wenn folgende Bedingungen erfüllt sind:

1) $\underline{G}(z)$ ist eine reelle Matrix für alle reellen z.

2) Alle Elemente von $\underline{G}(z)$ und $\underline{G}^{-1}(z)$ sind analytisch für $|z| > 1$, d.h. sie besitzen dort keine Polstellen.

3) Die eventuellen Pole der Elemente von $\underline{G}(z)$ und $\underline{G}^{-1}(z)$ auf dem Einheitskreis $|z| = 1$ sind einfach und die zugehörigen Residuenmatrizen sind positiv semidefinit hermitesch.

4) Die Matrix $\underline{G}(e^{j\varphi}) + \underline{G}^T(e^{-j\varphi})$ ist positiv semidefinit hermitesch für alle reellen Werte $\varphi \in [0,2\pi]$, die nicht Polstellen eines Elementes von $\underline{G}(e^{j\varphi})$ sind. ■

(A7.43) Definition (Streng positiv reelle Übertragungsmatrix):

Eine (pxp)-Matrix $\underline{G}(z)$, deren Elemente gebrochen rationale Funktionen der komplexen Variablen z sind, heißt streng positiv reell, wenn folgende Bedingungen erfüllt sind:

1) $\underline{G}(z)$ ist eine reelle Matrix für alle reellen z.

2) Alle Elemente von $\underline{G}(z)$ und $\underline{G}^{-1}(z)$ sind analytisch für $|z| \geq 1$, d.h. sie besitzen dort keine Polstellen.

3) Die Matrix $\underline{G}(e^{j\varphi}) + \underline{G}^T(e^{-j\varphi})$ ist eine positiv definite, hermitesche Matrix für alle $\varphi \in [0,2\pi]$. ■

(A7.44) **<u>Satz (Inverse einer (streng) positiv reellen Übertragungsmatrix)</u>:**

Sei $\underline{G}(z)$ eine (streng) positiv reelle Übertragungsmatrix. Dann ist $\underline{G}^{-1}(z)$ ebenfalls eine (streng) positiv reelle Übertragungsmatrix. ■

Der Beweis dieses Satzes erfolgt völlig analog zum Beweis von Satz (A7.26).

(A7.45) **<u>Anmerkungen</u>:**

Aufgrund von Punkt 2 in den Definitionen (A7.41) und (A7.43) folgt, daß das zu einer streng positiv reellen Übertragungsmatrix $\underline{G}(z)$ (bzw. Übertragungsfunktion $G(z)$) gehörige Übertragungsglied BIBO-stabil ist.

Für eine skalare <u>positiv reelle</u> Übertragungsfunktion $G(z)$ folgt aus Punkt 4 von Definition (A7.42)

(A7.46) $$\mathrm{Re}[G(e^{j\varphi})] \geq 0$$

für alle reellen $\varphi \in [0,2\pi]$, für die $e^{j\varphi}$ keine Polstelle von $G(z)$ ist. Für eine skalare <u>streng positiv reelle</u> Übertragungsfunktion $G(z)$ folgt aus Punkt 3 von Definition (A7.43)

(A7.47) $$\mathrm{Re}[G(e^{j\varphi})] > 0 \qquad \text{für alle } \varphi \in [0,2\pi] \quad .$$

Deshalb kann auch bei zeitdiskreten Systemen der positiv reelle oder streng positiv reelle Charakter einer Übertragungsfunktion in der Ortskurvenebene untersucht werden.

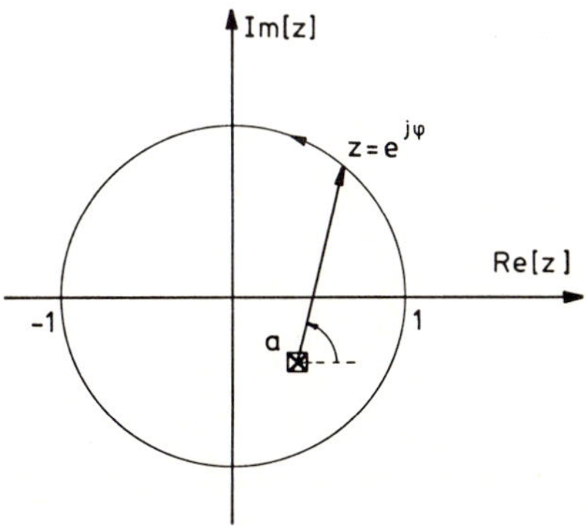

<u>Bild A7.2</u>: Winkelbeitrag eines Linearfaktors $e^{j\varphi}-a$ in einer Übertragungsfunktion $G(z)$

In skalaren streng positiv reellen (gebrochen rationalen) Übertragungsfunktionen G(z) ist stets der Zählergrad gleich dem Nennergrad. Dies ist unmittelbar einsichtig, wenn man bedenkt, daß das Argument jedes Linearfaktors (z-a) in der Übertragungsfunktion G(z) für $z = e^{j\varphi}$, $\varphi \varepsilon [0,2\pi]$ und $|a| < 1$ jeden Wert zwischen 0 und 2π annimmt (siehe Bild A7.2). Bei einem Pol- oder Nullstellenüberschuß würde die Winkeländerung der Ortskurve $G(e^{j\varphi})$ ein Vielfaches von 2π ergeben, womit die Ortskurve die rechte Halbebene verließe. ■

Zwischen dem (streng) positiv reellen Charakter einer zeitkontinuierlichen Übertragungsmatrix $\underline{\tilde{G}}(s)$ und einer zeitdiskreten Übertragungsmatrix $\underline{G}(z)$ kann über die <u>bilineare Transformation</u>

(A7.48) $$s = \frac{z-1}{z+1}, \qquad z = \frac{1+s}{1-s}$$

ein eindeutiger Zusammenhang hergestellt werden.

(A7.49) **<u>Satz (Zusammenhänge zwischen (streng) positiv reellen zeitkontinuierlichen und zeitdiskreten Übertragungsmatrizen)</u>:**

Wenn $\underline{\tilde{G}}(s)$ eine (streng) positiv reelle, zeitkontinuierliche Übertragungsmatrix ist, dann ist

(A7.50) $$\underline{G}(z) := \underline{\tilde{G}}\left(\frac{z-1}{z+1}\right)$$

eine (streng) positiv reelle, zeitdiskrete Übertragungsmatrix. Ist umgekehrt $\underline{G}(z)$ eine (streng) positiv reelle, zeitdiskrete Übertragungsmatrix, dann ist

(A7.51) $$\underline{\tilde{G}}(s) := \underline{G}\left(\frac{1+s}{1-s}\right)$$

eine (streng) positiv reelle, zeitkontinuierliche Übertragungsmatrix. ■

Der Beweis dieses Satzes folgt unmittelbar aus der Tatsache, daß durch die bilineare Transformation

(A7.52) $$s = \frac{z-1}{z+1}$$

das Innere des Einheitskreises $|z| < 1$ eindeutig auf die linke offene s-Halbebene $Re[s] < 0$ und der Einheitskreis $|z| = 1$ eindeutig auf die imaginäre Achse $s = j\omega$ ($\omega \varepsilon \mathbb{R}$) abgebildet wird, während sich das Gebiet $|z| > 1$ eindeutig auf die rechte offene s-Halbebene $Re[s] > 0$ abbildet.

(A7.53) **Satz (Positivität eines linearen zeitinvarianten Systems):**

Ein vollständig steuerbares, lineares zeitinvariantes zeitdiskretes System der Form

$$\underline{x}(k+1) = \underline{A}\,\underline{x}(k) + \underline{B}\,\underline{u}(k) \quad ,$$

(A7.54)

$$\underline{y}(k) = \underline{C}\,\underline{x}(k) + \underline{D}\,\underline{u}(k)$$

ist genau dann positiv, wenn seine Übertragungsmatrix (bzw. Übertragungsfunktion)

(A7.55) $$\underline{G}(z) = \underline{C}[z\underline{E} - \underline{A}]^{-1}\underline{B} + \underline{D}$$

positiv reell ist. ■

A8 Hyperstabilität

Die Hyperstabilitätstheorie bietet neben anderen Anwendungsgebieten die Möglichkeit, adaptive Regelkreise nach dem Modell-Referenz-Verfahren (MRAS) auf Stabilität zu untersuchen bzw. so zu entwerfen, daß Stabilität gesichert ist. Die aufgeführten Stabilitätssätze werden nicht bewiesen (Beweise siehe POPOV [A8.2]). Die Hyperstabilitätstheorie ist auf Regelkreise anwendbar, die eine Struktur nach Bild A8.1 besitzen oder sich in eine derartige Struktur umformen lassen.

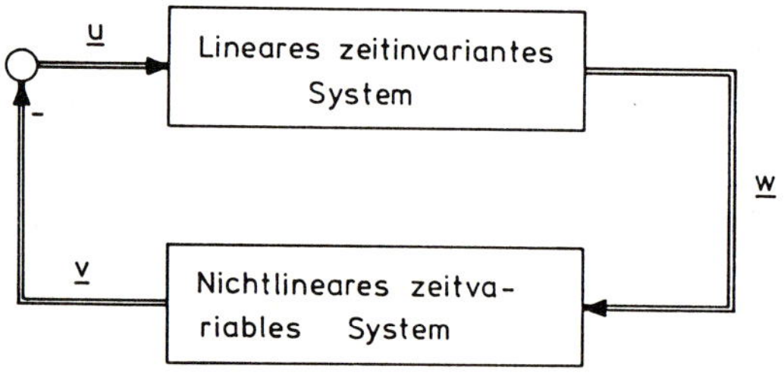

Bild A8.1: Der Hyperstabilitätstheorie zugrundeliegende Regelkreisstruktur

A8.1 Zeitkontinuierliche Regelkreise

Das lineare zeitinvariante System im "Vorwärtszweig" in Bild A8.1 sei beschrieben durch das Differentialgleichungssystem

$$\dot{\underline{x}}(t) = \underline{A}\,\underline{x}(t) + \underline{B}\,\underline{u}(t)\ , \quad \underline{x}(t_o) = \underline{x}_o\ ,$$

(A8.1) $$\underline{w}(t) = \underline{C}\,\underline{x}(t) + \underline{D}\,\underline{u}(t)\ ,$$

$$\underline{x}(t) \in \mathbb{R}^n\ , \quad \underline{u}(t) \in \mathbb{R}^p\ , \quad \underline{w}(t) \in \mathbb{R}^p\ .$$

Das System im "Rückführzweig" in Bild A8.1 sei in der allgemeinen Form

(A8.2) $$\underline{v}(t) = \underline{f}[\underline{w}(\cdot),t]$$

darstellbar. Dieses System darf nichtlinear und zeitvariabel sein. Wir betrachten nun eine Klasse von nichtlinearen Systemen:

(A8.3) Definition (Klasse $\mathcal{P}$):

Die Klasse $\mathcal{P}$ sei die Menge aller nichtlinearen zeitvariablen Systeme der allgemeinen Form

$$\underline{v}(t) = \underline{f}[\underline{w}(\cdot),t] \quad ,$$

bei denen das Skalarprodukt der Eingangsgröße und Ausgangsgröße die sogenannte Popov-(Integral)Ungleichung

(A8.4) $$\int_{t_o}^{t} \underline{v}^T(\tau)\underline{w}(\tau)d\tau \geq -\gamma_o^2 \qquad \text{für alle } t \geq t_o$$

und beliebige Eingangsfunktionen $\underline{w}(\cdot)$ erfüllt, wobei $\gamma_o \geq 0$ eine beliebige, aber bezüglich $\underline{w}(\cdot)$ und t feste Konstante ist. ■

(A8.5) Definition (Hyperstabilität):

Das lineare System (A8.1) heißt hyperstabil, wenn eine Konstante $\eta \geq 0$ existiert, so daß in der Regelkreisstruktur nach Bild A8.1 für jedes feste $\gamma_o \geq 0$ alle Lösungen $\underline{x}[\underline{x}_o,\cdot]$ für alle nichtlinearen Systeme im Rückführzweig, die der Ungleichung (A8.4) genügen, durch die Beziehung

(A8.6) $$||\underline{x}[\underline{x}_o,t]||_{\mathbb{R}^n} \leq \eta \cdot [||\underline{x}_o||_{\mathbb{R}^n} + \gamma_o]$$

für alle $t \geq t_o$ abschätzbar sind. Man spricht dann auch von Hyperstabilität des Regelkreises. ■

Die Zustandsgrößen eines hyperstabilen linearen Systems sind somit beschränkt, wenn dieses über ein beliebiges System der Klasse $\mathcal{P}$ zurückgekoppelt wird.

(A8.7) Definition (Asymptotische Hyperstabilität):

Das lineare System (A8.1) heißt asymptotisch hyperstabil, wenn gilt:

1. Das lineare System ist hyperstabil.

2. $\lim_{t\to\infty} \underline{x}[\underline{x}_0,t] = \underline{0}$ für alle $\underline{x}_0 \in \mathbb{R}^n$ und alle nichtlinearen Systeme der Klasse $\mathcal{P}$ im Rückführzweig. ■

(A8.8) **Satz (Asymptotische Hyperstabilität, Hyperstabilität):**

Das lineare zeitinvariante zeitkontinuierliche System (A8.1) ist genau dann asymptotisch hyperstabil, wenn seine Übertragungsmatrix

$$\underline{G}(s) = \underline{C}\,[\underline{E}s - \underline{A}]^{-1}\,\underline{B} + \underline{D} \qquad \text{(A8.9)}$$

streng positiv reell ist und sämtliche Eigenwerte von (A8.1) negativen Realteil besitzen.

Wenn das System (A8.1) vollständig steuerbar und vollständig beobachtbar ist, so ist dieses genau dann hyperstabil, wenn die Übertragungsmatrix $\underline{G}(s)$ positiv reell ist. ■

(A8.10) **Anmerkungen:**

Die Hyperstabilitätsaussage bezieht sich ausschließlich auf die Zustandsgrößen des linearen zeitinvarianten Teilsystems. Aussagen über die Beschränktheit eventueller innerer Zustandsgrößen des allgemeinen nichtlinearen Systems im Rückführzweig mit der Eingangs-Ausgangs-Beziehung $\underline{v}(t) = \underline{f}[\underline{w}(\cdot),t]$ werden hierbei nicht gemacht.

Bei der Definition der Stabilität einer Ruhelage $\underline{x}_R = \underline{0}$ i.S.v.Ljapunov (siehe Definition (1.15)) werden schärfere Forderungen an die Lösungen $\underline{x}[\underline{x}_0,\cdot]$ der Zustandsdifferentialgleichungen gestellt als bei der Definition der Hyperstabilität. Wenn die Ruhelage $\underline{x}_R = \underline{0}$ stabil i.S.v.Ljapunov ist, muß zu jedem $\varepsilon > 0$ ein $\delta(\varepsilon) > 0$ existieren, so daß für alle $\underline{x}(t_0) = \underline{x}_0$ mit

$$||\underline{x}_0||_{\mathbb{R}^n} < \delta(\varepsilon)$$

die Ungleichung

$$||\underline{x}[\underline{x}_0,t]||_{\mathbb{R}^n} < \varepsilon \qquad \text{für alle} \quad t \geq t_0$$

erfüllt ist. Hieraus folgt z.B. unmittelbar, daß zum Anfangszustand $\underline{x}_0 = \underline{0}$ die Lösung $\underline{x}[\underline{0},\cdot] \equiv \underline{0}$ gehören muß. Demgegenüber ist bei der Definition der Hyperstabilität die Norm des Zustandsvektors $\underline{x}[\underline{x}_0,t]$ in Abhängigkeit vom Anfangszustand $\underline{x}_0$ durch eine Gerade mit der Steigung η abschätzbar, die für $\gamma_0 > 0$ nicht durch den Ursprung verläuft (siehe Bild A8.2).

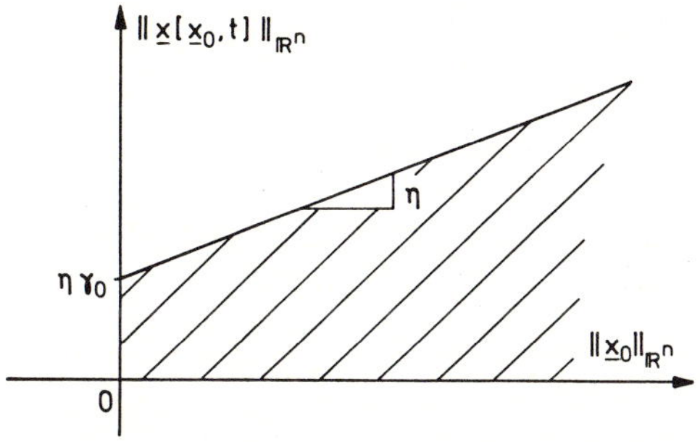

Bild A8.2: Zulässiger Bereich für die Norm des Zustandsvektors $\underline{x}[\underline{x}_0,t]$ des linearen Teilsystems eines hyperstabilen Regelkreises

Bei einem hyperstabilen Regelkreis kann somit nicht durch entsprechende Wahl von $\underline{x}_0$ sichergestellt werden, daß die Norm des Zustandsvektors $\underline{x}[\underline{x}_0,t]$ für beliebige t kleiner als ein beliebig kleines $\varepsilon > 0$ bleibt. Vielmehr ist die kleinste Schranke für die Norm von $\underline{x}[\underline{x}_0,t]$ gegeben durch $\eta\gamma_0$ (für $\underline{x}_0 = \underline{0}$). Da über die Größe der Konstanten $\eta \geq 0$ nichts ausgesagt ist (γ_0 liegt durch den nichtlinearen Rückführblock fest), ist es möglich, daß eine bei $\underline{x}_0 = \underline{0}$ startende Trajektorie $\underline{x}[\underline{x}_0,\bullet]$ bezüglich der Norm große (aber durch $\eta\gamma_0$ beschränkte) Werte annimmt (siehe Bild A8.3). Insofern scheint die der Hyperstabilität zugrundeliegende Forderung recht schwach zu sein. Man erinnere sich jedoch daran, daß die sehr gebräuchliche Definition der BIBO-Stabilität eines Übertragungssystems (siehe Abschnitt 3.1.1, Bemerkung (3.5)) ähnlich schwache Forderungen enthält. Bei einem BIBO-stabilen Übertragungssystem muß nämlich zu jeder durch eine beliebige Konstante M beschränkten Eingangsfunktion,

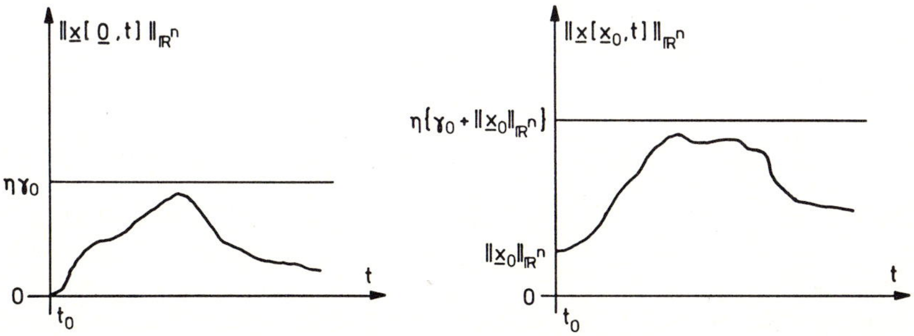

Bild A8.3: Mögliche Verläufe der Norm des Zustandsvektors $\underline{x}[\underline{x}_0,t]$ des linearen Teilsystems eines hyperstabilen Regelkreises

$$||u(\cdot)||_\infty \leq M \quad ,$$

eine in der Form

$$||y(\cdot)||_\infty \leq L(M)$$

beschränkte Ausgangsfunktion $y(\cdot)$ des Übertragungssystems gehören, wobei über die Größe der Konstanten $L(M)$ allerdings nichts ausgesagt ist. Wird ein BIBO-stabiles Übertragungssystem mit der Eingangsfunktion $u(\cdot) \equiv 0$ angeregt, so ist es zulässig, daß die Werte $y(t)$ der Ausgangsfunktion Beträge bis zu einer festen Schranke L annehmen.

Die Hyperstabilitätsaussage bezieht sich, ebenso wie einige Stabilitätsaussagen des 3. Kapitels (siehe z.B. Kreiskriterium, Abschnitte 3.2, 3.3 oder Popov-Kriterium, Abschnitt 3.4) auf eine ganze Klasse nichtlinearer Teilsysteme. Im Unterschied zum Kreiskriterium und zum Popov-Kriterium ist die Klasse der nichtlinearen Teilsysteme bei der Hyperstabilitätstheorie erheblich erweitert; dafür darf jedoch keine Führungsgröße von außen auf den Regelkreis nach Bild A8.1 einwirken. Hierbei ist aber anzumerken, daß in Anwendungen der Hyperstabilitätstheorie der zu behandelnde Regelkreis meistens erst in die Struktur nach Bild A8.1 transformiert werden muß. Die Führungsgröße(n) des ursprünglichen Regelkeises ist (sind) dann in der transformierten Struktur nach Bild A8.1 meistens implizit in dem nichtlinearen Teilsystem enthalten. Beim Kreiskriterium sind nur nichtlineare Teilsysteme $\underline{v}(t) = \underline{f}[\underline{w}(\cdot),t]$ zugelassen, deren Eingangsvektor $\underline{w}(t)$ und Ausgangsvektor $\underline{v}(t)$ nach (3.73) komponentenweise zu jedem Zeitpunkt t die Sektorbedingungen

$$\nu_{1i} w_i^2(t) \leq v_i(t) w_i(t) \leq \nu_{2i} w_i^2(t) \qquad (i = 1...p)$$

erfüllen (bei der Übertragung der Ungleichung (3.73) beachte man $w_i(t) = e(t)$, $v_i(t) = (Ne)(t)$). Demgegenüber ist die durch die Popov-Ungleichung

$$\int_{t_o}^{t} \underline{v}^T(\tau)\underline{w}(\tau)d\tau \geq -\gamma_o^2 \qquad \text{für alle} \quad t \geq t_o$$

festgelegte Forderung an die nichtlinearen Teilsysteme erheblich schwächer, da eine Mittelung bezüglich der einzelnen Komponenten $v_i(\tau)w_i(\tau)$ und eine Zeitmittelung vorgenommen wird.

Der Begriff der Hyperstabilität schließt beliebige Teilsysteme der Klasse $\mathcal{P}$ im Rückführzweig ein. In Bezug auf diese Klasse ist die Aussage des Hyperstabilitätssatzes (A8.8) notwendig und hinreichend. Wendet man diesen Satz jedoch auf einen konkreten Regelkreis mit bekanntem nichtlinearen Teilsystem an, so ist die Stabilitätsaussage bezogen auf diesen Regelkreis nur hinreichend. Beim Kreiskriterium (3.57) und beim Popov-Kriterium (3.187) sind auch die Stabilitätsaussagen für die jeweilige Klasse von nichtlinearen Teilsystemen nur hinreichend (wenn reelle Systemgrößen betrachtet werden). ■

Die Hyperstabilitätsaussagen sind auf den Fall erweiterbar, daß in der Struktur nach Bild A8.1 das lineare Teilsystem des Vorwärtsblockes zeitvariabel ist und durch die Differentialgleichungen

$$\begin{aligned} \dot{\underline{x}}(t) &= \underline{A}(t)\underline{x}(t) + \underline{B}(t)\underline{u}(t) \quad , \quad \underline{x}(t_0) = \underline{x}_o \\ \underline{w}(t) &= \underline{C}(t)\underline{x}(t) + \underline{D}(t)\underline{u}(t) \end{aligned} \tag{A8.11}$$

beschrieben wird, wobei $\underline{A}(\cdot)$, $\underline{B}(\cdot)$, $\underline{C}(\cdot)$ und $\underline{D}(\cdot)$ Matrizenfunktionen sind, deren Elemente stückweise stetige Funktionen sind. Die Definition der Hyperstabilität ist in diesem Fall mit der Definition (A8.5) identisch, nur ist $\underline{x}(t)$ jetzt der Zustandsvektor des Differentialgleichungssystems (A8.11).

(A8.12) Satz (Hyperstabilität eines linearen zeitvariablen Teilsystems):

Eine hinreichende aber nicht notwendige Bedingung für die Hyperstabilität des linearen Systems (A8.11) ist, daß dieses einem der Sätze (A7.7) oder (A7.13) genügt (siehe LANDAU [A8.1], Seite 385). ■

Da die Positivität linearer zeitinvarianter Teilsysteme besonders einfach mit Hilfe der Übertragungsmatrix $\underline{G}(s)$ (bzw. Übertragungsfunktion $G(s)$) überprüft werden kann, wird man meistens versuchen, Regelkreise so umzuformen, daß eine Struktur nach Bild A8.1 mit linearem zeitinvariantem Teilsystem im Vorwärtszweig zur Stabilitätsuntersuchung vorliegt.

A8.2 Zeitdiskrete Regelkreise

Die Ausführungen des Abschnitts A5.2.1 übertragen sich sinngemäß auf zeitdiskrete Regelkreise, indem Differentialgleichungen durch Differenzengleichungen und Integral- durch Summengleichungen ersetzt werden.

Das lineare zeitinvariante System im "Vorwärtszweig" (siehe Bild A8.1) sei beschrieben durch die Differenzengleichungen

(A8.13)
$$\underline{x}(k+1) = \underline{A}\,\underline{x}(k) + \underline{B}\,\underline{u}(k) \quad ; \quad \underline{x}(k_o) = \underline{x}_o$$
$$\underline{w}(k) = \underline{C}\,\underline{x}(k) + \underline{D}\,\underline{u}(k) \quad .$$

$$(\underline{x}(k) \in \mathbb{R}^n \; ; \; \underline{w}(k) \in \mathbb{R}^p \; ; \; \underline{u}(k) \in \mathbb{R}^p)$$

Das System im "Rückführzweig" in Bild A8.1 sei in der allgemeinen Form

(A8.14)
$$\underline{v}(k) = \underline{f}[\{\underline{w}(j)\},k] \qquad (j \leq k)$$

darstellbar. Dieses System darf nichtlinear und zeitvariabel sein.

(A8.15) Definition (Klasse $\mathcal{P}'$):

Die Klasse $\mathcal{P}'$ sei die Menge aller nichtlinearen zeitvariablen zeitdiskreten Systeme der allgemeinen Form

$$\underline{v}(k) = \underline{f}[\{\underline{w}(j)\},k] \qquad (j \leq k) \quad ,$$

bei denen das Skalarprodukt der Eingangsgröße und Ausgangsgröße die sogenannte Popov-(Summen)Ungleichung

(A8.16)
$$\sum_{\nu=k_o}^{k} \underline{v}^T(\nu)\underline{w}(\nu) \geq -\gamma_o^2 \qquad \text{für alle } k \geq k_o$$

und beliebige Eingangsfolgen $\{\underline{w}(k)\}$ erfüllt, wobei $\gamma_o \geq 0$ eine beliebige, aber bezüglich $\{\underline{w}(k)\}$ und k feste Konstante ist.
■

(A8.17) Definition (Hyperstabilität):

Das lineare System (A8.13) heißt hyperstabil, wenn eine Konstante $\eta \geq 0$ existiert, so daß in der Regelkreisstruktur nach Bild A8.1 für jedes feste $\gamma_o \geq 0$ alle Lösungen $\{\underline{x}[\underline{x}_o,k]\}$ für alle nichtlinearen Systeme im Rückführzweig, die der Ungleichung (A8.16) genügen, durch die Beziehung

(A8.18)
$$||\underline{x}[\underline{x}_o,k]||_{\mathbb{R}^n} \leq \eta \cdot [||\underline{x}_o||_{\mathbb{R}^n} + \gamma_o]$$

für alle $k \geq k_o$ abschätzbar sind. Man spricht dann auch von Hyperstabilität des Regelkreises.
■

(A8.19) Definition (Asymptotische Hyperstabilität):

Das lineare zeitdiskrete System (A8.13) heißt asymptotisch hyperstabil, wenn gilt:

1. Das lineare zeitdiskrete System ist hyperstabil.
2. $\lim_{k\to\infty} \underline{x}[\underline{x}_o,k] = \underline{0}$ für alle $\underline{x}_o \in \mathbb{R}^n$

   und alle nichtlinearen Systeme der Klasse $\mathcal{P}'$ im Rückführzweig. ■

(A8.20) Satz (Asymptotische Hyperstabilität, Hyperstabilität):

Das lineare zeitinvariante zeitdiskrete System (A8.13) ist genau dann asymptotisch hyperstabil, wenn seine Übertragungsmatrix

(A8.21) $$\underline{G}(z) = \underline{C}\,[\underline{E}z - \underline{A}]^{-1}\,\underline{B} + \underline{D}$$

streng positiv reell ist und sämtliche Eigenwerte von (A8.13) betragsmäßig kleiner als eins sind.

Wenn das System (A8.13) vollständig steuerbar und vollständig beobachtbar ist, so ist dieses genau dann hyperstabil, wenn die Übertragungsmatrix $\underline{G}(z)$ positiv reell ist. ■

(A8.22) Anmerkung:

Analog zum zeitkontinuierlichen Fall können hinreichende Aussagen über die Hyperstabilität von linearen zeitvariablen zeitdiskreten Systemen gemacht werden. Diese Aussagen greifen auf Sätze zurück, in denen hinreichende Bedingungen für die Positivität von linearen zeitvariablen zeitdiskreten Systemen formuliert sind (siehe LANDAU [A8.1], Seite 386). ■

A8.3 Eigenschaften von Systemen der Klasse $\mathcal{P}$ bzw. $\mathcal{P}'$

Der folgende Satz behandelt die Eigenschaften von Systemen, die durch Kombination von Systemen der Klasse $\mathcal{P}$ bzw. der Klasse $\mathcal{P}'$ entstehen.

(A8.23) Satz (Zusammenschaltung von Systemen der Klasse $\mathcal{P}$ bzw. $\mathcal{P}'$):

Ein System, das sich aus einer Parallelschaltung oder einer Rückkopplung von zwei Systemen der Klasse $\mathcal{P}$ (bzw. Klasse $\mathcal{P}'$) zusammensetzt, gehört wieder der Klasse $\mathcal{P}$ (bzw. Klasse $\mathcal{P}'$) an (siehe Bilder A8.4 und A8.5). ■

Beweis:

Wir beweisen diesen Satz für zeitkontinuierliche Systeme, d.h. Systeme der Klasse $\mathcal{P}$. Der Beweis überträgt sich analog auf zeitdiskrete Systeme, indem Integrale durch Summen ersetzt werden.

Für das System P_1 gelte die Ungleichung

$$\int_{t_o}^{t} \underline{v}_1^T(\tau)\underline{w}_1(\tau)d\tau \geq -\gamma_{o1}^2 \tag{A8.24}$$

und für das System P_2 gelte

$$\int_{t_o}^{t} \underline{v}_2^T(\tau)\underline{w}_2(\tau)d\tau \geq -\gamma_{o2}^2 \quad . \tag{A8.25}$$

Im Falle der Parallelschaltung erhalten wir mit $\underline{w} = \underline{w}_1 = \underline{w}_2$ und $\underline{v} = \underline{v}_1 + \underline{v}_2$ die Abschätzung

$$\begin{aligned} \int_{t_o}^{t} \underline{v}^T(\tau)\underline{w}(\tau)d\tau &= \int_{t_o}^{t} \underline{v}_1^T(\tau)\underline{w}_1(\tau)d\tau + \int_{t_o}^{t} \underline{v}_2^T(\tau)\underline{w}_2(\tau)d\tau \\ &\geq -(\gamma_{o1}^2 + \gamma_{o2}^2) =: -\gamma_o^2 \quad , \end{aligned} \tag{A8.26}$$

womit die erste Aussage des Satzes bewiesen ist. Im Falle der Rückkopplungsstruktur gilt mit $\underline{w} = \underline{w}_1 + \underline{v}_2$ und $\underline{v}_1 = \underline{v} = \underline{w}_2$ die Abschätzung

$$\begin{aligned} \int_{t_o}^{t} \underline{v}^T(\tau)\underline{w}(\tau)d\tau &= \int_{t_o}^{t} \underline{v}_1^T(\tau)[\underline{w}_1(\tau) + \underline{v}_2(\tau)]d\tau \\ &= \int_{t_o}^{t} \underline{v}_1^T(\tau)\underline{w}_1(\tau)d\tau + \int_{t_o}^{t} \underline{w}_2^T(\tau)\underline{v}_2(\tau)d\tau \\ &\geq -(\gamma_{o1}^2 + \gamma_{o2}^2) =: -\gamma_o^2 \quad , \end{aligned} \tag{A8.27}$$

womit auch die zweite Aussage des Satzes bewiesen ist. ■

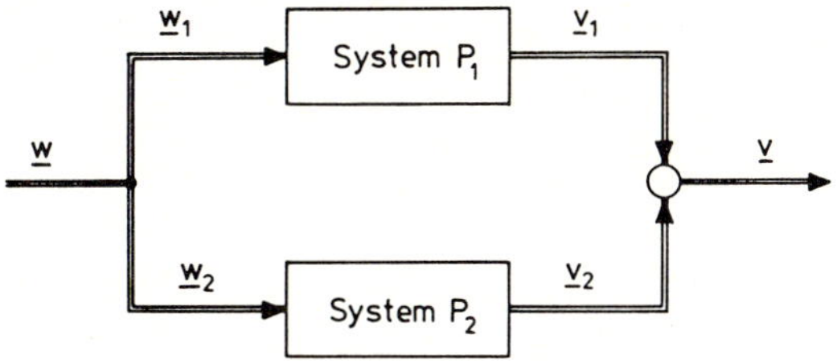

Bild A8.4: Parallelschaltung von zwei Systemen der Klasse $\mathcal{P}$ (bzw. $\mathcal{P}'$)

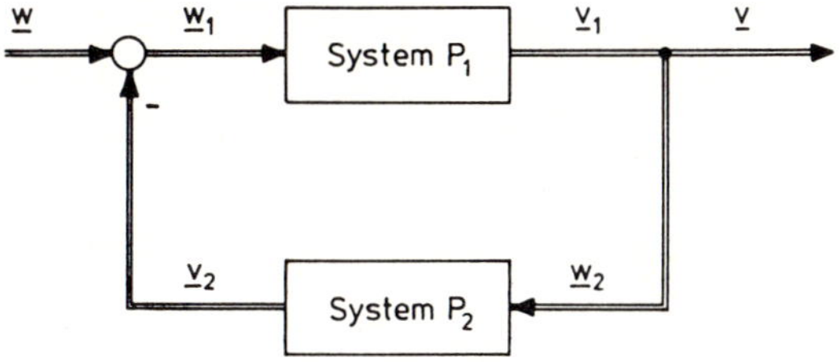

Bild A8.5: Rückkopplungsstruktur von zwei Systemen der Klasse $\mathcal{P}$ (bzw. $\mathcal{P}'$)

(A8.28) Anmerkung:

Die Reihenschaltung von zwei Systemen der Klasse $\mathcal{P}$ (bzw. $\mathcal{P}'$) liefert im allgemeinen nicht wieder ein System der Klasse $\mathcal{P}$ (bzw. $\mathcal{P}'$). ■

Literatur

1. Kapitel: Einführende Betrachtungen und nichtlineare Modelle

Lehrbücher über dynamische Systeme:

[1.1] Desoer, C.; Zadeh, L.A.:
Linear System Theory
McGraw-Hill Book Company, New York 1963

[1.2] Föllinger, O.:
Regelungstechnik
Elitera-Verlag, Berlin 1978

[1.3] Hartmann, I.:
Lineare Systeme
Springer-Verlag, Berlin-Heidelberg-New York 1976

[1.4] Hartmann, I.; Landgraf, C.:
Grundlagen der linearen Regelungstechnik I und II
Technische Universität Berlin
Dokumentation Weiterbildung, Heft 3 und 4, 1981

[1.5] Hartmann, I.:
Digitale Regelkreise
Technische Universität Berlin
Dokumentation Weiterbildung, Heft 7, 1982

[1.6] Landgraf, C.; Schneider, G.:
Elemente der Regelungstechnik
Springer-Verlag, Berlin-Heidelberg-New York 1970

[1.7] Leipholz, H.:
Stabilitätstheorie
B.G. Teubner, Stuttgart 1968

Literatur zu den Beispielen:

[1.8] Best, R.:
Theorie und Anwendungen des Phase-locked Loops
AT Verlag, Aarau 1981

[1.9] Leonhard, W.:
Regelung in der elektrischen Antriebstechnik
B.G. Teubner, Stuttgart 1974

[1.10] Vukobratovic, M.; Kircanski, N.:
Real-Time Dynamics of Manipulation Robots
Springer-Verlag, Berlin-Heidelberg-New York 1985

2. Kapitel: Periodisches Verhalten von nichtlinearen Systemen

[2.1] Föllinger, O.:
Nichtlineare Regelungen, Band 1
R. Oldenbourg Verlag München-Wien 1978

[2.2] Föllinger, O.:
Nichtlineare Regelungen, Band 2
R. Oldenbourg Verlag München-Wien 1980

[2.3] Graham, D.; McRuer, D.:
Analysis of Nonlinear Control Systems
John Wiley and Sons, Inc., 1961

[2.4] Hale, J.K.:
Oscillations in Nonlinear Systems
McGraw-Hill Book Company, Inc., New York 1963

[2.5] Hartmann, I.; Landgraf, C.:
Grundlagen der linearen Regelungstechnik I und II
Technische Universität Berlin
Dokumentation Weiterbildung, Heft 3 und 4, 1981

[2.6] Hartmann, I.; Karl, H.; Kolbe, F.:
Nichtlineare Regelungssysteme
Technische Universität Berlin
Kursmaterialien zur Automatisierung, 1978

[2.7] Hsu, J.C.; Meyer, A.U.:
Modern Control Principles and Applications
McGraw-Hill Book Company, 1968

[2.8] Knobloch, W.H.; Kappel, F.:
Gewöhnliche Differentialgleichungen
B.G. Teubner, Stuttgart 1974

[2.9] Knodel, H.; Kull, U.:
Ökologie und Umweltschutz
J.B. Metzlersche Verlagsbuchhandlung
Stuttgart 1974

[2.10] Landgraf, C.; Schneider, G.:
Elemente der Regelungstechnik
Springer-Verlag, Berlin-Heidelberg-New York 1970

[2.11] Magnus, K.:
Über ein Verfahren zur Untersuchung nichtlinearer
Schwingungs- und Regelungssysteme
VDI-Verlag, Düsseldorf 1955

[2.12] Minorsky, N.:
Theory of Nonlinear Control Systems
McGraw-Hill Book Company, 1969

[2.13] Minorsky, N.:
Nonlinear Oscillations
D. van Norstrand Company, New York 1962

[2.14] Stoker, J.J.:
Nonlinear Vibrations in Mechanical and Electrical Systems
Interscience Publishers, John Wiley and Sons, Inc.,
New York-London-Sydney, 1966

[2.15] Weiland, J.:
Zum Reaktionsmechanismus und zur Instabilität der
CO-Oxidation durch Sauerstoff an Palladiumkatalysatoren
Dissertation, Technische Universität Berlin, Fachbereich 1o -
Verfahrenstechnik, 1978

3. Kapitel: Funktionalanalytische Methoden zur Stabilitätsuntersuchung nichtlinearer Systeme

[3.1] Ackermann, J.:
Abtastregelung
Springer-Verlag, Berlin-Heidelberg-New York, 1972

[3.2] Böcker, J.:
Ein Kreiskriterium für Mehrgrößensysteme und seine
Anwendung auf mechanische Schwingungssysteme
Studienarbeit, Fachgebiet Regelungstechnik und System-
dynamik, Technische Universität Berlin, 1981

[3.3] Böcker, J.:
Untersuchungen zur L_∞-Stabilität für eine Klasse nichtlinearer Regelungssysteme
Diplomarbeit, Fachgebiet Regelungstechnik und System-
dynamik, Technische Universität Berlin, 1982

[3.4] Cho, Y.-S.; Narendra, K.S.:
An Off-Axis Circle Criterion for the Stability of
Feedback Systems with a Monotonic Nonlinearity
IEEE Trans. Autom. Control, AC-13, S.413-416

[3.5] Cook, P.A.:
Modified Circle Theorems
Bell (Hrsgeb.), Recent Math. Develop, Control,
Bath, 1972, S.367-372

[3.6] Dreyer, D.:
Die Analyse nichtlinearer Regelungssysteme mit Hilfe
verallgemeinerter Wurzelortskurven
Dissertation, Technische Universität Berlin, 1972

[3.7] Föllinger, O.:
Regelungstechnik
Elitera-Verlag, Berlin, 3.Aufl., 1979

[3.8] Hsu, J.C.; Meyer, A.U.:
Modern Control Principles and Applications
McGraw-Hill, New York, 1968

[3.9] Karl, H.:
Modellbildung und Stabilitätsanalyse von stehenden Schlingen in Warmschmalbandstraßen
Dissertation, Technische Universität Berlin, 1981

[3.10] Karl, H.:
Algebraisierung von Frequenzkennlinienmethoden
(Veröffentlichung in Vorbereitung)
voraussichtlich in: Automatisierungstechnik

[3.11] Ludyk, G.:
Theorie dynamischer Systeme
Elitera-Verlag, Berlin, 1977

[3.12] MacFarlane, A.G.J. (Hrsgb.):
Frequency-Response Methods in Control Systems
IEEE Press, New York, 1979
Dieser Band enthält als Nachdruck auch die Literaturstellen [3.4], [3.5], [3.13], [3.15], [3.16],[3.17]

[3.13] Rosenbrock, H.H.:
Multivariable Circle Theorems
Bell (Hrsgb.), Recent Math. Develop, Control, Bath, 1972, S.345-365

[3.14] Rosenbrock, H.H.:
State Space and Multivariable Theorie
Thomas Nelson and Sons, London, 1970

[3.15] Safonov, M.G.; Athans, M.:
A Multiloop Generalization of the Circle Stability Criterion
IEEE Trans. Automat. Control, 1979, S.417-421

[3.16] Sandberg, I.W.:
A Frequency-Domain Condition for the Stability of Feedback Systems Containing a Single Time-Varying Nonlinear Element
Bell System Tech. J., 1964, S.1601-1608

[3.17] Zames, G.:
On the Input-Output Stability of Time-Varying Nonlinear Feedback Systems, Part I, II
IEEE Trans. Automat. Control, 1966, S.228-238, 465-476

[3.18] Zurmühl, R.:
Praktische Mathematik
Springer-Verlag, Berlin-Heidelberg-New York, 5.Aufl., 1965

Weitere Lehrbücher:

[3.19] Föllinger, O.:
Nichtlineare Regelungen, Band 2
Oldenbourg Verlag, München, Wien, 3.Aufl., 1980

[3.20] Vidyasagar, M.:
Nonlinear Systems Analysis
Prentice Hall, Englewood Cliffs, N.J., 1978

4. Kapitel: Analyse und Synthese von Regelkreisen im Zustandsraum

[4.1] Afacan, O.A.:
Stabilitätsbereiche nichtlinearer zeitdiskreter Systeme mit Anwendung auf pulsdauermodulierte Regelungssysteme
Dissertation, Technische Universität Berlin, 1979

[4.2] Ambrosino, G.; Celentano, G.; Garofalo, F.:
Robust Model Tracking Control for a Class of Nonlinear Plants
IEEE Trans. Automat. Control, Vol.AC-30, 1985, pp.275-279

[4.3] Anderson, B.D.O.; Moore, J.B.:
Optimal Filtering
Prentice-Hall, Inc. New Jersey, 1979

[4.4] Andronikon, A.M.; Bekey, G.A.; Hadaegh, F.Y.:
Identifiability of Nonlinear Systems with Hysteretic Elements
JACC 1984, pp.1247-1252

[4.5] Desrochers, A.A.:
Optimal Model Reduction for Nonlinear Systems
Joint Automatic Control Conference, FA-8D, 1982

[4.6] Föllinger, O.:
Regelungstechnik
Elitera-Verlag, Berlin, 1978

[4.7] Günther, H.:
Steuerbarkeit bei nichtlinearen Systemen
Dissertation, Technische Universität Berlin, 1973

[4.8] Hahn, W.:
Stability of Motion
Springer-Verlag, Berlin-Heidelberg-New York, 1967

[4.9] Hartmann, I.:
Lineare Systeme
Springer-Verlag, Berlin, Hochschultext, 1976

[4.10] Hartmann, I.; Lange, W.; Poltmann, R.:
Robust and Insensitive Design of Multivariable Feedback Systems - Multimodel Design -
Series: Advance in Control Systems and Signal Processing, Vieweg-Verlag, Braunschweig-Wiesbaden, Vol.6, 1986

[4.11] Hsia, T.C.:
System Identification
Lexington Books D.C. Heath and Company, Massachusetts-Toronto, 1977

[4.12] Hsu, J.C.; Meyer, A.U.:
Modern Control Principles and Applications
McGraw Hill, New York, 1968

[4.13] Kalman, R.E.; Bertram, I.E.:
Control system analysis and design via the second method of Ljapunov
J. of Basic Engineering, ASME Juni 1960, pp.371-393

[4.14] Knobloch, H.W.; Kwakernaak, H.:
Lineare Kontrolltheorie
Springer-Verlag, Berlin-Heidelberg-New York, 1985

[4.15] Leondes, C.T.:
Advances in Control Systems
Vol.2, 1965, pp.1-63; pp.269-305

[4.16] Ludyk, G.:
Stability of time-variant discrete-time systems
Series: Advances in Control Systems and Signal Processing
Vieweg-Verlag, Braunschweig-Wiesbaden, Vol.5, 1985

[4.17] Markus, L.; Lee, E.B.:
Foundations of optimal control theory
John Wiley, New York 1967

[4.18] Meyer, G.:
The Design of Exact Nonlinear Model Followers
Joint Automatic Control Conference, FA-3A, 1981

[4.19] Miller, R.K.; Michel, A.N.:
Asymptotic Stability of Systems: Results Involving the System Topology
IEEE Trans.Automat. Control, 1979, pp.587-592

[4.20] O'Shea, R.P.:
The Extension of Zubov's Method to Sampled Data Control Systems Described by Nonlinear Autonomous Difference Equations
IEEE Trans. Automat. Control, pp.62-70, 1964

[4.21] Schultz, D.G.; Gibson, I.E.:
The variable Gradient Method for Generating Ljapunov Functions
AIEE Trans. of Application on Industry, Vol.81, Part II, pp.203-210

[4.22] Sommer, R.:
Entwurf nichtlinearer, zeitvarianter Systeme durch Polvorgabe
Regelungstechnik 27. Jahrgang 1979, S.393-399

[4.23] Unbehauen, H.:
Regelungstechnik I, II, III
Vieweg-Verlag, Braunschweig-Wiesbaden, 1984

[4.24] Warren, A.W.:
Partitioned State Algorithms for Recursive System Identification
JACC 1984, pp.742-747

[4.25] Zeitz, M.:
Nichtlineare Beobachter für chemische Reaktoren
VDI-Verlag Düsseldorf, Reihe 8, Nr.27, 1977

[4.26] Zubov, V.I.:
Methods of A.M.Ljapunov and their Application
P. Noordhoff LTD, Groningen, The Netherlands, 1964

5. Kapitel: Adaptive Systeme

Lehrbücher:

[5.1] Ackermann, J.:
Abtastregelung, Band II
Springer-Verlag, Berlin-Heidelberg-New York, 1983

[5.2] Åström, K.J.:
Introduction to Stochastic Control Theory
Academic Press, 1970

[5.3] Åström, K.J.; Wittenmark, B.:
Computer-Controlled Systems: Theory and Design
Prentice-Hall, Englewood Cliffs, New Jersey, 1984

[5.4] Föllinger, O.:
Regelungstechnik
Elitera-Verlag, Berlin, 1978

[5.5] Goodwin, G.C.; Sin, K.S.:
Adaptive Filtering, Prediction and Control
Prentice-Hall, Englewood Cliffs, New Jersey, 1984

[5.6] Landau, Y.D.:
Adaptive Control
Marcel Dekker, Inc., New York, 1979

[5.7] Popov, V.M.:
Hyperstability of Control Systems
Springer-Verlag, Berlin-Heidelberg-New York, 1973

[5.8] Unbehauen, H.:
Regelungstechnik III
Vieweg-Verlag, Bochum, 1984

Artikel und Dissertationen:

[5.9] Åström, K.J.:
Theory and Applications of Adaptive Control - A Survey
Automatica, Vol.9, No.5, pp.471-486

[5.10] Åström, K.J.; Hagander, P.; Sternby, J.:
Zeros of Sampled Systems
Automatica, 1984, Vol.20, pp.31-38

[5.11] Åström, K.J.; Hägglund, T.:
Automatic Tuning of Simple Regulators with Specifications on Phase and Amplitude Margins
Automatica, 1984, Vol.20, pp.645-652

[5.12] Åström, K.J.; Wittenmark, B.:
On Self Tuning Regulators
Automatica, 1973, Vol.9, pp.185-199

[5.13] Goodwin, G.C.; Hill, D.J.; Palaniswami, M.:
A Perspective on Convergence of Adaptive Control Algorithms
IFAC Symposium, 1984, pp.519-531

[5.14] Gustavsson, I.; Ljung, L.; Söderström, T.:
Identification of Processes in Closed Loop - Identifiability and Accuracy Aspects
Automatica, 1977, Vol.13, pp.59-75

[5.15] Harris, C.; Billings, S. (Hrsgb.):
Self-tuning and adaptive control:
Theory and Applications
Verlag P. Peregrinus Ltd., London, 1981

[5.16] Horowitz, I.M.; Sidi, M.:
Synthesis of feedback systems with large plant ignorance for prescribed time-domain tolerances
International Journal of Control, 1972, Vol.16, No.2, pp.287-309

[5.17] Ioannu, P.A.; Kokotovic, P.V.:
Instability Analysis and Improvement of Robustness of Adaptive Control
IFAC Symposium, 1984, pp.583-594

[5.18] Lange, W.:
Entwurf robuster Multimodell-Mehrgrößenregelkreise
Dissertation, Technische Universität Berlin, 1985

[5.19] Ljung, L.:
Analysis of Recursive Stochastic Algorithms
IEEE Trans. Autom. Control, Vol.AC-22, No.4, August 1977, pp.551-575

[5.20] Parks, P.C.:
Ljapunov redesign of model reference adaptive control systems
IEEE Trans. Autonom. Control, AC-11, July 1966, pp.362-367

[5.21] Schütze, H.:
Ein zeitdiskreter Zweischritt-Adaptionsalgorithmus für Kaskadenregelkreise
Dissertation, Technische Universität Berlin, 1984

[5.22] Söderström, T.; Gustavsson, I.; Ljung, L.:
Identifiability conditions for linear systems operating in closed loop
Int. J. Control, 1975, Vol.21, No.2, pp.243-255

[5.23] Whitaker, H.P.; Osburn, P.V.; Kezer, A.:
New developments in the design of adaptive control systems
Institut of Aeronautical Sciences, Paper 61-39
Massachusetts Institute of Technology 1958

[5.24] Wittenmark, B.; Åström, K.J.:
Practical Issues in the Implementation of Self-Tuning Control
IFAC Symposium, 1984, pp.595-606

[5.25] Ziegler, J.G.; Nichols, N.B.:
Optimum Settings for Automatic Controllers
Transaction ASME 64, 1942

[5.26] Zwanzig, C.; Landgraf, C.:
Schätzung der Drehzahl einer konstant erregten Gleichstrommaschine mit Hilfe eines MRAS-Verfahrens bei Messung von Ankerstrom und Ankerspannung
etzArchiv, Bd.8, Heft 8, 1986

Anhang 1: Mathematische Grundlagen gewöhnlicher Differentialgleichungen

[A1.1] Coddington, E.; Levinson, N.:
Theory of Ordinary Differential Equations
McGraw-Hill Book Company, 1955

[A1.2] Halany, A.:
Differential Equations (Stability, Oscillations, Time Lags)
Academic Press, New York, 1966

[A1.3] Knobloch, W.H.; Kappel, F.:
Gewöhnliche Differentialgleichungen
B.G. Teubner, Stuttgart, 1974

Anhang 2: Funktionaltransformationen

[A2.1] Doetsch, G.:
Einführung in Theorie und Anwendung der Laplace-Transformation
Birkhäuser-Verlag, Basel, Stuttgart, 5.Aufl., 1976

[A2.2] Doetsch, G.:
Anleitung zum praktischen Gebrauch der Laplace-Transformation und der Z-Transformation
R. Oldenbourg Verlag, München, Wien, 3.Aufl., 1967

[A2.3] Föllinger, O.:
Laplace- und Fourier-Transformation
Elitera-Verlag, Berlin, 1977

[A2.4] Föllinger, O.:
Lineare Abtastsysteme
R. Oldenbourg Verlag, München, Wien, 1974

[A2.5] Walter, W.:
Einführung in die Theorie der Distributionen
Bibliographisches Institut, Mannheim, Wien, Zürich, 1974

[A2.6] Yosida, K.:
Functional Analysis
Springer-Verlag, Berlin-Heidelberg-New York, 6.Aufl., 1980

[A2.7] Zemanian, A.H.:
Distribution Theory and Transform Analysis
McGraw Hill, New York, 1965

Anhang 3: Hilfsmittel der Funktionalanalysis

[A3.1] Bronstein, I.N.; Semendjajew, K.A.:
Taschenbuch der Mathematik, Ergänzende Kapitel
Verlag Harri Deutsch, Thun, 1980

[A3.2] Cook, P.A.:
Modified Circle Theorems
Bell (Hersgb.), Recent Math. Develop. Control, Bath, 1972, S.367-372

[A3.3] Ljusternik, L.A.; Sobolew, W.I.:
Elemente der Funktionalanalysis
Verlag Harri Deutsch, Thun, 6.Aufl., 1979

[A3.4] Schwartz, L.:
Théorie des distributions
Hermann, Paris, 1966

[A3.5] Yosida, K.:
Functional Analysis
Springer-Verlag, Berlin-Heidelberg-New York, 6.Aufl., 1980

[A3.6] Zurmühl, R.:
Matrizen
Springer-Verlag, Berlin-Heidelberg-New York, 4.Aufl., 1964

Anhang 4: Zustandsregler-Beobachter-Entwurf bei linearen Regelstrecken

[A4.1] Hartmann, I.:
Lineare Systeme
Springer-Verlag, Berlin-Heidelberg-New York, 1976

[A4.2] Hartmann, I.; Landgraf, C.:
Grundlagen der linearen Regelungstechnik I und II
Technische Universität Berlin,
Dokumentation Weiterbildung, Heft 3 und 4, 1981

[A4.3] Ludyk, G.:
Theorie dynamischer Systeme
Elitera-Verlag, 1977

Anhang 5: Grundlagen der Stochastik

[A5.1] Goodwin, G.C.; Sin, K.S.:
Adaptive Filtering, Prediction and Control
Prentice-Hall, Englewood Cliffs, New Jersey, 1984

[A5.2] Landgraf, C.:
Stochastische Systeme
Technische Universität Berlin
Dokumentation Weiterbildung, 1974

[A5.3] Papoulis, A.:
Probability, Random Variables and Stochastic Processes
McGraw-Hill Book Company, 1984

Anhang 6: Parameterschätzverfahren

[A6.1] Goodwin, G.C.; Sin, K.S.:
Adaptive Filtering, Prediction and Control
Prentice-Hall, Englewood Cliffs, New Jersey, 1984

[A6.2] Hillenbrand, F.:
Identifikation linearer zeitinvarianter Systeme und ihre Anwendung auf Induktionsmaschinen
Dissertation, Technische Universität Berlin, 1982

[A6.3] Hsia, T.C.:
System Identification
Lexington Books D.C. Heath and Company, Massachusetts-Toronto, 1977

[A6.4] Isermann, R.:
Prozeßidentifikation
Springer-Verlag, Berlin-Heidelberg-New York, 1974

[A6.5] Landgraf, C.:
Stochastische Systeme
Technische Universität Berlin
Dokumentation Weiterbildung, 1974

[A6.6] Maletinsky, V.:
Identification of Continuous Dynamical Systems with "Spline-Type Modulating Functions Method"
Fifth IFAC Symposium, Darmstadt, Germany, 1979

[A6.7] Söderström, T.; Stoica, R.G.:
Instrumental Variable Methods for System Identification
Springer-Verlag, Berlin-Heidelberg-New York, 1983

[A6.8] Unbehauen, H.:
Regelungstechnik III
Vieweg-Verlag, Bochum, 1984

Anhang 7: Positive dynamische Systeme

[A7.1] Landau, Y.D.:
Adaptive Control
Marcel Dekker, Inc., New York, 1979

[A7.2] Popov, V.M.:
Hyperstability of Control Systems
Springer-Verlag, Berlin-Heidelberg-New York, 1973

[A7.3] Willems, J.C.:
Dissipative Dynamical Systems
Part I: General Theory
Archive for Rational Mechanics and Analysis
Vol.45, No.5, 1972, pp.321-351

[A7.4] Willems, J.C.:
Dissipative Dynamical Systems
Part II: Linear Systems with Quadratic Supply Rates
Archive for Rational Mechanics and Analysis
Vol.45, No.5, 1972, pp.352-393

[A7.5] Wolf, H.:
Lineare Systeme und Netzwerke
Springer-Verlag, Berlin-Heidelberg-New York, 1978

Anhang 8: Hyperstabilität

[A8.1] Landau, Y.D.:
Adaptive Control
Marcel Dekker, Inc., New York, 1979

[A8.2] Popov, V.M.:
Hyperstability of Control Systems
Springer-Verlag, Berlin-Heidelberg-New York, 1973

Sachverzeichnis

A

B

C

D

E

F

I

K

L

M

N

O

P

Q

R

S

T

U

V

W

Z